我们一起解决问题

成年发展心理学

（第9版）

THE JOURNEY OF ADULTHOOD

（NINTH EDITION）

[美] 芭芭拉·比约克伦德 (Barbara Bjorklund)　著
朱莉·厄尔斯 (Julie Earles)

邹丽娜　王思睿　译

苏彦捷　审校

人民邮电出版社

北　京

图书在版编目（CIP）数据

成年发展心理学：第9版 / （美）芭芭拉·比约克伦德，（美）朱莉·厄尔斯著；邹丽娜，王思睿译. -- 北京：人民邮电出版社，2023.1
ISBN 978-7-115-58531-8

Ⅰ. ①成… Ⅱ. ①芭… ②朱… ③邹… ④王… Ⅲ. ①发展心理学 Ⅳ. ①B844

中国版本图书馆CIP数据核字(2022)第044042号

内 容 提 要

孩子的变化，我们都看在眼里，比较而言，成年期似乎就代表着稳定，甚至没有变化。这是一种深深的误解，也是成年人对自己的忽略。实际上，人生从成年早期到生命终结，是一个动态的过程，期间的种种变化，无论生理还是心理，都有其自身的特点。

本书基于发展心理学的理论，结合该领域的最新研究成果，介绍了性别、环境和社会对成年人人生旅程的影响。本书还囊括了来自心理学家、社会学家、人类学家、神经学家、流行病学家、行为遗传学家、细胞生物学家、生理老年医学家和其他很多不同学科科学家的研究成果，展示了跨学科的完美合作及多学科研究的丰富度，同时对成年人经历的种种议题——健康、婚姻家庭、成功发展、人格魅力、应对压力等方面，都进行了深刻剖析，是一本兼具理论价值和应用价值的著作。

本书适合心理学工作者、心理学爱好者、教育学工作者、企业 HR，以及对成年人世界的发展与个人提升感兴趣的读者阅读。

◆ 著　[美]芭芭拉·比约克伦德（Barbara Bjorklund）
　　　[美]朱莉·厄尔斯（Julie Earles）
　　译　邹丽娜　王思睿
　　责任编辑　柳小红
　　责任印制　彭志环

◆ 人民邮电出版社出版发行　　北京市丰台区成寿寺路 11 号
　　邮编 100164　电子邮件 315@ptpress.com.cn
　　网址 https://www.ptpress.com.cn
　　北京建宏印刷有限公司印刷

◆ 开本：787×1092　1/16
　　印张：29.25　　　　　　　　2023 年 1 月第 1 版
　　字数：480 千字　　　　　　 2025 年 1 月北京第 6 次印刷
　　著作权合同登记号　图字：01-2020-7506 号

定　价：138.00 元
读者服务热线：（010）81055656　印装质量热线：（010）81055316
反盗版热线：（010）81055315
广告经营许可证：京东市监广登字 20170147 号

　　《成年发展心理学》如今已经是第 9 版了，它一直记录着成年人从成年早期到生命终结的动态发展过程。本书的核心内容来自成年发展的主要理论与大型科学研究的成果，与此同时，本书也反映了来自不同团体的较小范围内的学术成果，体现了性别、文化、种族、族裔和社会经济状况对成年人一生的影响。在内容上，我平衡了成年发展领域中学术先驱所做的经典研究和现当代的新发现。我在这如药一般苦涩的研究中加了一勺蜂蜜、一点温情、一些幽默，使之甜美。毕竟，我已经是一个老年人了，和我的丈夫一路走来，我们借鉴了我们的父母在其毕生发展旅程中的经历，也向正在人生之路上探寻着的孩子们提供一些可借鉴之处。在本书第 9 版问世之时，我们已经拥有了 14 个孙辈——其中 7 个正走上他们的毕生发展旅程，有的走进了大学，有的开始了自己的事业。

　　在本书写作的过程中，不仅我自己有所改变，而且还觅得一位合著者，她所带来的内容让我感受到了真实的愉悦。她就是朱莉·厄尔斯（Julie Earles）博士，我长久以来的老朋友，也是与我在佛罗里达大西洋大学威尔克斯荣誉学院（Wilkes Honors College of Florida Atlantic University）共事的同事。她对事物的看法有些与众不同，我觉得这会让本书的内容愈加丰满，从而让本书增色颇多。

　　本书第 1 章主要是基础性的内容，即定义、方法和成年发展研究领域的主流观点。第 2 章到第 8 章涵盖了传统发展领域的主题，其中包括近期研究、经典研究、当代理论、新方向和实践应用。第 9 章、第 10 章和第 11 章涵盖了成年发展教科书中较少涉及的主题，但我们认为这些主题对于学习者在成年发展领域中的学习体验是非常重要的：对意义的追求，不可避免的成年人生活压力、对压力的应对及心理弹性，以及我们面对自己和爱人死亡的方式。与前几章的主题不同，最后一章按时间顺序审视了成年人的整个发展过程，并提出了一个成年人的发展模式，那就是把松散的线头串在一起。

本版的新内容

《成年发展心理学》第 9 版对各章均做了全面更新，几乎 1/3 的参考文献是新加入的，还新加入了许多图表。成年发展领域正在迅速变化，和四年前的第 8 版相比，这一版《成年发展心理学》向读者展示了这些变化的全景。究其根本，《成年发展心理学》自身也处于发展的过程中，在过去的 20 年里，它历经多个版本逐渐发展成现在的样貌。第 9 版《成年发展心理学》的变化有几类：有些反映了成年发展领域的变化，有些反映了我们周围世界的变化，重点是，还反映了学习者学术背景的变化。

成年发展领域的变化

成年发展是一个比较新的研究领域，该领域每年的研究项目和研究成果都以指数级的速度增长。它最开始属于心理学研究领域，但现在越来越多的学科对于发生在成年期的变化都有所关注。本书囊括了来自心理学家、社会学家、人类学家、神经学家、流行病学家、行为遗传学家、细胞生物学家、生理老年医学家和其他很多不同学科科学家的研究成果。这些研究领域中所使用的术语和研究方法越来越接近，很多研究者将调查和研究结果发表在不同领域的学术期刊上。这一版《成年发展心理学》展示了跨学科的完美合作及多学科研究项目的丰富度。成年发展科学领域的百花齐放令人兴奋，而本书正好展示了这种活力。

本书所借鉴的学术成果来自美国国家中年生活研究（The Midlife in the United States Study）、柏林老化研究（Berlin Study of Aging）、哈佛医学院的格兰特研究（Grant Study of Harvard Men）、全美共病调查（National Comorbidity Study）、巴黎圣母院修女研究学院的研究（Nun Study of the School Sisters of Notre Dame）、维多利亚寿命研究项目（Victoria Longitudinal Study）、瑞典双胞胎研究（Swedish Twin Study）、美国性行为与性健康调查（National Survey of Sexual and Health Behavior）、美国女性健康研究（The Women's Health Study）及全美死亡率纵向研究（National Longitudinal Mortality Study）。

为了强调这些跨学科合作，我们考证了这些研究项目中每个主要的研究者或理论家的专业背景。在写作本书第 9 版时，我被科学学科的多样性震撼，这些学科对成年发展研究都做出了重要的贡献。我们希望本书能够反映出这种多样性。当我们详细讨论一些研究项目时，我们会给出研究人员的全名及其如何界定自己的研究领域。我们希望对成年发展感兴趣的学生在申报专业或制订研究生入学计划时，能够注意并重视这些方面。作为教授，我们都需要记住，我们要教授的不仅是课程的内容，还要指导学生做出职业决定和人生决策。

成年发展领域的另一个变化是，越来越多的研究项目是由国际研究小组在其他发达国家完成的。我们的研究对象不再局限于美国成年人，来自瑞典、日本和埃及的科学家也在以瑞典、日本和埃及的成年人为对象展开科学研究。当他们所获得的研究结果与美国的研究结果相似时，我们更加确信，这个领域所研究的发展现象是人类经验共有的一部分，而不只是美国人独有的。当他们所获得的研究结果与美国的研究结果不同时，我们可以进一步研究这些差异并找到其根源所在。我们已经确定了这些国际研究小组及其研究对象的国籍。我们希望这些能凸显学术界的全球性特征，我们自己也是经验丰富的旅行者，我们希望学术界的这种全球性特征能够激励读者考虑"海外学习"项目，并考虑自己生活圈之外的世界。

当我们详细探讨跨学科的研究工作时，我们会写明主要研究人员和理论家的全名。与传统的"姓氏、逗号、日期"相比，看到名字和姓氏能够让学生对完成研究项目的这些人产生一种更强烈的真实感。写出全名还能够反映科学家的多样性——通常，读者从名字上就可以判断这些研究人员的性别和族裔背景。如今，时代已经改变了，科学已经不再专属于精英阶层，而是已经能被大众所认知。

成年发展研究领域最令人兴奋的变化之一是其范围的扩展，即其所研究的年龄群体越来越宽泛。在本书的早期版本中，我们关注的焦点是老年人。到了最近三个版本，本书的特点之一是越来越多地关注对年轻人、中年人和刚步入成年的人群的研究。另一个特点是，对年龄连续体另一端的研究给予了更多的关注，也就是 75 岁、80 岁、90 岁及以上的人群。虽然对这些年龄段的人群开展研究已经不是什么新鲜事了，但是这些年龄段的人数越来越多，因而在成年发展研究中纳入高龄群体就非常重要（且相对容易）。显然，对成年发展的研究已经不再是对特定年龄人群的研究，而是以成年时期全过程的各方面作为研究对象。我们试图通过选择代表整个成年人生命旅程的主题、案例、开放式故事、推荐阅读和批判性思维来践行上述理念。

我们周围世界的变化

自本书上一版面世以来，世界在许多方面都发生了变化。很多家庭都经历过了 10 年前美国的金融衰退，现在美国似乎已经从衰退中走出来了，失业率也维持在低水平。然而，技术和外包已经使许多领域的工人岗位减少，而那些工人往往集中在工资较低的行业且相当容易失业。许多学生从大学毕业时就背负着学生贷款，而他们所学专业的就业前景又十分黯淡。阿片类药物滥用已成为美国的公共卫生危机，对全美的每个地方和社会的每个层面都造成了损失。政府资金的削减和监管的弱化威胁着我们的生存环境和地球的未来。政治分歧难以弥合。美国有越来越多的士兵从海外基地归来，但许多士兵都带着与战争相关的残疾，包括创伤后应激障碍（PTSD）和创伤性脑损伤（TBI）。美国（及许多其他发达国家）的单亲家庭和双职工家庭生活也颇为艰难；在工作和照顾家庭方面，他们很少从政府、工作单位或社区那里得到帮助。很多老年女性，尤其是独自生活的老年女性，一直挣扎在贫困线以下。在世界若干发达国家中，美国的精神疾病患病率最高，并且大多数具有精神疾病症状的患者得不到充分治疗。而在发展中国家，不健康的生活方式使成年人的健康问题不断增加，且受这些问题困扰的人群不仅包括老年人，还包括年轻人。虽然我尝试将此书的基调定位于积极乐观的层面，但上述消极层面的问题也是事实，所以我也把它们都写进了本书中。

在我们周围的世界中，另一些变化则更为积极。各年龄段人群的健康意识都在提高；许多疾病预防、检测和治疗领域都不断取得进展；发达国家老龄人口占比日益增加。随着癌症可在早期被发现和治疗，其死亡率继续下降。尽管目前还没有"治愈"衰老的方法，也没有迹象表明可以延长人类现有的最长寿命，但人们保持健康的生命时长在增加。像临终关怀这样的项目使越来越多的人在这个时候选择"体面的死亡"成为可能。妇女在职业生涯发展、积极适应子女离家后的生活和寡居生活方面取得了长足的进步。通信技术使家庭成员保持彼此间的联系更加容易，老年人也能够更加便捷地独立生活。社交媒体、手机和电子游戏用户的平均年龄都在增加。这些都是本书选取的内容。

学术背景的变化

作为一门课程，成年发展在美国所有重点学院和大学里都有开设，而在世界范围内，它也变得越来越受欢迎。肯定地说，无论什么专业的毕业生都要在工作领域中应对成年期带来的各种改变。同样，这些学生在个人生活中也需要处理类似问题，无论在他们自身的成长过程中，还是在他们父母的生活里。我开设的成年发展心理学这门课，选修的学生来自不同的专业，包括心理学、管理咨询、护理、刑事司法、医学科学、法律预科、社会工作、职业治疗法、社会学及教育学等。大概 1/2 的学生能说两种语言，约 1/3 学生的母语不是英语。许多学生将成为他们家庭中的第一个大学毕业生。我不再认为他们像 10 年前的学生一样，即大家都拥有相似的学术背景。由于这些原因，我在每章都对一些关键术语做了基本释义，清楚地解释了这些术语并辅以相关的数据分析方法，以及主要理论的细节说明。我认识的一些读者对"典型的学生"有种过时的、刻板的印象，但我仍然欣赏他们的聪明才智和学习动力。我坚信，我能够向拥有不同背景和经历的学生清楚地解释复杂的思想观点。这是因为，我在每次讲课的时候都是这样做的，我在本书中也能够做到这一点。

本书特点

学习目标　提炼出每章的核心内容，激发读者对主要话题的兴趣，帮助读者将注意力聚焦于最重要之处，同时也可以作为对全章的预览。学习目标同时也与本章摘要相关联。

作者的话　位于每一章的开头，有时有趣，有时个人化，常常是作者对主要话题的反思，也会展示一些个人生活经验和其他相关故事，帮助读者把现实世界和抽象的理论联系起来。

交互式图表　让读者有机会更仔细地观察图表背后的数据，让他们能够对各种各样的科学问题加以深入的研究，如世界各地的死亡率、美国顶尖的整形手术情况及伴侣在"亲密"关系中不同时期的行为表现。

作者提示　该版块通常会提出问题，目的在于鼓励读者反思所阅读的内容，将这些内容与自己的经历联系起来。

写作分享　鼓励读者自己写文章表达观点，阅读和评论他人的文章，从而帮助他们对不同的经历和观点有更广泛的理解。

关键术语　以蓝色字突出显示，并给出相应的定义。我们相信，在上下文中看到并理解一个术语是我们学习的最好方法。术语表也提供了对关键术语的定义。

第 9 版各章的重点

第 1 章是对成年期发展领域的介绍和引入部分，我在本书开篇就表明，发展是一个既稳定又不断变化的过程。我用自身实例说明了这些概念并让读者思考自己生活中出现的这些现象和术语。在这一章中，我介绍了两个具有指导意义的观点，即巴尔特斯（Baltes）的生命周期发展心理学和布朗芬布伦纳（Bronfenbrenner）的生态模型。我认为，不是所有的读者都已经接触过研究方法方面的内容，所以我在本章中介绍了在成年期发展研究中会用到的研究方法、测量方法、数据分析方法和研究设计，这些内容在随后各章中读者都会用到。事实上，我将后面几章介绍的研究项目在第 1 章中作为示例，目的是帮助读者更好地理解这些研究方法，同时让读者遇到这些内容的时候能够成竹在胸。

本章的新内容包括以下几点：

- 比较东西方文化对老年人态度的研究；
- 嗅觉能力与年龄相关变化的新研究；
- 关于刚进入成年初显期的人在向成年期过渡过程中的自我控制能力发展的新研究。

第 2 章的主题是主因老化，它指的是我们绝大多数人在成年旅程中经历里程碑式事件时可预见的变化。与之前一样，在本章的开始部分我会介绍一些基本理论，如哈蒙（Harmon）的氧化损伤理论、海弗利克（Hayflick）的基因限制理论，以及热量控制理论。然后我会介绍与年龄相关的身体变化，包括外表、感觉认知、肌肉骨骼、心血管和呼吸系统、脑神经系统、免疫系统及内分泌系统的变化。大多数与年龄相关的生理系统的变化是渐进性的，但是要想避免过早衰老，我们可以做的有很多（并且很多都可以在成年早期做到，如避免日晒过度或抽烟过度）。接下来，我将介绍更复杂的四个功能领域：（1）运动能力，（2）耐力、敏捷度和平衡力，（3）睡眠，（4）性行为。所有这些能力都会随着年龄增长而下降。我对如何缓解这些功能衰退的方法进行了说明，但在本章末尾，我也慎重地表达了如下观点：迄今为止，我们还不能证明有"逆转时光"的办法。

本章的新内容包括以下几点：

- 听力损害引起心理问题的证据；
- 有消息称，听力损害在过去的 20 年中有所减少，可能源于工作场所对噪声的有效控制；
- 研究表明，打手球、曲棍球和踢足球会增加男性患髋关节骨关节炎的风险，也有些研究表明，职业芭蕾舞演员患髋关节骨关节炎的风险更高，尤其是女演员；
- 更多的证据表明，体育锻炼可以促进大脑健康；
- 关于睡眠和失眠研究的新发现；
- 预期在不远的将来可能发生的事情——实验室培育的替代器官、向老年人输注"年

轻"血液的成分，以及识别 100 岁以上人群的基因片段并植入年轻一些的人的
DNA 中；

- 延长最大寿命的伦理和实践应用。

第 3 章主要探讨与年龄相关的疾病，或者说是次因老化。我尝试把它与之前各章里所
讨论的随着年龄而呈现的正常变化加以区别。并非所有人都会罹患这样的疾病，无论寿命长
短，而且大多数与年龄相关的疾病都是可以预防和治疗的。我之所以将不同年龄的死亡率作
为本章开篇的内容，是因为我认为这样可以让读者思考死亡和疾病的危险。对大多数读者来
说，过早死亡的风险是很低的，在美国导致过早死亡的最主要的原因是突发事故。所以，我
接下来会探讨伴随老化而来的四大疾病，即心脏病、癌症、糖尿病和阿尔茨海默病，解释其
成因、风险因素及一些防范性措施。我试图在好消息（例如，早期检查和治疗使癌症死亡率
下降，美国病残率下降，等等）和坏消息（例如，各年龄段糖尿病患者的增加，目前仍然没
有治疗阿尔茨海默病的方法，等等）之间做好平衡。本章的第二部分是关于精神障碍或疾病
的。我想让读者深刻地认识到，大多数精神疾病都在成年早期，甚至青少年期发病且大多可
以被治愈。然而，受这些疾病折磨的个人（及其家庭）需要寻求帮助，寻求合适的帮助。在
本章末尾，我强调了这些身心健康障碍并非偶然。一些人群更易于患病，这可能与其基因、
社会经济背景、性别、生活方式、个人性格及其在幼年甚至出生前所遭遇的事件有关。

本章的新内容包括以下几点：

- 完全更新了死亡率和发病率统计数据；

- 美国成年人残疾率下降，全球老化比率不断上升；

- 关于男女心脏病差异的新发现；

- 美国癌症死亡人数持续下降；

- 关于 2 型糖尿病发病率在某些年龄组趋于平稳甚至有所下降的新信息；

- 阿尔茨海默病的新诊断技术；

- 美国精神健康最新统计数据；

- 符合《精神疾病诊断与统计手册（第 5 版）》（*Diagnostic and Statistical Manual of Mental Disorders：Fifth Edition*，DSM-5）分类标准的新的精神障碍分类（焦虑障碍、抑郁障碍、物质相关和成瘾性障碍）；

- 广泛讨论美国的类阿片问题；

- 关于计算机辅助技术和将动物作为辅助方法的新信息；

- 关于在大多数年龄段人群中持续存在不良饮食和久坐不动的生活方式的坏消息，关于烟草使用率下降的好消息；

- 与其他少数群体相比，LGBTQ[①] 群体面临更多的医疗系统孤立和歧视，但由于遭受更高的受害率、无家可归率和工作歧视，LGBTQ 群体更需要身心健康援助；
- 关于逆境如何影响免疫系统的新研究；
- 关于代际影响及其如何影响我们健康的新发现。

第 4 章讨论的是认知老化，即与年龄相关的认知能力的变化，包括注意力、记忆力、智力和问题解决能力。我解释了早期研究中的不足及其所导致的错误结论（人们的认知能力随着年龄增长而急剧下降），提出了更先进的研究方法，研究结果显示，不同的认知能力在与年龄相关的变化方面具有不同的模式。我们证明了一些能力（如认知速度）确实会随着年龄增长而下降，而其他一些认知能力（如涉及一般知识和专业知识的认知能力）则会随着年龄增长而提高。本章首先讨论了注意力的研究，包括对注意力分配的研究。本章的第二部分着重讨论记忆力，并向读者展示年龄对不同记忆成分和不同记忆类型的影响。我们展示了对认知老化的刻板印象如何对人们的记忆力产生负面影响。接下来，我们讨论的是智力，这部分包括纵向和横断研究结果的差异，以及老化对智力各个组成部分的不同影响。我们还讨论了认知老化的个体差异及认知能力随着年龄增长而提高的机制。我们希望读者能够将研究结果应用到自我了解中。

本章的新内容包括以下几点：

- 关于注意力的内容，包括对注意力分配和视觉搜索的研究；
- 刻板印象威胁对老年人记忆的影响；
- 重新组织了本章内容，让读者了解注意力和记忆力的变化如何影响个体智力及其解决问题的能力；
- 关于体育锻炼和认知参与度对认知能力的积极影响的新研究；
- 深入讨论使用技术来帮助患有认知障碍的成年人。

第 5 章的内容是成年人社会角色及其变化。社会角色指的是我们在承担特定角色（如员工、丈夫或妻子、祖父母或外祖父母等）时所采取的态度和行为。本章包含因角色转换而使个人产生的变化。性别是社会角色中很重要的一个部分，很多理论表明，为了符合我们的性别角色，我们是如何学习采取正确的态度和行为的。贝姆（Bem）的性别学习图式理论、伊格利（Eagly）的社会角色理论和巴斯（Buss）的进化心理学说都在第 5 章中有所阐述。我将不同的社会角色按时间顺序排列，依次讨论人们从和父母一起居住到独立居住，再到与爱人同居和结婚阶段的过渡和转变。成为对彼此忠诚的一对伴侣有利于双方的身心健康。另一个角色转换则是从伴侣变为父母。社会角色在中年期的转换包括从有孩子住在家中到孩子离开

---

① LGBTQ 是女同性恋者、男同性恋者、双性恋者、跨性别者及酷儿群体英文词汇的首字母缩写，泛指“性少数群体”的总称，其中酷儿指的是所有在性倾向方面与主流文化和占统治地位的社会性别常规或性常规不符的人。——译者注

家及之后成为祖父母辈的过程。中年期承担的另一个角色是上一辈的照顾者。在老年期，很多人独自居住并成为被照顾者。当然，并非所有人都会经历这些角色的转换，例如，有些人从未结婚或从未生育但依然过着快乐、充实的生活。很多新的社会角色出现在离异和重组家庭中，正像很多读者亲身经历的那样。

本章的新内容包括以下几点：

- 刚步入成年初显期的人和成年早期的人居住在父母家中的比例有所增加，同时，他们结婚或同居的比例则呈现下降趋势；
- 青年人的生育率创新低，40 岁以上妇女的生育率则相对更高；
- 一项新的研究比较了全职、兼职或完全不工作的母亲和父亲的时间分配情况；
- 关于夫妻在为人父母之前和为人父母之后如何分担家务的研究；
- 关于职业母亲养育出有平等思想的儿子的研究；
- 居住在（外）祖父母为户主的家庭中的儿童占比增加，特别是在非洲裔家庭、西班牙裔家庭和亚裔家庭中；
- 更详细地介绍了青年人和中年人如何花时间照顾老年人，虽然多数人都认为自己承受着压力，但也视这些为积极的体验；
- 居住在养老院的老年人的比例有所下降；
- 关于不孕症及其对夫妇影响的新研究。

社会关系是**第 6 章**的内容。它与社会角色的区别在于，社会关系是个体之间的双向交流，而不仅是个体在特定角色中的行为。要用一章囊括所有与社会关系有关的话题是不可能的，但尽管这是一个很难区分的问题，我们还是做了这样的划分。这也大体符合社会学（角色）和心理学（关系）的分类。在本章的开始部分，我会介绍鲍尔比（Bolby）的依恋理论、安斯沃斯（Ainsworth）的依恋行为模型、安托露丝（Antonucci）的护航模型、卡斯滕森（Carstensen）的社会情绪选择理论及巴斯的进化心理学理论。之后，我将探讨成年人所要经历的各种社会关系，包括从异性同居、结婚及同性关系的亲密伴侣关系开始，紧接着是成年期的父母—子女关系、（外）祖父母—（外）孙子女关系和兄弟姐妹关系，并以对朋友关系的探讨作为本章的结尾。所有年龄段的读者都会在本章内容中找到"共鸣"。

本章的新内容包括以下几点：

- 关于个体在整个生命周期的社会交往的新内容；
- 关于有助于形成长期伴侣关系的男女特质的新发现；
- 关于线上约会的新发现；
- 对依恋风格纵向研究的元分析；
- 关于同居接受度的跨文化研究；
- 关于 50 岁以上人群同居的新研究；
- 关于同性群体伴侣心理咨询的研究；

- 父母和成年子女之间的联系增加的内容，包括面对面方式和线上方式；
- 50 岁及以上夫妇的离婚率增加的内容，以及离婚对成年子女的影响的内容；
- 关于老年人处理成年子女生活危机的话题，这是生活痛苦的主要来源之一；
- 中老年人兄弟姐妹关系的重要性；
- 提供社会支持的好处；
- 晚年的社交网络；
- 整个生命周期中的社交媒体和心理健康；
- 社交媒体在减少种族间偏见方面的作用。

第 7 章会涉及工作与退休的话题。当我刚开始写作本书时，我的学生就已经将本章的理论内容运用到他们的未来计划或他们父母的生活中了，但近年来很多人将其运用于他们自己的生活中，因为这些人中的一部分已经进入劳动力市场，另一部分人则开始为了第二份工作接受再教育或再培训，还有一些人甚至在退休之后选择再次进入大学深造。在本章的开始部分，我引用了舒伯（Super）的生命周期 / 生涯角色理论与霍兰德（Holland）的职业选择理论。有的读者熟悉职业倾向测试，热衷于找到自己喜欢且适合的工作类型。性别差异是职业选择中很重要的一部分，而我质疑了为什么女性的收入仍然会比男性的收入低，以及女性为什么不能与男性一样可以获得高薪且高职位的工作，即使她们在任何工作岗位上的人数及读大学的人数都比男性多，情况依旧不容乐观。接下来的部分则是关于不同年龄群体在工作上的不同表现及其对工作的不同满意度。这个部分涉及工作和个人生活，包括工作如何影响个人、亲密关系及其对家庭其他成员的责任感。有关退休的讨论包含了个人选择退休的原因、退休对个人的影响，以及处于全职工作和完全退休的中间地带的状况。我试着让年轻的读者体会到，一个人退休后的生活质量取决于其早期的人生安排和规划，我希望他们能够比我在他们那个年龄时更严肃地思考这个问题。

本章的新内容包括以下几点：

- 职业概念是没有界限、多样化和易于改变的；
- 关于劳动力中女性的新数据；
- 关于劳动力中老年人的纵向研究；
- 退休前的工作复杂性如何促进良好的认知老化过程；
- 工作压力如何影响认知变化和健康；
- 全球范围内没有在工作、没有在上学的年轻人的问题；
- 关于按世代和就业状况划分的带薪工作 / 家庭的新研究；
- 对照顾者的纵向研究；
- 关于志愿者工作的新研究结果。

第 8 章的主题是人格。我把本章分为两部分：第一部分介绍对人格结构的研究，以科斯塔（Costa）和麦克雷（McCrae）的大五人格模型为主要内容；第二部分探讨了一些重要的人格理论，包括埃里克森（Erikson）的心理社会发展理论、洛文杰（Loevinger）的自我发展理论、范伦特（Vaillant）的成熟适应理论、古特曼（Gutmann）的性别交叉理论及马斯洛（Maslow）的积极幸福感理论。我们之所以从众多理论中挑选出这些，是因为它们一直在影响后世关于人格在不同年龄时期不变因素与变化因素的研究。

本章的新内容包括以下几点：

- 关于人格改变的刻板印象的新内容；
- 可靠性变化的新纵向研究；
- 关于重大生活事件对人格影响的新讨论；
- 关于开放性与成就之间的关系的新研究；
- 人格与健康之间的关系的讨论；
- 关于歧视对人格影响的新研究。

第 9 章介绍了人们对意义的探求及其在成年时期的不同阶段的表现。本章仍然是最具争议的一章，支持者将这部分内容视为本书最佳的一章，而另一些人则会质疑本书为何会包含这些内容。我们相信，当我们质疑这段成年旅程如何开始，以及我们到底要去往哪里时，对意义的追求在成年之旅中就占据了重要的位置。这是一个机会，让我们可以向前看一点，再向前看一点，和其他各章相比，本章探讨的内容更为深远。本章开头展示了在过去 40 多年的实践中，宗教和精神性话题是如何受到巨大关注的，并提到让人们体会生命之神圣。之后我会谈及不同的理论，包括科尔伯格（Kohlberg）的道德推理理论和福勒（Fowler）的信仰发展理论，并介绍这两种理论与之前已经阐述的洛文杰的自我发展理论和马斯洛的积极幸福感理论之间的相似点。心理学奠基者之一的威廉·詹姆斯（William James）在 1902 年曾写过神秘主义体验和转变的内容，我在本章结尾对其进行了引用。

本章的新内容包括以下几点：

- 在美国，声称自己信仰上帝者的比例在增加；
- 关于精神性是否为人类进化特征的争论；
- 在考虑社会经济状况、健康行为和特定的宗教行为这些因素的条件下，研究宗教信仰与和谐的心理健康状态之间的关系。

压力和心理弹性是**第 10 章**的主要内容。这一领域的研究通常是由心理学家和医学研究者完成的，但最近它受到了社会心理学家、社会学家、法医心理学家及军事领导者的关注。读者会对本章有自己个性化的解读，因为大多数人所承受的压力要比压力源带来的压力更多。我从塞利（Selye）的一般适应综合征概念开始，接着介绍了霍姆斯（Holmes）和拉赫（Rahe）编制的重大生活事件压力量表。这里所展示的材料是为了表明高度应激状态与身心障碍的相关性。本章还会包括一些当下的热门话题，如创伤后应激障碍，也会涉及诸如性别和年龄这样的个体差异的内容。我将种族歧视作为慢性应激压力的来源，并谈到与压力相关的成长，那些没能消灭你的东西会让你变得更强大。心理弹性将在应对机制类型之后介绍，最新研究表明，创伤之后最常见的反应是表现出心理弹性，而有些人比他人更易恢复。

本章的新内容包括以下几点：

- 压力和死亡率的纵向研究；
- 美国心理学会关于创伤后应激障碍的新指南；
- 关于大屠杀幸存者子女创伤后应激障碍的研究；
- 关于感知到的歧视与心理健康的研究结果；
- 社会支持和同性恋身份对 LGBTQ 群体压力体验的调节作用的研究；
- 对乐观主义及其是否对创伤起到缓冲作用的纵向研究；
- 在军事环境中使用虚拟心理治疗师。

第 11 章 涉及死亡这一主题，包括我们在不同的年龄如何看待死亡、如何面对所爱之人的离世，以及如何面对自己生命的结束。本章的开始部分首先讨论我们如何获得对死亡的理解，其中既包含对他人死亡的理解，也包含对自己最终将要死亡的理解。这包括抽象的应对方法，如克服对死亡的恐惧，也包括一些实际的方法，如立一份生前遗嘱或成为器官捐赠者。离世地点这个问题对很多人来说是很重要的，大多数人都想在自己家里有家人陪伴的情况下离世。这一点因为临终学的出现变得更加可行，对此我会在之后详细加以解读。一些处于绝症晚期的人希望可以选择自己死亡的时间，这在美国一些对安乐死合法化的州已经成为可能，我会解释如何安排这样的事情，以及哪类人群会做出这样的决定。本章以一个充满希望的内容收尾——一项关于亲人丧亡的研究结果表明，老年丧偶之痛大多数是能够恢复的。

本章的新内容包括以下几点：

- 对死亡焦虑的跨文化新研究；
- 与痴呆症患者交流的新方法，即使用经典的棒球游戏和仿古车为介质；
- 关于临终关怀和医生协助安乐死的最新数据。

第 12 章 为本书的最后一章。在本章中，我们按时间顺序总结了本书的所有内容。我们加入了相关的新内容，并用流程图展现了我个人关于成年人全面发展模型的想法，用来说明我们如何在生活的各个方面中从不平衡走向平衡。此外，我们还加入了一张成年后与年龄相关的变化的总表。

目录
Contents

01 第 1 章
成年发展概述
/ 001

学习目标 /002

1.1 成年发展的基本概念 /004
1.1.1 区别和共性 /005
1.1.2 稳定性和变化 /005
1.1.3 "年龄"这个词的含义 /007

年龄类型 /008

1.2 改变的来源 /009
1.2.1 年龄常规性影响 /009
1.2.2 历史常规性影响 /010
1.2.3 非常规性生活事件 /012
1.2.4 基因、环境及二者之间的
交互作用 /012

1.3 一些指导性的理论观点 /015
1.3.1 毕生发展心理学 /015
1.3.2 发展的生态学模型 /015

1.4 成年发展研究 /017
1.4.1 研究方法 /018

纵向研究示例 /021
序列研究示例 /023

1.4.2 测量 /024
1.4.3 数据分析 /025

相关分析研究示例 /026
1.4.4 研究设计 /029
摘要：成年发展概述 /031

02 第 2 章
身体变化
/ 033

学习目标 /034

2.1 主因老化理论 /036
2.1.1 氧化损伤 /036
2.1.2 基因限制 /037
2.1.3 热量控制 /038
2.1.4 时光逆转 /039

2.2 外表的生理变化 /040
2.2.1 体重和身体成分 /040
2.2.2 皮肤变化 /044
2.2.3 头发 /046

2.3 感觉系统的变化 /046
2.3.1 视觉 /047

常见眼疾 /048
2.3.2 听觉 /050
2.3.3 味觉与嗅觉 /052

2.4 年龄是如何改变身体内部结构与系统的 /053

2.4.1 肌肉和骨骼 /053

骨质疏松症的风险因素 /054
骨关节炎的风险因素 /056

2.4.2 心血管系统和呼吸系统 /057

2.4.3 大脑与神经系统 /058

2.4.4 免疫系统 /058

2.4.5 内分泌系统 /059

男性和女性的更年期 /059

2.5 生理行为的变化 /062

2.5.1 运动能力 /062

2.5.2 耐力、敏捷度和平衡力 /063

2.5.3 睡眠 /063

2.5.4 性行为 /065

2.6 主因老化中的个体差异 /067

2.6.1 遗传 /067

2.6.2 生活方式 /067

2.6.3 种族、族裔及社会经济地位 /069

摘要：身体变化 /070

03 第 3 章 健康与健康障碍 / 073

学习目标 /074

3.1 死亡率、发病率和残疾 /075

3.1.1 死亡率和发病率 /076

3.1.2 残疾 /078

3.2 若干疾病 /080

3.2.1 心血管疾病 /081

心血管疾病的风险因素 /081

3.2.2 癌症 /082

癌症的风险因素 /084

3.2.3 糖尿病 /084

糖尿病的风险因素 /085

3.2.4 阿尔茨海默病 /086

阿尔茨海默病的其他风险因素 /088

3.3 精神障碍 /089

3.3.1 焦虑障碍 /090

焦虑障碍的风险因素 /090

3.3.2 抑郁障碍 /090

重性抑郁障碍的风险因素 /091

3.3.3 物质相关和成瘾性障碍 /092

物质滥用障碍的风险因素 /094

3.3.4 精神障碍的治疗 /094

3.4 辅助解决方案 /095

3.4.1 辅助技术 /095

3.4.2 动物助手 /096

3.5 健康的个体差异 /097

3.5.1 遗传 /097

3.5.2 性别 /098

3.5.3 社会经济地位 /099

3.5.4 种族和族裔 /103

各种族和族裔的健康状况 /103

3.5.5 歧视 /105

3.5.6 人格和行为模式 /107

3.5.7 发展之源 /109

3.5.8 生活方式 /110

摘要：健康与健康障碍 /112

04 第 4 章 认知能力 / 115

学习目标 /116

4.1 注意力 /117
4.1.1 注意力分配 /118
4.1.2 视觉搜索 /118

4.2 记忆力 /119
4.2.1 短时记忆与工作记忆 /120
4.2.2 情景记忆 /122
4.2.3 前瞻性记忆 /125
4.2.4 减缓记忆能力下降的趋势 /126
4.2.5 情境中的记忆 /127

4.3 智力 /129
4.3.1 随着年龄增长，个体智力发生的一般性变化 /130
4.3.2 智力的成分 /132
晶体智力与流体智力 /133
4.3.3 逆转智力下降 /134

4.4 决策和问题解决 /136
4.4.1 决策 /136
4.4.2 问题解决和情绪性信息 /137
4.4.3 积极偏向 /138

4.5 认知变化中的个体差异 /139
4.5.1 健康 /139
与认知改变相关的因素 /139
4.5.2 遗传 /140
4.5.3 人口统计学和社会传记史 /142
4.5.4 教育与智力活动 /142
4.5.5 体育锻炼 /143
4.5.6 对认知衰退的主观评价 /144

4.6 认知辅助 /144
4.6.1 药物治疗依从性/坚持性 /145
4.6.2 社交网络 /145
4.6.3 电子阅读器与电子游戏 /146
4.6.4 安全驾驶 /147

摘要：认知变化 /150

05 第 5 章 社会角色 / 153

学习目标 /154

5.1 社会角色及其转换 /156
5.1.1 时代变化的影响 /156
5.1.2 性别角色 /157

5.2 青年期的社会角色 /160
5.2.1 离家与回归家庭 /161
5.2.2 成为配偶或伴侣 /163
美国的同居率 /164
调查 关于婚姻、生育和性行为的趋势和态度 /166
5.2.3 为人父母 /167

5.3 中年期的社会角色 /172
5.3.1 子女离家：空巢期 /172
5.3.2 中年时期的性别角色 /173
5.3.3 成为（外）祖父母 /173
（外）祖父母承担父母角色带来的问题 /175
5.3.4 照顾年长的父母 /176

5.4 成年晚期的社会角色 /178
5.4.1 独居 /179

1990 年到 2014 年美国 65 岁以上老年人的生活状况 /180

5.4.2 成为受照顾者 /181

5.5 **非典型家庭中的社会角色** /182

5.5.1 终身单身 /183

5.5.2 无子女 /183

5.5.3 离异（或再婚）/185

摘要：社会角色 /187

6.4.2 成年期的亲子关系 /215

成年期父母离婚的影响 /218

6.4.3 祖孙关系 /219

6.4.4 与兄弟姐妹的关系 /223

6.5 **成年人的友谊** /225

6.5.1 朋友圈 /225

6.5.2 社交媒体上的朋友 /226

成年人与社交媒体 /227

摘要：社会关系 /232

06 第 6 章 社会关系 / 191

学习目标 /192

6.1 **社会关系的理论** /194

6.1.1 依恋理论 /194

6.1.2 护航模型 /195

6.1.3 社会情绪选择理论 /196

6.1.4 进化心理学 /197

6.2 **建立亲密关系** /198

6.2.1 性欲 /199

6.2.2 吸引力 /199

6.2.3 感情中的依恋 /203

贯穿一生的依恋关系 /204

6.3 **在亲密关系中生活** /206

6.3.1 幸福的婚姻 /206

6.3.2 同居与婚姻 /209

6.3.3 同性婚姻和伴侣关系 /212

6.4 **与其他家庭成员的关系** /214

6.4.1 家庭互动的一般模式 /214

07 第 7 章 工作与退休 / 235

学习目标 /236

7.1 **工作对成年人的重要性** /237

7.1.1 职业生涯发展理论 /238

7.1.2 职业模式中的性别差异 /239

男性和女性的职业道路有哪些不同 /240

7.2 **职业选择** /241

7.2.1 性别的影响 /241

7.2.2 家庭影响 /244

7.3 **工作场所的年龄趋势** /245

7.3.1 工作表现 /245

7.3.2 职业培训和再培训 /247

7.3.3 工作满意度 /248

7.4 **工作和个人生活** /249

7.4.1 工作与个人 /249

关于工作不安全感的调查结果 /252

7.4.2　工作与家庭生活 /252

7.5　退休 /257

7.5.1　退休的准备 /257

7.5.2　退休的时间 /258

7.5.3　退休的原因 /259

影响退休决定的因素 /259

7.5.4　退休产生的影响 /261

收入变化 /262

7.5.5　完全退休的替代方案 /264

过渡到退休 /264

7.5.6　退休和福利 /266

摘要：工作与退休 /268

08　第 8 章　人格 / 271

学习目标 /272

8.1　人格结构 /273

8.1.1　人格特质和因素 /274

人格类型的证据 /275

8.1.2　差异的连续性 /276

8.1.3　均值变化 /277

8.1.4　个体自身变异 /279

8.1.5　连续体、变化及变异体的共存 /281

8.2　人格特质有什么作用 /281

8.2.1　人格与关系 /282

人格与亲密关系 /282

8.2.2　人格与成就 /282

8.2.3　人格与健康 /283

8.3　连续性和变化的解释 /285

8.3.1　遗传学 /285

8.3.2　环境影响 /286

歧视与人格 /287
人与环境互动的不同方式 /287

8.3.3　进化心理学的解释 /288

8.3.4　文化差异 /289

8.4　人格发展理论 /290

8.4.1　心理社会发展 /290

检验埃里克森理论的方法 /292

8.4.2　自我发展 /296

洛文杰的自我发展阶段 /296

8.4.3　成熟的适应 /299

8.4.4　性别交叉 /300

8.4.5　积极的幸福感 /302

自我决定理论的三个基本需求 /304

摘要：人格 /306

09　第 9 章　对意义的探索 / 309

学习目标 /310

9.1　为什么我们研究对意义的探索 /312

9.1.1　意义的重要性 /312

9.1.2　人类对意义的探索 /313

9.1.3　文化对超越老化的支持 /313

9.2　意义系统中与年龄变化相关的研究 /314

9.2.1　意义探索的变化 /315

9.2.2　宗教、精神性和健康 /318

宗教参与和压力 /318

9.3　有关精神发展的理论 /320

9.3.1　道德推理的发展 /320

9.3.2　信仰的发展 /326

信仰的阶段 /327

9.4　整合意义和人格 /329

有效性的三项论据 /330

9.4.1　一个综合模型 /331

9.4.2　神秘主义体验的阶段 /332

从觉醒到统一 /332

9.5　阶段转换的过程 /333

9.5.1　过渡理论 /334

9.5.2　触发过渡 /334

9.5.3　生活变化的影响 /335

9.6　塑造探索 /336

9.6.1　人生旅程 /336

9.6.2　选择隐喻 /337

摘要：对意义的探索 /339

10.1.2　压力类型 /348

10.2　压力的影响 /349

10.2.1　生理疾病 /349

10.2.2　精神障碍 /351

10.2.3　压力相关疾病的个体差异 /353

压力源与年龄 /355

10.2.4　与压力有关的成长 /358

10.3　应对压力 /359

10.3.1　应对行为的类型 /359

其他类型的应对方式 /360

10.3.2　社会支持 /363

10.4　心理弹性 /365

10.4.1　对创伤的反应 /365

10.4.2　人格特质与心理弹性 /366

预测心理弹性 /366

10.4.3　军人的心理弹性 /368

摘要：压力、应对与心理弹性 /370

10 第 10 章
压力、应对与
心理弹性
/ 343

学习目标 /344

10.1　压力、压力源和应激反应 /346

10.1.1　压力和压力反应 /346

塞利提出的一般适应综合征 /346

11 第 11 章
死亡与永别
/ 373

学习目标 /374

11.1　理解死亡 /376

11.1.1　死亡的意义 /376

对死亡的解读 /376

11.1.2　死亡焦虑 /377

死亡恐惧的组成要素 /377

11.1.3　接受死亡的事实 /379

11.2 死亡过程 /380

11.2.1 死亡反应的阶段 /381

11.2.2 告别的重要性 /382

11.2.3 死亡的个人适应 /383

11.2.4 选择死亡地点 /384

11.2.5 选择死亡时间 /387

11.3 仪式和悲伤 /389

11.3.1 葬礼和仪式 /389

11.3.2 悲伤的过程 /389

适应爱人的死亡 /391

摘要：死亡与永别 /394

12 第 12 章
成功之旅
/ 397

学习目标 /398

12.1 成年期发展主题 /400

12.1.1 成年初显期（18～24 岁）/403

成年初显期的发展任务包括什么 /403

12.1.2 青年期（25～39 岁）/404

12.1.3 中年期（40～64 岁）/405

中年期研究 /408

12.1.4 老年期（65～74 岁）/410

12.1.5 成年晚期（75 岁及以上）/411

12.2 影响成功发展的因素 /414

12.2.1 生活质量方面的个体差异 /414

影响生活满意度的六大因素 /415

12.2.2 成功生活的其他衡量方式 /417

12.3 成年人成长及发展模型：发展
轨迹与路径 /420

12.3.1 命题 1 /420

12.3.2 命题 2 /420

12.3.3 命题 3 /422

不平衡的主要来源 /423

12.3.4 命题 4 /425

12.4 成功老化 /427

12.4.1 身心锻炼 /428

12.4.2 社会参与 /428

12.4.3 饮食与营养 /429

12.4.4 补充和替代医疗 /429

摘要：成功之旅 /431

术语表 /433

成年发展心理学
THE JOURNEY OF
ADULTHOOD

01

第1章

成年发展概述

几世同堂的家庭

学习目标

1.1 探索发展心理学的主要理论

1.2 解释发展的主要动力

1.3 区分心理学和生物生态学模型之间的差异

1.4 评估发展领域的研究方法

作者的话　>>>>> 我的成年之旅

我的成年之旅很早就开始了，就像我这一代的许多女性一样。我高中毕业不久就结了婚，组建了自己的家庭。但与许多同龄女性不同的是，我花在阅读上的时间比和其他妈妈一起喝早茶的时间更多。在孩子们上音乐课、练棒球、约牙医时，我总会读一本书。图书馆对我很重要。它和杂货店一样是我每周都要去一次的地方。当最小的孩子开始上幼儿园时，29 岁的我进入大学学习，这比当时大学生的平均年龄要大得多。在接下来的 7 年里，我和我的孩子们一起在餐桌旁做作业，计算下一个假期的天数，把成绩报告贴在冰箱上。现在，已经长大成人的孩子们告诉我，在他们的童年记忆中，我似乎都在学校里度过自己的时光。在我即将获得发展心理学硕士之时，我的婚姻走到了终点，我成为一位单身母亲。于是，我放弃了攻读博士学位的计划，在大学里找了一份工作，教授心理学课程，同时从事儿童记忆发展方面的研究工作。在我的孩子们逐渐长大成人并纷纷离开家后，我再次结了婚，他要孩子的时间很晚，所以我们结婚时他带着一个 5 岁的孩子，于是我成为这个孩子的继母，这个孩子迅速地成为我生活的一部分。不久之后，孙辈们开始出现在我的家庭中，我的生活安定美好、波澜不惊。我似乎体验了所有的人生内容——结婚、生子、追求事业、成为单亲母亲、成为继母并有了孙辈，我的生活很充实。

我 50 岁的生日似乎突然之间就要到了。它不仅代表我"又老了一岁"，也让我重新审视自己的生活。我意识到，我还没有准备好在接下来的几十年里就这样慢慢地老去；我需要回到之前的生活正轨，继续我的求学之路。第二年秋天，我进入乔治亚大学毕生发展心理学博士课程继续求学。那是一段很振奋人心的时光，同时也是一段让人保持谦逊的时光：我不再是老师，而是学生；我在他人的指导下做研究项目；我不再给出建议，而是询问书店在哪里，车停在哪里，以及如何使用复印机。3 年后，在正式的毕业典礼上，我被授予了一顶红黑相间的博士学位帽，我的孩子和（外）孙子女、父母和兄弟姐妹在观众中为我欢呼。

现在，我在佛罗里达大西洋大学威尔克斯荣誉学院任职，我编写大学教材。我和丈夫住在佛罗里达州东南部的一个乡村社区。我们屋子的前院有柏树，后院有一片小松林。我们的邻居养马，我们早上醒来能听到公鸡的鸣叫。我 13 年前设立的一个读书俱乐部至今依旧"充满活力"，我也喜欢参加大学的社区讲座。

一个儿子、儿媳和我们的三个孙子住在附近。我的一天通常是这样的：早晨写作，然后上一堂水上有氧运动课；下午我要么辅导作业，要么开车从学校接上孙子们并送他们参加音乐课，然后接他们回家。一个孙子在 15 岁时成为一名初出茅庐的厨师，他放学后会到我们家和我丈夫一起做饭。最近，他们一直在努力制作出完美的法式长棍面包。另一个儿子、儿媳和他们的三个子女住在距离海边一小时车程的地方，我们经常见面。尽管我们也有一些典型的家庭矛盾，但总体而言，我们的生活是美好的。

7 年前，我和丈夫有 3 个孩子和 8 个 8 ~ 25 岁的孙辈孩子，我们俩都觉得我们的生活已经安定下来了。但后来，我的两个儿子都离婚了，他们过了一段时间的单身生活，然后重新组建了家庭。在过去的 5 年里，我们增添了莉莉·珀尔（5 岁）、双胞胎韦斯利和简（4 岁）及萨奇（2 岁）4 个孙辈孩子。我们的小儿子和一位女士结了婚，这位女士有一个 15 岁的儿子，名叫安德烈斯。在我写作本书的时候，我们的第 14 个孙辈孩子正准备从新生儿重症监护室里出院回家，一个月大的她正式成为家庭中的一员，那时候她体重大约 1.6 千克。回首往事，我们无法想象这 6 位新成员的到来会让我们的生活变得如此完整！

希望本书可以让读者明白：发展不会停止，不论你 21 岁、40 岁，甚或 65 岁。你的生活永远不会停止，而是总会给你带来一些意料之外的事情，直到你生命的最后一刻。希望生活带给你们的意料之外的事情大多是让人幸福、快乐的。

以上是我从一位发展心理学家和一种更个人化的视角来探讨成年发展这个主题的。像很多人一样，我也正在毕生发展的旅程中，我的同行者有我的兄弟姐妹、我的丈夫、我的朋友、我的成年子女，还有我即将成年的大学生孙辈们，所以我对成年这个话题的浓厚兴趣来自科学和个人两个层面。我想了解这一切是如何发生的，为什么会这样，一方面是因为研究它是我的职业选择，另一方面是因为在我不工作的时候我也会思考这些问题。我的成年之旅与你的有相似之处，也有所不同。在写作本书时，我试图找寻造成这些相似性和差异的原因和机理。希望大家能与我分享在科学探索和个人旅程中的点点滴滴。

1.1　成年发展的基本概念

发展心理学（developmental psychology）是一门以个体在生命周期不同阶段的行为、思想和情绪为研究对象的学科，包括儿童发展、青少年发展，以及成年发展（adult development）。我们感兴趣的是个体在成年期各个阶段的变化，从成年初显期（青少年期结束时）开始，一直到生命的终结。尽管许多自传也会用第一人称的视角描述主人公自己的生活，描述许多发生在自己成年后的轶事，但本书的基础是实证研究（empirical research）——一种对可观察的事件进行客观评估和测定的研究方法。当使用个人事件和例子（包括本章开头我的人生故事）时，它们也是经过精心筛选的，目的在于说明本书的相关概念。

1.1.1 区别和共性

也许正在阅读本书的你才刚刚开始自己的成年之旅，或者已经人在旅途，走过了 20 岁、30 岁，或者 40 岁、50 岁，甚至更多。但是不论你年龄多大，你仍然在人生旅程中，穿过年年岁岁，一路见证自己不断地发生蜕变。在这段漫长的旅程中，我们并不会遵从一种共同的行程安排，也许你流连在我从未去过的地方，也许我转了个弯，在路旁来了一次计划之外的小憩。即使我们去过同样的地方，我们的感受也会迥然不同。每一段旅程都存在个体差异（individual differences），那对个体而言是独一无二的。一方面，也许你并不了解身为单亲母亲的万般艰辛，抑或你未曾体验为人祖母享有的天伦之乐；另一方面，我也无从得知独居生活的孤单和独立，抑或父母离异带给子女的迷茫和困惑。但无论如何，成年的旅途上依然存在共性（commonalities），即在成年生活中，我们绝大多数人都会体验到的具有普遍性的方面（或是现在已经体验，或是将在未来体验）。大多数人都会在成年后从父母家里搬出去（或正在考虑搬出去），都会谈恋爱、读大学、规划未来，然后组建家庭，或者认真思考是否生儿育女。若没有这些共同的希冀和经历，关于成年发展的图书也就失去了其存在的意义。我写作本书的目的是和你一起探索我们成年生活的独特性和共性。

> **作者提示**
>
> **是什么让你成为你？**
>
> 想一想你个人经历过的一些事情，这些事情使你与你的同龄人相同或不同。
> 它们是什么？它们如何影响你成年后的体验？

1.1.2 稳定性和变化

发展过程中的稳定性和变化是本书中的两个重要概念。稳定性（stability）是我们自身的重要组成部分，它们构成始终不变的核心。正是一系列不变的个性特征、偏好和典型的行为方式使我们成为自己并在生命发展过程中始终保持着"自己"。换言之，当你 40 岁，甚至60 岁时，你身上的某些方面依然和 20 岁时的一致。例如，在我自己的成年生活中，"对书的热爱"就是一个稳定不变的主题。事实上，这个特点甚至可以追溯到我的童年时代。一直以来，书房中的许多图书都是我宝贵的珍藏；在家里的其他地方，总有几本我正在阅读的图书，还有一本通过蓝牙在车里播放的有声读物。13 年前，我在我家附近开设了一个读书俱乐部，这对我来说是巨大的快乐来源之一。另一个在我生活中不断出现的主题是"孩子"，最早是我的三个小妹妹，接着是我自己的孩子，然后是我的养女、侄儿和侄女，再到我的孙辈们。我家客厅里随时都有一个玩具箱，厨房的橱柜里也随时放着儿童水杯。事实上，在我的生命中，"读书"与"孩子"这两个主题经常交替出现。给孩子们的生日礼物清单上总会有书，客房书架上也放着许多儿童图书，以备来访的孩子们过夜，有的书还是他们的父母小时候读过的。同样，你也能在自己的生命中找到类似的稳定性——或者是弹奏一种乐器，或者是从事一项体育运动。尽管随着时间的变化，我喜爱的图书类型的确发生了变化，你喜欢的音乐风格或热衷的运动项目可能也发生了变化，但是这些主题中最核心的本质依然是我们的生活中不可或缺的一部分。

"变化"（change）是与"稳定性"相反的一股力量。随着时间的推移，它不断作用于我们身上，使我们与年轻时（或年老后）的自己不再一样。"旅行"是我生活中体现了"变化"这个概念的例子。我在少年时代从未远离过故乡佛罗里达州，几乎所有的亲戚都住在附近，就算有极个别例外，他们也更愿意来温暖的佛罗里达州拜访我们，而不是我们去拜访他们。说实话，35岁之前，我从来没有坐过飞机。但后来，在嫁给现任丈夫之后（尤其在孩子们都离开家，开始了自己的独立生活之后），我有了更多与他一起外出旅行的机会：或者一起参加全国范围内的学术会议，或者陪他去国外的大学做客座教授。在近20年里，我们在德国、西班牙和新西兰生活过相当长的一段时间，同时也去日本、中国、意大利、瑞典、挪威、丹麦、英国、澳大利亚、瑞士和埃及做过短途旅行。就在去年，我们还一起去了法国！我现在是一个"打包专家"，并且有许多在异国他乡拍摄的照片，我可以用美丽的相框将其一一装好，并用它们装饰我的办公室。从30岁到50岁，我在"旅行"这方面发生了翻天覆地的变化。另外，有些在发展过程中发生改变的例子往往会出现在我们决定成为父母、更换工作的时候，或者决定搬到另一个地方（甚至另一个国家）居住时。审视那些对"我们是谁"有决定性意义的"稳定性"和"变化"是看待成年发展之旅的一种可行方案。

连续性和阶段性

这是看待成年发展的另一种方式。我们的人生旅程有时具有延续性（continuous）——缓慢、渐进，引领我们走向可以预测的前方。我的园艺技巧提高的过程就是如此。最早在公寓居住时，我只是侍弄一些小盆栽；后来住进租来的独立住宅后，我成功地说服房东让我开辟了一处小小的花园；随着我们的院子不断扩大，我的园艺计划也逐渐壮大。我喜欢去花卉市场，喜欢和朋友们交换园艺工具，毫无疑问，也喜欢阅读关于园艺的图书。事实上，哪怕只是简单的"松土"都能给我带来一种难以描述的轻松感。可以说，这么多年来，我在园艺方面的知识和技能一直都在扩充和提高。现在，家里的院子已经足够大，不再是几平方米而是几千平方米（我简直住进了天堂），我也终于一展拳脚，把前院变成一个花香四溢、随时都有蝴蝶流连的美丽花园，把后院开辟成一个菜园。希望在今后的日子里，我能继续作为园艺师不断精进。

同时，我们的人生旅程有时也有不同的阶段（stages），即在某一段时间里，生活的旅程似乎一直波澜不惊，然后突然发生变化。就像一直在宁静的乡村公路上悠闲开车的你一下融入车水马龙的国道（反之亦然）。就我自己的成年生活而言，多年在家里抚养孩子是一个阶段，该阶段随着孩子们开始上学，我重返校园读大学而终止。这让我一下子从手把手带孩子的全职主妇生活进入了崭新的阶段，即要在头一天晚上准备好第二天需要的一切，第二天便早起送孩子上学。同时，我面对的问题也从只需要依靠体力或具体的思考（如怎么才能清除墙上乱画的蜡笔印）就能搞定，变成必须要运用抽象性思维（如心理学基础课程）才能解决。这个"母亲 / 学生"的阶段持续了很多年，直到后来我进入新的"单身母亲 / 研究员"阶段才告一段落。这些阶段在多大程度上具有典型性（typical），这是研究成年发展旅程中一个很有趣的问题：大多数成年人都会经历这些阶段吗？如果是，他们是否以相同的顺序和在相同的年龄经历这些阶段？还是说，这是一种非典型性（atypical）的体验，是独一无二的个体经历？我自己认为，送最小的孩子上学可能是父母一生中的一个普遍事件，它标志着一个阶段的结束和另一个阶段的开始。但是我并不认为从一位"全职妈妈"转变为一名"全日制学生"是一种典型的、普遍的经历，尽管这在当今社会比在上一代人中更普遍。

外在变化和内在变化

本书的另一个重要主题涉及外在变化和内在变化。随着我们不断在成年旅程上行进，我们的外在变化（external changes）是显而易见的。在成年早期时，我们会对自己的能力和选择充满自信，此时，我们的人生日渐丰盈，我们日益成熟。在这个阶段，有人会怀孕，有人则开始脱发；随后，人到中年，许多人的身材、形体及健康状态又会发生或好或坏的变化。然而，对不经意的观察者来说，内在变化（internal changes）却不那么明显。我们会恋爱，会失恋，会全心养育孩子，随后又学着给他们留出自己的发展空间；刚成年时，我们往往会求助于父母，多年后，我们又会搀扶着他们走到人生旅程的终点；我们会日益变得智慧和优雅。当然，内在变化和外在变化并非各自独立。外在变化会影响我们对自己的感觉，反之亦然。外在变化也会影响他人对我们的看法，而这反过来又会影响我们的自我认知。理顺这些概念之间的关系是本书的目的之一。

> **作者提示**
>
> 描述一下你的生活经历。
>
> 想一想你现在的生活经历。你认为稳定的部分是哪些？正在变化中的是哪些？哪些变化是连续的，哪些变化是阶段性的？哪些变化是外在的，哪些变化是内在的？

1.1.3　"年龄"这个词的含义

许多人觉得年龄只是个数字而已。但是，年龄具有丰富的意涵。对孩童而言，年龄也许意味着他人对其身体发育和动作行为的期待；对青少年而言，年龄就会涉及更多因素。事实上，随着我们在成年之旅上越走越远，年龄对"每个人"的意义就会更加不同。

目前，学界已经确定了几种年龄类型，这些类型有助于解释成年发展的多个维度。

年龄类型 • • •

实足年龄——从出生到现在已经度过的年头（或最近一个生日蛋糕上的蜡烛数）就是我们的实足年龄（chronological age）。实足年龄在一个人的孩童时期可能是很重要的，所有7岁的孩童看起来似乎都是相似的，他们有着相似的兴趣和能力；到了成年期，相同实足年龄者相似处甚少，只有在刚进入成年期时，大家驾车、买酒和投票的权利都是由实足年龄决定的；以及步入老年后，我们的社会保障和医疗保险的资格是由实足年龄决定的。总而言之，成年后，我们的发展并不会因为时钟敲响多少次或燃尽多少根生日蜡烛而自然实现。实足年龄和发展之间可能有一定的相关性，但它不会"导致"发展性变化。

生理年龄——生理年龄（biological age）是衡量一位成年人（与他人相比之下）的身体状况的一种方法。"他的记忆力和50岁的人的记忆力一样""她跑起来就好像只有30岁"，这些都是日常生活中我们对于生理年龄的衡量。当然，个体的生理年龄与其实足年龄是有关联的。"他的记忆力就像一个50岁的人的记忆力一样"，这句话对一个实足年龄70岁的人和对一个实足年龄30岁的人而言肯定是不一样的。一位40多岁的女性骑自行车不是什么稀罕事，但42岁的里约奥运会自行车金牌得主克里斯汀·阿姆斯特朗（Kristin Armstrong）那样骑自行车的则是罕有之事。生理年龄是衡量生理系统老化程度的一种方法，如骨龄（把被测量者的骨质与健康同龄人的骨质做比较）。生理年龄常会受到生活方式改变的影响。

心理年龄——心理年龄（psychological age）用于衡量（与他人相比）一位成年人有效处理与环境之间的关系的能力。如果一位30岁的女性常常因为买名牌牛仔裤而付不起电费，经常因为睡过头而迟到，那么她在心理年龄上就相当于一名少女（少年期）。此外，一位25岁的男性自己创业，3年后获得成功，已经把自己的商业版图扩展到几个城市了，手下的雇员人数也在增加，那么他正在展示出的组织能力和解决问题能力是同龄人的两倍。

社会年龄——社会年龄（social age）是社会对于一个人在其生命中某个阶段所承担的角色的期望。一位23岁的女性能够胜任一份全日制学业和一份全职工作，还能够定期寄钱回家赡养祖母，那么这位年轻人的社会年龄就远远超越了其实际年龄。而一位上大学的中年女性其实正在承担一名年轻人应该承担的社会角色。

有些时候，生理年龄、心理年龄和社会年龄被统称为机能年龄（functional age），指的是与他人相比，一个人是否拥有好好经营自己生活的能力。不管怎么说，很明显的是，对于"你年龄多大"这个问题的答案可以是多种多样的。

作为发展心理学家，我们研究成年人行为活动的某些方面时尽量不止从实足年龄出发。

在下文中，许多实验会使用"年龄分组"（将青年人组和中年人组相比较），或者"角色分组"（有孩子的夫妻组与没有孩子的夫妻组）。在这些实验中，我们常常会对比同一个人在承担某个角色前后的情况，如做父母前后或退休前后，以此回避一些涉及实足年龄的问题。值得一再注意的是，"发展"与"实足年龄"在成年发展这条路上既不是同义词，也不是"手牵手"一起向前的，并且这样的差异随着年龄增长而日益明显。

1.2 改变的来源

影响成年发展的潜在因素有许多。事实上，导致变化的影响可分为三类：（1）年龄常规性影响；（2）历史常规性影响；（3）非常规性生活事件。在下文中，我将逐一解释这些不同的影响因素，并举例使之具化，以便读者有机会更好地理解理论并将其运用于自己的生活中。

1.2.1 年龄常规性影响

当听到"改变的来源"这几个字时，你首先想到的很有可能就是我们所说的年龄常规性影响（normative age-graded influences），这类影响因素通常与年龄的变化有关，并且随着年龄增长，几乎所有人都会对这种影响有所体会。

生理因素

因为人类必将经历自然衰老的过程，所以一些在成年人身上可见的变化是所有人共通的。我们常用的生物钟（biological clock）这个概念就是一个典型的例子，它不舍昼夜的滴答标记着人们随着时间的流逝而发生的变化。很多变化是可见的，例如，随着年龄增长头发逐渐变灰、变白，皮肤逐渐失去弹性，等等。也有一些变化虽然不能直接从外表可见，却真实地发生在我们的身体内部，例如，我们的肌肉组织逐渐变少，导致我们的体能逐渐下降。这些生理改变的速率因人而异。

共同经历

另外一个与年龄变化相关且在绝大多数人身上可见的常规性影响因素可以用社会时钟（social clock）这一颇具文化性的概念表示，它指的是成年生活事件的常规顺序，如结婚的时间、大学毕业的时间或退休的时间等。尽管如今我们在这类事件的时间选择上更具有自主性，但我们依旧能够意识到"常规性"。我们与社会时钟的关系会影响我们的自我意识。终日居家度日的中年男人、反复留级的学生及已到退休年龄仍在工作的女性，尽管他们或她们可能在生活中其他重要的方面做得很好，但因为其生活未与社会的"一般认知"保持同步，所以很可能引发其自我怀疑。反之，创立科技公司并出任 CEO 的青年人、从法学院毕业的中年女性及完成波士顿马拉松的八旬老叟却有理由为自己的成就喝彩，哪怕这样的喝彩可能超过了其成就的真正客观价值。当然，成年人生活的正常顺序因文化，甚至因亚文化而有所不同。例如，在印度和许多非洲国家，20 岁出头是平均结婚年龄，而在许多欧洲国家和澳洲，平均结婚年龄则是 30 岁出头。

社会时钟所带来的另一个影响是年龄歧视（ageism），是仅仅依据某人所属的年龄群体就对其形成某种判断或某些观点的一种歧视。与年轻人相比，老年人总是被认为脾气古怪、缺乏性欲、健忘及价值较低。这样的刻板印象一遍又一遍被重复：在情景喜剧节目和商业广告中、在生日卡片上，以及在社交网络上的笑话里。成年初显期的懵懂的年轻人也常常成为年龄歧视的对象：在工作中，人们往往觉得他们的能力比不上那些更加年长的员工；在生活中，他们则常常会因为特立独行的穿衣或说话风格而被认为不够遵守规则。我写作本书的一个目的就是为读者提供一种新的视角，使人们可以更加理智、互相尊重地看待各个年龄阶段的成年人。

在几乎所有文化中，社会时钟的另一个影响与人们的家庭生活相关。例如，大部分成年人都有为人父母的经历，在第一个孩子出生后，他们就开始与其他父母分享社会经验的固定模式，这种模式会贯穿孩子生命发展的各个阶段，即婴儿期、幼儿期、学龄期、青少年期和准备离家独立生活时期。孩子生命中的每一个阶段都会对父母提出不同的要求，包括参加分娩课程、安排学龄前的孩子与小伙伴玩耍、主持童子军聚会、为小联盟棒球队做教练、参观并了解孩子们心仪的大学等。这些事占据大多数成年人二三十年的时光，不管他们的生理年龄是多大。

显然，社会时钟引发的发展性改变远远没有生物钟引发的那样具有普适性。但对任何一种特定的文化而言，这些与年龄变化有关的共同经历都可以在一定程度上解释成年发展的一些基本脉络。

1.2.2　历史常规性影响

因为历史事件或时代变革而形成的各种经历和体验被称为历史常规性影响（normative history-graded influences），它们也会影响成年人的发展。这些影响同时有助于解释某些群体中人们之间的相似之处和不同之处。两者都是成年发展进程的重要组成部分。

人们发展所处的大的社会环境被称为文化。而文化对成年人生活模式的影响方式有很大的差异，包括预期的结婚或生育年龄、子女（和配偶）的典型数量、男女的角色、社会等级结构、宗教习俗及法律等。

同辈群体

同辈群体（cohort）是一个比文化更精细化的概念，因为它指的是在生活的同一阶段经历共同的历史事件的一群人。这个术语大体上与"一代人"（generation）相似，但是描述的范围更窄："一代人"概念涵盖的时间是 20 年左右，而"同辈群体"概念涵盖的时间却短得多："一代人"可以涵盖广泛的地域，而"同辈群体"只涵盖一个国家甚至一个国家中的一个地区。例如，20 世纪 60 年代来到美国的古巴裔美国人就在南佛罗里达州构成了一个重要的同辈群体。

社会科学研究得最多的同辈群体之一是在 20 世纪 30 年代经济大萧条中成长起来的一群

人。在这个时期，美国的农作物歉收、工厂倒闭、股市崩盘和失业率飙升，并且当时尚没有失业救济金，政府的社会计划也尚未建立，人们唯一能得到的是来自家庭、邻居或教堂的帮助（事实上，他们也没法提供多少帮助）。这场灾难的影响几乎无人幸免。但这样的"影响"具体指的是什么呢？这场危机对当时处于不同年龄阶段的人是否具有相同的影响？这是社会学家小格伦·H. 艾德（Glen H. Elder，Jr，1979）开展的关于"在大萧条时期成长"的研究的主要内容。他发现，与当时处于青少年阶段的同辈群体相比，大萧条对同时期处于小学低年级的同辈群体的长期影响更大。作为年龄更小的同辈群体，后者在不景气的经济条件中度过了更长的童年时光。经济不景气带来的困难改变了人们在家庭内部的相处模式、接受教育的机会，甚至改变了孩子们的性格特点，以至于这些不良影响在这些孩子成年后依然可以观察到。相反，那些当时处于青少年阶段的孩子长大后并没有在其成年生活中表现出这场危机对他们的消极影响，其中一些人甚至从这场艰难经历中得到了成长，并且表现得更加独立和主动。尽管这两个同辈群体的实际年龄非常近似，却因为所处的同辈群体不同，从而对同一历史事件拥有不同的体验。各种事件发生的时间点与事件发生时人们在其所处阶段要面临的发展任务、议题及年龄常规性会产生相互影响和交互作用，从而对每一个同辈群体产生独一无二的影响，使同一个同辈群体中的人在成年生活中出现相似的轨迹。

尽管大萧条的时代已经远去，但是关于大萧条的各种研究仍然在提示着我们：作为成年人，我们不仅会受到亲身经历的历史事件的影响，携带这些历史事件的印记；而且由于历史事件发生时我们所处的年龄不同，因此对历史事件的反应也会具有年龄特异性。2008 年美国的经济衰退影响了许多家庭，尽管现在美国的经济状况正在好转，但在那个时期长大的年轻人对工作安全感的看法将不同于那些在经济衰退发生 10 年前或 10 年后长大的年轻人。

虽然目前对不同的同辈群体还没有明确的年龄划分标准，但有人提出了几种常见的同辈群体分组标准。图 1.1 显示了其中一种分组标准。

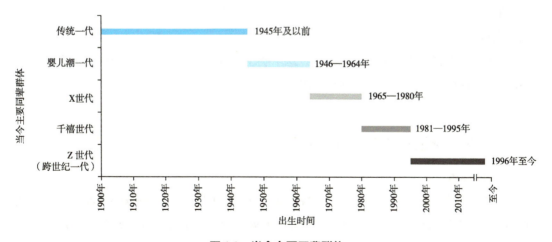

图 1.1　当今主要同辈群体

你属于哪一种同辈群体？你父母呢？你的祖父母呢？

1.2.3 非常规性生活事件

除了那些你与相同文化背景中的同龄成年人共同经历过的事件以外，还有一些事件会对你产生影响，这就是非常规性生活事件（nonnormative life events），它指的是那些对你的人生道路有着重要影响的、独一无二的、不具有普遍性的事件。例如，在成年早期就经历了丧偶，在 40 岁时因为继承了足够多的财产而退休，对孙辈承担起父母般的责任，在 65 岁时创业，等等。

这些事件中有些对任何年龄段的人而言都是非常规性的，如继承一大笔财产，但"非常规性"更多地体现为事件发生的不合时宜性。丧偶，尽管听起来很不幸，但它的确是人们在成年晚期会经历的常规性生活事件，但如果丧偶发生在成年早期，那就属于非常规性生活事件了。正如著名发展心理学家伯尼斯·纽卡尔顿（Bernice Neugarten）曾在 1976 年提议的那样，我们不仅要关注事件本身，还要关注事件发生的时间。在"恰当"的时间点上发生的事件我们应对起来相对容易，哪怕是如丧偶般不幸的事件。

我曾经的许多生活经历都没能与"恰当"的时间合拍。例如，我很早就已经为人母，很晚才上大学，很早成为祖母，很晚进入研究生院，等等。尽管这些经历作为本书的开篇确实引人入胜，但是真正在实际生活中并不那么容易应对。其中一个问题是，我身边缺乏同龄人：在生活中，我要么是所处群体中"年老的那一个"，要么是"年轻的那一个"，总之我从来不是"处在'恰当'年龄的那一个"。我难以融入同龄群体，因为与他人相比，我做着不一样的事情；我也难以融入我的同学群体或妈妈群体，因为我和她们所处的年龄段不同。即使我自己并不在意，但有时对他人而言也会是一种烦恼。例如，学校的行政管理人员一般都不愿意雇佣比他们更加年长的助理教授。所以，最理想的方式也许就是做"适时"的事，当然，我自己从来没有在这么理想的情况下生活过。

> **作者提示**
> 回顾自己的生活。
>
> 举一个非常规性生活事件的例子，这个例子可以来自自己的生活或自己认识之人的生活。这件事会产生什么影响（或者曾经产生过什么影响）？

1.2.4 基因、环境及二者之间的交互作用

遗传的观点

从概念上讲，每个人都会遗传一套独一无二的基因序列。同一种族的大部分基因序列是一致的，因此大家的发展路径才如此相似。例如，世界上所有的孩童都差不多在 12 个月大的时候开始走路，在十几岁时步入青春期，在 51 岁左右迈入更年期。但遗传基因不仅具有共性，而且具有独特性。行为遗传学（behavioral genetics）是最近几十年相当活跃的研究领域，它研究的是基因对个体发展的影响。现在我们知道，特定的遗传会对相当多的行为产

生影响，这其中包括一系列认知能力，如问题解决等；生理特点，如身高、体型胖瘦的可能性等；人格特点；甚至是病理行为，如酗酒、精神分裂或抑郁等的可能性（Plomin et al.，2012）。在我们的一生中，这些特征和倾向会持续对我们的生活产生影响，这就是遗传在发展稳定性方面的作用。

在探寻基因在成年人行为差异方面的影响时，行为遗传学家主要仰赖双生子研究（twin studies）。这些研究比较同卵双生子与异卵双生子的同一行为。该研究方法的科学基础是，由于同卵双生子从相同的精子和卵细胞发育而来，因此在被孕育时，他们具有完全一致的基因序列；而异卵双胞胎从不同的精子与卵细胞发育而来，因此从基因学上讲，他们的相似度并不比其他亲生兄弟姐妹更高。在典型的双生子研究中，研究人员在相同的人格特点和能力方面分别对两个人进行测量、评分，然后对两份报告加以比较，从而判断两份数据的相似度。如果同卵双胞胎的相似度高于异卵双胞胎的，那么就可以说明，遗传对人格特征和能力的影响大于环境的影响。

开展双生子研究是相当困难的，因为这样的数据统计需要许多参与者，而研究人员通常很难招募上百对双胞胎参与实验。出于这个原因，一些国家因设有专门的数据库来记录国民的出生信息和健康信息，所以在这个领域的研究中处于领先地位。世界上最大的双胞胎数据库在瑞典的斯德哥尔摩卡洛琳斯卡研究所（Karolinska Institute in Stockholm）。那里存储了超过 85 000 对双胞胎的数据。本书即将提到的一些实验就是基于这个数据库的数据研究而得到的。

环境

我们生存的环境也一定程度上具有跨时间的稳定性。虽然无论我们的生理特征还是养育环境都不会决定我们最终的命运，但这两者确实都会对我们产生长远的影响。哈佛大学的格兰特研究清楚地证明了早期家庭经历对个体产生的终身影响。精神病学家乔治·范伦特（George Vaillant，2002）是该项目的现任主任，他得出结论：小时候生活在非常温暖且充满信任感的家庭中的孩子在成年后会表现出良好的适应性，而在愁云惨淡的家庭中长大的孩子在成年后则不然。来自温暖家庭中的男性在成年后更能恰当且公开地表达自己的情感，能把这个世界和世界上的人视为值得信赖的，并且能够拥有一群可以一起度过休闲娱乐时光的好朋友。范伦特对此的解释是，在养育子女的过程中，能够向自己的孩子（在这个案例中特指儿子）提供基本信任感的父母潜移默化地为子女注入了自我价值感、良好的交流技巧，以及与人建立良好关系的能力，总而言之，就是为伴随孩子一生的核心价值奠定了坚实的基础。更重要的是，随后的研究表明，这些数据可以用于预测哪些实验参与者在 75 岁时可能会更"成功"（如健康且开心），哪些实验参与者可能会更"失败"（如生病或悲伤）。综合两个研究结果，范伦特的研究表明，至少在极端的情况下，早期童年环境会为一个人的一生奠定"主旋律"，一个人童年的经历决定了这个人是性格开朗、信任他人、身体健康，还是性情孤僻、缺乏信任、疾病缠身。

最近的一项研究显示了生活在贫困环境中对人心理健康的影响。在美国国家健康和营养状况调查（National Health and Nutrition Examination Survey）项目中，受访的成年人被问及他们的抑郁症状。当把收入水平作为考察变量时，生活在贫困环境中的每个年龄段的受访者都报告了更多的抑郁症状。

交互作用的观点

当然，我们不能简单地把基因和环境割裂开，更不能把我们成年期经历的种种事件简单地区分为"环境影响"和"基因影响"。现在大多数发展心理学家都支持交互作用论（interactionist view）。这种理论认为，一个人的基因特点决定了他与环境之间的交互作用，甚至决定了环境本身（Greenberg et at., 2010）。例如，如果一个男孩的基因组成中携带规避风险倾向，那么他在成长过程中会与其兄弟姐妹或父母形成一种特定的相处模式，也会选择相对低风险的朋友或活动方式。老师很可能会认为他是"稳定"且"感性"的，并且鼓励他选择类似会计这样的职业作为其未来的选择。于是，这个携带"规避风险"基因的年轻人便会开始在一个低风险的职业环境中工作，与他的朋友们享受低风险的娱乐活动。他的结婚对象可能会是一个与他具有相同爱好、会对他的这种生活方式给予更多支持的人。我们可以想象他的生活状况：也许会有一个孩子，一直住在同一栋房子里，在同一个地方工作直到退休；夜晚的大部分时光他会待在家中，或者家附近的小酒吧；他会有固定的饮食习惯，保持锻炼，定期体检，因而他会相当健康；他（及在各个方面都和他相似的妻子）的开车方式很保守，并且会牢记要系好安全带；他们的旅行永远都是经过精心策划的，即使在退休后，他也会每周都在固定的时间和一群固定的朋友打高尔夫，或者在当地的小学做志愿者，帮助照看小朋友。"规避风险"就是这个人生命中的主题，但是难道我们真的就可以把这样的结果仅仅归结于他的基因组成吗？抑或是仅仅归结于环境对他的影响？这就是"交互作用论"支持者们要面临的困境，即"到底是先有鸡还是先有蛋"。

最近，科学家们基于基因和环境之间的这种交互影响确立了一种生理机制，即表观遗传（epigenetic inheritance），指一个人在被孕育时所获取的（原始的）基因组成会在后续的产前和整个生命周期内、在环境因素的影响下被不断改变和修饰的过程（Kreman & Lyons, 2011）。基因不断被修饰的这个过程通常被称为 DNA 甲基化（DNA methylation），即涉及通过添加甲基对 DNA 进行化学修饰，从而导致基因表达减少。这种模式的遗传解释了为什么环境因素也会使人们形成长期的，甚至是终身稳定的人格特点，而这些人格特点并不是在受孕时由原始的基因组合决定的。例如，对自杀的成年人的解剖结果显示，与自杀且童年未遭受虐待的成年人相比，以及与作为对照组的死于其他原因的成年人相比，自杀且曾遭受童年虐待的成年人的糖皮质激素受体更容易受到修改（McGowan et al., 2009）。糖皮质激素受体决定个体对压力的反应。这项研究提示，早期童年经历会对孩子日后的基因表达产生终身性的影响。

1.3　一些指导性的理论观点

在提出任何有关成年发展的问题之前，我们需要看清楚自己是站在一个怎样的平台上——这奠定了整个发展过程的基调。本书后面各章将会囊括发展的各个具体领域，并包括用于指导开展研究的具体理论，但毕生发展心理学理论和发展的生态学模型两种理论观点始终贯穿本书，并奠定了本书的整体基调。

1.3.1　毕生发展心理学

毕生发展心理学（life-span developmental psychology approach）是本书的第一个主要理论。该理论认为，发展是终生、多维度、有弹性和情境性的，并具有多种原因（Baltes et al.，1980）。心理学家保罗·巴尔特斯（Paul Baltes）及其同事在 1980 年提出了毕生发展的理念。虽然这种理念现在听起来很普通，但它确实是发展心理学历史上的一个转折点，因为在此之前，发展心理学几乎只关注儿童的发展。表 1.1 展示了毕生发展心理学的主要观点及相对应的示例。在浏览表格的过程中，你会发现它为所有年龄段的发展研究打开了大门——不仅仅是你 12 岁的弟弟，还包括你自己、你的学生、家长、教授，甚至你的祖父母。

1.3.2　发展的生态学模型

本书的第二种主要理论是基于发展的生态学模型（bioecological model）。发展的生态学模型指出，我们必须在多样化环境的框架下考虑一个人的发展。该理论认为，发展必然在生物、心理及（尤其是随着时间推移而发生变化的）社会背景中发生，而这些不同的影响是不断相互作用的（Lerner，2006；Sameroff，2009）。该模型由心理学家尤里·布朗芬布伦纳（Urie Bronfenbrenner）在 1979 年提出，并在随后的 40 年中不断被完善（Bronfenbrenner & Morris，2006）。布朗芬布伦纳提出了五种系统：微观系统（microsystem）、外层系统（the exosystem）和宏观系统（macrosystem），如图 1.2 所示，而介于微观系统中众多元素之间的是起交互作用的中间系统（mesosystem），最后提出的一种则是历时系统（chronosystem），用来体现另外三个系统的动态性，即随着时间的推移而不断变化。这种变化可以小到个人层面的生理发育成熟，也可以大到一场强烈的地震，或者一个国家的经济衰落。

一般而言，布朗芬布伦纳理论的核心观点及其他持环境倾向性的理论观点都认为，不能"脱离发展所依托的环境"研究个人及其发展。相反，在尝试解释那些影响一个人毕生发展的因素时，我们必须充分考虑社会环境，从家庭、朋友到社区，甚至到族裔和文化因素，而且要以"它们都处于交互影响中"的观念来看待。

正如你在本书中看到的，最近社会科学大多数领域中的研究都印证了这个模型。研究成年人的发展，就要研究他们作为一个"个体"的个人生活，作为"伴侣"的社交生活，作为"父母"的家庭生活，作为"同事"的工作生活，以及作为同辈群体或某些特定文化群体中的个体成员的生活。

表 1.1　毕生发展心理学：概念、释义和示例

概念	说明	举例
毕生发展	人类的发展是一个持续终身的过程，没有哪一个年龄阶段比另一个年龄阶段更重要。不同的年龄阶段有不同的发展过程，不是所有的发展过程都是从出生开始的	一位38岁的单身女性准备领养孩子；一位52岁的书记员不再满足于现在的工作，因为孩子们都长大后，她可以在工作上投入更多的精力；一位75岁的南北战争爱好者渐渐厌倦了日复一日的历史剧表演，开始教授一门关于回忆录写作的课程。他们都在经历发展
多向性	我们朝不同的方向、以不同的速度发展。发展过程可能是朝向增长，也可能是朝向退化。在生命中的某一刻，我们可以在某些方面改变，也可以在某些方面保持不变	有些智力和能力会随着年龄增长而提高，有些则会退化。年轻人完成大学学业、开始工作，这显示了其独立性，若他们继续待在父母家中，则同时体现了其依赖性
发展是获得与丧失并存	个体在每个年龄段的发展都是获得与丧失并存，我们需要学会预见和适应这两者	中年人可能会丧失父母，但会获得一种新的成熟感。年轻人给他们的家庭增添了一个孩子，但是他们的婚姻可能会丧失一些平等。随着年龄增长，工人们开始丧失速度和精度，但同时获得了专业知识
弹性	发展的许多方面都可以被改变，无法改变的方面很少，但这样的改变仍然是有限度的	有行为问题或药物滥用问题的年轻人在成年后可以克服这些问题得到发展，成为一个成功、负责的成年人；在育儿阶段有许多冲突和争吵的夫妻可以在孩子长大后重建和睦的夫妻关系；父亲也可以在家里照顾孩子，做家庭主夫，而母亲则可以在外挣钱，养家糊口；老年人也可能有新观念，可以像他们年轻的孙辈一样生活
历史镶嵌性	发展受到历史和文化条件的影响	20世纪70年代长大的人对成瘾药物合法化拥有更开放的观念；在大萧条中长大的人对工作的观念与其他同辈群体的不一样
情境主义	发展取决于年龄常规性、历史常规性和非常规性影响因素的相互作用	我们每个人之所以是一个个体，是因为我们所处的各种环境之间的交互作用：我们与他人共享的大环境、我们所处时代发生的事件，以及那些对个人独一无二的事件
学科交叉	人类毕生发展的研究并不仅属于心理学范畴，它也是其他很多学科领域的研究范畴，我们可以从所有学科的贡献中获益	除心理学外，还有社会学、人类学、经济学、公共卫生学、社会学、护理学、流行病学、教育学及其他很多学科都对成年发展的研究做出了贡献。每一个学科都提供了有价值的思考问题的角度

SOURCE: Adapted from Baltes (1987).

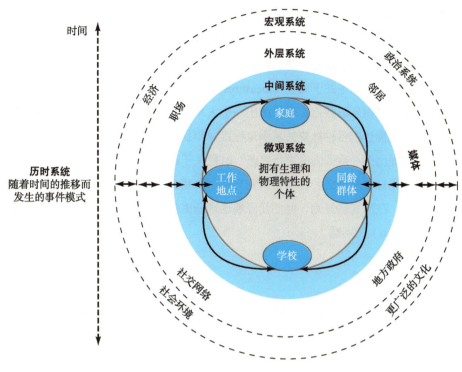

图 1.2　发展的生态学模型

图 1.2 是布朗芬布伦纳用于研究发展的生态系统理论模型。他呼吁研究者们要看到实验室行为之外的信息，要考虑发展是如何在多种环境下和时间变化中实现的。

SOURCE: Based on Bronfenbrenner (1979).

> **作者提示**
>
> 　　在你的人生中找出并思考有哪些属于布朗芬布伦纳的五种系统。

1.4　成年发展研究

　　如今社会科学中的大多数信息都需要具有科学依据，所以在理解成年发展时，了解一些研究过程是必要的。当然，我不打算全面介绍研究方法和统计学的内容，而是会简单介绍在后续各章里将会涉及的研究方法。

　　所有研究都始于科学问题。假设我想了解成年人之间人际关系的稳定性或变化特性，如人们与伴侣的关系、与其他家庭成员的关系、与朋友的关系等。又或者我想研究成年期人们记忆力的变化。老年人总爱抱怨自己的记忆力不如从前，这只是一种没有任何依据的空想吗？还是人们真的会在老年（甚至更早）发生记忆力衰退？我应该如何设计一个实验来回答这些问题？在每种情况下，我都需要回答一系列问题。

　　■　我是应该研究处于不同年龄阶段的人，还是在不同的时间段研究同一组人，或者两种方式同时使用？这是关于基本研究方法（method）的问题。

- 如何评估研究对象的行为、思想或情绪？如何才能最真实地了解参与者的婚姻状况？发放调查问卷，还是直接做访谈？如何衡量参与者的抑郁程度？这里是否存在可以直接使用的问题？这是关于测量（measures）的问题。

- 如何处理已经得到的数据？仅仅得出一个人平均能拥有的朋友数目，或者只是对不同年龄组被试描述的各种社交关系满意程度求平均数，这真的就足够了吗？该怎么做才能对之前提出的一系列假设进行筛选？这是关于研究数据分析（analysis）的问题。

- 得到的结果意味着什么？在有了研究方法、测量方法和数据分析方法之后，最后的结论是什么？在研究最开始，促使我开展这项研究的问题的答案是什么？这是关于研究设计（design）的问题。

1.4.1　研究方法

研究方法的选择是研究者在整个研究过程中需要做出的最关键的决策，这在任何一个科学领域的研究中都是真理。但是，当研究主题是人的"发展"时，还有几个特别需要注意的地方。最关键的是三个选择：

（1）可以选取几个特定的年龄段，在每一个年龄段选取不同的被试，然后将他们的反应进行比较，这是横断研究；

（2）可以每隔一段时间对同一组被试进行研究，观察他们的反应是否一直保持不变，或者是否在按照一定的规律改变，这是纵向研究；

（3）可以将这两种方式结合起来，合并成为序列研究。

横断研究

在发展心理学中，横断研究（cross-sectional study）是指一次性收集代表不同年龄阶段的实验组的数据。每一个研究个体都仅仅被测量一次，这样得到的结果可以呈现不同年龄组之间的差异。

例如，神经生物学家贾尼娜·瑟伯特（Janina Seubert，2017）及其同事的研究使用的就是横断研究设计，其研究目的是调查不同年龄参与者的嗅觉衰退程度。对老年人而言，嗅觉是一种重要的能力，因为没有嗅觉，人们可能无法检测到家中煤气或其他有害物质的泄漏。而且，由于嗅觉与味觉密切相关，因此人们可能也没办法保持健康的饮食习惯，或者可能食用变质的食物。此外，嗅觉对于享受美食也至关重要。

瑟伯特及其同事收集了2 848名被试的人口学信息，被试的年龄从66岁至99岁不等，他们被划分为几个年龄组。这些研究的参与者是从瑞典国家老化和护理研究所（Swedish National Study of Aging and Care）的被试库中随机挑选的。每个年龄段选择的人数反映了当时瑞典的人口比例。研究人员从数据中删除了那些报告有过敏、哮喘的人或单纯只是不想参加研究的人，同时排除了任何患痴呆症或其他认知障碍的参与者，最终有2 234名健康的参与者。研究人员收集了这些参与者的人口学信息，例如，性别、受教育程度、身体健康状况、心理健康状况，以及他们是否有某些疾病的家族遗传史（如与阿尔茨海默病相关的apoe4 基因）。参与者还被问及他们自己对嗅觉的评价。表 1.2 显示了各年龄组和不同性别的参与者人数。

表 1.2　每个年龄和性别的参与者人数（n）

	60 岁	66 岁	72 岁	78 岁	81 岁	84 岁	87 岁	90 岁
女性	n=361	n=272	n=224	n=212	n=89	n=76	n=54	n=65
男性	n=288	n=202	n=156	n=99	n=48	n=43	n=24	n=21
所有参与者	n=649	n=474	n=380	n=311	n=137	n=119	n=78	n=86

SOURCE: Data from Seubert et al. (2017).

嗅觉测试涉及 16 个项目：苹果、香蕉、丁香、咖啡、肉桂、鱼、大蒜、柠檬、皮革、甘草、薄荷、菠萝、玫瑰、松节油、蘑菇和汽油。气味被注入毛毡笔中，每种气味在每位参与者面前暴露时长为 5 秒。研究人员记录每位参与者能够正确识别和错误识别气味的数量，并给每个人打分。那些分数低于研究规定标准的人被认为有嗅觉障碍或嗅觉困难。图 1.3 显示了每个年龄段参与调查的男性和女性有嗅觉障碍的百分比。正如读者们所看到的，年龄从 66 岁到 90 岁的人群中，嗅觉障碍出现的概率随着年龄增长而增加，而且通常男性比女性更普遍。

一些横断研究没有使用依据年龄分组的方式，而是用人生各阶段作为分组标准。例如，把没有孩子的年轻夫妇作为一组，有第一个孩子的夫妇作为一组，两组进行比较，以便研究父母身份对婚姻关系的影响；或者将刚进入大学的年轻人作为一组，即将毕业的年轻人作为一组，两组进行比较，以便了解教育对人们所持政治观点的影响。横断研究因为所需的时间和精力最少，所以对大多数研究人员更具有吸引力，但同时，横断研究是在相同的时间点施测，这种实验设计在追踪一个被试个体、反映个体变化方面存在一定的不足。但是与对一群人进行追踪研究相比，横断研究方法的好处是更快捷、更简单，同时花费也更少。这种方法的缺点是，它只反映年龄差异，而不反映个体随着时间的推移而发生的变化。当对老年人进行横断研究时，由于交通问题、慢性健康问题和招募老年参与者的困难等，导致能够参加实验的老年人不一定能够代表老年人口总体的普遍特征。还有一种情况是，参加实验的老年人是那些活到

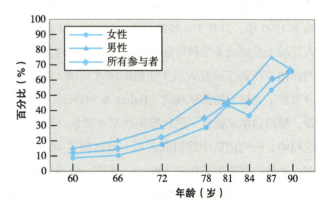

图 1.3　嗅觉障碍的患病率

SOURCE: Data from Seubert et al. (2017).

老年的人，他们可能更健康、更富有（也许更聪明）。即便如此，值得再次强调的是，横断设计这种研究方法因其最少的时间和人力投入而广受大多数研究人员的喜爱，而且上述许多问题都可以预测和控制。在我们的大学里，我们可以比较全日制学生（青年组）和参与终身学习计划的学生（老年组），从而在一定程度上规避上述问题。这是因为，这些老年人往往曾接受大学教育，是一个与年轻群体相匹配的老年群体。

纵向研究

纵向研究（longitudinal study），即研究者对同一组人进行跨越一定时间范围的研究，研究人员会定期测量一些他们感兴趣的行为。与横断研究相比，纵向研究可以从 35～44 岁的人群开始，询问他们为自己的健康付出了多少努力。10 年后，研究人员可以找到同一群人，这时他们的年龄在 45～54 岁，然后再询问他们同样的问题。再过 10 年，做最后一次数据收集，这时参与者的年龄在 55～64 岁。通过对三次收集到的数据进行比较，我们可以看到这些参与者为健康所投入的时间与年龄相关的变化（至少在中年期间）。此时，我们看到的是与年龄相关的变化，而不仅是在横断研究中看到的与年龄相关的差异。

另一项使用纵向方法的研究是由发展心理学家久马·I. 瓦尔加斯·拉斯卡诺（Dyuma I.Vargas Lascano，2015）及其同事完成的。他们感兴趣的是，随着逐渐向成年期过度，人们感知到的控制感概念是如何变化的，以及哪些因素会影响人们感知到的控制感概念。本研究详情如表 1.3 所示（见"纵向研究示例"）。

表 1.3　纵向研究的数据收集次数、测试年份、参与者的年龄和参与者的数量（n）

	次数 1	次数 2	次数 3	次数 4	次数 5	次数 6	次数 7
测试年份	1985 年	1986 年	1987 年	1989 年	1992 年	1999 年	2010 年
参与者年龄	18 岁	19 岁	20 岁	22 岁	25 岁	32 岁	43 岁
参与者数量	957	662	547	500	403	506	403

SOURCE: Data from Vargas Lascano et al. (2015).

一些最雄心勃勃的纵向研究都是由那些欧洲大型研究机构完成的。例如，柏林老化研究始于 1990 年，共有 516 名参与者，年龄为 70 岁到 100 岁及以上。这是第一次对该年龄段的人开展大规模的多学科评估。第一次测试就包含了对参与者身体、心理和社会福利等多方面的评估，花费了研究人员 3 年的时间才完成。在接下来的 19 年里，研究团队对健在的参与者重复了关键型的测试项目（Baltes & Mayer，1999）。这项研究中的一些参与者比研究主持者、精神病学家保罗·巴尔特斯活得还要长，巴尔特斯于 2006 年去世，享年 67 岁。在研究过程中，研究团队中的研究人员一度达到了 40 人，团队甚至还包括了数百名学生和研究助理。虽然数据收集工作在 2009 年已经结束，但仍有 13 名核心研究人员在继续这项研究，并持续发表新的研究成果。柏林老化研究项目存档的数据可供世界各地的研究人员使用，参与者的血液样本也已经储存起来，以备将来开展基因研究。

纵向研究的另一个问题是被试流失（attrition），即参与者在中途退出。上文拉斯卡诺的研究起始于一个样本规模较大的高中生研究样本，但是随着研究不断推进，该样本在每一次收集数据时都在变小，到最后，有超过一半的原参与者在中途退出。当出现被试流失的情况时，我们需要关心的是，这样的流失是否会对研究的最终结果造成影响。研究者在其最后发表的研究文章的讨论部分中提到了这一点。他们指出，中途退出的参与者和坚持到最后的参与者在研究早期进行的感知控制感测量分数上不存在差异。

纵向研究示例 ● ● ●

瓦尔加斯·拉斯卡诺及其同事于 1985 年春天开始了这项研究，研究对象是加拿大埃德蒙顿 6 所高中的 957 名高中生。研究者通过询问这些高中生对"我对发生在自己身上的事情几乎没有控制力"这句话的认可程度来评估他们的感知控制感。高中生使用 1～6 分作答，控制感最高的打 6 分，最低的打 1 分。研究者还收集了被试父母的教育水平的数据。

1986 年，这项研究进行了第二轮数据收集，随后在 1987 年、1989 年、1992 年、1999 年和 2010 年又进行了多次数据收集。每一次数据收集时参与者的数量都有所下降，主要是因为研究人员难以找到以前的参与者了。到 2010 年第 7 次数据收集时，参与者的人数从 1985 年的 957 人下降到了 403 人，仅为研究开始时最初人数的 42%（见表 1.3）。然而，实际上，这次的被试流失情况已经比许多纵向研究的要少了。

瓦尔加斯·拉斯卡诺及其同事计算了参与者在每一年龄段回答感知控制感问题的平均数，结果显示，从参与者 18 岁到 25 岁，这个分数持续增加，然后在 32 岁时下降，下降幅度较小且缓慢，下降趋势持续到了 43 岁。在图 1.4 中，中间那条线代表了这种趋势，图中标记为"平均轨迹"。研究人员将参与者分为父母没有大学学历组和父母至少有一方拥有大学学历组。这两组的感知控制感得分如图 1.4 的上下线所示。这些数据表明，父母受过大学教育的参与者具有更高的感知控制感，而且这种控制感在成年过渡期及以后的各个年龄段中不断增加。那些父母没有大学学历的人在 25 岁之前的控制感有一定程度的增加，之后他们的控制感会持续下降。

除了父母的受教育程度是衡量家庭社会经济地位的一种因素外，本研究还表明，社会经济地位高的父母在培养孩子方面具有一定的优势，主要体现在，他们的教养方式更有利于培养子女的独立性和责任感，能够培养孩子健康的生活方式及为他们提供接受高等教育的家庭资源。此外，高水平的控制感也和更好的身心健康水平及较低的死亡率相关。

拉斯卡诺在研究中使用的纵向方法确实证实了这种变化的存在，因为这项研究是对相同参与者在不同年龄段施测。与前文描述的有 2 234 名参与者的横断研究相比，拉斯卡诺等人的纵向研究只有 403 名参与者，但是，我们能够通过图表上的数据点清晰地看到，在 25 年的时间里，有一批研究参与者的感知控制感是增加的。纵向研究的另一个好处是参与者来自同一个同辈群体，这更有助于说明感知控制感的变化与年龄大概率是相关的，并且这种变化不是由于历史常规性影响造成的。然而，纵向研究的缺点也显而易见。从第一次测试到发表文章，这项研究历时 30 年！这种研究方法既费时又昂贵。

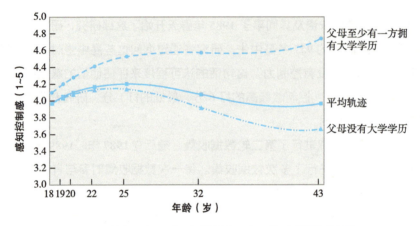

图 1.4　纵向研究：对一组被试在不同时间点的测试结果

人们在成年初显期，即 18～25 岁，表现出平均控制感的增加，那些父母受过高等教育的人（排名靠前的）表现出较高水平的感知控制感，而且随着年龄增长，这种控制感几乎没有降低；那些父母没有大学学历的人在 25 岁时感知控制感开始下降。

SOURCE: Adapted from Vargas Lascano et al. (2015).

序列研究

序列研究（sequential study）是一种将横断研究和纵向研究的优点相结合的方法，指在不同的时间点开始一系列纵向研究。简单举例而言，在第一批参与者处于某一个年龄阶段时开展第一次纵向研究（同辈群体 1），几年之后，又召集第二批参与者开展第二次纵向研究（同辈群体 2），而第二批参与者的年龄与第一次开展纵向研究时第一批参与者的年龄一致。随着这两项研究同时开展，研究人员可以得到两组纵向研究数据，但同时，因为两组参与者年龄上的差异，我们也得到了横断研究数据。心理学家苏珊·克劳斯·惠特伯恩（Susan Krauss Whitbourne）及其同事（Whitbourne et al., 1992）就曾开展过一项序列研究，该研究的目的在于回答进入中年后个体的性格会发生改变还是会保持稳定（见"序列研究示例"）。

序列研究示例 • • • •

该研究于 1966 年开始，参与者是来自罗切斯特大学（University of Rochester）的 347 名本科生，他们的平均年龄为 20 岁。研究人员请这些学生填写人格问卷，并对自己的职业伦理（或行业伦理）进行打分。在表 1.4 中，是行"同辈群体 1"和列"测试年份 1966 年"交叉的单元格。1977 年，在这批参与者平均年龄到了 31 岁时，研究人员再次发放问卷，这次一共收回 155 份问卷，如表 1.4 中列"测试年份 1977 年"和行"同辈群体 1"交叉的单元格所示。1977 年，一组来自罗切斯特大学的 20 岁学生也接受了人格问卷调查（表 1.4 中行"同辈群体 2"和列"测试年份 1977 年"交叉的单元格所示）。1988 年，研究人员第三次发放问卷，此时"同辈群体 1"的参与者已经 42 岁了，"同辈群体 2"的参与者则已经 31 岁了。如表 1.4 所示，规模为 347 人的"同辈群体 1"中有 99 人提交了问卷，规模为 296 人的"同辈群体 2"中有 83 人提交了问卷。

表 1.4　系列研究中两个同辈群体的测试年份、参与者年龄和参与者人数

	测试年份 1966 年	测试年份 1977 年	测试年份 1988 年
同辈群体 1	年龄 =20 岁 参与人数 n=347 人	年龄 =31 岁 n=155 人	年龄 =42 岁 n=99 人
同辈群体 2	—	年龄 =20 岁 n=296 人	年龄 =31 岁 n=83 人

SOURCE: Data from Whitbourne et al. (1992).

对纵向研究的结果比较发现，与"同辈群体 2"的得分相比，在 20～31 岁时，"同辈群体 1"对职业伦理（或行业伦理）的评分显示出更大的增长，尽管两个群体在 31 岁时的评分相似。横断研究结果显示，历史常规性分级影响（如战争、民权运动等）降低了 1966 年时年轻人（即"同辈群体 1"）的评分。

此时，我们可以看到，该序列研究包含两项纵向研究，"同辈群体 1"提供了这批参与者在 20 岁、31 岁和 42 岁时的数据，"同辈群体 2"则提供了另一批参与者在 20 岁和 31 岁时的数据。同时，该序列研究也包含一项横断研究，因为研究中有 3 组被试：一组 20 岁的被试、一组 31 岁的被试和一组 42 岁的被试。图 1.5 展示了惠特伯恩及其同事是如何分析这些数据的。上面的线展示了"同辈群体 1"分别在 20 岁、31 岁和 42 岁时对职业伦理的评分。该评分在 20～31 岁时有显著提高，然而在 31～42 岁时增长速度有所减缓。这的确展示了成年阶段的人格变化，但是这样的结论能不能适用于其他的同辈群体呢？图中下面的那条线展示了"同辈群体 2"分别在 20 岁和 31 岁时的情况，"同辈群体 2"展现出的趋势与"同辈群体 1"展现出的趋势不同。首先，"同辈群体 2"在 20 岁时对职业伦理的评分高得多（"同辈群体 1"为 6.54，"同辈群体 2"为 9.19）；其次，"同辈群体 2"的该评分增长速度慢得多。但两组参与者在 31 岁时对职业伦理的评分相似（"同辈群体 1"为 13.58 分，"同辈群体 2"为 14.32 分）。

研究人员认为，"同辈群体 1"的参与者在 20 世纪 60 年代时大概 20 岁，刚好上大学，恰逢努力工作这个概念遭到质疑和反对的时期，他们的评分便反映了该时代的特征。在离开大学并进入社会之后，这个群体中的成员又不得不为了维持生计而付出努力。这样的努力反映为图表中评分的陡增，最终，他们 31 岁时的评分接近于"同辈群体 2"的评分，"同辈群体 2"的评分明显和"同辈群体 1"的评分不同。显然，这期间有非常规性历史影响因素的作用，也许年龄常规性因素对职业人格特征的影响更突出地反映在"同辈群体 2"身上。但是"同辈群体 1"中参与者的成年期确实伴随着各种历史事件（如战争、民权运动等），这些事件促使大批学生加入抗议活动，从而导致他们在成年的道路上偏离了"正轨"，但是对这群人来说，他们在自己 31 岁时努力追赶时代的步伐，努力让自己的人生回到正轨。

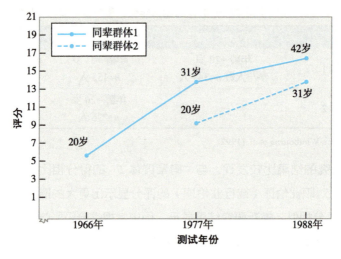

图 1.5　序列研究：对两个同辈群体在不同年龄段和不同时间点的测试结果

SOURCE: Adapted from Whitbourne et al. (1992).

1.4.2　测量

一旦确定了研究设计，下一个重大决策就是如何测量研究对象的目标行为。每一种研究方法都有其优缺点，在此我将简要地进行描述。

最常见的收集数据的方法是个案访谈（personal interview），即研究人员对参与者进行一对一的提问。个案访谈可以是结构化（structured）的，就像做选择题，也可以是开放式（open ended）的，就像写作文，也可以是两者的结合。个案访谈的优点是可以让访谈者非常清晰地对一个问题或若干问题发表观点和见解并提出问题。受访者会觉得这样人与人之间的交谈比单纯地填写表格更舒适。但同时，这样"面对面"的交谈方式也有其缺点，一方面，受访者更有可能提供更适合社会普世标准的回答，而非说出自己内心的真实想法；另一方面，访谈者会对不同的受访者产生主观情绪，这些情绪也可能影响记录的准确性，尤其是在持续时间较长的访谈中，这一缺点更为凸显。在访谈者和受访者之间建立起来的人际关系既可能对研究有益，也可能对研究有害。

使用问卷调查（survey questionnaire）就可以规避上述问题。问卷调查通常由与某一科学问题相关的结构化题目所组成，需要参与者自己作答。问卷调查一般都是大规模地发放的，可以借助网络，也可以直接召集一大批人现场填写。其优点在于可以让研究覆盖较大地理区域内数量庞大的人群，也有利于参与者更加直率、诚实地回答一些敏感话题。与个案访谈相比，问卷调查更加经济、快捷。其缺点在于回收率通常很低（大约 30% 的参与者会寄回第一封调查问卷）。如果分组管理参与者，这种方式的问卷回收率会提高，但参与者常会受到同伴的干扰（尤其是在高中礼堂或退休公寓休息室这种社交场所发放问卷时）。同时，问卷调查所使用问卷的编制也是非常困难的。

使用标准化测试（standardized tests）可以在一定程度上简化问卷编制的工作。标准化测试用以测量人们的某些特质或行为，是研究者所感兴趣的研究领域内业已成型的测量工具。标准化测试的缺点是许多这类测试的版权都归出版公司所有，研究者必须购买后才能用于研究。例如，用"韦克斯勒智力量表"（Wechsler Scales）测试智商，用"明尼苏达多项人格测试"（Minnesota Multiphasic Per-sonality Invenrory，MMPI）或用"MBTI 性格测试"（Myers-Briggs Type Indicator）测定性格，都属于这类情况。但还是有很多已经被证实且与使用方法和测定标准一起公布在学术性文章中的测试是可以免费使用的，例如，本书提到的很多研究都会使用"流行病中心调查用抑郁简化量表"（Center for Epidemiological Studies Short Depressive Symptoms Scale，CES-D-10）（Redloff，1977），它可以用来测试参与者的抑郁程度。这个测试工具很容易就可以在网络上搜索到。CES-D-10 是一个使用标准化测试的典型示例，既便于计算分数，也具有很好的效度（即测量工具能够测量其声称可以测量的内容）和信度（即测试结构一直很可靠）。如何为自己的研究选择一个标准化测试呢？市面上有一些周期性公布各种测试的参考书可以为你提供帮助，如《心理测试年鉴》（*Mental Measurements Yearbook*）（Carlson et al.，2017）。但就我个人而言，我建议大家阅读其他研究者发表的类似研究报告，然后使用他们使用过的方法或工具。

上述这些绝非仅有的、可用的研究方法。测量人类行为的方法有很多种，从复杂的大脑成像技术到一般问题。例如，"你如何评价自己的健康？"圈出下列选项中的一项：非常差、差、一般、良好、非常好。根据研究问题的不同，找到最合适的方法测量研究者感兴趣的人类行为是非常重要的。

1.4.3　数据分析

确定研究方法和行为测量方法之后，研究人员随后必须考虑如何分析已经得到的数据。

现在已经被应用的一些统计方法相当先进且复杂。下面，我们简单了解一下成年发展领域中最常见的分析方法。

均值比较

所谓均值比较（comparison of means），就是收集每组被试或参与者的数据（分数、测量结果），找到均值（平均数），判断均值之间的差异是否足够大。在描述与年龄相关的差异时，均值比较是最常见、最简单的方法。横断研究需要比较的是不同年龄组数据的平均值；纵向研究需要比较的是同一组人在不同年龄时的数据；对序列研究而言，以上两种比较方式都可能存在。但无论对哪种研究方法来讲，相似之处在于通过比较来寻找与年龄相关的变化规律。

如果参与者的数量太多，研究人员通常会把他们分成更小的组（如女性组和男性组、农村居民组与城市居民组、有孩子的组和没有孩子的组等），然后在更小的组中再寻找年龄上的连续与不同。如果相同的规律或模式在所有更小的组中均有显示，那么我们更有可能得出结论——这是一个重要的与年龄相关的规律。但是，如果每个更小的组的变化并不相同（通常都会这样），那么就为后续的研究打开了大门。例如，在之前讲过的横断研究（Seubert et al.，2017）中，每个年龄组所有参与者的平均得分均显示，患嗅觉障碍的百分比会随着年龄增长而增加（表 1.2 中的"所有参与者"列显示了这一点）。当研究人员将参与者按性别分组时，结果显示，不仅嗅觉功能障碍的患病率会随着年龄增长而增加，而且在几乎所有年龄组中，男性的患病比例均高于女性的（见表 1.2）。

相关分析

比较不同年龄组数据的平均值，不论对横断研究还是纵向研究数据的比较，都可以让我们对可能的年龄变化或发展模式有所了解，但这些研究方法并不能告诉我们，对每位参与者而言，个体内部状态是稳定的还是变化的。为了得到这方面的信息，另一种数据分析方式应运而生，即相关分析（correlational analysis）（见"相关分析研究示例"）。

相关分析研究示例 ● ● ●

相关分析是一种简单的统计方法，它能告诉我们同一组人的哪两组数据存在同时变化的可能性。相关系数（r）的范围是 +1.00 到 -1.00，如果相关系数为正数，那么说明这两组数据呈正相关；如果相关系数为负数，那么说明这两组数据呈负相关；相关系数的绝对值越接近 1，说明数据之间的联系越紧密；如果相关系数为 0.00，那么说明数据之间并无联系。

例如，身高和体重之间呈正相关：高个子的人通常体重更重，矮个子的人通常体重更轻。但相关性并不是绝对的，即不是 +1.00，因为有一些矮且胖的人和一些高且瘦的人。如果你在节食，那么你减掉的体重数与你摄入的卡路里数呈负相关：高卡路里饮食就意味着难以减重。但这种相关性也不是绝对的，即不是 –1.00。

相关性也被用来揭示模式的稳定性或变化。

例如，对人格特质感兴趣的研究人员可能会在数年间对研究的参与者进行两次人格评估，然后将研究早期的得分与后期的得分做相关分析。如果得到高度正相关的结果，就说明研究所评估的人格特质具有稳定性。

然而，归根结底，相关系数只能告诉我们数据之间的某种依存关系，而不能告诉我们因果关系，虽然研究人员通常很希望在概念上实现从相关性到因果关系的飞跃。在有些情况下，这是很简单的。例如，如果我告诉你某国电视机的人均拥有量和该国的婴儿死亡率呈负相关，那么这明显无法说明电视机的存在可以降低婴儿的死亡率。你会寻找其他可能解释这种负相关的中间变量，如家庭收入水平等。但是如果我告诉你，成年人花费在与朋友和家人相处上的时间与这些成年人报告的生活满意度有某种相关性，那么你很可能会直接得出如下结论：与家人和朋友常联系会带来更高的幸福感及满意度。当然，事实可能是这样的，但就相关系数本身来说，它并不能让我们得出这二者之间存在因果关系的结论，它只能告诉我们这两组数据之间存在某种依存关系，而依存关系背后的内涵则要通过后续的研究和理论才能加以解释，当然前提是确实存在某些内涵或联系。情况也有可能是反过来的——人们对自己的生活满意度越高，他们的朋友和家人就越想和他们在一起。

在发展研究中，相关分析有一个很独特的用处，那就是被用于判断基因对个体行为和能力方面的不同影响。例如，一项典型的双生子研究会包含同卵双胞胎和异卵双胞胎，并就研究所关心的行为对这两类双胞胎进行比较。举个简单的例子，如身高研究（研究中的双胞胎都是同性别的，以此排除性别差异），每一对双胞胎都会被测量并记录身高，然后研究人员会比较这些数据，从而得到两个相关系数——一个是同卵双胞胎的，另一个是异卵双胞胎的。你认为哪一类双胞胎的身高会更相似？当然是同卵双胞胎，因为他们的基因组成是相同的，而且身高在很大程度上是由基因所决定的。但是如果测量的不是身高，而是其他特征呢，如智商、酗酒的可能性或对宗教的虔诚度？研究已经证实，所有这些特点会在很大程度上受遗传的影响。这些研究都涉及使用相关分析的方法。

例如，流行病学家埃里卡·斯波茨（Erica Spotts，2004）及其同事借助瑞士双生子数据库调查了婚姻幸福度是否会受遗传的影响。他们对超过 300 对双胞胎（均为女性）及其丈夫开展了婚姻幸福度测试，其中有一半女性是同卵双胞胎姐妹，另一半是异卵双胞胎姐妹。研究人员对测试得分进行分析后发现，同卵双胞胎的婚姻幸福度比异卵双胞胎的婚姻幸福度具有更高的相似性。如图 1.6 所示，如果同卵双胞胎姐妹中的一个人对自己的婚姻很满意，那么另一个也会很满意；如果其中一个不满意，那么很有可能另一个也不满意。她们的婚姻幸福指数呈正相关。但对异卵双胞胎姐妹而言，情况就不大相同了，她们的婚姻幸福指数的相关度差不多只有同卵双胞胎姐妹的一半，因为同卵双胞胎的基因组成是完全一致的，而异卵双胞胎只有一半基因是一致的——至于身高，我们自然也不会期望异卵双胞胎的数据的相似度与同卵双胞胎的一样高。当然，与异卵双胞胎姐妹相比，父母对待同卵双胞胎姐妹的方式也可能更相似，因而同卵双胞胎姐妹成长的环境也会更相似。

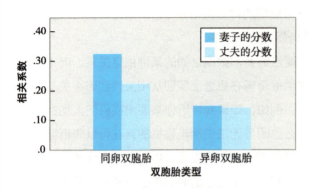

图 1.6　双胞胎伴侣的婚姻幸福度

同卵双胞胎姐妹在婚姻幸福度方面显示出了更高水平的相似性，有趣的是，妻子的基因影响也影响了她们的丈夫（对比阴影柱状）

SOURCE: Data from Spotts et al. (2004).

令人出乎意料的是，研究人员也对双胞胎姐妹的丈夫们发放了婚姻幸福度调查问卷，尽管这些丈夫们彼此之间并没有任何亲属关系，但正如图 1.6 所示，同卵双胞胎姐妹的丈夫的婚姻幸福指数也显示出了更高的相似度。看起来遗传基因不仅让同卵双胞胎姐妹有类似的婚姻观，并且通过这些女性也间接影响了她们丈夫的婚姻幸福感。

元分析

　　分析数据的另一种方法是元分析（meta-analysis）。这种方法需要利用对同一问题的多项研究所得到的数据。如果要使用元分析，研究人员首先要选择一个研究问题，如"不同文化对老年人的看法是否相同"。人们普遍认为，与西方文化相比，东方文化背景下人们对老化和老年人的态度更加积极，但这一信念是真的吗？迈克尔·诺斯和苏珊·菲斯克（Michael North and Susan Fiske，2015）对现有研究进行了元分析，试图找出这个问题的答案。元分析的第一步是检索所有与研究问题有关的文献。研究人员检索文献后发现，1984 年至 2014 年间共有 37 篇文章发表，这些文章直接比较了东西方文化背景下人们对老年人的态度。数据总共来自 21 093 位参与者。诺斯和菲斯克计算了来自东西方文化背景的参与者在每一篇文章中的每一个态度测量上所表达的态度，并对这些态度差异的大小进行了统计。一个引人注目的结果出现了：实际上，西方文化背景下人们对老年人的尊重程度比东方文化背景下人们对老年人的尊重程度更高。37 篇文章中只有一篇文章的结果表明，东方文化背景下人们对老年人的态度比西方文化背景下人们对老年人的态度更为积极。

> **作者提示**
> **睡觉还是不睡觉？**
> 　　人们普遍认为，睡眠时间长的学生成绩更好。你会如何设计一项研究来支持或反驳这种观点？你预测的研究结果是什么？

1.4.4　研究设计

　　研究人员最后能得到的结论取决于该研究使用了什么样的研究设计，是实验设计还是非实验设计。如果研究设计是实验设计，那么研究人员就可以说，他们的实验结果表明实验控制因素导致被试发生了被观测到的变化；如果研究设计是非实验设计，那么研究结果只表明目标因素和改变之间存在某种联系。

　　实验设计和非实验设计之间的不同足以写一本书（并且读者会看到很多优秀的范例），但现在，我想指出的是，实验设计与非实验设计的差异在于研究者对研究控制的严格程度。从严格意义上讲，实验设计（experimental design）需要一个对照组，被试从目标人群中被随机抽取出来，再通过随机分配方式进入不同的实验控制条件下，即这些随机抽样的被试通过随机方式进入研究的实验组和对照组。而且严格控制的实验设计会屏蔽可能影响因变量（即实验结果）的各种干扰因素。

　　在实验研究中，研究人员对上述过程控制得越严格，研究得到的结果越有可能具有因果关系。表 1.5 展示了两种类型实验设计及是否存在对照组。

表 1.5　实验设计及其比较特征

	真实验设计	准实验设计
有无对照组	一直有	常常有
是否从人群中随机抽取被试	是	部分
是否将被试随机分组	是	否
是否将实验控制随机分配给不同组被试	是	否
对额外变量的控制程度	是	部分

SOURCE: Salkind (2011).

　　实验设计包括真实验（true experiments）和准实验（quasi-experiments），不同分类取决于表 1.5 中控制条件的多少。在回答发展性研究问题时，实施真实验研究往往是不现实的，因为在比较不同年龄组的数据（或者比较处于不同生活阶段的群体，如退休前和退休后的人群）时，这些参与者不能被随机分配成各个组，他们事实上已经天然地属于其中某一个组了。此时，研究人员对研究的控制程度会被极大地削弱，从而导致出现很多问题。因此，大多数发展性研究都是准实验研究。

描述性研究和质性研究

　　其他实验设计包括描述性研究和质性研究。描述性研究（descriptive research）指被试在当前实验控制方式下呈现出的状态。每年不同年龄阶段自杀死亡者的数量就是一种描述性研究，过去 50 年中未婚女性的生育率也是一种描述性研究，之前讲的横断研究、纵向研究及序列研究也都是描述性研究。它们的共同点是缺乏对实验的严格控制。但这些研究方式仍然为我们提供了大量关于发展的宝贵信息。

质性研究（qualitative research）指使用结构化程度较低的数据收集方法开展的研究，如案例分析、访谈、实验控制下的观察、自然观察，以及对文本、物件和档案记录的探究。如果你曾经从旧的记录和文件中研究过你的族谱和家族史，那么事实上你已经完成过一类质性研究了。质性研究有很长的历史，但是最近才被应用于成年发展科学领域的研究。尽管质性研究不涉及数字，因而对很多刚刚结束统计课程学习的学生而言很诱人，但质性研究并不是定量研究（quantitative research，即研究中包含数据）的替代品，而是一种有效的补充。

另一项质性研究由社会学家艾米·哈克姆伯格（Amy Hequembourg）和莎拉·布莱叶（Sara Brallier，2005）开展。他们感兴趣的问题是，父母年老需要照顾时成年兄弟姐妹的角色转变。尽管我们已然知道，女儿更有可能会成为年老父母的主要看护者，研究人员仍然找到了 8 对兄妹，就他们的角色和对照顾责任的感受进行了详细采访。研究人员详细记录了这些参与者的观点，经过数月的分析，发现了一些很有趣的结果。研究结果显示，女性后代确实会更多地承担照顾老年人的责任，这与我们通常的观点一致，但这只发生在她们自己有意愿承担这些事的时候，当她们不想承担时，男性后代就会介入并承担起责任。有证据显示，成年后的兄弟姐妹在共同照顾父母的过程中彼此越来越亲近。尽管这项研究只有 16 名参与者，但它为上述问题提供了深度信息，其价值超过了通过 5 000 份调查问卷所获得的数据。很明显，质性研究在发展心理学中占有一席之地。我很高兴看到这项质性研究被收录在多本介绍研究方法的图书中。

质性研究并不简单。它需要详细地计划，明智地选择资源，提出的科学问题也要紧紧围绕主题。如果研究过程需要研究者与研究对象长期相处，那么研究人员还需要在这个过程中尽可能地保持客观与中立。他们必须准确、完整地记录数据。研究结论也必须加以总结且汇编成文稿，以便与学界同仁交流。

质性研究是开始一种新研究的极好的方式。流行病学家戴维·斯诺登（David Snowden）是圣母女子大学（the School Sisters of Notre Dame）修女研究项目的前主管，他在美国明尼苏达州一个修道院里拜访了一些年龄较长的修女，以此开始自己的研究项目。当他还是一名助理教授时，他并不清楚自己想研究什么样的课题，直到有一天他意外闯入一个保存修道院文献资料的房间。在那里，每位修女都有一份个人文件，文件记录的内容可以追溯到其选择成为修女的第一天，通常是五六十年前。文件记录了她们写的所有文字，包括关于自己童年的相关内容和选择成为一名修女的原因。斯诺登写道："对一位流行病学家来说，这样的发现等同于考古学家发现了一座完好无损的古墓，一位古生物学家挖掘出了一副保存完整的头骨"。以此为契机，斯诺登教授开始了自己的研究，之后，这一项研究成为他长期的事业。他与同事（Riley et al.，2005）发现，越倾向于在年轻时使用复杂语言写作的修女，在年老后患阿尔茨海默病的概率就越小。我还会在下文中提到斯诺登的其他一些研究发现。

摘要：成年发展概述

1. 成年发展的基本概念

（1）发展心理学包括对跨越童年、青少年及成年时代的改变和稳定性的研究。对成年发展心理学的研究涵盖了从成年初显期直至生命结束的时间段，学科的基础是实证研究。

（2）本书内容涵盖了人与人之间的个体差异和共性特征，探讨了成年期的稳定性和改变、连续性和阶段性、典型发展和非典型发展，以及人们外部和内部的改变。

（3）"年龄"这个词语的含义远远大于"某人活了多少年"（实足年龄）这句话的内涵。在不同情况下，它也可以指与他人相比之下一个人身体的健康程度（生理年龄），一个人是否能够很好地应对周边环境（心理年龄），以及一个人在社会中扮演的角色（社会年龄）。机能年龄是一个人生理年龄、心理年龄和社会年龄的结合。

2. 改变的来源

（1）促发成年期改变的原因被分为三类，即年龄常规性影响、历史常规性影响和非常规性生活事件。年龄常规性影响与年龄有关，并且发生在大多数人年龄增长的过程中，这类改变既有生理原因也有环境原因，当然也会受到两种原因交互作用的影响。

（2）历史常规性影响是对某一群体内成员的环境影响因素。这些变化包括文化环境和同辈群体的共同经历。被研究得最多的同辈群体是经历过美国大萧条的那一代人。

（3）非常规性生活事件因为对个体独一无二，所以造成的发展性改变不具有普遍性。

（4）基因和环境也会引起改变的发生。它们通常相互作用，作用机制是表观遗传，即通过 DNA 甲基化修饰基因发生。

3. 一些指导性的理论观点

（1）本书将会借助毕生发展心理学的理论来理解成年发展这一主题。毕生发展心理学是由巴尔特斯在 1980 年提出的，该理论鼓励心理学研究者从不同年龄出发研究人的发展过程，并且以一种前所未有的广阔的角度看待发展。

（2）理解本书内容的第二个视角是布朗芬布伦纳在 1979 年提出的生态学模型。这一理念启发心理学研究者把人当作一个整体看待，而非仅仅把人作为实验室里实验的参与者，孤立地研究其行为。

4. 成年发展研究

（1）开展发展性研究的第一步是选择研究方法。研究者有三种选择：① 横断研究，研究人员收集代表不同年龄群体的研究组的数据；② 纵向研究，研究人员长期跟踪同一组受测群体，期间多次收集实验数据；③ 序列研究，是前两种方式的组合，包括在不同的时间段开展的两组纵向研究，同时开展横断研究和序列研究。每种研究方法都各有利弊。

（2）选定研究方法后，研究人员需要选择一种适当的测量方法。成年发展研究中最常见的测量方法包括个案访谈、问卷调查和标准化测试。

（3）发展性研究的下一步是选择数据分析方法。大多数研究或者使用均值比较，即计算出每组数据的平均值，再用统计方法判断其间差异是否足够大；或者使用相关分析，即研究者就参与者多次的测量数据进行计算，判断其间是否存在某种依存关系。相关系数可以表现出稳定性和变化。这些方法也运用于双生子研究中，即对同卵双胞胎和异卵双胞胎的数据进行比较，以呈现遗传在发展中的作用。元分析是另一种数据分析方法。它通过对之前同一主题下所发表的许多研究数据进行组合和重新分析，得到更宏观、更有力的研究结果。

（4）发展性研究的最后一步是得出结论。结论取决于研究设计是否为实验设计。如果是，那么就可能得出结论，是目标因素导致了研究结果。研究实验包含真实验和准实验，它们之间的区别在于实验者对研究条件和潜在外界干扰因素的控制程度不同。真实验设计在成年发展研究中并不常见。非实验性研究设计虽然无法得出因果结论，但同样为发展心理学提供了宝贵的知识。其他实验设计包括描述性研究和质性研究。

写作分享

介绍成年发展。

　　思考本章讨论的研究方法，运用你在本章所学知识，设计一个研究，当然，它应当包括研究目标、研究方法、措施、控制条件，以及所有其他相关信息。

02

第 2 章

身体变化

虽然每个人都会经历生理上的衰老，但每个人衰老的时间表并不相同。

学习目标

2.1 评价主要的老化理论

2.2 分析成年人如何应对与年龄相关的外表变化

2.3 总结感官如何随年龄增长而变化

2.4 分析身体随着年龄增长产生变化而导致的社会性影响

2.5 确定年龄相关的身体变化如何影响老年人的生活

2.6 衰老经历与人口学影响

作者的话　>>>>> 一堂关于儿童发展的简短课程

　　我孙子尼古拉斯 5 岁的时候，我正在写一本关于儿童发展的书。我想在每一章开篇都用一个温馨的个人故事来开启本章的议题（就像本书一样）。尼古拉斯为我提供了丰富的故事素材。我当时正在写儿童的认知过程，我知道 5 岁的孩子倾向于通过事物的表面特征来判断这些事物。不论玻璃杯的直径是粗还是细，他们总是确信，哪个玻璃杯的水位最高，哪个杯子中的柠檬水就最多；无论排列成线的巧克力豆之间摆放的间距是大还是小，他们始终认为长度最长的那列巧克力豆的数量最多；他们甚至认为，个头越高的人，其年龄越大。

　　所以，当我问尼古拉斯，奶奶和爸爸谁的年龄更大时，虽然他知道爸爸是奶奶的儿子，但还是很快地回答说："爸爸（身高 180cm）当然比奶奶（身高 170cm）的年龄更大。"他知道爸爸 30 岁，奶奶 54 岁，也知道 54 比 30 大，但在 5 岁孩子的心中，逻辑并不重要。我很高兴——到目前为止，尼古拉斯很完美地展示了我所写教科书中的一些重要概念。

　　然后，我继续问他："你怎么判断一个人的年龄呢？"我预期他会回答，从人的身高或头发的颜色来判断。他却说："你看看他们的双手。"我很惊讶，双手？好吧，我想，这也许是真的。老年人的双手会有老年斑，手指的关节也变得更加粗大；对青少年而言，与身体的其他部位相比，其双手占身体的比例会更大一些；婴儿却总是反射性地把手紧握成拳头。我想他可能在这其中发现了一些有趣的东西，因此，我追问道："在看他们的双手时，你在找什么东西呀？"

　　"他们的手指。"他耐心地回答。然后他举起一只手，伸出五指说："当你问人们多大时，他们会举起手指示意，然后你会数一下有几根手指。看，我 5 岁了。"

　　虽然在孩子 10 岁之前，尼古拉斯通过观察人的双手来确定年龄的这种方法都行之有效，但在判断成年人的年龄时，这种方法就捉襟见肘了。事实上，当我们走过用"举起的手指"就能告诉他人自己的年龄这个阶段之后，随着年龄渐长，仅凭借外表来判断人们的年龄也会渐渐变得困难。原因之一是人们的老化包括两个过程。一个老化过程是主因老化（primary aging），这是本章的议题。主因老化包含一系列逐渐发生且不可避免的变化，在度过整个成年期的过程中，我们大部分人都将经历这样的变化。近几十年的研究已经发现了主因老化的两大事实：第一，主因老化不同于疾病；第二，主因老化有很多各不相同的时间进程，而且虽然进程不同，但又都是"正常的"（National Institutes of Health，2008）。另一个老化过程是次因老化（secondary aging），这是下一章的议题。次因老化是指发生得更加突然的变化，并且一般是由疾病、外伤或一些环境事件所引发的。

在本章中，首先，我会介绍一些主因老化的理论；其次，我会讲一些大多数成年人的主要身体系统在老化过程中所经历的变化；再次，我会讨论主因老化对诸如失眠和性行为这些复杂行为的影响；最后，我会谈及主因老化模式中的一些个体差异现象，并且回答一个经典的问题——"我们是否能逆转时光？"

2.1 主因老化理论

我们为什么会变老？几个世纪以来，这一直是人们关注的问题，但是研究该问题所需要的技术和方法是新兴的：大数据（有大量的二级数据库，如美国国家卫生注册数据，研究人员可以快速地对这些数据进行分析）、大型纵向研究的数据，以及在方法学和统计学方面取得的进展。这些工具的出现使研究人员能够相当容易地"大量发表描述性研究出版物或论文"（Bengtson & Settersten，2016），尤其是当科研人员的工作和生计严重依赖论文产出和项目基金时。这类工作对于描述主因老化过程是有价值的，但对于回答人体老化的"原因"却并无助益。为此，我们需要理论，需要有人汇编实证结果，这样我们就可以整合已知的信息，识别缺失的部分，发现下一步需要研究的路径。这就是理论的作用，也是我们需要它们的原因。

毕生发展研究领域出现的时间并不长，但已经从二十世纪三四十年代的大理论时代（即对老化的各个方面都有广泛且兼容并包的理论解释），发展到二十世纪六七十年代的极简主义理论时代（即理论不过是对已有数据的描述），再到现在的相对平衡态（即我们现在既不过分追求宏大全面，也不过分追求具体细节，而是在寻找一个"恰到好处"的中间地带）。此外，新的理论时代呈现多学科交叉的样貌，并且更注重健康的质量而非寿命的长短，更注重预防和干预与年龄相关的变化——改变人们的生活方式，或者用药物加以治疗。"很显然，健康和幸福才是核心，学者们正在围绕该核心提出理论，并通过这种方式在多学科之间架起沟通的桥梁，在多层级分析手段之间交叉融汇，小到细胞层面，大到社会层面"（Bengtson & Settersten，2016）。我在本书中选择了一些较新的理论进行介绍，同时也会介绍对每一种理论的支持和批评的声音。

在继续讨论之前，我要提醒读者，在我们为什么会变老这个问题上，大家不要期望有任何一种理论能被证明是唯一正确的答案。正如生物化学家布莱恩·K. 肯尼迪（Brian K. Kennedy）所解释的："科学家们只研究某一种老化模型或某一种关于衰老原因的假说，这种情况已经一去不复返了。相反，我们身处一个既令人兴奋又让人有点害怕的全新研究世界中，老化过程的复杂性在其中越来越受到重视，至少在理论层面上，关于有机体老化的系统性观点是可以被提出的，尽管短时间内提出系统性理论的可能性并不高"。

2.1.1 氧化损伤

一种主因老化理论是以发生在细胞水平上的随机损伤为基础的。这种随机损伤的过程由生物老年病学家德罕·哈蒙（Denham Harmon）于 1956 年首次发现。该过程涉及自由基

（free radicals）、分子或（拥有未配对电子的）原子的释放，这既是人体正常新陈代谢的副产品，也是人体对饮食、阳光、X 射线及空气污染的反应。这些释放出来的分子会参与一些对人体具有潜在损害性的化学反应，但这类反应大多可以被健康的身体抵抗或修复。氧化应激的一个后果是线粒体 DNA 的变异。线粒体是大多数细胞产生能量的细胞器，因此它的变异可能导致细胞功能障碍（Gredilla，2011）。根据该损伤理论，随着年龄增长，我们的抵抗力和修复功能都会下降，氧化损害的后果也会随之加剧，最终导致的结果就是主因老化。

　　一些维生素和维生素类似物已经被确认为是抗氧化物（antioxidants）。这些物质具有防止氧化损害发生的功能，包括维生素 E、维生素 C、辅酶 Q10、β - 胡萝卜素及肌酸等。市面上有很多营养补充剂含有大剂量此类物质，然后商家就宣传这些产品具有抗氧化功能。但是，并没有证据显示这类物质能够延缓人们的主因老化过程，或者能够延长人们的寿命。大多数发达国家的居民在他们的饮食中对此类营养物质的摄入量足够多，然而并没有发现高于推荐量地摄入这类物质会给他们带来额外的获益。

2.1.2　基因限制

　　基因限制理论的核心是，每个物种都有其特征性的最长寿命。对人类而言，有效的最长寿命在 110 岁到 120 岁，但对龟类而言，最长寿命要更长一些，而对小鸡（或狗、猫、牛及其他大多数哺乳动物）而言，最长寿命则会更短一些。细胞生物学家伦纳德·海弗利克（Leonard Hayflick，1977，1994）基于此类观察提出，每个物种都有一个设定年龄上限的基因程序。海弗利克表示，如果把人类胚胎细胞放置到营养液中并观察一段时间，那么可以看到，人类胚胎细胞仅仅分裂大约 50 次就不再继续分裂，而是进入一种被称为复制性衰老（replicative senescence）状态（Hornsby，2001）。而诸如加拉帕戈斯象龟这样更长寿的物种，其胚胎细胞在营养液中可能会分裂 100 次，但小鸡的胚胎细胞在营养液中则仅仅能够分裂 25次左右。每个物种在达到复制性衰老状态之前所经历的细胞分裂次数被称为该物种的海弗利克极限（Hayflick limit），而且每个物种的极限分裂次数与其寿命之间存在正相关的关系。根据基因限制理论，对人类而言，当我们的细胞达到海弗利克极限，不再具有自我复制能力时，主因老化就发生了。

　　有人指出，老化的基因限制理论背后的机制源于这样的发现：在人类许多体细胞（和一些其他物种细胞）的染色体顶端都有重复的 DNA 片段，即端粒（telomeres）。对 DNA 复制而言，端粒是必不可少的，它似乎充当了细胞计时器的角色。一般而言，中年人的细胞端粒会比年轻人的短一些；而老年人的细胞端粒则会更短。而且，一旦端粒用尽，细胞就会停止分裂。

　　细胞的端粒长度与主因老化和次因老化都有关系。与同龄健康人群相比，那些容易罹患心脏病或 2 型糖尿病的人群的细胞端粒长度更短。端粒长度也和慢性压力状态有关。有研究发现，那些照看患有慢性疾病孩子的母亲，其细胞端粒长度相当于那些照看健康孩子却年长10 岁的母亲的细胞端粒长度（Epel et al.，2004）。如此看来，照顾一个患有慢性疾病的孩子所带来的压力似乎会使母亲的生理年龄增加10岁。

我们有可能减缓人类细胞端粒变短的速率吗

这个问题曾是医学研究者蒂姆·D. 斯佩克特（Tim D. Spector）及其同事（Cherkas et al., 2008）所研究的重点。他们采访了超过2 400名年龄为18～81岁的参与者，询问这些人在业余时间锻炼身体的情况。采访后，研究者对每位参与者均进行血液采样，以检查其血液中白细胞的端粒。研究者发现，少量运动组、适中运动组或大量运动组的参与者，其细胞端粒长度要显著长于那些不锻炼组的参与者的细胞端粒长度。其中，大量运动组的参与者的细胞端粒长度相当于不锻炼组中年轻10岁的参与者的细胞端粒长度。有趣的是，该研究所指的锻炼是"业余时间的锻炼"。当研究者调查参与者所进行的与工作有关的运动（如在杂货店里摆货架）时，以上这些结果则并不显著。这表明"业余"模式是有益运动的关键特征。

对过早老化和老年病来说，较短细胞端粒长度似乎可以作为有效的预测因子。此外，它和不良的生活习惯密切相关，如暴饮暴食、吸烟及久坐不动的生活方式等。这类研究结果并没有证明细胞端粒的长度会决定老化的速率，而是表明两者之间存在强相关。

2.1.3 热量控制

对"我们为什么会变老"的最吸引人的解释之一是，老化与我们的饮食有关——这并不是说与我们每天吃什么食物有关，而是与我们每天代谢多少热量有关。这个观点最早出现在60年前，是研究者在研究动物的**热量控制**（caloric restriction，CR）时提出的。他们大幅减少饮食中所含的热量（一般饮食所含热量的60%～70%），但同时保证不减少饮食中日常所需营养，以此研究动物的热量控制。早期的研究者们发现，与用正常饮食方案饲养且其他方面条件都匹配的对照组动物相比，在断奶后不久就采用这种饮食方案饲养的动物葆有更持久的青春活力，晚年时也更少受老年病的困扰，并且寿命也显著地更长一些（McCay et al., 1935）。更多近期的研究也支持了这个发现。例如，对恒河猴的研究发现，那些进行热量摄入控制的猴子的老年病发病率更低，这些老年病包括2型糖尿病、癌症、心脏病和脑萎缩（Colman et al., 2009）。

控制热量的摄入是否能延长人类的寿命

这就存在一个问题：为了达到最大的效益，我们要减少30%的热量摄入。如果一个人每天通过饮食摄入的热量是2 000卡路里，那么就需要把热量摄入减少到1 400卡路里——只是这样保持几个月就已经相当困难，而保持一辈子，那几乎就是无稽之谈。只有为数不多的实验使用人类被试来开展CR研究。其结果表明，这会带来一些积极的、有益健康的影响，如保护身体免受2型糖尿病和心脏病的侵害、降低癌症的发病率和致死率等（Fontana et al., 2011）。然而，已有的记载表明，热量控制也会引起一些不良反应，包括耐寒能力不佳、应激激素上升、性激素下降，以及极度饥饿所带来的不良心理效应——对于食物的强迫性想法、社会退缩、容易烦躁，以及性欲衰减。如果我们控制热量的目标仅限于长寿和免于疾病，那么这样的做法就可以说是成功的。但是，如果我们的目标是为了提高生活质量，那么严格控制热量摄入似乎并不利于达成这个目标，尤其是在当今社会到处充满美食诱惑的情况下（Polivy et al.，2008）。

现在，科学家们已经转而寻找替代物质，该物质既具备热量控制所带来的促进健康和延长寿命的益处，又不会减少正常的食物摄入量。科学家们已经找到了一些备选物质，例如，白藜芦醇，这是在红葡萄酒中发现的一种物质，它能够延长酵母、蠕虫和苍蝇的寿命。然而，使用白藜芦醇在哺乳类动物身上进行的实验结果却令人失望。另外一种物质是雷帕霉素，目前被认为更有希望（Kapahi & Kockel，2011）。起初，在复活节岛上收集的土壤中，科学家们发现了雷帕霉素，它能抑制细胞生长，最初被作为器官移植患者的抗排斥药物使用。关于雷帕霉素对小鼠影响的研究发现，雷帕霉素能够为小鼠延长寿命 12% 左右（Miller et al.，2011），这些研究甚至还包括了那些相当于人类 60 岁高龄的小鼠（Harrison et al.，2009）。遗憾的是，雷帕霉素本身会引发一些副作用，这使它并不适合人类使用，但是对雷帕霉素的研究结果是我目前所知的最有力的证据，它的价值在于，哺乳类动物（也许最终会是人类）也许在未来的某一天能够通过药物延缓衰老的进程。

> **作者提示**
>
> **从生命维度到健康维度。**
>
> 读者业已发现，老化理论已经实现了从生命维度到健康维度的转变，现在老化理论关注人们对生命在身体方面的体验，而非简单关注生命的长度。老化理论还能解决哪些其他的生活质量问题？当你思考老年的生活时，你最看重什么？

2.1.4 时光逆转

当谈到主因老化时，存在很多关于如何延缓衰老进程的观点。我们可以锻炼我们的思维和身体；我们可以吃健康的食物，让体重保持在正常范围内；我们可以避免吸烟、过量饮酒和接触噪声；我们也可以做一些事情来掩盖某些类型的主因老化，如使用化妆品、染发剂和接受外科整形手术。尽管我在电视上看到了关于如何让自己看起来年轻和感觉再次年轻的广告，也读了一些严肃的科学文章，其中提出了时光逆转的想法，但尚无确凿的科学证据证明现在确实有可以预防或逆转主因老化的方式。

人类的最大寿命（maximum lifespan）已经达到 120 岁。这意味着几个世纪以来，只有极少数人能活到这个年龄，但没有人能活得超过这个年龄。业已发生改变的是人类的平均寿命（average lifespan），这个数字是将某一特定人群中每个人死亡的年龄相加，然后除以该人群人数得出的。这一数值每年都在增大的主要原因是人类能够控制婴幼儿的死亡。当 2 岁和 3 岁儿童的死亡人数减少时，人类的平均寿命就会显著延长。目前，一些研究人员正试图通过找到方法，用实验室培育的新器官替代老化器官，以便延长人类的最大寿命（Kretzschmar & Clevers，2016）。一些人试图用干细胞使老化器官恢复活力，或者将年轻老鼠的血液输给老年的老鼠，希望能修复老化细胞的成分（Apple et al.，2017）。一些研究人员正在探索许多出现百岁老人的家族的 DNA，寻找可能与他们长寿相关的基因片段，希望有朝一日能将其植入没有长寿基因者的 DNA 中（Passarino et al.，2016）。

虽然所有这些延缓衰老的尝试听起来都令人兴奋，但延长寿命还有另外一面。我们将如何支付这昂贵的生命延长的治疗费？退休年龄会增加吗？这对职场人士会产生怎样的影响？我们是否有足够的自然资源来容纳更多新的、改善了的老年人？

我不知道这些问题的答案，但我认为重要的是提出问题并加以思考。如果我们可以延长人类的最大寿命，将会发生什么？因为很显然，人类寿命的延长是极有可能出现的情况。

> **作者提示**
> 一个关于寿命的问题。
> 在一个平均死亡年龄为 300 岁的社会里，会有怎样的变化发生？

2.2 外表的生理变化

本书后面的各章会涉及成年人的思维能力、个性、精神状况和疾病模式的变化。本章主要介绍成年发展过程中生理方面的变化，首先是外表的变化，其次是感觉和身体各个系统的变化，最后讨论主因老化的个体差异。

表 2.1 回顾了主因老化的各种细节，显示了不同年龄段成年人的身体特征。在阅读这些信息时，读者会发现，成年人在 18～39 岁这段时间里明显处于身体的巅峰期。在中年期，也就是 40～64 岁，身体变化的速度在人与人之间有很大的差别，有些人很早就失去了身体机能，有些人则要晚得多。在 65～74 岁，成年人的一些身体机能丧失仍在继续，同时慢性病的发病率也显著增加，这两种趋势在成年晚期都会加快，但在变化速率和有效代偿方面也存在相当大的个体差异。许多成年人在 75～80 多岁时仍能保持良好的身体机能。但是在年龄最大的人群中，所有这些变化都会加速，代偿也变得越来越难以维持。

2.2.1 体重和身体成分

美国卫生和公共服务部的报告指出，美国成年人在整个成年期的体重变化遵循图 2.1 所示的模式，体重的这种变化趋势呈倒 U 形曲线（Fryar et al.，2016）。年轻人和中年人的体重上升可归因于人们越来越倾向于久坐不动，同时没有通过调整饮食来消除久坐不动所带来的不良影响（Masoro，2011）。而发生在成年晚期的总体重的下降，则主要是由于骨密度的下降和肌肉组织的减少所引起的（Florido et al.，2011）。

与身体总体重一起发生变化的，还有重量在全身分布的位置：从中年开始，人脸部和四肢的脂肪逐渐变少，腹部周围的脂肪则开始积聚，结果就是我们不再有丰满的脸部和唇部，足底也失去了充当防护垫的脂肪，而腰围却增加了。

表 2.1 成年期身体变化概述

年龄	体重和身体质量指数	面部特征	视觉和听觉	骨量	神经发育	激素	性反应
18~24岁	对大多数人来说，体重和身体质量指数都达到最佳值。大约17%的人有肥胖问题	面部特征和肤色都很年轻；头发浓密	视觉敏锐度达到最佳状态；对一些人来说，由于进行了过多噪杂的运动和休闲娱乐活动，听力可能开始下降	骨量仍在增加	神经系统发育几乎已经完成	激素功能完善；生育能力达到最佳水平	性反应达到最佳水平
25~39岁	大约30岁时，体重和腰围开始增加。大约1/3的人有肥胖问题	对大多数人来说，面部特征仍然保持年轻状态；一些男性开始脱发	视觉和听觉开始下降。味觉和嗅觉也有所下降，但通常来说并不明显	在30岁时，骨量达到最大值	会丧失一些神经元，但并不明显	主要激素的分泌开始下降，但并不明显	性反应开始缓慢减弱
40~64岁	在40多岁之前，体重一直持续增加，然后在50~60岁这一阶段保持稳定。腰围，脂肪从腹部持续增加，脂肪转向四肢转向腹部。大约40%的人有肥胖问题	皮肤开始长皱纹，并且失去弹性。男性和女性的头发都变得稀少，男性尤甚。处于该年龄段的人群是接受整形手术的最大群体	在45岁左右，近距离视觉损失；60多岁时，暗适应能力下降明显；在40岁后，开始出现白内障。味觉和嗅觉的丧失开始；有轻微损失。听觉的丧失更加明显	男性的骨量开始缓慢下降，女性的骨量则下降得更加加剧，尤其是在绝经之后	神经元继续减少，尤其是与记忆相关的神经元	激素继续下降，男性的生育能力缓慢下降；绝经期女性的生育能力急剧下降	性反应变得更缓慢，更不强烈
65~74岁	大约70岁以后，体重和腰围开始下降。大约37%的人有肥胖问题	皮肤的皱纹增多，弹性减少	视觉继续下降。白内障变得很常见。味觉和嗅觉的下降变得很明显，尤其是对甜味和咸味的感知	男性和女性的骨量持续下降，发生骨折的风险升高，尤其是女性而言	神经元继续减少	激素继续下降	性反应继续下降，尽管缺乏性伴侣是许多老年人无法享有性生活的首要原因
75岁及以上	体重和腰围持续下降。大约15%的人有肥胖问题	皮肤的皱纹继续增多，弹性继续减少	视觉和听觉继续损失	男性和女性的骨量继续下降，发生骨折的风险急剧上升，尤其是对女性而言	神经元继续减少	主要激素的水平依旧很低	性反应继续下降，但许多人在整个成年期一直很享受性生活

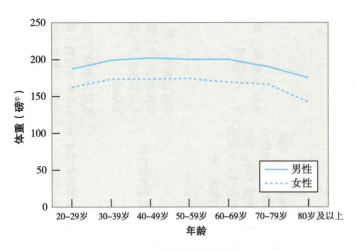

图 2.1　成年期体重变化

男性和女性的总体重从 20 ～ 40 岁持续上升，在 50 ～ 60 岁时保持相当的水平，然后在 70 岁下降。

SOURCE: Data from Fryar et al. (2016).

如果一个人的总体重超过了与其身高匹配的最佳健康体重值，我们就认为这个人超重了。超重是各年龄段成年人都关心的问题，而且理当如此——在美国，几乎 2/3 的成年人都超重。体重过重有碍运动和身体灵活性，并且还会改变我们的外表。社会普遍认为超重的个体是不健康的、不够有魅力的，因此超重还会引起社会和经济歧视（Lillis et al., 2011）。

如果体重身高比增高到一个临界点，那么超过这个点就会对人体健康产生不良影响，构成医学上所称的肥胖症（obesity）。根据美国疾病控制和预防中心（Centers for Disease Control and Prevention，CDC）的数据，在美国，超过 1/3 的成年人患有肥胖症（Ogden et al.，2015）。

你如何看待身体成分的评估？表 2.2 显示了获取身体质量指数（body mass index，BMI）的方法，首先在最左边的那一列中找到你的身高值（以英寸[②]为单位），然后在你的身高所在的那一行里找到你的体重值，体重值所在那一列顶端的数字就是你的 BMI。根据美国国家疾病控制和预防中心的数据显示，一般认为，BMI 低于 18.5 是体重过轻，BMI 为 18.5 ～ 24 是正常体重，而 BMI 为 25 ～ 29 是超重，BMI 超过 30 则构成肥胖。虽然 BMI 并不是一个完美的评估系统，因为有一些非常强壮的健康人，如果根据他们的身高和体重来计算其 BMI，那会被贴上"超重"的标签。但目前，BMI 仍被世界上大多数医疗机构和医学研究人员用于评估身体成分。

40 ～ 59 岁的成年人发生肥胖的可能性更高，但如图 2.2 所示，其他年龄组的肥胖成年人比例也没有低多少。尽管如此，事实仍然表明，超过 1/3 的成年人（及 17% 的孩子）被认为是在总体重上存在严重问题的（Ogden et al.，2015）。

对与年龄相关的身体成分变化，我们能做些什么？年轻人和中年人积极的生活方式将有助于减少与年龄有关的体重增加和中年时腹部积聚的脂肪量。健康的饮食习惯可以减少多余的脂肪。然而，目前还没有发现什么方法能完全阻止上述这些变化。

---

① 1 磅 ≈0.454 千克。——编者注

② 1 英寸 =2.54 厘米。——编者注

表 2.2　你的 BMI 指数是多少

身高（英寸）/ 体重（磅）	正常						超重					肥胖										
身体质量指数（BMI）	19	20	21	22	23	24	25	26	27	28	29	30	31	32	33	34	35	36	37	38	39	40
58	91	96	100	105	110	115	119	124	129	134	138	143	148	153	158	162	167	172	177	181	186	191
59	94	99	104	109	114	119	124	128	133	138	143	148	153	158	163	168	173	178	183	188	193	198
60	97	102	107	112	118	123	128	133	138	143	148	153	158	163	168	174	179	184	189	194	199	204
61	100	106	111	116	122	127	132	137	143	148	153	158	164	169	174	180	185	190	195	201	206	211
62	104	109	115	120	126	131	136	142	147	153	158	164	169	175	180	186	191	196	202	207	213	218
63	107	113	118	124	130	135	141	146	152	158	163	169	175	180	186	191	197	203	208	214	220	225
64	110	116	122	128	134	140	145	151	157	163	169	174	180	186	192	197	204	209	215	221	227	232
65	114	120	126	132	138	144	150	156	162	168	174	180	186	192	198	204	210	216	222	228	234	240
66	118	124	130	136	142	148	155	161	167	173	179	186	192	198	204	210	216	223	229	235	241	247
67	121	127	134	140	146	153	159	166	172	178	185	191	198	204	211	217	223	230	236	242	249	255
68	125	131	138	144	151	158	164	171	177	184	190	197	203	210	216	223	230	236	243	249	256	262
69	128	135	142	149	155	162	169	176	182	189	196	203	210	216	223	230	236	243	250	257	263	270
70	132	139	146	153	160	167	174	181	188	195	202	209	216	222	229	236	243	250	257	264	271	278
71	136	143	150	157	165	172	179	186	193	200	208	215	222	229	236	243	250	257	265	272	279	286
72	140	147	154	162	169	177	184	191	199	206	213	221	228	235	242	250	258	265	272	279	287	294
73	144	151	159	166	174	182	189	197	204	212	219	227	235	242	250	257	265	272	280	288	295	302
74	148	155	163	171	179	186	194	202	210	218	225	233	241	249	256	264	272	280	287	295	303	311
75	152	160	168	176	184	192	200	208	216	224	232	240	248	256	264	272	279	287	295	303	311	319
76	156	164	172	180	189	197	205	213	221	230	238	246	254	263	271	279	287	295	304	312	320	328

SOURCE: CDC (2016a).

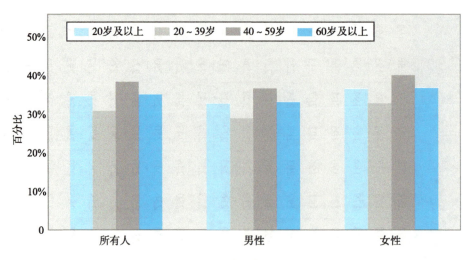

图 2.2　肥胖症在美国的情况

在美国，肥胖症比例最高的数据出现在 40～59 岁的女性人群中，同时 40～59 岁的人群也是美国肥胖症最高发的人群。

SOURCE: Ogden et al. (2015).

2.2.2　皮肤变化

　　光滑的皮肤是年轻的标志，但是大约从 45 岁开始，皮肤的皱纹变得明显起来，部分原因是前文所述的身体脂肪的重新分配；部分原因可能是随着年龄增长，身体丧失弹性（除对皮肤的影响外，身体丧失弹性也会影响肌肉、肌腱、血管及内脏的正常功能）。对那些长时间暴露于阳光下的皮肤而言，如脸部和手部的皮肤，弹性的丧失尤其明显。

　　快速走过商店的美容品专柜，或者看看化妆品公司的年收益，大家会形成一种印象，即我们有很多灵丹妙药可以阻止皮肤衰老。然而，在能买到的非处方药中，唯一有效的就是那些用于掩饰皱纹和老年斑的产品。在我们能买到的处方药中，有一种似乎只对修复由于暴露于阳光下造成的皮肤损伤有效。有几个精心设计的实验室研究已经表明，持续几个月在皮肤上涂抹维生素 A 酸，不仅可以改善受损皮肤的外观，而且还能逆转一些已经发生的皮肤深层变化（Rosenfeld，2005）。防止皮肤被阳光灼伤更简单易行的方法是缩短直接暴露于强烈阳光下的时间。当这一点无法实现时，在皮肤上涂抹防晒霜或穿防晒服都有助于防止皮肤被灼伤（Porter，2009）。

　　那些无法用药膏治愈的严重皮肤损伤，则可以运用一些医疗方法进行治疗，如化学换肤或微晶磨皮等，在这些疗法中，外层的皮肤会被清除。但这类微创手术的花费比护肤霜的花费昂贵得多，并且风险也更大。尽管如此，许多人对微创手术的效果感到十分满意，他们认为，如果自己看起来更加年轻，自己的心态也就更加年轻了。表 2.3 显示了美国人做得最多的几种整形手术，同时也列出了这些手术的平均费用，以及在五个年龄组中，接受这些手术治疗的人数比例。如你所见，40～54 岁年龄组中做手术的人数最多（占总手术量的 48%）（American Society of Plastic Surgeons，2016）。

在整形手术患者中，男性约占 13%。隆鼻、抽脂和双眼皮手术等是在男性和女性中都受欢迎的整形手术治疗。女性还会接受隆胸和腹部去皱手术；男性则会接受缩胸和面部提升手术。最近，男性接受臀部提升和臀部填充手术治疗的比例也有所增加（American Society of Plastic Surgeons，2016）。

近年来，一些微创手术在男性和女性中越来越流行。一种是注射肉毒杆菌毒素，这是一种稀释的神经制剂，它可以麻痹皮下肌肉，从而达到去除皱纹和抬头纹的效果。这是目前男性和女性都最常接受的整容手术。另一种很流行的整形手术是注射透明质酸 / 玻尿酸，它是存在于全身结缔组织中的一种自然物质，发挥着皮肤缓冲带的作用，使肌肤保持光泽和饱满。当我们向软组织中注射玻尿酸时，玻尿酸就充满了软组织，使软组织的体积增大，从而暂时减少皮肤的皱纹和松弛。肉毒杆菌毒素必须每隔几个月注射一次；玻尿酸的效果会稍微持久一些，一般来说，注射一次可持续 6 个月。这两种手术都需要具有资质的医疗专业人员来实施，并且手术具有轻微的风险。无须多言，所有这类微创手术的费用都很昂贵——注射一次肉毒杆菌毒素的平均费用是 382 美元，而注射玻尿酸的费用则是 949 美元——大多数医疗保险计划都未涵盖这类手术费用（American Society of Plastic Surgeons，2016）。

表 2.3 显示了每个年龄组中接受这些整形手术的患者比例。例如，较年轻的组（13 ~ 19 岁）青睐于做隆鼻手术，而更年长的组（55 岁及以上）则倾向于做眼睑手术。不同年龄段的人青睐于接受哪些整形手术，这是一个有趣的景象。同样有趣的是，40 ~ 54 岁组接受整容手术的比率几乎占手术总人数的一半，这可能反映出该年龄段是青春流逝和收入增加的交叉点。

表 2.3　美国人做得最多的整形手术及其价格、数量和患者的年龄

手术名称	平均手术费用（美元）	2011 年手术例数	每个年龄组中的患者百分比（%）				
			13 ~ 19 岁	20 ~ 29 岁	30 ~ 39 岁	40 ~ 54 岁	55 岁及以上
微创手术							
肉毒杆菌毒素	382	6 757 198	0	1	18	57	23
软组织填充	949	2 440 724	0	3	11	50	36
化学换肤	636	1 310 252	1	1	13	42	44
激光脱毛	290	1 116 708	6	22	29	36	7
微晶磨皮	138	800 340	1	8	23	44	24
整容手术							
隆胸	3 822	279 143	3	29	37	29	2
抽脂	3 009	222 051	2	15	34	39	10
鼻型再造	4 771	217 979	14	32	24	21	10
眼睑手术	2 880	203 934	1	2	6	43	48
腹部去皱	5 502	127 967	0	9	35	41	14

SOURCE: American Society of Plastic Surgeons (2016).

2.2.3　头发

　　脱发是男性和女性衰老的共同特征，尽管脱发在男性中更为明显。在美国，大约67%的男性在35岁时就会表现出一些脱发的症状，到50岁时，头发明显会变得特别稀疏（American Hair Loss Association，2010）。在每个年龄组中，头发变白的情况在不同种族和不同个体间都存在很大差异。例如，亚裔美国人头发变白的时间总体而言远远晚于白种人头发变白的时间。图2.3显示了典型脱发模式的不同阶段。

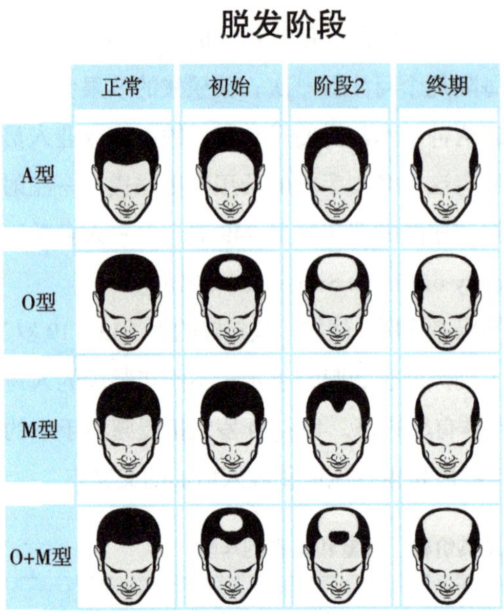

脱发阶段

图 2.3　典型脱发模式

注：有几种典型的男性脱发模式及其可预测的发展阶段。

　　有史以来，男性和女性都曾使用化学和天然染色剂来掩盖白发，时至今日，这仍是一种普遍的做法。其他"换汤不换药"的做法是佩戴假发，以及接受头发移植手术。除此之外，有一些药物能够减缓甚至逆转脱发，有男女通用的非处方药，也有仅供男性使用的处方药。治疗脱发最极端的方法是毛发移植术，手术原理是将身体上毛发浓密处的毛囊移植到头皮上毛发稀少的地方。2015年，美国有超过15 000人次接受了毛发移植术，其中约70%是男性，并且大部分人的年龄在55岁以上（American Society of Plastic Surgeons，2016）。再次提醒接受这些抗衰老方案的患者，没有哪一种抗衰老方法能真正逆转时光，但如果是经由经验丰富的专业人士实施，同时抛弃不切实际的期望，合理规划预期效果，那么这类手术确实会在术后让人感觉相当良好。

作者提示

看起来更年轻。

　　你是否打算（或者你是否已经）采取措施来影响你与年龄有关的外表了吗？为什么这么做，或者为什么不这么做？

2.3　感觉系统的变化

　　许多成年人发现，随着年龄增长，身体发生的另一种"一系列的变化"是视觉、听觉、味觉及嗅觉功能的衰退。迄今为止，人们对视觉衰退的研究最多，其次是对听觉衰退的研究，而对味觉衰退和嗅觉衰退的研究则很少。

2.3.1　视觉

视觉是婴儿发育最晚的一种感觉，也是人在中年时最早出现衰退迹象的感觉。同时，它还是结构和功能最复杂、最容易出现问题的感觉系统。图 2.4 是眼睛结构的示意图。在正常老化的过程中，眼睛的晶状体（lens）会变厚变黄，瞳孔（pupil）对弱光的有效扩张能力会受损。这些变化导致的结果是，人的年龄越大，能到达其视网膜（retina）的光线就越少。视网膜是视觉感受器细胞所在的位置。事实上，人到 60 岁时，视网膜所能接收的光线仅是其二十几岁时视网膜所能接收光线的 1/3（Porter，2009）。这会导致视觉经历一系列变化，其中之一就是视敏度（visual acuity）逐渐下降。视敏度是指感知视觉图形细节的能力。读者可以测试一下自己的视敏度：在你通常学习的室内和阳光充足的室外，都尽力阅读一本印刷字体很小的书。如果你和大多数成年人一样，那么你将会发现，在明亮的阳光下，印刷字体显得更清晰一些。

从孩童时代开始，眼睛晶状体中的细胞层数就开始增加，晶状体的弹性则会随着年龄增长而逐渐下降，在 45 岁左右的时候，晶状体的调适（accommodate）能力急剧下降，或者说晶状体在聚焦于近处物体或较小印刷字体时改变自身形状的能力急剧下降。如果这种能力进一步下降，将会导致中老年人整体视敏度下降。视敏度下降或近距离视觉损

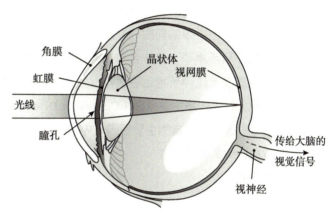

图 2.4　眼睛结构的示意图

（人眼横截面图）

失，俗称老花眼（presbyopia），大部分出现这种状况的患者可以通过佩戴老花镜或隐形眼镜加以矫治，以便恢复视觉的正常功能。

另一个发生在整个成年期的视觉变化是暗适应（dark adaptation）能力的逐渐丧失。暗适应是指在可见光的数量发生变化时，瞳孔做出调整以适应外部光线变化的一种能力。暗适应的丧失始于人们 30 岁左右，但大多数人在 60 岁之后才能感受到该能力明显下降。这会在生活中引起一些小小的不便，例如，在光线昏暗的餐馆中很难看清楚菜单，或者在漆黑一片的电影院里很难找到座位。这种丧失还会引起一些更加危险的情境，例如，在夜晚很难看清楚路标，或者很难从突然迎面而来耀眼的车灯光线中恢复视力。这就是老年人更青睐于观看日间演出、预定"早鸟餐"①，以及在大学选修白天的课程而不参加夜间活动的原因之一。

---

① "早鸟餐"是指早起早睡者在 17：00 ～ 18:30 到餐馆吃的晚餐。这类餐食价格较经济，但分量相应地也少一些。——译者注

年龄相关的眼疾

视觉系统还有三种老年人常患的眼疾，虽然尚不清楚它们是否为正常老化的一部分，但这些问题如此常见，因此我把这三种老年人常患的眼疾也纳入本章。

常见眼疾 ● ● ●

白内障——第一种老年人常患的眼疾是白内障（cataracts），是指眼睛的晶状体逐渐变得混浊，因而传输到视网膜上的图形不再清晰，颜色也不再精确。白内障是成年人最常患的眼疾。如图2.5所示，白内障的发病率随着年龄增长而增加，美国75岁及以上老年人中，超过一半的人或者患有白内障，或者已经接受了摘除白内障的手术。

这种门诊手术在患者局部麻醉的状态下进行，既快捷又安全。白内障手术包括去除晶状体的混浊部分，以及植入一个替代性的人工晶状体。这种人工晶状体甚至可以设计为治疗白内障的同时一并矫正患者的视敏度。在美国，白内障手术已经成为最常见的外科手术了，每年会有300多万例。尽管白内障手术容易操作、成功率很高，并且事实上这种手术也在医疗保险所涵盖的范围内，但在美国，白内障仍是引起人们视力丧失的最主要原因（Centers for Disease Control and Prevention，2015b），也是发展中国家人们致盲的主要原因（World Health Organization，2016）。

引发白内障的风险因素

- 年龄增长
- 糖尿病
- 家族史
- 欧洲血统
- 广泛暴露在阳光下 *
- 吸烟 *
- 肥胖 *

注：*表示该风险因素可以被控制或预防。
SOURCES: American Academy of Ophthalmology (2018); National Eye Institute (2015).

青光眼——第二种老年人常患的眼疾是青光眼（glaucoma），是指由于眼内压力升高而毁坏视神经并最终引起失明的一种疾病。对美国白人而言，青光眼是导致失明的第三大原因，而对那些具有非洲裔血统的美国人，青光眼则是导致失明的第二大原因。青光眼可以用眼药水、激光治疗或手术治疗的方式治愈，但首先我们必须要能检测出青光眼。青光眼的预警信号有哪些呢？像其他由于眼压高引起的眼疾一样，青光眼并没有太多的预警信号。据估计，目前全美有近300万人患有青光眼，但是其中只有一半人意识到自己患有这种眼疾。作为眼科常规检查的一部分，青光眼是能够被检测出来的，建议高危人群在 40 岁时就进行青光眼的筛查，而我们每个人则应该在 60 岁时接受检查（Glaucoma Research Founddation，2016）。

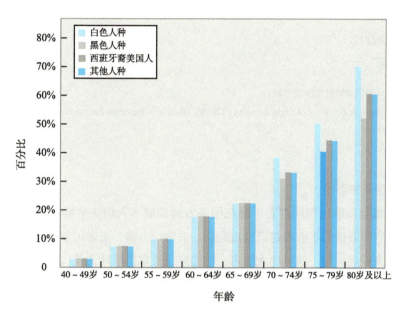

图 2.5　2010 年按年龄和种族分列的白内障患病率

在美国所有的种族和族裔中，患白内障的风险从 40 岁开始增加，但对白色人种而言，70 岁以后的增幅更大。

SOURCE: National Eye Institute (2015).

青光眼的风险因素

- 年龄增长
- 家族史
- 非洲裔或墨西哥裔血统
- 糖尿病

SOURCES: American Academy of Ophthalmology (2018); Glaucoma Research Foundation (2016); National Eye Institute (2015).

年龄相关性黄斑变性——第三种常见眼疾是年龄相关性黄斑变性（age-related macular degeneration），这种疾病会影响视网膜的正常功能，引起中央视觉丧失。其病因虽然尚不清楚，但其发病率是很清楚的：在 75 岁前，所有人群患该病的比率都很低，到 75 岁时，美国白色人种患该病的比率急剧上升。维生素疗法和激光治疗对这种疾病的一些亚型的疗效已经让人们看到了希望，康复干预法也已经帮助了不少因患该眼疾而视力低下的人，使他们能够独立生活，提高了他们的生活质量（National Eye Institute，2015）。

年龄相关性黄斑变性的风险因素

- 年龄增长
- 家族史
- 欧洲血统
- 吸烟 *

注：* 表示该风险因素可以控制或预防。

SOURCES: American Academy of Ophthalmology (2018); Glaucoma Research Foundation (2016); National Eye Institute (2015).

眼部变化带来的影响

中年期及成年晚期出现的视力下降在很多方面限制了人们的生活。通常，老年人会放弃开车，这就意味着他们不能再自己独自购物、去银行办事、走亲访友、参加娱乐活动、出席宗教仪式或去看病。对一些老年人而言，被迫停止开车也是社会地位丧失的一种表现。在老年人中，视力下降也和许多其他问题息息相关，如摔倒、髋部骨折、家庭压力及抑郁障碍等。

世界卫生组织估计，在全世界范围内，超过 80% 的视觉障碍是可以预防或治愈的。但问题在于，人们缺乏与视觉障碍的诊断和治疗相关的信息，例如，很多成年人误以为，驾驶证的年审包含了检查这些眼科疾病。另外一个问题是，在美国及世界各地，很多人在自己生活的地区并没有机会看眼部护理专家。再有一个问题就是，很多老年人及其家属都认为，视力下降只是衰老不可避免的一部分而已，不必大惊小怪。

2.3.2 听觉

大部分成年人在 30 多岁时开始经历听觉的部分损失，主要是对一些较高音调的听觉损失。听觉能够分辨的响度等级也变窄了，换言之，他们会混淆一些响亮的音调和轻柔的音调：响亮的音调以前能听得清楚，现在却听得不那么清楚了，而轻柔的音调仍然听得很清楚。如果没有区分响亮和轻柔音调的能力，我们就很难察觉哪些声音来自身边，哪些声音是穿过嘈杂的房间传来的，也不易区分哪些话是你宴请的合作伙伴讲的，哪些话是两张餐桌外正为客人点餐的服务员讲的。这种情况被称为感音神经性耳聋（sensorineural hearing loss），这是由于耳蜗（cochlea）内毛细胞受损所造成的。耳蜗是内耳中一个贝壳形的结构，其生理机制使其可以接收声音震动，将之转变成神经脉冲，然后传送到大脑的听觉中枢。

尽管与年龄有关的听觉损失对大多数人来说是渐进的，但它仍可能对人们的生活造成严重的影响。较明显的影响出现在工作场所和社会环境中。一份研究报告指出，在当今这个医疗信息变得越来越重要的时代，逾半数 60 岁以上的人会误解医嘱（Cudmore et al.，2017）。另一项研究表明听力损失造成的心理影响包括孤独感、抑郁和偏执（Hearing Loss Association

America，2017）。

听觉损失的发病率随着年龄增长而增加，男性的患病率比女性的更高（Hoffman et al.，2017）。图 2.6 显示了在两个时间跨度内，听觉损失的增加及其在两性中的差异。好消息是，从图中可以看出，在美国，1999—2004 年（A 组）的听觉损失率高于 2011—2012 年（B组）的听觉损失率。这可能是美国劳动局出台的相关制度让工作场所的噪声得以减少带来的结果。

表 2.4 显示了在特定时间段内工作场所的声音上限。例如，整个工作日的持续噪声不能超过 90 分贝。

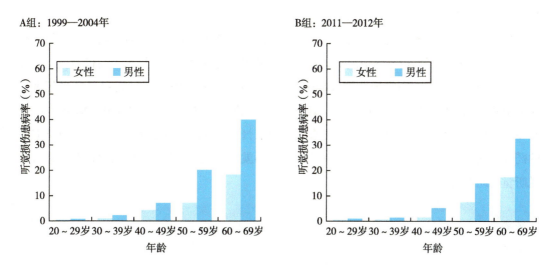

图 2.6　不同年代的男性和女性听觉损伤患病率

SOURCE: Hoffman et al. (2017).

表 2.4　噪声许可量

时长（小时 / 天）	声音等级（分贝）
8	90
6	92
4	95
3	97
2	100
1½	102
1	105
½	110
¼ 或更少	115

SOURCE: U.S. Department of Labor (2012).

虽然现在工作场所的噪声得到了较多控制，但许多我们下班后和周末活动所往之处的噪声都超过了 85 分贝这一安全水平。例如，摩托车产生的噪声是 98 分贝，雪地摩托车的噪声是 100 分贝，摇滚音乐的噪声是 125 分贝，3 米处的枪声所产生的噪声是 140 分贝（Hearing Loss Association America，2017）。

助听器和个人扩声装置

助听器对某些类型的听觉损失是有效的，但可以使用助听器的人并不多。在美国，在被诊断为听觉损失的人中，只有 33% 在实际使用助听器。一个原因是成本：一个助听器平均需花费 2 400 美元，大多数听觉损失者每只耳朵需要一个。美国的医疗保险并不支付这些费用，大多数私人保险也不支付（Grundfast & Liu，2017）。然而，即使在一些免费提供助听器的国家和机构中，助听器的使用率仍然较低（Valente & Amlani，2017），如挪威（仅 43%）和美国退伍军人管理局（不到 50%）。

显然，限制助听器使用的原因不仅是成本较高，通常还包括使用助听器需要先找相关专家进行检查，以便根据自己的情况定制设备，让助听设备符合自己的情况，而且需要反复微调几次。最近，许多有听觉损失的人都在购买个人扩声装置（PSADs），这种装置看起来很像助听器，但价格仅为 50 ~ 500 美元。其他患有听觉损失的人会购买非处方的助听器和电子设备，以放大声音。到目前为止，美国食品药品监督管理局没有批准任何一种治疗听觉损失的药物，此外，一些网络公司也会向那些曾到耳科就诊并已知晓自己听觉损失状况的患者寄送听觉辅助设备。

> **作者提示**
>
> 割裂。
>
> 助听器如此昂贵且不在医疗保险或大多数保健计划的覆盖范围内，这会在经济和社会层面带来哪些影响？

2.3.3 味觉与嗅觉

味觉和嗅觉之所以使我们能够享用美食，享受环境中的香味，有赖于三个相互影响的作用机制。这些作用机制也给我们提供了一些与生存息息相关的信息，让我们不食用变质的食物，让我们留意烟雾一类的危险物质或天然气泄漏。这些作用机制包括嗅觉、味觉，以及常见的化学感觉。嗅觉产生于嗅膜（olfactory membrane）之上，它是鼻黏膜上的重要部分。嗅膜由 350 ~ 400 种气味感受器组成，这种多样性可以使我们闻到微妙而复杂的气味。此外，我们用味蕾（taste buds）来感受味觉，这些味蕾是位于舌头上、嘴里及喉咙中的一些受体细胞。对人类而言，甜味、咸味、酸味、苦味和鲜味是五种基本味道，鲜味是一种口感饱满的咸味（Owen，2015）。食物和气味的刺激属性是由那些位于嘴巴、鼻子、喉咙及眼睛潮湿表面上的受体细胞来感受的，如辣椒的刺激性和薄荷的清凉感（Fukunaga et al.，2005）。这三类感受器（即嗅觉、味觉和刺激属性感受器）会把信息传送到大脑的不同区域，大脑会将不同的信息整合为整体的感觉，并编译成信息，例如，你知道自己正在愉快地用餐，或者冰箱里的牛奶已经过期了，等等。

成年后，人们的味觉和嗅觉的灵敏度会持续下降，这一过程始于 30 多岁，到 65 岁或 70 岁左右，灵敏度的下降会变得十分明显。在美国，超过 200 万人患有味觉障碍或嗅觉障碍，其中大部分都是老年人。有几个原因会导致这种情况：老年人鼻腔中的黏液量减少，因此和年轻人相比，能与气味分子结合的受体也减少了；老年人咀嚼食物时产生的唾液量减少，导致被唾液分解的食物所释放出的分子数量减少；老年人鼻腔和口腔中的受体细胞都较少，70 岁时这些细胞数量是 20 岁时的一半。多年吸烟和生活在空气污染地区会导致味觉和嗅觉的损失。有些疾病和服用某些药物也会影响人的味觉和嗅觉，这两种情况在老年人中都比较常见（Douglass & Heckman，2010）。

有些事情可能影响不大，例如，和番茄酱比起来，我们更喜欢洋葱酱；我们在食物中使用更多盐和香料；我们会在咖啡里额外加点糖或甜味剂。而有些事情的影响更严重些，当食物失去吸引力时，老年人可能就会减少进食了；嗅觉衰退还可能导致老年人食用变质的食物，并可能影响他们闻到危险气味的能力，例如，天然气公司会在产品中添加臭鸡蛋味，以便人们能更敏锐地发现天然气泄漏，但嗅觉衰退的老年人可能做不到这些。

2.4　年龄是如何改变身体内部结构与系统的

我们大多数人都关心自己的外表，关心在成年后的岁月里自己的外表会发生怎样的变化。许多最明显的衰老迹象都属于这一类，我们从父母、祖父母和朋友身上，有时甚至从我们在镜子中的样子都能看到。也许还有一类不太明显的变化发生在我们的外表之下，如肌肉、骨骼、心和肺等，并且我们抵御疾病和感染的能力也在不知不觉地发生变化。在本节中，我们将研究这些与年龄相关的身体内部结构和系统的变化。

2.4.1　肌肉和骨骼

主因老化在骨骼变化方面主要体现为钙的流失，这会导致骨密度下降。在我们 30 岁左右时，骨密度会达到峰值，然后两性的骨密度都会逐渐下降，但是由于一些原因，对女性而言，骨质流失对身体的影响会更大一些。首先，女性的骨骼更小，钙含量也更少。换言之，即使两性的骨密度下降速度是一样的，女性在一开始时就处于劣势。其次，两性骨密度的下降速度并不是相同的，在 50 ~ 65 岁，女性骨质流失的速率呈明显加速的趋势，而男性的骨骼中钙的流失速率则更平缓一些。严重的骨质流失或骨质疏松症（osteoporosis）使老年人比年轻人更容易发生骨折。骨质疏松症是否可以被视为一种疾病尚存在争议，因为骨质流失过程与骨骼的正常老化过程除了骨质流失的严重程度之外，两者之间并没有明显的不同。

骨质疏松症

骨质疏松症是基于对骨密度（bone mass density，BMD）的测量来判断的，对臀部和脊椎进行一次双能 X 线骨密度扫描就能很容易地得到骨密度值。将测量结果与健康年轻人的骨密度值进行比较，如果一个人的臀部或脊椎的 BMD 测量值比正常值低 2.5 个标准差或更低，那么我们就认为此人患了骨质疏松症。

根据美国疾病预防控制中心的数据，65 岁以上的美国人中，16% 的人受骨质疏松症的影响。女性患骨质疏松症的概率是男性的四倍，墨西哥裔美国人比非西班牙裔白人或非西班牙裔黑人更容易患骨质疏松症（Looker & Frenk，2015）。

骨质疏松症所引发的最严重的问题是增加了人们因摔倒而受伤的风险。随着我们慢慢变老，视力的下降及平衡感的减弱使我们更容易摔倒。加之老年人骨骼中钙的流失问题，我们摔倒会导致严重的受伤、残疾、失去生活自理能力，甚至造成死亡。经常容易骨折的地方是手腕、脊椎及髋部。

预防骨质疏松症的新策略是在一生中都关注骨骼的情况，从孩提时代开始，我们就要合理地饮食，以促进骨骼的健康成长，饮食中也应含有日常所需的足量的钙和维生素 D。骨量峰值出现在青少年晚期和 20 岁出头，这个年龄段的骨量越密集，晚年患骨质疏松症的风险就越低（National Osteoporosis Foundation，2016）。

骨密度测量正越来越成为妇产科医生、内科医生及家庭医生常规检查的一部分。对骨质流失的治疗包括服用维生素 D、雌性激素及其他药物，以减缓骨质的流失，加速骨形成。最近，人们越来越多地关注到了骨质流失治疗中患者的依从性。医生督促患者在所服用的药物尚未告罄时就提前补给，仔细遵医嘱以确保药物能充分地被身体吸收，同时避免一些副作用。新型药品体内送达系统允许患者一个月只吃一片药或者一年只接受一次静脉注射治疗。

骨质疏松症的风险因素　●　●　●

- 年龄增长
- 家族史
- 女性
- 欧洲、亚洲或拉丁血统
- 早期骨折史
- 久坐的生活方式 *
- 吸烟 *
- 过量饮酒 *
- 体重未达到 BMI* 的正常值

注：* 表示该风险因素可以控制或预防。

SOURCES: CDC, 2015c; National Institute on Aging, 2013.

骨关节炎

在成年时期，关节处的骨骼也会发生变化。当覆盖于骨头末端的软骨随着使用和老化而发生磨损时，我们就会罹患骨关节炎（osteoarthritis）。这种病症会导致骨骼间产生相互摩擦而引起疼痛、肿胀，让关节活动不灵活。根据美国国家疾病控制和预防中心的数据，在美国65 岁或以上人群中，有 34% 的人患有骨关节炎。在老年人中，这种病症的发病率在女性中更高；在青年人群中，反而是男性由于工作和运动损伤，患骨关节炎的人会多一些。

研究人员正在研究高强度运动对骨骼和关节造成的长期影响。不少研究以男性优秀运动员作为研究对象，以确定参与各种运动与之后罹患髋关节骨关节炎之间的关系。所谓男性优秀运动员，是指在国家或专业水平上从事高冲击运动的运动员。一项针对现有文献的综述研究显示，从事手球、足球和曲棍球运动的男性运动员患髋关节骨关节炎的风险会增加，但对长跑运动员研究获得的证据却并不一致（Vigdorchik et al.，2016）。

对女性运动员的研究还不够多，无法发表综述性文章，但最近一项涉及女性（和男性）芭蕾舞演员的研究显示，这是一种与高冲击运动一样需要体力的艺术形式（Reider，2016）。乔舒亚·D. 哈里斯（Joshua D. Harris）是一位专门从事骨科手术和运动医学的医生，他及其同事（Harriset et al.，2015）使用髋关节放射图像对一家国际芭蕾舞公司的 47 名男女舞者进行检查后发现，89% 的舞者至少有一个髋关节发育不良（或畸形）。女性（92%）比男性（74%）更容易出现这种发育不良。我要提醒读者的是，所有这些研究都是横断研究，需要配合纵向研究，以确定这些危险因素和髋关节发育不良是否有关，或者它们如何（或是否）发展成晚年的骨关节炎，以及是否存在一些可能有效的保障措施，例如，避免参与某些运动，或者佩戴某些防护装备，等等。

无论因为老化还是因为从事体育运动而引发，骨关节炎都会引起许多问题，例如，抑郁、焦虑的情绪，让人感觉无助、生活方式受限、工作受限，以及失去独立自主的能力，等等。然而，大多数骨关节炎患者发现，服用抗炎药和镇痛药，在休息和运动之间保持适当的平衡，均可以缓解骨关节炎所带来的疼痛和身体僵直的症状，从而可以继续在一定范围内进行活动。对许多人而言，控制体重也是一种有益的方法。

有些罹患骨关节炎的人报告，一些非传统的辅助性医学疗法，如针灸、推拿、服用维生素及营养补充剂等，都对他们有所帮助。也有人会采用注射玻璃酸钠（软骨和关节液中的一种天然成分）的方式进行治疗。目前，针对所有这些疗法的研究正在开展。例如，最近有研究者对 29 个实验进行了元分析，29 个实验共涉及逾 17 000 名参与者，这些参与者被随机分配到正式实验组和对照实验组，接受如下治疗中的一种：在传统的针灸穴位上进行针刺，在随机抽选的非针灸的虚假穴位上进行针刺。当研究人员询问患者（即实验参与者）关于接受的治疗在缓解骨关节炎疼痛方面的疗效时，患者的回答显示，两种治疗之间存在着较小但是显著的差异。这个结果表明，在传统针灸穴位施行针灸具有真实的疗效，而非仅仅发挥安慰剂效应（Vickers，Cronin，Maschino，et al.，2012）。

如果骨关节炎患者认为这些疗法都不能缓解疼痛，他们还可以选择接受髋关节置换的外科手术。在最近几年中，美国每年都会实施 285 000 例以上髋关节置换手术、600 000 例以上膝关节置换手术，并且都有很高的成功率。这些手术绝大多数针对的是由骨关节炎造成的损伤（American Academy of Orthopaedic Surgeons ，2016a，2016b）。

骨关节炎的风险因素 ● ● ●

- 年龄增长
- 女性（50 岁后）
- 家族史
- 关节损伤史
- 重复关节应力史 *
- 超重或肥胖 BMI *

注：* 表示该风险因素可以控制或预防。
SOURCES: CDC, 2015c; National Institute on Aging, 2013.

肌肉质量和力量

随着我们慢慢变老，大多数成年人都会经历肌肉质量和力量逐渐下降的过程。发生这种情况的原因是肌肉纤维的数量减少，这种减少可能是由于生长激素水平和睾丸激素水平下降所引起的。另外一个与老化相关的正常变化是，肌肉会慢慢地不再具备像我们年轻时所具备的那种快速收缩的能力。此外，在经历过一段不运动的时期（如疾病或受伤初愈）之后，与年轻人相比，老年人不会那么快就重新长出肌肉。话虽如此，但是大多数老年人仍然具备足够的肌肉力量来完成一些必须做的事情，而且有很多老年人的肌肉功能还能保持在运动健将那样的高水准上。然而，即使是最强壮的人，随着年龄增长，其肌肉质量和力量也会有所下降。

有两种运动有助于重建肌肉的质量和力量：一种是阻力训练，方法是通过抬高或推拉来收缩肌肉，然后保持肌肉的收缩状态 6 秒；另一种是拉伸运动，它可以拉长肌肉并增加肌肉的灵活性。在开始阶段，拉伸动作保持 5 秒即可，随着不断的练习，动作保持的时间要增加到 30 秒。将这两种运动结合在一起的一种很好的方式是水中有氧运动，这个运动也是我多年来锻炼计划的一部分。当水支撑了人大部分的身体重量时，伸展运动就容易多了，而且与在陆地上做相同的锻炼相比，水中的阻力也会更大一些。我很幸运，因为自己生活的地方全年都能进行户外运动。当然，这里的人在冬季的确会对游泳池里的水进行加热，而我在室外气温低于 60 度 ① 的时候也会待在家里。

---

① 这里作者指的是 60 华氏度，相当于 15.6 摄氏度。——译者注

2.4.2　心血管系统和呼吸系统

心血管系统包括心脏及与其相连的血管。有个信息让大家颇感欣慰，即在日常生活中，除非患有一些疾病，否则老人年的心脏功能几乎和年轻人的一样好。但是，当心血管系统遭遇挑战（如剧烈运动）时，老年人和年轻人的心脏功能就显现出了差异。老年人的心脏对于外部"挑战"的响应速度很慢，而且这些外部"挑战"对年轻人可增强心脏的功能，对老年人却不然。

心血管系统的另一个与老化相关的变化是动脉壁变厚且弹性变差，因此老年人的动脉壁不能像年轻人的那样根据血流的变化做出相应的调整。动脉壁弹性丧失可能会导致高血压，这种病症的发病率在老年人中比在年轻人中更高。图 2.7 显示了美国不同年龄阶段的男性和女性中已经被诊断为高血压患者的比例。正如读者所见，无论对男性还是女性而言，随着年龄增长，高血压的患病率都会有所增加，在 45 ~ 64 岁这个年龄段之前，女性患高血压的比例一直低于男性；而在 75 岁以上的年龄段，女性患高血压的比例高于男性；在此之间的年龄段，两性高血压发病人数比相似（CDC，2016c）。

呼吸系统是由与外界空气进行气体交换的器官及与呼吸相关的肌肉组成的。随着年龄增长，该系统功能略有削弱，但对不吸烟的健康人群而言，呼吸功能足以支持其进行日常活动。如同心血管系统一样，当呼吸系统遭遇挑战时，年轻人和老年人的呼吸功能才会显现出差异，如在进行剧烈运动时或身处高海拔地区时（Beers，2004）。

好消息是，定期锻炼能缓解老化带来的影响。锻炼能够使心脏更加强健，血压更低；协调的肌肉对循环和呼吸功能很有助益。一般建议进行有氧运动，包括健步走、跑步和骑行，这些运动对心血管系统和呼吸系统都非常有益。

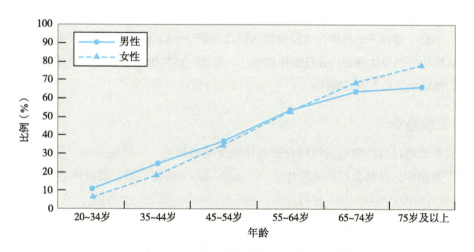

图 2.7　按年龄组划分的被诊断为高血压的美国男女比例

无论男性还是女性，高血压患病率都会随着年龄增长而有所增加。

SOURCE: CDC (2016).

2.4.3 大脑与神经系统

许多人认为，老化就意味着大脑的退化，而且过去的研究似乎也支持了这种观点，但最近一些运用新技术开展的研究却表明，在主因老化过程中，神经元（neurons）或大脑细胞的减少并不像我们曾经认为的那样严重。有证据表明，神经系统具有终生可塑性（plasticity）的特征，这就意味着即使年龄增长，神经元仍具备发生改变的能力。例如，神经元之间可以形成新的连接，改变自身反应阈限和反应速率；如果毗邻的某些神经元损伤，周围的神经元能够代偿这些受损神经元的功能（Beers，2004）。

此外，科学家们还一直在研究成年人大脑中神经新生（neurogenesis）的作用，或者说是新神经元的生长。从神经干细胞中产生新的神经元，在整个成年期间发生在大脑的两个部分。一个部分是齿状回，这是大脑海马体的一个小区域，对形成记忆至关重要；另一个部分是脑室下区，它是大脑中产生脑脊液的空腔内的一部分（Apple et al.，2017）。该过程涉及干细胞（stem cells）的产生，即一些不成熟且尚未分化的细胞能够很容易地分裂并成长为许多不同种类的细胞，包括神经元。虽然在老年时，人的神经新生仍然可以做到功能正常，但是随着机体年龄增长，细胞产生的速率会有所下降，这可能导致与年龄相关的认知功能减退。研究者们正努力寻找能够提高老年期神经新生速率的方法：增加干细胞的产生数量；或者是先确定导致细胞生长减速的原因，然后寻找方法来抑制／削弱这些因素的影响。一个很有前途的研究方向是热量控制，它可以维持老年小鼠海马体中干细胞和新神经元的产生（Park et al.，2013）及其记忆功能（Hornsby et al.，2016）。年轻小鼠血液中发现的一种生长因子可以促进神经产生，在将其注入老年小鼠后，能够改善老年小鼠的学习和记忆能力（Valleda et al.，2014）。

分子神经生物学家德西茜·塞布（Désirée Seib）和安娜·马丁·维拉尔巴（Ana Martin Villalba，2015）推荐了一种维持大脑健康的替代方法——运动。许多研究表明，运动可以恢复人的认知功能和身体健康，并且副作用很小。增加一些精神上有挑战性的任务，也会增加成年后的神经发生和大脑可塑性。

2.4.4 免疫系统

免疫系统通过两种细胞的作用保护身体免受病毒侵害：一种是B淋巴细胞（B cells），它产生于骨髓中，并且会产生被称作抗体（antibodies）的蛋白质，而抗体会对外来有机体（如病毒及其他传染性病原体）进行反应；另一种是T淋巴细胞（T cells），它产生于胸腺中，抵制并吞噬有害细胞或外来细胞，如细菌和移植的器官等。随着年龄增长，B淋巴细胞会显示出一些异常现象，表现为老年人自体免疫疾病的增多。同时，T淋巴细胞对抗新感染物的能力有所下降。很难确定的是，老年人抵抗疾病侵袭能力的下降是否为主因老化的结果。相反，还有另一种可能性是，随着慢性病发病率的增高，同时伴随老年人运动和营养水平的降低，老化机体的免疫系统功能也会出现下降。

服用营养补剂来增强机体免疫功能是一个充满争议的话题。一边是来自美国食品药品监督管理局（U.S. Food and Drug Administration，FDA）的警告，称营养补剂并不具备治疗、预防或治愈疾病的功效。另一边却有研究发现，各种各样的抗氧化物（维生素 C、维生素 E 及其他维生素）能够增强实验动物的免疫功能（Catoni et al.，2008），而且营养补剂制造商声称，他们的产品能够预防（甚至逆转）主因老化的许多不良影响。我个人的结论是，对保持着相对健康的饮食习惯和生活方式的年轻人和中年人而言，除非医生告诉你要服用营养补剂，否则没有必要服用。对老年人而言，尤其是那些胃口不好或不常做户外运动的老年人，每天摄入多种维生素可能会有所助益，当然要支付一些费用（Porter，2009）。

2.4.5　内分泌系统

在成年生活的过程中，男性和女性都会经历内分泌系统的变化，这种变化大约始于 30 岁。随着年龄增长，生长激素的分泌量会有所下降，导致肌肉重量减少。醛固酮的分泌量也会下降，导致老年人在夏季气温飙升时很容易出现脱水和中暑。然而，如同主因老化的很多其他方面一样，大多数变化直到成年晚期才会变得十分明显（Halter，2011）。在神经内分泌系统发生的变化中，有一种就更为明显，即在生命中有一段时期性激素水平会有所下降，导致人们生育能力受损，这段时期被称为更年期（climacteric）。对男性而言，更年期发生于中年及成年晚期，并且发生过程较为缓慢，但对女性，更年期大约发生于 48 岁、49 岁及 50 岁出头的时候，往往发生得更为突然。

男性和女性的更年期　● ● ●

男性更年期——对健康成年人的研究发现，在 40 多岁时，男性身体产生的有活力的精子数量开始下降，但下降速度并不快，而且历史个案记载了男性在 80 多岁时仍然具备生育能力的情况。这些变化在一定程度上与睾丸功能衰竭及由此导致的主要男性激素"睾酮"有关。睾酮（testosterone）是主要的雄性激素，在成年早期开始形成，一直持续到老年（Fabbri et al.，2016）。男性激素水平的持续下降还与肌肉质量、骨密度、性欲及认知功能的下降相关，同时也和身体脂肪的增加及抑郁症状的增多有关（Almeida et al.，2004）。

女性更年期——到中年，女性月经期开始变得不太规律，随后，月经期的间隔会变得越来越长，最后月经会完全停止。如果一位女性在最后一次月经期之后 12 个月内都没有再来月经，就可以说这位女性进入了绝经期（menopause）。绝经期的主要起因是卵巢衰竭导致雌激素（estrogen）水平下降及黄体酮（progesterone）的复杂变化，对女性生育健康来说，这两者都是重要的激素。

一般而言，女性的健康，尤其是绝经期女性的健康，直到最近几十年才成为大多数研究的主题（Oertelt-Prigione et al.，2010）。关于这些问题的常识来自老年女性的叙述，或者母亲对女儿口耳相传的建议。幸运的是，几项大型的纵向研究已经对绝经期发生的时间及大多数女性在这个过程中会经历的一些变化提供了准确而又有科学依据的信息。这些研究中最负盛名、规模最大的一项是女性健康研究[①]（Women's Health Study，WHS），该研究收集了美国近 40 000 名 45 岁以上、从事健康相关职业的女性的数据。尽管最初的研究只持续了十年，但研究者们每年会继续收集参与者的数据，是研究女性从中年期到生命终结时健康状况的基础科研数据，分析这些数据会产生很多有价值的发现（Buring & Lee，2012）。从类似研究中我们了解到，在美国，女性的平均绝经年龄是 51.3 岁，年龄跨度为 47 ~ 55 岁。考虑到如今女性有望活到 70 多岁，那么大多数女性将会在绝经后度过其 1/3 的生命时光。

同男性一样，伴随一系列激素变化而发生改变的不仅仅是女性的生育能力。女性生殖器和乳房的组织会减少，乳房的组织会变得不那么细密和紧实。卵巢和子宫会更小，阴道变得更短、更窄，阴道壁则变得更薄、更没有弹性，对性刺激做出的润滑反应更少。

绝经过渡期所带来的最常见也是最痛苦的身体症状是潮热，即一种突然的热感蔓延到全身，尤其是胸部、脸部和头部。伴随潮热同时出现的通常还有脸红、汗流不止及打寒战，心悸和焦虑也会经常发生。一次潮热持续的时间大约是 4 分钟。在女性健康研究中，有 1/3 的女性报告，自己曾因为潮热过于频繁和严重而去就诊。对大多数女性来说，潮热情况会持续 1 ~ 2 年。

大约 20% 的女性在更年期前后有抑郁症状，尤其是那些早年有抑郁病史的女性。绝经后，其抑郁风险会有所下降（Dalal & Agarwal，2015）。

激素替代

如果主因老化是由于男性和女性激素分泌量的下降所引起的，那么我们为什么不直接补充所缺失的激素，以逆转主因老化的过程呢？这并非一个新建议，有史以来这一直是许多失败的"不老泉"疗法背后的动力所在。这些疗法包括在 19 世纪 90 年代向患者体内注射粉末状的绵羊和天竺鼠的睾丸，以及在 20 世纪 20 年代将黑猩猩的睾丸和卵巢分别移植到老年男性和老年女性体内（Epelbaum，2008）。毋庸置疑，这些疗法没有一个能让人恢复青春。但最近一些为老年人体内补充所减少的激素含量的尝试取得了部分成功。虽然没有哪种方法可以逆转老化进程，但能够稍微减缓这个进程。

---

① 该研究由哈佛大学医学院教学附属布列根和妇女医院（Brigham and Women's Hospital）及哈佛大学医学院共同完成。研究始于 1993 年，止于 2004 年，旨在考察若女性每天服用小剂量的阿司匹林和维生素 E，是否会对心血管疾病和癌症产生预防作用。——译者注

最常用的激素替代方案是让处于绝经期的女性服用雌激素和黄体酮。这种激素替代疗法（hormone replacement therapy，HRT）为女性提供了曾经由自体卵巢所产生的激素，从而能够减少一些更年期过程中产生的不适症状。激素替代疗法能够减轻潮热、阴道干涩症状，并降低骨折的发生率；然而，对某些高危人群的女性而言，这种疗法的副作用也多有报道。根据美国癌症协会（American Cancer Society，2015）的研究，一些研究表明，激素替代疗法会增加乳腺癌、卵巢癌和子宫内膜癌的患病风险。激素替代疗法的风险似乎取决于哪些激素被替代、治疗持续多久，以及女性的总体病史（Dalal & Agarwal，2015）。一些非激素疗法已经被发现有效，如认知行为疗法、催眠、抗抑郁药和帕罗西汀盐等，而另一些疗法则没有什么效果，如有节奏的呼吸疗法和生活方式的改变（包括穿几层衣服和避免辛辣的食物）等。锻炼和瑜伽对缓解潮热也不是很有效，但对女性提升整体健康状况有所帮助（Jacob，2016）。建议女性与医生讨论她们的更年期症状，以决定最佳的治疗方案。

尽管存有争议，但在中年男性和老年男性中，睾酮替代疗法是很流行的，主要有注射剂、皮肤贴片及腋下凝胶几种给药方式。虽然在 60 岁以上的男性中只有大约 20% 的人的睾酮水平低于正常值，但是全美睾酮替代剂的处方由 2000 年的 69.2 万例增加到 2013 年的 200 多万例，其中大部分是由初级保健医生开具的。尽管补充睾酮的药物使用量增加了，但是目前睾酮替代疗法所带来的益处及长期服用该药物的风险还不得而知，副作用之一是癌细胞分裂率的增加。包括美国食品药品监督管理局和美国泌尿学协会（American Urological Association）在内的几个医学协会都呼吁对这种激素治疗的收益和风险开展更多的研究（Garnick，2015）。

脱氢表雄酮和生长激素

在两性身上，脱氢表雄酮（dehydroepiandrosterone，DHEA）和生长激素（growth hormone，GH）是另外两种已被证明随着年龄增长而减少的激素。这两种激素水平不仅会随着年龄增长而自然减少，而且动物研究还表明，补充这两种激素能够逆转老化、预防疾病。那么人类补充这两种激素后的情况如何呢？结果喜忧参半。早期的一项研究在数量很少的一组老年男性和女性身上使用了脱氢表雄酮，结果相当喜人，但在大规模临床试验中发现，使用脱氢表雄酮的实验组和使用安慰剂的对照组相比，实验组参与者并没有在身体成分、体能表现及生活质量方面产生任何显著效应（Nair et al.，2006）。一项元分析考察了 31 个随机控制的研究后发现，生长激素对 50 岁以上的健康成年人产生的效果是：身体脂肪略有下降，去脂重量略有增加，但随之而来的软组织体液增多和疲劳等不良影响也有所增加（Liu et al.，2007）。后来一项类似的研究发现，生长激素对健康成年人的影响微乎其微，身体去脂重量的增加可能是由于体液潴留造成的（Birzniece et al.，2008）。

即便如此，美国各年龄阶段的成年人都在广泛使用脱氢表雄酮，它在保健品店和网上都能够买到，因为在人们的观念里，脱氢表雄酮是一种营养补剂。尽管事实上服用生长激素必须遵医嘱，而且生长激素作为一种抗衰老药物使用并没有得到美国食品药品监督管理局的批准，但是在美国，人们很容易就能够买到它。那些声称含有生长激素成分的产品实现了数百万美元的网络销售。

2.5 生理行为的变化

到目前为止，本章所探讨的各种身体系统的变化构成了人们更加复杂的行为变化及日常活动变化的基础。这些变化包括最佳运动表现的逐渐下降，运动耐力、敏捷度及平衡力下降，睡眠习惯变化，以及男性和女性性功能的变化。

2.5.1 运动能力

在任何体育运动中，运动员的最佳表现都出现在其十几岁或二十几岁时，对所有涉及速度的运动来说更是如此。体操运动员在青少年时达到其运动的巅峰状态，短跑运动员的巅峰状态则在其 20 岁出头时，而棒球运动员则在大约 27 岁时达到运动的巅峰。在那些对耐力要求更高的运动项目上，如长跑，运动员达到巅峰状态的年龄会有所升高，但是顶级水平的运动员仍然是那些 20 多岁的人。虽然很少有人能够达到体育明星那样的运动水平，但大多数人都可以注意到，在高中时代之后不久，自己的运动能力就开始有些下降了。

一项研究对不同年龄的运动员进行了横向比较，结果更是戏剧性地体现出了上述现象。图 2.8 显示了三组年龄为 20～90 岁的男性在运动时的摄氧量（Kusy et al.，2012）。左边一组是在波兰接受耐力运动训练的专业运动员和顶级运动员（自行车选手、铁人三项运动员及长跑运动员）。中间一组是接受速度－力量训练的专业运动员和顶级运动员（长跑运动员、跳

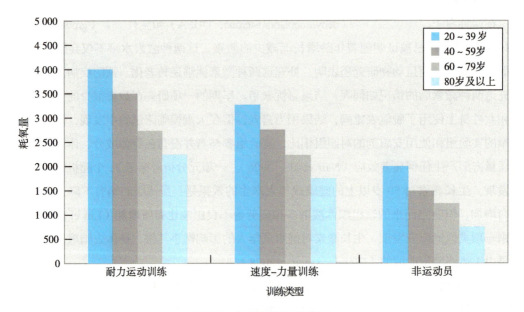

图 2.8 摄氧量的年龄差异

接受耐力训练的运动员比接受速度－力量训练的运动员利用氧气的能力更强。两种类型的训练都比完全不训练有更好的摄氧量。然而，随着年龄增长，所有群体的摄氧量都表现出下降的趋势。

跃运动员及投掷运动员）。右边一组是未经训练的男性，即每周剧烈运动不超过 150 分钟的男性。如读者所见，接受耐力运动训练的运动员的摄氧量水平显著高于接受速度 - 力量运动训练的运动员的摄氧量水平。而且在各个年龄阶段，两组运动员的摄氧量水平都显著高于非运动员的摄氧量水平。此外，尽管所有男性的运动摄氧量都会随着年龄增长而有所下降，但三组男性的摄氧量之间的差异也持续存在。也就是说，对训练有素的运动员来说，他们在将近 90 岁时的耗氧量仍然高于一些 20 多岁的非运动员的耗氧量。运动产生的作用是明显的：身体就如同跑步一般，随着我们慢慢变老，速度会有所减慢，但是如果我们以一个良好的身体状况起跑且坚持锻炼，那么我们仍然可以一直领先于那些从未接受过训练的人。

2.5.2　耐力、敏捷度和平衡力

除了速度会下降之外，所有与老化相关的身体变化综合导致耐力、敏捷度和平衡力下降。耐力（stamina）是指人们在一段时间内维持中等或剧烈运动的能力；显然，耐力的丧失在很大程度上源于心血管、呼吸系统的变化，以及肌肉的变化。敏捷度（dexterity）是指以灵巧的方式使用双手或身体的能力，敏捷度的丧失主要是由于关节炎病变所导致的。

另一个感觉明显且对人们会产生实际影响的变化是身体平衡力（balance）的逐渐丧失。平衡力是指调整体位以适应变化的能力。与年轻人相比，老年人很可能更难在凹凸不平的道路或落满雪花的街道上行走，也更难在左右摇晃的公交车上站稳。所有这些情况都需要灵活性及肌肉力量，而这两者在老年时都会有所下降。对老年人来说，平衡力降低带来的一个危害是摔倒的概率增加。如前所述，视觉下降、骨骼脆弱及平衡力下降相综合，会使老年人处于危险情境中。

应对平衡力降低的方法之一是定期锻炼，包括力量和灵活性训练，如太极拳—— 一种柔和形式的武术，强调流畅的动作和稳健的平衡力。太极拳是中国老年人群体的传统消遣方式，现在美国和其他国家的许多社区中心都将太极拳作为"运动冥想"的一种形式进行教学。其他保护老年人的建议包括设计"防摔倒"的家庭环境，例如，楼梯的照明良好，家里不铺地毯，避免穿宽松的鞋子，标记出台阶的边缘（CDC，2015a）。

2.5.3　睡眠

大多数人认为，睡眠只是一种有意识的思考和有目的的活动缺失的状态，在某种程度上，这种想法是正确的。睡眠是一段空白时间，在这段时间里，人体细胞得以修复，能量得以保存，新形成的记忆和知识得以巩固。但是睡眠也包含活跃的成分。当我们处于睡眠状态时，有一些重要的认知加工正在进行。白天苦思冥想的问题会找到新的答案；在睡了一夜好觉之后，我们的创造力被点燃了；生活路上的"绊脚石"似乎也在睡眠中被"搬开"了，从正在创作但难以写出结局的剧本，到前一晚还觉得解决无望的家庭冲突，似乎都在夜晚的睡眠中得到了解决（Lockley & Foster，2012）。因此，对我们来说，有规律的睡眠

对健康十分重要。

成年人每晚通常需要 7~8 小时的睡眠，老年人也是。然而，美国疾病控制中心发现，超过 1/3 的成年人报告，他们每天的睡眠时长很不规律。这种慢性的睡眠剥夺会导致意外事故发生概率增加，心脏病、肥胖症、糖尿病、癌症和心理障碍患病率上升，以及免疫功能下降。

不同年龄阶段的成年人的睡眠问题不尽相同。刚刚成年的年轻人的睡眠 / 清醒周期要比其他年龄阶段的成年人晚 2~3 小时，这使他们成了"夜猫子"——深夜才感到倦意，日上三竿才感觉清醒。这种现象曾经被一代又一代父母解读为懒惰、缺乏纪律和不求上进，但最近的睡眠研究却站在了年轻人这一方，认为这是发展过程中的正常现象，因此父母（及教育者）应当更加理解年轻人并允许他们多睡一些时间（Carskadon，2009）。

睡眠障碍

年轻人的睡眠 / 清醒周期仍然要晚于老年人，但大多数年轻人的睡眠问题与工作日程安排、家庭责任及压力有关。人到中年，健康问题会成为睡眠不足的一个影响因素，对那些体重增加、运动量下降的人来说，问题尤甚。压力也会导致睡眠问题：在该年龄阶段，他们养育的孩子正迈向成年，事业上需要他们投入大量的时间与精力（或者事业上的不确定性也是一个问题）。由于绝经期会产生潮热的症状，睡眠呼吸暂停（sleep apnea）（是指睡眠中由于呼吸道梗阻引起的呼吸暂停现象）也会增加，所以对女性而言，更年期也会对睡眠产生影响（Lockley & Foster，2012）。睡眠呼吸暂停被美国睡眠医学学会（American Academy of Sleep Medicine，2016）宣布为健康隐患，因为它是导致工伤事故、车祸和重大健康问题的潜在原因，无论对男性还是女性而言。睡眠呼吸暂停的身体预警信号包括打鼾、窒息和睡眠时喘息。对此问题的治疗是有效的，大约 3/4 接受睡眠呼吸暂停治疗的患者报告，他们的健康状况和生活质量都得到了改善。

与年轻人相比，通常老年人在晚上大约晚睡一个小时，第二天早上早醒一个小时，但是白天也更有可能睡个午觉。老年人的睡眠问题可能是由于身体健康或精神障碍所导致的。睡眠研究者们认为，虽然老年人的睡眠模式会发生变化，但并不意味着失眠是老化过程的一部分，而是因为随着年龄增长，健康困扰会增加，用药也随之增多（Lockley & Foster，2012），同时锻炼的时间却越来越少（Buman et al.，2011）。

失眠（Insomnia），即无法入睡。随着年龄增长，失眠的情况会增加，并且对女性的影响要大于男性。造成这种状况有三个主要原因。首先，有一些人似乎天生就有失眠的倾向。其次，一些外在因素会影响睡眠，如疾病、用药、抑郁、焦虑及压力等。最后，生活方式因素会影响睡眠，如饮酒、过量饮用咖啡、缺乏锻炼、中午不午休及睡前（和夜间）使用蓝屏电子设备等。平板电脑和手机发出的光线除了会使我们不能放空头脑好好休息之外，因为这些光线和日光相似，还会使我们的昼夜节律变得混乱，与时差反应产生的影响一样。有些人，尤其是青少年和刚刚成年的年轻人，对于这种光线极其敏感，因而导致失眠。

正如你所见，上述有些因素很容易改变，而另一些因素则不那么容易改变。控制咖啡因的摄入量和进行规律的锻炼相对而言容易做到，但处理健康问题和调整用药方式则需要你和医生的共同努力（Punnoose，2012）。然而，在诉诸安眠药物解决失眠问题之前，最好尝试一下这些方法，因为药物治疗失眠并未证明像电视广告上宣传的那样安全有效。

> **作者提示**
> **你睡得怎么样？**
>
> 　　花点时间想想你的睡眠时间。你是夜猫子还是早起的鸟儿？你一直都是这样吗？你有过失眠的经历吗？如果有，你是如何应对的？

2.5.4　性行为

　　作为身体各种系统正常变化的结果之一，性行为会受到主因老化的影响。性行为变化研究使用的关键指标是不同年龄段的成年人每月性行为的平均次数。许多早期研究表明，在 20 多岁的人群及其固定的性伴侣中，这个数字为每月十次或更多，对那些六七十岁的人来说，这个数字下降到每月三次左右，并且在横断研究和纵向研究中都有类似的发现。

　　然而，这类研究存在的一个问题是，把人类非常复杂的一种人际互动过程简化为简单的频率计数。很少有研究告诉我们，不同年龄成年人性活动的质量如何，也鲜有研究涉及性行为中人们的性爱表现方式。社会心理学家约翰·德拉梅特（John DeLamater）和莎拉·穆尔曼（Sara Moorman，2007）所做的一项研究是个例外，他们研究所用的数据来自美国退休者学会（AARP）所做的现代性成熟度调查（Modern Maturity Sexuality Survey）项目。这个调查项目有 1 300 多名年龄为 45～90 岁的男性和女性参与，研究者询问了他们性活动的情况，包括亲吻、拥抱、性接触、自慰及性交等。虽然所有性活动的参与度都与年龄相关，但其他因素也很重要，例如，不同年龄段的体能、性欲、社会环境及生活环境的各个方面。下面我们将会对其中一些因素进行更加详细的探讨。

体能

　　有研究对年轻人（20～40 岁）和老年人（50～78 岁）性反应中的生理成分进行了比较。结果发现，年轻人和老年人在性反应的所有四个阶段都存在着差异（Medina，1996；Shifren & Hanfling，2010）。年轻组男性和女性的性反应要比老年组男性和女性来得更快，也更强烈。虽然随着年龄增长，许多变化都可能导致性行为减少，但有些变化却会引起相反的结果，例如，不用担心怀孕，在家里有更多的隐私空间，性经验更加丰富，禁忌更少，更加清楚自己的个人需求及性伴侣的个人需求（Fraser et al.，2004；Shifren & Hanfling，2010）。

　　最常见的性问题之一是勃起功能障碍（erectile dysfunction，ED），它是指男性的阴茎勃起不足，因而无法达到满意的性表现。据估计，在美国有 3 000 万男性受该问题的困扰，并且发病率随着年龄增长而增加。在 60 岁以下的男性中，约有 12% 的人受到影响，在 60～69

岁的男性中，约有22%的人受到影响，在70岁以上的男性中，约有30%的人会出现勃起功能障碍。虽然很多原因（如高血压、糖尿病、心脏病、药物副作用及前列腺癌或膀胱癌的治疗等）都会导致勃起功能障碍，但在大部分情况下，这些原因的潜在生理机制似乎是相似的，即缺少环磷酸鸟苷（cyclic GMP）这种在性唤起时大脑会释放的物质。环磷酸鸟苷的部分作用是关闭阴茎静脉，因此阴茎的血液供给量会增多，让阴茎组织变得充盈，然后勃起。当环磷酸鸟苷供应不足时，无论是什么原因导致这种不足，结果都是勃起功能障碍。几十年来，人们已经研制出一些药物来增强环磷酸鸟苷的作用，使得即便只有少量的环磷酸鸟苷存在，勃起也是有可能发生的，这些药物如伟哥等可以增强周期性环磷酸鸟苷的作用，使勃起成为可能。此外，对患有勃起功能障碍的男性来说，应鼓励他们改变一些不良生活方式，如戒烟、限制或避免饮酒、增加体力活动和避免非法使用药物（National Institute of Diabetes and Digestive and Kidney Disorder，2017）。

如前所述，对一些女性来说，绝经期的影响之一是阴道干涩，性唤起时，其阴道的润滑能力下降。一般运用雌激素治疗可以缓解这些症状，以药片、贴片或药膏的形式都可以实现给药；或者可以使用人造润滑剂缓解。然而，正如下文将要探讨的那样，性行为不仅仅涉及勃起功能和阴道润滑，还涉及人们总体的健康状况、主观幸福感、性关系和谐度、有利的周遭环境，以及如何看待自己。到目前为止，还没有哪种药物能解决上述所有关于性爱的问题。

性欲

在整个成年期，人们的性欲时而增强，时而减弱。例如，年轻人报告，当事业压力和为人父母的责任达到顶峰时，性欲就会被压得很低。而中年人则报告，当每天完成为人父母的职责之后，其性欲是有所增加的。老年人则报告，由于他们认为性爱仅仅是年轻人或拥有年轻身体的人才能享受的，因此性欲也会下降。总而言之，想要享受性爱的欲望在刚刚成年时最强烈，随着年龄增长，性欲会有所下降，这是主因老化的一部分。虽然男性在性爱方面的主要抱怨是体能跟不上，但据临床医生报告，到目前为止，女性最常见的抱怨却是性欲跟不上（Tomic，Gallicchio，Whiteman，et al.，2006）。

不但男性的性欲由睾酮驱动，女性亦是如此。在绝经期，女性体内睾酮含量大约只有20多岁时的一半，睾酮含量下降会引起性欲减退，对一些女性来说，这还会导致性高潮变得更短，同时快感也更少。女性的睾酮补充疗法是一种相当新兴的疗法，但同时也广受争议。一些研究表明，以皮肤贴片的方式每天补充睾酮能够增强绝经后期女性的性欲，其性高潮也会增加，但是这种疗法为人诟病的仍然是其副作用，包括会引起毛发的过度生长、皮肤痤疮、肝脏疾病，以及高密度胆固醇（"好的"胆固醇）水平的降低。虽然睾酮补充疗法目前已经是广泛使用的"标签外"处方，但是除非有进一步的长期研究，否则美国食品药品监督管理局是不会批准对性欲低下的女性使用睾酮补充疗法的（Shifren & Hanfling，2010）。

近90%的美国医生报告，他们会为中年性欲下降的女性开出获批准的药物，但药物似乎不是解决问题的答案。值得注意的是，对于性功能障碍确实有一些安全且经证实有效的治疗方法，这些方法对许多夫妻都很有帮助，例如，减少饮酒量、缓解压力、加强锻炼，以及增加夫妻间高质量的相处时间，还可以咨询专业的两性心理治疗师。当然，在探讨成年人的性行为时，除了体力和性欲，还有其他一些方面的内容需要加以考虑。

2.6　主因老化中的个体差异

通常，群体平均测量和个体测量的研究结果存在很大的差异。事实上，我们年龄越大，和同龄人的差异就越大。如果你曾有幸参加高中同学聚会，你就会知道我说的是什么意思。高中学生都是很相似的，他们的外貌和行为举止几乎相同，但当你毕业十年后再相聚时（大家都是 28 岁左右），差异就已经很明显了。有些人的外貌从 18 岁以来几乎没有什么变化，但有些人的体型已经发生了变化，头发也变得稀少。当你高中毕业 30 年后再相聚时（大家都是 48 岁左右），差异会更加明显。哪些因素与这种多样性有关？甚至，更具体一点，你可能会问："什么因素可能会影响我自己的老化进程？"

2.6.1　遗传

双生子研究和其他家族内部研究表明，个体的寿命与遗传有关，两者呈中等程度的相关（McClearn et al.，2001），但这也可能和人们先天是否带有某些特定疾病的遗传特征有关。不过，长寿并不能给我们提供太多关于主因老化速率的信息。遗传会影响我们的老化速率吗？一对同卵双胞胎会在同一年龄开始长皱纹吗？他们的头发会同时变白吗？在一项研究中，研究者们在俄亥俄州的特温斯堡市[①]（一年一度的双胞胎节时）收集了双胞胎皮肤老化进程的数据，并分别比较了那些同卵双胞胎和异卵双胞胎的脸部皮肤老化的进程。对 130 对 77 岁以下的双胞胎进行研究后发现，同卵双胞胎的脸部皮肤的老化模式比异卵双胞胎的脸部皮肤的老化模式更为相似，遗传因素大约能解释脸部皮肤老化进程的 60%。这也意味着脸部皮肤老化中的 40% 是遗传之外的其他因素导致的，例如，吸烟及暴露于阳光下时紫外线辐射的程度（Martires et al.，2009），晒黑床（利用太阳灯照晒棕褐色皮肤的浴床）的使用同样也会造成脸部皮肤的老化（Robinson & Bigby，2011）。此外，虽然体育锻炼可以减轻遗传对体重和腰围变化的影响（Ortega-Alonso et al.，2009），但遗传仍然能够影响大约 60% 的体重变异，与年龄有关的体重变化亦遵循这种模式（Mustelin et al.，2009）。

2.6.2　生活方式

影响主因老化速率的另一大类因素与我们自身选择的生活方式有关，包括体育锻炼，饮食结构，使用酒精、烟草制品及其他物质。久坐不动的生活方式是在各种与年龄有关的疾病中最常被提及的危险因素之一。所有健康老化领域的专家都强调积极动态生活方式的重要

---

① 特温斯堡市被称为"双胞胎之城"。——译者注。

性。我也在尽力把自己书里的建议付诸行动，尽力让自己在有氧运动、力量训练和灵活性训练及瑜伽之间保持平衡。几乎每个工作日，在我坐在书桌前进行写作之前，我都会参加早课。早上参加运动对我的背部极好，而且让我精力充沛。此外，参加早课时和其他人见面也是很好的社交活动，也能给我带来好心情。

虽然我从不曾是一名竞技体育运动员，但我确实从优秀运动员那里获得了灵感。看看这些为体育赛事而接受训练的运动员，和同龄的非运动员相比，在 35～90 岁（及更大年龄）时，他们的有氧适能更好，身体中"好的"胆固醇更多，罹患糖尿病的风险更低，同时骨密度也更高。另外，比起那些采用静态/缺乏运动的生活方式的同龄人，运动健将们能够消耗更多卡路里，保持更轻的体重（Rosenbloom & Bahns，2006）。然而，即便如此，以上种种并不能使运动员们免于主因老化的过程，但是他们的外貌和身体机能确实比同龄人"年轻"许多。

对开始锻炼心存畏惧的人而言，有一些令人鼓舞的消息。研究者们发现，通常那些对开始一项体育锻炼计划持消极看法的人，一旦他们真的开始锻炼，反而会感觉更加积极。换言之，即使看上去"千辛万苦"又"心不甘，情不愿"也没有关系，放手去做吧！一旦你参与到体育锻炼中，你将会感到更加快乐（Ruby et al.，2011）。

主因老化中另一个重要的因素是饮食。我最近咬紧牙关（而且吃了很多芹菜），减掉了9 千克体重，这些体重都是过去几年慢慢积累起来的。减掉 9 千克体重提高了我的体能水平，也使我对锻炼感到更快乐一些。我注意到，在旅游的过程中，在一整天的观光之后，我的膝盖不会疼痛了；在上台阶或爬山的时候，我也不会那么气喘吁吁了。

选择一种健康的饮食习惯会带来各种各样的好处。但什么是"健康饮食"呢？我们经常看到每日热量和各种营养素摄入量的各类推荐，但这些建议通常并未考虑受众的年龄，对儿童、成年人、孕妇或哺乳期妇女提出的推荐量应当是不同的。最近，对老年人每日维生素 D和蛋白质的推荐需求量已经有所提高。其他研究表明，随着年龄增长，胃酸的减少会导致老年人体内维生素 B_{12} 的水平降低（Kritchevsky，2016）。很明显，"健康饮食"对不同年龄的成年人意味着不同的东西。

在生活方式因素中，另一个会加速主因老化进程的因素是暴露于阳光下时受到紫外线的辐射。这是引起皮肤老化的主要原因，尤其是引起皮肤粗糙、暗沉、淡色的"老年斑"，以及毛细血管扩张症（出现于脸部及膝盖和脚踝附近的红色网状物）。尽管从长远来看，皮肤的老化终究是无法避免的，但我们可以通过减少在户外被阳光暴晒的时长来避免其过早老化，还可以穿防护衣，以及涂防晒霜。

> **作者提示**
>
> **你的家族中有长寿者吗？**
>
> 　　想一想你的原生家庭或你联姻的家庭。在你的印象中，家里谁最长寿？你认为他们的长寿是由于遗传，还是由于生活方式呢？尝试给出你的原因。

2.6.3　种族、族裔及社会经济地位

　　种族和族裔是涉及主因老化的许多疾病的风险因素，如肥胖症、青光眼、黄斑变性及骨质疏松症等。但是，当把社会经济地位因素与上述两个因素综合考量之后，更多差异化的结果就出现了。许多决定主因老化速率的因素都依赖于人们受教育程度和收入水平。健康的饮食需要在能够获得营养方面信息的情况下，体育锻炼需要花费时间，诸如青光眼和骨质疏松症这些疾病的早期检查、确诊和治疗费用不菲，除非这个家庭能够负担医疗服务费用，否则很难实现。

　　一些低收入居民区可以说是"食物荒漠"，这意味着这些地区的居民吃到新鲜水果和蔬菜的机会有限，并且在这些居民区，食物也是相当昂贵的，而且居民们受交通所限，极少有机会去其他地方购物。美国营养协会（American Nutrition Association，2011）指出，在"食物荒漠"区，人们不但缺少健康的食物，而且这些地区通常快餐店及便捷市场的密度也更高，在这些地方出售的多是加工食品，不但糖分含量高且脂肪含量也高。"食物荒漠"被定义为步行距离（1.6 千米）内没有杂货店的城市地区，或者 16 千米内没有杂货店的地区。

　　美国国家疾病控制及预防中心发现，对那些受教育水平和收入较低的人而言，获得医疗服务、牙科护理和处方药品的途径更加有限。除此之外，与西班牙裔美国人相比，美国黑人更容易被上述这些形式的医疗服务拒之门外，而西班牙裔美国人则比美国白人更容易被拒之门外，如此看来，我们就可以明白主因老化在美国一些种族和族裔中发生的速率比在其他种族和族裔中快得多的原因了（Olshansky et al.，2012）。

摘要：身体变化

1. 主因老化理论

（1）主因老化的氧化损伤理论认为，我们会变老是受自由基损害的结果，这些自由基是在正常的细胞新陈代谢的过程中释放出来的。

（2）基因限制理论认为，我们会变老是因为细胞被程序化的进程控制了，一旦我们超过一定的年龄，细胞就会停止分裂。

（3）热量控制理论则认为，我们的寿命受到一生中所代谢的卡路里总量的控制。

（4）尽管科学家已经确定了几种可能导致衰老的因素，但他们未能延长人类的寿命。大多数专家都认为，目前还没有办法"逆转"主因老化。

2. 外貌的生理变化

（1）从青年晚期开始，体重逐渐增加，在中年期保持稳定，然后在成年晚期开始下降。在美国和其他发达国家，所有年龄段成年人的肥胖率都很高，而且还在稳步上升。这种肥胖的身体状况和许多疾病相关，而且影响我们对身体健康、运动能力及社会交往中的自我感知。主要起因是不健康饮食，以及久坐不动的生活方式。

（2）皮肤在青年期结束阶段开始出现皱纹，到中年时更加明显。药店所售的那些皮肤老化的"补救措施"只能够掩盖老化的痕迹而已。

（3）越来越多的人正在通过整容手术及其他医疗方法来改变外表，无论男性还是女性，并且在40～45岁的人群中最常见。

3. 感觉系统的变化

（1）视觉在成年早期就开始下降，但到中年时该下降才会变得很明显。大约在45岁时，近距离视觉会急剧地损失，但可以通过佩戴老花镜或隐形眼镜加以矫正。白内障、青光眼和黄斑变性的发病率在中年时开始增多。

（2）听觉从30多岁起就会开始有所衰退，但到中年时该衰退才变得明显，此时人们听较高、较轻的语调会变得很困难。

（3）味觉和嗅觉也从30多岁起开始退化，在中年期的后几年开始变得更加明显。

4. 年龄是如何改变身体内部结构与系统的

（1）无论对男性还是女性而言，在 30 岁左右时，其骨密度都会达到峰值，然后开始下降。男性的骨密度下降得较为缓慢，而绝经期女性的骨密度下降得很快。因此，女性罹患骨质疏松症的风险更大，也更容易发生骨折。在老年人中，骨质疏松症是一种常见的疾病，会使老年人的活动减少，甚至还会导致抑郁症状的出现。

（2）肌肉质量和力量也会缓慢地下降，但这并不影响大多数成年人的日常生活。耐力训练和拉伸运动有助于减缓肌肉质量和力量的下降。

（3）心脏和呼吸系统的变化很慢，而且并不影响大多数成年人的日常生活。但是负重训练 / 运动对此有所帮助，有氧运动对身体大有裨益。

（4）随着年龄增长，大脑会丧失一些神经元。人们曾经认为，神经元凋亡的速率相当快，但事实并非如此，其实际丧失的速率并不像原来设想的那么快。而且神经系统能够对神经元的丧失做出调整和应对。有证据表明，在成年人的部分脑区可以长出新的神经元。

（5）与前面阶段相比，成年晚期免疫系统的功能变差，这可能是由于成年晚期慢性病的患病率更高，更容易感受到压力。在成年晚期服用维生素补充剂是有帮助的。

（6）从成年早期进入中年期的时候，无论男性还是女性，激素分泌和生育能力都会逐渐降低，而绝经期的女性则下降得相当剧烈。激素替代疗法是一种可供选择的治疗方法，但使用的时候一定要谨慎，并且要咨询专业医生。

5. 生理行为的变化

（1）随着我们慢慢变老，我们的睡眠也会变得越来越轻，因此失眠就变得更加常见。我们的睡眠模式会变成睡得更早，也起得更早。改变生活方式有助于改善失眠症状，而且在诉诸药物之前，我们应该首先尝试改变生活方式。

（2）性活动是包含一系列复杂成分的行为活动，是由体能、性欲、是否有性伴侣及私密空间决定的。新的药物可以用于提升男性的体能，但是随着年龄增长，其他因素也会引起性活动的减少。许多人在其一生中都保持着活跃的性生活。

6. 主因老化中的个体差异

（1）主因老化受到许多个体差异的影响。有些基因可以使一些人不具有罹患某些疾病的倾向，如青光眼和骨质疏松症等。此外，对于皮肤开始长皱纹的时间、与年龄相关的体重增加，以及被知觉的年龄，遗传大约可以解释其中的**60%**。

（2）一些生活方式的因素，如多参加体育锻炼及保持健康的饮食习惯，都能在一定程度上减缓主因老化带来的影响。

（3）种族、族裔及社会经济地位因素会影响人们接受卫生保健的情况，也会影响人们所居住的社区是否有良好的体育锻炼条件和营养状况。

写作分享

身体变化。

　　思考本章对随着年龄增长而发生的身体变化的讨论。当你长大成人后，你注意到在自己或父母身上发生了哪些变化（好的或坏的）？你如何利用这些对变化的理解来更好地为以后的生活变化做准备？写一个简短的回答，可以与他人交换阅读。一定要讨论具体的例子。

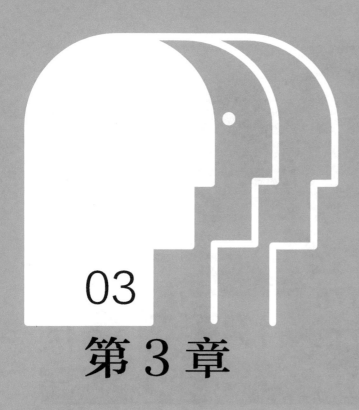

03

第 3 章

健康与健康障碍

疾病和残疾可以打击所有年龄段的人，但是有越来越多"挺过来"的人继续过着有意义的、幸福的生活。

学习目标

3.1 根据数据预测成年人健康问题

3.2 分析老年人患病的方式

3.3 评估成年人面临的精神健康挑战

3.4 分析辅助解决方案

3.5 比较不同人群成年人面临的身体健康问题

作者的话 >>>>> 为治愈开跑

我们居住的小镇每年都会举行一次长跑活动，活动的名字叫作"为治愈开跑"，旨在提升民众对乳腺癌预防、诊断、治疗及研究的知晓度，同时筹集资金。"开跑"这个词用在这里有相当宽松的意味——我们居住的小镇每年一月份举办活动，许多女性成群结队，沐浴着佛罗里达的阳光，沿着水边轻松愉快地慢跑，边跑边聊天、边和遇到的朋友打招呼。为数不少的男性也会参与其中，还有很多孩子会滑着滑板、轮滑甚至坐在儿童小推车里加入跑步的队伍中。尽管长跑活动被一种类似节日的轻松氛围所萦绕，但当天的活动主题在每个人的心中却始终非常明确——在美国，每九名女性中就有一名将会（或已经）受到乳腺癌的侵害。或者几乎所有活动女性参与者都与这种癌症有着千丝万缕的联系，她们或者自己被确诊为乳腺癌，或者自己所爱的人被确诊为乳腺癌，成为九名女性中的那名乳腺癌受害者。在这一天，这个避无可避的主题异常清晰：众多曾经患有乳腺癌的女性（也包括许多男性）现在活了下来，并且能够漫步在和煦的阳光之下。

本章关注的是健康与疾病。我希望本章内容更多的是关于健康而非疾病的，而真相却是，疾病是我们成年生活的组成部分，而且活得越久，我们被一种或多种疾病侵扰的可能性就越大。许多疾病（如乳腺癌）被检出的概率很高，存活率也很高，并且历来情况都是如此；有些疾病（如肺癌）通过选择健康的生活方式而在很大程度上得以避免；另外一些疾病（如阿尔茨海默病）就目前而言比其他问题相对更难预防，或者说更难治疗。在本章中，我将会探讨疾病模式的若干宏观统计数据，接下来探讨发病率最高的几种生理和精神疾病。在本章最后，我将回顾一些在健康与疾病领域中关于个体差异的研究。

3.1　死亡率、发病率和残疾

次因老化是指随着年龄增长，在部分成年人身上会发生的某些变化。次因老化与主因老化不同，主因老化往往发生在几乎所有人身上，如脱发和白内障等。次因老化产生的变化可以是由外部因素引起的，如各种传染病；也可以是由内部因素引起的，如某些特定器官或系统的疾病。此外，次因老化还可能是由事故引起的。事实上，一个人进入成年期的时间越长，上述一种或多种情况出现的概率就越高，甚至可能导致某种程度的残疾，最终导致死亡。

值得注意的是，次因老化引起的变化通常是可以预防的，如果可以及早诊断，也是可以治愈的。与脱发或白内障相比，这种老化更受人力所控制。在本章中，我们将讨论死亡率、不同年龄段的不同死因、与年龄有关的主要疾病、精神障碍，以及这些疾病患病率的个体差异。我也将提供许多预防此类疾病和残疾的方法，以及显示早期诊断价值的研究。

世界卫生组织（WHO，2009）发布了一份与危险因素相关的死亡人数报告，这些危险因素包括导致疾病的行为、环境、新陈代谢和职业等的特征。如图 3.1 所示，最高的危险因素是高血压，每年造成 1 000 多万人死亡。其次是烟草使用。这些危险因素中有许多是可以人为控制的，特别是在发达国家，生活在这些国家的人们可以选择健康的食物，也有参加锻炼的机会。虽然这部分的主题是关于死亡和疾病，但我想传达的是希望。

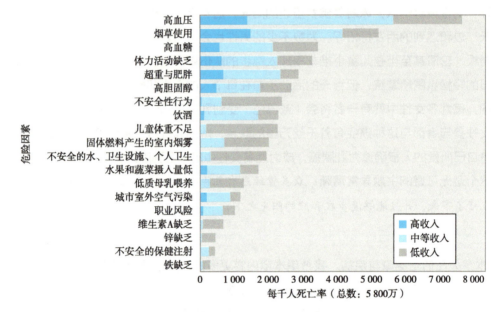

图 3.1　按危险因素分布的全球死亡人数

SOURCE: Based on Ritchie & Roser (2018).

3.1.1　死亡率和发病率

作者提示

批判性思维。

　　在继续阅读之前，你会预测哪个年龄段的人患急性短期健康问题（如普通感冒和流感）的概率最高，大学生还是他们的（外）祖父母？为什么？

　　你也许会觉得疾病的发病率或患病率与年龄相关，老年人更有可能受各种健康问题的困扰，但客观情况未必如此。其实，刚刚迈入成年期的青年人出现短期健康问题的概率是 65 岁以上老年人的两倍左右。短期健康问题即内科医生所说的急性病（acute conditions），包括普通感冒、流感、各种传染病，或者短期肠道不适。虽然年轻人更容易患急性病，但老年人在患急性病时更易于出现并发症。

只有持续时间更长的慢性病（chronic conditions），如心脏病、关节炎或高血压等，其发病率才会随着年龄增长而升高。与二三十岁的人相比，老年人患这类疾病的概率是年轻人的两到三倍。

你也可以假设死亡率或任何一年的死亡概率都与年龄有关。在这种情况下，你的假设是正确的。图 3.2 显示了不同年龄组的死亡率。从图中读者可以看到，在任何一年中，在 15～24 岁的成年人中，死亡人数不足千分之一，而在 85 岁以上的成年人中，每年约有 13% 的人死亡（CDC，2017b）。老年人的死亡率高并不令人惊讶（你可能会欣慰地看到，在年轻人和中年人中，死亡人数的增加是多么微小）。

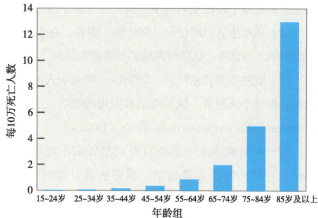

图 3.2　不同年龄组的死亡率

美国成年人的死亡率随着年龄增长而缓慢上升，到 60 多岁后上升速度更快。

SOURCE: CDC (2016).

当然，不同年龄的人的主要致死原因不同。表 3.1 按年龄列出了美国人的主要死因。对成年早期（15～24 岁）的美国人而言，排在前五种主要致死原因前三甲位置的甚至都不能称之为疾病，而是事故、自杀及他杀。当年龄延伸至青年阶段（25～44 岁）时，事故仍然排在美国人致死原因的第一位，排在第二位的是自杀和癌症，排在第三位的是他杀和心脏病。对中年期（45～64 岁）的美国人而言，排在第一位和第二位的致死原因分别是癌症和心脏病；对老年期（65 岁及以上）的美国人而言，排在前两位的致死原因颠倒了，第一位变为心脏病，癌症则排在了第二位，此时阿尔茨海默病首次进入致死原因的前五名（CDC，2017a）。

表 3.1　按年龄组分布的美国人主要死因

	15～24 岁	25～34 岁	35～44 岁	45～54 岁	55～64 岁	65 岁及以上
1	事故 -11 836	事故 -17 357	事故 -16 048	癌症 -44 834	癌症 -115 282	心脏病 -489 722
2	自杀 -5 079	自杀 -6 569	癌症 -11 267	心脏病 -34 791	心脏病 -74 473	癌症 -413 885
3	他杀 -4 144	他杀 -4 159	心脏病 -10 368	事故 -20 610	事故 -18 020	慢性下呼吸道疾病 -124 693
4	癌症 -1 569	癌症 -3 624	自杀 -6 706	自杀 -8 767	慢性下呼吸道疾病 -16 492	中风 -113 308
5	心脏病 -953	心脏病 -3 341	他杀 -2 588	肝病 -8 627	糖尿病 -13 342	阿尔茨海默病 -92 604

SOURCE: Data from CDC (2017a).

3.1.2　残疾

心理学家、流行病学家、老年医学专家，甚至律师在处理有关监护权的案例时，对残疾的定义都是指个体在多大程度上失去完成以下两组行为的能力：

（1）基本生活自理行为，如沐浴、穿衣、在家中各处随意行动、从床上起身坐到椅子上、使用厕所及进食等，这些行为活动被统称为日常生活活动（activities of daily living，ADLs）；

（2）更复杂的日常行为，如做饭、购买个人用品、做简单的家务活、洗衣服、使用交通工具、处理个人财务、使用电话及服用药物等，这些行为活动被统称为工具性日常生活活动（instrumental activities of daily living，IADLs）。

另一种对健康水平的测查方式是要求不同年龄段的成年人对自己的健康状况做自我评估，评估的方法非常简单，被评估者只需对评估量表里的问题做出诸如"极好/非常好""好""一般/糟糕"这类回答即可。这类评估量表的结果与多种客观生理和精神健康检查的结果匹配良好。美国国民健康调查（U.S. National Health Interview Survey）项目就曾经使用这类评估量表开展研究，结果不出人们所料，青年人对自身健康水平的评估好于老年人。但是，40%年龄在75岁以上的老年人对自身健康水平的评估仍然达到了"极好"或"非常好"的级别（Blackwell et al.，2014）。当然，我们都知道，即便85岁的老年人和25岁的青年人对自己的健康状况做出的判断都是"极好"或"非常好"，他们的生理机能状况也不会是一样的。

虽然残疾的情况在所有年龄段都有可能发生，但随着年龄增长，残疾的发生率也会随之增加。如图3.3所示，美国人口普查局（U.S. Census Bureau）的数据显示，在20岁之前，大约每20个刚进入成年期的年轻人中有1个存在残疾问题。在青年人和中年人中，大约有1/10的人报告自己的身体有残疾，65岁之后这一比例有所上升，75岁之后比例再次上升，几乎半数成年人报告自己身有残疾（Erikson et al.，2016）。在劳动适龄的残疾成年人中，有34%的人能够就业（Kraus，2015）。与青年人相比，老年人在完成日常生活活动和工具性日常生活活动两类问题上要花费更多时间，而他们完成这两类活动的能力是其自身生活质量的一个关键指标。

患有慢性疾病或出现健康问题并不一定会直接发展到残疾的程度。常见的情况可能是人们患有一种或几种慢性疾病，但其日常生活并不会受到显著的影响。一个人可能患有高血压，但是可以通过服

残疾并不意味着"失业"。大约1/3的适龄残疾成年人有工作。

药和锻炼身体的方式加以控制；另一个人可能患有关节炎，如果通过服药的方式控制得当，那么他在日常生活中的大多数活动都不会受到限制。对绝大多数成年人而言，关键问题不在于是否患有某种慢性病，而在于疾病是否会影响其正常生活，导致其日常生活受限，或者是否会影响其生活自理能力。

在过去 20 年间，美国老年人的残疾率由于各种原因而出现大幅度下降。人口流行病学家薇姬·A. 弗里德曼（Vicki A. Freedman，2011）对这种现象进行了综述，研究结果显示，残疾率的下降可能是由于医疗条件的改善及人们对健康态度的改变。

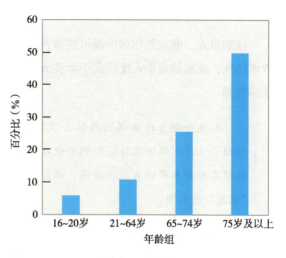

图 3.3　美国各年龄段残疾患病率

在成年期间，残疾率随着年龄增长而增加。

SOURCE: Erikson et al. (2016).

无论哪个年龄段的人，现在他们的健康状况都要好于以往，这也意味着老年人群的残疾率更低。新型外科手术的进展及药物治疗的发展也带来了显著的效果，特别是针对心血管疾病、白内障及膝关节炎和髋关节骨关节炎的治疗，效果尤其明显。导致残疾率降低的另一个因素是辅助技术的运用，在过去 20 年间，辅助技术发展得相当迅猛。人们能够借助的工具包括个人计算机、手机、电动轮椅及移动氧气罐等。过去被视为残疾人的人借助这些工具能够正常工作。如今的老年人不但个人收入水平更高，而且受教育程度也更高，这意味着他们在饮食上更健康，压力更少，同时他们享受的医疗服务水平也更高。收入的增长和受教育水平的提高也会产生一系列间接效应。例如，人们受教育水平越高，从事重体力工作的可能性就越低。

诸多因素综合起来，在超过 65 岁的美国老年人中，只有 3% 的人生活在疗养院或专业照管机构。大约 81% 的女性和 90% 的男性采取居家养老的方式，他们生活在自己的社区居所（community dwelling）内，或者与自己的伴侣一起，或者独自在家中生活。这个年龄段余下的那部分老年人，要么和自己的家人生活在一起，要么生活在老年人社区或辅助机构中，他们的生活基本能够自理，别人只需提供少量的帮助即可（National Institute on Aging，2011）。即便是 90 岁以上的老年人，也有近 3/4 的人生活在自己家里，或者和家人生活在一起（He & Muenchrath，2011）。

作者提示

文化与残疾。

你认为美国文化以什么方式影响残疾人的日常生活，特别是你自己或你认识的人？

3.2 若干疾病

你的家人、朋友和邻居中很可能有人罹患与年龄相关的疾病或因此致残。我生活在南佛罗里达州，那里的老年人比例高于全美大多数地方的，与年龄有关的疾病和因此致残的人越来越普遍。

> 和我一起上瑜伽课的两位女性朋友就患有阿尔茨海默病。其中一位有自己的专业照顾者（在上瑜伽课时，照顾者就在她旁边一起做瑜伽），另一位的身边有一位老朋友，能够每次开车带她来上瑜伽课，课后再带她去吃午饭，这让照顾患者的丈夫每周有两次"喘息"的时间。

> 网络是发布事故信息和公共服务信息的高效数字化媒介。像发布失踪儿童信息的安珀警戒①（Amber Alerts）一样，现在我们老年人有了银色警戒（Silver Alerts），在银色警戒上发布的是患有痴呆症而走失的老年人的信息。

> 我身边的一些老年人会去高尔夫俱乐部打球。该俱乐部指派了一名专门负责人，每周四下午带一群因病致残的老年人打高尔夫。在这些老年人中，绝大多数是心血管病患者，他们没法18洞都打，但是会打一部分；另一些人是阿尔茨海默病患者，他们能借助辅助手段打球。即便如此，所有的老年人都非常享受这个过程，他们喜欢坐在球车上，跟着高尔夫球老师打球。

> 我还参加了一个水上有氧运动班，班上有50多位女性学员，我几乎总能看到其中一两个人头上戴着鲜艳的丝巾，为的是掩盖自己的光头——治疗癌症所产生的暂时性副作用。下课之后，我总能听到正在接受治疗的患者和死里逃生的患者相互交流经验：怎样选择假发，怎样文眉毛，还有怎样护理因为治疗而受损的肌肤。

本节将详细介绍四种疾病，即心血管疾病、癌症、糖尿病和阿尔茨海默病，目的在于向读者展示健康问题如何影响我们每个人的日常生活，以及我们的日常生活又如何对健康造成影响。当谈及疾病时，我们确实需要关注疾病的症状及其统计数字，但我们同时也必须看到疾病中的"人"。一个人被诊断出患有阿尔茨海默病、癌症或心脏病并不代表他作为一个"人"的终结。从疾病确诊到生命结束，这中间往往还有很多年，家人、朋友、专业护理人员，甚至高尔夫职业选手都能让这些岁月变得相对愉快而有意义。如果抚养一个孩子需要"举全村之力"，那么照顾一个老年人也需要"举全村之力"。

---

① 安珀警戒，"AMBER"是"America's Missing: Broadcasting Emergency Response"（美国失踪人口：广播紧急回应）的首字母缩写。安珀警戒发布的信息由负责调查绑架案的警察机构决定，通常包括对被绑架者和绑架嫌犯的描述，以及对绑匪车辆的描述和车牌号码。——译者注

3.2.1　心血管疾病

心脏和血管疾病，或称心血管疾病（cardiovascular disease），包含一系列生理状况的恶化，其中关键的一种变化发生在冠状动脉，即在冠状动脉中会缓慢地形成一种危险的斑块（plaques）堆积或脂肪沉积物。这就是人们所知的动脉粥样硬化（atherosclerosis），它由炎性反应造成，通常由我们机体的免疫系统所引发。而长期的炎性反应会导致斑块在动脉壁上堆积，随后斑块会发生破裂，形成血凝块，阻塞动脉，导致心脏病突发或中风（Smith et al.，2009）。

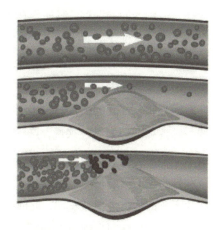

心血管疾病是指在冠状动脉中出现脂肪沉积物或斑块。

在过去 20 年间，在美国和大多数其他工业化国家中，心血管疾病患者的死亡率迅速下降。即便如此，心血管疾病依旧是导致美国（Hoyert & Xu，2012）和其他发达国家（World Health Organization，2012）人口死亡或残疾的主要原因。某些人比其他人具有更高的患心血管疾病的风险。

心血管疾病的风险因素　● ● ●

以下是一些与心血管疾病相关的风险因素。你会注意到，其中一些风险因素是可以人为控制的，如久坐不动的生活方式，而另一些则是人力所不及的，如年龄在 50 岁及以上。

- 年龄在 50 岁及以上
- 心血管疾病家族史
- 吸烟或暴露于二手烟的环境中 *
- 肥胖 *
- 久坐不动的生活方式 *
- 糖尿病 *
- 高胆固醇 *
- 高血压 *

注：* 表示该风险因素可以控制或预防。
SOURCE: CDC (2012f).

作者提示

心血管疾病发病率下降的原因。

美国心血管疾病发病率下降的原因有哪些？

必须强调的一点是：心血管疾病是发达国家女性的头号杀手（CDC，2017c）！这一事实经常遭到人们的误解，其原因在于，男性突发心脏病及因心血管疾病致死的平均年龄小于女性。通过这种年龄对比，人们常常会形成这种印象：心脏病主要是男性的健康问题。但其实，女性与男性所面临的风险是相同的。

出于某些原因，心血管疾病对女性的危险性更大，因为这种疾病在男性和女性身上的早期发病症状是不同的。人们一想到心脏病突发，脑中浮现出的感觉就是在左胸部位突如其来的一阵疼痛；但对女性来说，胸痛可能是不存在的。女性患心脏病的早期症状可能是恶心、疲乏、眩晕、冷汗淋漓、呼吸气短，以及身体上半部分颈部或下颌的尖锐疼痛感。假如出现在女性身上的这些危险信号被忽视或被误读，那么心血管疾病就可能恶化，直到需要第一次医疗干预的程度才能被发现，此时病程发展在女性身上比在男性身上更快、更凶猛。除此之外，心血管疾病对男性的影响通常是冠状动脉主干，而对女性的影响则常涉及心脏动脉的分支。在一些女性病例中，常规检查动脉主干的结果显示出心血管疾病低风险，但事实上，对女性病例而言，这却可能是微血管病变已经发展到晚期的表现，而微血管病变几乎不会表现出症状。出于这些原因，几乎 2/3 由于心血管疾病突然死亡的女性在发病前未表现出症状（CDC，2017c）。

3.2.2　癌症

在美国，癌症（cancer）是第二大致死原因，患这种疾病时，患者的病变细胞迅速且不受控制地分裂，并常转移到邻近的正常组织中。通过血流和淋巴管，癌症还会扩散到患者身体远端的其他组织，包括大脑。

癌症的发病率随着年龄增长而增加。图 3.4 显示了男性和女性在不同年龄发生浸润性癌症的概率。如读者所见，随着年龄增长，发生浸润性癌变的可能性越来越大，同时存在的另一个变化是癌症的类型。在美国，乳腺癌是 60 岁以下女性最常见的癌症死亡原因，而脑癌和其他神经系统的癌症是 40 岁以下男性最常见的癌症死亡原因。在女性 60 岁、男性 40 岁之后，最常见的癌症死亡原因是肺癌（Siegel et al.，2016）。

癌症研究的发展

对致癌原因的研究近期获得了巨大的进展。长期以来，人们认为癌症发病的原因是一系列随机突变造成的，这些随机突变会关闭人体细胞内肿瘤抑制基因，同时开启细胞内肿瘤激发基因。这个过程一旦开始，变异后的细胞就会过度分裂和自我复制，导致癌症的发生。近期，上述这种解释得到了进一步的深化和拓展。虽然基因突变确实会发生，但是癌症的主要致病原因现在被认为是表观遗传（epigenetic inheritance），即环境事件会引发基因表达的改变（Berdasco & Esteller，2010）。表观遗传及基因随机突变共同引发了人类的多种疾病，包括癌症。人类的基因序列在受孕那一刻起就确定了，如眼睛的颜色或脸上是否有酒窝，然而，表观遗传对基因特征的影响并不体现在基因序列上。表观遗传指的是在产前期（孕期）或人类一生中，外部环境因素对已有基因表达方式的影响。当表观遗传以正常方式运作时，某一个基因对刺激的反应将受到一定的抑制（或完全被消除），从而使在该位点上的其他基因得以表达。虽然这可能产生有利影响，但也可能产生不利影响，如关闭肿瘤抑制基因或打开肿瘤刺激基因。这种解释和传统的"随机突变"解释两者间的差异有助于帮助我们探索哪些环境因素会导致有害人体健康的表观遗传出现，然后我们才有可能对症下药，防患于未然。

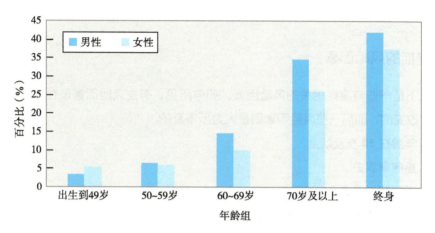

图 3.4　按年龄和性别划分的浸润性癌症发生率

患浸润性癌症的风险随着年龄增长而增加，女性在 50 岁之前的风险更高，而男性在 50 岁之后的风险更高。

SOURCE: Siegel et al. (2016).

近年来，对癌症的治疗取得了相当大的进展，无论手术还是放疗和化疗，均是如此。现在，通过检查某个肿瘤的 DNA，医生就可以确定哪种治疗方案对患者是最有效的。在一项关于乳腺癌肿瘤的研究中，人们发现了与这种疾病相关的 18 种可能变异的基因。有意思的是，这 18 种基因中有 5 种之前已经被发现与白血病相关（Ellis et al., 2012）。这类研究结果已经让肿瘤分类方式发生了变化：过去的方式是按照肿瘤发生的身体部位进行分类的，现在是按照突变的基因进行分类的。这些发现为临床应用带来了价值，在治疗癌症时，药物的选择可以以基因变异为基础，而不再以肿瘤出现的身体位置为基础。研究人员一旦发现某位乳腺癌患者的 DNA 可能与另一位白血病患者的 DNA 相似，就可以使用相似的药物对两位患者开展治疗。这种方法为癌症治疗开启了一种全新的可能，假如某些药物对患者身体某一部位的癌症有效，而发生在身体其他部位的癌症如果与之具有基因上的相似性，那么相似的药物也能用来治疗身体其他部位的癌症。

从 1990 年开始，美国癌症的发病率和死亡率出现了有记录以来的第一次下降，这是自美国对癌症数据进行全国范围内统计以来的第一次。美国癌症学会（American Cancer Society）的最新统计数据显示，在过去的 20 年中，美国因癌症而死亡的人数下降了 25%（Simon，2017）。这些变化得益于预防方式、早期检测及治疗方法的发展。近年来，预防方式包括人乳头瘤病毒 HPV（疫苗），用于降低子宫颈癌的发生概率；乙肝疫苗，用于预防肝癌的发生（Siegel et al.，2016）。早期检测避免了大量子宫颈癌、大肠癌及乳腺癌患者的死亡。越来越多的人开始改变自己的生活方式，从而降低了自己罹患癌症的风险。

作者提示

男孩和女孩注射 HPV 疫苗？

为什么儿科医生会推荐未成年男孩和女孩接种 HPV 疫苗？

癌症的风险因素 ● ● ●

以下是一些与癌症相关的风险因素。如你所见，有些风险因素是在人力控制范围内可改变的，而另一些风险因素则是人力所不及的。

- 年龄在 50 岁及以上
- 癌症家族史
- 丙型肝炎病史
- 烟草使用（香烟、雪茄、咀嚼烟草和鼻烟）*
- 接触二手烟*
- 不健康饮食（水果和蔬菜含量低）*
- 工作场所的化学和辐射暴露*
- 性传播疾病*
- 久坐不动的生活方式*
- 肥胖*
- 过度饮酒*
- 无保护地暴露在强烈阳光下或晒黑床上*

注：* 表示该风险因素可以控制或预防。
SOURCE: American Cancer Society (2019).

3.2.3　糖尿病

糖尿病（diabetes）是一种身体无法正常分泌和（或）利用胰岛素的疾病，而胰岛素是人体使用葡萄糖时的必需物质，因此糖尿病会导致人体内血液中葡萄糖的水平增高，进而导致人体营养的缺乏。糖尿病会导致患者罹患心脏病和中风的风险增加，同时也是导致以下疾病的主要原因之一：失明、肾病、足部和腿部截肢，以及女性怀孕时期的各种并发症，继而导致婴儿的先天畸形和过早夭折。虽然部分糖尿病（1 型）会在患者的儿童期和青年期发病，但是超过 90% 的糖尿病（2 型）都与年龄增长、肥胖及缺乏身体运动有关。如图 3.5 所示，在 1990—2008 年间，中老年人的 2 型糖尿病的患病率急剧上升。流行病学家将此与十年前（即 1980—2000 年间）肥胖率翻倍暴增联系起来。该数据还显示，自 2008 年以来，2 型糖尿病的患病率一直相对稳定，这或许反映了美国人口肥胖率最近呈稳定的趋势。研究人员认为，这是由于美国卫生部长、美国国家卫生研究院和疾病控制与预防中心在促进良好营养和体育活动方面开展的各种项目取得了成效（Herman & Rothberg，2015）。

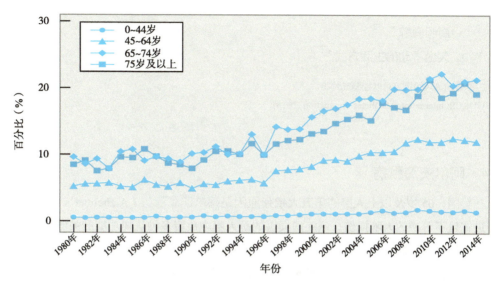

图 3.5　2 型糖尿病患病率增加

在 1990—2008 年间，45 岁及以上成年人的 2 型糖尿病的患病率急剧上升。自 2008 年以来，它已经趋于平稳，并显示出下降的迹象。

SOURCE: CDC (2015).

尽管近年来 2 型糖尿病的发病率似乎已趋于平稳，但仍有 2 800 多万的成年人和儿童受到这种疾病的影响，糖尿病已经成为美国中年人致残和致死的主要原因之一。它也是全球第九大致死原因（WHO，2016）。

由于 2 型糖尿病与肥胖症及缺乏身体运动有关，那么好消息是，对绝大多数人来说，2 型糖尿病是可以避免的，只要人们采取健康的饮食和生活方式，特别是对高危人群来说，更是如此，大多数 2 型糖尿病是可以预防的。

另一个好消息是，对已经被诊断为患有前驱糖尿病的患者而言，如果可以控制体重并加强身体锻炼，那么可以减缓疾病发展的进程，即便是对年过 60 岁的患者而言，以上建议仍然有效（Halter，2011）。此外，对大量患有严重糖尿病的肥胖人群而言，即便是在胃分流或胃束带手术成为最后的治疗方法时，他们仍然可以从这种手术治疗方法中获益良多（Purnell et al.，2016）。

糖尿病的风险因素　● ● ●

以下是一些与糖尿病相关的风险因素，其中大多数都在我们的可控范围内。

- 年龄的增长

■ 糖尿病家族史

■ 肥胖 *

■ 高血压 *

■ 高胆固醇 *

■ 久坐不动的生活方式 *

注：* 表示该风险因素可以控制或预防。

SOURCE: International Diabetes Foundation (2015).

3.2.4　阿尔茨海默病

在美国，65 岁及以上人群的第五大致死原因是阿尔茨海默病（Alzheimer's disease），一种渐进式且不可逆的大脑损伤，该疾病损害的是大脑中负责多种认知功能的关键脑区。阿尔茨海默病的标志性症状是患者丧失短时记忆，而短时记忆的重要功能是帮助人们记住刚刚习得的新信息，如最近发生的事件或刚刚进行的谈话等。这样的问题会进而影响患者在社交、认知及身体活动方面的能力；最终，患者会在被确诊为阿尔茨海默病之后 8～10 年内死亡（虽然绝大多数患者死于其他疾病，如肺炎或其他各种并发症）。心血管疾病和癌症是各个年龄段的成年人都可能会患的疾病，但阿尔茨海默病不同，它是一种真正意义上的老年病，90% 的患者发病年龄在 65 岁以上。阿尔茨海默病曾经被认为是一种罕见的疾病，但是现在它已经成为美国及全世界范围内共同关注的一种重大公共健康问题了，这主要是因为患者数量在人口中的占比正在不断增加。在美国，65 岁以上人群中每 10 人就有一人患阿尔茨海默病（这就意味着美国的患者数量接近 550 万），而在 85 岁及以上人群中，几乎半数人患有阿尔茨海默病（Alzheimer's Association，2017）。如果你是美国这 2 500 万人中的一员，你就会对这种疾病有深切的体会，因为这代表你的家庭中有一位家庭成员正在遭受阿尔茨海默病的煎熬，而你也正在经历这种疾病带来的直接冲击。

阿尔茨海默病是一种最常见的痴呆症（dementia）类型，包括智力和身体机能的全面退化。痴呆症的其他类型可以由以下多种因素造成，包括多次小中风、帕金森症、头部多处受到撞击（常见于拳击运动员和橄榄球运动员）、单一部位脑外伤、艾滋病晚期、抑郁障碍、药物中毒、甲状腺功能减退症、某些肿瘤、维生素 B_{12} 缺乏、贫血症及酒精滥用。我并不期望读者可以把上面所有造成认知功能衰退的原因全部记住，但我希望读者能够了解，造成认知功能退化的原因不止阿尔茨海默病一种。有些认知退化是能够被治疗的，并且还能获得相当不错的疗效。

阿尔茨海默病的致病原因至今尚不明确，但有些信息是我们已知的。在 20 世纪早期，通过对痴呆症患者的尸体检查发现，痴呆症通常伴有某些特定大脑组织的异常。在所有已知的异常中，第一个是最早在 1907 年由神经病理学家阿洛伊斯·阿尔茨海默（Alois Alzheimer）

发现的细胞外老年斑（senile plaques）。这是一种很小的圆形 β-淀粉样高密度蛋白沉积物。另一种与阿尔茨海默病相关的异常是神经纤维缠结（neurofibrillary tangles），或称神经元退化网络。

美国阿尔茨海默病协会指出，研究已经发现若干基因与这种疾病相关。其中一种基因是 APOE E4，它会增加人们罹患阿尔茨海默病的风险。如果你体内有 APOE E4 基因拷贝，那么你罹患阿尔茨海默病的风险就比体内不携带这种基因的人高许多。虽然患病风险的增加并不意味着必然会发病，但如果你体内具有两条 APOE E4 基因拷贝，那么你的患病风险就会更高。另外，这种疾病还涉及其他三种基因：APP、PSEN1 及 PSEN2，这三种基因决定了一个人罹患阿尔茨海默病的必然性。如果患者的阿尔茨

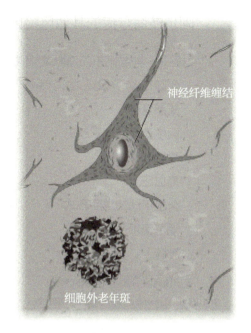

神经纤维缠结

细胞外老年斑

细胞外老年斑和神经纤维缠结。

海默病是由上述所有基因共同引起的，那么该患者罹患的是早发型阿尔茨海默病，患者的发病时间在中年期（有时候可以提早到患者三四十岁的阶段），并且对患者家族内每一代成员都会产生影响。但是，这种早发型的阿尔茨海默病只占患病总数的 5%。科研人员在全世界范围内只找到几百个体内带有上述基因的家族，他们希望通过对这些家族的研究发现，对这种类型的阿尔茨海默病而言，是否存在某些共性的特征。例如，研究者计划在这些家族成员的身上（而不是在普通人身上）测试多种疫苗，看看这些疫苗可能会对阿尔茨海默病产生怎样的效果；这样做的原因和意义在于，与普通大众相比，这些家族的成员不但患病率更高，而且会在相对较年轻的年龄发病。

作者提示

基因检测：利弊。

对增加罹患阿尔茨海默病概率的基因进行检测的利弊各是什么？

阿尔茨海默病和其他疾病的风险因素

阿尔茨海默病的最大风险因素是年龄。

读者可以发现，罹患阿尔茨海默病的其他风险因素同样也是心血管疾病的致病风险因素。实际上，与心脏健康的人相比，阿尔茨海默病"找上"心血管疾病患者的可能性更高，这可能是因为炎性反应是这两种疾病具有的共同特征。

阿尔茨海默病的其他风险因素 ● ● ●

以下是一些与阿尔茨海默病相关的风险因素。

- 年龄在 50 岁及以上
- 头部受伤 *
- 阿尔茨海默病家族史
- 高胆固醇水平 *
- 高血压 *
- 久坐不动的生活方式 *
- 烟草使用 *
- 肥胖 *

注：* 表示该风险因素可以控制或预防。
SOURCE: Alzheimer's Association (2017).

阿尔茨海默病和其他类型痴呆症相比的另一种风险因素是外伤性脑损伤（traumatic brain injury，TBI）。科学研究已经发现，与从未受过脑外伤的人相比，当个体受到的脑外伤足够严重，已经到了失去意识的程度时，那么伤者在晚年罹患痴呆症的可能性就会是前者的 2~4 倍，罹患慢性创伤性脑病（chronic traumatic encephalopathy，CTE）的可能性尤其高。这方面的研究工作始于 20 世纪 90 年代的英格兰。英国皇家医师学院（Royal College of Physicians）的研究人员 A. H. 罗伯茨（A. H. Roberts）对已退休的拳击运动员做了随机抽样，并对这些样本进行了检测。罗伯茨发现，17% 的参与者符合慢性创伤性脑病的诊断标准（Roberts，1969）。从那时起，陆续有人对橄榄球、足球及冰球运动员的遗体进行尸检，这些研究的结果显示：在这些运动员身上存在慢性创伤性脑病的证据；患慢性创伤性脑病后，患者会表现出的症状包括暴怒、抑郁、物质滥用、记忆力受损及自杀等（Mez et al.，2017）。

另一个值得我们特别关注的群体是军队中遭受过外伤性脑损伤的军人，造成这些军人受伤的元凶是美军在战争中使用的简易爆炸装置（Hope et al.，2008）。外伤性脑损伤与创伤后应激障碍高度相关，因而研究人员提出了这样的假设，许多患有创伤后应激障碍的退伍老兵同时也患有慢性创伤性脑病（Omalu et al.，2011）。美国一些职业体育组织和美国退伍军人管理局（Veterans Administration）目前都致力于为年轻的男性与女性成员提供更好的保护，避免他们由于上述外伤而造成长期慢性的损害。

对阿尔茨海默病的诊断

对阿尔茨海默病的诊断也有了长足的进步。20 世纪 90 年代，新的诊断方法包括脑成像，以及检测血液或脑脊液中是否存在蛋白质（Alzheimer's Association，2017）。

前阿尔茨海默病阶段被称为轻度认知功能损害（mild cognitive impairment，MCI）。在该阶段，虽然患者会表现出某些认知功能方面的症状，但这些症状并不能达到阿尔茨海默病的诊断标准。在出现轻度认知功能损害的个体中，大约有半数人的症状会在接下来的三四年中逐渐恶化，此时症状才会达到诊断阿尔茨海默病的程度（Storandt，2008）。

最后，我想略微叙述一些阿尔茨海默病和正常大脑老化的不同。随着年龄渐长，人们的记忆力不再像从前那样清晰而敏捷，学习新东西也不再像原来那么容易了。这可能会让人觉得，阿尔茨海默病不过是正常老化过程的一种极端表现形式而已，但事实并非如此，阿尔茨海默病和正常老化完全是两回事。对正常的老化过程，我们表现出来的无非是一时间想不起来今天星期几，记不清某个具体的人名，或者把汽车钥匙放错了地方。然而，阿尔茨海默病患者所表现出来的认知功能损伤症状却是分不清一年四季、难以与他人进行正常的交谈，以及在自己住所外熟悉的环境中走失（Alzheimer's Association，2017）。

对老年人性格和认知功能的改变给予关注具有重要的意义。虽然阿尔茨海默病现在还无法治愈，但是对其他具有相似症状的疾病已经有了一些治疗方法。目前，已经有一些药物能够在疾病早期阶段减缓阿尔茨海默病的病程发展。对阿尔茨海默病患者及其照顾者的咨询服务和社区援助也正在开展。

3.3 精神障碍

精神障碍的诊断与治疗是相对较新的科学研究领域。在弗洛伊德的时代之前，精神障碍更多属于宗教和哲学领域的问题。然后，在人们开始接受精神障碍是可以被治疗的健康问题这种观念之后，每个治疗流派或学派都发展出了一套自己对精神障碍的分类体系和治疗手段。这种情况一直持续到 1980 年，精神障碍症状和诊断标准化系统的出台结束了这种混乱的情形。在美国，精神健康专业领域对精神障碍的共识促成了《精神障碍诊断与统计手册》第三版（*Diagnostic and Statistical Manual of Mental Disorder*, 3rd edition）的出版，这本书又称 DSM-III［American Psychiatric Association（APA），1980］。《精神障碍诊断与统计手册》第三版的出版是一种进步，它对心理治疗师及其患者而言都是至关重要的。与此同时，这也是流行病学家们的"福音"，从此他们就能够对相关数据进行统计，进而了解美国民众的精神和心理健康状况了。从那时起，研究人员开展了若干大规模的调查工作，致力于了解美国国民的精神健康状况。现在，DSM 已经发行到了第五版，这是精神障碍及其治疗领域相关知识不断深化的标志（APA，2013）。

精神障碍患者在特定人群中所占比例有多种衡量方法。患病率是指在一段时间内出现患病者的百分比，如终生患病率或 12 个月患病率。据估计，在美国，精神障碍的终生患病率略低于 50%。这意味着几乎半数美国人在一生中的某个时刻会罹患某种符合 DSM-5 诊断的精神障碍。美国 12 个月的精神疾病患病率为 25%，这意味着在给定的 12 个月内，1/4 的美国人会罹患某种精神障碍（American Psychological Association，2017；Kessler et al.，2005）。

美国成年人最普遍的精神健康问题可以分为三类：（1）焦虑障碍，（2）抑郁障碍，（3）物质相关和成瘾性障碍。我将详细介绍这些障碍，并简要讨论治疗方法。

3.3.1　焦虑障碍

焦虑障碍（anxiety disorders）是指在无明显危险的情况下，个体仍然体验到恐惧、威胁和担忧的感觉。这是美国成年人最常见的一种精神障碍。在给定的 12 个月内，大约有 18% 的美国成年人报告，自己正经受着（符合 DSM-5 诊断标准的）焦虑障碍的折磨。最常见的焦虑障碍类型有两种，一种是恐惧症（phobias），它是指个体在面对危险时，出现过度且与外部危险程度不匹配的恐惧和害怕情绪及回避行为；另一种是社交焦虑（social anxiety），它是指对社交场合的恐惧和焦虑，如与陌生人见面或在观众面前表演等。尽管很多人在成年后被诊断为焦虑障碍，但他们的问题通常始于童年。半数患有焦虑障碍的人第一次体验到焦虑的症状是在 11 岁之前；3/4 的焦虑障碍患者在 21 岁之前体验到焦虑的症状。女性患焦虑障碍的可能性高于男性（American Psychological Association，2017）。

如果焦虑障碍的患者是儿童或青少年，那么心理治疗的疗效相当好，无论个体治疗、团体治疗还是家庭治疗。美国心理学会指出，大多数人能够在与心理治疗师一起工作几次后感受到症状的改善，并且在接受治疗 1 ~ 2 个月内症状减轻或完全消除。此外，使用抗焦虑药物、抗抑郁药物和 β 受体阻滞剂也可以缓解焦虑障碍的症状。

几乎每个人在生活的某个阶段都有可能出现焦虑的症状，但我们可以做一些事情，避免这些症状发展为焦虑障碍。均衡的饮食、锻炼和良好的社会支持总是有益的，同时还需要控制酒精和咖啡因的摄入量，保持规律的睡眠模式，也可以用记日记的方式帮助自己确定触发焦虑的因素，练习瑜伽、冥想和正念等放松技巧也很有帮助（Anxiety and Depression society of America，2016）。

焦虑障碍的风险因素　● ● ●

下面是一些与焦虑症相关的风险因素。

- 童年时的羞怯
- 女性
- 焦虑障碍（或其他心理障碍）家族史
- 暴露于紧张的生活事件中
- 贫困

SOURCE: NIMH (2017).

3.3.2　抑郁障碍

最普遍的抑郁障碍是重性抑郁障碍（major depressive disorder），表现为持久、弥散的悲伤和绝望感。DSM-5 对重性抑郁障碍的诊断标准是，在过去 12 周内，患者在一天中的大部分时间处于抑郁状态，并对几乎所有活动失去兴趣或乐趣。此外，他们还可能呈现体重或睡眠模式的变化、疲劳、无价值感、决策方面的问题或自杀想法（APA，2013）。在美国国家共病调查项目中，重性抑郁障碍是美国成年人罹患的第二大常见障碍，16% 以上的受访者在一生中曾受其影响（Kessler et al.，2005）。美国国家心理健康研究所（NIMH，2016）报告，重性抑郁障碍的 12 个月患病率在美国约为 7%，在全世界范围内发病率都很高；它是世界上致残和自杀的主要原因（WHO，2017）。发病年龄的中位数为 30 岁。年轻人的患病率是老年人的三倍，女性的患病率为男性的两倍（APA，2013）。

重性抑郁障碍不应与抑郁症状混淆，抑郁症状不是 DSM-5 所认为的严重或持久的精神障碍。抑郁症状多发于老年人，通常与慢性疾病、丧亲或孤独相关。

抑郁障碍的标准治疗方法是药物治疗和心理治疗，在极端情况下，电休克疗法或经颅磁刺激也可以选择（NIMH，2016）。

对所有年龄段的成年人而言，在感觉到抑郁症状时，可以采取措施防止较轻的抑郁症状升级为重性抑郁障碍。锻炼似乎能促进重要的大脑化学物质分泌，花时间与他人社交也是如此。与一位靠得住的朋友或亲戚建立值得信赖的关系也能够有所帮助。另一个建议是，了解有关抑郁障碍的可靠且科学的信息，并且在自己感觉好起来之前避免饮酒和吸毒。不要等症状发展到重性抑郁障碍的程度才去寻求心理治疗师的帮助（NIMH，2016）。

重性抑郁障碍的风险因素 ● ● ●

以下是一些与重性抑郁障碍相关的风险因素。

- 个人或家族抑郁史
- 女性
- 重大生活变化
- 创伤和过度压力
- 某些身体疾病或药物治疗
- 贫困
- 失业
- 酗酒或吸毒
- 亲人的死亡
- 关系破裂

SOURCE: NIMH (2016); WHO (2017).

3.3.3 物质相关和成瘾性障碍

物质相关障碍（substance-related disorders）和成瘾性障碍（addictive disorders）是指包含赌博在内的九种不同类别物质的滥用和成瘾（APA，2013）。九种类别的物质分别是：（1）酒精；（2）咖啡因；（3）大麻；（4）致幻剂；（5）镇静剂、助眠药和抗焦虑药；（6）兴奋剂；（7）烟草；（8）吸入剂；（9）阿片类。

这些物质与赌博有一个共同点，即直接激活大脑的奖赏系统。大脑的奖赏系统会让人在长期努力后体验到成就感，而上述物质和赌博让人绕过长期努力，"抄近道"得到了类似的体验。想象一下，你在马拉松比赛之前投入的训练和努力，你完成了前半段赛程，到达终点线时，你会感到一阵狂喜。但这些物质会让人在一瞬间产生强烈的欣快感，而人要做的只是用各种方式直接摄入它们。与赢得马拉松比赛这种自然奖赏相比，这些物质所带来的欣快感给人的冲击强烈得多，随着时间的推移，持续使用这些物质会改变大脑回路，因此当任何与这些物质相关的触发因素出现时，身体都会体验到对这些物质的强烈渴望。于是，物质使用障碍患者常花费越来越多的时间在使用药物上，寻找获得药物的途径，而忽视工作、朋友和家人，即使这些药物的使用让他们处于高危状态也毫不顾忌。物质使用障碍的患病率在美国18～24岁的年轻人中最高，这些年轻人最初都是从酒精这种成瘾物质开始的（APA，2013）。

在12个月的单位时间里，美国大约9%的成年人普遍存在酒精使用障碍的问题。随着年龄增长，酒精使用障碍逐渐减少：年轻人（18～29岁）的患病率为16%，而老年人（65岁及以上）的患病率仅为2%。美洲原住民和阿拉斯加原住民的患病率（12%）高于白人的（9%）、西班牙裔美国人的（8%）、非洲裔美国人的（7%）和亚裔美国人及太平洋群岛居民的（5%）（见图3.6）。男性酒精使用障碍的患病率是女性的两倍以上（男性为12%，女性为5%）（APA，2013）。

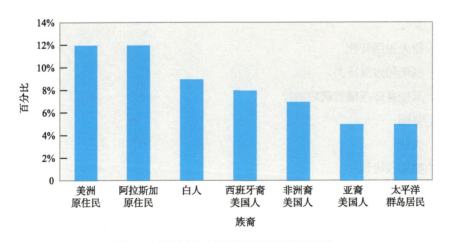

图 3.6　美国成年人酒精使用障碍的患病率

在美国，大约9%的成年人在任何12个月的时间里都会经历酒精使用障碍。这一比例在某些人群中比在其他人群中更高，而在年轻人中，这一比例比在老年人中更高。

SOURCE: APA (2013).

目前，美国问题最大的物质滥用问题是阿片类，这是一种类似吗啡等天然阿片的合成物。它们由制药公司研发，最初制药公司认为它比天然阿片类危险性和成瘾性更小，但事实证明，人工合成的阿片类药物同样危险，也同样具有巨大的成瘾性。因为阿片类最初是处方药，所以常被人们认为比街头毒品更安全。虽然它们能有效减轻术后和严重外伤后的疼痛，但它们也能通过直接刺激大脑的奖赏中心让人产生欣快感。

美国正在经历阿片成瘾类的毒品流行。如图 3.7 所示，过量使用此类物质导致的死亡人数在 2015 年年初为 47 000 多人，而仅仅两年后该数量增加到 65 000 多人。这比美国因车祸和枪杀而致死的人数更多。公共卫生官员认为，这是美国历史上最严重的毒品危机（Bosman，2017）。阿片类药物的滥用在美国所有州都十分普遍，它降低了非西班牙裔白人的预期寿命（Dowell et al.，2017）。

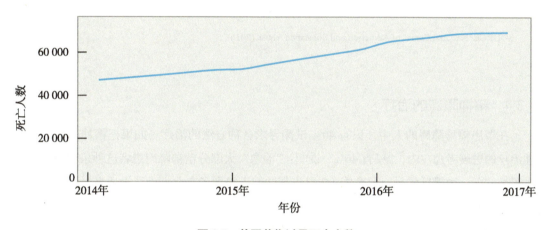

图 3.7　美国药物过量死亡人数
在过去几年中，美国由于药物过量导致的死亡人数急剧增加，主要是由于阿片类药物的使用增加。
SOURCE: CDC (2018).

对物质滥用的治疗

物质滥用和成瘾性障碍取决于药物依赖和障碍的严重程度。目前，已有治疗方法能够让患者降低对成瘾物质的渴望，阻断成瘾物质带来的欣快感，或者让患者在摄入成瘾物质后产生负面感受。有专门用于减轻阿片类药物影响的药物，如果给药时间足够快，这种药物可以逆转成瘾物质摄入过量的影响；有些药物可以降低对成瘾物质的渴望和戒断反应。治疗可以在门诊或在治疗中心进行，参加 12 步帮助计划（如匿名戒酒协会或匿名戒毒协会）也会有所帮助。

个人可以做一些事情来避免药物滥用和上瘾。首先，如果你在手术或受伤后医生给你开了阿片类止痛药，那么你应当询问医生是否有其他不那么易成瘾的药物。如果你确实服用了一种可能会使人成瘾的药物，请尽量缩短服用该药物的时间。如果你具有下列任意一种风险因素，那么请避免尝试任何类型可能成瘾的药物，不要把自己置身于有成瘾药物存在的环境中，不要让自己置身于成瘾物质使用的社会群体中（Substance Abuse and Mental Health

Services Administration，2016 ）。

物质滥用障碍的风险因素　●　●　●

以下是一些与药物滥用障碍相关的风险因素。

- 药物滥用或成瘾的家族史
- 心理因素，如高冲动、感觉寻求、焦虑障碍和进食障碍
- 身体、性或情感虐待史
- 同龄人中的药物滥用
- 获得成瘾物质
- 在幼年期就开始使用酒精、尼古丁或其他药物

SOURCE: National Center of Addiction and Substance Abuse (2016).

3.3.4　精神障碍的治疗

在罹患精神障碍的人中，只有40%试图寻求各种方法的治疗。如果把精神药物学和心理治疗的进展考虑在内，"只有40%"说明："治愈"大部分精神障碍患者这种乐观的想法根本不切实际。更糟糕的是，只有约 1/3 寻求帮助的人得到了专业指南认为适当且科学的治疗（Wang et al.，2005 ）。

另外 1/3 罹患精神障碍的患者的求助对象是补充与替代医学提供者（complementary and alternative medicine providers），如（脊柱）按摩师、针灸师、草药师或通灵者，而运用这些治疗方法治疗精神障碍缺乏科学证据的支持。但是，患者称，这些补充与替代医学提供者能够真诚用心地倾听自己的诉说，在制定治疗方案的时候会让自己参与其中。这就"提示"主流的精神健康专业人士，适当采纳这种让患者如沐春风的"医疗态度"是重要的，同时这种方法也能让正规医生的谈话治疗更加具有吸引力（Wang et al.，2005 ）。另一些研究结果显示，在诊疗时，初级护理内科医师应当对具有抑郁障碍和物质滥用障碍患病风险的患者做一次快速的精神健康问题筛查，这对以上两种障碍的诊断、咨询服务的提供及后期的深入治疗都大有裨益（Maciosek et al.，2010 ）。

对教育工作者和精神健康专业人士而言，刚刚迈入成年期的年轻人是其必须密切关注的群体。即使同样报告有抑郁的症状，但一名 21 岁的青年人比一名 16 岁的少年接受治疗的可能性更小。导致这种情况的部分原因是，这些年轻人负担不起治疗费用，他们觉得这些抑郁的症状会自己消失，而且他们也没有时间接受治疗（Yu et al.，2008 ）。也有部分原因是，父母可以坚持要求其未成年的子女接受治疗，而那些年满 18 岁的孩子已是法律意义上的成年人，所以他们是否接受治疗必须征得他们自己的同意，除非他们对自己或他人构成危险。

　　绝大多数精神障碍都是在青少年期和成年早期首次发病，并且迁延至成年期，如果能够在早期准确诊断，合理治疗，这些障碍演变成困扰人们一生的健康问题的可能性就更小。研究发现，在高中辍学的学生中，有 10% 是因为精神障碍而无法继续中学学业；在大学辍学的学生中，有 3% 是因为精神障碍而离开学校的（Breslau et al., 2008）。但是，很少有家长、儿科医生及学校管理者们接受过专业训练，所以难以鉴别精神障碍的早期症状或高风险变量。

　　综上所述，虽然精神障碍的药物治疗和其他治疗方式已经取得了可观的发展与进步，但它们似乎还没有真正地实现服务于广大民众的巨大健康需求。什么问题属于精神障碍，什么问题不属于精神障碍，我们还需要对民众做更多的普及、传播和教育的工作，让人们更多地了解哪些是已经得到科学证据支持的治疗方法，在哪里可以得到这些方法的帮助。我希望渴望帮助的人们能够获得更好的治疗，同时精神健康专业人士也能够以一种更人性化的方式为患者提供科学的治疗和帮助。让我们共同盼望，随着科学的发展，精神健康领域会取得可喜的进步。

3.4　辅助解决方案

　　并非只有药物和外科手术才是疾病和残疾问题的解决方案。随着人口老化问题的日益严重，包括辅助技术和动物助手在内的这些非医学"工具"也会在我们的生活中变得越来越普遍。

3.4.1　辅助技术

　　当毕生发展心理学与现代技术相遇时，碰撞的结果就是设计和生产出一系列提高人们生活质量的产品，这些产品同时还能够帮助老年病患者或因病致残患者减少依赖他人的程度。这类设备在工艺复杂性上跨度很大——从简单的伸缩杆到复杂的电子仪器。例如，无线个人应急响应系统能够向患者的远程照顾人或家人发送各种信息（包括诸如患者在家中摔倒了、患者无法动弹了等患者的情况，也包括诸如家中温度、火灾或一氧化碳泄露等紧急信息），使老年人或身有残疾的成年人在家中独立生活的程度得到大幅度提升。个人电脑可以运行各种软件，将文本信息转换为语音信息，或者将文本的字体放大，帮助视觉障碍者更好地了解文本信息。对不少人而言，家用机器人还停留在科幻小说中，其实机器人已经进入了不少家庭（我家就有两台家用机器人，一台用于清理水塘，另一台用于吸尘）。通过摄像头、麦克风和扬声器，远程照顾者能够和家中的老年人或身有残疾者进行交流。预计在不远的将来，更人性化的机器人将会面世，它们能够烹饪简单的菜肴、收拾屋子，以及提醒患者按时吃药。

在日本和许多欧洲国家，老年人的人口比例很大，而可以从事护理工作的年轻人却不足，所以这些国家在机器人提供个人护理的研究和设计方面处于领先地位。这些机器人能够为老年人提供个人护理服务，从而延长他们独立生活的时间（Muoio，2015）。在美国，现在有了语音激活控制系统，这种系统可以帮助人们打电话、玩游戏，还能了解主人的喜好，为主人推荐他们喜欢的有声读物和音乐（Cuthbertson，2017）。

除了做家务和根据主人喜好选择音乐，机器人还能够协助医生施行外科手术。据估计，到2025年，美国每三个外科手术中就会有一个由机器人系统实施。这些机器人系统包括外科医生坐在计算机屏幕前引导的机械臂，这种机械臂现在广泛应用于疝气修补术、减肥手术、子宫切除术和前列腺切除术。积极的一面是，机器人技术给外科手术带来了更高的精确度，同时降低了外科医生的疲劳度。但机器的缺点是，手术费用昂贵，而且由于每次手术所需的准备时间较长，使用机器实际上会降低手术速度。大多数机器人手术系统在发达国家都已配备，目前制造商正在计划降低机器价格，以便在发展中国家也能投入使用（Kelly，2016）。

> **作者提示**
> **让所有人都受益**
> 　　看一看你生活的家庭或校园环境。对使用轮椅等辅助设备的人而言，生活方便程度如何？我们可以采取哪些措施让每个人，特别是那些依赖辅助技术的人，在家庭或校园环境中都能生活得更加便利？

3.4.2　动物助手

动物助手则是一种科技含量不那么高的辅助手段。这些动物能够帮助人们做很多事：帮助视觉障碍者，帮助听觉障碍者，或者帮助人们操作灯具的开关、拾起掉落的物品，以及在警报、电话铃和门铃响起的时候提示主人。绝大多数动物助手是犬类，但卷尾猴也是优秀的动物助手。经过训练的卷尾猴能够完成许多精细动作，例如，帮助主人翻书，以及帮助主人按动微波炉上的按键。

其他类型的动物助手则是安抚型
宠物，通常也是犬类，它们能够让人们
在充满压力的情境中冷静下来，如在接
受心理治疗的过程中。事实上，西格蒙
德·弗洛伊德（Sigmund Freud）就养了
一条松狮犬，名叫乔菲（Jofi）；他在
对患者进行精神分析治疗的过程中让乔
菲帮助患者放松（Coren，2010）。安抚
型宠物也用来让在疗养院、精神病院和
被监狱收容的那些人安静下来（Baun &

非技术类的辅助来自动物，如帮助视力受损人士的导盲犬。

Johnson，2010）。在我任教的大学里，在期中和期末考试的那几周里，志愿者就会将安抚型
宠物带到校园，这些安抚型宠物在学生中的人气极高，学生对它们的到来表示热烈欢迎，看
到它们也让学生常常更加想念远在自己家中的"安抚型宠物"。

3.5　健康的个体差异

各种生理疾病与精神障碍会因年龄的不同而表现出不同的模式。同时，读者也会发现，
这其中不存在"放之四海皆准"的原则。在这些与年龄相关的模式中，有很多个体差异在我
们出生时就已经注定，如性别；还有一些差异是我们在成长过程中逐渐形成的，如锻炼习
惯。在下文中，我们将讨论人们的个体差异因素，以及这些因素在我们的整个生命周期中如
何相互作用，从而对身心健康产生影响。

3.5.1　遗传

基因型（genotype）是个体全部基因组合的总称，它对我们的健康有巨大的影响。许
多人都知道，疾病会在家族内部"薪火相传"，如乳腺癌、心脏病及物质滥用等。但很少有
疾病是由某种单一基因造成的。举例来说，早期发病的阿尔茨海默病就是由 APP、PS-1 或
PS-2 基因导致的，我们在本章的前面部分讨论过这个问题。另一些疾病（如抑郁障碍和
癌症）是由一系列基因共同导致的。在某些情况下，基因组合并不直接导致疾病，而是让
某些人比另一些人对部分环境因素更加敏感，例如，吸烟会导致肺癌，脑外伤会导致阿
尔茨海默病，高脂肪饮食习惯会导致心血管疾病。换句话说，基因并不是主宰我们命运的
"上帝"。

大量研究关注的另一个遗传性疾病是囊性纤维化。如果一个孩子出生时继承了 CFTR 基
因的两种突变形式（一种来自母亲，另一种来自父亲），就会出现囊性纤维化。囊性纤维化
会导致身体的正常分泌物（如气道分泌物、胰管和肠道）异常黏稠和脱水等，从而出现呼吸
和消化问题。这种疾病在 20 世纪 30 年代末首次被描述时，患此疾病的孩子在婴儿期就会死

亡。然而，医学发现使人们的预期寿命增加，如今人们的预期寿命约 40 岁（National Jewish Health Center，2018）。

另一些基因则被发现具有保护健康的效用。例如，APP 基因非变异体是引起阿尔茨海默病的基因之一，研究人员在一小部分冰岛人身上发现了 APP 基因的一种变异体，这种变异体似乎能起到保护作用，使人们免于罹患阿尔茨海默病。此外，身体中带有这种 APP 基因变异体的人更长寿，并且出现各类认知功能衰退的可能性也更小（Jonsson et al.，2012）。

遗传信息还能影响我们对不同治疗方法的生理反应。例如，目前已经识别出大量的基因，这些基因决定了某些药物对治疗白血病是否最有效。哪些基因能够影响癌症、哮喘和心血管疾病治疗方法的疗效，目前学界还在探索中（Couzin，2005）。这些研究发现会促使个性化的医疗方案变为现实，患者的 DNA 序列信息将进入个人的医疗档案中，医生可以参考这些信息来判定，在早期疾病诊断过程中，患者应该接受哪些筛查；之后，如果患者有必要接受治疗，这些 DNA 序列信息还能帮助医生确定哪种治疗方案最适合患者。

作者提示

家族史。

　　你知道自己家人的健康史吗？它是否包含可能具有遗传性的健康问题？你能做些什么来降低罹患这些疾病的风险？

3.5.2　性别

男性和女性出现健康问题的模式不同。与女性相比，男性的预期寿命更短，并且在年轻时罹患心血管疾病的可能性更高。此外，男性罹患高血压和所有类型癌症及发生意外死亡的可能性均高于女性。女性的预期寿命比男性的更长，但从死亡原因来看，造成男性和女性死亡的疾病种类基本相同；女性比男性长寿的原因只是她们罹患这些疾病时的年龄比男性更大而已（CDC，2017c）。

女性出现慢性健康问题的可能性大于男性，这些慢性疾病包括关节炎、哮喘、偏头痛、甲状腺疾病、胆囊疾病、肠易激综合征、泌尿和膀胱疾病等（Stöppler，2015）。与男性相比，女性就医的频率更高，药物使用量更大，同时住院时间也更长（Austad，2011）。此外，女性对许多药物的反应与男性的不同（Legato，2016）。

这种性别差异是从何而来的？部分原因来自生物因素，部分原因来自环境因素。现在，许多研究人员普遍认为，男性和女性在寿命及重大疾病发病年龄早晚上的差异，主要是由生物因素造成的：从基因和遗传的角度讲，女性确实生来就有在成年早期免于罹患许多致命疾病的"天赋"。所谓致命疾病，如心血管疾病等。为什么会出现这种现象？有些理论家提出，这是由于女性肩负着生儿育女的使命，女性在整个怀孕、分娩及初为人母阶段的总体健康状况对人类的物种繁衍具有重要意义，而男性在物种繁衍方面的重要性则低于女性（Allman et al.，1998）。

关于男性寿命比女性寿命短的原因还存在另一种假设：在远古时代，人类的男性祖先需要在野外面对各种各样的危险，从而导致男性主要进化出应对短时程危险的生理机制，而非确保男性长期生存的生理机制（Austad，2011；Williams，1957）。时至今日，男性仍然比女性更多地投入高风险的活动中，这导致男性死于意外或事故的可能性是女性的两倍，因此女性的预期寿命更长就不足为奇了（Heron et al.，2009）。

此外，性别差异中还包含行为因素，如对健康问题的个人意识及花在健康护理上的精力等。放眼整个成年阶段，女性在这方面做得确实比男性更好。也许，这就是女性寿命更长的秘诀之一：对健康问题的警惕（可能这也是有妻子在身边的已婚男性比未婚男性寿命更长的原因）。

对若干特定精神障碍，性别差异也相当显著而稳定。例如，就重性抑郁障碍和大多数类型的焦虑障碍而言，女性的患病率显著高于男性，而就物质相关和成瘾性障碍而言，男性的患病率则显著高于女性。而且，男性自杀的可能性更大。女性更容易受与情绪功能相关的精神障碍的困扰，造成这种现象的部分原因是雌激素水平，这种激素一方面能够保护女性免受某些生理疾病的困扰，另一方面又会导致女性的情绪容易受精神障碍的侵扰。除此之外，睾酮似乎能够保护男性免受抑郁障碍的困扰，因为睾酮能够弱化压力和负面情绪带给男性的影响（Holden，2005）。

环境因素导致女性罹患抑郁障碍和焦虑障碍的概率较高；女性比男性更容易成为家庭暴力和性侵犯的受害者。在世界各地的许多文化中，男性充当支配者的角色，控制着女性生活的许多方面。创伤和对伤害无能为力是罹患重性抑郁障碍和焦虑障碍的危险因素（WHO，2016）。即使男性和女性生活在相对平等的关系中，女性通常也是家庭的照顾者，当家庭成员有问题时，她们几乎处于随时待命的状态，从而承受了来自亲人问题的间接压力（Thoits，2010）。

3.5.3　社会经济地位

美国是世界上最富庶的国家之一，美国人花在保健上的钱可谓世界第一，但是美国确实也是发达国家中人口寿命最短的国家之一。如图 3.8 所示，美国男性的预期寿命低于其他 24 个国家，而美国女性的预期寿命则低于其他 27 个国家（CDC，2017）。这种巨大的差异在美国低收入和低受教育水平的人群中尤为明显。对少数种族、族裔群体而言，社会经济水平低下是更加显著的问题，收入低、受教育水平低，以及少数人群的身份，这些因素共同对健康产生影响，我们很难单独鉴别其中一种因素所产生的独立效应，但在下文中，我还是希望能够试着对每一种因素所导致的结果加以分析和说明。

图 3.8　死亡率：按国家列出的出生时预期寿命

个体的平均寿命取决于其性别及其所在的国家。

SOURCE: CDC (2017).

社会经济水平

社会经济水平（socioeconomic level）是一个综合指标，一个人的社会经济水平由其收入和教育的综合评级构成。一个人收入越多，其预期寿命越长。图 3.9 显示了根据家庭收入排名得出的人们在 40 岁时的预期死亡年龄。如读者所见，普通人的收入越高，其预期寿命就越长（Chetty et al., 2016）。此外，布莱克威尔等人（Blackwell et al., 2014）报告，在美国，年收入低于 35 000 美元的人中，只有 54% 的人倾向于报告自己的健康状况良好或非常好。年收入在 50 000 ~ 74 999 美元的人中，大约 70% 的人自述健康状况非常好，而年收入在 100 000 美元以上的人中，超过 80% 的人对自己的健康状况表示满意。

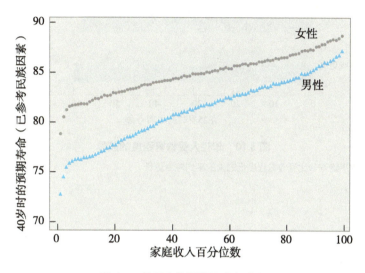

图 3.9　美国人的预期寿命与收入

男性和女性的预期寿命与其家庭收入有关，收入高的人比收入低的人的预期寿命更长。

SOURCE: Chetty et al. (2016).

　　教育也是影响一个人健康状况的主要因素。图 3.10 显示了不同受教育水平下，25 岁群体的预期寿命：人们在受教育水平阶梯方面每上一个台阶，其预期寿命年限就会增加一些，男性和女性皆如此（CDC，2012）。教育也会影响人们对自己健康状况的主观判断。受教育程度低于高中的人中，只有 39% 的人表示自己的健康状况非常好，而拥有大学以上学历的人中，75% 的人给出了上述回答（Blackwell et al.，2014）。

　　此外，社会经济水平也与一个人的精神健康水平显著相关。美国国家健康与营养调查项目（National Health and Nutrition Examination Survey）对美国人的抑郁症状进行了研究。研究发现，如果按照收入水平给受访者分类，那么对所有年龄段的受访者来说，收入水平越低，出现抑郁症状的可能性就越大（CDC，2012），结果如图 3.11 所示。

　　在一项追踪研究中，研究者综合考察了年龄、性别、种族和受教育程度对一个人自身健康状况评价的影响。这项研究收集了 10 批退休群体的数据，其中包括近 30 000 名 50 岁以上的参与者（Brown et al.，2016）。参与者需要提供他们的性别、种族、年龄和受教育年限的信息。他们还被要求对自己的健康状况进行 1 ~ 5 分的自我评价，其中 1 分为"差"，5 分为"优"。对男性而言，从他们 50 岁时研究开始到 77 岁时研究结束，其健康自我评分一直在下降。白人男性自评的健康水平普遍高于黑人男性，在这些群体中，受教育程度较高者自

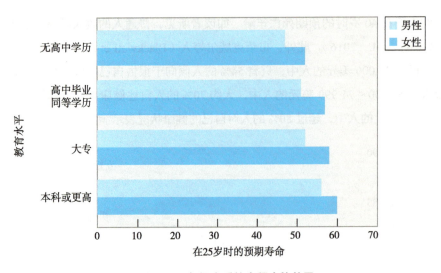

图 3.10　年轻人受教育程度的差异

受教育程度高的人的平均寿命比受教育程度低的人的平均寿命更长。

SOURCE: CDC (2012).

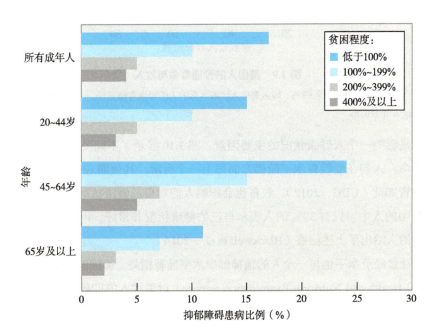

图 3.11　不同收入水平对抑郁障碍的影响

收入在贫困线以下的成年人无论属于哪个年龄段，均比收入较高的人更容易罹患抑郁障碍，收入越低，罹患抑郁障碍的风险越高。

SOURCE: CDC (2012).

评的健康水平高于受教育程度较低者。不同教育水平的黑人女性群体和白人女性群体也是如此。另一个值得注意的发现是，在 50 岁时，白人男性和黑人男性两组参与者之间的差异比他们晚年时更大。拥有大学学位的黑人男性一开始比受过高中教育的白人男性在健康水平自评方面拥有优势，但随着年龄增长，他们会慢慢丧失这种优势。在 50 岁时，没有受过高中教育的白人女性比没有受过高中教育的黑人女性有更大的健康优势，但她们的健康状况一直下降，直到 77 岁时达到相同的水平。这项研究的总体发现是，性别、种族、受教育程度和年龄对自评健康水平有相互独立的影响。

3.5.4 种族和族裔

到目前为止，在美国，种族和族裔群体如何划分基本上可以说既没有标准，也没有共识。如果有些人不符合任一种群体的界定条件怎么办（或者，有些人符合多个群体的界定条件怎么办）？此外，少数族裔的人更容易收入较低、受教育程度较低，正如我们在上一节中看到的那样，这会导致其寿命缩短，健康状况不佳。20 多年前该话题首次被探讨时，研究者们感兴趣的是美国白人和美国黑人群体之间的比较研究。之后，西班牙裔被视为一个群体，尽管他们代表的是不同种族和出身的大量个体。从那时起，亚洲居民、太平洋岛民及美洲原住民都被纳入了调查范围，但对最后两个群体而言，目前已收集的研究数据并不多（Angel et al.，2016）。考虑到这些，我在这里总结一下研究结果。必须指出的是，种族和族裔并不是一个轻松的话题。

各种族和族裔的健康状况 • • •

亚裔美国人／太平洋岛民——在美国人口中，健康水平最佳的种族群体似乎是亚裔美国人和来自太平洋群岛的美国人。这两个群体在心血管疾病、高血压、关节炎、癌症及严重心理问题几个方面的患病率皆为全美最低（Miller et al.，2007）。无怪乎他们会在健康自评中给自己的评分为"非常好"。为什么他们更加健康？这两个群体的传统饮食方式比典型的美国饮食方式更有利于健康，而且他们的吸烟率更低（CDC，2017b）。但是，对这个群体而言，他们在美国生活的时间越长，他们的患病风险就会越高（Reed & Yano，1997）。

西班牙裔／拉美裔美国人——西班牙裔美国人出生时的预期寿命比美国其他任何群体的预期寿命都长。通常，与非西班牙裔美国白人相比，他们更少拥有医疗保险（CDC，2017b），但他们罹患焦虑障碍和心境障碍的风险更低（Kessler et al.，2005），自杀率更低（CDC，2017b）。与亚裔美国人和从太平洋群岛移民而来的美国人相似，西班牙裔美国人在美国生活时间的长短是影响其健康水平的因素之一：他们在美国生活的时间越长，健康状况就越差（Goel et al.，2004）。从哪个国家移民到美国是另外一个影响人们健康的因素。例如，古巴裔美国人的健康状况比拉美裔美国人的健康状况更好（Herd et al.，2011）。

事实上，西班牙裔美国人有如此好的健康状况和预期寿命是令人惊讶的，许多研究人员将之称为*西班牙裔悖论*，这种表述是由马基德斯和科雷尔（Markides and

Coreil，1986）首次提出的。目前，研究人员对这一悖论提出了一些解释：第一，对一些西班牙裔美国人来说，能够离开自己的家园搬到美国（并留在这里）的那群人，可能本身就是一群健康状况很好的人；第二，西班牙裔移民倾向于与家庭成员和来自本国的其他"老乡"保持亲密的社会关系，他们之间共享一种语言，因而他们能为彼此提供工具性帮助和社会性支持；第三，他们的传统文化鼓励对健康有利的习惯和摄入良好的营养（Angel et al.，2016）。

非西班牙裔美国白人——非西班牙裔美国成年白人是最有可能拥有医疗保险的群体。他们罹患焦虑障碍、情绪障碍和药物滥用障碍的比率是美国人中最高的（Kessler et al.，2005），但如果他们的年龄在 60 岁以下且收入还不错，那么他们更倾向于寻求心理治疗的帮助（Wang et al.，2005）。

非西班牙裔美国黑人——在美国，与西班牙裔美国人和白人群体相比，非拉美裔黑人的寿命更短，这种现象在非西班牙裔黑人男性身上表现得尤其明显。这一群体因心脏病、癌症、中风、糖尿病、HIV 及谋杀致死的比率在美国人中最高。无论和美国哪一个种族或族裔相比，结论都是如此。与其他人群相比，非西班牙裔黑人的高血压患病率较高，出现骨质疏松问题的风险较低，因此他们因骨折而致残的可能性更低（Looker et al.，2017）。这一群体的女性成员在全美人口中的自杀率更低，但出现肥胖问题的可能性更大。与生活在美国的西班牙裔白人相比，非西班牙裔黑人罹患心境障碍、焦虑障碍及物质滥用障碍的风险更低（Kessler et al.，2005）。

美洲印第安人／阿拉斯加原住民——在全美人口中，与非西班牙裔黑人群体的预期寿命相似，美国印第安人和阿拉斯加原住民的人口预期寿命也较短（Indian Health Services，2016；U. S. Department of Health and Human Services，2016）。这两个群体在如下几个方面的患病风险位列全美人口首位：糖尿病、高血压、肺结核、关节炎、酗酒、物质滥用、吸烟，以及严重的心理困扰，所有这些问题都可能致残。无论与美国哪一个种族／族裔群体相比，这两个群体都是最不可能将自己的健康状况自评为"非常好"的一群人。对美国印第安人和阿拉斯加原住民来说，排在前两位的致死原因和其他美国人是相似的（即心脏病和癌症），然而对他们来说，排在致死原因第三位的则是意外事件或事故（CDC，2012）。这两个群体的患病率和夭折率居高不下的很大一部分原因是其经济状况不佳，要面对文化壁垒及地理位置上的孤立，而社会历史因素在其中也起到了一定的作用。唯一让人欣慰的是，这种情况正在有所改观。例如，这些群体中女性成员的乳腺癌发病率现在是全美人口中最低的（CDC，2011），但是如果考察这些群体的整体数据，我们会发现，这片大陆上原住民后代的健康状况依旧令人担忧。

3.5.5　歧视

有一点似乎相当明显，一些少数种族或族裔群体确实面临着更为严峻的夭折、生理疾病及精神障碍问题。此外，一些群体可以获得的医疗卫生水平更低也是不争的事实，这个问题对非洲裔和拉美裔美国人来说尤为明显。一项研究比较了非洲裔美国人和非西班牙裔美国白人在精神健康卫生保健水平上的差异。结果显示，在过去十年间，两个群体在这个问题上的差距其实是加剧了：与白人患者相比，非洲裔美国精神障碍患者得到充分治疗的人数更少（Ault-Brutus，2012）。造成这种情况的很大一部分原因是社会经济因素，即高昂的就医成本和药费。而且，对收入不高且受教育程度低的人来说，如果诊所距离很远，那么他们就很难从工作之余抽出时间就诊。他们也不知道什么时候需要寻求精神健康方面的专业治疗，或者不知道自己需要接受哪种类型的治疗。

即便如此，许多人也向研究人员报告，他们因性别、种族、社会经济地位、性取向而受到医疗体系的歧视或偏见待遇。例如，由于歧视而导致身体和精神健康水平较低的一些群体包括女同性恋者、男同性恋者、双性恋者、跨性别者和其他相关群体（LGBT+）。尽管没有关于美国 LGBT+ 人群的全国代表性数据，但较小规模的研究表明，这些人群的烟草、酒精和其他药物使用率高于普通人群。LGBT+ 中刚进入成年期的群体比其他年轻人更可能无家可归，自杀的可能性是其他年轻人的两到三倍。由于健康服务提供者的隔离和歧视，LGBT+ 社区的老年人得不到充分的医疗保健服务。其中跨性别者的受害率、心理健康问题和自杀率更高，即使与女同性恋者、男同性恋者和双性恋者群体相比，情况也是如此（U.S. Department of Health and Human Services，2016）。

为了测试对患者的治疗偏见，社会学家希瑟·库格尔马斯（Heather Kugelmass，2016）设计了一个实验：给 320 名心理治疗师留下语音留言，要求预约。打电话的人实际上是演员——一名黑人男子和一名白人男子，还有一名黑人妇女和一名白人妇女，他们的声音通过网络工具的包装听起来像中产阶层或工人阶层，每个人讲述的背景故事也是有脚本的。每位心理治疗师都会收到一封语音邮件，求助者会提及自己的抑郁和焦虑症状，并给出相同的医疗保险的名称，并要求预约一周的某个晚上见面。求助者的差异体现在种族（黑人或白人）、性别（男性或女性）和社会阶层（中产阶层或工人阶层）方面。研究人员记录了多位心理治疗师中回复语音留言的人数，以及同意在要求的时间与求助者见面的人数。一个月后，320名心理治疗师接到了第二通预约电话，打电话的人和第一次类似，只有一点和第一次不同，第一次收到白人求助者电话的心理治疗师，这次收到的是来自黑人求助者的电话，即和第一通电话中相同的性别、相同的社会阶层设定，只是身份从白人变成了黑人。

结果显示，在 640 个语音留言中，只有 287 个（44%）得到了回复。在 287 个回复中，有 97 个（15%）的回复是，求助者在任何时间都能够预约到心理治疗师。只有 57（9%）的电话约在了求助者首选的时间段（见图 3.12）。

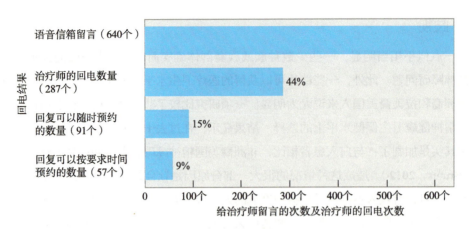

图 3.12　求助电话结果

SOURCE: Kugelmass (2016).

与那些听起来像工人阶层（8%）的求助者相比，心理治疗师显然更愿意接受听起来像中产阶层（28%）的求助者的预约，无论求助者的种族如何，情况都是如此。然而，心理治疗师还是更喜欢那些听起来像中产阶层白人的求助者，而不是那些听起来像中产阶层黑人的求助者。对于来自工人阶层求助者的预约，心理治疗师之间没有显示出种族偏好。心理治疗师也倾向于接受女性求助者的预约，而不论她们的种族或社会经济阶层如何。似乎很明显的是，至少对需要帮助的群体来说，知道自己需要帮助、寻找心理治疗师，并且购买了医疗保险是不够的。对所有种族或社会经济地位的群体来说，心理治疗师对求助者的反应都十分重要。

逆境和压力

关于女性和少数族裔健康的统计数字表明，在预防、检测、治疗和后续行动等各级保健方面都存在着不平等。而且这个问题甚至比直接歧视更重要。一个人被歧视的感觉会令其产生压力，这会导致其负面的健康结果。其他种族和少数族裔（及女性、生活贫困者和LGBT+ 群体）成员与主流社会成员有着不同的经历。这些不同的经历和体验会导致人们产生高强度的心理压力，进而导致其罹患生理疾病及精神障碍的可能性升高。心理压力对女性和少数族群是持续一生的重负，这致使"有压力人群"和"无压力人群"的健康水平进一步分化。所以，即使卫生保健机构在制度上不存在明显的种族歧视，但是一项为期40 年的研究结果显示，和社会主流群体相比，属于某一特定种族／族裔少数群体这件事本身就会给人们带来早亡的风险、更高的生理疾病和精神障碍的患病风险，让人们更少能治疗（或者说，更少的有效治疗），以及具有更低的生活品质（Thoits，2010）。

过去十年的大量研究表明，医疗不平等是现实，但这其中也存在着其他问题，如英语水平、健康素养、社区凝聚力，以及文化对医疗体系的不信任（Lyles et al.，2011）。所有这些都对健康形成不利的影响。例如，认为自己在医疗环境和日常生活中受到歧视的求助者更倾向于从补充和替代医疗提供者那里寻求帮助，而非到正规医疗机构就诊（Shippee et al.，

2012）。

在逆境中，女性和少数群体成员的健康也会受损，因为他们在经受歧视的同时仍在努力应对这种现实。但这是要付出"代价"的。有时，"代价"会表现为暴饮暴食、吸烟或酗酒和吸毒，这些都会危害健康（Jackson et al.，2010）。另一些时候，"代价"会表现为免疫功能低下和容易受感染。在一项包括 150 名健康黑人成年人的研究中，当他们面对逆境时，虽然这些人受教育程度较高、抑郁症状较低且社会关系范围较广，但是仍然在接触鼻病毒后更容易出现呼吸道感染问题（Miller et al.，2016）。由此，研究者得出结论，对抗逆境会削弱人体的免疫系统，进而导致身体出现疾病——这是影响少数群体成员身体健康的又一个不利因素。

3.5.6　人格和行为模式

一个人的人格与其生理健康息息相关，这种观点可以一直追溯到古希腊希波克拉底时代。心脏病学专家迈耶·弗里德曼和雷·罗森曼（Meyer Friedman and Ray Rosenman，1959）首次对二者之间的关系进行了实验研究，并鉴别出了一种能够预测冠心病风险的行为模式。从那时起，这一领域的研究便广为人们所接受。在思维、感受和行为举止方面体现出的某些稳定的特异性模式确实会导致人们患病和早亡风险增加（Smith & Gallo，2001）。

如果一个人属于 A 型行为模式（type A behavior pattern），那么他的特点是努力追求成就、热衷于竞争并在工作中追求卓越；对于和时间相关的事务，他们会保持极度的紧迫感，同时易激惹，甚至易出现敌对情绪。不符合这些描述的人被称为具有 B 型行为模式。虽然50 年来争议不断，但有一点似乎是明确的，仔细考察一个人的行为举止，如果在他身上表现出的是 A 型行为模式，那么这个人比 B 型行为模式的人具有更高的罹患冠心病的风险（Bokenberger et al.，2014；Smith & Gallo，2001）。

已经有大量研究对行为模式如何导致疾病发生的机制进行了探索。概括而言，研究者发现了两种机制：一种是直接联系机制，即 A 型行为模式会通过强化人们应激反应的同时弱化免疫系统的功能，从而对人们的生理健康造成影响；另一种是间接联系机制，即 A 型行为模式不但会导致人们"制造"出更多的高应激情境，而且还会促使人们参与到更多的高应激情境中，这又会反过来诱发更多的 A 型行为，进而恶化人们的生理健康状况。换句话说，拥有这样人格类型的人更倾向于"制造"出需要相似行为反应的情况。如果一个人总是在和时间赛跑，给自己排满重要的会面，那么他就好像让自己置身于一个永远都在"川流不息"的十字路口，而这又会导致其出现更多 A 型行为反应，结果就是进一步加剧其身体出现生理问题的危险。

另外一种影响健康的人格成分是敌对性（hostility），它指的是对他人的一种负面认知模式。敌对性与个体心率增加、血压上升相关，是能够导致人们罹患心血管疾病和早亡的直接途径（Chida & Hamer，2008），也与消化性溃疡（Lemogne et al.，2015）有关。此外，敌对性也通过间接的途径导致人们罹患心血管疾病和早亡。例如，如果一个人的人格中敌对性水平很高，那么他的生活中毫无疑问会拥有各类敌对型的人际关系，如敌对的婚姻关系、人际交往中的敌对等，这些都会增加个体罹患疾病的风险（同时，也会削弱社会支持系统对个体健康的"保护"作用）。敌对性高的人还会更多地卷入高风险的行为中，如吸烟和酗酒，这些都会损害一个人的健康（Lemogne et al., 2013）。

在人格中，与敌对性相反的是乐观性（optimism），乐观程度高的人通常拥有积极的人生观，相信好事会发生在自己身上，在面对人生难题时也会一步一个脚印地找寻直接的解决方法（而非期待他人的拯救，或者推卸责任）；这样的人罹患严重生理疾病和出现早亡的可能性都会更低（Seligman et al., 1991）。长久以来的研究一直显示，在全世界范围内，具有乐观性人格特质的人都拥有良好的健康状况（Pressman et al., 2013）。例如，对从加勒比海地区移民到美国的非洲裔美国年老的女性（平均年龄77岁）来说，乐观性与长寿之间显著相关（Unson et al., 2008）；对美国印第安老年人来说，乐观性与更好的健康保健效果显著相关（Ruthig & Allery, 2008）；对超过60岁的白人和西班牙裔美国女性来说，乐观性与"成功"的老化过程显著相关（Lamond et al., 2008）；对爱尔兰地区被确诊罹患心脏病的患者来说，乐观性仍与病后更好的健康状况显著相关（Hevey et al., 2012）。我还是应该向读者展示一下乐观性的"阴暗面"——研究显示，即使知道暴露在强紫外线下会对皮肤造成伤害，乐观程度过高（不现实的乐观性）的大学生也不会使用防晒用品加以保护，因为他们觉得就算有事，"也不会发生在我身上"（Calder & Aitken, 2008）。

> **作者提示**
> **积极的行为模式的影响。**
> 　　如果消极的行为模式（如敌意）对健康会有直接和间接的影响，那么积极的行为模式（如乐观）又会对健康产生什么影响呢？直接和间接的影响分别是什么？

如果你和我一样，你也许同样会好奇，我们是否能够做点什么来改变人格中的A型行为模式、敌对性或悲观性，因为人格对个体而言通常是相对持久且稳定的部分。出于这个原因，该领域的许多研究会审慎使用人格这个概念，而是用诸如行为模式等概念代替。无论使用哪种概念，我们希望解决的问题不变：如何识别和改变自己身上不健康的特质？一项针对近10 000名心脏病患者进行的元分析表明，心理治疗（包括压力管理、认知行为治疗和行为治疗）与常规医疗护理相结合，至少在两年内可以减少男性患者的死亡率和心血管问题复发率（Linden et al., 2007）。另一项针对大学生群体的研究取得了积极的效果。研究人员要求大学生写一篇文章，记录在四周时间里自己在每周内所发生的愉快事件，并就自己生活中的开心事件写日记。在研究结束时，这些大学生的整体健康状况比对照组大学生的更好，对照组大学生在研究期间被分配的任务是，就一些中性话题做记录（Yamasaki et al., 2009）。

3.5.7　发展之源

一些研究人员提出的证据表明，人类的某些疾病部分是由于生命早期的环境因素所决定的。流行病学家戴维·巴克（David Barker）及其同事（Barker et al.，1989）大约在 30 年前提出了上述观点，当时他们对英格兰同一地区 20 年内 5 000 多名男性的出生和死亡记录进行了考察。结果显示，在出生时体重最低的那些男婴在成年期之后死于心血管疾病的可能性最大。后来的研究也发现低出生体重与 2 型糖尿病和高血压相关。自那时起，对人类和其他物种的相关研究促使研究者提出了发展源头假说（developmental origins hypothesis），即人们在胎儿期、婴儿期及幼儿早期的成长发育状况会对其成年期的健康状况产生显著影响（Kuh & Ben-Shlomo，2016）。

对人们发展早期环境因素进行的研究包括母体营养水平、出生的季节及母亲是否吸烟等。这些研究对象成年后因受早期环境的影响而出现的健康问题包括高血压、糖尿病、骨质疏松及心境障碍等（Gluckman & Hanson，2004）。另一项相似的研究考察了儿童早期时其家庭收入状况与其成年后出现肥胖问题的关系（Ziol-Guest et al.，2009）。结果显示，如果在子女产前期和出生后第一年期间父母的年收入低于 25 000 美元，那么孩子成年后出现肥胖问题的风险比来自富裕家庭的孩子更高。有意思的是，在儿童期随后几年中（即孩子 1～15 岁），家庭收入状况对孩子成年后是否出现肥胖问题就不再产生影响了。

进一步的研究结果发现，如果女性（第一代）在怀孕期间营养不良，那么孩子在出生后出现体重过轻问题的可能性就更大。如果生育的是女孩（第二代），那么该女孩长大后若成为母亲，她的孩子（第三代）在出生时的体重和接下来的健康状况仍然会受到外祖母（第一代）怀孕时营养不良的负面影响，即便这个女孩（第二代）自己从来没有遇到过营养不良的情况（Gluckman & Hanson，2004）。对这种现象的解释是，卵细胞的形成是在产前阶段。孕妇（第一代）营养不良会影响正在发育中的胎儿，如果这个胎儿恰好是女性（第二代），那么营养不良就会影响到这个女性胎儿今后产生的卵细胞的质量。我们的健康状况不仅需要追溯到儿童时期和出生之前，而且还需要追溯到我们的母亲出生之前，毕竟，我们有一半基因来自母亲，这种影响就是所谓的代际效应（intergenerational effects）。

早期环境因素和成年后健康状况的另一种联系是，儿童传染病和成年后心血管疾病、癌症及糖尿病之间的关系。经济历史学家汤米·本特松和马丁·林德斯特伦（Tommy Bengtsson & Martin Lindström，2003）考察了自 18 世纪以来 128 年中瑞典四个行政区域内的医疗记录。结果显示，人们在婴儿期罹患传染性疾病的概率越小，其成年后的寿命越长。即便考虑到食物短缺的因素，婴儿期传染性疾病依旧是预测成年后寿命长短的最有效的指标。这些研究结果表明，把儿童早期传染性疾病和成年后早夭联系在一起的是炎症反应（Finch & Crimmins，2004）—— 一种与心脏病、癌症和阿尔茨海默病等疾病有关的因素。

在一项动物实验中，弗朗西斯卡·马斯特罗瑞西（Francesca Mastorci，2009）及其同事对怀孕的大鼠施加了不同种类的应激源，然后考察这样的实验操作会对大鼠的后代产生什么影响，这些后代在成年之后又会出现怎样的情况。有意思的是，即使在出生前就生活在有压力的环境中，压力也不会对未出生幼鼠的生理结构和生理功能造成负面影响，但是，一旦这些幼鼠在成年后暴露于压力环境中就会显示，其心血管系统的调节能力比那些出生前未暴露在压力环境中的幼鼠更差，从而导致它们罹患心脏病的风险高于那些出生前未暴露在压力环境中的幼鼠。这个实验似乎可以得出这样的结论：出生前的压力因素并不直接导致心脏病本身，但产前压力会造成一种心脏病易感性体质。也就是说，一旦动物今后在自己的生活环境中遭遇压力，那么它们罹患心脏病的风险就会显著高于那些出生前未受压力影响的个体。

对发达国家的孩子来说，儿童时期传染性疾病发病率是相当低的。一些研究者指出，发达国家人口寿命在20世纪得以大幅度延长也是由于这个原因。但是，像肺结核、腹泻和疟疾这类疾病在一些国家和地区依然普遍存在。流行病学家认为，一旦这些儿童的疾病能够得到有效控制，那么相应地，这些国家成年人致命疾病（如各类炎症）的发病率就会大幅度下降，进而延长人口寿命。

3.5.8　生活方式

虽然有老生常谈之嫌，但我仍然必须强调造成我们罹患与年龄相关疾病的两个最重要的因素：缺乏运动的生活方式和肥胖。然而，你也许会惊讶地发现，只有不到20%的美国成年人每周会做有氧运动和肌肉强化训练，并且只有1/3的美国成年人在饮食中摄入了推荐量的蔬菜（Office of Disease Prevention and Health Promotion，2016）。美国有超过1/3的成年人有肥胖问题，缺乏运动、富含蔗糖和脂肪的高热量饮食便是部分原因。

另一些导致健康恶化的不良生活方式还包括烟草和其他种类的物质滥用。无论哪种类型的癌症，抑或心血管疾病，甚至阿尔茨海默病，烟草都构成高危致病因素。但是在美国，仍有16%的成年人吸烟，使用其他烟草制品的人口比例则更高（CDC，2017b）。好消息是，在过去的20年中，美国烟草使用率呈下降趋势，而参加体育锻炼的人口比例则出现上升态势。

在表3.2中，我对整个成年期的健康问题做了总结，但在本章即将结束的时候，我还想提醒各位读者：本章所讨论的这些健康问题和疾病并不一定会侵袭每个人，并且疾病的发生也绝不是毫无原因的随机事件。许多疾病能够被预防；有些疾病能够在早期便被准确诊断和有效治疗（或者最低限度是疾病的发展能够得到控制）。最好的建议依旧是保持健康的饮食习惯、有规律地锻炼身体、定期接受体检、了解自己的家族病史，并且无论患哪种疾病，始终要尽早寻求已被科学所证实的治疗方法。保持生活各方面的和谐与平衡，给自己留出时间，寻求支持性的社会关系和活动，这些都能帮助你减压。别抽烟，如果你已经开始抽烟，请戒掉！确保性生活的安全与卫生。驾车时请系上安全带，去特定场所时请戴好安全帽。到目前为止，还没有某种神奇的"万灵丹"能在短时间内做到强身健体，延年益寿。

表 3.2　成年期的健康及疾病问题总览

与疾病和健康相关的因素	18～24岁	25～39岁	40～64岁	65～74岁	75岁及以上
死亡率	死亡率较低（0.08%）；排在前三位的致死原因是意外/事故，自杀和他杀	死亡率低（0.1%）；排在前两位的死亡原因是意外/事故和自杀	死亡率低（0.6%）；排在前两位的死亡原因是癌症和心脏病	死亡率开始上升（2%）；排在前两位的死亡原因是心脏病和癌症；糖尿病排在死亡原因的第五位	死亡率较高（8%）；排在前两位的死亡原因是心脏病和癌症；阿尔茨海默病排在死亡原因的第五位
急慢性疾病	最常见的是急性疾病	最常见的是急性疾病	部分急性疾病；患慢性病的风险处于中等水平；早发型阿尔茨海默病会在这个年龄段开始出现，但只占所有该类病例的5%	出现慢性病，但是绝大多数人报告自己未罹患慢性病；绝大多数这个年龄段的人会经历正常的老化过程；阿尔茨海默病发病率为5%～10%；另一些痴呆症也会出现，但是只有部分能够被治疗	慢性病和因病致残是常见状况；多数老年人采取社区养老的模式；40%的老年人对自己健康状况的评估为"极好"或"非常好"
致残率	因病致残率最低	因病致残率较低	因病致残率中等	因病致残率上升	因病致残率上升；85岁以上老年人中，大约有50%的人罹患阿尔茨海默病
酒精成瘾和其他障碍	绝大多数精神障碍的平均发病年龄在11～13岁；出现物质相关和成瘾性障碍的概率最高	绝大多数心境障碍发病年龄在30岁之前；出现抑郁症状的概率处于中等水平	重性抑郁障碍的发病率更低；抑郁症状出现的概率更低	重性抑郁障碍的发病率非常低；抑郁症状出现的概率更高	重性抑郁障碍极少见，即使出现，也通常与身体疾病相关，这可能是由于长期健康问题的困扰及丧亲的打击
患精神障碍后寻求治疗的概率	精神障碍的就医率在小于21岁的群体中相当高，随后会出现下降	出现精神健康问题后，主动就医的比例更高	出现精神健康问题后主动就医的比例低	出现精神健康问题后主动就医的比例低	出现精神健康问题后主动就医的比例低

摘要：健康与健康障碍

1. 死亡率、发病率和残疾

（1）人口死亡率随着年龄增长而增加，对 60 岁以上的人尤为明显。不同年龄段的致死原因各不相同，对青年人来说，意外／事故、自杀和他杀是排在最前面的死亡原因；对老年人来说，排在最前面的死亡原因则是心脏病和癌症。

（2）青年人罹患急性疾病的风险更高；而老年人罹患慢性病的可能性更大，如关节炎、高血压及心血管疾病等。

（3）致残率也会随着年龄增长而增加，尽管 75 岁以上的成年人中几乎有一半报告并没有残疾的问题。

（4）在 65 岁以上的人群中，大约有 81% 的女性和 90% 的男性采取的是社区养老模式。只有 3% 的人生活在养老院，并且这些人中绝大多数是 80 岁以上的老年人。

2. 若干疾病

（1）在全世界范围内，心血管疾病都是成年人的首要死亡原因，包括由于动脉壁上形成斑块造成的冠状动脉阻塞，从而导致心脏病突发。有些风险因素是可控的，如吸烟和缺乏运动的生活方式等。有些因素则是不可控的，如家族病史和随着年龄增长而带来的老化过程等。女性罹患心血管疾病的风险与男性相同，只是发病年龄更大，并且疾病症状不同于男性。

（2）导致美国成年人死亡的第二大原因是癌症，即异常细胞快速分裂并侵入临近组织或扩散到身体的其他部位。癌症的发病率随着年龄增长而增加。可控的癌症风险因素有吸烟、肥胖及不受保护地暴露于强烈的阳光之下。不可控的风险因素包括老化和家族病史。

（3）糖尿病是指由于激素异常导致身体无法产生足够的胰岛素来转化（由消化系统产生的）葡萄糖。2 型糖尿病通常由缺乏运动的生活方式和不健康的饮食习惯引发，如果人们可以在这些方面加以控制，就能够产生较为良好的效果。此外，在某些情况下，胃分流手术也不失为一种有效的方法。

（4）对老年人来说，位列第五的死亡原因是阿尔茨海默病，即由大脑某些特定区域的渐进性退化而造成的疾病。阿尔茨海默病会导致认知功能和正常生理机能的丧失。50 岁以下的人群鲜有罹患这种疾病者，**90%** 的患者是在 65 岁以后才发病的。阿尔茨海默病的风险因素有很多和心血管疾病的相同，而且这两种疾病都有可能和生命早期的儿童传染性疾病有关。有些风险因素是可控的，包括吸烟、缺乏锻炼的生活方式及肥胖症。而有些风险因素则是不可控的，如老化和遗传素质等。（激烈）身体接触性运动项目和战争会造成外伤性脑损伤，外伤性脑损伤会在若干年后造成某种类型的痴呆症，即我们所称的慢性创伤性脑病。

3. 精神障碍

（1）美国成年人的精神健康障碍发病率在过去十年间基本保持稳定，但仍高于其他所有发达国家。在美国，最常见的精神障碍是焦虑障碍（恐惧症和社交焦虑）、重性抑郁障碍、物质相关和成瘾性障碍。大多数精神障碍会在青少年期和成年早期发病。青年期的人更容易罹患重性抑郁障碍，老年人则更有可能出现抑郁症状。

（2）在美国，有大量受精神障碍困扰的人并不主动求医，1/3 的人所接受的治疗要么未能足疗程治疗，要么接受的治疗不适当。与青年人和中年人相比，老年人主动求医的可能性更低。

4. 辅助解决方案

一些疾病和残疾的解决方案包括辅助技术和动物助手。随着人口的增长，这些工具和方式变得越来越普遍。

5. 健康的个体差异

（1）健康的生活方式能够预防很多生理疾病和精神障碍的发生。另一些疾病则可以实现早期诊断和有效治疗。在寻求健康的道路上，没有"捷径"，也没有"万灵丹"。

（2）男性和女性在生理和精神健康问题上会表现出不同的模式。男性的预期寿命更短，罹患威胁生命的生理疾病的可能性更大，罹患物质相关和成瘾性障碍这类精神障碍的风险更高。女性罹患慢性病的可能性更大，罹患重性抑郁障碍和焦虑障碍的风险更高。造成这种性别差异的原因一部分是出于生理因素，另一部分则是由于社会文化因素。

（3）与高社会经济地位的人群相比，人们的社会经济地位越低，其生理和精神健康水平也越差，并且其生理健康水平恶化的速度也越快。造成这种现象的原因是，不同人群对医疗保健的可获得程度不同、健康习惯不同，以及压力造成的影响不同。

（4）亚裔美国人和来自太平洋群岛的移民是美国人口中健康状况最好的群体，这得益于两个群体的传统生活方式，包括健康的饮食方式和较低的吸烟率。在美国，健康状况最差的群体是美国印第安人和阿拉斯加原住民。

（5）研究人员在调查中报告并证实了卫生保健专业人员对女性、有色人种、工人阶层患者和LGBT+社区成员的歧视。这种歧视会对这些人群形成高压力，进而导致其健康状况恶化。

（6）另一个影响人们健康状况的因素是行为模式（A型行为模式、敌对性及悲观性），一个人的行为模式和心血管疾病患病风险及早夭相关。

（7）基因对疾病的作用是多种多样的，从客观上决定了个体罹患某种特定疾病（阿尔茨海默病的部分亚型）的概率，让个体产生对环境中某些致病因素（烟草及肺癌）的先天易感性。基因型甚至可能使一个人免于罹患某些疾病。目前，有部分药物治疗方案就是基于个体的基因型而设计的。

（8）出生时低体重、儿童早期传染性疾病及孩子1岁前家庭收入水平低，这些都与个体长大成人后的健康状况息息相关，诸如心境障碍和肥胖症等。

写作分享

健康的个体差异。

　　思考本章对健康个体差异的讨论，它与各种因素（遗传、社会经济地位、种族和性别）有关。影响个人健康的具体因素有哪些（好的还是坏的）？这些因素对你有何影响？你能做些改变吗？你如何适应它们？写一个简短的回答，可以与他人交换阅读这些回答。一定要讨论具体的例子。

04

第 4 章

认知能力

游戏可以帮助成年人保持清晰的认知能力。

学习目标

4.1 解释注意力如何随年龄变化

4.2 比较不同形式的记忆是如何随时间变化的

4.3 评估与年龄有关的智力变化与概念

4.4 决策、问题解决与年龄的关系

4.5 分析影响个体认知变化的因素

4.6 评估认知辅助的形式

作者的话　>>>>> 回忆爸爸的朋友，唐·艾弗森

我53 岁生日那天，父母"带"我去了一家牛排店。一开始，我在把一瓶新番茄
酱倒出来时遇到点困难。这时，父亲向我演示了他从卖番茄酱的人那里学来
的小窍门儿——用食指猛敲瓶颈，番茄酱就出来了。后来，他们记起那个卖番茄酱
的人叫唐·艾弗森（Don Iverson）。艾弗森住在佐治亚州的萨凡纳，父母上一次见他
还是在他们度蜜月返程的途中。晚餐时，唐的妻子准备了烤排骨，配了蜜桃派甜点。
他们一起进餐、玩牌、聊天，一直到凌晨，多么美好的回忆。至于唐的妻子叫什么，
父母不记得了。父母来回反复地讲了几次，试图记起唐的妻子的名字，最终却一致
表态："就是什么也想不起来了！"要知道他们在 55 年内再没有见过。

确实，我的父母都上了年纪——我 53 岁生日时，他们一个 77 岁，一个 80 岁——
但他们依旧记得卖番茄酱之人的名字及其所居住的城市，甚至连那晚他妻子准备
的食物都历历在目。虽然认知功能丧失被认为是老化的固有特征之一，但即便年
龄再大的人也都记得一些关于自己的事情。丢车钥匙、想不起电话号码这些事，在
三四十岁的年纪里被认为属于正常的失误，但在七八十岁时就会被认为是早衰的标
志。那么，到底什么是典型的认知老化？认知老化之谜究竟是什么？作为老化研究
中最热门的领域之一，认知老化已经有了一些惊人的发现。

对认知老化的一种普遍观点是，随着人们的大脑发生退化，其能够胜任的思维
和行为也随之减少，人们成为其大脑退化的被动受害者。毋庸置疑，随着年龄增长，
诸如记忆力、注意力及信息加工速度这类基本的认知能力确实在不断地恶化，但情
况绝不至于如此暗淡无望。认知能力随着年龄增长而降低虽然是个事实，但在很多
案例中，老年人依旧能保持其心智技能，有时甚至还会出现技能的增长。有关功能
性脑成像（FMRI，不仅能显示大脑结构，还能看到大脑在完成认知任务时的工作机
制）的研究表明，老化的大脑是处于动态中的器官，能够逐渐适应认知挑战和神经
退化（Park & McDonough，2013）。

4.1　注意力

在第一本心理学教科书中，威廉·詹姆斯将注意力定义为"以清晰而生动的形式，从看
似同时存在的几个可能的物体或思想序列中选择一个……它意味着为了有效地处理一些事情
而从另一些事情上退出"。驾驶就是一个需要注意力的好例子。许多事故都是因驾驶员未能

注意到驾驶中的重要任务而造成的，例如，让汽车在既定的道路上行驶，避开其他车辆，避开道路上的碎物，并避让行人，等等。事实上，年轻人出车祸的概率比老年人更高，但当老年人发生车祸时，最常见的原因是他们未能注意到环境中的重要变化，如一辆车、一个行人或其他交通标志的出现。

为了成功实现安全驾驶，我们不仅要关注自己的驾驶行为，而且必须忽略各种干扰，如美丽的风景、喝咖啡的路人及后座上的狗等。老年人比年轻人更容易注意力分散，因而他们注意失误的可能性也更大。

4.1.1 注意力分配

注意力分配指的是我们同时处理多个任务时的状态。例如，如果一个人在开车的同时还在打电话，或者与乘客交谈，或者思考工作，那么对这个人来说，集中注意力开车就是非常困难的。无论年轻人还是老年人，当他们需要分配自己的注意力时，他们在大多数任务上的表现都会有所下降，而老年人在同一时间处理多件事会特别困难。在日常生活中，经常需要进行注意力分配的另一种情况是，试图在同一时间倾听多个对话。在一项实验中，研究人员模拟了鸡尾酒会的环境，在这种条件下，年轻组和年长组被要求关注来自不同声音和多个方向的刺激（Getzmann et al., 2016）。图 4.1 显示了这个实验的结果。如果只听一个人说话且无须分配注意力，那么年轻组和年长组的表现一样好，但如果同时听几个人说话，那么年轻组的表现好于年长组的。此外，如果实验要求参与者注意一个信息，该信息会随机从两个方向出现（注意力分配任务），那么年轻组在该任务上的表现明显优于年长组。

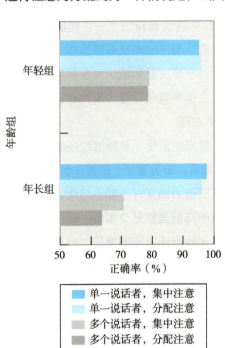

图 4.1 不同条件下年轻组和年长组对谈话的注意情况

如果只听一个人说话且无须分配注意力，那么年轻人和老年人的表现一样好。但如果同时听几个人说话，那么年轻人和老年人之间就会表现出差异。如果实验要求分配注意力，那么年轻人的表现明显好于老年人。

SOURCE: Getzmann et al. (2016).

4.1.2 视觉搜索

人们在日常生活中经常需要执行的另一项注意力任务是视觉搜索，即对周围环境加以搜索，从而在环境中找到特定对象的过程。认知心理学家艾莉森·A. 布伦南（Allison A. Brennan，2017）及其同事比较了儿童、年轻人和老年人在环境中寻找特定物体的能力。在这些老年人中，有一组人在过去一年中至少摔倒过两次。这项研究要求参与者打开一个房间的门，走进去，然后在装有许多物品的架子上直接找到一个常见物品，如苹果或球。

研究人员在不同地点用不同的物品对这项任务

重复了 16 次。结果如图 4.2 所示，参与者在 20 秒内未能找到物体的次数从儿童期到青年期呈下降趋势，然后从青年期到老年期呈上升趋势。这组有跌倒史的老年人在寻找物体时失败次数最多。研究人员据此得出结论，老年人在自己所处的环境中更难定位物体，那些在视觉搜索任务中有特殊困难的人更有可能摔倒（Brennan et al.，2017）。

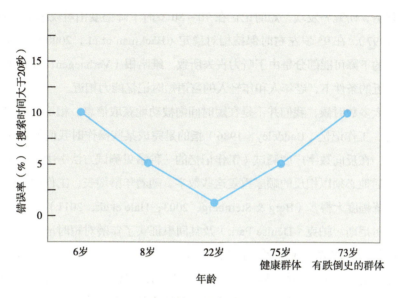

图 4.2　在视觉搜索任务中定位对象

视觉搜索任务的错误率从儿童期到青年期呈下降趋势，但从青年期到老年期呈上升趋势。

SOURCE: Brennan et al. (2017).

4.2　记忆力

　　记忆力（memory）被定义为一种保留或存储信息并在需要时提取信息的能力。注意力对记忆力至关重要，因为如果我们一开始没有注意到信息，那么我们就无法成功地保留和储存信息。例如，如果我们无法检索到一个人的名字，可能是因为我们从未成功地处理过这个信息，从未将该信息存储到记忆中。正如我在本章开篇的故事中所描述的那样，老年人常把记忆流失的小事严重化，误以为这是心智衰退的标志。同时，他们也不相信自己每天能精确完成很多重要的记忆任务。很多 65 岁以上的老年人称，他们注意到了自己最近记忆力下降的情况，而且大多数人会对此表现出担忧，因为他们将记忆力下降与疾病、丧失独立性和自己的死亡期限关联起来（Lane & Zelinski，2003）。

　　然而，记忆并不是一种单一的能力，年龄对所有记忆能力的影响也不尽相同。短时记忆（short-term memory）指的是我们能够保留几秒的信息，然后这些信息要么被丢弃，要么被转移到长时记忆（long-term memory）中，然后在长时记忆中长期存储，甚至直到永远。工作记忆（working memory）扩展了短时记忆的含义，不仅包括记忆中信息的存储，还包括对信息的处理，以及将信息从短时记忆转移到长时记忆中的策略。

4.2.1　短时记忆与工作记忆

短时记忆是在短时间内对信息的被动维持，这种记忆能够通过诸如数字广度任务（digit-span task）等测试进行评估。在数字广度任务中，测试者以大约每秒一个的速度读出一系列随机排列的数字，测试者读出最后一个数字后，受试者必须以相同的顺序重复这些数字。通过数字广度任务，研究者发现，短时记忆在 70 ~ 80 岁时下降幅度相对较小（Gregoire & Van der Linden，1997），在 95 岁左右时保持相对稳定（Bäckman et al.，2000）。随着年龄增长，言语短时记忆的下降可能部分是由于听力丧失所致。维哈根（Verhaegen，2014）及其同事发现，在听阈相近的条件下，老年人和年轻人的言语短时记忆能力相近。

然而，在大多数时候，我们并不是在短时间内被动地获取信息。相反，我们通常是在积极地处理信息。工作记忆（Baddeley，1986）指的是完成某些操作时我们能够在脑中维持的信息量。例如，在反向数字广度测试（工作记忆的一种常见测试方法）中，一个人会听到一系列数字，然后他必须以相反的顺序重复这些数字。随着年龄增长，工作记忆的下降幅度比短时记忆的下降幅度大得多（Berg & Sternberg，2003；Hale et al.，2011）。

心理学家丹尼斯·帕克（Denise Park）及其同事证实了年龄对短时记忆和工作记忆的不同影响（Park et al.，2002）。他们将年龄为 20 ~ 80 岁的参与者分为 7 组，并向这些参与者呈现不同的记忆任务，部分测验结果如图 4.3 所示。短时记忆任务包括观看实验人员指向的一系列彩色积木，然后按顺序复述，或者听实验人员给出的一系列数字，接着按顺序重复。如你所见，参与者在短时记忆、长时记忆及加工速度上的行为表现随着年龄增长而不断下降。然而，在考察工作记忆的测试任务上，参与者的表现下降更严重。这些测试都需要参与者在完成信息操作的同时在记忆中存储信息。例如，在阅读广度任务中，参与者会先听一个句子（"晚餐后，厨师准备了甜点"），接着要求他们针对这个句子回答一个选择题（"这位厨师在准备什么？ A. 鱼，B. 甜点，C. 沙拉"）。在测验中，研究者先向参与者呈现大量不同的句子和问题，然后提出的要求是让参与者按顺序记住每句话的最后一个字。正如你所看到的，参与者完成任务的成绩随着年龄而变化。与短时记忆相比，工作记忆随着年龄增长下降得更严重，但下降的趋势和速度也受记忆内容的影响。例如，随着年龄增长，对空间信息的工作记忆（如记住网格上一系列的 X 坐标位置）比对言语信息的工作记忆（如记住一系列句子中每句话的最后一个字）下降得更多（Hale et al.，2011）。

一些纵向研究的结果也发现了同样的模式。例如，心理学家戴维·赫尔茨（David Hultsch，1998）及其同事对 297 名加拿大老年人开展了各种记忆测试，这些老年人是维多利亚纵向研究的参与者。在第一次测试时，其中一组参与者的平均年龄为 65 岁，另一组参与者的平均年龄为 75 岁。三年后，年龄较小的被试组（现在 68 岁）与年龄较大的被试组（现在 78 岁）在词汇记忆任务上的表现均呈现显著下降，并且年龄较大的被试组下降得更明显。

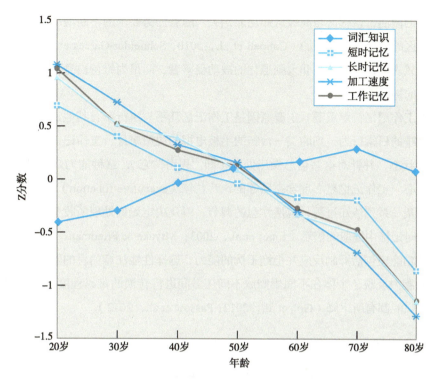

图 4.3 多种认知任务证实了不同记忆能力的年龄横断面变化

尽管随着年龄增长，短时记忆（初级记忆）与工作记忆都不断下降，但工作记忆下降得更严重。

SOURCE: Park et al. (2002).

工作记忆是如何变化的

导致工作记忆出现下降的原因是什么？一种理论认为，原因在于老年人已不具备和年轻人一样的心智能力或注意资源了（Craik & Byrd，1982）。与此相近的另一种观点认为，原因在于老年人无法使用工作记忆任务所需的策略（Brébion et al.，1997）。还有一种观点认为，原因在于老年人加工速度的下降导致了其工作记忆的下降（Salthouse，1996）。帕克（Park et al.，2002）在对短时记忆和工作记忆测试之外，还对加工速度进行了测试。结果显示，加工速度随着年龄增长而下降。新近的研究对比了"策略使用"与"加工速度"两种假说，结果显示，尽管"策略使用说"能够解释工作记忆中的部分个体差异，却无法解释其中的年龄差异。相比较而言，在老年群体中，"加工速度说"却可以解释工作记忆中绝大部分的年龄差异（Bailey et al.，2009）。第四种假设认为，老年人抑制无关信息及干扰信息的能力较差（Samrani et al.，2017）。这些不相关的信息占据了工作记忆的空间，分散了对重要和相关信息的记忆能力。此外，研究人员还发现，老年人从工作记忆中删除不再相关信息的时间也比年轻人更长（Yi & Friedman，2014）。

有趣的是，脑成像研究表明，即使年轻人与老年人在工作记忆任务上表现相当，如在记忆负荷比较小的情况下（例如，只需要记住 2 ~ 4 个项目），他们在完成任务时所使用的脑区也不同（Reuter-Lorenz，2013）。举例来说，对于较小的记忆负荷任务，老年人的大脑额叶区呈现更多的激活，该脑区与高级认知功能相关。随着任务要求的不断增加，年轻人在完成任务时额叶区的激活也逐渐增加（Cappell et al., 2010; Schneider-Garces et al., 2010）。这种神经激活模式表明，老年人并非大脑退化的被动受害者，而是为维持自身的认知水平主动发展了可替代的神经策略。

为什么工作记忆特别重要？主要原因是工作记忆几乎与执行所有其他认知任务有关。从早上准备咖啡的日常行为，到购买一台新的平板电视的决策事件，工作记忆能使大脑中的信息处于激活状态，并针对这些信息做出处理（即"思考"它），这种能力几乎是人们解决所有问题的核心。工作记忆是心理学家所称的执行功能（executive function）的核心组成部分。执行功能涉及一系列认知过程，包括注意的调节，以及决定如何处理所收集的信息，或者如何处理从长时记忆中提取的信息（Jones et al., 2003; Miyake & Friedman, 2012）。除工作记忆外，执行功能还包括抑制反应并拒绝干扰的能力、选择性地注意信息的能力，以及认知灵活性，这些能力反映了个体在不同规则或不同任务间进行转换的难易程度。在老年群体中，这些能力的效能都有所下降（Goh et al., 2012; Passow et al., 2012）。

4.2.2　情景记忆

记忆并不是一种单一的过程。事实上，记忆本身也并非仅有一个事件——不是一件从长时存储系统中提取信息并使之进入意识层面的特定事件，而是像心理学家们已经提出的，信息通过陈述性记忆或非陈述性记忆这两种基本方式中的一种被表征于长时存储系统之中（Tulving, 1985, 2005）。陈述性记忆（declarative memory），有时被称为外显记忆，是指能够被意识觉知的知识，可以通过回忆或再认的记忆测验进行直接（外显）的评估。陈述性记忆分为两种类型：语义记忆（semantic memory），即我们有关言语、规则、概念的知识；情景记忆（episodic memory），即我们用于回忆事件的能力。当你参加《危险边缘》①这档电视节目的过程中需要想出美国第15任总统的名字时，你所使用的就是语义记忆。当你回到家中，与朋友和家人分享你的洛杉矶之旅或智力竞赛的全程经历时，你所使用的就是情景记忆。

当老年人说"我的记忆大不如前"时，他们谈论的就是情景记忆。如果用信息加工的术语，那么可以表述为如下形式："我的存储和提取过程似乎不再像从前那么有效地工作了。"在情景记忆的研究中，研究者通常会向不同年龄段的个体呈现一系列需要记忆的单词或故事，随后（几秒或几天不等），要求被试尽可能多地回忆这些单词或故事。典型的研究发现，老年人回忆的单词量并不像年轻人那么多，这种数量上的减少尽管相对缓慢，但在整个成年期都在持续；这种能力的下降很早就开始了，可能在青少年期晚期或20岁出头的时候就出现了，并且持续到95岁左右（Hoyer & Verhaeghen, 2006; Ornstein & Light, 2010）。

---

① 《危险边缘》（Jeopardy）是哥伦比亚广播公司益智问答游戏节目，以答案形式提问，以提问形式作答。问题涉及历史、文学、艺术、科技、地理、体育、文字游戏及流行文化等各个领域。——译者注

对老年人来说，情景记忆的一个难点是将事件的各个特征结合在一起。当我们试图记住一个发生在真实世界的事件时，我们必须记住这个事件的多个特征（如人、动作及事件发生的背景等），以及这些特征是如何联系在一起的（例如，谁执行了哪个动作，发生在哪种环境中，等等）。通过向年轻人和老年人展示一系列人们做出简单动作（如一名年轻女子削苹果）的视频片段，发展心理学家朱莉·厄尔斯（Julie Earles）及其同事对上述问题开展了研究。研究的参与者首先会观看一系列简单动作的视频片段，一段时间之后，研究者们会向参与者呈现其他视频片段，在第二次呈现的视频片段中，其中一部分是参与者先前观看过的，另一部分是他们未观看过的。视频片段的差异主要在于相同的人完成不同的动作，或者不同的人完成相同的动作。参与者需要做出判断：第二次呈现的视频片段中完成动作的人是否和第一次视频中的是同一个人，或者第二次呈现的视频片段中的人做出的动作是否和第一次视频中的相同。研究结果发现，老年人的表现远逊色于年轻人（大多是大学生）。老年人能记住人，也能记住动作，但是当两个因素相结合之后，也就是在记忆谁做了什么动作方面会比年轻人犯错次数更多。老年人很难在情景记忆的各个单一特征之间形成联合，也很难从长时记忆中把这些特征的联合提取出来（Earles et al.，2008，2016；Kersten et al.，2008）。该研究还发现，与年轻人相比，老年人很难把自己新认识的人与其名字相对应（Old & Naveh-Benjamin，2012），也很难把新了解的信息内容和信息来源相对应（Cansino et al.，2013）。

语义记忆

我们都知道，智商测验中需要用到词汇和常识的测试不多，即使有，这类测验的成绩也会随着年龄增长而下降（Salthouse，1991），如此看来，在 75 岁之前，似乎人们的语义记忆是相当稳定的。此外，有关中年人（35 ~ 50 岁）的研究并未发现人们在语义记忆任务上的表现会随着年龄增长而产生变化（Bäckman & Nilsson，1996；Burke & Shafto，2008）。在柏林老化研究中，70 ~ 103 岁的参与者在完成用鼠标点击事实和语义的记忆任务时，其任务表现呈现缓慢而系统的下降（Lindenberger & Baltes，1994）。图 4.4 展示了语义记忆和情景记忆在 35 ~ 85 岁时的变化趋势（Rönnlund et al.，2005）。正如读者所见，事实上，语义记忆会在人们大约 70 岁时出现平稳的下降，而在人们 70 岁之前一直呈现增长的趋势。相反，情景记忆在 60 多岁时就开始急剧下降。认知心理学家波阿斯·M. 本 - 戴维（Boaz M. Ben-David，2015）及其同事对 2 000 名年轻参与者和年长参与者的词汇测试得分开展了 16 年的追踪研究，研究结果进一步证明了上述观点。在研究持续的 16 年间，老年人的词汇测试得分一直高于年轻人。

语义记忆具有跨年龄的稳定性，但词汇提取失败（word-finding failures）是其中一个例外——很多中老年人都有这种感觉：在想使用某个已知词汇时，却怎么也无法提取，这通常被称为舌尖现象（Shafto et al.，2007）。与语义记忆相关的是名字提取失败（name-retrieval failures）现象，这种现象从人们中年期开始也逐渐增多起来（Maylor，1990），例如，想不起来现在在做酒店广告、曾经出演过《星际迷航》（Star Trek）的演员的名字。为了解释这些

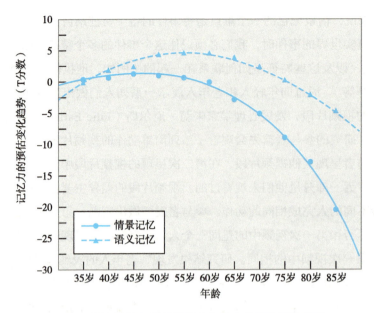

图 4.4 语义记忆与情景记忆在年龄上的预估变化趋势

语义记忆在整个中年期呈现增长趋势，在此之后，随着年龄增长而缓慢下降，而情景记忆在 60 多岁时呈现急剧下降。

SOURCE: Rönnlund et al. (2005).

例外情况，心理学家弗格斯·克雷克（Fergus Craik，2000）提出，长时记忆系统成分是随着年龄增长而逐渐下降还是维持不变，其关键是特异性：如果以特定词汇或特定名字作为任务的答案，人们就更难完成任务，并且随着年龄增长，人们完成这类任务的表现呈现下降趋势；而如果任务的答案是更一般的信息，那么人们完成这类任务就比较容易，任务的表现直到成年晚期都维持在一个稳定的水平上。在前面提到的《危险边缘》的例子中，"詹姆斯·布坎南"就是一个非常具体的信息项，一旦提取失败，就无法用其他词汇加以补偿。然而，有关洛杉矶之旅故事的构成信息更一般化，即便一些特定的项目没回忆起来（如《危险边缘》主持人的名字），通过"节目主持人"或"节目秀明星"代替"亚历克斯·特伯克"（Alex Trebek），人们依旧可以继续分享这个故事。根据克雷克的解释，语义记忆随着年龄增长而维持稳定的原因是，语义记忆通常具有一般性特征而非特异性；而情景记忆随着年龄变化的原因则是源于其对特异性的需要。

非陈述性记忆

相对于陈述性记忆，非陈述性记忆［nondeclarative（implicit）memory］或内隐记忆是负责技能学习与技能维持的记忆系统（Tulving，1985），依赖于该记忆系统的技能包括诸多运动系统，如开车、系鞋带和骑自行车等。人们一旦学会了这些技能，就能够熟练掌握这些技能，并且成为自动化的心智过程而不为意识所知觉。我们不需要提醒自己如何使用开罐器，或者如何骑自行车。事实上，这些技能独立于人们有意识的记忆能力，似乎是为了保护它们，避免／抵御受到老化及大脑损害对其形成负面影响。除了那些需要快速反应的任务外，内隐记忆在成年期较少随着年龄增长而变化（Dixon et al.，2001）。有关不同类型失忆症的研究发现为内隐记忆的稳定性提供了进一步的证据。虽然失忆症这种疾病被定义为多领域的记忆能力丧失，但内隐记忆通常在患者身上会保持正常水平（Schacter，1997）。

> **作者提示**
>
> **你的非陈述性记忆里有什么？**
>
> 你和你同学的非陈述性记忆有什么共同点？哪些内容可能是你独有的？

4.2.3　前瞻性记忆

对老年人而言，另一类重要的记忆类别是前瞻性记忆（prospective memory），即记忆稍后或未来要做的事（Einstein & McDaniel，2005）。这类记忆可以只是针对某个特定的一次性事件（如记住在周六的高尔夫球课上叫一个开球），也可以针对记住某些例行事务（如记得每天午饭后需服药）。前瞻性记忆不仅需要个体记住未来要做的事情，还需要记住完成这件事情需要做哪些准备。人们或许会出现这种情况：在盯着日历看的时候，能够回想起自己在周二 14:30 计划要完成一些事情，但就是无法记起具体事情是"什么"。研究结果一致表明，老年人在前瞻性记忆任务上的表现比年轻人差，但与在情景记忆能力上存在的年龄差异相比，老年人和年轻人在前瞻性记忆上的差异通常更小一些（Henry et al.，2004）。当加入干扰材料或干扰活动时，情况似乎与上述结果有所不同。例如，当参与者必须从一项任务快速转换到另一项任务时，第二项任务会受到第一项任务的干扰，老年人（及一年级的孩子）在这类任务上的表现不如年轻人的，尽管在没有干扰时，老年人和年轻人之间的这种差异小得多，甚至并不存在差异（Kliegel et al.，2008）。对该结果的一种解释是，前瞻性记忆的好坏取决于执行功能的强弱，而执行功能在老年人身上呈现下降的趋势（Cepeda et al.，2001）。

当年轻人和老年人使用外部线索作为提醒时，他们的前瞻性记忆表现都有所提高。心理学家朱莉·D. 亨利（Julie D. Henry，2012）及其同事证明了这一点，他们使用一种名为虚拟周（virtual week）的计算机棋盘游戏来评估年轻人和老年人的前瞻性记忆。在该游戏中，参与者在一个棋盘上（该棋盘按一周七天分区）移动。当他们在棋盘上四处走动时，他们会看到一个弹出的对话框，对话框里有对某一事件的描述，参与者需要对该事件做出决定，如当他们进入餐厅时想吃什么。研究者在游戏中嵌入了前瞻性记忆任务，如在每次早餐和晚餐时服药（即基于事件的前瞻性记忆）。参与者还被要求在特定时间执行前瞻性记忆任务（即基于时间的前瞻性记忆）。根据游戏条件的不同，参与者被分为三组：自我提示组、实验者提示组及对照组。在自我提示组，参与者可以看到屏幕上显示"待做"的提醒按钮，他们可以点击这个按钮来查看自己要做的前瞻性记忆任务。在实验者提示组，参与者在游戏中可以得到实验者的提醒。对照组在进行游戏时没有线索提示。如图 4.5 所示，年轻人在基于事件和基于时间的前瞻性记忆任务上的表现都比老年人好，但这两组人都需要依赖外部的提醒。

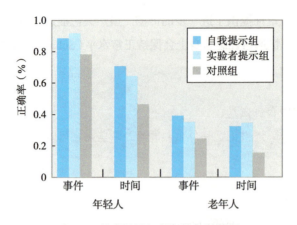

图 4.5 前瞻性记忆任务的年龄差异

年轻人比老年人在前瞻性记忆任务上表现得更好，而且所有参与者在接受提示时都表现得更好。

SOURCE: Henry et al. (2012).

4.2.4 减缓记忆能力下降的趋势

如果某类记忆能力会随着年龄增长而不断下降，那么对老年人而言，是否有可能通过特殊的策略弥补自己信息加工方面的不足？这是许多记忆训练研究背后的理念。例如，研究者已成功训练老年人借助内隐记忆记住见过的人的名字，如通过心理表象将人脸和名字相联系（Yesavage et al.，1989）。在另一些研究中，为了提高对单词的回忆能力，研究者训练老年人的编码策略、注意策略和放松策略（Gross & Rebok，2011），或者有意识地控制回忆的策略。具体而言，就是训练老年人有意识地区分再认测验中的旧内容和新内容（Bissig & Lustig，2007；Jennings et al.，2005）。柏林老化研究的参与者学习使用地点记忆法来提高自己的回忆成绩，这种方法是将需要回忆的单词与参与者所在城市中一条熟悉路线上的标志性建筑相联系（Kliegel et al.，1990）。

如果单纯考虑训练效果，那么这些训练似乎对人们不断下降的记忆功能确实有所提高，但这些训练方法并没有完全消除这种下降趋势。这些研究都没能使老年人的任务表现达到年轻人的水平，但与训练之前或与未接受训练的对照组相比，老年人的表现确实都有显著的改善。此外，儿童和年轻人在训练中的获益通常比老年人更多。例如，训练 9～12 岁的儿童和 65～78 岁的老年人使用基于形象的记忆策略，通过使用位置线索对词汇进行编码和提取（Brehmer et al.，2007）。研究者发现，尽管儿童和老年人的任务表现在实验初期基本相似，并且接受训练之后其表现都有改善，但是儿童的改善更显著。通过某些任务训练而在某方面任务表现有改善的效果是否能够迁移到另一些新任务上呢？可惜的是，研究得到的结果相当不一致。例如，心理学家埃里卡·博雷拉（Erika Borella，2017）及其同事发现，有证据表明，对老年人进行工作记忆任务训练不仅能提高他们在接受训练的工作记忆任务上的表现，还能够提高他们在其他认知任务上的表现。然而，其他研究人员却没有发现这种训练效果迁移的证据（Guye & von Bastian，2017；Salthouse，2016）。

虽然认知训练可能对一般认知能力的影响有限，但体育锻炼确实对认知能力有很大的影响。例如，比较了体育锻炼、认知训练和正念对工作记忆的影响后，研究人员发现，体育锻炼对工作记忆表现有更大、更积极的影响，并且体育锻炼也能促进大脑中出现更高水平的脑源性神经营养因子（Håkansson et al.，2017）。在由世界上最好的认知老化研究人员参加的2018 年认知老化大会上，当与会者被问及"在座各位有没有参加某些特定的工作记忆任务训练，如果有，请举手"时，没有人举手。当与会者被问及"您是否通过身体锻炼防止认知能力下降"时，几乎所有人都举起了手。

另一些记忆研究者着眼于利用外显记忆线索训练老年人，例如，列清单，写日记，将要记的内容放在显眼的地方，使用语音邮件、计时器及录音笔，等等。在一项这类研究中，心理学家奥拉赫·布拉克（Orah Burack）和玛吉·拉赫曼（Margie Lachman，1996）将年轻人和老年人随机分为两组：一组列清单，一组不列清单，随后对两组人进行回忆测验和再认测试。不出所料，在标准情况（不列清单）的回忆测验中，老年人的任务表现不如年轻人，但对于列清单的实验组，老年人与年轻人之间并未表现出显著差异。此外，列清单的老年人比不列清单的老年人在完成任务上表现得更好。

有趣的是，这项研究的主持者增加了一种新情况，对于一部分列清单的参与者，他们提前被告知在回忆测验的过程中不能使用清单。在回忆测验中的结果表明，列清单而不能使用的参与者，其记忆能力的改善程度与列清单可以使用的参与者的一样好。这就说明，即便所列清单在回忆过程中无法直接使用，列清单这个活动本身就改善了记忆能力。如果你曾列过购物清单，并将其遗忘在家中，那么你会意识到，在购物中回想计划购买物品的列清单的行为几乎和有清单在手一样管用。

这类研究表明，虽然老年人的记忆能力比年轻时差一些，但使用内隐和外显记忆线索训练都能使老年人的记忆力得到改善。尽管这些训练可能无法百分之百地还原年轻时的状态，但还是在老年人身上显示出了干预和改善的可能效果。

4.2.5 情境中的记忆

针对记忆随着年龄变化展开的相关实验研究已经为我们提供了成年发展在这方面的宝贵见解。然而，研究任务依赖于脱离实际生活的情境，所以可能无法全面描述思维如何随着年龄增长而发生变化。经典的记忆实验任务"相对剥离了熟悉度或意义性"，而且很少关注参与者的个体特质（Hess，2005）。

现在，开展成年人认知研究的很多研究人员选用情境观（contextual perspective）。支持者认为，传统的实验室研究未考虑成年人在日常生活中发生的认知过程，当考虑了年龄相关的情境时，实验就会产生不同的结果。情境观考虑了认知的适应性本质（adaptive nature of cognition），即，随着年龄增长，我们的生活发生了变化，是否能"成功"老去取决于我们为适应这种变化而如何调节认知方式。例如，较年轻的成年人更倾向于接受教育、职业培训及其他使自己的认知能力更加适应于学习具体知识或技能的方法，这些通常也是为了获取权威人士的认可。相比之下，老年人常向下一代传授他们的知识，因而他们的认知能力更加关注于从信息中所汲取的情感性意义，并将这些意义与已有的知识进行整合。探究年龄差异的传统的实验室任务与年轻人典型的认知活动更相似（Hess，2005）。

心理学家辛西雅·亚当斯（Cynthia Adams，2002）及其同事证实了这种差异。他们将女性参与者分为两个年龄组，研究要求参与者先对故事进行记忆，再把故事复述给实验人员或孩子。年龄较小的一组参与者平均年龄为 20 岁，年龄较大的一组参与者平均年龄为 68 岁。向实验人员复述故事的那些参与者的任务表现与以往经典实验室任务所得的结果类似：年轻女性比年长女性能回忆起更多的故事内容。但当复述故事的对象是孩子时，年长女性更擅长调整故事的复杂度，以适合年幼的倾听者（孩子）。亚当斯及其同事据此得出结论，当任务目标符合老年人的生活情境（即当给定的任务适合祖母的角色而非那些年轻学生的角色）时，年长女性对故事的回忆同年轻女性一样好。

刻板印象威胁

传统实验室研究尚未考虑的另一个因素是，对老化现象的消极刻板印象可能对记忆能力所产生的影响。如果一个群体意识到该群体在他人眼中的消极刻板印象，那么一旦处在与刻板印象相关的情境中，该群体的成员就会感到焦虑，就会出现印证这种刻板印象的情况，这种情境影响因素被称为刻板印象威胁（stereotype threat）。举例来说，关于老年人的消极刻板印象是健忘。正如我在本部分开篇时所提到的，对许多成年人而言，与年龄相关的记忆力衰退是一个非常敏感的话题。一些研究者认为，仅仅是所参与的记忆研究中的信息，也会削弱老年人的认知能力（Desrichard & Köpetz，2005；Levy & Leifheit-Limson，2009）。事实上，当研究中的记忆部分被"弱化"时，老年人能够表现得更好（Hess et al.，2004）。在一项针对近 78 岁老年人的研究中，研究人员发现，随着测验材料中描述消极刻板印象的词汇不断增多，老年人的记忆能力逐渐下降。在问及他们是否关注过自己的记忆能力时，那些回答"是"的参与者（即更关注记忆能力的个体）的回忆成绩受刻板印象的影响最明显（Hess et al.，2003）。消极刻板印象会影响老年人的记忆表现，并且这种影响的大小取决于他们对自己记忆能力的关注程度。

但是，为什么关注年龄刻板印象会让老年人的记忆减退呢？心理学家玛丽·马扎雷拉（Marie Mazerolle，2012）及其同事假设，与年轻人相比，刻板印象威胁可能会消耗老年人更多的工作记忆资源，正是由于这个原因，过去的研究结果显示，老年人的记忆表现更差。为了验证这种假设，研究人员在实验中要求年轻组（平均年龄为 21 岁）和老年组（平均年龄为 69 岁）完成工作记忆任务。实验的流程为：参与者先读一些短句，然后按照这些短句呈现的顺序回忆每个句子的最后一个词。这项研究还设计了一项线索回忆任务，即研究人员在计算机屏幕上向参与者依次呈现 40 个单词，随后显示这 40 个单词的前三个字母作为提示线索，要求参与者回忆整个单词。研究人员还会告诉参与者，这些任务能够"对记忆容量进行充分的确认和诊断"。接下来，年轻组参与者和老年组参与者均被分配到刻板印象威胁增强和刻板印象威胁降低两种情境中。在第一种情境中，参与者只是被简单地告知："年轻组参与者和老年组参与者都要完成这些任务"，通常这足以使年长的人意识到，老年人的记忆能力一般不如年轻人；在第二种情境中，参与者除了被告知"年轻组和老年组的参与者都要完成这些任务"之外，还会得到进一步信息，即"这些都是'年龄公平'的测验，参与者的任务表现不会因年龄而发生变化"。

结果与预期一致，在线索回忆任务中，年轻人的表现比老年人的更好，并且在刻板印象威胁情境下两组人的表现差异最大。这些结果虽然并不新奇，但简单明确地印证了消极刻板印象的影响：当老年人意识到消极的年龄刻板印象时，他们在陈述性记忆任务中的表现将会变得更糟。这项研究的有趣之处在于，这种由刻板印象产生的影响与工作记忆测量的表现相关。图 4.6 显示了在刻板印象威胁和减少威胁条件这两种情境下，老年人和年轻人在工作记忆任务上的得分情况。正如读者所看到的，虽然年轻人在两种情境下表现相同，但在刻板印象威胁的情况下，老年人的工作记忆得分显著减少。研究人员对这些结果进行了解释，在陈述性记忆任务中，当老年人意识到消极年龄刻板印象时表现变差的一个原因是，这种意识消耗了记忆资源，因而反过来影响了记忆任务信息的好坏。

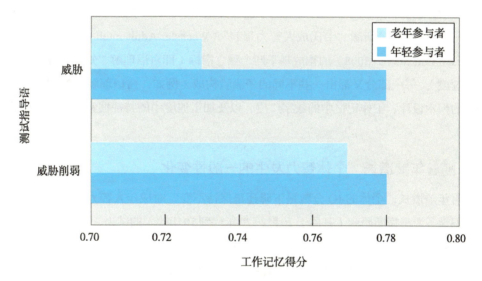

图 4.6　年轻人和老年人在刻板印象威胁和减少威胁条件下的表现

当老年人被提醒自己的年龄时，对年龄的刻板印象会让老年人的工作记忆分数急剧下降。当这一提醒被减少时，老年人的分数与年轻人的相近。

SOURCE: Mazerolle et al. (2012).

4.3　智力

记忆力只是智力的一个组成部分。当我们想评估认知过程随着年龄而发生变化的情况时，大部分人立刻想到的就是智商（intelligence quotient，IQ）的分数。随着我们逐渐变老，我们的 IQ 会发生变化吗？如果会，IQ 是在某一特定年龄陡然下降的，还是逐渐发生变化的？某些类型的智力是否会比其他类型的智力更容易受到影响？一直以来，这些问题都是认知老化研究的基础，在回顾相关研究发现之前，我将先阐述智力的概念，以及我们测量这一概念的工具——智力测验。

在心理学中，给智力（intelligence）下定义是一件棘手的事情。智力的经典定义是："在进行有目的的行为、理性思考及有效应对环境时，个体需要的所有能力或一般性的能力"（Wechsler，1939）。换言之，各种认知过程以不同的方式共同在幕后进行信息加工，而智力是其效能的一种可见指标（Nisbett et al.，2012）。在心理学领域中，心理测量学（psychometrics）是一门专门研究、测量人类能力的学科，如智力测验等。

很多心理学家认为，存在一种核心且基本的智力能力，通常被称作一般智力（g），这种智力影响我们对各种任务的完成方式（Jensen，1998；Spearman，1904）。智力测验的分数就是用来描述这种一般能力的数值，这便是人们通常所说的IQ。一般状况下，IQ分数的平均值设为100分，如果个体的IQ分数超过100分，表明其行为能力处于平均水平之上；如果其IQ分数低于100分，那么说明其行为能力处于平均水平之下。

除了一般智力（g），一些研究智力的心理学家对智力中的特殊成分同样感兴趣。在标准智商测验中，这些特殊成分体现在不同的子测验测量中；同时，这些子测验又共同构成了总的IQ分数。例如，最新版"韦氏成人智力量表"（Wechsler Adult Intelligence Scale，WAIS-IV；Pearson Education，2008）的构成基于四个独立指标（即言语理解、知觉推理、工作记忆和加工速度），每个部分又都由一些不同的子测验构成（例如，言语理解中的词汇表、知觉推理中的积木设计、工作记忆中的数字广度，以及加工速度中的特征搜索、视知觉评估和反应速度）。

4.3.1　随着年龄增长，个体智力发生的一般性变化

随着年龄增长，个体的IQ分数是下降还是保持不变？对成年人智力稳定性和变化性的早期认识大多源于横断研究（开展于20世纪20年代到50年代）的结果，这些结果似乎表明，智力的下降始于成年早期，并且在此之后一直保持稳定下降的趋势。然而，在之后的数十年中，我们掌握了更多关于成年人智力的内容。认知老化的研究者们发展出了一些新的研究设计，这些设计摒弃了传统研究方法中一些含糊不清的地方，拓展了纵向研究的年龄范围，把60岁、70岁、80岁甚至80岁以上的健康成年人都纳入进来。虽然研究结果依旧显示，部分认知能力会随着年龄增长而不断下降，但新发现却更令人乐观。即便到了耄耋之年，成年人思维过程的某些方面依旧可以保持高水平的功能运作。当认知能力出现下降时，情况通常远没有我们想象得那么严重，人们常会使用一些补偿机制，从而使能力的下降表现得不那么明显。此外，我们还可以采取一些预防措施，以便增加人们在生活中保持头脑清醒、高效运作的概率。

在 "西雅图纵向研究[①]" 中, 研究者比较了针对 IQ 分数进行的横断分析与纵向分析, 具体如图 4.7 所示。该研究采用序列设计, 使纵向研究与横断研究得以同时进行。与以 100 分为平均分的传统 IQ 分数不同, 这些分数以 50 分为起始分数, 10 为标准差, 所得分数代表每个被试在研究期间的分数变化情况。因此, 应该有 2/3 的成年人处于 40 ~ 60 分 (平均分加减一个标准差), 约有 95% 的成年人的分数在 30 ~ 70 分 (Schaie, 1994; Schaie & Zanjani, 2006)。

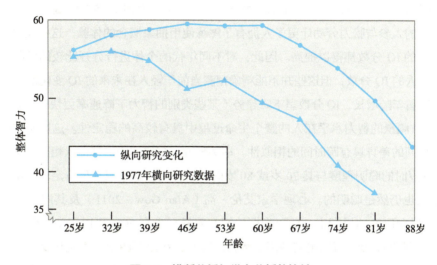

图 4.7　横断分析与纵向分析的比较

IQ 总分随着年龄而发生的变化在横断研究 (下方曲线) 与纵向研究 (上方曲线) 的结果上呈现出明显不同的轨迹。过去基于横断研究的数据得出了错误的结论, 即认知能力在 40 岁左右时开始下降, 并且下降迅速。

SOURCE: Data from Schaie (1983).

在回答 "IQ 在成年期会发生怎样的变化" 这个问题时, 通过比较横断研究与纵向研究的数据, 读者会发现, 这两种研究方法得到的结果截然不同。横断研究结果通常是那个较低的曲线, 即表明 IQ 分数在 32 ~ 39 岁的某个点开始出现下降。相比之下, 纵向研究结果却指出, IQ 分数在中年期呈现微弱上升。只有在 67 ~ 74 岁, IQ 总分才开始下降, 然而即便是在此期间, 下降也并不显著。事实上, "西雅图纵向研究" 项目负责人、发展心理学家 K. 华纳·沙依 (K. Warner Schaie, 2006) 的观点是, "在 60 ~ 70 岁, 个体智力下降的平均幅度是非常微弱的"。然而, 在 80 岁左右时, 智力呈现出更实质性的下降 (Schaie, 1996)。

弗林效应

对横断研究和纵向研究得到的差异性结果的一种解释是, 个体先前参加测试的经验可能会对后续测试产生不同的影响。认知心理学研究者蒂莫西·A. 索尔特豪斯 (Timothy A.

[①]　西雅图纵向研究 (Seattle Longitudinal Study), 研究者针对 5 000 多名年龄为 25 ~ 88 岁的成年被试, 对其 5 种基本认知能力 (即语言理解、归纳推理、空间定向、数字和言语流畅) 进行横向和纵向的数据收集, 评估其认知能力。——译者注

Salthouse, 2016）发现，当控制先前的测试经验时，纵向研究的结果与横断研究的结果更加相似。另一种解释是，这里有同辈效应在起作用。20世纪，随着人们接受教育的年数、健康水平及生活认知复杂性的增加，每一代人的智力平均分都有所增长。事实上，研究人员发现，老年人智商中的言语平均分每十年增长4.5分以上（Uttl & Van Alstine, 2003）。这与**弗林效应**（Flynn effect）有关。这一术语以心理学家詹姆斯·弗林（James Flynn, 1987—2012）的名字命名。他提出，在20世纪，人们的IQ平均分呈现出持续增长的趋势。弗林认为，IQ分数的增长主要源于现代生活的变化。与几十年前相比，教育的提升、科技的普及及越来越多的人参与脑力劳动让更多人拥有了熟练使用抽象概念的体验，这些反过来让所有年龄段个体的IQ分数都得以提高。因此，对不同年代的个体进行分开比较的横断研究可能低估了老年人的IQ分数，但这些并不能精确预测当前年轻人在未来的IQ变化趋势。

　　尽管随着年龄增长，IQ分数呈下降趋势（某些类别的智力下降速率更快），但总体而言，使用IQ分数测量的智力水平在人的整个生命过程中具有较高的稳定性。这里所说的稳定性指的是个体间的差异具有跨时间的相似性。举例来说，与样本中的其他人相比，个体自己在10岁或20岁时的聪明程度与其70岁或80岁时的一样吗？答案似乎是肯定的，年轻时聪明的人年老后也仍然是聪明的。心理学家艾伦·高（Alan Gow, 2011）及其同事基于一项历时76年的纵向研究结果指出，成年晚期的智商差异至少有50%可以用童年期的测验结果加以解释，剩余的50%可以用其他因素解释。因而，在数据图中，稳定与变化是不相上下的。但在行为科学家研究的所有心理特质中，从儿童期到老年期，IQ是一个人最稳定的一种特质。

　　总而言之，乐观一点说，个体的一般智力在成年期的大部分时间里保持相对稳定，这种观点能够得到充足的研究证据支持。现在，让我们对智力稍做分解，看看那些构成智商的各个组成部分会随着年龄增长发生怎样的变化。

> **作者提示**
>
> **IQ的决定因素。**
>
> 　　如果一位老年人的IQ大约一半是由基因决定的，那么什么因素可能决定另一半呢？

4.3.2　智力的成分

　　标准化智商测验不只会得到一个总体分数，还会提供很多子测验的分数，分别代表与智力相关的不同类型的认知能力。研究者普遍使用的一种智力分类方式是晶体智力和流体智力。这种分类方式最初是由心理学家雷蒙德·卡特尔（Raymond Cattell）与约翰·霍恩（John Horn）提出并发展起来的（Cattell, 1963; Horn & Cattell, 1966）。

晶体智力与流体智力 ● ● ●

晶体智力——晶体智力（crystallized intelligence）绝大部分依赖于教育水平和生活经验。它涉及个体在既定文化中成长所需要学习的大量知识和一系列技能，例如，对现实生活问题的推理能力，工作及生活其他方面所需要的技能（诸如创建电子表格、计算变化及在杂货店找沙拉酱等）。在标准化测验中，个体的晶体智力水平由词汇量和理解力测试取得，例如，阅读一段文字，然后回答相关问题（Blair，2006）。

流体智力——流体智力（fluid intelligence）是一种更基础的能力，它更多地受个体生物性特征的影响，"它是适应新环境所需要的能力，教育和学习对流体智力的影响相对较少"（Berg & Sternberg，2003）。常见的流体智力测验方式是字母序列测验，你可能先看到一系列字母，如 F、G、I、L、P，然后指出下一个字母应该是什么（U）。这个过程要求个体对抽象概念进行推理，而非处理日常事件或熟悉的事物。大多数记忆力测验测量的都是流体智力，测量反应速度的测验亦是如此。

无论我们以哪种术语界定这两类智力能力，结果都是相似的。个体在非言语类流体任务上的智力下降比在言语类的晶体任务上的智力下降更早（Lindenberger & Baltes，1997）。事实上，晶体智力（如人们关于世界的知识）在进入 60 岁之后依旧可以持续增长，到了 70 岁之后才开始出现缓慢下降（Ackerman，2008；Ornstein & Light，2010）。相比之下，流体智力的特定方面（如信息加工速度和工作记忆等）在 35～40 岁时便开始呈现下降趋势（Dykiert et al.，2012；Horn & Hofer，1992）。

心理学家李淑珍（Shu-Chen Li，音译，2004）及其同事的研究证实了晶体智力与流体智力随时间变化的模式。该研究要求 6～89 岁的被试完成一系列测量晶体智力和流体智力的任务，结果显示，人们在流体智力相关任务上的表现在 20 多岁时达到高峰，在 30 多岁时开始明显下降。相较而言，晶体智力直到人们 40 岁时才出现峰值，并一直保持稳定，直到 70 岁时才开始出现下降的迹象。

认知保持

那些"锻炼"晶体智力的老年人在 70 岁时依旧能够在特殊认知任务的表现上有所提高。想想那些常玩填词游戏的人。图 4.8 整合了多项研究结果，这些研究要求不同年龄段的被试完成《纽约时报》（New York Times）上的填词游戏（Salthouse，2004）。如图 4.8 所示，随着年龄增长，被试能够正确填写的单词数量也在不断增加；60 岁左右的被试能够完成大部分的单词填写。相较而言，二三十岁的被试可以完成的单词量不如 70 多岁的被试可以完成的多。与同义词辨别任务及其他词汇类任务类似，填词游戏考察的智力能力更多依赖于个体所积累的知识，而非依赖于对信息加工的速度或掌握新技能的速度，而这种知识积累恰好与健康老年人的认知能力密切相关。

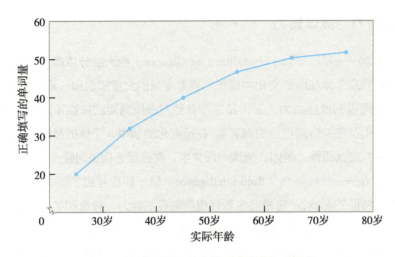

图 4.8　《纽约时报》填字游戏表现的年龄差异

随着年龄增长，个体在《纽约时报》上的填字游戏中正确填写的单词数量，体现了心智"锻炼"对晶体智力的
影响。

SOURCE: Salthouse (2004).

　　不仅智力能力的下降比专家们认为的要慢得多，除此之外我们还发现，在谈及认知能力
的老化时，很少有能够适用于所有人的一定之规。换句话说，即便年轻组的平均分高于老年
组，但老年组依旧有很多人的表现要好于年轻组中的部分个体，反之亦然。甚至是在 80 岁
以上的群体中，依旧有 53% 的个体在晶体智力和流体智力任务上的表现能够与年轻人不相
上下（Schaie，1996）。随着时间的推移，在接受测试的老年人中，大多数人的表现在 7 年内
保持稳定，有些人的表现会有所下降，但即使在 80 多岁的时候，也有少数人在言语意义测
试中得分上升（Schaie，2013）。

　　一项有意思的发现是，智力能力可以预测人们的健康水平和寿命状况。当采用某些方
式测量智力水平时，情况确实如此，如智商类型测验（Deary et al.，2008；Gottfredson &
Deary，2004），或者日常认知能力的测验，如对药物的正确使用、经济管理能力、食物准备
和营养均衡等（Weatherbee & Allaire，2008）。尽管对这种关联性的一个可能解释是，具有
良好推理能力和问题解决能力的个体能够在医疗保健及避免意外伤害方面做出更好的决策
（Gottfredson & Deary，2004），但总体而言，智力与健康及寿命之间的关系的原理尚不明确。

4.3.3　逆转智力下降

　　20 世纪 70 年代初期，当人们意识到智力并不会随着年龄增长而呈现显著下降时，研究
人员开始探寻，通过某些方法是否可以逆转个体在纵向研究中所呈现出的智力下降？答案是
肯定的（Kramer & Willis，2002）。不同研究一致表明，体育锻炼能够显著提升个体的智力
表现（Chu et al.，2015；Colcombe & Kramer，2003），如同针对智商测试中智力的特殊成分
（Willis et al.，2006）及非特殊成分的训练均能提升个体的智力表现一样，如在不确定正确答
案时的猜测意愿（Birkhill & Schaie，1975）。

运动心理学家陈恒初（Chen-Heng Chu，音译，2015）及其同事研究了运动对老年人执行功能的直接影响。他们测量了参与者的身体素质，并将他们分为低身体素质组和高身体素质组。测试前，参与者骑车 30 分钟或阅读一本关于锻炼的书 30 分钟。然后，参与者接受了一个 Stroop 测试。在该测试中，研究人员向参与者展示了一系列表示颜色的单词，其中一些单词书写用的颜色与单词的含义相同（用红墨水写"红"字），一些单词书写用的颜色与单词的含义不同（用蓝墨水写"红"字）。参与者被告知要尽快报告写单词所用"墨水的颜色"。如图 4.9 所示，体育锻炼导致更快的反应和更高的准确性。

心理学家沙依和维尔（Schaie and Willis，1986）在他们当时正开展的纵向研究项目中加入了一项训练研究，意在探究训练是否能够对那些在智力方面已经或尚未呈现下降的个体产生影响。在该研究中，年龄为 64~94 岁的参与者需要接受 5 小时的训练。在纵向研究的 14 年期间，一半参与者呈现智力下降，另一半参与者则并非如此。在研究中，部分参与者接受的是空间定位能

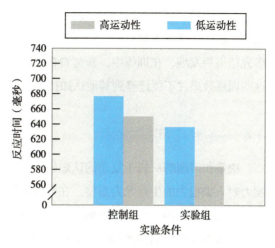

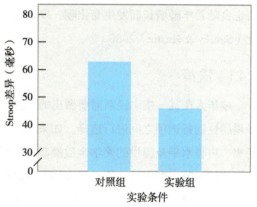

图 4.9 运动对老年人执行功能的影响

常运动的成年人对 Stroop 测试的反应更快、更准确。
SOURCE: Chu et al. (2015).

力训练，部分参与者接受的是归纳推理能力训练，这两种能力都会随着年龄增长呈现下降趋势，并拥有较强的抗干扰性。研究发现，对那些已经出现智力下降的参与者，其中一半人的智力通过训练得到了显著提升，约 40% 的个体的智力表现恢复到先前水平；而对那些智力尚未呈现下降趋势的参与者，1/3 的人的智力水平在原有基础上出现了增长。

7 年之后，研究者对一半参与者进行再测，并与研究中年龄相同但未接受过训练的对照组进行对比。结果发现，尽管训练组的智力表现低于其原有水平（即随着年龄增长出现了下降），但是训练组成员的智力表现仍然要好于对照组成员的，即使训练是发生在 7 年之前。随后，这些参与者再次接受了 5 小时的附加训练。结果显示，他们测验任务的得分再次显著提升，虽然未能达到 7 年前的水平（Willis & Schaie，1994）。记忆训练的研究中发现了相似的结果，这类训练诸如为期两年的视觉运动任务训练（Smith et al.，2005）、为期 5 年的知觉运动任务训练（Rodrigue et al.，2005），以及为期 5 年的策略记忆任务训练（Gross & Rebok，2011）。

遗憾的是，对智力的一个方面进行认知训练通常似乎并不能提高个体在智力其他方面的表现。例如，研究人员开展了一项元分析研究，考察了145项关于工作记忆能力训练实验的研究结果后发现，在训练中，参与者在工作记忆任务上的表现在短期内确实会有所提高，但这些训练效果并不能迁移到其他认知技能上（Melby-Lervag et al.，2016）。

4.4 决策和问题解决

决策和问题解决属于复杂的认知技能，需要不同类型和不同层次的思维协调互动。这些能力对人类祖先的生存尤为重要，在当今依旧是无可替代的能力。尽管决策和问题解决的研究是认知心理学的一个成熟领域，但最近已被应用于成年期和老化的研究领域中。我们都知道，个体需要做出的判断和决策类型会随着年龄增长而不断变化，但其判断与决策的质量是否也会随着年龄增长而发生变化呢？换言之，在基本的认知过程中是否存在与年龄相关的变化（Sanfey & Hastie，2000）？

4.4.1 决策

成年人在其一生中经常需要做出的一种决策是选择（choice），或者说，是在一系列具有多重属性的备选项之间进行选择。如果你同时被三所大学录取，每所学校的学费成本、离家距离、声誉水平及提供的奖学金数额都不一样，那么你该选择哪所大学？或者，如果两种治疗方法的风险、副作用、成本和成功概率都不同，那么你会选择哪种治疗方法？

研究人员通常使用选项板（choice board）作为对决策进行实验室研究的工具，选项板是一种属性矩阵。图4.10展示了一个购车困境。该决策的关键因素包括对比总价、载客量、燃油效率和厂商折扣。刚开始，选项的类别是可见的，但属性写在卡片上，面朝下放在矩阵中（一些实验室使用计算机屏幕呈现）。参与者被要求留意自己需要的信息并为做出决策花费必要的时间。参与者翻转了哪些卡片、翻转卡片的模式、研究每张卡片花费的时间都被记录下来。对比年轻人与老年人做出选择的过程，研究人员发现，在这类判断和决策上存在一些年龄差异。

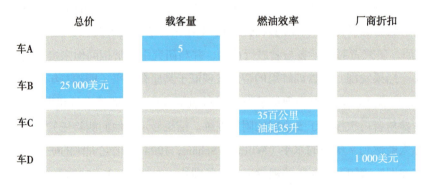

图4.10 选择板示例：购车困境

决策研究中使用的选择板的样例。可供选择的车有四种，每种车又包含四个因素。

在一项针对年轻人（平均年龄为 23 岁）和老年人（平均年龄为 68 岁）如何做出购车决定的研究中，研究人员采用了上述选项板技术。在该研究中，两组人均有六辆备选的小汽车，可比较的车辆特征为 9 个。之后的研究对比了两组参与者对五幢公寓租用的情况，这次在选项板上呈现的是每幢公寓的 12 个特征（Johnson，1993）。另一项研究对比了 20 岁、60 岁和 70 岁的个体在进行复杂经济决策时的认知过程（Hershey & Wilson，1997）。一项有关医疗选择的研究对比了年轻女性、中年女性和老年女性在乳腺癌治疗模拟情境中的决策过程（Meyer et al.，1995）。尽管这些研究涉及决策这一主题的各个领域，却得到了相似的结果。基本上，老年人在决策过程中使用的信息数量及花费的决策时间要比年轻人少一些。尽管如此，这两组个体在做选择时并没有本质上的区别。

对这些研究结果的一种解释是，老年人能够意识到自己的认知局限性，在做决策时会基于相对不那么复杂的思维过程。然而，在这些研究中，老年人的决策与年轻人的决策是相同的，这样的结果让研究者提出了另一种可能的解释 / 假设。这种假设认为，老年人更擅于做决策，如租哪套公寓、买哪辆车、接受哪项医疗等。随着人生迈入老年阶段，大部分成年人都已多次经历类似的思维过程，如同围棋大师下棋一样，他们运用演绎推理，同时提取长时记忆中的经验，综合信息后做出这些决策。当要求部分参与者在决策时进行"出声思维"时，这种假设得到了研究结果的支持（Johnson，1993）。

这些研究证实，任何年龄段的成年人，在其当前生活方式、兴趣爱好和专长领域的情境下进行能力评估时，均表现出比在传统实验室"一刀切"式测验中更好的认知能力。

4.4.2 问题解决和情绪性信息

对老年人问题解决的一个有趣发现是，尽管老年人执行功能的认知能力下降，但是他们调控自己情绪的能力（尤其是在问题解决的情境中），通常与年轻人的一样好（Blanchard-Fields，2007）。事实上，与年轻人相比，老年人通常具有更好的决策能力，尤其在纷繁复杂的人际问题方面。例如，研究人员让年轻人与老年人都处理一些人际问题（例如，"由于你的一些习惯惹恼了你的父母或孩子，他们批评了你"）和一些非人际问题（例如，"由于你误解了填写说明，你填写完成的一个复杂表格被退了回来"）。老年人更倾向于采用一种被称为问题聚焦的方法（problem-focused approach）来解决非人际问题（例如，获取更多有关如何正确完成表格的详细信息），而更倾向于采用一种规避 – 拒绝的策略（avoidant-denial strategy）来解决人际问题（例如，试着根据实际情况评估这种批评是否合理）（Blanchard-Fields et al.，2007）。如果从有效性的角度评估参与者的问题解决能力，那么与年轻人相比，老年人的问题解决能力有效性更高，尤其在人际问题方面。此外，老年人采用规避 – 拒绝的策略并非因为他们缺乏积极解决问题的能量，也并非因为他们太过情绪化。相反，老年人"似乎能有效地意识到，并非所有问题都能立即解决，或者在不考虑情绪调节的情况下可以解决"（Blanchard-Fields，2007）。

事实上，一般来说，老年人在情绪性信息方面比在非情绪性信息方面呈现出更好的认

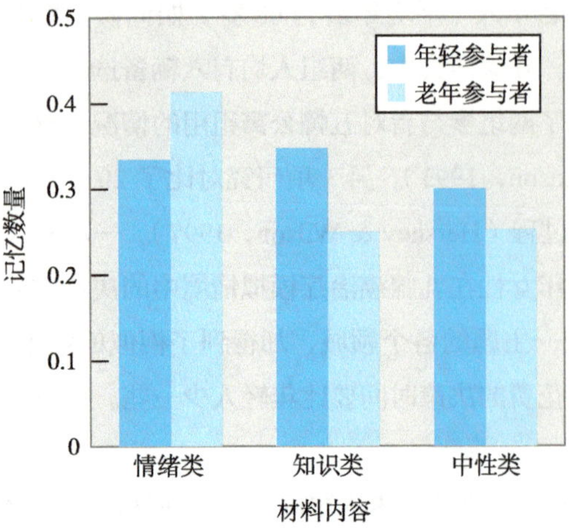

图 4.11　年轻人和老年人对情绪类、知识类和中性类广告的记忆

当材料具有情绪吸引力时，老年参与者比年轻参与者记住的信息更多；当材料具有知识吸引力或中性吸引力时，年轻的参与者记住的信息更多。

SOURCE: Fung and Carstensen (2003).

知能力，在积极情绪方面，老年人和年轻人的年龄差异表现得最明显（Carstensen et al.，2006）。心理学家海伦妮·冯（Helene Fung）和劳拉·卡斯滕森（Laura Carstensen，2003）的研究就是一个例子。在这项研究中，年龄为 20～83 岁的参与者面前呈现了三种不同类别的广告——情绪类、知识类和中性类。如图 4.11 所示，老年人对情绪类广告的信息记忆更多，而年轻人对知识类和中性类广告的信息记忆更多。卡斯滕森及其同事认为，年轻人对获取知识的信息加工过程更感兴趣，相比之下，老年人更关注能够提高积极情绪的信息加工过程。遗憾的是，大多数关于记忆的实验室研究缺乏情绪性内容，因而对年轻人更友好。

4.4.3 积极偏向

在一项相关的研究中，研究者向年轻人（19～29 岁）、中年人（41～53 岁）和老年人（65～85 岁）分别呈现一系列积极图片、消极图片及中性图片，要求参与者对这些图片进行记忆，随后进行相关测验（Charles et al.，2003）。年轻人整体上能比中年人和老年人回忆起更多的图片，并且不同年龄的参与者在行为模式上存在显著差异，具体如图 4.12 所示。正如读者所看到的，与消极图片和中性图片相比，老年人在对积极图片的回忆任务中呈现出更高水平。对年轻人和中年人而言，对积极图片与消极图片的回忆差异很小，甚至不存在。

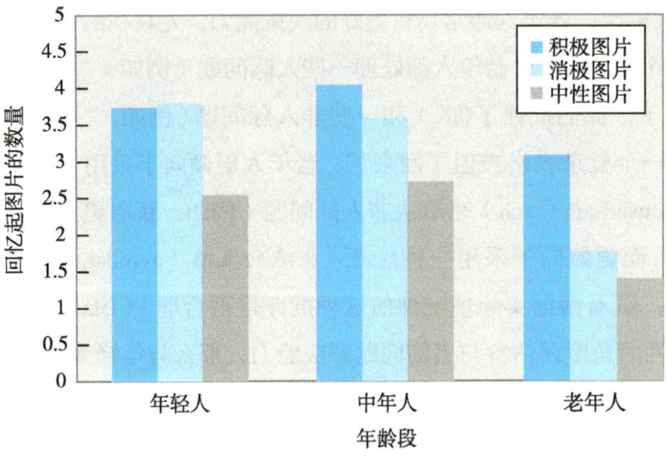

图 4.12　情绪与图像记忆

回忆起的积极图片、消极图片和中性图片的数量是年龄的函数，老年人表现出明显的积极偏向。

SOURCE: Charles et al. (2003).

这种积极偏向（positivity bias）并不仅限于记忆领域，在大量其他情境中也都有所发现（Carstensen & Mikels，2005）。

例如，老年人比年轻人更擅于从消极刺激中转移注意力（Mather & Carstensen，2003），将更多的工作记忆资源用于表达积极情绪而非消极情绪的图片（Mikels et al.，2005）。与年轻人相比，老年人对生活事件的评价（积极、消极和中性）也更为积极（Schryer & Ross，2012），并且对自己做出的决策普遍更为满意（Kim et al.，2008）。一般来说，老年人的情绪比年轻人的更积极、更乐观。

劳拉·卡斯滕森及其同事所提出的社会情绪选择理论（socioemotional selectivity theory）是对老年人积极偏向的一种解释（1999；Carstensen & Mikels，2005）。根据这一理论，年轻人将时间视为发展性的，他们更关注未来。因而，他们将时间投入新活动中，以便拓展视野。相比之下，老年人对时间的观点更偏向其有限性，这让他们"将注意力放在生活中的情感意义上，例如，渴望有意义的生活，拥有亲密社交关系，感受社会性的相互联结"（Carstensen & Mikels，2005）。因此，老年人更倾向于强调经历中的积极面向，并为此投入更多的认知（及社交）努力。

4.5 认知变化中的个体差异

如果"个体的认知能力会随着年龄增长而不断地下降"是一种普遍规律，那么我们都会以一种可预测的模式慢慢变老，我们的同龄人身上都会出现这种现象。但是，正如大家在自己的家庭或社区中所观察到的，事实并非如此；实际年龄仅是导致差异的一部分原因。例如，你的祖母和她最好的朋友莉莲的年龄可能只相差几岁，在成年早期和中年期时，她们的认知能力基本相近，但现在，在她们70多岁的时候，祖母是社区大学的优等生，能说出自己水上有氧课班里56名同学的名字；而莉莲却需要他人帮助才能管理自己的财务、列购物清单。哪些因素能够预测认知变化上的这种差异呢？

4.5.1 健康

众所周知，健康欠佳极可能影响认知能力，但这并非仅适用于老年人，而是对任何年龄段的人都如此。而我们之所以在此讨论健康话题，是因为老年人更容易受影响认知的健康问题困扰。另一个需要我们审慎对待的情况是，目前所知的绝大多数健康问题能够作为老年人认知能力变化的预测指标，或者与老年人认知能力变化相关，但是，这些健康问题是否是造成认知变化的原因/诱因，仍尚未可知。

> ### 与认知改变相关的因素 ● ● ●
>
> 视觉和听觉——影响认知变化的第一个备选因素是视觉和听觉困难（Lin et al.，2011；Lindenberger & Baltes，1994；Wingfield et al.，2005）。在65岁以上的人中，超过1/3的人有听力受损问题，并且大部分人有视觉障碍。约翰霍普金斯大学老化

与健康中心的弗兰克·林（Frank Lin）开展的许多研究表明，听力阈值与认知之间存在联系（e.g., Lin, 2011; Lin et al., 2011）。心理学家厄尔曼·林登堡（Ulman Lindenberger）和保罗·巴尔特斯的研究进一步证明了视觉和听觉两种感觉系统衰退的普遍性（1994; Baltes & Lindenberger, 1997）。他们在柏林老化研究中测试了156名参与者（年龄为70~103岁）的视觉和听觉能力。认知能力测试显示，随着年龄增长，认知能力呈现出预期的下降趋势；但是，研究人员把参与者的视觉测评结果和听觉测评结果加入认知能力方程中后发现，视觉能力和听觉能力的不足能够解释实验参与者智商测验中93%的变异量。心理学研究人员卡罗尔·L.鲍德温和伊万·K.阿什（Carryl L. Baldwin & Inan K. Ash, 2011）的一项研究表明，与年轻人（18~30岁）相比，老年人（60~82岁）的听觉工作记忆广度受言语刺激强度降低的影响更大。这项研究结果表明，听力记忆广度的年龄差异是声音刺激分贝水平的函数，即听得越清楚，记忆效果就越好。对于这些结果，研究者指出，听觉敏锐度（auditory acuity）是老年人工作记忆认知表现的一个重要因素。

慢性病——导致认知能力下降的主要疾病是阿尔茨海默病及其他痴呆症，但也涉及一些其他疾病，如伴随肥胖症出现的高血压（Waldstein & Katzel, 2006）、维生素 B_{12} 缺乏症、叶酸缺乏症、甲状腺疾病（Bäckman et al., 2001）、临床抑郁障碍（Kinderman & Brown, 1997）和亚临床抑郁障碍（Bielak et al., 2011）。心血管疾病与大部分认知能力下降相关，甚至在控制年龄、受教育程度、性别、药物及心境的情况下，心血管疾病也能预测个体在情景记忆及视觉空间能力测试中的表现（Emery et al., 2012; Fahlander et al., 2000）。

药物——在成年晚期，另一种与健康有关的导致认知能力下降的因素是人们为治疗慢性疾病而服用的药物。很多药物都有副作用，会影响各年龄段个体的认知过程，但是随着年龄增长，个体新陈代谢的速率减慢，因而有些药物对老年人的影响更强。这些副作用通常被误认为是正常的衰老迹象，如身体疼痛、睡眠障碍、悲伤感和失落感等。其他与药物有关且能解释老年人认知能力下降的问题包括过度用药及药物之间的相互作用。许多老年人经常会看多位不同的医生，因此对每位医生而言，了解其他医生所开具的药物是非常重要的。

4.5.2　遗传

在认知老化的问题上，大量与健康相关的差异中，遗传是毋庸置疑的一个因素。遗传性评分（heritability scores）能够衡量遗传影响行为的程度。一些研究考察了不同程度家族关系影响下个体的不同特质与能力，结果证实，认知能力是最具有遗传倾向的行为特质之一。对超过 10 000 对双胞胎数据的元分析结果表明，个体智商分数的 50% 左右的差异可以由个体间的遗传差异解释（Plomin et al., 2008）。此外，研究人员还指出，对于一般认知能力，遗传性随着年龄增长而不断增加，在婴儿期时遗传性低至 20%，在儿童期增加到 40%，到了青少年期约为 50%，在成年期则为 60%（McGue et al., 1993）。

本着了解老年人认知能力遗传性的目的，行为遗传学家杰拉德·梅克利（Gerald McClearn，1997）及其同事对 80 岁以上的瑞典双胞胎开展了一项研究。本研究对 110 对同卵双胞胎和 130 对同性异卵双胞胎的整体认知能力和特定认知成分进行了测试。如图 4.13 所示，拥有相同基因的同卵双胞胎在测试中的得分明显比拥有大约一半相同基因的异卵双胞胎具有更高的相似性。这是因为，基因与许多疾病和慢性病有关，那么对于遗传能够解释认知下降的这些发现，也就不足为奇了。

这项研究的另一个有趣的结果是，不同认知能力的遗传性评分在 32%~62%。综上所述，这些发现不仅表明认知能力受遗传因素的影响，而且表明不同类型的认知受遗传影响的程度不同。

最后，我必须指出，即使老年人一般认知能力的个体差异中有 60% 可以用遗传加以解释，但是其余 40% 的差异也必须考虑环境因素。在图 4.13 中，大家应该已经注意到，所有条形均未达到 100%。这就意味着，即使是拥有相同基因的同卵双胞胎，其认知能力也不是完全相同的。

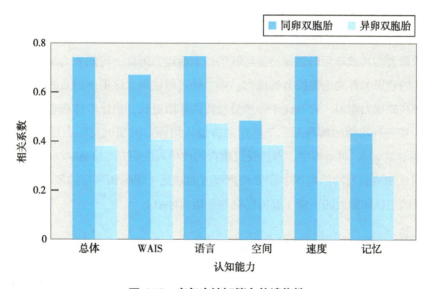

图 4.13　老年人认知能力的遗传性

与异卵双胞胎（拥有约 50% 的相同基因）相比，同卵双胞胎（拥有相同基因）在多项认知能力测试中的相关性更高，这表明基因对这些能力具有显著影响。

SOURCE: McClearn et al. (1997).

4.5.3　人口统计学和社会传记史

在一些认知领域（情景记忆、言语任务和保持大脑重量）中，女性比男性略有优势，并且这些性别差异会一直持续到老年（Bäckman et al.，2001）。

另一些影响因素被保罗·巴尔特斯称为社会传记史（sociobiographical history），即人一生所经历的职业声望、社会地位及收入水平。有研究者曾认为，即使人们的年龄不断增长，在这些方面有优势的个体在认知能力上的下降似乎也会少一些。但大部分研究指出，事实并非如此，不管个体在一生中获得过何种幸福，抑或收入水平如何，其认知能力的下降速率都是相同的（Lindenberger & Baltes，1997；Salthouse et al.，1990）。唯一的区别在于，有更多优势的个体通常获得更高水平的认知能力，这样，即便所有人的认知能力下降速度相同，他们的认知测验分数在各年龄段依旧较同龄人处于较高的水平（Smith & Baltes，1999）。

4.5.4　教育与智力活动

正规教育可以预测个体认知能力随着年龄增长而下降的速度。在所有其他条件相同的情况下，随着时间的推移，与接受正规教育年限较长的同龄人相比，接受正规教育年限较少者，其认知能力会表现出更多衰退。这一证据被反复发现，即接受过良好教育的成年人不仅在完成一些智力任务上呈较高水平，而且在老年时保持其智力技能的时间更长，这一模式在美国（Compton et al.，2000；Schaie，1996）和欧洲一些国家（Cullum et al.，2000；Laursen，1997）的研究中都有发现。

对学校教育与智力技能保持二者之间的关系存在几种可能的解释。第一种可能性是，接受过良好教育者在其成年后仍然保持更活跃的智力活动。因此，可能智力活动（"锻炼"，这是我想表达的意思）有助于保持心智能力。第二种可能性是，这里所涉及的可能不是教育本身，而是潜在的智力能力，它既让个体接受教育的年限更长，也让个体在老年时更好地保持智力能力。第三种可能的解释是，一些用来衡量认知能力的测试实际上是在衡量教育水平（Ardila et al.，2000）。对不识字、未接受过教育的成年人的研究（Manly et al.，1999）表明，某些类型的认知测验反映的是识字和受教育程度的缺乏（理解和语言抽象），而另一些测验才真实地反映了认知能力的下降（延迟回忆与非语言抽象）。

智力活动

随着时间的推移，读书、上课、旅游、参加文化活动、参加俱乐部或其他团体活动的成年人似乎在智力方面表现得更好（Schaie，1994；Wilson et al.，1999）。智商下降幅度最大的是那些与世隔绝和不活跃的成年人（无论他们的教育水平如何）。纵向研究表明，高要求的工作环境（Schooler et al.，1998）及与具有高认知功能的配偶生活（Gruber-Baldini et al.，1995）有助于防止认知能力下降。相比之下，在西雅图纵向研究中，没有外出工作的寡妇的认知能力下降风险最大（Schaie，1996）。

许多研究表明，对经常通过诸如下棋（Charness，1981）或桥牌（Clarkson Smith &

Hartley，1990）、填字游戏（Salthouse，2004）或围棋游戏（Masunaga&Horn，2001）等活动锻炼认知过程的人而言，认知能力在成年晚期保持得更好。这类活动需要一系列高度训练的技能，我们称之为专业化技能（expertise）。研究表明，在特定领域拥有专业技能的老年人与不拥有该方面专业技能的同龄人相比，能够更大程度地保持其在该领域的认知能力。

然而，在你受该研究成果鼓舞而热切希望加入国际象棋俱乐部之前，我必须提醒你，这类研究绝大部分都是相关性研究，所以研究得到的结果并不具备因果联系。这就意味着，可能是其他因素让个体的认知能力得以保持。可能这些人在年轻时就更健康，或者在健身房或桥牌俱乐部接受了更多的社会性刺激，并得到了更多社会性支持。

4.5.5 体育锻炼

体育锻炼对人的认知能力既有短期的积极作用，也有长期的积极作用。锻炼有助于维持心血管健康（也可能是促进神经系统的健康），我们知道心血管健康与心理健康有关。多项研究对比了积极参与体育活动的人和久坐不动的人在心理健康上的得分，这些研究都得到了一致性的结果，即一个人参加的体育活动越多，测验得分就越高。

有氧运动是一项对提升人们认知能力尤其有效的方式，因为它能够促进大脑中海马体及与记忆相关的其他大脑结构的细胞生长。然而，这一领域的大部分研究都是相关性研究，因此我们就必须面临一个问题：记忆的变化真的是由有氧运动引起的，还是有其他因素在发挥作用，如接受高水平教育的程度、更好的健康状况及更多的社会支持等。尽管如此，研究人员将参与者随机分配到参加锻炼组或不参加锻炼组，并对两组人员的各项研究进行了充分的分析，结果确实显示，锻炼对于认知功能有积极效应。事实上，最大的影响效应体现在诸如抑制能力和工作记忆能力等任务方面，这些都是和记忆能力的正常年龄变化直接相关的（Colcombe & Kramer，2003）。

在一项后续研究中，研究人员采用磁共振成像技术（Magnetic Resonance Imaging，MRIs）对比了参加锻炼与不参加锻炼的老年人的脑结构。他们发现，两组老年人在脑结构上的最大区别在于大脑皮质区，这是受老化影响最大的脑结构。虽然这项研究并没有将参与者随机分为运动组和非运动组，但是结合该领域的多项研究结果，我们有理由相信，体育锻炼确实会对人们与年龄相关的记忆力表现产生影响。研究表明，体育锻炼对认知的影响与运动量有关。老年人锻炼越多，其认知能力越好（Loprinzi et al.，2018；Zhu et al.，2016）。肌肉强化活动也是如此（Loprinzi，2016）。很明显，在评估成年晚期的记忆能力时，应该考虑个人参加锻炼（或不参加锻炼）的程度（Colcombe et al.，2003）。因此，有一点是非常明确的，如果在成年晚期对人们开展记忆能力评估，都应该将个体参加锻炼（或不参加锻炼）的程度考虑在内（Colcombe et al.，2003）。

心理学家罗伯特·罗杰斯（Robert Rogers，1990）及其同事开展的一项纵向研究也得到了类似的结果。他们跟踪了 85 名年龄为 65～69 岁的男性。在这项研究中，所有参与者的健康状态均为良好，并且都受过高等教育。在为期四年的研究中，一些参与者选择继续工作，一些人已经退休但仍保持积极的锻炼，一些人退休并选择久坐不动的生活方式。在研究的最后阶段，罗杰斯等人对比了这三组参与者在一系列认知测验上的表现。结果显示，不活动那组参与者的认知表现明显比其他两组的表现差。

　　体育运动与心智能力之间的关系是一个非常活跃的研究领域，我们在此无法对大量研究进行详尽的回顾。我只想用一些示例支持那些从情境角度探究认知老化的论断。当然，对于"认知能力随着年龄增长而持续下降"这一研究结论并没有人质疑，但对于下降多少及在哪些认知领域会出现下降依旧存在激烈的争论。虽然老化引发的衰退是不可避免的，但是在个体差异的研究中，研究人员已经研究出一些课程，意图寻找能够延缓或放慢这种衰退的一些措施。显然，如果我们在整个成年期一直从事具有挑战性的身体运动及认知活动，那么随着年龄增长，我们保持认知能力的可能性确实会增加。

4.5.6　对认知衰退的主观评价

　　与认知能力衰退无关的一个因素是我们对自己认知能力的看法。年龄与认知能力衰退的主观报告有很强的关系——组员年龄越大，他们自我报告的智力丧失就会越多。然而，我们对比认知衰退的主观报告与智力功能的真实测验结果发现，事实上，这二者之间没有任何关系。一项非常全面的调查针对这一现象进行了探索，研究人员在荷兰询问了 2 000 余名24～86 岁的个体，要求他们比较在三种条件下（即自己和同龄人、现在的自己和 5～10 年前的自己，以及现在的自己和 25 岁时的自己）如何评价自己认知能力的不同成分（如记忆力、心理速度和决策能力等）。结果表明，参与者对自己认知衰退的看法始于 50 岁，并且随着年龄增长而不断增加，问卷中包含的所有认知能力都会出现这种趋势。然而，研究人员对参与者的实际认知能力测量后却发现，这些人的客观能力与主观自我评估之间并不存在关联（Ponds et al.，2000）。这表明，成年人会认为自己在 50 岁左右时认知能力开始下降，并开始将自己的认知失误／问题归结于年龄增长，而相同的认知失误／问题出现在自己年龄尚轻时，就会被其归结为其他原因，例如，脑子里装的事儿太多，前一晚没有睡好，等等。

> **作者提示**
> **解释记忆衰退。**
> 　　你最近有没有忘记什么，或者对某种提醒感到困惑？你是如何解释这些认知失误的？如果你的年龄比现在再大 20 岁，对这些问题的解释会有不同吗？

4.6　认知辅助

　　如果教授讲课的时候你用笔记本电脑做笔记，如果周末旅行之前你列出了所有要做的事情，那么你就是在使用认知辅助方法。以下是一些弥补认知不足的方法，有助于老年人更好地独立生活。

4.6.1 药物治疗依从性 / 坚持性

我们能够避免的最大的医疗问题之一就是药物治疗依从性（medication adherence），或者说，患者能够遵从医生的指导，按照正确的剂量、正确的时间、正确的时长进行服药。据估计，约有一半罹患诸如血压高、糖尿病等慢性病的美国人由于未遵医嘱（Sabaté，2003）导致了不良的结果：更高的死亡率及生活质量的下降。人们不能遵从医嘱坚持服药的原因有很多，如经济状况、药物副作用和医患关系等，但记忆能力与服药依从性之间的关系一直是认知心理学家感兴趣的话题，尤其是前瞻性记忆，即记得在未来做某件事的能力。研究表明，前瞻性记忆与不同年龄段的各类疾病或慢性病（如艾滋病、糖尿病及类风湿性关节炎等）患者的药物治疗依从性有关，但与经济是否独立、药物副作用、医患关系无关（Zogg et al.，2012）。电子设备可以提醒人们服药时间、应服用的剂量及其他必要的信息。药房能够将多份药片按单次剂量分装在泡罩包装①内，并且在包装上标明日期及服用时间。每次药物一旦被取出，药板上就会留下一个空位。自动来电也能提示患者服药时间。此外，智能手机上的应用软件也可以对服药进行记录和提醒。有证据表明，嵌入药盒中的新型电子药物包装装置也可能有效地提高患者的服药依从性。

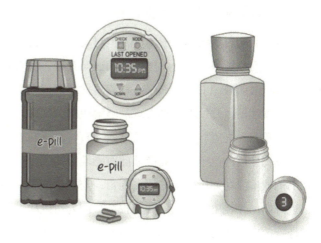

如今，许多不同的设备可以帮助人们坚持服药。

医学研究人员凯尔·D.切奇（Kyle D. Checchi，2014）及其同事回顾了37项关于相关设备有效性的研究后发现，最有效的功能包括记录服药时间和保存服药记录、视觉及听觉提醒、数字显示、实时监控及关于患者服药依从性的反馈。尽管这些仍不能解决所有服药依从性的问题，但可以通过解决与年龄相关的认知问题来缓解上述情况。

4.6.2 社交网络

在人生后期的若干年中，随着亲友的迁居或离世，人们社交群体的规模会变得越来越小。社会支持能发挥的一种很大的价值在于能够增强人们对社会信息的记忆。年轻人和老年人对高价值社会信息的记忆优于对低价值社会信息的记忆，但这种差异对老年人来说更加明显（Hargis & Castel，2017）。

使用个人电脑参加社交网络可以帮助老年人之间保持联系（Hogeboom et al.，2010）。

---

① 泡罩包装，即将产品封合在透明塑料薄片形成的泡罩与底板（用纸板、塑料薄膜或薄片、铝箔或其复合材料制成）之间的一种包装方法，主要用于药品包装。——译者注

Facebook 是大多数成年人使用的主要社交网络平台，但自 2012 年以来，Instagram、Pinterest、Snapchat、LinkedIn、Twitter 和微信的使用量都出现了大幅度增加（Smith & Anderson，2018）。根据 2018 年盖洛普民意调查，在美国，50 ~ 64 岁人群使用 Facebook 的比例从 2011 年的 34% 上升到 2018 年的 52%（McCarthy，2018）。

当今，几乎所有的成年人都成为电话的长期使用者，并且大多都将固定电话换成了手机。在美国 64 岁以上的人群中，85% 的人拥有手机，46% 的人拥有智能手机。老年人对智能手机的评价比年轻人更高。根据皮尤研究中心的数据，老年人（82%）比年轻人（64%）更有可能声称他们的智能手机代表着"自由"，而年轻人（36%）比老年人（18%）更倾向于声称他们的智能手机代表着"束缚"。老年人（82%）也比年轻人（63%）更倾向于评价智能手机可以"连接世界"，而年轻人（37%）比老年人（18%）更倾向于说他们的智能手机让自己"分散注意力"（Anderson，2015）。

4.6.3　电子阅读器与电子游戏

智力活动对认知功能很重要，但对老年人而言，在阅读报纸、杂志及图书方面，他们会比年轻人面临更多的障碍。随着我们逐渐变老，视力问题成为最常见的困难，老年人可能很难再去逛书店或图书馆，阅读各种信息材料的成本也变得很高。很多中年人和老年人开始尝试电子阅读器，并发现这种方式能够解决部分问题。因为电子阅读器可以由读者自行调节字体大小及背景亮度。一些电子阅读器还有将文本转换为语音的功能，所以读者可以将其当作有声读物使用。电子阅读器能够随时随地订购书籍、报纸、杂志，并且费用通常低于购买纸质书的成本。对如饥似渴的读者而言，与携带纸质书相比，携带电子阅读器会轻便许多。我最近开始用平板电脑阅读当地的报纸，因为可以增加阅读部分小印刷体的字号，而且用起来就像拖放电影的时间播放轴一样方便。在此之前，我一直都是那群声称决不放弃"报纸的印刷味儿与沙沙作响的翻页声"的人。电子阅读器的另一个优点是，比起到达院子，这种"报纸"会更早到达我的平板电脑。

尽管电子阅读器有很多优点，然而这种设备在老年人中并不像计算机和手机那样受欢迎。事实上，一些研究已经表明，即便老年人对电子书和纸质书有相同的阅读速度与理解程度，但他们还是更倾向于阅读传统纸质书（Kretzschmr et al.，2013）。皮尤研究中心在 2016 年进行的一项调查显示，只有 10% 的年轻人更喜欢阅读纸质报纸而非在线阅读，而在 65 岁以上的人中，63% 的人更喜欢阅读纸质报纸而非在线阅读新闻。

研究还表明，玩游戏，最好是在社交情境下玩游戏，能够维持个体的认知能力。当个体与朋友出去玩的能力和动力下降时，其组织桥牌小组和扑克之夜的能力和意愿也随之下降了。但现在，很多人能够使用智能手机和计算机突破这种局限，和住在世界各地的朋友（或陌生人）下棋、玩桥牌和拼字游戏。最近，我和我的妹妹罗斯共同加入了一个拼字比赛。我们俩居住的地方相距 400 多公里，彼此的生活也相当忙碌，但每天我们都会通过智能手机里的游戏应用"联系"好几次。我丈夫的平板电脑里有几个和孙子们一起玩的在线象棋游戏。

还有一些游戏可以单独玩，如填字游戏和数独游戏等。

有一些电子游戏的设计目的是为使用者同时提供认知训练和身体锻炼。研究表明，这一目的在诸如 PlayStation、Xbox 和 Wii 上的游戏中已经实现了。这些设备的特色是带有运动传感器，能够将游戏者的动作整合到游戏中，如保龄球、网球及跳舞等。最近一项研究以65 ~ 78 岁法国成年人为研究对象，目的是评估训练游戏对他们的身体表现及认知表现的潜在好处（Maillot et al., 2012）。研究采用了前测和后测结合的方式，参与者在接受游戏训练之前和训练之后都会接受一系列针对身体健康程度的测试（如心率测验、努力完成每日任务的主观评价及身体质量指数等）。此外，在训练前后的两次测试中，还会包括测量参与者在执行控制、加工速度、视觉空间能力这一系列认知任务上的表现。这项研究把参与者分为两组，其中实验组接受了为期 12 周的任天堂 Wii 游戏训练，而对照组并未接受特别训练。研究人员称，训练游戏组的参与者在体能状态和认知能力的大量测验中均呈现出显著的提高。这些结果清楚地表明，玩电子游戏有利于老年人的身体健康及认知健康。

4.6.4　安全驾驶

老年人与驾驶的话题引发了各种各样的观点，其中大多都是情绪化的。在美国的许多地方，开车能力是成年人的代名词。即将成年者迫不及待地想要拿到自己的驾驶执照，而老年人则害怕他们必须放弃开车的那一天到来。中年人和他们年迈父母之间最大的矛盾之一便来自"驾驶问题"，究竟什么时候开始及应该以何种方式说服父母放弃驾驶是一个大问题。汽车确实是一种危险的机械，在美国，对刚进入成年期的年轻人和青年人来说，车祸是他们的主要死因。对所有美国人来说，车祸是排在第九位的致死原因（National Highway Traffic Safety Administration, 2015）。与年龄相关的认知能力的变化是否威胁驾驶安全是一个重要的问题，研究试图探明是什么因素导致了不安全驾驶，是否能够通过一些方式对老年人进行再培训，从而提升他们的驾驶安全性。

美国约 19% 的驾驶者年龄在 65 岁或以上，占所有车祸死亡人数的 28%（U. S. Census Bureau, 2012a）。然而，这些数字无法为我们提供老年人驾驶状况的全部信息，因为老年人开车的次数比年轻人少。如果把不同年龄段的事故发生率转换为每年的驾车里程数，我们就能得到更清晰、准确的结果了，结果如图 4.14 所示（Insurance Institute for Highwavay Safety, 2018）。

然而，各年龄组的车祸死亡人数与行驶里程的关系也不是最准确的呈现，原因有两个：第一，高龄司机及其乘客的基础健康状况通常比年轻司机及其乘客更差；第二，高龄司机的骨骼更脆，加之其他已有的健康问题，使他们比年轻司机更容易受到致命伤害。尽管如此，我们必须承认，年龄是安全驾驶的一个因素，我们同时还应当关注随着年龄而变化的认知能力会对安全驾驶造成怎样的影响。

可视区

高龄驾驶者在驾车的若干方面都存在困难：有信号灯的路口或有礼让标志的交叉路口、

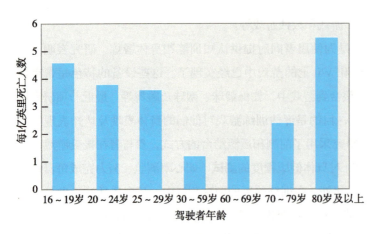

图 4.14　驾驶者年龄和致命车祸次数

年龄为 30 岁以下和 70 岁以上的驾驶者更容易发生致命的两车相撞事故，驾驶者年龄为 80 岁以后，这一比例急剧上升。

注：1 英里约折合 1.61 千米。

SOURCE: Insurance Institute for Highway Safety (2018).

识别需要左转的停车信号或交通标志，以及一些其他问题。这在一定程度上表明，尽管高龄驾驶者能够通过视力测试，但他们的 **可视区**（useful field of view）——一眼能看到的视觉范围——是有限的。高龄驾驶者的可视区会降低到正常视觉范围的 40% 左右（Sims et al.，2000）。

研究表明，可视区并非一种保持恒定的感知能力。实验室研究结果表明，当个体同时参与其他活动时，他们可视区的范围就会缩小。一项研究以视觉正常的年轻大学生作为参与者，考察了同时进行两项任务时人们可视区的变化。当在测验任务上加入另一项口头的词汇选择任务时，参与者视野外围检测视觉刺激的能力会显著降低（Atchley & Dressel，2004）。尽管这是一项在实验室完成的测验，并非在公路上的真实场景下开展的研究，但对所有年龄段的驾驶者而言，在驾车之外同时完成多项任务确实会严重干扰驾驶。驾车是一项非常艰巨且复杂的认知活动，不应该同时开展其他竞争人们认知资源的任务，如聊天或发短信等，对视觉能力减弱的高龄驾驶者而言更是如此。

以上这些消息让人心情沉重，也有一些令人鼓舞的消息：人们可以通过训练扩大自己的可视区。例如，在一项研究中，实验者向可视区减少的高龄驾驶者（平均年龄为 72 岁）提供了两种训练，都是在触屏计算机上进行操作，即加工速度训练和驾驶模拟器训练（Roenker et al.，2003）。加工速度训练的方式是在触屏计算机上、在参与者可视区范围外呈现目标，目标显示的持续时间不同，然后要求参与者发觉目标后尽快做出反应，直至达到熟练水平（通常达到该水平所需的平均训练时间约为 4.5 小时）。参与者在两周之后会接受模拟驾驶测验。结果显示，加工速度训练组的危险驾驶行为降低了，即低于训练前的基线水平。研究考察的主要危险驾驶行为包括忽视交叉口的交通灯和交叉口转向时错误估计车距，这两种行为在车祸事件中发生的概率最高。此外，加工速度训练还把人们的平均反应时间降低了 277 毫秒（在现实生活中，反应时间减少 277 毫秒的意义是，如果驾驶者以每小时 88 千米的速度行驶时，反应时间减少 277 毫秒就代表刹车距离缩短近 7 米——这绝对不是一个微不足道的改变。）接受驾驶模拟器训练的参与者在反应时间上并没有提高，但在所训练的特定技巧上确实有所改善。18 个月之后，加工速度训练组通过训练获得的能力提升在很大程度上能够得以保持。研究者由此认为，对于高龄驾驶者，加工速度的改善能够扩展其可视区范围，进而间接促进其驾驶能力的改善，在驾车过程涉及需要驾驶者迅速处理复杂视觉信息并做出反应的情况下，上述能力的改善带来的效果尤佳。

　　另一项研究关注的是人们在驾驶行为上的年龄差异：为什么高龄驾驶者无法像年轻驾驶者一样在交叉路口进行有效的（视觉）扫描？这种现象到底是随着年龄增长驾驶者的认知能力和身体素质下降的结果，还是由于其不良的驾驶习惯而引发的后果？研究结果支持后一种假设。这项研究将参与者分为三组：第一组为反馈组，研究人员根据日常行车视频为第一组参与者提供反馈意见；第二组为训练组，研究人员通过驾驶模拟器训练第二组参与者如何在交叉路口进行充分、全面的（视觉）扫描；第三组为对照组，不接受任何反馈或训练，结果发现前两组参与者的表现比对照组好（Pollatsek et al., 2012）。研究人员据此得出结论，高龄驾驶者的主要问题是，在驾车通过交叉路口时无法对周围环境进行充分的（视觉）扫描，因而导致其无法应对即将到来的危险。研究人员同时指出，这更多是由于糟糕的驾驶习惯引发的，而并非因认知或生理上的退化所致，因为通过在驾驶模拟器上对驾驶者提供反馈与练习，其驾驶问题在短时间内就能获得显著的改善。

作者提示

法律与秩序。

　　你所在地区有什么关于驾车时使用手机或发短信的法律规定吗？你对此的态度是赞同还是不赞同？为什么？

摘要：认知变化

毋庸置疑，随着年龄增长，人们在很多认知任务上的反应速度变得越来越慢，准确度也越来越低，即便是最健康的个体也会呈现出这样的变化趋势。但是，看待这些问题的最好方式是整体上从得与失两个角度来考虑认知能力的变化。

狄克逊（Dixon，2000）指出，我们得到了一些在整个成年期持续增长的能力，如理解力的增长（Sinnott，1996）及智慧的积淀（Baltes & Staudinger，1993；Worthy et al.，2011），同时还收获了一些比预期更好的表现。例如，尽管沙依（1994）发现，随着年龄增长，个体的总体认知能力呈现下降趋势，但并非所有能力都是如此。事实上，在该研究开展期间，90%的参与者至少在两种智力能力上保持其水平达七年之久。狄克逊还指出，在晚年时，当我们发现一种完成旧任务的新方法时，当我们发现一种技能的丧失能够导致另一种技能的提升时，当我们学会将我们的同伴或其他周围人"拓展"为合作伙伴时，这种补偿的出现同样也是一种收获。这些观点可能有些盲目乐观，却也饱含真理。认知老化的过程不完全只有丧失这一个方面，这为我们结束本章提供了一个不错的平衡点。

1. 注意力

认知始于注意力，关注一件事而不是另一件事的能力随着年龄增长而下降。老年人的一个特殊问题是注意力分配能力下降，如驾车的同时打电话。在注意任务、视觉搜索方面，包括在一个满是其他物体的房间里找到一个熟悉的物体，老年人的表现都比年轻人的差。老年人比年轻人更难找到物体，在过去一年中经历过跌倒的老年人在这项任务中的失败次数最多。

2. 记忆力

（1）记忆力包括短时记忆和长时记忆，它们是认知储存区。工作记忆处理短时记忆中的信息，以便立即使用，工作记忆还可以把信息储存到长时记忆中。短时记忆、长时记忆和工作记忆的测试得分，以及处理速度都会随着人们年龄增长而下降。而言语知识则会随着人们年龄增长而增长。

（2）长时记忆中的信息包括陈述性（外显）记忆（意识可用）和非陈述性（内隐）记忆（涉及技能和自动过程，如骑自行车等）。陈述性记忆由两部分组成，即语义记忆和情景记忆。语义记忆是关于语言、事实和概念的知识，情景记忆是关于回忆事件的知识。情景记忆随着年龄增长而下降，明显的下降从 60 岁左右开始，而语义记忆可以多年保持稳定，但随着年龄增长，会出现找词失败和找名字失败的情况。

（3）前瞻性记忆是记住未来要做的事情，例如，按照一定的时间节点服药，或者明天会见朋友。年轻人的前瞻性记忆比老年人的更好。

（4）认知训练可以提高老年人在特定任务中的记忆能力，但不能使其恢复到年轻时的程度。体育锻炼对认知能力改善有较大的积极作用。

（5）记忆力的损失可以通过外部辅助（列清单、看日历）或训练（心理表象、地点记忆法）得到部分补偿。

（6）从情境观的角度，一些研究人员发现，如果任务的认知方式更符合老年人所习惯的生活方式，那么他们在记忆测验上会表现得更好，如使用情绪性的信息、计划一项向下一代传授知识的任务、避免刻板印象威胁等。

3. 智力

（1）早期针对不同年龄段个体智商分数的研究表明，智力在 30 岁出头的时候开始下降，并且会出现持续的大幅度下降。之后的纵向研究发现，这种下降一直到人们 60 岁左右才开始，并且下降速度平缓。这种差异主要源于同辈效应。

（2）流体智力分数在 60 岁时开始下降；晶体智力分数在 70 岁或 80 岁时依旧保持稳定。

（3）通过针对不同能力的特定训练、身体锻炼及一般性的考试培训，我们能够在一定程度上逆转智力能力的下降，并且这种训练的效果是长期的。

4. 决策和问题解决

在现实世界的认知中，老年人能够比年轻人运用更少的信息、花费更少的时间做出正确的决策和判断，这可能源于他们积累了更多的经验。事实上，老年人通常比年轻人显示出更好的决策能力，尤其在面对人际交往问题时。老年人倾向于积极偏向，对于事件和情感更关注积极面而非消极面，并且在涉及积极图像或积极情绪的任务中表现得更好。

5. 认知变化中的个体差异

（1）随着年龄增长，并非所有人的认知能力都会呈现出相同的变化速率。在健康方面存在一些个体差异，视觉和听觉、慢性病、医疗、遗传、教育水平和收入水平都扮演了重要的角色。认知训练和身体锻炼有助于实现晚年期更好的认知能力。

（2）老年人对其认知能力的主观评价更多基于自己对老化的刻板印象，而非自己认知能力的实际下降情况。

6. 认知辅助

（1）认知辅助涉及针对年龄相关的认知能力下降的实用性解决方案。例如，帮助人们按处方服药的电子计时器和手机应用软件，以及一片上包有多份药粒并标有时间和日期的新式药物包装方式。

（2）参与社交网站有助于建立社交关系。65 岁以上的大多数人都是互联网的常客，其中 1/3 的人登录 Facebook 或其他类似的网站。

（3）公路上高龄驾驶者数量不断增多，在 70 岁之前，他们是非常安全的驾驶者，从 70 岁开始，他们卷入交通事故的频率显著增加。由于驾驶在日常生活的很多方面都很重要，研究者已经确定，可视区是安全驾驶的关键因素。对老年人进行再训练能够提高他们的视觉能力，也可以减少一些对可视区的干扰（如手机的使用）。另一些研究指出，通过反馈指导能够矫正高龄驾驶者的不良驾驶习惯。

写作分享

认知能力。

本章讨论了认知能力的个体差异，因为这些差异与多种因素（如健康、学校教育和体育锻炼等）有关。哪些具体因素影响了你认识的人（如家人、朋友和亲戚等）的认知能力？这些因素如何影响了这些人的认知能力？你认为这些因素有多大的影响？写一个简短的回答，可以与他人交换阅读。一定要讨论具体的例子。

05

第5章

社会角色

新婚夫妇的照片。

学习目标

5.1 分析社会角色如何随时间的推移而发生变化

5.2 描述青年人的社会角色

5.3 确定社会角色如何影响中年经历

5.4 评估处理成年晚期过渡的方法

5.5 分析非典型家庭与其文化之间的相互作用

作者的话 >>>>> 角色和调整

　　我在南佛罗里达州的一所大学里执教，教授发展心理学这门课程，我很喜欢教授这个角色。能够在一所较大的大学的分校区工作，我觉得很幸运，这样的工作环境能够让我深入地了解我的学生们。在校园里，很多学生都认识我，他们会驻足和我谈论他们计划要选修的课程、他们正在申请的研究生院，以及我在课堂上讲到的观点，等等。撰写本书是我工作的另一部分，并且这部分是独立于其他工作的，这也让我很愉快。因为这部分工作的需要，我在家里有一间办公室，在不需要去上课的日子里，我可以待在这间办公室里，几乎不用出去参与社交活动。这两个不同的职业角色共同提供了一种令人愉快的平衡感。

　　有趣的是，我丈夫在同一所大学的主校区任教，我时不时会去一趟"他"所在的校区。我在不同校区的社会角色具有非常明显的差异。在"我"所在的校区里，同事们询问的是我的班级、我的书，或者一些学术上的事情，如此等等；而在"我丈夫"所在的校区里，别人询问的是我的家庭或我们最近度假的情况。很明显，我在一个校区里的角色是教授，在另一个校区里的角色是教授的妻子。

　　他人将我视为教授并不是让我最有满足感的角色。每个月的第一个周五，是我最小的孙子所在小学的家庭午餐日，6 年来我已熟知其中的每一个步骤。我带着打包好的午餐，在餐厅外的露台上等待小孙子。当孩子们到达时，我的小孙子通常会扫视一圈正在等待的家长们，然后很快发现我。之后，我听见他一边叫着"奶奶，奶奶"，一边向我跑过来，抱住我，然后亲吻我（接下来，他就会去看我给他带了什么好吃的）。我们一起坐在树下吃午餐，他会自豪地告诉经过我们身边的朋友和老师："这是我奶奶！她来陪我吃午餐啦！"尽管我知道，明年他就要上中学了，到那时，我再陪在他身边可能不一定会让他开心，但我还是很享受现在他给予我的称赞。我觉得我们大学的校长都不一定能得到这样的赞美——至少不会这样在每个月的第一个周五"定期"得到赞美。

　　除了这些角色之外，我还是一个妻子、母亲、姐姐、姑母，还有一个角色是继母。在这些角色中，"作者"和"奶奶"是属于比较新的角色。我还有很多旧的角色，如姐姐和母亲。虽然称呼不变，但随着岁月的流逝，这些角色也在发生变化。通过反思我人生中不断变化的角色，我能很好地衡量自己在成年旅程上的进展。

　　本章内容涉及我们在成年期所扮演的那些角色，重点是随着时间的推移，我们为了适应角色需要而做出的调整。我将从关于社会角色及其转换的一个简短讨论开始，然后讨论青年期、中年期和老年期三个不同时期的典型角色。之后是有关性别角色的讨论，以及性别角色怎样在我们的其他角色中发生改变。最后，我将会谈到那些不同于主流群体的人们，包括终身单身者、无子女者，以及离异者和再婚者。虽然大家可能对这些内容已经有一定的了解，但我还是想强调，从一个角色到另一个角色的转换通常比角色本身更具有挑战性。

5.1　社会角色及其转换

社会角色（social roles）是指人们基于个体的社会定位而对其出现的行为和态度所产生的期望。研究成年发展的一种方法是考察成年人所扮演的典型社会角色随着时间的推移而发生的演变。在发展的早期阶段，社会角色理论对成年期的描述是依据个体在人生不同时期所扮演角色的"数量"进行的。早期理论指出，人们在成年期的最初几年会获得大量的社会角色，然后在晚年期逐渐摆脱这些角色。实际上，曾经对"成功老化"的衡量标准是以一名年长者已经放弃的角色数量及其放弃角色的意愿进行界定的（Cumming & Henry，1961）。在过去的几十年中，该领域的理论和观点已有所改变，现在新的理论被称为角色转换（role transitions）。角色转换理论指出，人们既不会获得社会角色，也不会失去社会角色，鲜有例外；这些角色只是随着个人生活环境的变化而发生转换（Ferraro，2001）。例如，刚刚成年的个体走进大学的校门，从颇受约束的高中生成为相对自由的大学生；年轻的成年人从配偶角色转换到为人父母的角色；中年人从被青少年依赖的父母转换为相对独立的成年人的父母；只有在一些朋友或家庭成员离世的情况下，老年人才可能失去一些角色，但他们仍然保留的角色也会让他们体会到充实感和满足感（Neugarten，1996）。对角色转换的研究不但包括探究在从一个角色转换为另一个角色的过程中人们是如何适应的，还包括探究角色转换对人们所肩负的其他角色所产生的影响。

在前几章中，我谈到了成年期个体在健康和身体机能方面的转换模式——这种转换类似于生物钟（biological clock）的运转模式。在本章中，我将阐述成年期个体在社会角色层面的转换模式——与前一章相比较，它可以称之为社会时钟（social clock）的运转模式。为了理解成年人生活中社会角色的结构，我们需要先看一看与年龄相关的社会时钟，以及成年人在人生各个时期里的不同性别角色。

5.1.1　时代变化的影响

社会性时间（social timing）涉及我们所承担的角色、所承担角色的时长及这些角色的顺序。这取决于我们所处的文化及社会对我们角色转换的期望（Elder，1995）。例如，在一些文化群体中，女性15岁就应该生儿育女（在美国，这种事可能也时有发生），但美国的主流观念认为这是"不合时宜的"。同样，因为重视独立而在45岁都不结婚或当父亲的男性也被认为是不合时宜的。在另一些年龄阶段，这两种行为都是可以接受的，或者说是"合乎时宜的"。一个人承担角色合乎时宜的程度对其社会性发展和幸福感是极其重要的（McAdams，2001）。

社会学家伯尼斯·纽加藤（Bernice Neugarten）及其同事首先提出社会时钟这一概念，对成年人是非常重要的（Neugarten et al.，1965）。他们认为，这是孩童与成年人之间很重要的一个区别，因为成年人有能力审视自己过去和未来的生活，对比过去与现在的自己，并预测将来的自己。社会时钟还可以让我们将自己与他人的生命周期相对比。纽加藤认为，我们会形成一种"正常且具有可预测性生活周期"的心理表征，并用它来评价我们自己的生活和他人的生活。

新成年者如果仍然与父母住在一起，没有稳定的恋爱关系，或者不努力实现个人经济独立，毫无疑问，他们应该意识到自己的发展是不合时宜的。同样，中年人也应该意识到是时候追求事业和职业目标了。同理，如果年龄较长的成年人能在合适的年龄完成生活中的角色转换，他们会生活得更好（如接受来自子女的照顾等）。心理学家杰特·黑克豪森（Jett Heckhausen，2001）的理论认为，一个人的社会角色序列与发展模式之间的联系越紧密，他／她在生活中感受到的压力就越小。

重要的不仅是我们承担预期的角色并符合他人对该角色的预期，而且是在恰当的时间、按照适当的顺序承担这些角色。虽然这些不一定总在我们的控制范围内，例如，丈夫在一次车祸中去世，所以一位女性在 27 岁时变成寡妇，或者 75 岁的老太太还在抚养学龄期的孙辈（而她 77 岁的老伴为了抚养他们又重新开始工作）。但是，我们可以准确地预测，那些没有紧跟文化环境下社会时钟节奏的人，更难让自己符合社会角色的期待，他们的生活满意度也不会太高。

在这里，我在一个概览表（见表 5.1）中汇总了社会角色随着年龄而变化的不同模式，这样读者就可以按照不同年龄组将成年人的特征和经历拼成一幅复杂的图。

关键是，尽管在时间和顺序上存在各种各样的变化，但对大多数成年人而言，角色转换模式的基本形式似乎是相似的。我们在成年早期开始承担更多角色，在中年期重新协商并过渡到不同的角色，在成年晚期会有更多的过渡。有些角色基于生物钟，有些角色基于社会时钟，但对大多数成年人而言，遵循的路线基本相似。

5.1.2 性别角色

与社会角色主题相交织的是性别角色（gender roles）这一概念，即男女两性在特定文化和特定历史时期实际出现的行为。我们在成年生活中承担的任何角色几乎都是由性别决定的。例如，为人父母意味着你的新角色是孩子的父亲或母亲。而在世界各地拥有异性父母的典型家庭中，母亲是孩子的主要照顾者，承担大部分家务；父亲是主要的养家糊口者，负责房屋和院子周围的维修工作，尽管在过去的 50 年中，男性和女性可选择的角色越来越多，越来越不局限于某一种特定的模式。

表 5.1　成年期的社会角色回顾

18～24 岁	25～39 岁	40～64 岁	65～74 岁	75 岁以上
新成年者的社会角色是儿童和成年人角色的混合体，角色转换随着角色的交替而呈流动状态	角色转换最繁忙的时期，年轻人成为劳动力，建立自己的事业	随着孩子不断成长，工作变得更重要，参与社区工作时通常需要承担指挥的责任，角色变得需要人承担更多内容	随着孩子变得更独立，自己步入退休生活，角色的内容便不再那么丰富了。志愿工作者和（外）祖父母的角色变得更重要	由于健康状况、精神状态和个人喜好等因素，角色非常个性化
性别角色差异适中	性别角色差异最大化，尤其是为人父母以后	在子女尚未离家之前，性别角色差异依旧很大	性别角色的扩大化更自由，但不是"性别交叉"	性别角色保持扩大化
大多数人住在父母家，在某种程度上，经济还不能独立	个体需要从父母那里获取帮助和建议	在这段时期，个体与父母的关系是最平等的。一些人开始转换到照顾父母的角色	与健在的父母通常涉及某种程度的照顾关系	父母去世，与在世的兄弟姐妹关系变得十分紧密
与伴侣的关系通常是约会或同居关系	大多数人在这段时期结婚了，虽然有很多人同居，或者继续保持单身。婚姻有时以离婚告终	伴侣的角色是核心，虽然离婚和再婚都有可能发生	可能从有伴侣的角色转换为丧偶或再婚后丧偶的角色	丧偶独居的人很多，尤其是女性
一小部分人在这段时期开始承担为人父母的角色	转换到为人父母这一角色上	角色以子女为中心，大多数人成为（外）祖父母	子女依然很重要，未生儿育女者的社交网络包括兄弟姐妹和他们的子女、亲密朋友和继子（女）	开始适应被照顾者的角色，子女依然很重要，自己需要被不同程度地照顾，那些未生儿育女者从其他亲戚、朋友和继子（女）处得到照顾

为什么会这样？经典答案来自性别图式理论（gender schema theory）。该理论指出，儿童被教导通过性别视角看待世界和自己，这种视角会人为地过分地强调男性和女性之间的差异。当他们成年之后，他们主动引导自己的行为，以便让自己符合并适应这些差异（Bem，1981，1993）。类似的解释来自社会角色理论（social role theory）。该理论指出，性别角色是幼儿根据他们对自己所在文化中不同劳动分工的观察而形成的观点（即社会对男性和女性有着不同的期望），然后自己遵循这些期望而行动（Eagly，1987，1995）。

这两种性别角色理论都认为两性差异的起源与近端原因（proximal causes）（即存在于当前环境中的因素）相关。其他理论则用远端原因（distal causes）（即存在于过去的因素）解释性别角色的起源。例如，进化心理学（evolutionary psychology）就是遵循远端原因思路的一种理论。它认为性别角色是我们的原始祖先为应对数百万年前反复出现的问题进化而来的解决方案。进化心理学理论解释了女性和男性由于先天遗传而表现出不同行为模式的原因。

这些负责两性差异的基因至今仍然"保存"在我们身上，因为在整个人类历史中，这些基因使男性和女性作为人类物种一直生存下去，选择配偶繁衍生息，保护后代并继续把这些基因遗传给下一代（Geary，2005）。这一理论的早期形式似乎暗示，个体的基因决定其行为，但更现代的理论观点是，环境因素与进化而来的性别因素相互作用，从而使男性和女性倾向于以某种有利于物种生存的方式行事（Schmidt，2017）。

性别刻板印象

在某个社会中，对男性和女性各自特点的一致性信念被称为性别刻板印象（gender stereotypes），它往往会延伸到诸如每个性别的所有个体应当做什么，以及应该如何表现等各个方面。虽然性别刻板印象在有些情况下是有价值的，但也可能是不够准确的，如果它被作为评判男性或女性个体行为的某种标准，那么是特别有害的。

性别刻板印象在不同文化中表现出惊人的一致性。在早期的研究中，心理学家约翰·威廉姆斯（John Williams）和德博拉·贝斯特（Deborah Best，1990）在 25 个不同国家对性别刻板印象进行了调研。在每个国家，他们给大学生一张列有 300 个形容词的表（已被翻译成当地的语言），并让学生判断这些词是常与男性联系在一起，还是常与女性联系在一起，或者两者都不是。研究结果显示，性别刻板印象在不同文化间表现出惊人的一致性。在 23 个国家中，绝大多数参与者对男性的刻板印象通常带有工具性特质（instrumental qualities），如好竞争、爱冒险及身强体壮等，而对女性的刻板印象则主要集中在亲和性和善于表达等方面，通常指的是共性特质（communal qualities），如富有同情心、直觉及抚育和养育的特质。

此外，性别刻板印象表现出惊人的跨时间稳定性。大多数人都会做出这样的推测，在过去30 年来，人们对男性和女性角色的总体看法已经发生了变化，但最近的一些研究却显示了不同的结果。社会心理学家凯·迪奥克斯（Kay Deaux）及其同事在 20 世纪 80年代早期开展了一项性别刻板印象研究。30年后，他们再次开展了这项研究（Deaux & Lewis，1984；Haines et al.，2016）。研究发现，尽管男性和女性在工作和家庭角色方面发生了种种变化，但 30 年来，性别刻板印象依旧保持稳定。参与者被问及一个特征或角色是用来形容"男性""女性"，还是用来形容"人"的。表 5.2 给出了这些研究中使用的一些特质和角色。

我们可以从这些研究中明显看出，性别刻板印象在我们心中根深蒂固，即使面对相互矛盾的证据时也难以改变。毫无疑

表 5.2 性别角色刻板印象示例

	对男性的刻板印象 （工具性的）	对女性的刻板印象 （共性的）
特质	独立	多愁善感
	好竞争	奉献与付出
	快速决策	沧桑
	从不轻言放弃	和善
	自信	能与他人共情
	压力之下挺身而出	善解人意
	强势	温暖的人际关系
	—	助人
角色	一家之主	情感支持的源泉
	养家糊口	操持家务
	领导者	照顾孩子
	负责家庭维修	负责家庭装潢

SOURCE: Deaux & Lewis (1984); Haines et al. (2016).

间，这些研究的参与者都能够意识到女性可以是领导者，男性可以是现实生活中情感支持的来源，而一旦抽象地谈论，他们仍然会将这些角色标记为男性或女性的特点，而非某个人的特点。谨记性别角色和性别刻板印象之间的区别是有益的。我们需要意识到的是，不要让这些性别刻板印象泛化成我们头脑中的固有观念，同时要警惕的是，不要让性别刻板印象影响我们对他人（或对我们自己）的评价。

换言之，对我们许多人而言，所承担社会角色的内容确实存在性别差异，而且这些差异的强度随着年龄增长而不同。下文将讨论在人生不同阶段个体所承担的多重角色，以及性别通常如何影响这些角色。

5.2 青年期的社会角色

经历过"走过"青年期或正经历该时期的人都会对以下观点深信不疑，即人们在该阶段承担的社会角色比任何其他人生阶段承担的都更加多变。刚刚步入成年期的人会不断探索属于自己的"正确"的人生道路，但他们在此时的角色转换并不大，只是和自己在青少年时的角色稍有不同而已（Shanahan，2000）。按照定义来说，青年期意味着个体不再具有学生角色，而开始以工作角色为主，除此之外，青年期还意味着个体独立于自己的父母，成为他人的配偶或忠诚的伴侣，以及承担为人父母的角色。在成年过渡期（transition to adulthood），或者说在个体开始承担其成年人角色的过程中，人们会经历巨大的变化。有些人完成高中学业之后，会考入大学或进入某一类型的职业培训学校，实现经济独立，并从父母家搬出来；另一些人在高中毕业后搬离父母家，从事几年初级工作后再次搬回去和父母同住，然后准备进入大学继续学习；还有一些人在高中毕业后很快就会结婚，但很多人都是先搬离父母家，再以同居生活作为过渡。因此可以很明显地看出，年轻人在进入成年人角色的过程中面临着各种各样的选择。

不再受制于一成不变的规则是有益的：年轻人不一定非要选择那些可能不适合自己的角色，例如，花四年时间学习一个不适合自己的专业，或者匆匆与一个并不适合自己的人早早结婚。研究表明，这一段漫长的成年过渡期能够帮助人们解决童年期形成的问题，让人们不再受之前问题的困扰，或者说，它是一个转折点，人们可以借助这段过渡期解决过往的问题，为成功步入成年期奠定良好的基础（Schulenberg et al.，2004）。研究还发现，在进入成年期的过程中，许多年轻人的心理健康状态可以说并不好，在他们身上会出现诸如反社会行为及物质滥用等问题，而成年过渡期的延长能够帮助他们改变自己的生活，这一点通常在那些服兵役者（Elder，2001）或已婚者身上（Craig & Foster，2013）表现得更加明显。

在发达国家，从青少年期晚期到人们完全"进入"成年期之间的这种过渡阶段是普遍存在的，现在该领域的学者已经考虑将这段过渡期定义为成年期的一个新阶段。发展心理学家杰弗里·阿内特（Jeffrey Arnett，2000）用成年初显期（emerging adulthood）这一术语描述这一阶段，大体涵盖人们18～25岁的这段时间。阿内特认为，在这段时间里，年轻人会尝试不同的经历，并逐渐确定自己对亲密关系的承诺和职业方向。他随后又描述了成年初显期不同于青少年期或成年期的五个特点，即身份（或自我同一性）探索、不稳定、自我聚焦期、感受游移及可能性（Arnett，2007）。

虽然成年初显期并非存在于所有文化之中，但研究人员已经关注到在不同国家的一些年轻人身上存在的差异，包括美国印第安年轻人（Van Alstine Makomenaw，2012）、阿根廷年轻人（Facio et al.，2007）、日本年轻人（Rosenberger，2007）、拉丁美洲年轻人（Galambos & Martínez，2007；Manago，2012）及一些欧洲国家年轻人（Douglass，2007；Tynkkynen et al.，2012）。在美国，目前大部分研究都是针对在城市求学的大学生群体展开的。这些研究发现，来自农村和城市低收入家庭的年轻人在聚焦自我和个人身份探索上与其他来自城市的年轻人在一定程度上表现出了差异。对来自农村地区和城市低收入家庭的年轻人来说，自投入全职工作并承担起家庭责任的那一刻起，他们身上才会出现传统意义上的角色转换（20 世纪 50 年代美国学者明确界定的）。

5.2.1 离家与回归家庭

如今，仅就从父母家搬出来这件事而言，处于成年初显期者的情况各不相同，例如，在什么时候搬出去，搬到哪里，我自己的家庭就是一个很好的例子。我的一个孩子高中毕业后很快就从家里搬出去，开始了同居生活；另一个孩子上了大学，在整个研究生阶段每年夏天都回家来住；而我丈夫的女儿，从她小时候就没和我们一起居住过，当她进入成年初显期时，也就是她上大学或者说是"在公寓间搬来搬去"的那个阶段，已经几次搬进搬出我们的"空巢"了。

对年轻人的生活规划最准确的描述是什么？如图 5.1 所示，皮尤研究中心指出，在美国 18 ~ 34 岁的年轻人中，有 32% 的年轻人与父母同住。这是自 1940 年以来的最高比例，也是在美国首次出现的情况：更多年轻人选择与父母生活在一起，而非与配偶或恋爱对象生活在一起（Fry，2016）。

图 5.1 显示，1960 年，62% 的 18 ~ 34 岁的年轻人与配偶或恋爱对象生活在一起，但到 2014 年，只有 31.6% 的人选择了这种生活方式——比例下降了近一半。另一个因素是，由于失业、低工资或漫长的教育过程，年轻人更有可能负担不起自己的生活安排。许多年轻人刚一毕业就要开始面对偿还助学贷款的压力，因而他们只能和父母住在一起，以缓解经济压力（Fry，2016）。

年轻人留在家里还有很多其他原因：现在美国出现了更多州立大学和在线课程，这使大学生继续住在家里是更经济的选择；父母更富裕，也更有能力抚养成年子女；父母有更大的房子和更少的孩子；年轻人不像过去那样需要应征入伍；父母与成年子女之间的关系往往比过去几代人更加平等。

我们对留在父母家里的年轻人了解多少？以往大家对这些年轻人的刻板印象是，他们懒散地坐在父母住所的地下室里玩电子游戏，逃避自己已经成年的事实。而实际情况却大不相同。美国人口普查局发现，这些年轻人中约 80% 的人要么在工作，要么在上学。其他人被归类为"赋闲在家"，但其中的许多人正在照顾自己的小孩或身体有残疾（Vespa，2017）。

18～34岁年轻人居住方式的比例

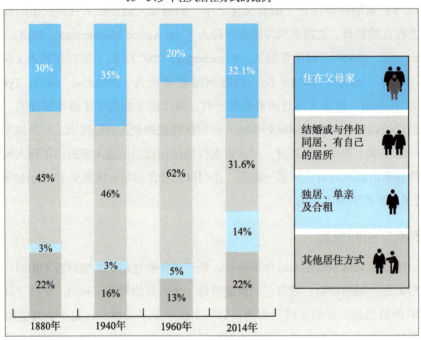

图 5.1　新生代和年轻人的生活安排

自 20 世纪 40 年代以来，更多 18～34 岁的年轻人与父母同住。

SOURCE: Fry (2016).

　　许多年轻人搬离父母家一段时间之后又搬了回去。多个国家的调查数据显示，这些"啃老族"在过去几十年里的数量已经翻番。在美国，大约有一半的年轻人在离开父母家四个月（至少）之后又重新搬回去和父母住在一起。年轻人搬出去的时候年龄越小，搬回来的可能性就越大。这些年轻人"回归家庭"的原因和前面提到的不离开家的原因类似，他们往往是经历了一些不幸的事，如失业、破产等，或者关系破裂（有时是因为父母经历了不幸的事，如身体不好或经济困难，导致成年子女搬回家和父母共同居住）。

　　生活转变

　　是什么原因导致年轻人在"本该搬出去的时候"没有离开呢？这会带来什么结果呢？

　　首先，我们需要谨记，大多数生活转变的时间都是在特定的文化和历史背景下形成的（Hagestad & Neugarten，1985）。当 1/3 以上的 18～24 岁的美国年轻人仍与父母同住时，曾经所谓"正常"的离家时间便具有了新的含义。

　　社会学家托马斯・利奥波德（Thomas Leopold，2012）在欧洲对这一现象开展了调研，旨在确定年轻人和父母一起生活会带来哪些影响。他在欧洲 14 个国家收集了来自 6 000 多个家庭的年轻人的数据，基于这些数据，利奥波德界定出了一组"晚离家"的年轻人。年龄最小的近 20 岁，出现在丹麦；年龄最大的，刚过 26 岁，出现在意大利。利奥波德进而考察了这些"晚离家"者与其年迈父母间后期关系的质量，他发现，与那些很早就搬出去住的兄弟姐妹相比，"晚离家"的年轻人与父母的关系更加紧密。即使搬出去，他们也会和父母住得更近一些，保持频繁的联络，并给予父母更多的帮助和照顾。这种紧密关系也是相互的——这些"晚离家"的成年子女即便在离开家之后也更倾向于接受来自父母的帮助。利奥波德总结道，在那个时代和那种文化中，无论对成年子女还是对年龄渐长的父母而言，子女一直住在父母家的经历对两代人的亲密关系起到了促进作用。

对一些年轻人而言，向成年人角色的转换还意味着进入一种不同的文化之中。例如，美国印第安青年在保留地范围内的学校上学，然后进入州立大学，而在进入大学后他们变成了少数族群（Van Alstine Makomenaw，2012）；又或者发展中国家的年轻人离开父母家从农村来到大城市，他们的价值观会发生改变，面对的选择也会更多，在行为标准和男女平等方面会形成新的规范（Manago，2012）。对一些发展中国家的成年初显期的人来说，对独立的追求是他们决定移民到国外的一个关键因素，目的在于获得更好的发展机遇（Azaola，2012）。

离家人群的性别差异

在独自生活还是与父母一起生活的选择方面存在性别差异，而且实际情况可能和你的猜测不同。图 5.2 显示了自 1880 年以来每 20 年居住在家中的年轻男女的比例（Fry，2016）。这一数据表明，在过去的 140 年中，留在父母家中的成年男性比成年女性多。其中一个原因是，处于恋爱关系中的两个人结婚或同居时，通常男性比女性的年龄更大。另一个原因是，当男女关系破裂时，如果他们已经有了孩子，那么年轻的母亲往往会选择独自与孩子住在一起，而孩子的父亲则很可能搬回父母家，同时为孩子尽抚养义务。最后一个原因是，在美国的一些文化中，女儿比儿子承担更多诸如烹饪、家务、洗衣服和其他需要成年人担负起责任的事情。因此，很多男性在尚未娶妻（让妻子为自己打理这些事情）之前更愿意留在家里，让自己的母亲（或姐妹）帮助自己做这些事情。此外，在一些文化中，家长对女儿的约束远远多于对儿子的，因此女儿比儿子更向往搬出去过较少受约束的生活。

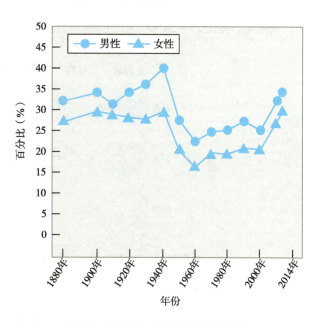

图 5.2　与父母一起生活的男女比例

年轻男性比年轻女性更可能与父母一起生活。

SOURCE: Fry (2016).

5.2.2　成为配偶或伴侣

对许多年轻人而言，成为一个成年人包括建立亲密关系，以及和自己的伴侣组建家庭。婚姻仍然是美国乃至全世界范围内人们保持亲密伴侣关系的一种传统形式，但结婚人数占总人口的比率一直处于下滑态势，并且人们结婚的年龄也在增大。美国人口普查局的最新数据显示，大多数美国女性在结婚时的年龄为27岁，大多数男性在结婚时的年龄为29岁。在过去的30年里，美国人平均结婚年龄增加了约4岁（Fry，2014）。伴侣们结婚年龄更大带来的结果就是，每年结婚的人口数量呈现整体下降的趋势，以及已婚人士所占的比例越来越少。为什么当今的年轻人会选择晚婚呢？部分原因在于，与过去的夫妻相比，现在的伴侣希望享受更高质量的婚姻生活，而且和过去相比，现在的伴侣希望享受性生活（甚至是生育子女）时无须再受制于两人已婚与否的条件。

另一个促使年轻晚婚的原因是不断增长的同居（cohabitation）率，或者说不结婚但可以住在一起，这在美国越来越普遍。尽管在美国只有7%的成年人同居，但年龄差异很大（Fry，2014）（见"美国的同居率"）。

在全美家庭成长调查（Copen et al.，2013）项目中发现，在美国，在年龄为18~44岁的成年人中，60%的女性和67%的男性同意"婚前同居可能有助于防止离婚"。最初开展这项调查时，研究人员共收集了大约10 000名年龄为18~44岁的成年男性和成年女性的数据。你觉得自己会怎样回答？这项调查中的问题呈现于下面的表格中，你可以将自己的答案与调查结果进行比较。

美国的同居率 ● ● ●

图5.3A显示了与其他亲密关系类型相比，不同年龄组成年人同居的比例。如读者所见，美国25~34岁人群的同居率最高（14%）。

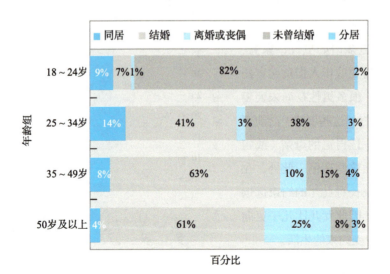

图5.3A　同居成年人的比例

注：因四舍五入，部分数据加总后大于100%，部分数据加总后小于100%。

SOURCE: Fry (2014).

当年轻人开始他们的第一段恋情时,同居比结婚更容易。一项针对 12 000 多名 18 ～ 44 岁女性开展的调查显示,近一半(48%)女性在以同居的方式与对方"确认关系",而只有 23% 的女性以结婚的方式与对方"确认关系"(Copen et al.,2013)。图 5.3B 显示了在三个不同时代的数据。如读者所见,自 1995 年开展调查以来,美国人的同居率上升,而以结婚作为"确认关系"方式的美国人在减少。尽管如此,美国人口普查局预测,大约 86% 的年轻男性和 89% 的年轻女性会在一生中的某个时候结婚(Vespa et al.,2013)。

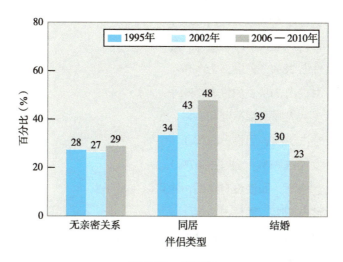

图 5.3B　同居率

SOURCE: Copen et al. (2013).

早期伴侣关系中的性别角色

无论一个年轻人是先同居还是直接步入婚姻,很明显,"伴侣"这个新角色会给其生活的许多方面带来深刻的变化。这个时期个体的一个主要特征就是性别角色。在婚姻或伴侣关系的开始阶段,在孩子出生之前,男性和女性比在成年晚期的任何时候都拥有更多的平等角色(egalitarian roles),或者说对等的角色。他们对家庭的经济贡献几乎相等,两个人通常都有全职工作,家务劳动平均分配。"伴侣"这个新角色邀请他们研究双方如何分担房租,学习如何共同做出财务决策,以及决定由谁来处理哪些家务。性别不再是影响这些决定的主要因素。与传统的性别角色相比,工作时间、兴趣、能力和平权主义思想发挥了更大的影响作用。

一对夫妇分担家务。

调查 ▶ 关于婚姻、生育和性行为的趋势和态度

1. 婚前同居有助于防止离婚。

    a. 同意（女性占 60%；男性占 67%）

    b. 不同意（女性占 38%；男性占 31%）

2. 当一对夫妇似乎无法解决其婚姻问题时，离婚通常是最好的解决办法。

    a. 同意（女性占 38%；男性占 39%）

    b. 不同意（女性占 62%；男性占 60%）

3. 除非结婚，否则年轻人不应该住在一起。

    a. 同意（女性占 28%；男性占 25%）

    b. 不同意（女性占 71%；男性占 75%）

4. 我认识的大多数人婚姻都不顺利。

    a. 同意（女性占 36%；男性占 32%）

    b. 不同意（女性占 63%；男性占 67%）

5. 两个人在一起生活，即使没有结婚，也可以生育子女。

    a. 同意（女性占 75%；男性占 76%）

    b. 不同意（女性占 25%；男性占 24%）

6. 未婚女性可以生育和抚养子女。

    a. 同意（女性占 78%；男性占 69%）

    b. 不同意（女性占 21%；男性占 30%）

7. 成年男女同性恋者有权收养儿童。

    a. 同意（女性占 75%；男性占 68%）

    b. 不同意（女性占 24%；男性占 31%）

8. 除非有孩子，否则人们不会真正快乐。

    a. 同意（女性占 6%；男性占 9%）

    b. 不同意（女性占 93%；男性占 90%）

9. 如果彼此有强烈的感情，18 岁的未婚年轻人可以进行性行为。

    a. 同意（女性占 54%；男性占 64%）

    b. 不同意（女性占 45%；男性占 35%）

10. 如果对彼此有强烈的感情，16 岁的未婚青年可以进行性行为。

    a. 同意（女性占 15%；男性占 21%）

    b. 不同意（女性占 84%；男性占 79%）

11. 两个同性成年人之间可以有性关系。

a. 同意（女性占 60%；男性占 49%）

b. 不同意（女性占 38%；男性占 50%）

SOURCE: Data from Daugherty, J., & Copen, C. (2016). National Health Statistics Report: Trends in attitudes about marriage, childbearing, and sexual behavior: United States, 2002, 2006–2010, and 2011–2014. Retrieved June 15, 2016.

5.2.3　为人父母

在成年早期，大部分人都要经历一个重要的转型，即为人父母。大约 85% 的美国人最终都会承担为人父母的角色，对大部分人而言，这个转型发生在 20 ~ 30 岁［Centers for Disease Control and Prevention（CDC），2017b］。第一个新生儿的到来会给多数人带来极大的满足感和一种自我价值感的提升，（就我自己而言）或许还有第一次真正"晋升"为成年人的感觉。该过程还是一种意义深远的角色转换，伴随而来的是先前生活各方面的巨大变化。

如今的年轻人不但会推迟离开父母家的时间，选择晚婚，而且会推迟承担为人父母角色的时间。一方面，就青少年和成年初显期者而言，新生儿出生率正创历史"新低"。少女早孕、堕胎及流产率也随之减少，究其原因可能是因为避孕知识的普及和更多年轻人使用避孕套的结果。另一方面，40 岁以上女性的生育率却出现了增长，造成这种现象的部分原因是生育年龄的推迟、助孕技术的进步，以及对单身母亲接受度的增加。数据包含 500 位 50 岁以上生育的女性（Martin et al.，2012）。

现在，美国女性生育第一胎的平均年龄比 30 年前增长了近 4 岁，为 26 岁（CDC，2017b）。在大多数发达国家，晚育的趋势也是显而易见的，如图 5.4 所示，图中展示了 30 多个发达国家女性首次生育的平均年龄，总体平均年龄接近 29 岁，保加利亚女性的平均生育年龄略低于 26 岁，韩国女性的平均生育年龄近 31 岁。美国是女性首次生育的平均年龄最低的国家之一［Organization for Economic Cooperation and Development（OECD），2016］。

在美国（及世界上许多国家），未婚生子成为另一种趋势。"先恋爱，后结婚"的老话已经过时了，对许多人而言，现在是"先恋爱，后婴儿车"。最新报告显示，美国大约 40% 新生儿的父母处于未婚状态（CDC，2017c）。然而，在 2008 年，超过 50% 的新生儿父母处于未婚状态。可是，从 2008 年到现在，这个数据呈现下降趋势。这种未婚先孕的下降趋势在美国不同年龄组和种族的伴侣中均存在。

造成这种现象的另一部分原因是，原来的"未婚生子"指的是年轻的单身女性，她们身边没有伴侣，而现在"未婚生子"越来越多（58%）地发生在同居情侣中（Martin et al.，2012）。因而，之前所谓"未婚妈妈"的含义如今已经有所不同。

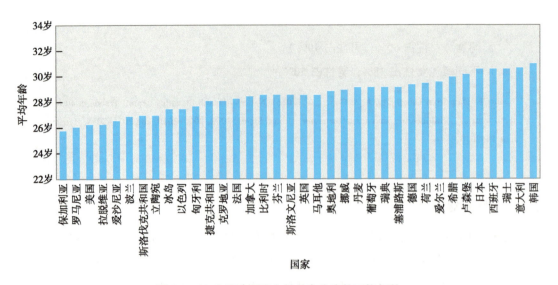

图 5.4　30 个发达国家女性首次生育的平均年龄

保加利亚女性生育第一个孩子的平均年龄略低于 26 岁，韩国近 31 岁。

SOURCE: Organisation for Economic Cooperation and Development (2016).

有孩子伴侣的性别角色

从单身贵族到某个人的伴侣，这个过程导致人们的性别角色也随之发生变化，向着更传统或更符合人们刻板印象的男女性别角色转换。第一个孩子的出生让这种转换更进一步：新手母亲变得更像传统女性，新手父亲也变得更像传统男性了。换言之，新手母亲更有可能变得专注于养育，同时她们身上的共性会更加突出，而新手父亲身上的工具性也会变得更加明显。通过对家庭中家务分配方式的研究，我们可以探究夫妻关系中平等性的改变，因为家务分配方式往往是性别关系的一种外在表现形式。例如，娜塔莉·尼奇（Natalie Nitsche）和丹妮拉·格鲁诺（Daniela Grunow，2015）分析了 12 000 多名德国成年人的纵向研究数据，以便确定他们在人生不同阶段的家务分配。研究的参与者是已婚夫妻和同居的异性伴侣，研究人员请参与者使用 1～5 对两人关系中女性承担家务的比例进行评分。图 5.5 的左图显示了在研究的不同时间里，无子女伴侣中女性承担家务的情况。3 分意味着在伴侣关系中男女双方平均分配家务。左图显示对无子女的伴侣而言，女性做家务的得分是 3.5 分，这意味着她们承担的家务比男性承担的多，该分数在研究的五个阶段中保持稳定。相比之下，图 5.5 的右图显示了第一个孩子出生前后的家务分工，该时间点在横轴上用"0"表示。在孩子出生前，他们的家务劳动分配与无子女的伴侣中的分配相似，但在孩子出生后，女性分担家务劳动的比例增加，得分接近 4 分。

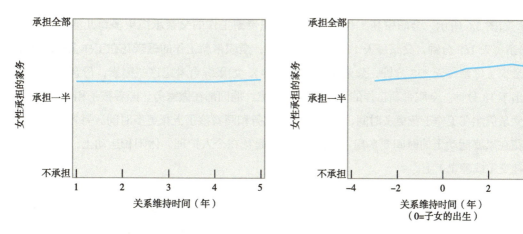

图 5.5　有子女和无子女的伴侣中按性别分配家务劳动的比例

无子女的伴侣（左图）报告，恋爱中的女性在 5 年的时间里承担的家务比男性承担的多。对有子女的伴侣（右图）而言，子女的出生标志着女性家务劳动量的增加。

SOURCE: Nitsche and Grunow (2015).

审视性别角色转换

是什么导致了男女性别角色的转换？一种解释来自父母投入理论（parental investment theory）。该理论认为，由于男性和女性在每个孩子身上所投入的时间和资源不同，因此他们形成了不同的性别角色行为和兴趣。十月怀胎一朝分娩后，女性还要再花费数年时间用于实际照顾方面，对每个孩子承担看护者角色时都比男性付出更多；而男性则只需要提供他们的精子让伴侣受孕，并且在伴侣怀孕一次的时间段内，男性理论上还可以繁衍大量的后代（Trivers，1972）。

另一个用于解释新父母性别角色差异的理论是资源交换理论（economic exchange theory）。该理论认为，作为伴侣，男性和女性彼此之间会互相交换商品和服务。女性为家庭生儿育女，作为交换，男性承担家庭的经济责任，即挣钱养家（Becker，1981）。最近的研究（及我们自己的经验）表明，这种"交换"并不是绝对的。大多数有 18 岁以下子女的女性（61%）现在同时也要挣钱养家，而她们的丈夫也会分担家务和照顾孩子（Bureau of Labor Statistics，2017）。

在一个家庭中，成员私底下在做什么是很难判断的。对谁做家务的判断同样很难，因为"家务"首先就是一个难以界定的概念。例如，如果家务不包括打理庭院和维修房屋，调查结果表明，女性比男性做的家务更多。但是，如果这些典型的男性任务被列入"家务"，那么男女之间的工作量就变得更加均等了。关于家务的研究是十分困难的，因为在许多调查项目中，研究人员认为，只要工作且取酬，无论全职还是兼职，都可以被定义为"在职"。由于许多女性从事的是兼职工作，这往往会导致出现这样的调查结果，即平均而言，"在职"女性比男性承担了更多家务和照顾孩子的工作。图 5.6 更准确地反映了有年幼子女的母亲和父亲根据自己的就业状况花费在家庭活动上的时长。

如图 5.6 所示，全职带薪工作的母亲比全职带薪工作的父亲承担更多育儿活动和家务（母亲每天 168 分钟，父亲每天 116 分钟）。然而，全职带薪工作的母亲花在工作上的时间比父亲少（母亲每天 338 分钟，父亲每天 372 分钟）。如果综合考虑这些因素，母亲比父亲多付出了 18 分钟。全职带薪工作的父母白天都很忙，他们都在做家务、照看孩子和带薪劳动，但父亲仍然在工作上花更多时间，母亲仍然在家务和照看孩子上花更多时间。另外，母亲每天花在家庭活动上的时间要多出 18 分钟，而不是花在个人护理、休闲和运动上，或者与朋友社交（或睡觉）上。

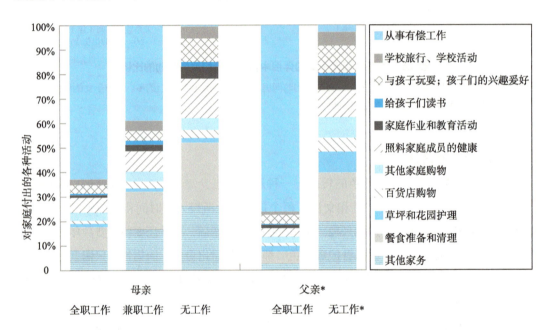

图 5.6　不同就业状况下未满 18 岁子女的父母平均每天用于家庭相关活动的时间（单位：分钟）
通过这些数据，研究人员可以比较全职工作的母亲和父亲所承担的家务，也可以比较全职、兼职和非全职工作的母亲在家务上花费的时间。
注：* 表示从事兼职工作的父亲样本数里不足。
SOURCE: Data from the Bureau of Labor Statistics (2016).

性别意识形态

对这种差异的一种解释是，伴侣之间的分工取决于他们的性别意识形态（gender ideology），尤其是男性的性别意识形态。相信男女平等的伴侣更倾向于更公平地分配家务。一项纵向研究发现，伴侣在关系早期表达的平等观点越多，在未来几年就越能平均分配家务：无论伴侣哪一方工作，也无论伴侣哪一方收入更高，情况都是如此（Nitsche & Grunow，2015）。

一项研究追踪了女同性恋伴侣从怀孕到成为"父母"角色的最初几个月时间。因为婚姻中的两个人均为女性，研究者希望了解"父母"角色在她们两人之间是如何分配的。研究结果显示，两人平均分摊家务，但负责生育的一方在孩子的初期护理上付出的精力更多，减少了花在工作上的时间。另一方则在孩子出生后将更多时间投入工作中。生物学上的父母身份似乎会影响伴侣关系中谁来照顾孩子或挣钱养家，而性别观念则似乎影响了家务的分配（Goldberg & Perry-Jenkins，2007）。

一项最近的研究调查的是同性恋及异性恋家庭领养第一个孩子后的家务分配情况，从而避开了生理角色因素的影响。结果表明，即使领养孩子的伴侣没有生育任务（怀孕、分娩、哺乳），他们也并非平均分摊家务。在领养家庭中，如果伴侣一方外出工作的时间较长，那么其花在照顾孩子（喂食、换尿布、起夜照顾孩子及给孩子洗澡）上的时间就较少，而不论男女。为家庭贡献大部分经济收入者在家务（做饭、打扫卫生、清洁厨房及洗熨衣物）方面花费的时间较少。与异性伴侣相比，同性伴侣（无论均为男性还是均为女性）在家务分摊上会更加均衡（Goldberg et al.，2012）。

随着整个心理学领域研究的不断深入，我发现在"家务"上存在的性别差异越来越小。我认为，部分原因是现在许多母亲开始进入职场，这一现象已经持续了数代。我们了解到，如果一个家庭中母亲会外出工作，那么在这样的家庭中成长的男孩在结婚后或与他人同居时会更愿意分担家务和琐事。当他们成为父亲时，他们更倾向于采纳平等主义的观点，也会花更多时间照顾孩子（McGinn et al.，2019）。如果母亲外出工作，其女儿在成为他人伴侣后，毫无疑问，也会更期待与伴侣之间平等分摊家务。越来越多的女性外出工作，这意味着她们和伴侣在照顾孩子及处理家庭琐事方面将会实现更好的合作关系。

当然，这些研究采取的方法大多是调查和自我报告，这不同于对成千上万父母的客观观察并将他们每一天的时间安排转化为数据表格。我们对时间安排都有自己的判断，例如，我丈夫和我都认为自己承担了 75% 的家务。

作者提示

性别意识形态与你。

你的性别观念是什么？你自己的性别意识形态会以什么方式影响你对家庭生活的思考、参与，以及其他方面？

为人父母和婚姻幸福感

在新婚过渡期内，伴侣的幸福感和满意度会比婚前更高，但晋升为父母会让他们的幸福感和满意度下降。虽然下降的幅度较小，但无论成为父母的两个人年龄多大、社会经济地位如何，或者身处哪个国家，这种下降都是普遍现象。研究发现，伴侣对婚姻的满意度与其家庭所处阶段之间普遍存在着线性关系，在第一个孩子出生之前和所有孩子离家之后，夫妻对婚姻的满意度是最高的。

新手父母对婚姻的幸福感下降并非什么新鲜事。差不多 50 年前，社会科学家就把这一过渡期定义为家庭周期中最困难的阶段之一（Lemasters，1957）。多年来，许多研究追踪过很多对夫妻，也观察到了这种现象（Belsky & Kelly，1994；Belsky et al.，1983；Cowan &

Cowan，1995；Gottman et al.，2010）。然而，这种下降的幅度很小，而且并非所有新手父母都会表现出这种幸福感下降的状况，当然也不是所有的新手父母最终都以不开心或离婚收场。

研究表明，怀孕和生育期能够持续提升伴侣的积极感受，这些积极感受如快乐、幸福、成就感和满足感。在第一个孩子出生后，伴侣关系质量会有所下降，这与情绪变化、育儿任务、经济问题、注意力从自我和伴侣身上转移到婴儿身上有关，也与自己的人际关系（如和朋友、家人等的关系）因孩子的出生而变化有关。这种关系质量的波动是夫妻双方都会感受到的，而不是任何一方的单独感受（Canário & Figueiredo，2016）。研究人员给出的最好建议是，考虑到父母身份给一对伴侣带来的巨大变化，我们应当认识到，这些情感变化是普遍的，是可以理解的。同样重要的是，要记住，为人父母也会带来很多积极的感受。

在结束这一节时，请允许我重申，成年早期是社会角色转换最多的时期，也是一个极其复杂和需要调整的时期。适应这些变化并非易事，即使这些变化是在相对延长的成年初显期内逐渐完成的，例如，在父母家里住的时间更长，同居而不是结婚，以及推迟生育计划。这些都不是坏事，这段时期恰逢一个人精神和身体健康的巅峰状态。我要传达给成年早期者的信息是，一切都在向好。对于那些已经过了人生这段时期的人，我的建议是，请回想一下自己的过去，为那些正在经历这些重要角色转换的年轻人提供一点帮助（或者至少说几句鼓励的话）。

5.3　中年期的社会角色

人到中年时，一个人将重新定义、重新探讨自己现有的角色。在这个人生阶段，个体的身体健康处于稳定水平，能够更多地自我审视自身的生活质量（Fleeson，2004）。在40~65岁，父母角色变得不那么费力，因为子女可以自给自足了。女性的分娩年限在这个时期结束，大部分人成为（外）祖父母。与父母的角色相比，（外）祖父母的角色不那么费时费力，也更令人感到愉快。人们的婚姻及伴侣关系变得更加和谐（或者人们结束了麻烦的婚姻，找到更合适的伴侣或选择独居）。与父母之间的关系渐渐发生改变，因为父母慢慢变老，他们在日常生活中需要子女的帮助。工作的角色在中年早期的要求仍然非常高，但大部分成年人已经在各自的岗位上稳定下来，通常而言，他们都能胜任自身的工作。许多人经历了从基层员工到资深员工再到指导者的角色转换，他们愿意花时间帮助年轻的同事熟悉工作中的窍门。不过，这并不意味着生物钟和社会时钟停止了走动，只是比成年早期走得慢一点。

5.3.1　子女离家：空巢期

中年期有时又被称为"后父母时代"，仿佛父母的角色在最小的孩子提着行李走出家门那一刻便戛然而止了。事实并非如此，养儿育女的人一生都在承担父母的角色。他们还会常常给子女提供建议、经济支持及其他帮助，也会帮助照看孙辈，是大家庭的核心。但是日子一天天流逝，父母的角色明显在发生改变，即变得省时、省力了很多。

"空巢"一词是指曾经以抚养孩子为中心的家庭现在孩子离开，家中只剩伴侣的现象。在 20 世纪 50 年代以前，人们一直认为空巢期是一个特别悲伤、特别有压力的时期，尤其对女性而言更是如此。事实却与此相反，如今的中年父母，他们的角色不再只有日常照顾和喂养孩子了。研究结果显示，这种角色的过渡期对大部分人而言是积极方面多于消极方面（Hareven，2001）。与之前养儿育女的时间相比，这段时期的婚姻更加快乐，许多伴侣把这个阶段的婚姻当作第二次蜜月（Rossi，2004）。随着孩子离家，日常家庭职责变少，女性便常常抓住这个机会，重新安排自己的人生：换一份新的工作、发现新的兴趣，或者回到学校攻读因怀孕而延期的学位。

5.3.2　中年时期的性别角色

如果说在年轻人逐渐走向成年期的过渡过程中，符合社会对自身性别所持的刻板印象的行为会变得更突出，那么一旦孩子们离开家，这类行为就会减少，这是合乎情理且有相关理论支持的。精神分析心理学家卡尔·荣格（Carl Jung，1971）曾写道，人们在中年时期的一个主要任务是整合或融合自己身上的女性特质和男性特质。精神病学家戴维·古特曼（David Gutmann，

孩子"离家"后的中年夫妇。

1987）则写道，当男性和女性一旦度过了"父母紧急状态"阶段，他们就可以自由地探索自己性格中更符合自我的那部分（而非更符合社会期待的那部分），如带有另一个性别的性格特征。古特曼提出了性别角色交叉（crossover of gender roles）的概念。该概念指出，在育儿责任结束之后，家庭中会出现性别角色的交叉，即女性会更多地呈现出传统的男性化角色和特质，男性会更多地呈现出传统的女性化角色和特质。这些观点似乎有些道理，但没有得到研究证据的完全支持。最近的研究表明，大多数男性和女性在整个生命周期中都认同与自己性别相关的性别特质，而且没有证据表明中年时会出现性别交叉（Lemaster et al.，2017）。

5.3.3　成为（外）祖父母

对如今的成年人而言，中年时期的主要角色之一就是成为（外）祖父母。如今，美国有超过 6 500 万的（外）祖父母。据预测，到 2020 年，1/3 的美国人将成为（外）祖父母。这种增长可以追溯到 1990 年，在当年婴儿潮时期出生的一代人已经到了成为（外）祖父母的年龄。尽管人们的生育年龄推迟了，但随着寿命的增长，人们仍有超过大半辈子的时间承担（外）祖父母的角色（Silverstein & Marenco，2001）。当今世界上的（外）祖父母比历史上任何时候都多。

在现今的时代，美国的（外）祖父母还健康而富足。现在，大多数（外）祖父母的年龄在 65 岁以下，然而这个年龄在未来会因为在婴儿潮时期出生者不断老去而继续增大。在不久的将来，大多数（外）祖父母的年龄将会在 65 岁以上。与前几代相比，如今的（外）祖父母在步入退休阶段时，有国家医疗保险提供医疗花费，也会得到更丰厚的退休金和退休储蓄金。他们养育孩子（且有理由推测）的数量会更少，所以他们不必花费全部的时间、精力和金钱在后辈身上。事实上，约 1/4 的（外）祖父母报告，他们去年在孙辈身上的花费超过 1 000 美元，这些钱大多数用于购买礼物和支付娱乐活动的费用，不过也有教育或医疗支出。超过 1/3 的（外）祖父母为孙辈补贴生活费。

美国退休者协会的一份调查显示，大部分（外）祖父母居住的地方至少在距一个孙辈 16 公里以内，并且孙辈每周可以去看望他们。（外）祖父母和孙辈一起看电视或视频，一起购物，一起做运动和健身、烹饪或烘焙，还一同外出游玩，如看电影、参观博物馆、去游乐园玩耍等。如果大家住得比较远，大多数（外）祖父母称自己每周都会和孙辈沟通交流，大部分时候是通过打电话的方式，他们讨论道德、安全、大学计划、时事、孙辈正在处理的问题、健康、霸凌、抽烟、毒品和饮酒等。超过 1/3 的（外）祖父母称自己会与孙辈谈论约会和性方面的话题（Lampkin，2012）。

新一代的祖父母

我家有个"孙儿房"，里面放满了各种书籍、游戏设备，还有一张折叠婴儿床和许多各种尺码的男孩泳衣（女孩则更喜欢自己把东西带过来）。车库里放着滑板、自行车、弹簧高跷和潜水装备，墙上有一个篮球筐正对着车库通道。门前的树上系着秋千，后院里还有个钉马掌的角落。食品存储柜和冰箱里放着孩子们最喜欢的食物，我也经常在我的购物清单上看到他们写的一些类似"双倍巧克力的冰淇淋"这样的请求。我在每年年初都会为他们购买文具，还会为上大学的孙辈提供经济上的帮助。做这些事情对我们而言是种安慰，让我们感觉自己并不是孙辈成长过程中的局外人。（当我写这段内容时，我 19 岁的孙子布伦丹和他的狗卡玛正睡在我的客房里。我的孩子们向我抱怨，为什么我不喜欢他们养狗，却允许布伦丹带狗来我家。显然，这另当别论。因为布伦丹是我的孙子。）

很显然，这并不是我们的（外）祖父母甚至我们的父母曾经承担的角色。我们没有一个角色模型来教我们如何成为一名现代版本的（外）祖父母，许多人都是在摸索中不断学习的。（外）祖父母的角色在很大程度上取决于他们和孙辈各自的年龄、彼此住所距离的远近、（外）祖父母与孙辈的父母之间的关系、每位成员的健康和收入状况等诸多因素。

公平起见，我应该列入一些（外）祖父母角色中不那么有趣的一面。有时，他们也会遇到一些问题，首要的、最频繁出现的便是源自（外）祖父母与其成年子女——孙辈的父母之间有关孩子抚养问题的分歧。一些（外）祖父母很难接受他们在角色上的转换，即从被孩子完全依赖的父母转变为和已养育下一代的成年子女保持一种相对平等关系的父母。有些成年子女在角色转换上也存在困难。

（外）祖父母抚养孙辈

有很大一部分（外）祖父母把孙辈带到自己家，并为孙辈承担起父母的责任，组成一个家庭，这种家庭现在常被称为（外）祖父母家庭（grandfamilies）。这种情况通常发生在孩子的父母因自身不成熟、服用毒品、入狱、患有精神疾病或死亡等原因而没有能力（或不愿意）履行父母职责时。美国人口普查局的数据显示，有 7% 的孩子居住在（外）祖父母的家里，其中约 1/3 的孩子双亲都不和他们居住在一起。这样的孩子总数约有 150 万，占美国孩子总数的 2%。

皮尤研究中心分析了美国人口普查数据，结果显示，有孙辈住在家里的（外）祖父母，无论孩子的父母是否同住，这种情况更多见于 50 岁以上的西班牙裔、非洲裔或亚裔家庭，50 岁以上美国家庭中出现这种情况的比例比上述三个群体更少。图 5.7 展示了这种差异。图中下方的条状显示了美国 50 岁以上人口按种族或族裔划分的比例；上方的条状显示了按种族或族裔划分的（外）祖父母家中有孙辈同住的比例（Krogstad，2015）。

图 5.7　（外）祖父母和孙辈同住

在美国，尽管西班牙裔、非洲裔或亚裔家庭在 50 岁以上的美国人群中只占少数，但大多数是有孙辈住在自己家里的（外）祖父母。

SOURCE: Adapted from Krogstad (2016).

其他与（外）祖父母生活在一起的情况还包括美国的新移民，他们更容易生活在多代人家庭中，原因可能是父亲"缺位"，孩子跟着未婚母亲生活，也可能孩子的父母对阿片类药物或其他药物上瘾。当儿童被社会服务机构从父母的监护下带走时，安置的第一选择往往是（外）祖父母家，而非寄养家庭。（外）祖父母重新承担父母的角色是可以理解的，但（外）祖父母抚养孙辈还存在其他复杂的影响因素。

（外）祖父母承担父母角色带来的问题 ● ● ●

缺乏足够的资金——首先是金钱的问题。大约 20% 的（外）祖父母生活在贫困线以下。如果家里的孩子是领养来的，那么他们有资格申请政府的服务和支持，但在许多情况下并非如此。除非他们对孙辈有合法的监护权，否则他们无法从"缺席"的父母那里获得孙辈的抚养费，无法为孙辈获得医疗保障，也无法与孙辈的学校进行互动。好消息是，美国一些州开始关注这些家庭，并愿意提供一些帮助。其他州正在建立引导服务，从而帮助这些（外）祖父母找到经济援助、住房援助和咨询服务。

源自父母本身的问题——（外）祖父母抚养孙辈的第二个原因是孩子的父母无法承担这个角色。如果孩子能够接触到毒品、目睹犯罪行为或遭受家庭暴力，那他们很可能会面临情绪问题。任何人都很难解决儿童身上的这些问题，但对年长的人来说，这些问题则尤为困难，因为这些老年人可能自己就面临经济困境，也已经为自己已经成年子女的问题焦头烂额（Wiltz，2016）。

对（外）祖父母抚养孙辈的研究表明，（外）祖父母的主要压力来源于这些孩子的父母（例如，孩子的父母既不在经济上承担抚养义务，也不关注孩子情感上的需求），除此之外，（外）祖父母自己也有棘手的待处理议题。而且，这些（外）祖父母在孩子的学习方面也会备感吃力，如他们没有能力应对孙辈的注意力缺陷／多动障碍或纪律问题。

5.3.4　照顾年长的父母

随着人们的寿命越来越长，许多中年人要承担的另一个主要角色是无偿照顾年迈的父母。美国国家护理联盟（National Alliance for Caregiving，2015）对美国成年人开展了大规模的调查。结果显示，在 25～64 岁的成年人中，有 10% 的人在过去 12 个月内为他人提供了无报酬的护理，其中大部分是照顾父母或岳父母或公公婆婆（以下简称父母）。照顾者大部分是女性。为父母提供无偿照顾意味着照顾年迈父母的中年人平均每周提供 24 小时左右的护理，持续 4 年。照顾者很可能是老年人的女儿或儿媳，她们通常能够得到其他无偿照顾者的协助，如她们的配偶或兄弟姐妹。被护理者通常是自己的母亲，主要是因为年长的女性比年长的男性数量更多，但也因为成年子女往往更倾向于对母亲尽照顾的义务，尤其在父母离婚的情况下（Antonucci et al.，2016）。中年照顾者的职责是料理日常事务，如安排去诊所就医，协助老年人进行独立的日常生活活动，如出行、购物、家务、膳食准备、财务和药物管理等。

大约 40% 的中年照顾者自己本身有全职工作，也声称自己因为需要承担照顾责任而改变了工作方式，如缩短工作时间或请假。许多人报告，他们的主管知道他们在家里要照顾老人，并给予他们灵活的工作时间和带薪假期的便利。与世界上几乎所有国家不同，美国绝大多数上班族没有带薪探亲假，以便他们照顾年迈的父母。大约 1/4（26%）的无偿照顾者有一个 18 岁以下的孩子住在家里（Wolff et al.，2018）。当照顾者的角色叠加在中年人现有的角色上时，结果会如何？答案可能会让你大吃一惊。

照顾与健康

多年来，人们普遍认为，照顾他人会不可避免地给个体带来压力，导致其产生身心健康问题。早期研究招募的是医疗场景下照顾承担者和社会团体或老年中心场景下的非照顾承担者。这些非照顾承担者虽然很容易找到，但作为研究的样本，他们无法代表普通人群，因为他们保持着良好的社会关系，而且身体健康。所以，这些研究结果显示，照顾承担者比非照顾承担者出现更多身心健康问题也就不足为奇了。最近的研究使用了更有效的对照组，并发现了非常不同的结果。

在控制其他影响因素后，研究对比了照顾承担者和非照顾承担者的健康状况。结果显示，只有少数照顾承担者出现了更多抑郁和身体健康方面的问题。医学研究人员戴维·L. 罗思（David L. Roth）及其同事对 43 000 多人的身心健康、抑郁症状、社会接触和护理状况方面的数据进行了回顾（Roth et al., 2009）。上述四个成分共同组成了生活质量（quality of life）这个概念。12% 的被调查者（约 5 171 人）报告，自己承担了家庭照顾的责任，其中约 1/3 的人负责照顾父母（约 1 700 人）。一般来说，照顾承担者的心理健康问题发生概率比非照顾承担者更高，但两组之间的身体健康状况却并未显示出差异。然而，那些报告自己由于成为照顾承担者而产生高度压力的人更倾向于报告更多生理和心理健康问题，特别是抑郁症状；同时他们也会报告自己与社会的接触更少，比低压力的照顾承担者和非照顾承担者要少。有趣的是，主观报告压力水平较低（或无压力）的照顾承担者比非照顾承担者身心健康状况更好。当研究人员把照顾时间、照顾者和受照顾者之间的关系，以及照顾者是否与受照顾者住在一起这些因素都考虑进来之后，照顾承担者主观报告的压力水平仍然是预测他们身体和心理健康的最强因子。这意味着，当涉及对生活质量的评估时，照顾承担者对照顾压力的感知比照顾本身更重要。

影响照顾承担者主观压力感受的因素包括年龄、先前是否存在健康问题、是否为痴呆症患者开车、是否被迫推迟自己的教育或职业规划、婚姻问题和财务问题等（American psychological Association, 2017a）。

积极的照顾体验

在将照顾与照顾承担者的健康状况直接联系起来之前，我需要提到两个可能的注意事项。第一个注意事项是健康照顾承担者假说（healthy caregiver hypothesis），这个假说认为，承担照顾者角色并持续承担照顾工作的家庭成员通常一开始健康状况较好，而且他们这种亲社会行为可能为自己提供进一步的健康益处（Fredman et al., 2006）。第二个注意事项是无论你是否承担照顾父母的责任，当年迈的父母拒绝他人照顾时，你都会感受到情绪上的困扰，从而导致压力和抑郁症状（Amirkhanyan & Wolf, 2003）。更科学的研究方式是，一组参与者是身体健康且承担照顾父母责任的中年人，另一组是不承担照顾责任的这群中年人的兄弟姐妹，如果能够对比这两组人的健康状况，那么研究将能够得到更有价值的结果。

另一个关于为年迈的父母提供照顾的令人惊讶的发现是，大多数照顾承担者（83%）报告，这是一种积极的体验。许多人报告，他们很高兴自己有机会回报为他们做了那么多的父母，知道父母得到了很好的照顾，这为他们的生活带来了个人成长和目标感。虽然照顾工作并不意味着不对他们构成压力，但在这样的经历中，情绪困扰和积极的成长是共存的

（American Psychological Association，2017b）。

在一项定性研究中，心理学家尚德成（Sheung-Tak Cheng，音译，2015）及其同事请57名研究参与者用语音记录每天发生在自己生活中的积极事件，这些参与者都是在自己的家庭中照顾阿尔茨海默病患者的主要人员。研究人员根据结果归纳了十类积极的事件及每类事件的示例（见表5.3）。

表 5.3　照顾罹患阿尔茨海默病亲属的积极方面

积极方面	示例
对阿尔茨海默病的认识和对疾病的接受	一位女儿说，承担这个角色让她慢慢意识到自己从父亲那里学到了关于生命和衰老的知识
目标感和角色承诺	一位阿尔茨海默病患者的妻子说，她不会让自己气馁，她决心照顾他、支持他，并在需要的时候安慰他
成就感和满足感	一位女性说，当她看到母亲的病情有所好转时，她觉得自己所有的努力都是值得的
掌控感	一位阿尔茨海默病患者的妻子讲述自己为了让丈夫能见到一些老朋友而策划一次聚会的经历。虽然他并不记得每个人，但他过得很开心，她对聚会成功举办感到非常高兴
耐心与忍耐力提升	一位女儿报告，由于照顾母亲，她变得更加宽容了。她已经学会了如何应对母亲的重复行为，这也让她在生活的其他方面更有耐心，不那么暴躁了
培养积极心态	一位阿尔茨海默病患者的儿子称自己的母亲试图为他准备餐食，却不会意识到他已经准备好了。一开始他很恼火，但后来意识到，母亲想给他做饭是多么美好的事情
学会放手	一位阿尔茨海默病患者的妻子说，她学会了通过放过丈夫和自己的方式控制自己的情绪。我们都丧失了太多，一旦丧失的悲伤消失了，我们就可以一起走向我们剩下的未来
与受照顾者建立更紧密的联系	一位照顾妻子的男子说，这段经历让他们走得更近了。他们一直忙于自己的生活，但这段经历让他们得以更加了解对方
发现需要照顾的人	照顾一位阿尔茨海默病患者的三位成年子女报告，自从他们的母亲开始需要他们的照顾后，他们变得越来越亲近。他们有一个共同的话题要谈，他们都关心母亲和彼此
帮助其他照顾者的价值感	一位女儿加入了一个照顾者支持小组，她说她能够帮助其他照顾者解决他们的问题。她说自己能够对他人产生价值对她帮助很大

5.4　成年晚期的社会角色

在成年晚期，我们又转换到了之前角色的简化形式——我们搬进了小房子或退休社区居住；我们离开全职工作，只是从事一些兼职工作、志愿者工作，或者照顾配偶、亲戚或朋友们；我们为自己孙辈或曾孙辈的成长感到自豪；我们看着孩子们长大，变得成熟；我们享受着他们的成功和喜悦。还有一些角色并不是我们自己的主动选择，通常是因为丧偶，我们需要成为独居的角色或接受他人照顾的角色，但这也是人到老年后生活的一部分。

曾有一段时间，成年晚期被视为角色丧失的时期。即便在角色转换的观念被越来越多的人接受之后，人们还是认为，角色转换给老年人带来的影响通常都是有压力的、悲伤的和有丧失感的。最近，有研究表明，成年人在成年晚期应对角色转换时并不存在典型的方式。不同的人以不同的方式经历着角色转换，甚至同一个人在角色转换过程中都可能有不同的经历——开始可能极端混乱，然后根据个人偏好承担新角色后得以恢复常态。就目前而言，成年晚期不再被视为一段失落的时期。研究人员忙着在大范围内探索可能出现的结果，以及能够预测导致不同结果出现的个体因素。

5.4.1 独居

对很多成年人（多指成年女性）而言，晚年生活的一个新挑战是学习如何过独居生活，这是由于丧偶或离婚造成配偶角色丧失而带来的一种变化。图 5.8 显示了 1990 年到 2014 年美国 65 岁以上老年人的生活状况，这是皮尤研究中心（Stepler，2016）提供的最新数据（见"1990 年到 2014 年美国 65 岁以上老年人的生活状况"）。

决定老年人生活状况的因素很多，包括健康状况、经济状况、成年子女的数量、成年子女生活的地点，以及他们与成年子女（及子女的配偶）之间的关系等。自 1990 年以来，65 岁以上女性独居的比例急剧下降，这是因为与配偶或与成年子女一起生活的女性比例有所上升。对美国的大多数老年人而言，独立居住的愿望是非常强烈的，如果他们具有经济能力且能够照顾自己，大多数没有配偶的老年人更愿意独自居住。当然，这种角色转换并不容易。

养老地点

就地养老是指老年人一生都能够待在自己家里。这不一定意味着同一个家，但要晚年能够独立，在自己的家里，要么与配偶或伴侣生活在一起，要么自己生活。大多数成年人都表示希望以这种方式养老（Bayer & Harper，2000）。影响就地养老的因素包括健康水平、经济状况、对社区的依恋、社区的安全，以及与其他家庭成员的距离等（Ansensel et al.，2016）。

我的家庭在过去几年中就经历了这种转换，在我公公去世之后，我 64 岁的婆婆独自住在他们位于新英格兰的家中。如果严格按照定义划分，她应该属于"独居"状态，但实际情况并非如此。三个成年子女及其配偶住在她家附近，还有七个孙辈住在交通便利的范围之内。一个儿媳每天早晨在上班的路上会给她打电话，一个儿子每天下午在下班回家的路上会去看望她，另一个儿子和他的妻子每周三会带她出去吃晚餐，每周日会带她出去吃早餐。周日晚上，一个女儿及其全家一起过来吃晚餐。每天，一个社区志愿者会来拜访并带她去午餐，教会中有一位女士会接她去做礼拜。我的婆婆已经多年不开车了，所以她把自己的车送给了需要用车的一个孙辈。作为交换，这个孙辈很乐意在祖母有事和有约会时开车接送她。另一个儿子和儿媳（我的丈夫和我）住在佛罗里达州，我们常去拜访她，并且非常希望她能来和我们一起过冬天，但她总是拒绝我们的邀请。我想这可能就是被归为"独居"的许多老年人的情况。

独居并不是孤独的同义词，孤独被定义为对社会孤立的感知。研究人员在调查不同年龄人群中的主观孤独感时发现，年轻人和老年人独居时的孤独感往往比与他人一起生活时更低。影响老年人孤独感的因素包括失去配偶或伴侣、收入有限和功能受限。因为孤独是非常主观的感受，社会参与度较低的老年人不一定会感到孤独。这完全取决于他们如何看待自己的社会生活（Luhmann & Hawkley，2016）。

作者提示

你的祖父母。

想一想你自己的（外）祖父母，如果他们还健在。你的（外）祖父母会住在哪里？你能够为他们提供怎样的帮助？

1990 年到 2014 年美国 65 岁以上老年人的生活状况 ●●●●

这两组数据代表了美国 65 ~ 84 岁男性和女性的生活状况。正如读者所看到的，这个年龄组中女性独居的比例（30%）明显高于男性独居的比例（17%）。这可能是因为女性与比自己年龄大的男性结婚的习俗，以及女性的平均寿命比男性的长 3 年的事实。与配偶一起生活的女性比例（46%）和男性比例（69%）则呈现出相反的情况（见图 5.8）。

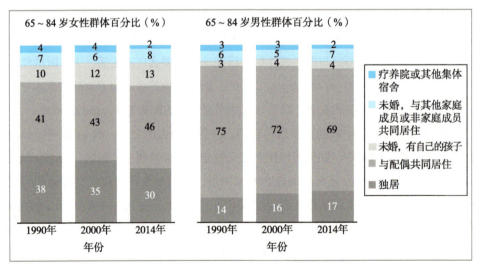

图 5.8A　65 ~ 84 岁男性和女性的生活状况

这两组数据显示了 85 岁以上男性和女性的生活状况。同样，独居的女性比例（46%）和男性比例（27%）存在很大的差异。与配偶一起生活的女性比例（12%）和男性比例（49%）也存在着差异。该组数据提供的另一个有趣的信息是，居住在养老院的美国老年人的比例自 1990 年以来稳步下降。

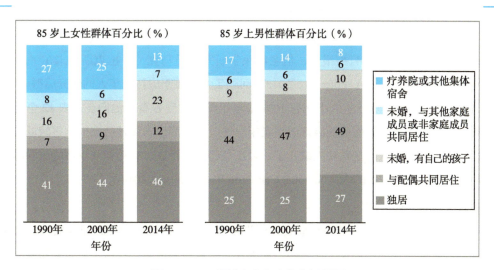

图 5.8B　85 岁以上老年人的生活状况

注：由于四舍五入，部分数据之和大于或小于 100%。

SOURCE: Stepler (2016).

5.4.2　成为受照顾者

很少有老年人计划成为一个受他人照顾的人。多年以来，作为一个独立的成年人，大家已习惯于自己照顾孩子和父母，有时甚至需要照顾孙辈，而很多成年人在年老之后发现自己无法独立生活。解决方法是要么自己搬进养老院，要么搬去与成年子女共同居住，要么由其他家人照顾。虽然这听起来像是辛苦大半生后迟来的奖励，但大多数老年人并不这么认为。研究人员对近 2 000 名 65 岁以上的成年人进行了调查。结果显示，超过 93% 的受访者表示"保持独立"非常重要，仅次于排名第一的"身体健康"（Phelan，2005）。

人们最熟悉的养老方式是养老院（nursing home），这是为不需要住院但在家里无法得到照顾的老年人提供的居住之所。年轻人常常认为，如果一个人活得足够长久，那么住进养老院是一件不可避免的事。尽管这种安排对我们来说很熟悉，但实际上并不那么常见。如果回顾图 5.8，我们会发现，65 ~ 84 岁的老年人只有 2% 住在养老院，在 85 岁以上的人群中，只有 13% 的女性和 5% 的男性住在养老院（Stepler，2016）。

老年人更常见的养老安排是和子女生活在一起。接受家庭成员的照顾有许多好处，最明显的是经济上的好处。养老院很贵，家庭医疗服务也很贵。如果家庭成员有意愿并能够提供照顾，就为老年人和医疗保健系统节省了资金。有些优点不是很明显，例如，让老年人有机会在其生命的最后阶段与家人更亲近，这种照顾也能帮助家庭成员修补他们之间曾经出现的裂痕，加深对彼此的感情。

作为受照顾者也有其负面影响（Roberto，2016）。我们都听说过虐待老年人的情况，这是一种照顾者或其他受信任者故意对老年人造成伤害的行为。虐待老年人可能存在于身体方面、心理方面、性方面或经济方面；且这些虐待可能被忽视。虽然很难估计虐待老年人的发生概率，因为许多案例没有被报告，但老年医学研究人员马克·S.拉克斯和卡尔·A.皮莱默（Mark S. Lachs & Karl A. Pillemer，2015）回顾了大量关于虐待老年人的研究后得出结论，美国60岁以上的非住院成年人中约有10%是老年虐待的受害者，他们在过去12个月里曾遭受虐待。其中，最有可能遭受虐待的是老年女性、痴呆症患者和社会支持水平较低的老年人。最可能虐待老年人的是其丈夫或儿子，以及有药物滥用史、有精神或身体健康问题、违法问题、失业或财务问题的人（National Center on Elder Abuse，2016）。

老年人承担照顾工作

尽管照顾父母是中年人的主要职责，但许多老年人自己也正在照顾配偶或其他老年亲属，而且该数据每年都在增长。在美国，老年人的数量不断增多，日常生活需要照顾的老年人也不断增多（在全世界范围内情况也大致如此）。美国家庭护理者联盟估计，超过300万75岁以上的老年人正在照顾另一位老年人，受照顾的人大多也是75岁以上。大约一半照顾发生在配偶之间，但也有些发生在兄弟姐妹、朋友和邻居之间。大约9%的75岁以上的老年人需要照顾其父母。老年人提供的照顾通常不同于中年人提供的照顾。由于许多人都在照顾配偶，他们通常住在同一个家里，这是一份"全日制"工作。在该年龄段，老年人需要的照顾往往是日常生活活动，如洗澡、穿衣、吃饭、上厕所和在屋里走动等。具有讽刺意味的是，与中年人提供的常见照顾相比，这些诸如洗澡在内的日常生活照顾需要投入更多的体力和时间。事实上，如图5.9所示，照顾者年龄越大，其花在照顾工作上的时间就越多。

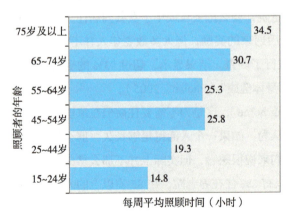

图 5.9　按年龄分列的照顾时间

照顾者花费在照顾上的时间随着受照顾者年龄增长而增加。
SOURCE: Family Caregiver Alliance (2016).

研究人员比较了过去16年来照顾者角色的变化，发现照顾配偶的老年人提供的照顾时间比16年前少了，而且大约50%的人报告自己出现了情绪、身体或经济方面的问题。与16年前相比，不愿意照顾痴呆症配偶的人增加了一倍（Wolff et al.，2018）。政府负责医疗卫生工作的人员已经开始认识到家庭照顾者的贡献与付出，并且已经讨论了通过直接向家庭成员付费的可行性，从而节省长期照顾的公共开支（Newcomer et al.，2012），这种方式在法国业已施行（Doty et al.，2015）。

5.5　非典型家庭中的社会角色

许多人的生活并非按照典型的成年人社会角色运行模式展开，即从单身到结婚（或同居）、为人父母，最后成为（外）祖父母。事实上，有些人仍保持单身，有些人没有孩子，有些人一开始是按照典型的生活路径行进，之后决定走一段不同的人生旅程。所以，为了公平起见，为了像我这样的家庭（或许是像你那样的家庭），我需要在本章说一说成年人的其他一些社会角色及"不走寻常路"的那群人。

5.5.1　终身单身

大约 28% 的美国家庭仅由一个家庭成员构成，既没有伴侣和子女，也没有室友。这种情况包括尚未找到另一半的年轻人、离异或丧偶且儿女已成年离家的老年人，还有因为个人喜好而选择独居的人。据估计，在美国人口中，约有 5% 超过 65 岁仍未婚，其中男性数量多于女性数量，并且该数据自 20 世纪 60 年代以来一直保持稳定（U.S. Department of Health and Human Services，2017）。

成为一个终身单身者的原因各种各样，从专注于事业到非常害羞。从未结过婚的女性往往比从未结过婚的男性的受教育程度更高，收入也更高，这使他们之间很难相互匹配。皮尤研究中心发现，优秀的女性对未来丈夫的首要要求是有一份稳定的工作。她们还希望未来的丈夫和自己年龄相仿，并且以前未曾结过婚。对许多已经拥有稳定工作的女性而言，这几乎是不可能的。职业人口中的男性自 1960 年以来一直在减少，与此同时，职业女性的比例却急剧上升。一个解决办法是让一位单身女性嫁给一位年长的男性或离异 / 丧偶的男性。如果这无法被接受，保持单身将会是许多人的选择（Luscombe，2014）。

终身单身者通常会担心（或朋友善意提醒）在他们垂老需要帮助时没有人会照顾他们，因为他们没有伴侣，一般也没有子女。然而，研究表明，未曾结婚的老年人有自己的朋友圈，并有远房亲戚为他们提供所需的社会支持和帮助。

单身并不总是意味着孤独。单身人士可能保持着各种亲密关系，与一群朋友生活在一起，与他们决定自己抚养的孩子生活在一起，或者与伴侣保持长期稳定的关系，同时仍然保留着自己的生活方式。后者是一种相当新的生活方式（至少对研究人员来说是这样的），它被称为分开同居（living together apart）。这似乎在已经确立了自己生活模式的老年人中最常见，他们希望享受独处，但同时希望与另一个重要的人分享自己的生活（Antonucci et al.，2016）。

5.5.2　无子女

尽管时事新闻中有各种各样的报道，例如，对不孕不育症治疗的技术取得了新进展，高龄女性怀孕生子，以及妇女选择不进入婚姻（或拥有伴侣）便怀上孩子，然而美国女性不生育的人口比例仍在上升（我们会假设男性也面临同样的状况，尽管大多数报告仅统计了女性的生育率）。最新的人口普查数据表明，约有 15% 的美国女性到生育年龄结束时仍未生育孩子（Livingston，2015），这比 2005 年的 20% 有所下降。图 5.10 显示了从 1976 年到 2014 年的数据走势。

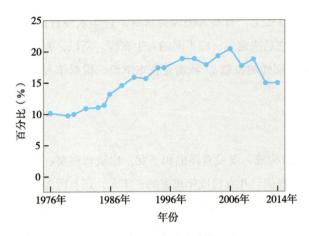

图 5.10　40~44 岁无子女女性的百分比

在 2006 年之前，40 岁及无子女的女性比例稳步上升，之后开始下降。

SOURCE: Livingston (2015).

其他发达国家也呈现出无子女人群比例增长的情况，英国与西班牙的该比例和美国的相近，东欧的一些国家、墨西哥和葡萄牙的该比例约为美国的一半（OECD，2016）。

不育症

当然，一些人是自己选择不要孩子，他们觉得为人父母不是他们想要的生活方式，而另一些人虽然希望生育子女，却由于某些身体原因而未果。对于这些没有孩子的成年人，我们没有一个准确的数字，因为这一直被认为是个人隐私，人们不愿意透露这些信息，甚至不愿意透露给亲朋好友。最近，人们对不孕不育的态度越来越坦然，所以研究人员正在收集这方面的数据。已有的一些证据表明，大约 12% 的育龄女性不孕，这意味着在过去的 12 个月中她们曾尝试受孕，但未能成功（CDC，2016）。约半数不孕女性寻求医疗治疗（Boivin et al.，2007），在去年美国出生的婴儿中，大约有 2% 是人工生殖技术的结果（CDC，2017a）。

这些数字并不能反映不孕不育者的心理体验。尽管辅助生殖的技术已经获得巨大的进步，但对不孕不育症患者的社会支持却并未跟上。为人父母、承担父母的角色几乎是男性和女性的普遍目标，当他们意识到这在现实生活中不可能实现时，对许多人而言，他们会体验到失落感、对自己身体的不信任及对未来的绝望感。此外，对不孕不育症的治疗还可能带来其他问题，因为这通常会涉及腹腔镜手术、每天注射激素导致情绪波动、看似无休止的医疗预约、高昂的费用及对结果的漫长等待。即使真的怀孕了，很多人对借助生殖技术是否会孕育出一个健康、足月的婴儿还是会感到焦虑，并且这种焦虑会持续很久。更复杂的情况是，夫妻可能没有办法成为彼此的依靠，因为双方都经历着同样的压力（Galst，2017）。最近，心理治疗师开始关注不孕不育症患者群体及接受不孕不育症治疗的群体。这两个群体可能出现的心理困惑包括无法怀孕的羞耻感、因嫉妒生育子女的朋友和兄弟姐妹而产生的内疚感、治疗失败时的失望感，以及伴侣之间应对方式的差异（Stringer，2017）。

无子女成年人关注的焦点

无论出于何种原因，未生育子女的女性往往选择把重点放在她们的工作角色上。由于不需要照顾子女，女性在全职状态下追求职业发展的障碍更少。女性是为了全身心投入事业而选择不生育子女，还是没有子女后产生的强烈事业心，这二者之间的界限往往并不明确，或许在有些女性身上二者兼而有之。不过有一点非常清楚，未生育子女的女性更有可能将工作贯穿其成年生活的始终，以此获得更高职位并赚取更多的薪水。

无子女的人群所怀担忧与未曾结婚的人群所怀担忧相似，即自己年迈时无人照顾自己。研究表明，这样的担忧是没有必要的。一项针对需要得到照顾的老年人的研究结果表明，有子女的人群从社交网络中获得的帮助并不比那些无子女的人群获得的帮助多（Chang et al.，2010）。无子女的人群似乎拥有兄弟姐妹、堂姐妹、侄女及侄子的强大社交网络，并且也可能从邻居和密友的子女那里得到帮助，还有许多人抚养过非亲生的子女（继子/女）。显然无子女状况与年龄无关，无子女的老年人在中年时期也没有孩子。他们大多会投入深厚的友谊中，并培养与兄弟姐妹和其他亲戚的关系。就社交网络的规模和功能而言，无子女老年人与有子女的老年人并没有太大区别（Zhang & Hayward，2001）。可以肯定地说，无子女的成年人的生活画卷并非只有永远的悲伤或遗憾。

无子女人群的困难之一是我们的社会体系似乎已烙上了"家庭为重"的印记。如果没有子女，家庭生活将过于单调，从而无法构建完整的成年生活经历。这也许是好事，也许是坏事：没有孩子的出生，你的社会关系和角色也不会发生改变，没有孩子的入学，也没有相应的庆祝，没有孩子的成年礼，没有孩子的第一次约会，孩子也不会离开家，所以以也就没有空巢家庭，因为巢从来都是空的（也许，一直都是满的）。

> **作者提示**
> 远大的期望。
> 　　对一个人生孩子的社会期望如何影响那些不能生育或选择不生育子女的人？

5.5.3　离异（或再婚）

成为某个人的配偶并不意味着从此永远幸福地生活在一起。目前，在已婚年轻人中，约25%的人在其十周年结婚纪念日之前选择离婚。而这些离婚人士大多会选择再婚。从离婚到再婚的平均时间间隔为四年。白人男性的再婚率最高（约为75%），非洲裔美国女性的再婚率最低（约为32%）。再婚率还与年龄有关：离婚时年龄越小，孩子越少，再婚的概率就越大。有超过半数的再婚人士会选择再次离婚。在这些选择再次离婚的人中，约1/3的人会选择第三次进入婚姻（Kreider & Ellis，2011）。

尽管如此，很明显，离婚会让人们的角色更多、更复杂。单亲父母必须常常承担更多的家庭角色：家庭中的经济支柱、精神支柱、管家者、孩子的照顾者、活动组织者、司机及其他角色。我们绝不能忽略离婚带来的经济问题。离婚意味着一个家庭的收入可能需要用来支撑两个家庭，这一事实降低了所有家庭成员的生活水平。离婚对父母和孩子的许多不利影响可以归结到经济损失，而非离婚本身（Sayer，2006）。

选择再婚后，会出现更多的新角色。再婚人士与他人组成家庭，并成为其他孩子的继父或继母。约90%的再婚人士至少都有一个在之前的伴侣关系中生育的孩子。如果配偶一方有孩子，另一方没有孩子，那么另一方就需要很快转变角色，从没有孩子的成年人迅速转变为孩子的日常照顾者。

因为父母离异之后，子女经常是和生母（及其再婚伴侣）一起生活的，而非与父亲一起生活。所以，似乎选择和这样的离异男性结婚也许对女性而言更容易适应自己的新角色，但是从其他更多的方面看则不然，因为当好继母要比当好继父困难得多。在民间故事和古典儿童文学中，继母的角色是最令人心生恐惧的——心狠手辣、蛇蝎心肠，这可能是一种对再婚女性错误的刻板印象。我估计所有继母在实际生活中都说过这样的话："我可不想看上去像一位蛇蝎心肠的继母！"我记得自己是这么说过的。另一个复杂情况是，我们所在文化中存在一种刻板印象，即每个孩子只有一位母亲，所以继母必须非常小心，不要闯入孩子与其生母之间那种特殊关系中。同时，从传统的家务责任分工来看，当继子（女）来到家里时，继母通常要承担额外的工作，如做饭、洗衣服及照顾孩子。毫无疑问，这种对角色内容的模糊认识，还会体现在继子（女）对待继母的反应上。

虽然继母这一角色存在已久，但是研究人员最近才开始对继母这一角色开展研究。在新近的家庭研究中，研究人员香农·韦弗（Shannon Weaver）和玛丽莲·科尔曼（Marilyn Coleman，2005）对11位继母展开了深入调查后发现，这些女性分别描述了三种截然不同的角色。第一种角色是"像母亲一样的非母亲"，在这一角色中，女性被定义为有责任心、有关爱之心的长辈、朋友、精神支柱或良师益友。第二种角色是"另一个焦点人物"，在这一角色中，女性被定义为生身父母之间的联络人或中间人。第三种角色是"局外人"，在这一角色中，继母并没有与继子（女）形成直接关系。

韦弗和科尔曼在其研究的结尾呼吁，希望人们对继母的角色及该角色与女性幸福存在什么样的关系开展更多研究。有一部分是确定的，即照顾继子（女）时，继母的感受通常会和来自各方的期望发生冲突，这些期望有来自自己配偶（孩子的生父）的、来自孩子生母的、来自孩子的、来自家族的及来自社会文化的。在当今社会的家庭生活中，由于继母这一角色变得司空见惯，也没有任何迹象表明其在未来可能减少。因此，我们更需要在这一领域开展大量探究。

摘要：社会角色

1. 社会角色及其转换

（1）虽然如今社会角色在出现的时间和顺序上有很多变化，但是成年期仍然是由成年人承担角色的模式及其所经历的角色转换所构成的。

（2）虽然如今我们在社会角色的时间安排上具有高度的灵活性，但在适合的时间进入角色比在不合时宜的时候进入角色生活得更容易。

（3）性别角色非常多样化，描绘人们作为男性和女性角色的实际内容；性别刻板印象是关于男性和女性各自共同点的共有信念。女性性别刻板印象通常以共性特质为中心（抚育和养育的特质，富有直觉）；男性性别刻板印象通常以工具性特质为中心（喜欢冒险和竞争）。

（4）性别学习图式理论认为，性别角色的基础是夸大了的性别差异偏见；社会角色理论认为，性别角色形成的基础是对男性和女性行为的观察；进化心理学则认为，性别角色的基础是对我们原始祖先生存和繁衍至关重要的遗传特质。

2. 青年期的社会角色

（1）个体从成年初显期向青年期转换是其从依赖他人的孩童向独立成年人角色的转换，包括搬出父母的家，进入大学或服兵役，步入婚姻或开始一段同居关系，实现经济独立，成为父母。这些角色并不是按照单一的典型顺序呈现的，有很多年轻人会多次经历这些活动后才会将自己视为真正的成年人。

（2）美国的成年人结婚一般较晚，很大一部分人婚前都会同居（全球发达国家的情况也都是如此）。但是，婚姻依然是伴侣相互忠诚的最佳形式。

（3）美国和其他发达国家的成年人成为父母的时间在推迟。未婚先育的比例在增加，在美国，超过 40% 的新生儿的父母尚未步入婚姻。但是，这些父母未婚的新生儿中有 60% 出生在父母同居期间。

（4）在成为父母之后，男性和女性的性别角色都会变得更加传统。虽然父亲照顾孩子、做家务的时间越来越长，但还是母亲在更多地照顾孩子，即使父母双方都有全职工作。在双亲家庭中，父亲通常比母亲花更多时间做有偿工作。

3. 中年期的社会角色

（1）中年期的性别角色似乎保持稳定。尽管一直有研究人员提出相反的观点，但是在成为父母之后的若干年中，并不会出现明显的"性别交叉"。

（2）中年时期，随着子女搬出去并开始组建自己的家庭，中年人作为父母的角色虽然并未到此结束，但从每天与子女形影不离慢慢变得疏离了。大部分父母都将此视为一种积极的转变，并且会利用新的自由重新构建自己的生活。

（3）在成为（外）祖父母时大部分人都步入了中年。这种角色的形式多种多样。而对越来越多成为（外）祖父母的人而言，这意味着要重新承担父母的角色，或者全天候地照顾其孙辈。

（4）人到中年的另一个角色就是照顾逐渐年老的父母。大约有 10% 的中年人承担了照顾者的角色，他们照顾的对象主要是自己的父母或岳父母。虽然在一般情况下，配偶是照顾者的第一人选，但还是有很多其他家庭成员可以给予帮助，特别是女儿和儿媳。很多"身兼多职"的人都认为自己承担的角色很重要，也让他们感到满意。如果照顾老年人的负担太重，持续的时间太长，会导致人们出现抑郁、婚姻问题及身体疾病。

4. 成年晚期的社会角色

（1）老年时期的社会角色转换包括学会独自生活（与男性相比，独自生活对女性而言更普遍），以及接受他人的关心和照顾，这是种困难的转换。但是来自家人、朋友和邻居的非正式照顾可以让老年人继续生活在自己的家里，并且让他们觉得可以掌控自己的生活。一小部分老年人入住养老院。更多的人与配偶、成年子女或其他家庭成员住在一起。每年约有 10% 的非住院成年人是老年人虐待的受害者。

（2）大量 75 岁以上的人自己承担起照顾者的角色。他们中的大多数人是照顾自己的配偶，也有约 10% 的 75 岁以上的老年人需要照顾自己的父母。

5. 非典型家庭中的社会角色

（1）上面的论述不一定适合所有人。有些人一生都未结婚（美国 65 岁以上从未结婚的人约有 5%）。这些人和朋友、亲戚保持着亲近的关系，并表示他们与已婚已育的同龄人一样幸福、满足。美国 40 岁以上无子女的女性越来越多（约有 20%）。在老年人群中，无子女者和有子女者一样幸福。在那些需要照顾的老年人群中，无子女的老年人从其社交网络中获得的帮助与有子女的老年人获得的一样多。

（2）约 12% 的育龄妇女不孕不育，这有时会造成心理问题。大约一半的不孕不育伴侣寻求治疗。如今出生的婴儿中约有 **2%** 是人工生殖技术的"成果"。

（3）如今，约 1/4 的夫妻在结婚十年内就会离婚。大部分人会选择再婚，造成很多角色转换，如前夫（妻）、继母和继父等。

写作分享

社会角色。

　　思考本章对角色转换的讨论。在过去的几年里，你经历了哪些角色转换？这些转换需要你做出什么样的调适？为什么？写一个简短的回答，可以与他人交换阅读。一定要讨论具体的例子。

成年发展心理学
THE JOURNEY OF
ADULTHOOD

06

第 6 章

社会关系

在整个生命周期中，个体的社会关系是动态变化的。

学习目标

6.1 比较社会关系理论

6.2 确定人们如何选择亲密伴侣

6.3 评估亲密关系对成年人的影响

6.4 分析家庭互动对成年人的影响

6.5 评估朋友圈对成年人的影响

作者的话 >>>>> 写作本书时

关于发展心理学的笑话不是很多，但很多年前有一名学生在我的人类发展学课堂上讲了这样一则笑话。

一位儿童心理学家正在自己的办公室写作时听到一阵"吱呀、吱呀、吱呀"的恼人的声音。他往外一看，发现有个小孩子在他刚刚平整好的车道上骑三轮车。他跑了出去，生气地大喊，让小男孩带着他的三轮车滚出自己的私人领地。一位邻居看到了这些，对他说："你怎么好意思说自己是一位发展心理学家，还写关于儿童发展的书呢，你对小孩子一点耐心都没有。"心理学家回答："女士，那是因为我只喜欢理论中抽象的孩子，不是活生生的、具体的孩子。"

除了这个差劲的双关语，我喜欢这个笑话的另一个原因，是它能帮助我对孰轻孰重始终保持警醒。我大部分的写作都是在我家中的办公室里完成的，当我在写"关系"这章时，我身边存在着各种"关系"，尤其是各种不同的家庭关系。当时正放春假，我十几岁的几个孙辈正从游泳池里出来。另外，我儿子当天下午要带我 6 岁的孙女来"奶奶家"住几天，她很期待能帮我烤饼干，刚才提到在游泳的那几个孩子喜欢吃饼干。每当我想对他们说"请让我一个人待会儿，让我可以写完这一章关于祖孙关系的文字"时，我就想起这则有关发展心理学家的笑话，就会不由得笑起来。

如果读者在阅读"关系"这章时感觉我有些专制，那是因为我写作时正体验着文中所写的内容——不是理论中抽象的，而是活生生的、具体的。

本章关注的是社会关系（social relationships），包括动态且反复的、与他人的交往模式，以及这种模式随着成年期的发展会产生怎样的变化。在本章中，我将会探讨这些关系，特别是人与人之间给予—获得交互关系的变化，这些变化会对他们（及与他们互动的人）产生怎样的影响。

如果你思考一下你自己的社会关系系统（与父母、朋友、配偶或伴侣、同事之间的关系），你立即能清楚地意识到，这些关系在程度和质量上都不尽相同。而当你再回顾一下几年前的情况，你也能清楚地发现，自己的每一段关系都随着时间的推移或多或少地发生了一些改变。这就是社会关系所具有的动态特性——每一次给予—得到的过程都会影响当事者；这种影响又会进一步改变这段关系本身。这个主题具有高度的个人隐私性，同时也具有高度的复杂性。这是一个崭新的领域，很难针对其进行科学研究，但是大家会发现，这个主题在一些层面上很有意思，也相当重要。就像部分研究人员所说的那样，社会关系是"我们日常生活产生的清泉，又不断积蓄，成为我们的人生经验。我们如何体验、评估我们的生命过程，这些关系都发挥着重要的作用"（Cate et al.，2002）。

我计划从当前关系发展的一些理论开始，然后涉及我们所了解的几种具体关系，包括情侣、家人及朋友之间的关系。

6.1 社会关系的理论

社会关系发展在儿童早期发展的研究和理论中是一个重点课题，但是对成年期的社会关系研究直到近几年才有人开始关注。大家会发现，依恋理论也从儿童早期扩展到成年期。进化心理学主要关注的是成年早期这一阶段社会关系和亲密关系的研究，不过最近开始扩展到祖孙关系的研究中。社会情绪选择理论关注的是老年期这一阶段，而护航模型似乎可以应用到人的整个生命阶段。

6.1.1 依恋理论

最早期、最为人所熟知的一个社会关系理论是依恋理论（attachment theory）。依恋（attachment）的概念常被用于描述一个婴儿对其主要照顾者形成的强烈的情感联结。这是因为，这样的情感联结可能会帮助不具备多少自我保护能力的婴幼儿存活下来，所以这种联结被认为是由我们祖先在进化过程中形成的内部调节系统的一部分。精神病学家约翰·鲍比（John Bowlby，1969）和发展心理学家玛丽·安斯沃斯（Mary Ainsworth）是该理论领域的两位主要人物，他们都对依恋与依恋行为做出了清晰的区分。依恋本身是无形的、底层的联结，而依恋行为（attachment behaviors）则是这些无形联结的外在表达方式。因为我们看不到依恋联结本身，所以我们不得不通过依恋行为对其加以推测。在安全型依恋的婴儿身上，我们可以看到以下依恋行为：他们看到自己喜欢的人进入房间时会露出微笑；被惊吓时会爬向自己喜欢的人；他们把自己喜欢的人当作可以安心探索新情况的"安全基地"。依恋关系有三个关键的基本特点：（1）其安全感与依恋对象相关联；（2）感到压力和威胁时，儿童的依恋行为会增加；（3）试图逃避或结束与依恋对象之间的任何形式的分离（Weiss，1982）。

当然，人在成年以后就不再会有一些特殊的依恋行为了。例如，当自己在意的人离开房间时，绝大多数成年人不会突然放声大哭。与我们在孩子身上观察到的行为相比，成年人之间的交流方式更多样化，包括电话、电子邮件、短信、社交网络及影像资料的使用。但是如果在研究依恋行为时考虑到这些变化，依恋这个概念的确可以作为研究成年人关系的一种有效方式。

首先，我们似乎都会在成年期建立新的、牢固的依恋关系，尤其是对自己的配偶或生活伴侣的依恋，同时我们往往还保持对父母的依恋。社会心理学家马里奥·米库利茨（Mario Mikulincer）和菲利普·R.谢弗（Philip R. Shaver，2009）曾经列举过三种不同类别的支持：接近（从身体上或精神上接近依恋对象，从而获得安慰）、避风港（当面临威胁时获得帮助和支持），以及一个安全基地（追求个人目标时获得支持）。

依恋关系的内在工作模型

依恋理论支持者们提出，每个人都会形成一个依恋关系的内在工作模型（internal working model），该模型是个体对各种关系本质的一系列信念和设想，例如，其他人是否会在自己需要他们的时候回应自己，或者其他人是否值得信任。基于儿童早期的经验，个体的内在工作模型包括安全和不安全两种类别。能反映内在工作模型的行为即依恋模式（attachment orientation）——一个人在人际关系中展现出来的期望、需求及情感模式，并且这些模式已经延伸到除早期依恋对象之外的他人身上了。

安全依恋模式的成年人会认为世界是安全的，所以他们勇于接受生活中的各种挑战。他们知道，在自己需要保护和支持时，他们可以信赖他人。他们敢于探索世界、结识不同的人、学习新东西，不害怕失败。当然这并不意味着他们从来都不会感觉到威胁或气馁，也并不意味着他们总能获得成功，但他们身处的互动关系让他们知道，自己需要时可以从自己的支持系统中寻求帮助和鼓励——有时候需要亲自登门，有时候则是一通电话或一条信息就能实现。还有些时候，人们仅仅是回想一下自己过去所获得的支持就能从中得到安抚。

为了完善依恋模式，理论家们认为，我们还需要引入照顾模式（caregiving orientation）这个概念。照顾模式指的是当成年人与婴儿或幼儿互动时在成年人身上被激活的一个系统。大多数成年人会对人类（通常也是含其他物种的）幼小成员的外表和行为做出反应，意在给他们提供安全、舒适和被保护的感觉。许多进化心理学家认为，我们在与成年的朋友、伴侣及年老的父母交往时，也会显示出照顾模式。还有人认为，在老师为学生倾心付出、护士对患者细心看护和心理治疗师对来访者深切关怀这些情境中，也体现出了这种照顾模式。

现在，如果我们知道每个人都有一定程度的安全依恋模式或不安全依恋模式，以及一定程度的照顾模式，我们就能考察它们在成年期会发挥什么作用。个体需要多少支持，当个体需要支持时又会让他人了解到什么程度，以及他人是否能理解其需求并提供其所需要的帮助，这些都因人而异。所有这些差异都是有根源的，根据鲍比的研究，该根源就在婴幼儿期的亲子关系中。如果在我们婴幼儿时期，我们的养育者在我们有需求时是可亲近的、具有响应性和支持性的，那么我们到了成年期就更有可能发展成安全依恋模式和有效的照顾模式。我们能够向配偶、父母、家庭成员及朋友寻求帮助，因为我们相信，他们会帮助我们。当我们生命中重要的人需要照顾时，我们也可以觉察到这一点，并能够帮助他们。

依恋理论已经被多个实证研究所证实，即婴儿的依恋类型在进入成年初期时将会保持稳定（Waters et al.，1995）；研究同时也显示，父母的依恋类型与其孩子的依恋类型是一致的（van IJzendoorn，1995）。依恋理论也会应用在亲密关系的形成过程中。

6.1.2　护航模型

发展心理学家托妮·安托露丝（Toni Antonucci）及其同事（Antonucci，1990；Kahn & Antonucci，1980）提出了另一个研究成年期关系的方法，他们利用术语护航（convoy）这一概念描述成年后我们每个人身处其中的千变万化的社会关系网。"通过分享生活中的经验、挑战、成功及失望，护航关系既能塑造个体，又能保护个体"（Antonucci et al.，2004）。这些关系能对个体如何体验世界产生影响。它们彼此交互作用并不断发展：当个体随着时间的推移而变化和发展时，关系和互动的本质也可能随之改变。

安托露丝通过对护航模型的研究，设计出一套映射技术。她要求被试给出三个不同层级的关系，并将这三层关系对应的人名写在三个同心圆里。核心圈内的人与被试关系最亲密且最重要，没有这些人，被试将会觉得自己活不下去。中间圈内的人与被试的关系也很亲密，但是亲密程度低于核心圈内的人。外圈内的人同样是被试人际关系网的一部分，但是亲密程度低于里面两个圈内的人。整个结构我们称之为社交网络（social network）（见图6.1）。

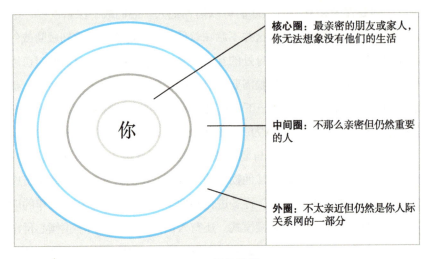

核心圈：最亲密的朋友或家人，你无法想象没有他们的生活

中间圈：不那么亲密但仍然重要的人

外圈：不太亲近但仍然是你人际关系网的一部分

图6.1　护航模型

你在自己的护航模型中会填写哪些名字？

SOURCE: Based on Antonucci (1986).

目前正在开展的一项研究是个体的社交网络在其面对压力时所发挥的缓冲作用，以及一个人从社交网络中感知到的支持力量如何影响其健康状况。有的学者计划开展一些纵向研究，以便了解通过采取预防措施和干预项目能否提高个体的健康状况。真的有可能通过改变社交网络实现改善健康的目的吗？这正是利用护航模型研究社交网络的研究者已经涉及的部分主题（Tighe et al.，2016）。

6.1.3　社会情绪选择理论

另一种关于社会关系在成年期改变的解释被称为社会情绪选择理论（socioemotional selectivity theory）。该理论是由心理学家劳拉·卡斯滕森（1995；Carstensen et al.，2006）提出的。该理论认为，随着年龄增长，我们会倾向于喜欢更有意义的社会关系。这将导致我们的社交网络变小，但交往对象是精挑细选的，因为我们把自己有限的精神和物质资源投放到更小且更能满足我们深层次情感需要的关系群里。换言之，社会关系的数量随着年龄增长而减少，但是其总体质量却维持不变，甚至更好。

卡斯滕森对此的解释是，年轻人把时间视为无限的，他们衡量时间的方式是他们生活在这个世界上的时间长短。他们积极地追求信息的积累、知识的增加和关系的发展。相反，老年人把时间视为有限的，他们根据自己还能在这个世界上活多久来衡量时间长短。他们积极追求的是情感的满足，加深现有的关系，而摒弃那些情感上无法得到满足的关系。该理论已经得到了研究的证实：在社会关系中体现出明显的年龄差异，在人们更愿意参与和记住的话题上也呈现同样的特点（Kryla Lighthall & Mather，2009）。

> **作者提示**
>
> 护航模型与你。
>
> 请使用护航模型反思你的社会关系。在过去的 5 年里，这些关系发生了怎样的变化？

6.1.4 进化心理学

最后一个将要谈到的理论认为，社会关系对人类的进化过程发挥着重要作用，甚至可能是人类心智形成的最关键因素（Buss & Kenrick，1998）。该理论以"我们的祖先将联合组成小的社会团体作为重要的生存策略"这一事实为前提（Caporeal，1997）。社会关系的形成使我们的祖先可以更好地躲避捕食者、获得食物，以及抵御寒冷。简而言之，根据进化心理学（evolutionary psychology），具有协同性、集体忠诚度、遵守规则和更好的社会包容性的基因提高了我们的祖先在原始环境下存活的可能性，并使他们得以将自己的基因遗传给后代（最终遗传给我们）。这样的基因会继续影响我们的社交和认知行为，在当前环境下，我们构建和维护自己社会关系的方式也体现了这一点。

根据该理论，当今人类的生物系统促进了社会关系的构建和维护，这一点从全世界通用的"归属需要"一词中可以得到证明。这一需要使我们投入频繁、令人愉悦的社会交往中，交往的对象是我们熟悉的、关心我们的小部分人，同时，他们也需要我们的关心。当被迫与自己所属的社会团体分离时，或者当一段亲密关系结束时，人们内心会产生痛苦与反抗的情绪（Baumeister & Leary，1995）。归属感的需要在全人类中和许多其他群居灵长类生物身上都可以观察到（de Waal，1996）。

关于社交关系理论

毫无疑问，你会发现这些理论具有很大的相似性。事实上，护航理论的支持者们现在正声称依恋是将护航黏合在一起的"黏合剂"。进化心理学家和依恋理论的支持者都把依恋当作保证婴儿生存而进化出来的机制。很明显，这些理论之间的相似性多于差异性。

朱莉娅·桑德（Julia Sander）及其同事（Sander et al.，2017）参与了德国社会经济小组研究（German Socioeconomic Panel Study）。他们对 36 000 多名 17 ~ 85 岁的成年人进行了

访谈。参与者被问及他们与社交网络中的家庭成员和非家庭成员面对面接触的频率。0 表示"从不"，1 表示"很少"，2 表示"每月至少一次"，3 表示"每周至少一次"，4 表示"每天"。图 6.2 显示了研究结果。

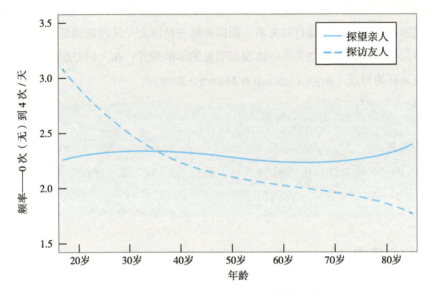

图 6.2　与社交网络成员面对面接触的频率

探望亲人（图中用实线表示）在 17~85 岁保持了相当的稳定性，频率为每月一次到每周一次。与此相反，探访非家庭成员（朋友、邻居和熟人）的频率在成年初期显得很高（至少一周一次），在青年期急剧下降，然后逐渐下降，直到老年晚期（至少一个月一次）。

SOURCE: From Sander et al. (2017).

　　虽然这项研究是基于接触频率，而护航模型和社会情感选择理论都是基于个体社交网络中的人数，但该研究的基本发现与后两者的相似：青少年期和成年早期是我们展望未来、找寻信息，以及发展新的人际关系的阶段。以往的研究结果也证实，我们的个人关系网络和朋友圈在我们人生的那个时期的确有所扩展。与之相反，成年晚期是我们回顾自己人生，并且专注于数量不多却更密切的个人关系的一个阶段。以往的研究结果也证实了个人关系和友谊数量在这个阶段都有所下降。护航模型对此的解释是，在我们的家庭网络中所发生的事情，正如人生旅途中遇到一群与我们同行的旅人。在成年阶段，这些人的名字也许会改变，但是从我们的青少年期开始一直到生命的终结，我们所拥有的家庭社会网络的规模将会一直保持不变。这项研究也与进化心理学的理论相一致。该理论强调血缘关系群体对个体一生而言都是重要的，我们一生都会重视那些和我们有共同基因的人。这项研究也说明了另一个问题，处于成年早期的人在非亲缘社交中投入了大量时间，因为从进化的角度讲，这种社交有利于产生交媾和繁衍（Sander et al.，2017）。

6.2　建立亲密关系

　　亲密关系是几乎每个成年人都会经历的一种社会关系。在这个问题上，大多数研究涉及的都是已婚配偶关系，但在这里，我还将讨论同居关系，包括同性和异性伴侣的同居关系。尽管看起来主题繁多，但在彼此忠贞的伴侣关系里，不管这种关系的性质如何，它们所具有的相似性都多于差异性。

选择人生伴侣并确立关系存在于任何一种已知的文明系统中；世界上 90% 的人都将会在生命的某个时刻与他人结婚（Campbell & Ellis，2005）。这种伴侣关系是如何达成的，一段时间内这是研究者们的兴趣所在，而在最近的研究中，这种过程被称为择偶（mate selection）。世界上大多数人选择伴侣都是基于自己的一些主观感受，包括"感到快乐，对喜欢的人极其专注，为对方着迷，情感上依赖所爱的人并渴望与之感情融洽，以及增强的活力"（Aron et al.，2005）。人类学家海伦·L. 费希尔（Helen L. Fisher，2000，2004）认为，择偶依赖于三种独立的情感系统：性欲、吸引力和依恋。

每种情感系统都有各自的神经传导机制。性欲系统使人们产生性欲并寻求性交的机会。吸引力系统引导人们关注特定的潜在伴侣，并使人渴望与其建立情感联结。依恋系统驱使人们靠近自己想吸引（有性欲）的目标，并体验舒适、安全和对该对象的情感依赖等感觉。费希尔的关系形成理论给了解伴侣关系形成过程各个部分提供了一个很好的模型。

6.2.1 性欲

心理学专业的人都应该很熟悉这个概念，这不是因为心理学工作者们有"性"致盎然的私生活，而是因为这是弗洛伊德经典精神分析理论的基石。弗洛伊德认为，力比多（libido），或者说性欲，是所有亲密关系的基础，不论一个人是否已经意识到这一点，个体对于亲密关系所体验到的亲密程度取决于其对亲密对象性欲的高低（Jones，1981）。性欲的确是浪漫爱情的一部分，但它也是可以独立于爱情运作的。大多数成年人都熟悉这种感觉，即对非恋爱对象产生性欲，而对自己的恋人反而没有性欲。性欲系统是由两性都有的雄性激素所驱动的。如果用汽车做比喻，性欲就是浪漫爱情的加速装置。

6.2.2 吸引力

在费希尔的理论中，如果性欲是加速装置，那么吸引力则是方向盘，它决定着性欲指向的对象。吸引力的体验也被称之为浪漫爱情、着迷的爱、激情（Sternberg，1986）、激情之爱（Hatfield，1988）及盲目热恋。盲目热恋是指个体时时刻刻总想念另一个人，甚至即使其试图以思考一些其他事情的方式转移注意力也难以抑制这种想念，当爱恋的对象对其感觉有回应时，个体甚至会体验到极致的愉悦感（Tennov，1979）。配偶吸引行为在所有已知人类文明中（Jankowiak & Fischer，1992）和所有的哺乳类与鸟类身上都能观察到（Fisher，2000）。吸引力系统与多巴胺水平和去甲肾上腺素水平的升高有关，同时也与血清素和所有大脑神经递质的下降有关。

在针对一项大脑活动开展的研究中，研究者向声称已经恋爱了 1~7 个月的年轻男女出示一张他们恋人的照片，并要求他们回忆两人在一起时的一次愉快经历（Aron et al.，2005）。

作为对照，研究人员也会给这些参与实验的男女看一张与自己关系一般者的照片，并要求他们回忆与之发生的一次愉快经历。结果显示，观看自己恋人的照片并回忆彼此之间愉快的互动激活了被试大脑中多巴胺受体丰富的区域，该区域与渴望获得回报的动机相关。当被试的注意力和想法转到一个普通朋友身上时，这些大脑部位则未被激活。此外，一个人恋爱时间的长短会导致激活模式的不同；恋爱时间越短，激活程度就越高。研究者强调，刚刚开始恋爱者的大脑活动模式与产生性驱动（即费希尔所说的性欲系统）时的大脑活动模式是不同的，这表明两者关联的是不同系统。一些证据表明，与依恋相关的激素可能会引起雄性激素的下降，从而导致依恋增加时性欲出现下降。

费希尔及其同事将这种早期的强烈浪漫体验与人类的成瘾行为进行比较后发现，两者都涉及"快感、渴望、容忍、情感和身体依赖、退缩和复发"。她利用功能性磁共振成像技术开展了脑部成像研究。结果表明，恋爱会激活人类大脑的奖赏系统，毒品和其他药物也会激活人类大脑的奖赏系统。

是什么导致一个人被另一个人吸引或两个人互相吸引呢？传统上可以运用筛选理论（filter theory）加以解释。该理论认为，最开始我们身边有一群潜在的伴侣，然后我们逐渐筛选，排除不符合我们期望的人（Cate & Lloyd，1992）。另一种解释则是交换理论（exchange theory）。该理论认为，在一段关系中，我们都能给予对方一定的东西，我们尽力与对方做最合适的交易。研究表明，人们趋向于选择在外表吸引力方面与自己般配的伴侣。但是，其他个性特征如受教育程度、讨人喜欢的性格和精致的打扮都可以弥补诸如肥胖等没有吸引力的特性（Carmalt et al.，2008）。幽默感也可以"替代"外表成为一种吸引力（McGee & Shevlin，2009）。

从进化论的角度看吸引力

进化心理学家对择偶有一些不同的解释，尽管他们的结论与以上两种理论的结论很相似。进化心理学的解释以两个前提条件为基础：其一，我们的祖先需要提高繁衍的可能性；其二，我们的祖先需要抚育后代，直到孩子们可以照顾自己。男性需要有人孕育并抚养自己的孩子，所以他们需要寻找身体健康且具备生育能力的女性，这类女性的特征是年轻，腰臀比较小、肌肤光滑、头发有光泽、双唇丰满、肌肉紧实、步伐轻盈及身体健康。女性需要有人在怀孕期间给予照顾，并在孩子出生的前几年有人供养自己和孩子，所以她们会选择拥有较好经济资源的男性。这类男性的特征是有社会地位、有自信心、稍微年长、有抱负及勤勉等。她们同时也需要男性能提供健康的基因，并且能够保护她们及其孩子，因此她们更倾向于勇敢、健壮，以及腰臀比大的男性（Buss，2009）。根据进化心理学的理论，这些偏好是基于遗传基因的，因为遵循这种偏好的人往往更易于生存并将这些偏好遗传给自己的后代，而那些不遵循这种偏好的人不容易存活，也很难养育出健康的后代。

心理学家梅丽萨·R.费尔斯（Melissa R. Fales）及其同事（Fales et al.，2016）开展了一项大型调查研究。在22 000多名受访者中，约一半是女性，一半是男性，年龄从18岁到

65 岁不等。研究人员询问这些受访者，在一段长期关系或婚姻中，你希望自己的潜在伴侣拥有什么样的特质。研究人员向受访者提供了一些可能的选择，包括长相漂亮、收入稳定、赚（或将赚）很多钱等。受访者使用 1~5 分 [1 分（非常不受欢迎）、2 分（不受欢迎）、3 分（中性）、4 分（受欢迎但不是必需）或 5 分（绝对必需）] 的评分表示他们的配偶选择，结果如图 6.3 所示。

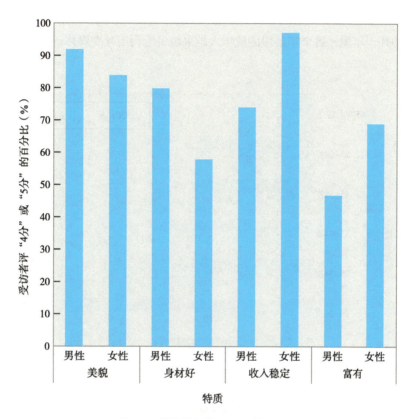

图 6.3　潜在伴侣的理想和基本特征

图 6.3 显示了将每一项特质评为 4 分（受欢迎但不是必需）或 5 分（绝对必需）的男女比例。越来越多的男性认为，美貌和苗条的身材是可取或必不可少的；越来越多的女性认为，收入稳定和富有是可取或必不可少的。

SOURCE: From Fales et al. (2016).

　　这些对潜在配偶的偏好在一些跨文化研究中也得到了证实。例如，心理学家托德·沙克尔福德（Todd Shackelford，2005）及其同事研究了从世界各地 37 个不同文化背景下 9 000 个年轻人那里获得的数据，在长期恋爱关系的择偶偏好上，总体中有 3/4 的被试显示出了性别差异。正如进化心理学所假定的那样，同男性相比，女性更重视社会地位和财务状况，以及可靠性、稳定性和智力水平。与女性相比，男性则更重视外貌、健康，以及对家庭和孩子的渴望。对在线交友网站的研究表明，这种倾向贯穿个体的一生，即使是已经到了不需要繁衍后代的年龄，不论 20~75 岁的成年人，还是 75 岁以上各年龄段的成年人，大家都显示出相似的偏好，即男性更喜欢外形具有吸引力的女性，而女性则更喜欢有社会地位的男性

（Alterovitz & Mendelsohn，2011）。

其他关于择偶的研究显示，男性和女性对配偶的选择有不同偏好，还取决于他们感兴趣的是长期关系，还是短期关系。女性还根据自己是否在排卵期、其自身的年龄和所处的生命阶段，以及其作为配偶的自身价值而显示出不同的偏好（Buss，2009）。根据进化心理学的解释，所有这些偏好都可以用我们人类渴望生存和成功繁衍的内驱力加以解释。

在线交友网站

在过去的几十年里，各个年龄段的成年人越来越多地利用社交媒体寻找潜在的恋爱对象（见图 6.4）。

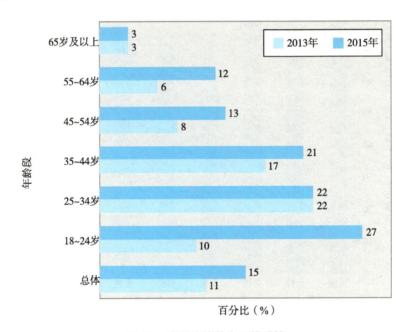

图 6.4　在社交媒体上寻找爱情

这一数据显示，2013 年，皮尤研究中心接受采访的人中，有 11% 的人曾使用这种方法，仅仅两年后，这一比例就上升到了 15%。一个主要因素是年轻人使用手机约会软件的比例增长。这种增长的一个原因可能是，越来越多的美国成年人认为使用社交媒体是一种很好的"见面方式"，但越来越少的人认为使用社交媒体的人是感到"在现实中走投无路后的选择"（Smith & Anderson，2016）。

SOURCE: From Smith and Anderson (2016).

但是在线交友网站在寻找长期恋情方面有多少成功的可能呢？尽管交友网站本身信心十足地表示效果很好，但只有 5% 已婚或恋爱的美国人是通过交友网站认识的。即使将那些结婚 5 年或 5 年以内的人考虑在内，这个数字也只会上升到 12%。对于该数字如此低的一个解释是，研究人员只调查了一些广为人知的在线交友网站。事实上，还有其他方式可以在网上结识潜在的恋爱对象，如 Facebook 和 Twitter 等。据估计，每有一对通过在线交友网站认识的情侣，就会有另一对通过其他在线渠道认识的情侣（D'Angelo & Toma，2017）。

研究人员还指出，网络交友存在的另一个问题是选择太多。研究人员在这个问题上用了行为经济学中的一个术语来指代一种现象，即"选择过载"，在使用上述网络交友的大学生中，如果给他们较少的选择对象，与有很多选择对象的情况相比，线下约会一周后，选择较少的大学生对自己选择的约会对象满意度更高（D'Angelo & Toma，2017）。当在线交友网站为用户提供大量潜在客户时，效果似乎与其初衷截然相反。

重要的是要记住，在线交友网站通常是盈利组织。这些以盈利为目的的公司大多会雇佣心理学家或研究人员，运用算法帮助用户寻找潜在的对象，从而向用户展现网站的价值。我们要记住这些专业人士的身份——一家盈利约会服务机构的雇员。另一件需要记住的重要事情是，这些交友网站上用户信息的真实性。在你对对方的身份尚无把握时，最好不要透露任何个人信息，也不要给在这些网站上认识的任何人转账付款。研究表明，在美国和英国，约有一半的交友网站用户承认，在交友网站的个人介绍中，女性会对自己的外表撒谎，男性则会对自己的收入和婚姻状况撒谎（Anderson，2016）。与购买任何其他服务一样，大家最好记得以下建议：做个小心谨慎的买家。

6.2.3 感情中的依恋

费希尔的依恋体系与鲍比的依恋理论有许多相似之处。尽管鲍比最初创建该理论是用于解释亲子关系的，但他认为依恋是贯穿个体一生的过程，并且提出个体与自己父母关系的质量是其将来其他依恋关系的基础，包括伴侣关系。近期更多研究依恋理论的学者认为，伴侣之间的依恋是一种保障机制，使他们在成为父母之后还能在足够长的时间内保持这种关系，以便养育下一代。如果男性和女性在一起时感到安全，分开时觉得孤单，那么他们更有可能对彼此忠诚并致力于将他们的孩子安全地抚养成人。有意思的是，在母婴依恋和女性对恋爱对象的依恋关系中，催产素都起到了同样关键的作用（Campbell & Ellis，2005）。

儿童早期与父母之间的依恋关系及成年人与亲密伴侣之间的依恋关系，这两者间的关联是大多数研究成年人依恋关系课题的研究主题。对鲍比依恋关系理论的扩展理论认为，成年人伴侣关系的类型是这些人在儿童早期对自己父母依恋纽带的反映（Bartholomew，1990；Hazan & Shaver，1987）。

在一次问卷调查中，成年人被试需要选择一种可以最贴切地表达自己对伴侣关系感受的描述，研究人员对被试选择的结果加以归类后发现，成年人与伴侣间的依恋关系可以划分成安全型和不安全型，这与安斯沃斯提出的类别划分很相似，并且成年人在两个类别中所占的比例与婴儿所占的比例也很接近（Feeney & Noller，1996；Hazan & Shaver，1990；Mikulincer & Orbach，1995）。后来有研究人员证实了这一结果，他们选择 15~54 岁的成年人作为被试（Michelson et al.，1997），经过几年时间的调查（Feeney & Noller，1996）后发现，成年人之间的伴侣依恋反映了他们在儿童早期所建立的依恋关系的内在工作模型。在纵向研究中，与在 2 岁时表现出非安全型依恋的孩子相比，2 岁时就表现出与母亲之间是安全型依恋的孩子成长到 20 岁左右时，若在恋爱关系中发生矛盾，更善于找到解决办法并能够更快地自我恢复。不仅如此，如果成年人在 20 岁左右时和自己的伴侣能够建立安全型依恋关系，那么他们能够更快地从伴侣冲突中自我恢复，无论这些人年幼的时候是哪种依恋类型

（Simpson et al.，2011）。虽然依恋关系随着时间的推移似乎相对保持稳定，但它并非一成不变（见"贯穿一生的依恋关系"）。

贯穿一生的依恋关系 ● ● ●

有人提议对哈杉和谢弗的模型加以扩展，即根据个体内在的自我模型和他人模型，将依恋关系划分为四个类型（Bartholomew & Horowitz，1991）。划分的依据是被试的自评分数：即被试根据自己的实际情况对给出的有关人际关系态度的描述按照符合程度打分。根据评分结果可以将被试分为安全型依恋（对自我和他人的内在模型都是积极的）、忽视/回避型依恋（对自我的内在模型是积极的，但对他人的内在模型是消极的）、迷恋/焦虑型依恋（对自我的内在模型是消极的，但对他人的内在模型是积极的），以及恐惧型依恋（对自我和他人的内在模型都是消极的）。该研究中所使用的描述及其对应的依恋类型如表 6.1 所示。研究者对年轻人使用上述人际关系问卷进行调查后发现，几乎一半人认为自己是安全型依恋，一半人则几乎在其余三个类别中呈均分状态。一些研究将这四个群体分为两大类，即安全型和不安全型，不安全型包括迷恋/焦虑型、恐惧型和忽视/回避型（Meuwly & Schoebi，2017）。

表 6.1　成年情侣的依恋类型

依恋类型	描述
安全型	我在情感上比较容易与他人亲近。我可以放心地依赖他人，也愿意成为他人的依赖对象。自己一个人的时候我既不感到焦虑，也不担心他人不接受我
迷恋/焦虑型	我在情感上想与他人亲密无间，可是我经常发现他人不愿意如我期待的那样亲近。没有人和我亲近时我就很不舒服，但我有时候又担心他人对我的重视程度比不上我重视他们的程度
恐惧型	有时候，与他人亲近让我觉得不太舒服。在感情方面，我希望有亲密的关系，但是我发现自己很难完全信任或依赖他人。有时候我会担心，如果自己与他人太亲近，那会让自己受到伤害
忽视/回避型	没有亲密的情感关系我也觉得很自在。对我来说，让自己感觉自信且能够自给自足是非常重要的，而且我不喜欢依赖他人，同时也不希望他人依赖我

SOURCES: Adapted from Bartholomew and Horowitz (1991); Hazan and Shaver (1990).

婴儿期的依恋关系

婴儿期的依恋类型到底对成年后的伴侣关系有什么直接作用，这一点目前尚不明确。有些人认为，婴儿期的依恋关系影响小学时代的同伴竞争，从而影响了青少年时期的友谊安全感，最后又对成年后的恋爱关系形成影响（Simpson et al.，2011）。心理学家 R. 克里斯·弗雷利（R. Chris Fraley）及其同事（Fraley et al.，2013）研究了超过 700 名成年初显期的年轻人的数据，这些人出生后不久就加入了一个进行中的纵向研究。研究人员发现，这些人在 18 岁时显示出的不同的成年人依恋类型可以追溯到他们的早期照顾环境（早期的母亲敏感性、母亲敏感性的变化、父爱的缺失，以及母亲的产后抑郁）、社交能力的变化，以及与最好的朋友的关系质量。

贯穿一生的依恋关系

依恋关系在人的一生中是如何发挥作用的？心理学家威廉·J. 乔皮克（William J. Chopik）及其同事（Chopik et al.，2017）综述了 1923 年至 1969 年间开展的五项纵向研究的结果，得到了 600 多个 13~73 岁年龄段的个体数据。所有这些研究都测量了参与者在几个时间点上的依恋类型，综合来看，这些数据可以很好地描述依恋类型在人们一生中的变化。不安全型依恋可以分为两类：忽视 / 回避型和迷恋 / 焦虑型。图 6.5 显示了这五项研究在忽视 / 回避型上的平均得分。例如，你可以看到，奥克兰（Oakland）的研究只跟踪了 30~60 岁的参与者。盖登斯（Guidance）的研究对象是 13~50 岁的年轻参与者，而拉德克利夫（Radcliffe）的研究对象则是 40~73 岁的老年参与者。综上所述，这五项研究表明，在研究所涉及的所有年龄中，参与者忽视 / 回避型得分下降缓慢但稳定。换言之，那些对亲密关系感到不适的人进入中年和老年时，其不适感会逐渐下降。

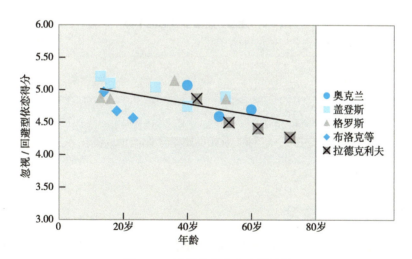

图 6.5　五项终生依恋研究的结果

SOURCE: Chopik et al. (2017).

这项研究的第二个发现是关于迷恋 / 焦虑型依恋的（见图 6.6）。那些倾向于与他人保持亲密无间关系的人，在青少年期和成年早期表现出高水平的亲密关系，这种状态会一直保持到中年，随后他们的迷恋 / 焦虑依恋得分才会逐渐衰退。研究者指出，这两种依恋风格的变化是显著的，但二者之间的差异不是很大，这说明依恋类型是一种相对稳定的特征，贯穿整个生命周期。研究人员还解释，这些轨迹的变化与感情关系在一生中对一个人的重要性变化轨迹相一致，从年轻时人们对新的感情关系会产生不安全感，到需要组建家庭时人们对归属感的需求，然后是对职业投入的需求，老年时则需要更接近自己的家人和朋友。研究人员还指出，与不谈恋爱的参与者相比，保有恋爱关系的参与者会表现出较低水平的忽视／回避型和迷恋／焦虑型依恋类型。

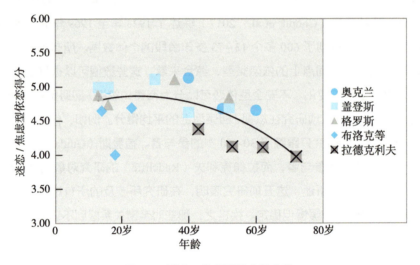

图 6.6　迷恋／焦虑型依恋的个体

SOURCE: Chopik et al. (2017).

作者提示

　　反思你与父母的依恋关系。这种关系如何影响了你与他人的关系？

6.3　在亲密关系中生活

　　择偶之后会发生什么呢？正如大家所知道的那样，并不是所有伴侣都能有一个幸福、美满的结局。有些伴侣能够白头偕老，但有些伴侣则会渐至情爱散尽而劳燕分飞，还有些伴侣虽然仍旧维持相伴状态，但吵架成为家常便饭。是什么原因导致了这些伴侣间的区别？这是一个学术问题，同时也是一个私人问题。

6.3.1　幸福的婚姻

　　大部分人最终都会和他人形成各种各样的伴侣关系，可以肯定地说，几乎所有人都希望自己能够长久地幸福。但幸福婚姻的秘诀是什么呢？几项纵向研究也许可以帮助我们找到答案。

　　心理学家霍华德·J. 马尔克曼（Howard J. Markman）及其同事（Clements et al.，2004）研究了 100 对伴侣，时间跨度是从他们结婚前起，到他们度过 13 周年结婚纪念日止。这项研究的与众不同之处不仅在于其持续时间长，还在于它采用的是伴侣双方的数据，而非只依赖自我报告的数据，并且该研究的对象是普通大众中的年轻伴侣，他们并不处于婚姻咨询中，也不处于婚姻危机状态中。

　　结婚前，这些伴侣接受过访谈，并参与讨论过一些他们关系中的问题领域。研究人员在关系满意度、两人互动及问题解决三个方面对他们施行了若干标准化测试。在接下来的 13 年中，该过程被重复了 10 次，到研究结束的时候，这 100 对夫妻被分成了三个不同类别——已经离婚的（20 对）、仍幸福地生活在一起的（58 对），以及在几次评估中显示出经历过危机的（22 对）。根据研究开始阶段收集到的数据对这些夫妻进行对比后，我们可以清楚地看到，早在结婚之前，这三类夫妻就表现出了差异。例如，后来调查中那些已经离婚的和经历了婚姻危机的夫妻在第一次访谈时就表现出了消极的互动方式：侮辱对方，在精神上没有相互支持，对对方的评价很消极或尖酸刻薄。马尔克曼及其同事把这个过程称为"侵蚀"。他们认为，婚前和婚后前几年的消极互动侵蚀了两人关系中的积极方面。夫妻双方应该是彼此亲密的朋友和支持的来源，这一期待在侵蚀过程中被破坏殆尽。其后根据不同的夫妻被试所做的研究得出的结论都很相似（Markman et al.，2010a，2010b）。马尔克曼及其同事总结道，有一些危险因素会导致婚姻不幸福或离婚，其中有一些因素是可以改变的，但有一些因素是无法改变的。这些因素包括：个体成长史中一些无法改变的内容（如父母离异、不同的宗教信仰、与前任生育的子女等）、个体的人格特征（如个人问题出现时表现出防御性、与他人消极的互动模式、不接受不同意见等）、对未来的不同想法（如对婚姻不切实际的想法、对事物不同的优先级排序及做不到对对方完全忠诚等）。

积极和消极的互动

　　关于消极互动造成的侵蚀后果在心理学家约翰·戈特曼（John Gottman）及其同事的纵向研究结果中同样也有体现。例如，戈特曼和诺塔利斯（Gottman and Notarius，2000）发现，那些最终离异的伴侣其实早在离异前几年就能被识别出来，识别依据便是伴侣之间的交流模式是积极的还是消极的。戈特曼说，实际上，通过对一对伴侣进行几个小时的访谈，他就能够预测这对伴侣将来是会劳燕分飞还是四年后仍能相伴左右，预测成功率可以达到 94%（Gottman，2011）。戈特曼让伴侣们讲述"我们的故事"。他留神倾听五个关键部分的内容，并判断其互动是积极的还是消极的。如果积极内容比消极内容多，那么几乎可以肯定，这对伴侣四年后仍能相伴左右。

　　以下内容就是戈特曼在访谈中关注的五个关键部分。

- 喜爱与敬佩——这对伴侣的故事是否充满了爱与尊重？他们是否表达积极的情绪，如温暖、幽默及喜爱等？他们是否着重描述两人在一起时的美好时光？他们是否称赞对方？

- "我们"还是"我"——在描述信念、价值及目标时，伴侣双方是否把两个人当成一个统一的整体？他们是否更多地使用"我们"而不是"我"？

- 爱情地图——描述交往历史时，伴侣的描述是否有生动的细节并充满积极的能量？对自己及配偶的个人信息是否能够做到开诚布公、坦率直言？

- 有明确的目标，生活充满意义，而不是混沌无序——当谈论相伴左右的生活时，伴侣双方是否用自豪的语气描述他们曾克服的困难？是否谈论他们共同的目标与愿景？

- 满足而非失望——是否提到他们的配偶及他们的婚姻超出了他们的预期？他们是否对彼此所拥有的感到满足和感恩？他们对自己的婚姻持积极态度吗？

　　幸运的是，婚姻中的消极互动模式是可以改变的。伴侣关系治疗专家发现，让伴侣学会如何更好地理解对方、如何增强爱意、如何关注对方、如何更多地影响对方、如何使用科学的方法解决冲突，以及如何在彼此关系中找寻共同的意义，可以极大地提高他们的婚姻满意度。关系已经开始疏远或彼此存有敌意的那些伴侣，可以通过关系改善课程学习新技巧，或者重新学习初期的互动模式（Markman & Rhodes，2012）。近年来，这类课程已经成功地通过在线的方式开放给婚姻关系处于高风险状态的伴侣（Loew et al.，2012）。

长期婚姻

　　另外一些研究人员研究了结婚多年的伴侣，他们想知道这些伴侣对彼此的感受如何，并将彼此感受积极与彼此感受消极的伴侣进行比较，看看有什么不同。尽管一些理论认为，激情之爱大多数只存在于关系开始的前几年，然后就会被同伴式的友情之爱所取代，但是很少有人对结婚多年的伴侣开展研究，以便证实这一观点是否正确。最近，心理学家 K. 丹尼尔·奥莱利（K. Daniel O'Leary，2012）及其同事调查了近300对结婚超过20年的伴侣。他们问的核心问题是："你和你的另一半有多相爱呢？"研究人员要求被试对两人爱恋的热烈程度从1~7进行打分，"极其爱"打1分，"一点都不爱"打7分。出乎意料的是，研究者发现，大部分参与者都打了1分——在这个样本中，如图6.7所示，超过46%的男性和女性认为他们与自己的配偶极其相爱。那些报告称热烈爱着自己配偶的人同时也常常对配偶有更积极的看法，与配偶亲热的行为与性生活更频繁，经常与伴侣分享新奇和富有挑战性的活动，总体感觉生活幸福程度很高。

　　另一项研究关注的是结婚多年却不幸福的伴侣。社会学家丹尼尔·N. 霍金斯（Daniel N. Hawkins）和艾伦·布思（Alan Booth，2005）用了超过12年时间，对婚姻生活质量较低的夫妻展开了研究。该研究结果表明，婚姻不幸福的人，其生活满意度、自尊程度、心理健康水平和整体健康水平都不高。此外，处于不幸福婚姻状态的人，其幸福程度也低于那些离婚后再婚的人，并且其在生活满意度、自尊程度和整体健康水平方面也都比离婚未再婚的人低。一项针对中年人的类似研究显示，在研究开始时，婚姻质量很低的女性（而非男性）如果离婚，十年后的生活满意度会很高（Bourassa et al.，2015）。至少对这个样本中的人而言，维持不幸福的婚姻关系没有任何好处，还不如离婚。

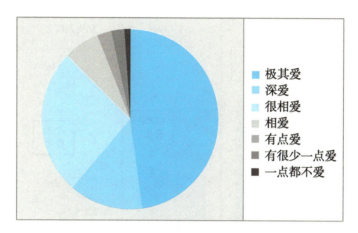

图 6.7　长期已婚伴侣对自己爱恋程度的评分

SOURCE: Data from O'Leary et al. (2012).

　　研究了这么多类型的婚姻关系，得到的经验就是，对伴侣双方的生活而言，一段幸福的婚姻是一个巨大的加分项，而一段不幸福的婚姻则是一个巨大的减分项。并非所有的婚姻在最初都是幸福和健康的，也不是所有长时间维系的婚姻都会逐渐冷却、平淡如友情，许多伴侣结婚多年依旧激情燃烧。因此，除非你觉得和他人建立长期的感情只是一种生育孩子的方法，就像进化心理学所强调的一样（Salmon，2017），否则你可以参考本书关于保持婚姻幸福的建议。不幸福的伴侣通过接受家庭治疗或学习关系改善课程，其关系能够得到改善。

6.3.2　同居与婚姻

　　同居已经成为人们越来越普遍的选择，即人们选择和另一个人共同居住，以这样的方式维持亲密关系。在所有年龄段的成年人中，同居的比例都在升高（见图 6.8）。结婚和同居有什么区别？当同居伴侣结婚时又会发生什么？

　　早期研究发现，比起从未同居的人，婚前同居的两个人最终更有可能分道扬镳（Hewitt & de Vaus，2009）。为什么会这样呢？有些人认为，这是一种选择效应——那些思想更成熟、关系更稳固的人通常会遵循传统的方式步入婚姻，而那些对婚姻有疑虑且关系不太稳定的人则会选择先同居（Woods & Emery，2002）。还有些人认为，同居的经验会改变伴侣对婚姻的看法（Magdol et al.，1998）。但是，心理学家霍华德·马尔克曼及其同事（Kline et al.，2004；Rhoades et al.，2009；Stanley et al.，2010）研究发现，有两种不同类型的同居关系最终会走向结婚：订婚后同居——两个人先订婚再共同居住；以及订婚前同居——两个人共同居住后订了婚。前一种类型伴侣的婚姻幸福程度与未曾同居的伴侣的幸福程度一样；后一种却没有前一种那么幸福。这是为什么呢？研究者总结认为，同居前订婚的两个人在共同居住前就对彼此做出了正式承诺，比起尚无承诺就同居的人，他们的关系与结婚后才共同居住的伴侣关系更类似。

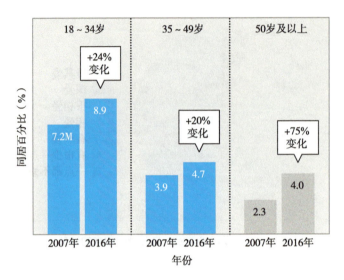

图 6.8　各年龄段成年人的同居情况

SOURCE: Stepler (2017b).

同居的文化接受度

同居伴侣能否成功地走向婚姻的另一个影响因素是他们在多大程度上被自己所在的文化群体所接受——这其中包括他们的家人及其信仰。社会学家克里斯滕·舒尔茨·李（Kristen Schultz Lee）和小野（Hiroshi Ono，2012）调查了 26 个国家超过 25 000 对已婚伴侣或同居伴侣的幸福状况。他们要求调查的参与者对自己所在国家相对占主流地位的传统性别观念（他们如何看待年幼孩子的母亲在外工作）及宗教氛围（宗教信仰在一个人的私人生活中的重要程度）进行打分，这些分数如表 6.2 所示。研究结果显示，不论同居还是结婚，任何一个国家男性的幸福程度都没有太大区别，但是在一些传统性别观念更强，宗教氛围浓郁的国家里，已婚女性与同居中的女性之间有一道"幸福鸿沟"。在传统性别观念很少被秉持、宗教氛围宽松的国家，已婚女性和同居中女性的幸福状况没有什么差别。很显然，在性别限制更多的宗教国家，女性是相对不幸福的，这反映了同居在这些国家的文化中有负面含义。尽管这些发现是针对今天生活在这些国家的人，但是在几十年前的美国，当同居同样难以被主流价值观接受的时候，这个结果也适用于那时候同居的美国人（Loving，2011）。

关于同居的其他问题

同居往往不仅涉及两个人的关系，通常还会有更多人参与其中。在今天的美国，25% 的婴儿是由同居伴侣所生育。研究人员已经开始研究同居家庭和已婚家庭之间的差异，以及父母的婚姻状况对孩子的影响等问题。同样，核心问题似乎还在于同居伴侣最终是否会步入婚姻。那些在孩子 5 岁生日前结婚的伴侣（研究结束时）与孩子出生时结婚的伴侣相比，双方的感情质量没有差异。在这 5 年期间，有孩子而未结婚（及在这期间分手）的伴侣，双方的感情质量更糟糕（McClain & Brown，2017）。

我的结论是，感情质量和养育子女的成功更多取决于双方对这段关系的承诺，而非他们是否正式结婚，当一对伴侣生活在一种认为结婚或同居都只是个人选择的文化中时，他们会生活得更容易。

这些研究主要针对年轻人，即最有可能同居的年龄段，但他们并不是美国唯一选择同居而不结婚的群体。越来越多 50 岁以上的成年人加入这一群体，这一数据在过去 10 年中从 2.3% 增加到 4%（Stepler，2017a）。部分原因是这个年龄段的离婚率上升了，以及从未结婚的单身人数增加。有趣的是，同居为老年男性带来的好处大于为老年女性带来的好处。50 岁以上的女性无论已婚、同居、约会还是未婚，她们的抑郁症状和感知到的压力都是相同的，而同居的男性比那些约会、未婚或已婚的男性抑郁症状更少。研究人员指出，老年女性可能不会从任何形式的感情关系中获得同样的好处，因为她们的性别角色包括照顾者这一项，而这个年龄段的男性更有可能成为被照顾的对象（Wright & Brown，2017）。

表 6.2　26 个不同宗教信仰和性别观念的国家得分

国家	宗教氛围	性别观念氛围
澳大利亚	0.10	−0.10
奥地利	0.18	0.09
比利时	−0.50	0.01
巴西	1.51	0.74
智利	1.28	0.59
捷克共和国	−1.71	0.00
丹麦	−0.92	−0.63
芬兰	0.14	−0.25
法国	−0.88	−0.22
德国东部	−1.15	−0.71
德国西部	−1.15	−0.18
匈牙利	−0.56	0.38
拉脱维亚	−0.17	0.16
墨西哥	1.71	0.50
荷兰	−0.83	−0.15
新西兰	0.01	−0.07
挪威	−0.58	−0.45
菲律宾	2.00	0.16
波兰	1.45	0.07
葡萄牙	0.94	0.35
俄罗斯	−0.36	0.27
斯洛伐克	0.48	0.18
西班牙	−0.40	−0.03
瑞典	0.11	−0.51
瑞士	−1.18	0.06
英国	0.31	−0.20
美国	1.50	−0.24

SOURCE: Data from Lee and Ono (2012).

作者提示

文化对同居伴侣的影响。

在表 6.2 中选择一个国家，根据李和小野 2012 年的研究，预测该国同居伴侣的幸福感。这会对他们的孩子产生什么影响？

6.3.3 同性婚姻和伴侣关系

在最近的盖洛普民意调查项目中，4.1%的受访者被认定为LGBT+，比4年前的3.5%更高。这一增长是由"千禧一代"推动的，他们出生于1980—1998年，约占美国人口的1/3。图6.9显示了每一代人中LGBT+的比例。对于每一个较年轻的群体，当被问及他们是否认为自己是女同性恋者、男同性恋者、双性恋者或变性者时，更多人给出肯定的回答。为什么会出现这种增长？其中一个原因在于，美国的大多数人对LGBT+的态度都是正向的，上述这群人就是在这种氛围下成长起来的第一代美国人。同时，千禧一代也更愿意在调查中透露个人信息。

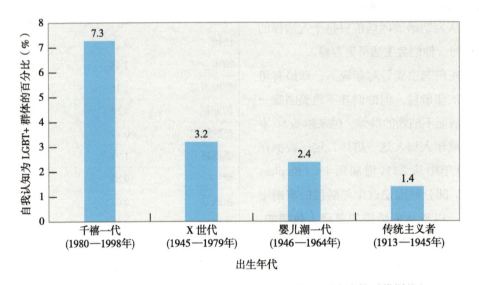

图6.9 在美国，认为自己是LGBT+群体的百分比（以出生的时代划分）

SOURCE: Gates (2016).

同性之间长久、忠诚的伴侣关系在今天是很常见的现象。自2015年以来，同性伴侣已经能够在美国各地合法结婚。截至本文撰写之时，每10名LGBT+美国人中就有一人与同性伴侣结婚，大多数（61%）同性同居伴侣已婚（Masci et al.，2017）。研究人员已经开始对LGBT+社区的已婚和同居的伴侣开展研究，将他们与异性伴侣进行比较，并找到用于帮助寻求同性伴侣心理咨询者的有效方法（Filmore et al.，2016）。心理学家劳伦斯·库尔德克（Lawrence Kurdek，2004）在一项具有里程碑意义的纵向研究中发现，影响不同类型伴侣关系质量和稳定性的因素基本相同。

最近，戈特曼研究所的研究人员跟踪了100多对在研究所寻求亲密关系治疗的同性伴侣。过去用于异性伴侣咨询的标准化方案也能够显著提高同性伴侣关系的满意度。结果也发现，为取得同样的咨询进展，同性伴侣会见心理咨询师的次数明显少于异性伴侣。研究人员认为，造成这种差异的原因之一是同性伴侣之间的性别不平等和性别角色差异更小。他们的社交方式相似，交流方式也更相似。他们在讨论分歧时会更多地表现出幽默、友善和积极，较少使用敌对和控制情绪的策略。此外，同性伴侣在他们的长期关系中能够继续保持生活内容和性活力，并报告对自己的性关系和休闲活动的满意度更高。研究人员得出结论，尽管本研究中的同性伴侣与异性伴侣有类似的冲突和感情问题，但在较短的时间内恢复关系满意度是可能的（Garanzini et al.，2017）。

同性伴侣与异性伴侣的相同与相异之处

同性伴侣与异性伴侣在许多方面都是相似的。他们同样会坠入爱河，为这段关系的未来忧心，他们也渴望伴侣关系得到认可并拥有合法的地位。两个人也许都会外出工作，也共同分担家务琐事和财务支出。不管是哪种类型的伴侣，挣钱多的那个通常在家里干家务活较少。有刻板印象认为，同性伴侣会承担"男性"和"女性"的分工，还有的认为可以通过他们偏爱的性交体位（在上面或在下面）加以区分，这些观点并未得到研究证实（Harman，2011）。尽管对同性恋更宽容的社区或"同性恋社区"确实存在，但最近的一项民意调查显示，只有 12% 的 LGBT+ 美国人报告自己住在这样的社区里（Brown，2017）。

同性恋者对自己的同性恋身份或同性恋情的公开程度有所不同。在一项研究中，科研人员采访了一些男女同性恋者，了解其如何向朋友、家人和同事介绍自己的恋情，以及其对自己的伴侣满意程度如何。然后研究人员要求这些伴侣讨论恋爱关系中存在的一个问题。他们发现，对恋情更公开的同性伴侣对自己伴侣的满意度更高，在讨论恋情中的问题时，彼此持有的态度也更加积极（Clausell & Roisman，2009）。这项研究从另一个角度说明了同性伴侣与异性伴侣是不同的：很少有异性伴侣觉得自己需要向他人隐瞒自己的性取向或自己交往的对象。对异性伴侣而言，不太可能会因为恋情失去重要朋友和家人的社会支持和联系，但同性伴侣则常面临这样的丧失。

同性恋情中还有一个不同之处在于，他们与身体暴力的抗争。LGBT+ 人群更容易成为暴力的受害者，尤其是变性女性。一项研究表明，与其异性恋的兄弟姐妹相比，成年同性恋者在人生中曾遭遇更多暴力——童年时期在身体和精神上曾更多遭遇父母虐待的，童年期曾遭遇更多性虐待的人，成年后遭遇更多心理和身体上的欺骗，以及更多性暴力（Balsam et al.，2005）。社会污名和歧视在这个群体中更为普遍，许多人面临着来自家人、邻居和同事的拒绝，而这正是其他大多数人获得社会支持的来源。这些压力源会导致同性恋人群高比例的健康问题，以及高水平的精神障碍、药物滥用和自杀（U. S. Department of Heath and Human Services，2017）。

尽管这些研究并不能对同性恋伴侣的状况呈现一幅完整的画面，但是这一领域的学者们以富有创造性的、扎实的研究就这个主题给我们提供了有价值的信息。也许最重要的发现就是，同性恋情和异性恋情之间的相似性远远多于差异性。很多伴侣能够携手共度一生。无论在同性恋爱关系中还是在异性恋爱关系中，人类都有对伴侣做出承诺（还可能有一起抚育孩子）的强烈欲望。

6.4　与其他家庭成员的关系

给"家人"下定义并非一件易事。每当我认为自己找到了关于家人的定义，就会意识到该定义并不适用于我那个特别的家庭，也不适用于我邻居的家庭。这并不是因为我们太特别，而是因为家人是一个很复杂的概念，很难对它下定义，它可以包含所有我们认为是家人的人。我们有生物学上的亲属、有领养的亲属、有"继"的亲属（基于再婚形成），还有"半"的亲属（基于姻亲形成）。我们中有些人把亲密的朋友视为自己的家人，有些人考虑将前任的家庭成员纳入家人的范围，更有甚者，如果考虑到代孕母亲和捐精父亲，谁也不知道这会是怎样复杂的一种状况！但是，我的确非常喜欢研究老年病学的专家罗丝玛丽·布里斯纳（Rosemary Blieszner，2000）给出的解决方法，她写道：一提到研究家庭关系，"很难通过表面观察确定谁是自己的家庭成员。所以，每个人的家庭成员都应该由自己确定"。事实上，也许对家人的定义如同对"美"的定义一样，只在观者的眼里。

对"家人"的定义，你的版本或许也很复杂。遗憾的是，学界对于成年期家庭关系的研究还未深入到这样复杂的程度。大多数研究的关注点都在亲子关系上，重点研究手足关系或祖孙关系的较少。基本上尚无研究关注异父异母兄弟姐妹关系或姻亲关系，更别提前任姻亲关系了。希望将来有对更广泛意义上"家人"关系的探索，以及对这些关系如何影响成年发展的研究。

6.4.1　家庭互动的一般模式

当我最小的孩子在 18 岁离开家时，我承认我经历了短暂的恐慌。他还会回来看望我们吗？他为什么要回来呢？他有自己舒适的公寓，自己做饭很好，自己会洗衣服，而且自己还有不错的收入。但是每当周日来临，他就会回来与我丈夫、我、他的祖父母、他的姐姐和姐夫，还有他 2 岁的小外甥一起用餐。从那之后这 30 年，几乎每个周日他都会回来，一开始带着他的女朋友（后来变成了他的妻子），再后来带着他的孩子们。中间有好几年他做了单亲父亲，独自抚养两个儿子，那时候他们三个也是照常周日回来用餐。最近，他把他的新未婚妻和她的孩子也带到了我们这个集体中。我知道，只因为我们是一家人，我们需要每周一次彼此交流，告知最新进展，给自己"充好电"，以应付接下来的一周。

二十世纪七八十年代，社会学家们曾与一种观念做斗争，该观念认为，在美国，核心家庭（nuclear families）（父母及其孩子）有被他们的扩展家庭（extended families）[包括（外）祖父母、外祖父母、叔叔、舅舅、姑姑、阿姨及（表）堂兄妹等]孤立的危险。产生这种顾虑的原因是，年轻人的家庭现在比从前流动性更强，他们可以为了寻找一个在自己家乡没有的工作机会而横穿整个国家，把家安顿在另一座城市。但是进一步的研究发现，尽管家庭的生活变得更具流动性是事实，但被孤立的情况却并没有发生。即使有些家庭成员住得很远，家庭也会想方设法保持代际团结（intergenerational solidarity），或者保持代际间的情感凝聚力。

社会学家建立的理论是，家庭关系的质量可以从家庭成员情感凝聚力的六个维度加以衡量（Bengtson & Schrader，1982），即代际团结理论。该理论认为，家庭关系取决于以下几个维度：

- 联系性团结（associational solidarity）——家庭成员互动的频率及其在一起的活动类型；
- 情感性团结（affectional solidarity）——家庭成员对彼此的情感积极性如何，这些情感是否会得到其他人的回应；
- 一致性团结（consensual solidarity）——家庭成员是否持同样的价值观、态度及信念；
- 功能性团结（functional solidarity）——家庭成员彼此之间互相服务和互相帮助的程度；
- 规范性团结（normative solidarity）——家庭成员视自己为家庭的一部分，以及彼此认同的程度；
- 代际家庭结构（intergenerational family structure）——家庭成员的数量、他们彼此的关系，以及住所的距离远近。

根据该理论，只要经常互动、对彼此有很深的感情、有共同的基本态度和观念、有需要时能彼此互相帮助、在家庭单元的基本认知上有共识并且能够彼此沟通（住得很近或使用通信工具），那么家庭成员之间可以非常亲密。这其中如果缺乏任何一个因素，家庭关系将不会那么密切。

> **作者提示**
> **离家更近。**
> 　请根据情感凝聚力的六个维度评估自己的家庭。

6.4.2　成年期的亲子关系

研究成年期亲子关系需要面临的一大问题是："童年期形成的依恋纽带会发生什么样的变化？"是会消失，让已成年的孩子随时可以与他们的父母形成一段崭新的、截然不同的关系？还是会继续存在，只是从孩童时期的依恋状态调整到了成年人的依恋状态？鲍比认为，依恋在青少年时期就已经减弱了，然后会消失，但是在生病或压力极大的情况下依恋需求会再次出现。有的依恋理论家是这样说的："如果孩子们最终建立了自己的家庭，他们与父母的依恋纽带就必须逐渐减弱，直至消失。否则，他们的独立生活将会面临情绪、情感上的困扰。放弃对父母的依恋似乎是青少年期晚期和成年早期个人实现过程中最关键的一步"（Weiss，1986）。

其他理论家认为，父母与孩子之间的依恋在青少年时期并没有减少，只是在形式上稍有改变（Cicirelli，1991）。此时身体上的亲近已不再是依恋的关键，反而交流变得非常重要。在成年期，孩子与父母都可以用替代物（如回忆、照片和传家宝）代替对方本人，通过电话、短信、偶尔的拜访及其他通信方式进行交流。该理论在我的经历中得到了证实，也许你在自己的经历中也得到了证实，最新的研究数据同样也证实了这一点。

许多成年子女与自己的父母住得不远，会经常联系，感受到情感上的亲密，并且拥有相似的观点。对中年人的研究显示，大多数中年父母每天都与成年子女联系，约85%的人每周至少联系一次。该频率在过去25年中有所增加，很可能是由于手机、短信、电子邮件和其他创新联系方式的便利性带来的（Fingerman et al.，2016）。

人口学研究者奥瑞·鲁宾（Ori Rubin，2015）调查了荷兰1 200多名成年子女及其父母，目的在于了解他们见面的频率，以及通过电子设备联系的频率。图6.10左侧的立柱显示，许多受调查的成年子女每月至少与父母见面一次，其中每周与父母见面的比例最大。图6.10右侧的立柱显示，许多受调查的成年子女每周至少通过某种电子设备联系父母一次。

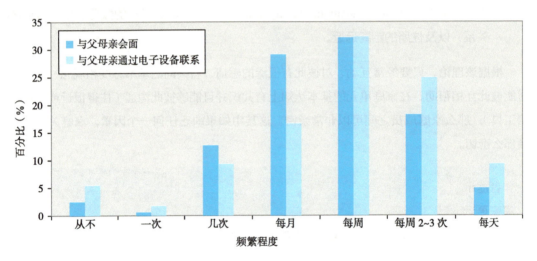

图 6.10　成年子女每周与父母见面或进行远程通信的比例

SOURCE: Rubin (2015).

亲情

根据本斯顿（Bengston）的代际团结理论，亲情是家庭关系中一个非常重要的组成部分。家庭成员之间相互表达爱意常被视为关系亲密度和关系进展状况的衡量标准。例如，年幼的孩子通常觉得父母的爱是有限的，当他们发现自己的父母对自己的兄弟姐妹表达爱意时，他们就会担心父母留给自己的爱不够多。有人认为，当孩子在认知上逐渐发展成熟并意识到父母的爱不是一种具体的、有形的物体时，他们开始认可一句老话："'父母'的心宽广而博大，足以容纳所有的孩子。"对"兄弟姐妹会分走父母的爱"的潜在担心会逐渐消失。但是，传播研究者科丽·弗洛伊德（Kory Floyd）和马克·T.摩尔曼（Mark T. Morman，2005）的研究发现，在刚刚步入成年的人的身上，仍然残留着这种观念。

当步入中年的父亲们（平均年龄为51岁）及其成年的儿子们（平均年龄为23岁）被问到父亲平时对儿子表达了多少情感［表达情感包含以下三种方式：直接的口头表达（例如，说"我爱你"），直接的非语言动作（例如，拥抱和亲吻），再或者支持性的行为（例如，给他们帮忙）〕时，儿子对该问题的回答取决于自己有多少兄弟姐妹——没有兄弟姐妹的儿子表示获得了父亲最多的情感和关爱，而那些有许多兄弟姐妹的则表示得到的最少。与之相反，父亲报告自己向儿子表达情感的多少却不受家中孩子数量的影响。这难道表明，当家庭中有多个孩子时，父母的爱会被"摊薄"吗？事实并非如此。更有可能的情况是，孩子们对关系质量的理解与其父母对关系质量的理解有很大的差别——那些非独生子女的人可能会觉得自己被忽视了。

根据本斯顿提出的观点，代际团结理论的另一个重要组成部分是一致性团结，即在价值观、态度及信念方面保持一致。据推测，子女将会从父母身上学到这些经验，但同样也有证据表明，成年子女也会拓展父母的价值观、态度和信念。在荷兰，一项针对老年人的纵向研究表明，成年子女向其父母所展示的生活方式和生活经验将会影响父母晚年的生活态度。社会学家安妮·里格特-普尔特曼（Anne Rigt-Poortman）和西奥·范·蒂尔伯格（Theo van Tilburg, 2005）调研了 1 700 位年龄为 70~100 岁的老年男女，询问他们在男女平等和道德问题这两个方面持有的观点。这群老年被试同样也被问到自己的父母是否有非传统的生活经验（他们的母亲是否在外工作过，或者父母中的一方是否曾经离异等），以及子女是否有非传统的生活经验（是否曾同居或离异，是否女儿有工作而儿子却没有工作）。根据自己的子女是否曾与人同居或离婚的情况，老年人在一些问题上表现出了不同的立场。如果自己的子女曾与人同居或离婚，那么这群老年人（同子女从未与人同居或离婚的老年人相比）在性别角色平等的观念方面，以及在自愿丁克、堕胎和安乐死这些方面持更开放的道德立场。有趣的是，这些老年人父母的生活方式是否传统对他们已不再具有影响，换言之，七八十年前的童年也许曾经影响过他们，可是到了现在这个年龄，童年经历不会再对他们产生任何影响了。

这项研究表明，如果成年子女的行为不符合传统常规（如同居或离婚），那么父母会面临一个选择：要么改变自己对这些问题的态度，要么承担与自己孩子疏离的风险。研究者认为，从更广泛的意义上来说，年轻人对自己父母在这一点上的影响是一个重要的社会变化的机制，年轻人更容易受文化变迁的影响，然后通过他们与父母的关系与互动，把年轻一代的态度传递给年老一代，从而带动整个群体有更进一步的发展。

老年离婚带来的影响

尽管美国的整体离婚率一直保持稳定，甚至在过去的 25 年间还略有下降，但 50 岁及以上伴侣的离婚率却翻了一番。其中许多是再婚伴侣，他们的婚姻比初婚伴侣更易于以离异告终，但仍有 1/3 是结婚 30 年以上的伴侣，1/10 是结婚 40 年以上的伴侣（Stepler, 2017a）。这些老年人的孩子大多已经成年，而且基本都已搬出去居住。父母离婚会对成年人有什么影响呢？研究人员阿贝茨和王（Abetz & Wang, 2017）采访了 19 名父母离婚的受访者，他们都已经成年，并且都已经从父母家里搬出来独立居住。这 19 人在接受采访时的年龄为 23~59 岁，他们的父母在他们 18~37 岁时离婚。这一定性研究提出了四个问题。

成年期父母离婚的影响 ● ● ●

许多成年子女从未在父母的婚姻中看到不幸福的迹象——这是最常见的问题。他们的记忆中只有快乐的童年和坚韧的家庭关系。

（艾莉森）我还是不知道他们的关系到底出了什么问题，只知道有时候他们对彼此有些很有意思的评价。你知道，人们约会久了，就只有两个结果：要么结婚，要么不结婚。是啊，他们的评价就有点让人感觉好像他们一开始就不该结婚，这听起来让人有点尴尬。我会想，父母的婚姻美好吗？虽然我明白这是个奇怪的问题。如果不是现在这种情况，我想这个问题永远都不会有人问的。我自己也结婚了，所以一定程度上理解了婚姻到底意味着什么。他们的婚姻在多年后分崩离析，那现在，从他们的角度来看，这是一段美好的婚姻吗？还是这场婚姻一直以来他们都只是搭伙过日子而已？（Abetz & Wang，2017）

承担新的角色，通常是长期且非自愿的——另一个关注点是成年子女因为父母离婚而要承担的新角色。例如，为父母中的一方提供情感或经济上的支持。这些新角色往往是长期的，而且是被迫承担的。研究的受访者报告，他们在对父母的爱和自己优先考虑的事情之间左右为难。

（卡罗琳）我真希望父亲又结婚了。你必须对身边没有其他人的父母负责，尤其是对我父亲，他是独生子，他的父母都已经去世了。现在，他也没有重要的另一半。所以当他上周在医院准备做手术的时候，我知道，如果发生了什么事，就要我管他了，如果我做出了这样的决定，我就必须对自己的决定负责。对任何人而言，这都很不轻松。

关于假期和家庭活动的不确定性——在这项研究中，成年子女记得自己在父母离异后对假期和家庭活动感到的不确定性。

（马特）我认为最大的挑战是如何协调我的父亲和母亲，以确保两方都认为自己没有被忽略，而是得到了应有的关注，同时还要确保我可以把各种关系处理成他们想要的样子。显然，当他们在一起时，那就容易多了，因为你一次探访就可以同时探望他们两个人。现在所有的事情都翻倍了，而且今后所有的事情都要商量，你知道，所有事，如家庭活动、圣诞节之类的。

感觉自己被夹在愤怒的父母中间——第四种反应是被夹在愤怒的父母中间的感觉。

（米歇尔）我母亲是一个非常情绪化的人，所以她打电话给我，基本上会倾泻所有信息给我，不论这是否是当时我需要知道的。而且，就像我所说的那样，这让我也对我父亲非常不满，事后看来，我只是听到了故事的一个版本。

如果孩子还小，父母在办理离婚手续时通常都会小心地让他们远离父母之间的争吵和指责，尽可能保持孩子生活的稳定。看来这一考虑应该从小孩子扩大到成年子女。即使成年子女已经离开父母的家庭，组建了自己的家庭，离婚后父母对待他们的方式和对他们的期望也会改变子女与父母的关系，以及子女对父母的看法。父母离婚还会改变子女对待自己婚姻的态度，增加子女离婚的风险（Murray & Kardatzke，2009）。

应对危机中的成年子女

很不幸的是，不是所有的子女长大以后就不再受童年期问题的困扰了，反而有些人在成年后还会增添新问题。这对年老的父母会有什么影响呢？是否存在一个年龄，父母一旦达到该年龄，就觉得自己不再需要为子女的问题负责了？很明显，答案是"没有"，至少对许多父母而言如此。中老年人生活不幸的一大主要原因就是其成年子女的问题（Fingerman et al.，2017）。子女问题是导致老年人出现抑郁和焦虑症状的主要原因，尤其如果这些问题是由于成年子女自身的行为和生活方式所导致的，如药物滥用或蹲监狱等（Birditt et al.，2010）。

发展心理学家凯伦·L. 芬格曼（Karen L. Fingerman，2012）及其同事研究了有多个成年子女的家庭中子女的正面和负面事件对年老的父母所产生的累积效应。一个比较普遍的问题是，一个成功的子女所带来的幸福感的增加是否能抵消一个有问题的子女所造成的痛苦。答案是，成功的子女给父母生活带来的积极影响并不能抵消有问题的子女带来的负面效应。换言之，父母总是倾向于对子女的负面事件做出反应，而非对其正面事件做出反馈。另一个要考虑的问题是，问题子女和成功子女对父母造成的累积效应是怎样的？研究者发现，仅仅一个有问题的子女就能给父母的幸福状况造成影响，但是一个成功的子女却达不到同样的影响效应——需要有多个成功的子女才能对父母的幸福状况造成影响。芬格曼及其同事总结道，老格言是正确的：*父母的幸福程度取决于自己最不幸福的那个孩子的幸福程度*，换句话说，只有所有的孩子都得到了幸福，父母才能感到幸福。

6.4.3 祖孙关系

现代家庭的孩子数量比前几代的少了很多，并且老年人寿命更长了，这意味着今天的孙辈和祖父母辈可以享受一段很特别的、持续时间较长的祖孙关系（Antonucci et al.，2007）。但是，这些关系受到孙辈年龄、祖父母辈健康状况、他们住处相隔的距离及一些其他因素的影响。尽管如此，我们还是有一些关于这种特殊关系的一般共性信息。

我们知道，虽然祖父母辈与年幼一些的孙辈相处得时间更长，但是祖父母辈却更喜欢与年长一些的孙辈聊一些自己关心的私人话题（Kemp，2005）。祖父母辈者声称，他们对于孙辈的喜爱程度是一样的（Mansson & Booth-Butterfield，2011）。未丧偶的（外）祖父们与自己的（外）孙子女的互动比鳏居的（外）祖父们的互动更多（Knudsen，2012）。有大约1/4 的（外）祖父母把至少一个成年（外）孙子女的名字放在自己社交护航模型最里面的那个圆里，而这个孩子通常在很小的时候就已经与他们建立了强烈的情感联结（Geurts et al.，2012）。近几十年，（外）祖父们似乎加入了（外）祖母们的行列，承担起养育（外）孙子女的任务。包括代替父母的职责、给予经济支持、充当玩伴、提供建议及传承家族历史（Bates & Goodsell，2013）。不仅（外）孙子女会因此而获益，（外）祖父母也收获了精神上的健康及幸福感（Bates & Taylor，2012）。

在一项针对（外）祖父母及其成年（外）孙子女进行访谈的研究中，社会学家坎达斯·肯普（Candace Kemp，2005）发现，成年的（外）孙子女和其（外）祖父母把他们的关系视为一个安全网——一个潜在的能提供安全感的支持来源，尽管这些资源也许从来没有被启用过。两代人都说他们"就是知道"一旦自己需要帮助，另一方肯定会愿意给予自己帮助。实际的互助方式也很常见，（外）祖父母给（外）孙子女提供大学的学费，并在他们成年后帮他们买房子，同时，（外）孙子女在（外）祖父母出行交通及家务琐事方面予以帮助。对（外）祖父母来说，成年的（外）孙子女象征着未来，并给他们带来了成就感；对（外）孙子女而言，（外）祖父母象征着过去，掌握着关于他们来历和身份的答案。很明显，在他们早年相处的基础上，成年（外）孙子女可以在成年期与其（外）祖父母发展出一段独特的祖孙关系。

在几年前的一项研究中，大学生被要求给（外）祖父母打分，依据是其与（外）祖父母相处的时间、从（外）祖父母那里得到的资源，以及与（外）祖父母情感上的亲密程度。所有三个项目中，学生给自己的外祖母打分是最高的，后面依次是外祖父、祖母和祖父（DeKay，2000），具体如图 6.11 所示。许多其他相似的研究也得出了相同的结论，这一点并不奇怪——事实上，如果我处于那个年龄段，我也会给出相同的回答。但是，心理学家 W. 托德·德凯（W. Todd DeKay）和托德·沙克尔福德（Todd Schackelford，2000）从进化心理学的角度解释了这些数据。他们认为，（外）祖父母的排名反映了他们对于自己的（外）孙子女是其生理上真正后代的确认度，因此对自己的基因传递给下一代这一事实相对自信，虽然他们常常意识不到这一点。

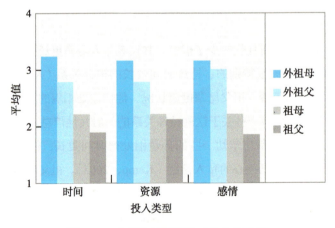

图 6.11   大学生如何评价（外）祖父母

在相处时间、提供的资源和情感亲密度方面，大学生对其外祖母评价最高，其次是外祖父、祖母，最后是祖父。

SOURCE: From DeKay (2000).

当然，我可以用其他原因来解释为什么大家认为外祖父母在与外孙子女的关系上投入更多：可能年轻伴侣居住的地方离妻子的父母近一些，离丈夫的父母远一点，这是由于关系的亲疏导致的；也可能是因为孩子的母亲是家中掌管与亲属之间联络的人，更习惯于促进孩子与自己父母的关系，而非孩子与丈夫的父母的关系；还可能是年轻的家庭在传统、社交实践及家庭习惯上与外祖父母的家庭更接近，因为通常是妻子在掌管这样的事情；或者可能因为我们的确是基于这样一个可能性来投入我们的感情，即有的孩子携带着我们的基因，有的却不确定，甚至没有。

照顾

当父母无法照顾自己的孩子时，越来越多的（外）祖父母接管了居家照顾（外）孙子女的工作，但是当（外）孙子女生活在单亲家庭或双职工家庭时，许多（外）祖父母也充当了非正式的照顾者。

这样的现象在我周围很常见，也许在你那里也一样。我经常去学校接我 10 岁的孙子回家，我注意到"父母接送"可能实质上是"（外）祖父母接送"。接孩子放学回家的车大都由我这个年龄的人驾驶。在家长日（见第 5 章的开头）的午餐时间，同样是这些（外）祖父母与自己的（外）孙子女坐在一起吃午餐——大部分情况是因为孩子的父母在比较远的地方工作而不能参加，（外）祖父母则有的已经退休了，或者像我一样，工作时间更灵活。这些被称为非正式的照顾是因为孩子并不是全部时间都和（外）祖父母住在一起，而且（外）祖父母也不拿报酬（至少没有金钱方面的酬劳）。

最近学者的关注点转移到了在家庭危机时（外）祖父母的作用。当（外）孙子女由于父母离异或父母后续再婚导致在社交和情感方面出现问题时，（外）祖父母能够帮助"创造缓冲地带"吗？另外，还有一个更符合当前现实的问题，当未婚的女儿养育孩子时，外祖父母能够弥补父亲角色的空缺吗？一项研究的对象是 900 多个刚步入成年期的人（18~23 岁）。研究者发现，那些生活在单亲家庭或继父母家庭中的人，如果他们与（外）祖父母中某一个关系很好，那么较少会出现抑郁症状（Ruiz & Silverstein，2007）。另一项针对 324 个初成年被试开展的研究发现，与外祖父母关系的质量可以预测其在父母离异时的心理调适情况（Henderson et al.，2009）。

在一项相似的研究中，社会工作研究人员沙赫维·安塔尔 - 施瓦茨（Shalhevet Attar-Schwartz）及其同事（Attar-Schwartz et al.，2009）访问了英格兰和威尔士的 1 500 多名高中生，问题的内容包括他们与（外）祖父母的联系情况和他们的家庭结构。同时研究还搜集了这些学生与学校管理层间及其与同伴们间存在的问题。单亲家庭的孩子同自己（外）祖父母的交流程度与双亲家庭的孩子是一样的。但是，将单亲家庭孩子出现的问题与双亲家庭孩子出现的问题进行比较后发现，与（外）祖父母的交流是一个很重要的因素。如图 6.12 所示，比起与（外）祖父母交流多的单亲家庭的孩子，交流少的单亲家庭的孩子与学校管理层间及其与同伴间有更多问题。根据这项研究，（外）祖父母可以起到"创造缓冲地带"的作用，至少对生活在单亲家庭且有社交问题的孩子而言是如此。

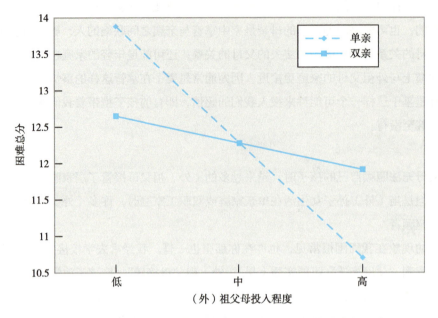

图6.12 按（外）祖父母参与程度划分的青少年学校和行为困难

如果与（外）祖父母关系密切，单亲家庭的青少年在学校和同龄人中遇到的困难和苦恼更少。在双亲家庭中的青少年与（外）祖父母关系密切与否对其问题影响更小。

SOURCE: Attar-Schwartz et al. (2009).

有必要重申的是，对那些可能面临各种问题的高风险孩子而言，如果其与（外）祖父母关系密切，那么会对这些高风险因素起到缓冲作用，无论其是在单亲家庭中还是在双亲家庭中。区别在于，当遇到麻烦时，孩子从祖孙关系中受益的情况略有不同。如果都是来自单亲家庭的子女，在他们处于青少年时期和刚步入成年期时，那些与（外）祖父母关系密切的人会比与（外）祖父母关系不密切的人面临更少的社交问题。

祖母效应

最近的一些研究很好地解释了进化心理学家和进化人类学家提出的祖母效应（grandmother effect）这一假设（Hawkes et al.，1997）。该理论认为，在所有有据可查的历史时期，（外）祖父母中的女性（尤其是外祖母）的存在是孩子们存活率的预测器。这个假设认为，长寿（特别是女性长寿）的特点是大自然对我们这个物种的偏爱，因为所有拥有更多（外）祖父母的社会群体都会有一个优势，即年长的成员可以帮助婴儿顺利出生，并对幼儿予以照顾（"顾巢"任务），还可以向集体中的年轻成员传授知识和智慧，帮助他们更容易存活下去（Coall & Hertwig，2011）。

近期祖母效应的一个例证来自荷兰的一项纵向研究。该研究跟访了一些家庭三代人整整十年的时间（Kaptin et al.，2010）。研究人员发现，在养育孩子的过程中，如果父母曾从孩子的（外）祖父母那里获得帮助，那么这些父母将会倾向于在接下来的十年中生育更多孩子，而未获得帮助者则不然。因为荷兰的人口出生率非常低，这个研究结果在该国就显得尤其有趣。但是这个结果同样也说明，老年人，即使他们本人已经过了生育年龄，对他们所在群体的出生率依然会产生影响。

另一项研究显示了年长者是如何将重要的知识和智慧传授给他们所在文化群体中的年轻人的。2004 年，一场海啸袭击了泰国和缅甸周边的地区，而生活在靠近海岸群岛上的莫肯人却得以逃生。这是因为，莫肯族中有年长的人能够懂得海洋发出的信号，并敦促其族人逃到地势更高的地方，从而躲过了一场灾难（Greve & Bjorklund，2009）。

人类学家莎拉·B. 赫尔迪（Sarah B. Hrdy，2011）认为，母亲从来都不是独自抚育自己的孩子的，人们总是会从自身所在社会群体中的其他成员那里获得帮助。我非常认同这种观点。尽管这些施以援手的人并不总是亲属，但有一种亲人，她总是随叫随到，愿意提供帮助，这就是孩子们的（外）祖母。赫尔迪形容（外）祖母为"一个妈妈的最后王牌"。对我的（外）祖母来说，这个词形容得很贴切，我希望有一天我的儿媳也会这样形容我。

6.4.4 与兄弟姐妹的关系

我们与兄弟姐妹的关系是我们拥有的最持久的社会关系。在美国，大多数成年人至少有一个兄弟姐妹。在日常交谈中，人们自己对兄弟姐妹关系的描述可能是异常亲密的，可能是形同陌路的，甚至可能是持久竞争的。尽管存在着竞争和冷漠，但最常见的形式是关系亲密。一个人在成年后与兄弟姐妹完全失联是很少见的。直到 20 世纪 90 年代末，对兄弟姐妹关系的研究仅限于个体的儿童期和青少年时期，但现在，有一系列研究调查了这种关系在成年中后期的重要性（Suitor et al.，2016）。

如果成年兄弟姐妹觉得父母对兄弟姐妹一视同仁，不偏不倚，那么孩子们之间的关系会更好（Boll et al.，2005）。在这方面，人们对童年时一视同仁的记忆比成年后父母对自己是否一视同仁更加重要（Suitor et al.，2009）。如果兄弟姐妹单身且无子女，那么成年后他们之间的关系是最牢固的（Connidis，2009）。如果你有姐妹，那么姐妹俩之间的关系是最亲密的，从姐妹到兄妹再到兄弟，亲密度依次递减，这并不令人感到奇怪。再次重申，女性（母亲、妻子和姐妹）通常承担了家里的养育工作，并且为家庭成员提供情感支持。

手足之间的关系在成年早期非常重要，因为这可以帮助弥补人们与父母之间的关系很糟糕这一缺陷。心理学家阿维丹·米列夫斯基（Avidan Milevsky，2005）对 200 名被试做了调查，这些人的年龄为 19~33 岁，性别有男有女，调查的内容是其与手足、父母及同伴间的关系。他们还被问到一些问题，用以衡量他们所感到的孤独、抑郁、自尊及对生活的满意度。那些从父母身上获得支持很少的人，如果他们从自己的兄弟姐妹那里获得高度的支持作为补偿，那么这些人会有显著高于其他人的幸福感得分。图 6.13 显示的是获得父母不同程度支持的参与者的幸福感得分。与获得较少兄弟姐妹支持的人相比，拥有更好手足支持的人在抑郁和孤独测评中得分明显更低，在个人自尊和生活满意度测评中得分则明显更高。

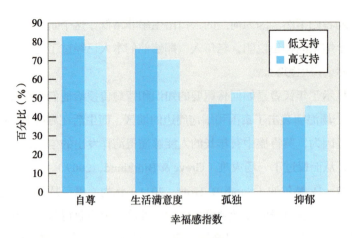

图 6.13 幸福感指数

父母支持水平较高的年轻人在四项幸福感指标上得分较高。

SOURCE: Data from Milevsky (2005).

年轻人也会直接给自己的弟弟妹妹提供支持；事实上，他们是育儿体系中紧随父母和（外）祖父母之后的第三道防线（Derby & Ayala，2013）。在行使代理父母的职责方面，他们有极高的能力，尤其是当获得朋友和邻居的帮助时。

成年后的兄弟姐妹

在养育自己下一代的那几年，手足之间的关系将逐渐冷淡。人们认为，在这些年，成年人关注的是自己的子女和事业，没有多余的时间或精力可用于培养与兄弟姐妹之间的感情。但即使兄弟姐妹的关系在此时并不是成年人最看重的，这些关系依旧是正向的、支持性的（Neyer，2002）。

到了老年期，兄弟姐妹又重新回到彼此的中心位置，在生命的最后阶段，他们彼此紧密联系、互相帮助。社会学家德博拉·戈尔德（Deborah Gold，1996）采访了一组老年人，询问他们在成年期与自己兄弟姐妹间的关系质量。调查对象是 65 岁以上的老年人，已婚且有孩子，并且可以独立生活，拥有至少一个在世的兄弟姐妹。

戈尔德询问他们生活中出现的不同事情在成年期是如何改变手足之间的亲密程度的。她发现，在成年早期的一些事情，尤其是结婚及孩子的到来，会导致兄弟姐妹间关系的疏远。在中年期发生的事情又容易把兄弟姐妹的关系拉近一些，尤其是父母离世这样的事情。到了成年晚期，兄弟姐妹彼此亲密程度会更进一步。退休后，他们可以有更多的时间相处，也使一些原来由于工作原因导致住所相隔很远的兄弟姐妹可以重新团聚。在丧偶或生病时，兄弟姐妹可以帮助"填补空白"。最后，在老年时期，一些人成为原生家庭硕果仅存的人，他们也就成为唯一拥有这个家庭的记忆的人。

公平地说，也有 18% 的调查对象声称，自己与兄弟姐妹的关系随着时间的推移而在情感上逐渐疏远。有些人在经历了成年早期典型的疏离状况后再也没能回到从前；还有些人期待生活中发生的事情可以帮助自己与兄弟姐妹恢复从前的亲密，尤其是当遭遇丧偶、生病等生活困境时，他们期望得到帮助，然而现实却让他们感到失望。

6.5 成年人的友谊

发展心理学家多萝西·菲尔德（Dorothy Field，1999）将友谊（friendship）定义为"人们在社会范围内自愿实行的一种社会关系"。她进而强调了友谊的随意性，即友谊不像其他关系那样，或者取决于地缘上的接近，或者由于血亲关系，或者源于制度规范，友谊依据的是个人的原因，而且因人而异。尽管友谊的概念可能还是有点模糊，但它依旧很重要，即使发展心理学的注意力大多集中在童年时期和青少年时期的友谊上，在过去大约十年间，还是有若干研究关注成年期这个阶段的友谊。

6.5.1 朋友圈

家庭网络的规模在成年期保持稳定，但朋友圈的规模在成年初显期及青年期是有所增长的，因为我们通过挑选朋友而进行自我探索，在工作场所塑造自我，以及建立属于自己的家庭。但是一旦人到中年，我们将集中关注自己的伴侣和子女，我们朋友圈中的人数开始减少，并且这种趋势会一直延续，直到我们生命的终结。老年人不仅朋友圈很小，他们与朋友的交流同样也很少（Antonucci et al.，2009）。

与朋友的社交关系带给我们的不仅仅是一种愉快地消磨时间的方式。过去几十年的研究表明，社会联系是我们健康、幸福和长寿的主导因素（Carmichael et al.，2015）。许多研究表明，与吸烟、肥胖和过度饮酒相比，社会关系不良是过早死亡的更重要的影响因素（Holt Lunstad et al.，2010）。

心理学家谢丽尔·L. 卡迈克尔（Cheryl L. Carmichael，2015）及其同事对 129 名中年人开展了调查，他们在大学本科时都曾参与一项社会关系研究。在 30 多岁时，他们再次接受调查。当卡迈克尔及其同事请他们完成一项关于社交网络的在线调查时，这些人已经 50 多岁了。在线调查的问题包括：他们拥有的朋友数量（数量维度）和友谊的质量（亲密程度维度）。研究人员将这次调查的结果与他们在 20 多岁和 30 多岁时给出的答案进行了比较后发现，社交关系的数量和质量能够预测人们在 50 多岁时的社交关系，也能够预测人们的心理健康。在年轻时便拥有更多朋友和更亲密友谊的人在中年时感到孤独和抑郁的可能性更低。

依恋理论也被应用于对成年人友谊的研究中。如果年轻人的依恋风格是不安全型（迷恋 / 焦虑型或忽视 / 回避型），那么与安全型依恋风格的年轻人相比，他们会感觉自己与朋友圈更加疏远。加拉特（Gallath，2017）及其同事得出结论，如果一个人是迷恋 / 焦虑型依恋风格，他会觉得朋友对自己没有那么亲密，因为这种依恋风格的人希望得到人们的更多接纳和许多安慰，而这种亲密的需要实际上反而会把朋友从自己的身边推开。如果一个人是忽视 / 回避型依恋风格，那么他担心的是信任问题及他人是否可靠，因此这样的人会努力不依赖自己的朋友，以免让自己失望。这些关于友谊的研究结果表明，依恋方式不仅会延伸到成年期并影响成年人的恋爱关系，还会影响成年人的友谊关系。

在晚年生活中，朋友圈对个体的健康也很重要。拥有大量朋友的老年人能够更好地处理与年龄相关的健康问题，也不太可能遭受身体疾病问题和早逝的困扰（Smith & Christakis，2008）。老年时的朋友圈会为个体带来物质性援助、工具性援助和解决问题的帮助。它还能为人们提供情感支持，提升人们的自尊，让人们感觉自己对其他人而言还是重要的、有价值的，同时还能降低出现心理疾病的风险。社会接触也能够提升个体的生理健康水平。研究表明，社会支持能够降低老年人的血压，还能降低其体内与压力相关的激素水平（Cornwell & Shafer，2016）。

友谊的因素及其影响

其他影响成年期友谊的因素包括性别、种族及受教育程度。在任何年龄段，女性的朋友圈都比男性的朋友圈大，而且男性和女性都喜欢与女性交朋友。当问起从哪些朋友那里得到过帮助，女性可以列举出许多人的名字，而男性提到的则往往是自己的爱人。非洲裔美国人拥有较小的朋友圈，并且朋友圈中大多数是其家人，但是他们与朋友的交流比白人多。社会经济地位较高的人群总体上拥有的朋友数量更多，但他们所拥有的关系密切的友人数量与社会经济地位低的人是一样的，多的只是泛泛之交。与技术工人相比，从事专业工作的人所拥有的朋友在地理上分布更广泛（Ajrouch et al.，2005）。

上述研究大多关注的是一个人能够从自己的朋友圈获得哪些好处，也有研究关注的是个体帮助朋友后自己在身体、情感和社交方面获得的好处。一些研究表明，当一个人认为自己对他人的帮助自愿且有效时，在这种情形下，对他人施以援手给自己带来的利益是最大的（Inagaki & Orchek，2017）。

研究者发现，友谊也并非完全是正向的、让人毫无顾虑的。有些人对某些家庭关系甚或对自己的配偶拥有矛盾心理，这种现象并不奇怪，毕竟那些人通常是个体社交护航系统中的固定成员。但也有些人认为，朋友也可以引起很复杂的情感，尤其是当他们不请自来地向自己提供帮助和建议时。虽然这些感觉还没有糟糕到使人想终止友谊，却足以让人产生压力，而友谊本应该是保护人们远离压力的支持性力量（Krause，2007）。

> **作者提示**
>
> **你自己的圈子。**
>
> 你社交网络中的每位成员如何为你提供支持？你为他们提供过什么样的支持？

6.5.2　社交媒体上的朋友

另一种友谊是通过社交媒体形成的，人们可以通过计算机或智能手机与他人互动。它们有助于我们扩大社交网络，包括那些由于距离太远而很少与我们面对面交谈的人，以及那些我们时不时只想与他们简短交谈的人（见"成年人与社交媒介"）。

我很庆幸父亲对技术很感兴趣，在他80多岁时还能开始使用电子邮件。当时他抱怨自己没有男性朋友了。他们要么去世了，要么搬走和亲戚共同居住了。而他一直忙着开车送我母亲及其女性朋友去水上健美操和午餐会，她们甚至让他成为荣誉会员，但我父亲想念他的老哥们儿。通过电子邮件，他可以与住在 100 公里外且不再开车的哥哥取得联系。他还与一位高尔夫球友取得了联系，这位朋友几乎跨越整个国家搬去和女儿同住。我父亲的姐夫也在几个州的距离之外，这样他就可以照顾患有痴呆症的妻子。对我而言，父亲使用电子邮件的另一个好处是，他的听力障碍不再是我们之间交流的阻碍，因为听力障碍让我和他的电话交谈变得相当艰难。他失去了听到高音的能力，而他有四个女儿（女性声音比较高）。所以，在父亲生命的最后几年里，我们家的所有人都感觉到了科技带来的社交便利。

成年人与社交媒体　● ● ●

社交网站

社交网站始于 2000 年左右，很快受到青少年和年轻人的欢迎，但现在，各个年龄段的成年人都在使用它们。图 6.14 显示了过去 10 年中各个年龄段成年人在社交媒体使用方面的增长情况（Pew Reserch Center，2017）。

Facebook

截至本书撰写之时，最受欢迎的社交媒体网站是 Facebook。我承认自己非常喜欢 21 世纪的这种与朋友和家人相处的方式。我和丈夫都来自大家庭，都有很多亲戚，他们大多住在几百公里以外。Facebook 给我们提供了一种方法，让我们能够了解自己兄弟姐妹的生活，还有我们的 21 个侄女和侄子（及其配偶和孩子）。我们也喜欢和以前的一些学生成为朋友，他们已经开始了自己的职业生涯和独立的家庭生活。如果我们看看美国成年人中的互联网用户量，那么我们会发现 3/4 以上的成年人使用 Facebook。图 6.15 还按年龄显示了不同群体使用四种社交网站的情况。在所有这些社交方式中，年轻人占主导地位，其次是中年人和老年人（Greenwood et al.，2017）。

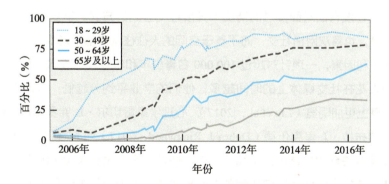

图 6.14　在过去 10 年中，美国每个年龄组人群的社交媒体使用率都有所增加

SOURCE: Pew Research Center (2017).

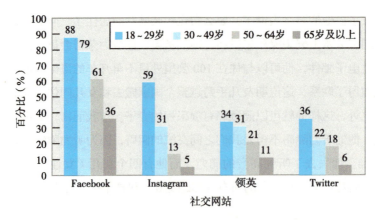

图 6.15 年轻人比老年人更多地使用各种社交媒体

SOURCE: Greenwood et al. (2017).

许多年轻人诉说被 Facebook "搞疲惫了"，尤其是那些大学女生，与男生相比，她们认为自己在 Facebook 上花费的时间比预计的多，因为 Facebook 而缺觉，感觉 Facebook 上的朋友比"现实"中的朋友更亲近，并且经常有上瘾的感觉（Thompson & Lougheed，2012）。有一半以上的 Facebook 用户自述曾主动停止使用 Facebook 几周甚至更长时间（Rainie et al.，2013）。然而，研究人员在查阅了 65 篇与 Facebook 使用相关的同行评述文章后发现，花在 Facebook 上的时间或 Facebook 好友数量与抑郁之间没有关系（Frost & Rickwood，2017）。

年轻人和 Facebook

我的许多老朋友评论说："'今天的孩子'在社交上越来越孤立，因为他们把所有的时间都花在了手机上，不再关注面对面的交流。"研究证明，这种观点是错误的。几项研究发现，许多花大量时间使用社交工具的人也会花大量时间进行面对面的互动（Anderson et al.，2012）。焦虑型依恋风格（包括害怕被拒绝）的成年人报告，他们更多使用 Facebook，而且由于这种网络社交联系，他们对社交关系的满意度也有所提高（Spradlin et al.，2019）。这告诉我们，Facebook 不仅仅是一种让害羞和孤独的人在没有面对面接触的情况下开展社交互动的方式。享受社交的人既喜欢面对面接触，也喜欢网络社交，而不善于交际的人往往两样都不喜欢。

对于不利因素，一项针对超过 100 000 名青少年和年轻人的数据进行的元分析显示，年轻人花在社交媒体上的时间越多，他们的学业平均分越低，这种现象在大学生和女性身上更加明显（Liu et al.，2017）。心理学家雷切尔·L. 弗罗斯特（Rachel L. Frost）和德布拉·J. 里克伍德（Debra J. Rickwood，2017）对 65 篇关于社交工具使用和心理健康关系的文章进行了综述。在一些针对高中生和大学生的研究中，他们发现了两种与社交媒体使用密切相关的心理障碍。一种是与酒精有关的行为，这与 Facebook 上的好友数量和花在 Facebook 上的时间有关。在 Facebook 上拥有最多朋友和花费最多时间的那些人更倾向于在 Facebook 帖子中提及酒精使用，也更倾向于饮酒，出现与酒精相关的问题，以及酗酒。另一种涉及躯体形象和饮食失调。使用 Facebook 的年轻人比不使用 Facebook 的人身体满意度更低，男性和女性均如此。他们发布的帖子也更有可能包含对饮食失调的看法、追求苗条的意愿，以及对身体的羞耻感。

中年人与 Facebook

中年人经常使用 Facebook 拉近与年轻成年子女之间的关系，尽管这听起来有些侵入性，但最近的一项研究表明，大多数成年子女并不认为 Facebook 侵犯了自己的隐私，他们认为 Facebook 实际上增强了父母与成年子女之间的亲密关系（Kanter et al.，2012）。更多持怀疑态度的研究人员认为，成年子女接受父母的好友请求是父母和子女之间天然的权力差，他们很难拒绝父母。一些人甚至认为，使用 Twitter、Instagram 和其他社交网站的年轻人数量的增加是由于使用 Facebook 的父母及（外）祖父母的增加（Wiederhold，2012）。

老年人和 Facebook

老年人也会使用 Facebook，但 Facebook 基本上是老年人现实生活中社交的网络版，他们 Facebook 上的"好友"列表中也就是家庭成员，而非朋友。在美国，超过 1/3 的 65 岁以上的人使用 Facebook。但研究人员希望，随着这一数字的增加，Facebook 将在流动性受限、与朋友距离很远的情况下为老年人提供社交联系。Facebook 还有助于减少个体的孤独感，加强代际联系，使老年人更容易留在自己的家中独立生活（Cornwell & Schafer，2016）。

世界各地的社交工具

令我惊讶的是，发展中国家使用社交工具的比例高于发达国家，如印度尼西亚（89%）、马来西亚（85%）、尼日利亚（85%）、美国（71%）、日本（51%）和德国（50%），具体如图 6.16 所示。外交政策研究员雅各布·普什特（Jacob Poushter，2016）指出，由于贫困、交通不便和环境等问题，城镇之间的距离限制了人们面对面交流的机会，但发展中国家的人们仍然渴望社交互动，因而网络社交盛行。在世界各国，无论发达国家还是发展中国家，社交工具的使用都存在年龄差距，35 岁以下成年人使用网络社交的人数明显多于 35 岁以上的人。

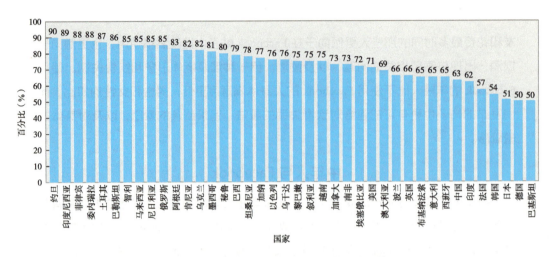

图 6.16　全球互联网用户中流行的社交网络

SOURCE: Poushter (2016).

　　最后，我想和大家分享一项由国际研究团队所做的研究。他们的研究兴趣是在线社交关系是否有助于减少先前处于冲突中的群体之间的偏见。研究人员选择了塞尔维亚、塞浦路斯和克罗地亚的 374 名大学生，他们所在的族裔在自己的国家中占多数（分别为塞尔维亚人、希族塞人和克罗地亚人）。研究人员向这些大学生提问：他们与本国少数族裔的人（分别为阿尔巴尼亚人、土族塞人和塞尔维亚人）面对面或在线交流的情况。然后，这些大学生还会回答另一些问题，例如，如果身处少数族裔的人群中，他们是否会感到焦虑，是否会感到威胁，以及他们是否对少数族裔抱有积极的态度。结果表明，在线关系让这些国家主流族裔的人对少数族裔群体产生了更积极的感觉，效果比面对面交流更好。研究人员在其他国家开展的研究也得到了相似的结果。研究人员指出，直接的、面对面的交流与接触有助于达成共识，有助于在有冲突历史的两个群体之间达成深层次的理解，但有时候，当人们无法做到面对面交流时，社交网站为对立群体之间的交流提供机会（Žeželj et al.，2017）。

　　成年之后，各种社会关系都会发生许多变化。最后，我们列出了成年后主要类型的人际关系所发生的变化（见表 6.3）。

表 6.3 成年期关系类型改变总结

特征	18~24 岁	25~39 岁	40~64 岁	65~74 岁	75 岁及以上
亲密和长期的关系	亲密关系表现为约会或同居的形式。基于强烈的欲望和吸引力选择伴侣,同时短期关系还取决于彼此合适的程度 早期的依恋关系可能会影响恋爱关系。使用在线约会的频率最高	长期伴侣的选择基于外表吸引力(男性)和资源状况及社会地位(女性)。许多同居关系会发展为婚姻关系。伴侣之间的消极互动可能会导致婚姻不愉快甚至离异。彼此承诺后再同居经常会通向快乐的婚姻生活,尤其在对女性和宗教持进步观念的文化中。对 LGBT+ 群体的接纳度最高	许多结婚多年的伴侣声称彼此仍处于深爱中。与离异人士相比,长期处于不幸福婚姻状态中的伴侣的健康状况较差,并且幸福程度较低。离异是很常见的现象,再婚也是。同居的人不多,但数量在增加	在空巢期,婚姻满意度和精神上的亲密程度达到最高,同时彼此矛盾达到最小。离婚率很低。许多人在丧偶之后重新发展新的关系	许多人丧偶,尤其是女性,但是大部分人可以通过发展朋友圈及其与亲人的关系进行自我调整。对 LGBT+ 群体的接纳度最低
社交网络	社交网络包括母亲和学校的朋友。还有来自社交媒体的其他社会支持	社交网络包括父母、其他家庭成员、伴侣、邻居、同事、孩子、宠物及社交媒体	社交网络规模缩小,包括家人、密友和同事,以及宠物。许多人开始隔代养育自己的孙辈	大多数人的社交网络不再包括父母和同事。孙辈成为重心	社交网络更小了,但是很亲密,主要包括家庭成员,经常包括已经成年、如同自己儿女一样关系密切的孙辈

摘要：社会关系

1. 社会关系理论

（1）在形成之初，依恋理论用于解释婴儿与父母的关系。后来的研究假设认为，在婴儿时期形成的依恋是相对持久的，日后会体现在人生的其他关系上。

（2）其他社会关系理论包括护航模型，它把我们人生旅途中在不同时点加入的一群重要的人纳入考查范围。社会情绪理论认为，当人老去时，他们更愿意维持少数亲密的、有感情的关系，而不是数量多却随意的关系。进化心理学是另一个阐述了社交关系重要性的理论。该理论认为，我们倾向于团结与自己相似的人，是源于我们从祖先那里得到遗传机制，因为这种方法曾经帮助他们成功地存活和繁衍。

2. 建立亲密关系

（1）几乎所有的成年人都体验过与伴侣的亲密关系，在所有的人类文明中都可以发现这种亲密关系的形式。一些社会学家假设建立亲密关系的过程需要欲望系统、吸引力系统和依恋系统的参与，每一个系统都包括独立的神经递质系统和大脑活动模式。

（2）在成年阶段，最典型、最重要的社会关系即与亲密伴侣之间的关系。择偶过程传统上用筛选理论和交换理论加以解释。最近，进化心理学家认为，人们之所以能被其他人吸引，主要是由于那些人具有身体健康和能够成功繁衍后代的体貌特征。

3. 在亲密关系中生活

（1）建立恋爱关系方面的成功也可以用依恋理论加以解释。属于安全型依恋的人将会拥有更长久、更快乐的恋爱关系，而不安全型依恋的人则不然。

（2）针对伴侣的、从结婚前就开始进行的纵向研究发现，有问题的婚姻是有前期预示的，甚至在订婚阶段已初见端倪。这些预示的内容包括消极的互动、互相侮辱、缺乏情感支持及彼此挖苦，这些都会导致婚姻不幸福，甚至最终导致两人劳燕分飞。

（3）许多伴侣婚前同居，与婚前未曾同居的夫妻相比，他们的离婚率更高，婚姻幸福水平更低。如果两个人在婚前有过结婚承诺且以订婚伴侣的关系同居，他们的婚姻幸福程度及持久性与未同居便结婚的人相同。已婚夫妻和同居伴侣之间幸福程度的区别取决于他们所在的文化如何看待女性的角色定位及宗教信仰。

（4）3%~4% 的人承认自己是同性恋。近年来，在一些国家和美国的某些地区，同性恋者可以结婚，还有一些人则以举行同性婚礼的方法正式确定彼此的亲密关系。最近的研究表明，同性伴侣与异性伴侣之间相似性比差异性多。

4. 与其他家庭成员的关系

（1）在整个成年期，成年人与自己父母的互动维持在较频繁且相对稳定的水平上。大多数父母和成年子女每天都有联系，85% 的人至少每周都有联系。这一增长是由于通信技术的便利性，如手机、短信和电子邮件等。

（2）晚年离婚的情况越来越多，处理父母的离异问题是年轻人和中年人需要面对的一种新情况。该情况已经被许多人证实是严重的问题，因为他们从此失去了自己曾经居住的家和相应的节假日传统，生活中增加了继父母和成年异父异母兄弟姐妹这些角色，还需要照顾年老的离异双亲。

（3）子女的问题总会引起父母的关注，即使子女都已经成年。导致年老的双亲烦恼的主要原因有子女离异、经济问题，以及吸毒和酗酒等问题。即使只有一个问题孩子，也会导致老年人生活的不幸。

（4）对当前这代人而言，隔代养育的责任很宽泛且受许多因素的影响，如（外）祖父母与（外）孙子女的年龄、两家住所的距离、（外）祖父母与（外）孙子女的父母的关系。通常情况下，孩子们与外祖父母的关系比与祖父母的关系更亲近，尤其是在父母离异的情况下。与白人祖父母相比，非洲裔美国人的祖父母，尤其是祖母，在家庭中承担更加重要的责任。

（5）孩子们觉得与外祖母的关系是最亲密的，随后依次是外祖父、祖母及祖父。

（6）研究表明，对成年初显期的人而言，当他们有可能出现社交问题时，与（外）祖父母的良好关系可以给他们提供一个缓冲的环境。进化心理学家提出了祖母效应，指出在有记录的历史时期，有（外）祖母关照的孩子将会更容易活到成年。

（7）在成年初显期和成年早期，个体与兄弟姐妹之间的关系可能会补偿父母对自己关怀较少的情感缺失。如果父母在孩子成长过程中对家里每个孩子都一视同仁，那么兄弟姐妹在成年之后会更加亲密。当自己的姐妹还单身或无子女时，手足之间的关系最好，另一个关系最好的时期是大家都进入暮年之后。

5. 成年人的友谊

友谊在成年初显期和青年期都很重要。成年后，人们会把家庭关系放在第一位，同时减少交往的朋友和熟人的数量。处于成年初期和青年期的人把 Facebook 上的朋友视作其社交网络的一部分。中年人和老年人则通过社交媒体与家人互动。

写作分享

社会关系。

思考本章对友谊和其他关系随着时间的推移而发生变化的方式的讨论。在过去的几年里，你在自己的人际关系中经历了哪些变化？你观察到家庭成员之间的关系有什么变化？写一个简短的回答，可以与他人交换阅读。一定要讨论具体的例子。

07

第 7 章

工作与退休

在时尚事务所工作的设计师。

学习目标

7.1 分析成年与工作的关系

7.2 描述社会文化对职业选择的影响

7.3 将年龄与工作经验联系起来

7.4 分析工作与个人生活的关系

7.5 了解退休

作者的话 >>>>> 当时的职场和现在的职场

我丈夫做同样的工作已经 40 多年了。这是他研究生毕业后的第一份工作，他计划在未来几年退休。所以大家可以想象，当我们的女儿海蒂几年前给我们介绍她 30 岁的新男友（名叫文尼）当时正在从事他大学毕业后的第三份工作时，我丈夫感到多么惊讶。一旦我们从惊讶中恢复过来，我们就意识到，文尼是一个在各方面都不错的人，他聪明，工作努力。他很高兴见到我们的大家庭，也得到了我们家里所有人的好评。星期天晚上，文尼会洗碗，他是红袜队的球迷。最重要的是，他似乎很欣赏海蒂。当我们认识他时，我们意识到他的职业选择——网页设计师——是一种和终身教授十分不同的职业。首先，文尼并非所有时间都在办公室工作。他在家办公，当有紧要事务要处理时他恰好正在我家，他也会在我家用笔记本电脑处理。其次，他不止有一份工作。他在一家中介公司兼职，有自己的客户。和他共事的同事经常变换。文尼和海蒂住在南佛罗里达州，有些同事也住在这个州，而有些同事住在其他州，如科罗拉多州的博尔德，他们通过在线的方式和文尼一起工作。文尼和海蒂还在约会的时候，他又跳槽了。然后在他们订婚的时候，文尼创办了自己的公司。现在他们结婚了，有了自己的孩子，这时文尼的公司成为他原先雇主的供应商。我们对文尼这个女婿非常满意，在我们看来，他是我们女儿的好伴侣，是我们外孙女的好父亲，我们在文尼身上也接触到了我们之前所不知道的东西。

文尼的职业选择在今天来看是很常见的。当今的许多职业都不是单线程的。找到一份合适的工作并坚持下去的旧观念并不总适用于今天的年轻人。可以肯定地说，我们的孙辈中没有一个人会像我丈夫那样，从毕业开始做一份工作，并且一直保持不变，直到退休。现在，年轻人的工作环境不同了，这群年轻人也不同了。

本章的内容是关于工作在我们生活中的重要性的：我们如何选择职业，职业如何受年龄影响，如何将职业与个人生活融为一体，以及如何为退休做准备，如何适应退休后的生活。

7.1 工作对成年人的重要性

对许多人而言，工作在时间、思想和情感上都占有很大比重。工作很大程度上决定了我们的生活地点、生活质量，以及与哪些人共度光阴——甚至是在下班后。另一方面，工作赋予我们身份与自尊。多年来，经济、技术、员工编制和社会环境等都在发生变化，员工承担的角色也并非始终保持不变。人们自己也在发生变化：我们在获得学位后，从实习生转为正式员工；初为父母时，我们从有偿的全职员工转变为无偿的全职照顾者；随着年龄增长，我们从工作状态转变为退休状态。当我们发现退休后的日子很长，或者退休后发现工作的收入高于之前的想象后，我们又开始在退休生活中做兼职工作。成年期间这些不同的工作状态就称作职业（career），即从职业生活到退休生活的工作模式和顺序。

本章探讨职业发展的一些主要理论，这些理论反映了 20 世纪职业的变化。它还涵盖了男性和女性的工作模式如何不同，工作经历如何随着年龄增长而变化，以及工作和个人生活的相互作用。最后，本章也会讨论退休问题，在这个部分，你也许会惊喜地发现，退休并不仅仅是工作的对立面。

7.1.1　职业生涯发展理论

早期的职业发展理论可以追溯到 20 世纪初，当时弗兰克·帕森斯（Frank Parsons，1909）首次提出"人与环境契合"（person-environment fit）的理论。该理论指出，如果人们在自己有天赋的领域工作，而非出于其他原因工作，那么他们会更成功。例如，跟随父母做家族生意，或者在合适的时候填补一份工作的空缺。后来，戴维·舒伯（David Super，1957）提出了职业生涯的生命周期 / 生涯角色理论（life-span/life-space theory）。该理论的基本假设是：个体的职业生涯是分阶段发展的，而且职业决策不能脱离生活的其他方面。职业顾问（更不用说那些正在评估自己职业道路的个体）除了要考虑一个人的能力和才能，还要考虑学校、工作、家庭、社区和休闲的相对重要性。舒伯创建了一系列职业发展测试，以评估个人的职业适应、兴趣和价值观（Wang & Wanberg，2017）。

职业兴趣（vocational interests）是约翰·霍兰德（John Holland，1958）职业理论的主要焦点。霍兰德将职业兴趣分为六个领域：社会型（social）、研究型（investigative）、现实型（realistic）、企业型（enterprising）、艺术型（artistic）和常规型（conventional），有时这六种类型被缩写为 SIREAC 模型（见图 7.1）。

霍兰德的理论是就业指导顾问和职业顾问现在所运用的众多测试的基础。这些测试大多会询问个体对一长串关于学校科目、活动、娱乐、环境及人的问题，让个体回答"喜欢""不喜欢"，还是"无所谓"。个体的答案会被转换成六个分数，每个分数对应一种类型。排在前三位的即是个体的职业兴趣类型。例如，如果个体在社会（S）、研究（I）和艺术（A）因素上得分最高，个体的职业类型将被确定为"SIA"。这有助于个体（或帮助个体进行职业规划的人员）考虑与个体的职业兴趣相匹配的职业（Holland，1973，1997）。这些测试也可以通过在互联网上搜索"职业测试"获得免费资源。有网站最近报道，在过去的 30 年里，超过 68.9 万人参加了测试，可见，时至今日，霍兰德的理论仍在帮助人们做出明智的职业决策。

我在这里讨论的最后一个有关职业的理论是阿尔伯特·班杜拉（Albert Bandura，1991）提出的社会认知理论（social-cognitive theory），它经常用于职业发展领域。社会认知理论基于自我效能感（self-efficacy）的概念（自我效能感即对自己能够成功的信念），认为个体选择与自己的能力和职业兴趣关系最紧密的职业更易于取得职业成功，而非按照工作类型或职

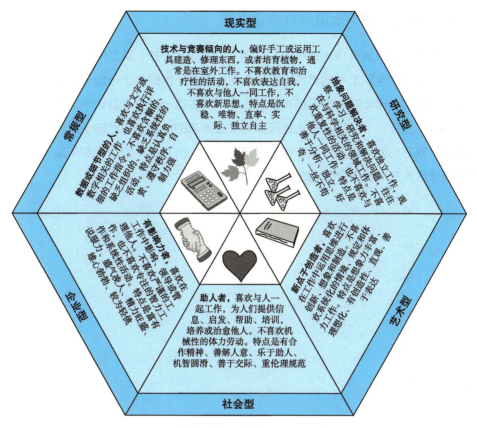

图 7.1　霍兰德的六种基本职业兴趣类型

SOURCE: Holland (1992).

业轨迹做出选择（Lent et al.，1994）。此外，个体还需要积极主动、相信自己、自我调节和自我驱动，以及专注于自己的目标（Bindl et al.，2012）。

　　20世纪90年代和21世纪，工作场所发生了巨大的变化，包括全球化、裁员、技术变革、进入（或重返）工作场所的女性人数增加，以及组织结构调整。很明显，雇员不再依赖雇主为其提供终身工作，也不再指望雇主考虑其最佳利益。职业成功比选择合适的工作地点更重要。现在，职业发展理论千变万化（这意味着多样化和对变化的开放性）且似乎是无穷无尽的（这就意味着没有边界）。人们的职业发展不必遵循雇主所规划的职业路径；人们可以考虑自己的价值观、家庭责任、个人认同感和最佳工作满意度。职业生涯不受文化或性别的限制，也不一定要追求在职级和收入上越来越高（Briscoe & Hall，2006）。

7.1.2　职业模式中的性别差异

　　尽管女性已几乎遍布所有的工作领域且女性可以同男性一样出色地完成工作，但在职业的几乎所有方面，性别仍然是一个重要因素。了解一个人的性别可以在很大程度上预测其职业模式。

男性和女性的职业道路有哪些不同　●　●　●

从事全职工作的男性比女性多——图 7.2 显示了从事全职工作的男女比例的差异。为什么从事全职工作的男性比女性多呢？这在一定程度上归因于人口统计学因素：年龄大的人比年轻人更不擅长全职工作，而在这一较大年龄组中，女性的数量多于男性。另外一个原因则是生理因素与社会因素的结合——对孩子尚且年幼的父母而言，双方均外出从事全职工作是很难实现的，而在孩子刚出生和年幼时，母亲常常是伴侣双方中放弃工作或减少工作安排的一方。

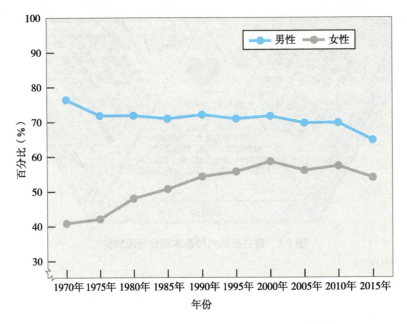

图 7.2　美国 16 岁以上从事全职工作的男女比例

从事全职工作的女性数量比男性数量少，但这种差距正在缩小。目前，大约 65% 的男性和 54% 的女性从事全职工作。

SOURCE: U. S. Bureau of Labor Statistics (2017f).

与女性相比，男性从事全职工作的时间更长——通常，男性的工作生涯以全职工作开始，并往往保持全职工作，直到退休。如果他们的职业出现中断，通常是由于被解雇且找不到下一份工作。另外，女性更倾向于在职业生涯开始阶段从事全职工作，孩子出生后脱离工作状态，孩子年幼时又开始兼职工作，也或许再次停下工作，准备生第二个孩子，等孩子年龄稍大时又回归全职工作。配偶调往其他工作地点时，女性更易于放弃自己的工作，这导致她们在找到新的工作前常常有一段时期的失业状态。

女性比男性更可能从事兼职工作——这种非标准型的工作时制在美国乃至世界都几乎被女性所占据。美国有 25% 的职业女性从事兼职工作，而男性从事这类工作的只有 12%（U. S. Bureau of Labor Statistics，2017c）。对想兼顾工作与家庭的女性而言，这或许是一种理想的工作模式，但缺点是这类工作大部分都在服务行业，并且以收入低和福利少为特点。

男女职业规划不同带来的主要影响之一是，女性职业的间断性特征导致其收入低且缺乏工作晋升的机会。由于这些（及其他）因素，女性的收入比男性更少，即便在她们从事全职工作时亦是如此。据美国劳工统计局统计，女性工资的平均水平仅仅是男性的 81%。

从事收入低、福利少、晋升机会匮乏的工作，加之从全职到兼职又到无薪休假的转换，这些因素对女性的职业规划和经济保障（当然还有其家庭的经济保障）的影响显而易见。

> **作者提示**
> **工作中的性别差异。**
>
> 在你的家庭中，家庭成员所从事的工作是否存在显著的性别差异（即全职、兼职或根本不工作的人）？造成这些差异的原因可能是什么？减少这种差异的有效策略是什么？

7.2 职业选择

职业选择并非单纯是一个重大的决定。如舒伯的理论所说："职业发展跨越多年，并且发展道路并非一条直线。"我们可能会问孩子："你长大后想做什么？"不过，事情没那么简单。没有多少人从事自己小时候渴望的工作，甚至没有多少人从事大学报考专业时想从事的领域。我们的职业生涯取决于我们的兴趣和能力、教育和培训的可利用性（和可负担性）、就业市场、经济，以及某些职业对我们这个性别、种族和年龄的人的接纳度。下文将对职业道路上一些曲折和障碍加以探讨。

7.2.1 性别的影响

性别是职业选择中的重要影响因素之一。尽管很少有全部由男性或全部由女性从事的职业，但仍然有适合"男性的工作"和适合"女性的工作"这样的刻板印象，这种社会现象被称为职业性别隔离（occupational gender segregation）。虽然这并不表示总是有人会明确地告诉青年男女应该从事哪些工作，但由四面八方而来的无形压力会促使或迫使年轻人与周围的情境保持一致（Eagly & Wood，2012）。这对女性而言是一个特定的问题，是女性收入低的首要因素（Bayard et al.，2003），也是女性退休后资源匮乏的主要因素（Costello et al.，2003）。传统认为适合男性的行业通常比传统认为适合女性的行业拥有更高的社会地位和收入，也更有可能提供医疗健康福利和养老金。虽然女性占劳动力市场的 47%，但她们占低工资工人的 60%。低工资工人的定义是每小时工资低于 11 美元（National Women's Law Center，2017）。

　　许多主要由女性从事的职业是在助人领域，如幼儿教师和执业护士等。这些职业要求从业者具备大学文凭，却不能像学校管理人员和医生等由男性主导的职业那样有良好的收入或晋升机会。其他以女性为主的工作是在服务业，如美发师等（见图 7.3）。

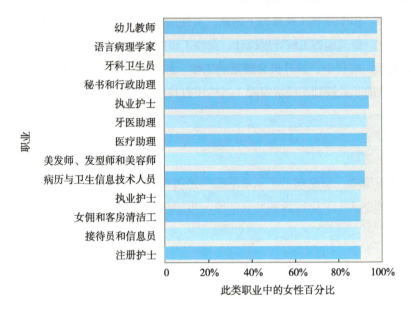

图 7.3　最常由女性担任的工作

在这 13 份工作中，女性占从业人员总数的 90% 以上。

SOURCE: Data from U. S. Bureau of Labor Statistics (2017d).

　　男性主导的职业包括物理科学、技术、机械和数学领域的职业——这四者被统称为 STEM 领域。在物理科学领域工作的男性数量是女性数量的两倍，从事数学和计算机科学领域工作的男性数量是女性数量的三倍，而在机械工程领域工作的男性数量则为女性数量的五倍（U. S. Bureau of Labor Statistics，2017d）。这不仅给女性造成收入上的不公，还表示美国（及其他国家）在这些重大领域还未能合理地利用占一半以上人口的女性群体，并从她们所能带来的潜在贡献中获益。在号召用科学技术解决诸如全球温度变化、食物资源短缺和化石燃料独立生产等问题的时代，我们可以且应当充分利用两性的聪明才智。

性别和工作兴趣

　　当然，尽管禁止职场性别歧视和性骚扰的法律条款业已存在，尽管拥有大学学位的女性越来越多，并且有研究表明，为某一性别所独有的工作能力并不多，但是职业性别隔离现象仍持续存在，这已经成为职业心理学家等相关领域学者面临的共同难题。为什么时至今日青年男女仍然会选择从事"适合男性的工作"或"适合女性的工作"呢？

　　第一种可能性是，尽管男性和女性的工作相关技巧和能力或许差别不大，但男性与女性可能拥有不同的职业兴趣。职业心理学家詹姆斯·朗兹（James Rounds）及其同事（Su et al., 2009）对 500 000 余人的职业偏好测试结果进行元分析后发现，女性更喜欢与人一同工作，而男性更喜欢"针对事工作"。运用霍兰德设计的职业兴趣类型分类工具（见图 7.1），朗兹及其同事发现，最大的性别差异是女性在社会型（S）上得分较高，而男性在现实型（R）上得分较高。还有些性别差异虽小但也很重要，即女性更倾向于艺术型（A）和常规型（C）的工作，男性则更倾向于研究型（I）和企业型（E）的工作。这也许可以解释为职业兴趣有天生的性别差异，但也可能是另一种解释，即青少年步入成年初显期并开始考虑职业选择时，从家庭、老师和朋友那里耳闻目睹的刻板性别模式已经内化于心。朗兹及其同事指出，家长、老师和心理咨询师需要在孩子低年级且职业兴趣尚未稳定之前就开始和孩子们探讨这个话题，因为职业兴趣在人们很小的时候就开始形成了。

在一项类似的研究中，心理学家伊塔马尔·加蒂（Itamar Gati）和马娅·佩雷斯（Maya Perez，2014）对 37 000 多名（年龄为 18~20 岁的）年轻人的数据进行了研究，这些年轻人完成了一次深入的在线就业指导课程，以了解他们的职业兴趣中出现了哪些性别差异。研究人员还将研究结果与 20 年前开展的类似研究进行了比较（Gati et al., 1995）。研究人员发现，在 1/3 的被测职业上仍然存在性别差异。更多男性仍然喜欢 STEM 职业；更多女性依旧倾向于传统的工作时间表，喜欢与人共事、使用艺术能力，愿意从事心理健康和社区服务领域的工作。更多男性仍然更倾向于选择高收入的工作，但和过往的研究结果相比，男性和女性在职业上的差距已经减少了一半。过去 20 年间的研究结果显示，有些职业性别差异已经消失。在需要专业技能、谈判和管理技巧、独立性和权威性的很多职业领域，男性和女性在从业人数上已经不再具有显著的差异。研究人员得出结论，性别刻板印象的确仍然影响着两性的职业偏好和职业选择。在这些研究中，虽然许多男性和女性表达了与性别刻板印象不相符的职业偏好，但是在职业偏好的许多方面仍然存在显著的性别差异。这些差异对女性更加不利。如前所述，女性更倾向于选择的工作具有报酬较低、福利较少、晋升机会较少的特点。

预测职业模式

第二种可能导致职业领域性别隔离的原因在于，男性和女性预期的职业模式不同。男性和女性在职业决策上有一点不同，即男性计划稳定地工作直到退休，而女性在有孩子之后会加入或脱离有偿工作岗位。女性还会选择时间规律、对家庭生活干涉较少的工作。例如，虽然从医学院和法学院毕业的女性数量巨大，但她们都会在这些领域中选择某些职业方向，如麻醉学、皮肤病学、不动产法、婚姻家庭法等，这些工作虽然工作时间规律，但往往收入相对较低。

当人们进入非传统职业时，女性比男性更有可能跨越性别隔离线。这让我想起了童年时期性别角色的延伸，当大多数年幼女孩既玩传统意义上的女孩玩具，也玩传统意义上的男孩玩具时，年幼男孩还在坚持玩传统意义上的男孩玩具（Ruble et al., 2006）。在分析一项针对从事非传统职业女性的研究成果时，心理咨询师朱莉娅·A. 埃里克森（Julia A. Ericksen）和唐娜·E. 帕拉迪诺·舒尔特海斯（Donna E. Palladino Schultheiss，2009）根据自己的研究指出，技工行业（如油漆工、水暖工、电工等）和建筑行业的女性从业者表示，她们拥有支持自己的家人和良师益友。其他人认为她们有做这些工作的天赋，并且足够独立，不会被他人的想法所左右。毫无意外，许多这样的女性对自己有强烈且明确的认知：她们自信、自我肯定，对自己的职业选择感到自在。

男性从事非传统（男性）职业有多种原因：

- 年轻男性更倾向于表达平等的性别态度，并选择可以有时间陪伴孩子的职业（Pedulla & Thébaud，2015）；
- 中年男性可能已经从工业领域的工作中离职，并看到了非传统性别工作（如医疗保健等）的增长；
- 另一些男性意识到，他们可能无法在中年后继续从事体力劳动，因此他们转而从事对体力要求较低的工作（Semuels，2017）。

有趣的是，进入卫生保健行业的男性倾向于较少以患者为中心的工作，如家庭保健助理等，他们更喜欢技术性工作，如外科技师和放射技师等（Dill et al.，2016）。

我坚定地认为，如果男性和女性能够在充分知情的情况下做出自由的职业选择，那么职业性别隔离就不会构成一个问题。相反，当这些年轻人屈服于社会压力，遵从性别刻板印象时，问题才会出现。这方面的研究人员提出了一些好的建议。让孩子在小时候多接触、多了解一些职业，鼓励父母和教育工作者按照孩子的兴趣和才能培养孩子，而非以性别为划分标准，让工作场所更适合家庭，这样女性（和男性）就不必在做一个好父母和追求自己的职业梦想之间做出选择了。

7.2.2　家庭影响

家庭至少在两个方面影响个体的职业选择。第一，家庭可以鼓励子女追求更高的职业抱负，包括支持他们接受高等教育和职业培训。中产阶层父母比工人阶层父母更愿意鼓励孩子读大学，并提供教育所需的经济支持。即便在对比几组成绩和考试分数相当的高中生后，还是会发现这一点是正确的，即来自中产阶层家庭的学生比来自工人阶层家庭的学生更有可能继续进入高校深造，或者找到收入更高且更加体面的工作（Tynkkynen et al.，2012）。父母也可以通过自己的言传身教影响孩子的职业选择。母亲和女儿之间尤其如此。经济和商业研究人员凯瑟琳·L. 麦克金（Kathleen L. McGinn）及其同事（McGinn et al.，2017）收集了来自 24 个国家的 18~60 岁的成年人的调查数据［这些国家是国际社会调查项目（International Social Survey Programme）所涉及的］，以确定母亲就业对其子女的性别态度和性别角色的影响。受访者回答了关于家庭生活、工作生活、角色、子女、家庭管理、伴侣关系和收入等问题，这些受访者两次接受访谈的时间相隔十年。结果表明，自己小时候母亲外出就业的女性长大之后就业的概率更高。和母亲不工作的女性相比，母亲工作的女性在成年之后更有可能从事更高级别的管理工作，并且工作时间更长，收入更高。那些母亲外出工作的男孩长大后情况又如何呢？和那些母亲不工作的男性相比，他们在成为父亲之后会花更多时间照顾孩子，以此支持妻子的事业。

母亲外出工作除了在工作上树立积极的性别角色榜样外，在涉及孩子能力方面的性别刻板印象时，这种影响对女儿更强烈、更直接。例如，如果母亲认为女孩的数学成绩不如男孩的好，那么当女儿在学习数学的过程中听到或意识到母亲存在这种刻板印象时，这些女孩的数学成绩会出现下降。这种刻板印象威胁（stereotype threat）在 5 岁的女童身上就有所显露，反之，如果母亲不持这种观点，认为男孩和女孩的数学可以学得一样好，女儿在学数学的过程中就不会被自己的性别影响（Tomasetto et al.，2011）。虽然这个年龄的女孩距离进入工作岗位还很遥远，但她们已经能从身边的成年人那里获取对方的态度，例如，女孩擅长学校的什么科目，什么科目最好"留给男孩"。

> **作者提示**
> 你的家庭和事业。
>
> 你的家庭对你目前的职业倾向有什么影响？

7.3　工作场所的年龄趋势

我们听到很多关于世界人口老化的报道，这意味着，随着越来越多的人进入老年期，你所在城市或国家（或世界）的人口中位年龄也在增长。图 7.4 显示了 1950 年和 2016 年美国人口金字塔的比较。如大家所见，与年轻人相比，中老年人的比例确实有所增长。

一个国家的劳动力是就业人数加求职人数。1996 年，美国劳动力的中位年龄为 38 岁；2017 年，这一年龄为 42 岁，预计这个数字在未来几十年还会增长（U. S. Bureau of Labor Statistics，2017b）。这反映了美国人口中位年龄的增长。职场中老年人增加的另一个原因是，老年人通常比过去更加健康，而工作消耗的体力更少，以及许多老年人没有足够的资源退休，老年人还往往拥有年轻人所没有的宝贵技能。55 岁以上人口在劳动力中的比例从 2008 年（美国经济大萧条之年）的 18% 增长到 2017 年的 23%（DeSilver，2017）。如何更好地管理这些成熟的员工已成为研究人员和雇主们的当务之急。我们如何在工作场所进行变革，从而优化各年龄段员工的工作绩效、工作培训和工作满意度？

7.3.1　工作表现

正常的衰老从 30 岁左右开始，人们逐渐丧失一些生理和心理能力。反应时间、感觉能力、体力和灵巧度及认知灵活性都在一个人成年后显著下降，即使对于健康人也莫不如此。根据工作需要来判断一个人的工作表现可能会因其年龄增长而有所下降，这是自然情况。令人惊讶的是，研究显示，老年人和年轻人在工作表现上的差异微乎其微。许多研究表明，职业专门化技能（job expertise），或者员工在工作多年后积累的知识和技能，可以弥补身体和

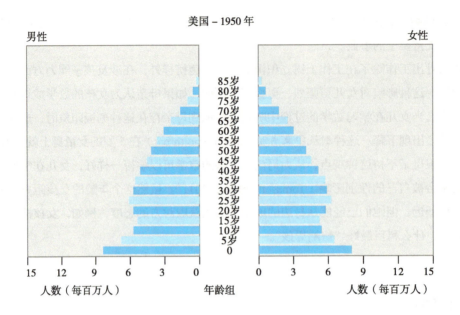

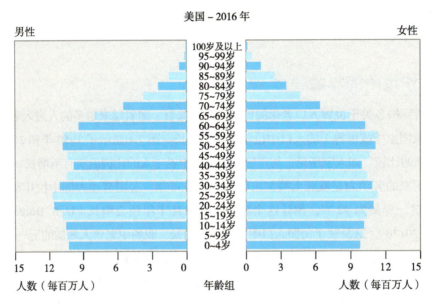

图 7.4　1950 年和 2016 年，美国各年龄组的男女性别人数

SOURCE: CIA World Factbook. (2018).

认知能力方面产生的与年龄相关的变化（Rudolph，2016）。这就是所谓的能力 / 技能权衡（ability-expertise tradeoff），它解释了为什么在许多工作中，年长、经验丰富的员工比年轻、经验不足的员工表现得更出色（Salthouse & Maurer，1996）。

　　能力 / 技能权衡的例子在一项经典的打字能力研究中有所体现，研究的对象是 19~72 岁的女性（Salthouse，1984）。研究包括两项任务：一项任务是测量反应时间（能力），另一项任务是测量打字速度（经验）。毫无意外，个体的反应时间随着年龄增长而变长，年龄大的女性对视觉刺激的反应需要更多时间。然而，打字速度与年龄一同增长。为什么会出现这种情况呢？研究者解释，年龄大的女性依靠其不断增长的经验弥补了不断衰退的基本能力。每当她们输入一个单词，就会同时阅读下面几个单词并准备输入，所以其打字速度比年轻同事更快，因为年轻人每次只能处理一个单词。

显然，有些职业需要以知识为基础，并且需要具备具体能力和高度的实践技能，从事这类工作的老年人能够运用专业知识弥补一些身体或认知方面的衰退。有些工作需要手工技能和流畅的认知能力，从事这类工作的老年人受年龄限制更大，他们的工作表现会随着年龄增长而出现更多下降，但这些下降通常是渐进的，而且老年员工的能力也存在很大的差异。组织行为学家迈克尔·A. 麦克丹尼尔（Micheal A. McDaniel）及其同事（McDaniel et al.，2012）指出，雇用或保留员工不能单纯依照生理年龄为标准。通常工作者会主动离开超出自己能力范围的工作，或者换成能力要求较少的工作。另外，由于劳动力老化，雇主最好考虑重新调整工作安排，充分且合理地利用老年工作者所拥有的技能。

有工作经验的人大多都知道，核心技能并不是工作的全部。除了雇用员工完成主要任务之外，"工作"这个概念还包含许多方面。这一整套和工作相关的能力和态度是如何随着年龄而变化的呢？组织行为学研究者托马斯·W. H. 恩格（Thomas W. H. Ng）和丹尼尔·C. 费尔德曼（Daniel C. Feldman，2008）从多个维度对工作者的年龄与其工作表现之间的相关性进行了元分析。像其他研究者那样，他们发现年龄与工作核心任务表现之间并没有联系，年龄与在职创造力之间也没有联系。而且，年长的工作者表现出更多公民行为（如遵守规定、不抱怨琐事及帮助同事等）和更多职业安全行为。除此之外，年长的工作者同样很少做出反工作行为（如职场攻击、在职滥用公务、迟到和自愿离职等）。

鉴于世界范围内工作者的平均年龄正在稳定增长，这些研究结果在如今尤其意义重大。举例而言，1980 年美国劳动力中的最大组成部分是 20~24 岁的年轻人；而如今则是 50~54 岁的中年人（U. S. Bureau of Labor Statistics，2017a）。这引发了人们对以往刻板印象的反思，人们曾经认为，年龄大的工作者在职场中完成工作的能力较低，并且难以相处。根据之前列举的研究来看，这种刻板印象并未得到研究结果的支持，而且实际上，工作者工作表现的许多方面都会随着年龄增长而越来越好。

7.3.2　职业培训和再培训

在舒伯的职业发展理论中，他概括了五个阶段：成长、探索、建立、维持和衰退。他认为，人们在职业生涯中有时可能会回到以前的某个阶段，这个过程被称为职业回归（career recycling）。随着职业规划变得越来越灵活，这种回归过程也变得越来越普遍，特别是探索和建立阶段的回归。当工作上发生大的变动（如企业倒闭、裁员、自动化改革等）或个人生活发生较大变化（如年幼的孩子开始上学、年长的孩子大学毕业和工作相关的压力积聚等）时，人们会探索新的职业选择并常常决定接受再培训。如果你此时正在大学的课堂上，你就有可能是一名非传统型学生（nontraditional student），也就是超过 25 岁，正在经历职业回归的学生。如果你不属于这一类别，那么很可能坐在你旁边的就是这类人。

如今，美国大学生中大约有 40% 年龄在 25 岁以上（National Center for Education Statistics，2017）。这些人大多有过工作经历，或者曾在家边抚养孩子边工作，现在他们回头再次接受培训，以便为后续的职业生涯做准备。加上在自己公司接受再培训的员工，以及在家里用网络课程学习新技能的工作者，接受职业再培训的总人数在各年龄段的成年人中都占有相当大的比例。研究表明，学习与工作相关的新技能时，年轻员工稍占优势，但一部分优势可以用相关研究加以解释，即年龄大的员工在学习时缺少自信。超过 55 岁的高龄员工参加培训和职业发展的意愿较少（Ng & Feldman，2012），这可能是因为他们的职业生涯即将走到尽头，他们认为自己无法从额外的培训中有多大的获益。另外，对雇主而言，不必对有价值的老员工进行再培训，而是可以重新安排他们做其擅长的工作，这是种超值的选择。

7.3.3　工作满意度

我们对工作的感觉是基于工作本身、薪酬和晋升机会，以及我们对同事和上司的感觉。工作满意度对员工很重要，因为它与生活满意度、幸福感和积极影响密切相关；工作满意度对组织也很重要，因为它能预测员工是否可以很好地执行工作要求，以及员工将在该特定岗位上待多久（Bowling et al.，2010）。尽管工作满意度随着年龄增长而变化一直是许多研究的主题，但对于"具体变化是什么"，目前的研究结果还没有达成明确的共识。许多研究人员认为，工作满意度呈现出"U 形曲线"，即年轻人和老年人的满意度较高，而中年人的满意度较低（Hochwarter et al.，2001）。

为什么工作满意度曲线在年轻时会更高，中年时会下降，在 31 岁左右时达到低点，在 40 岁左右时又开始上升，并持续增加，一直到退休？一种解释是，不快乐的中年员工离开了他们不满意的工作，更换为其他更适合自己的工作。另一种解释是，年轻的员工在开始职业生涯时期望值很高，但到了中年时就幻灭了。当度过中年时期之后，他们将自己的期望与现实联系起来，于是对自己的工作感到更加满意。最后一个解释是，年轻员工对开始自己的职业充满热情，但当他们处理家庭和金融问题时，他们对工作的热情会下降。但当他们年届 40 岁时，通常会被提升到工资和工作条件更好的职位，于是工作满意度会回升（Heggestad & Andrews，2012）。

作者提示

年龄与工作绩效。

正如大家所看到的，在需要专业知识的工作中，一个人良好的工作表现往往会一直持续到其步入老年。描述一名你知道的、在自己的工作中做得非常出色的老员工。

7.4　工作和个人生活

弗洛伊德说，生活的关键特征是工作和爱。当我们将工作和个人生活结合起来时，在每个人都会经历的该相交之处，这一点是再正确不过的。工作和个人、工作和稳定的情感关系，以及工作和家庭之间都会相互影响。我们或许更容易体会到个人生活对于工作的影响，但工作也会对我们的个人生活产生深远的影响。我会从工作与个人开始，然后讨论工作和多种事物之间的关系——婚姻、孩子、年长且需照顾的家庭成员。我还会谈及家务这个许多家庭频繁讨论到的话题。

7.4.1　工作与个人

工作时间对我们的影响有好的一面，也有不好的一面。好的一面是，从事认知复杂性（cognitive complexity）高或思维、推理水平较高的工作的人在晚年时拥有更好的认知能力（Andel et al.，2016），痴呆症的发病率也更低（Potter et al.，2008）。例如，一项针对 70 岁老年人的研究表明，他们退休前所从事职业的需求越复杂，他们退休后在信息处理速度、一般智力和工作记忆能力方面就越好（Smart et al.，2014）。不好的一面是，工作压力与退休时认知水平较低、退休后认知能力下降较快有关（Andel et al.，2015）。工作压力（job strain）是工作对员工心理需求高但员工对工作控制力弱的结果。工作压力也与心脏病（Backée al.，2015）、中风（Huang et al.，2015）和 2 型糖尿病（Huth et al.，2014）的高发病率相关。

在工作对个体劳动者的影响领域，被研究最多的问题之一是职业倦怠（job burnout），它指的是工作上的耗竭、去个人化和效率降低的综合现象（Maslach et al.，2001）。这在需要表达情感、有同理心的工作者中尤为常见，如护士和社会福利工作者等。倦怠与抑郁具有共同点，但倦怠的症状特指出现在工作环境中的现象，而抑郁则更加普遍。工作倦怠与焦虑障碍、肌肉骨骼疾病（如腕管综合征、肌腱炎及下背部问题等）、心脏病和 2 型糖尿病发病有关（Ahola & Hakanen，2014）。毫不奇怪，工作倦怠能够很好地预测员工是否会请病假。

不是所有人都对困难的工作抱以消极反应。举例而言，有些人拥有来自庭和朋友的强大社会支持（HHuynh et al.，2013），他们拥有很高的工作满意度，较好的整体健康水平，并有较高水平的生活满意度，这样的人在高压环境中工作也能表现良好（Kozak et al.，2013）。工作压力和倦怠与人们的特点及其应对方式有关：耐受性较差（不参与日常活动并抗拒改变），外在心理控制（将事件归因于机遇和有权势的他人，而非个人能力和努力），以及回避型应对方式（以消极和防御性的方式处理压力）。此外，那些需要用工作成就证明自身价值的人更容易产生职业倦怠（Bolm，2012）。

在过去的大约 10 年中，组织行为心理学家一直在探索工作投入（work engagement）这一概念。工作投入是一种主动积极的工作方法，以活力、奉献和专注为特点（Schaufeli &

Bakker，2004）。这个概念和工作满意度相近，只是更加主动、更加持久。对我来说，工作投入几乎就是职业倦怠的反义词。投入工作的员工更有成效和创造力（Bakker，2011）。工作投入来自工作中的一些资源（如社会支持、反馈、技能多样性、自主性和学习机会等）和员工自身的资源（如自我效能、自尊和乐观等）的结合。工作投入度高的员工更少出现工作倦怠（Hakanen et al.，2018）。

失业

失业（unemployment）是指一个人想工作时却无法获得一份有偿工作的状态。2017 年，美国 25 岁以上的劳动力约 3.2% 处于失业状态。失业在人口上不是无规则分布的。教育是其中一个重要的影响因素：在美国，拥有本科学历的人的失业率（2.1%）比拥有高中学历的人的失业率（4.2%）低。人种和性别也是影响因素之一：白人的失业率（2.8%）比黑人（5.8%）及西班牙裔和拉丁裔（3.9%）美国人的失业率低（U. S. Bureau of Labor Statistics，2018a，2018b，2018c）。

年龄也会影响失业数据。世界各地的劳动经济学家对这样一群年轻人特别感兴趣。这群年轻人被称为"啃老族"（既没有工作，也不是正在接受教育或职业培训），这些 16~29 岁的年轻人约占美国这一年龄段人口的 17%，相当于 1 030 万年轻人（见图 7.5）。尽管这一数字已经略有下降，但该现象仍然是一个令人关切的问题，因为没有外部援助，这些年轻人恐怕无法获得关键的工作技能，也就无法进入就业市场，更无法自食其力。一些经济学家担心，存在大量啃老族的国家面临着社会动荡的风险。在美国，符合这一定义的大多是年轻女性（57%），其中大部分人的受教育程度为高中或高中以下（67%）。这样的人更有可能是黑人或西班牙裔美国人，居住在美国南部或西部各州，而不是东北部或中西部。这些地区成年人的失业率也很高，受教育程度较低，种族隔离程度也更高（DeSilver，2016）。

图 7.5 美国的失业率

在美国，相当一部分年轻人既没有工作，也不是正在接受教育或培训（但这个数字正在减少）。

SOURCE: DeSilver (2016).

公平而言，有些没有工作的年轻人，特别是女性，正在抚养子女或照顾其他家庭成员，但这个群体中其他一些人要么缺乏与工作有关的技能，要么拥有的技能与现有工作不匹配。另一些人则缺乏社交技能，如与他人合作的能力等，或者缺乏生活技能，如识字和算术等。这群年轻人既没有工作，也不是正在上学或参加职业培训，这似乎是一个普遍存在的问题。在欧洲，啃老族约占这个年龄段人口的 15%，即大约 1 340 万人。欧盟正在实施一些项目，跟踪离开学校或职场的年轻人，并为他们提供替代性的职业培训（Eurostat，2017）。

虽然造成失业的原因有多种（如搬家、刚刚从大学毕业等），但是关于失业这个主题的大部分研究都集中在失去工作（job loss），即个人所拥有的有偿职位被剥夺。失去工作可能因为企业倒闭、工作被外包到海外，或者一些产品和服务的市场规模缩减。失业和随后而来的职业空窗期对人的幸福感有很大的影响，这种幸福感的下降可能会一直持续，直到再就业之后才会停止（Daly & Delaney，2013）。失业对个体基本人格特征也有深刻的影响。心理学家克里斯托弗·J.博伊斯（Christopher J. Boyce）及其同事研究了德国社会经济小组研究的数据，目的是了解失业对德国人的影响，研究样本为 6 769 名德国工人（约一半为男性，一半为女性）（Boyce et al.，2015）。参与者在研究开始时接受了人格测试，4 年后再次接受测试。这些人中一部分人（6 308 人）在研究持续的 4 年期间一直在工作，而另一部分人（461 人）在此期间曾经失业。那些经历过失业的人，无论他们是否重新找到工作，他们的性格都出现了显著的变化，而那些在研究期间一直在职的人，这种变化并不明显。

失业的影响

失业者更易于发生身体健康状况不佳和精神健康问题，如焦虑、抑郁和酗酒（Nelson et al.，2001）。失业时间越长，这些负面影响就越多。令人惊讶的是，与失去工作的男性相比，具有同样遭遇的女性出现精神健康问题和低生活满意度的概率更高（McKee-Ryan et al.，2005）。这或许是因为女性更容易受抑郁的困扰，或者可以反映出一个事实，那就是失去工作对女性而言代表着面临更严重的经济问题。

对任何人而言，失去工作都会是一种困境，但在该问题上也存在一定的年龄差异。

- 对一个刚离校的年轻人而言，失业的艰难是因为这危及其职业和作为成年人的自我同一性的建立（McKee Ryan et al.，2005）。
- 对老员工来说很难，因为他们在找新工作和适应新的工作环境方面存在问题。很多老年人失业后提前退休，因为他们找到新工作的希望渺茫。
- 然而，解雇对中年人影响最大。他们在公司或机构中通常达到了中高层职级，再找到同等薪酬和同等声望的工作比较困难，但是与拿退休金或福利的退休年龄相比，他们又太年轻。

可以想象，不仅真正的失业可以导致这些问题，失业的威胁也可以。

关于工作不安全感的调查结果 ●●●

社会学家莱昂·格伦伯格（Leon Grunberg）及其同事（Grunberg et al., 2001）发现，处于可能失业的环境中或面临可能裁员的情况时，人们的工作安全感明显更低，抑郁水平更高，同时会表现出更多健康不良的症状。近年来，由于全世界范围内企业大规模裁员与大量员工失业的出现，这种工作不安全感（job insecurity）或在职员工对失业威胁的预期是近几年研究人员广泛关注的重要课题。

心理学家格兰德·程（Grand Cheng）和达留斯·陈（Darius Chan, 2008）对133项涉及工作不安全感的研究进行了元分析后发现，工作不安全感高的员工，工作满意度、对公司的承诺、工作表现、对雇主的信任和工作参与性也都比较低。与工作安全感高的员工相比，这类员工的健康问题较多，离职意向也更高。员工的年龄和在职年份是对工作不安全感产生影响的重要中介变量。员工年龄越大，在职时间越长，就越可能出现健康问题。然而，年轻员工和在职时间短的员工是更可能考虑换工作的人，这可能是因为他们在工作上的投资较少，个人的经济负担也较少，从而有更好的机会在其他地方找到相似的工作。从这些研究中综合得出的结论是，失业不仅会影响从工作中被辞退的员工，而且会影响在职员工。高度的工作不安全感会导致低生产力和低士气。

作者提示
失业和压力。
想一想你认识的一位失业者。他是如何应对相关压力的？有哪些方法可以减轻与失业相关的压力？

7.4.2　工作与家庭生活

有充分的证据表明工作对家庭生活具有影响。然而，家庭似乎反过来会影响一个人的工作。工作和家庭对彼此的影响被称为溢出效应（spillover），它是指一个领域中的事件对另一个领域的影响程度。溢出可以是工作—家庭溢出，即工作中的事件影响一个人的家庭生活；也可以是家庭—工作溢出，即家庭事件影响一个人的工作。根据这一理念，如果员工因工作出色而获得加薪和嘉奖，那么其在家里与配偶和孩子互动时会更快乐，这就是工作—家庭溢出的一个例子。如果员工的孩子早上体温略高，但该员工依旧将孩子送去托儿所，然后这个人在工作期间接到孩子病情恶化的电话，那么这会导致其在工作上分心，同时产生焦虑情绪，这就是家庭—工作溢出的一个例子。

家庭—工作溢出的另一个有力的例证来自经济学家毛里齐奥·马佐科（Maurizio

Mazzocco）及其同事（Mazzocco，Ruiz & Yamaguchi，2014）的研究。他们发现，已婚男性比未婚男性更容易找到工作，并且他们在职时间更长。已婚女性的情况则正好相反，她们不太容易进入职场，工作时间也比单身女性更少。为了深入研究，研究人员进一步对数据进行分析后发现，当一对伴侣结婚时，他们在工作投入上的差异并不是突然出现的。如图 7.6 所示，女性在结婚前一年开始减少工作时间，男性在结婚前 3~4 年开始增加工作时间。这是家庭生活因素（对婚姻的预期）影响工作—生活因素（就业和每年工作的小时数）的一个例子。

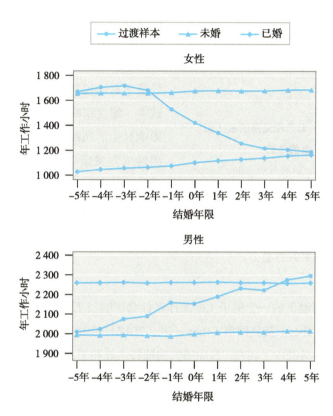

图 7.6　男性和女性在婚前和婚后的工作参与情况

女性往往在婚前 2 年开始减少工作；男性在婚前 4 年开始增加工作。

SOURCE: From Mazzocco et al. (2014).

孩子的到来

当孩子出生后，家庭—工作溢出效应也会产生类似的结果。在美国，约 61% 的有 18 岁以下子女的已婚伴侣被视为"双职工"家庭，这意味着父母双方都从事有偿工作（U. S. Censns Burean，2017）。此外，大量单身父母同时兼顾家庭和工作。在美国，更加有代表性的是男性出于家庭责任持续工作，而女性时常于在职和离职之间转换。图 7.7 显示了有工作、有 6~17 岁和 6 岁以下子女的父亲和母亲的年龄占比（U. S. Bureau of Labor Statistics，2017c）。在这两个年龄组中，父亲就业的比例均高于母亲。女性职业生涯的在职年份取决于其养育孩子的数量；孩子越多，她们工作的时间就越少。

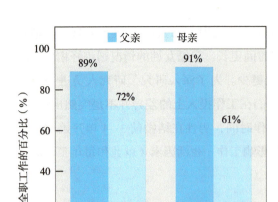

图 7.7　劳动人口中母亲和父亲的占比和最小子女的年龄

SOURCE: Data from U. S. Bureau of Labor Statistics (2017c).

为什么男性在预期结婚和孩子出生后会增加工作时间,而女性会减少工作时间?舒伯的职业理论可以对此加以解释。一个人要做的事情不是所有职业的总和。当一个人结婚(或计划结婚)时,配偶的职业生涯就会成为影响其个人生活的一个因素。有了家庭之后,就要承担家务,一个家庭中通常收入最高的一方在外工作时间更长,以弥补另一方在处理家务而造成的工作损失。如果孩子出生了,与职业无关的任务就会增加。根据经济学家的说法,在伴侣"生活质量"的公式中,建立家庭带来的价值和家庭收入共同影响其生活质量。回想一下,研究表明,当男性成为父亲后,他们承担的家务量不变,但当孩子出生后,女性承担的家务量会增加。父亲增加工作时间和母亲增加家务量的结果是,双方花在支持家庭方面的时间是大致相等的,无论这个时间是花在外面的有偿工作上,还是花在家里无偿的家务劳动上。

工作—家庭溢出

作为工作—家庭溢出的一个例子(即工作条件会影响员工的家庭生活),研究人员雷姆斯·伊利斯(Remus Ilies)及其同事(Ilies et al., 2017)对中国北方一家大型银行的 129 名员工的工作和家庭生活进行了调查。这项研究的独特之处在于,参与者通过电子方式将调查问卷发送到工作场所和家中,要求参与者在工作场所回答与工作相关的问题,在家中回答与家庭相关的问题。调查在上午 9 点和下午 4 点 30 分会发送问卷到参与者的工作场所,在同一天晚上 8 点 30 分送到他们的家里。职业调查的内容包括工作中的情绪(积极或消极)、工作满意度,以及员工对日常工作任务的沉浸感和活力。家庭调查的内容包括员工在家中的情绪(积极或消极),他们是否与配偶讨论过自己的工作时间,以及他们对工作和家庭平衡的满意度。参与者还接受了内在动机或工作满意度测试。结果显示,在一天工作任务中投入精力最多的员工更倾向于与配偶分享这些感受,而这种在家里的分享又与当天的家庭满意度和工作—家庭平衡感呈正相关。有趣的是,对那些喜欢自己的工作并且觉得工作很有趣的员工而言,这种积极效应更加明显。对这些员工而言,当他们与配偶共度下班后的时光时,工作日的积极情绪会蔓延到家里,并进一步蔓延到家庭满意度和工作—家庭平衡,至少在那一天内如此。

将溢出效应分为从工作开始的溢出效应和从家庭开始的溢出效应并不能真正反映家庭生

活的现实。例如，有时溢出是双向的，工作中的一些事件会影响家庭，进而影响工作场所。下文将讨论这些类型的混合溢出。

一项纵向研究跟踪了从孩子出生到其五年级时的职业母亲，研究人员对她们的工作和家庭感受进行了五次调查。结果发现，如果女性在工作中得到更多回报，对工作有更多投入，并认为自己的工作有益于孩子，那么她们对工作和家庭都会有更积极的感觉。研究人员认为，留住女性员工的方法不是降低对她们的工作要求，而是找到促进职业母亲积极工作的方法——家庭溢出。一项建议是为女性提供一揽子的就业方案，方案中不仅有医疗保险和假期，建议还应当加入在工作场所中的日托服务和带薪育儿假。女性员工不但需要来自雇主和同事的鼓励，还需要经济方面的回报（Zhou & Buehler，2016）。

对 60%~70% 要兼顾孩子和工作的职场母亲而言，一个主要的溢出效应来源是儿童保育服务。在过去的三代人中，母亲加入劳动力大军是最大的社会变化之一。我的祖母是一位全职母亲，即使她的孩子已经长大成人，有了自己的家庭，我祖母也没有外出工作。我母亲在生孩子之前有工作，在孩子们长大成人离家后，她又回到了职场。从我最小的孩子上幼儿园起，我就一直在工作（或上学）。我女儿从 16 岁起就开始工作了，她在上高中和大学时都在做兼职。现在她已经 37 岁了，最近我女儿因为孩子（女儿）的出生休了 4 个月的无薪假，现在她回到了全职工作岗位，孩子交给日托中心照顾。我想，在很多美国家庭中几代人的工作状况也是如此。遗憾的是，大多数公司或用人单位中配套的托育服务和对有子女员工有利的企业文化没有跟上这种社会变革的步伐，这是影响有子女员工（无论男性还是女性）工作—家庭溢出的主要原因。

育儿假

美国最大的问题之一是没有一项全国性的带薪育儿假政策（paid parental leave policy），即雇主和/或国家向新晋父母提供带薪休假。皮尤研究中心对 41 个发达国家进行调查后发现，美国是唯一一个在女性生育或领养子女时没有强制规定任何带薪休假的国家（Livingston，2016）。图 7.8 显示了 40 个国家的带薪产假时长，爱沙尼亚提供的带薪产假时间最长，为 87 周。有些国家只为母亲提供这种带薪假期，有些国家不但为母亲提供带薪产假，还为父亲提供产假。在多数这些国家，带薪育儿假类似于社会保障制度，由国家所有在职人员缴纳的税资提供经费保障。在美国，加利福尼亚州、新泽西州和罗得岛州规定了可以享受部分工资的育儿假，也有一些企业提供带薪育儿假，但是这些都不是法律强制要求的。美国确实颁布了《家庭和医疗休假法》（*Family and Medical Leave Act*，FMLA），该法案保障在大公司工作的员工在孩子出生（或其他家庭护理活动）后有 12 周的工作岗位保留，但没有收入。这也是我女儿在她女儿出生 4 个月后重返工作岗位的原因。因此，美国新晋妈妈育儿假时长的中位数是 11 周，父亲休育儿假时长的中位数是 1 周。家庭年收入在 75 000 美元以上，新晋妈妈休假时间为 12 周，是家庭年收入在 30 000 美元以下新晋妈妈的两倍（Bialik，2017）。

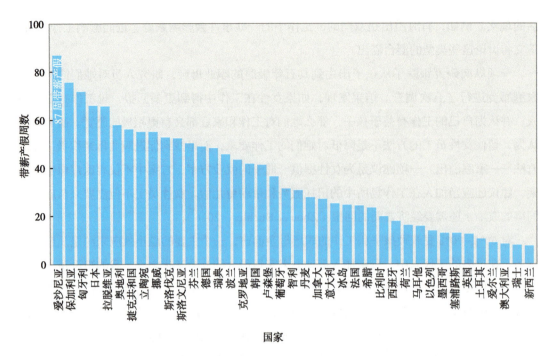

图 7.8　带薪产假时长

在 40 个发达国家中，只有美国没有为家庭提供带薪育儿假。

SOURCE: Livingston (2016).

　　对美国父母而言，溢出效应的现实并不局限于没有育儿假。孩子需要长达 18 年（或更长时间）的照顾，即使在孩子上学之后，照顾工作依旧繁重，成年人的工作时间通常比学校早晨上课的时间早，比学校下午放学的时间晚，于是双职工家庭的家长需要清晨和晚间的儿童照顾服务。学校和教师上班和放假的校历也和职场的放假时间"不匹配"，因此，在这些时间，这些家长也需要儿童照顾服务。美国小学生的暑假比大多数美国雇主给员工的假期要长得多。即使家长是还在上学的学生，就像我在大学里的学生们，这些家长们的假期也和孩子的假期时间"不一致"。例如，我们的大学安排了一周的春假，也就是 3 月份的第一周；K-12 学区在复活节前一周有春假。美国有记录以来最早的复活节是 3 月 22 日，所以这两个假期不可能在同一时间。当孩子们有时间休息，而其父母恰好赶上期中考试的时候，家长们的复活节周就会充满焦虑！

　　几位儿童发展和人力资源管理方面的专家为用人单位提供了一些建议，以帮助工作场所对家庭更为"友好"。这些措施包括帮助家长建立工作和家庭问题的交流平台，为新晋家长指派一位有较大子女并成功平衡了家庭和工作的"导师"，协调公司假期使之与学校校历更好地"同步"，提供更灵活的工作时间表，并为各年龄段的儿童提供工作场所中的托育服务（Dowling，2017；Halpern，2005）。

7.5　退休

退休（retirement）这一概念，或者在离开职场后继续追求其他个人兴趣的职业阶段对人们而言相对是种新事物，这些兴趣包括兼职工作、志愿者工作或其他业余爱好。我的祖父是他的家庭中第一个退休的人。他是长子，他的父亲（还有他的祖父）是农民，他们直到去世前仍在持续工作。虽然他们做的是有偿工作，但是在1935年前美国还没有出现社会保障（而且那时社会保障叫作"高龄老年人保险"）。我的祖父为城市供水部门工作，1949年，他在65岁时得到了一块金表和一张与市长一同挥手的照片，并开始获得社会保障。几年之后，我的祖母也获得了同样的待遇，而她从未曾外出工作。我祖父这个年龄的员工是先行者；他们没有退休的先例，在身体健全、头脑敏捷时离开职场，对他们而言可能会感到有些羞愧。如今，时过境迁，关于退休的问题已经发生了巨大的改变。

如今的退休与之前大不相同。许多人在退休之后还会度过20年或更多时光，还有许多人对退休后的生活满怀期待。他们利用这些年的时间做各种各样的事情：去旅游、到大学上课，或者成为政治活动家。另一个不同之处在于，如今退休很少是一种"全职工作或不工作"的状态了。人们从工作20多年的岗位上退下来，然后开始做第二份工作或兼职。有些人在62岁时开始领退休金，并将时间用在业余活动上。有些人还留在以前的工作岗位上，但从事负担较轻的工作。现在用"退休"和"在职"两个类别划分成年人确实很困难。了解这些社会基本变化后，接下来我将陈述人们何时、如何及为何退休（包括退休的地点）。

7.5.1　退休的准备

退休不会在某天随机突然发生。在美国，大多数人自己决定何时退休。有些国家强制员工到规定年龄必须退休，甚至美国的一些高风险职业也要求退休，如空中交通管制员56岁、飞行员65岁必须退休。虽然美国的年轻人和中年人可能不知道他们什么时候会选择退休，但他们中的一些人正在为退休做准备。他们与自己的财务顾问交谈，把钱存到银行账户或用于投资，与配偶和朋友讨论退休问题。不用说，对退休的规划随着年龄增长而增加。

退休计划中一个重要的考量就是金钱。没有工作就意味着没有收入，所以退休计划的一个重要部分就是储蓄或投资。在美国，约半数工人在储蓄账户中留有用于退休的钱。有些人则拥有用于退休的投资。但是，即使一个人没有专门的"退休"基金，也并不意味着其在经济上没有为退休做准备。根据经济学者安德鲁·比格斯（Andrew Biggs，2016）的研究，几乎所有工作十年以上（或与工作十年的人结婚）的人都在自己的社保账户中有为退休而积攒的钱，只要有工作，他们就会继续累积。越来越少的员工（16%）在退休后能享受企业提供的退休金。

尽管如此，心理学家提醒我们，退休的准备远不止是金钱而已。所有年龄段的成年人都需要提前考虑退休问题，因为退休不仅是不工作。工作占据了成年人生活的很大一部分，为我们提供社会角色、地位、社会交往、日常活动和休闲活动。当所有这些因为退休而消失

当工作不再是我们生活的中心，或者我们完全离开工作时，我们需要一些东西来填满我们醒着的时间。

的时候，我们需要一些其他东西来填补这些空白。最好的退休是有准备的退休。不只提前做好经济规划，也做好社交和休闲活动规划，这样，个体不但能更平稳地完成工作与退休之间的过渡，而且退休后体验到的幸福感也是最强的（Carse et al., 2017）。在美国，人们的平均退休年龄正在下降，而预期寿命却在上升；许多人都将在退休生活中度过几十年，因此制订各种计划的必要性变得越来越凸显。

7.5.2　退休的时间

就像人们的计划各不相同一样，人们的实际退休时间也是如此。我们倾向于认为 66 岁是"退休年龄"，因为该年龄的人在美国可以开始享受完整的社会保障福利。然而，有许多人提前退休，许多人过了这个年龄还在工作。图 7.9 显示的是在不同年龄的成年人中劳动力（labor force）的比例，对劳动力概念的界定既包括在职的人，也包括积极寻找工作的人。这些数据可以追溯至 1990 年，也可以预计到 2020 年。如果大家仔细观察这张图，就可以发现，在 25~54 岁这个年龄段，劳动力所占比例保持得相当稳定，而老年人劳动力的比例则有所增加，其中 65~74 岁的工作者增幅最大（U. S. Bureau of Labar Statistics，2017a）。

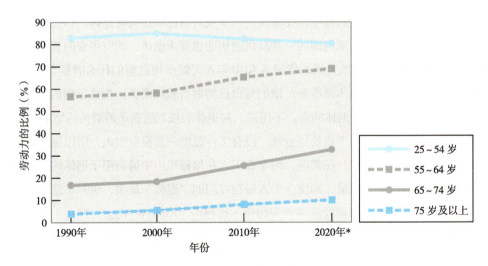

图 7.9　劳动力中不同年龄段成年人的百分比

自 1990 年以来，24~54 岁年龄段的美国劳动力人口比例一直保持不变，但老年人的比例有所上升。

注：* 表示预计。

SOURCE: Data from the U. S. Bureau of Labor Statistics (2017a).

老龄员工增多的一个原因是，每年达到退休年龄的人都平均比以往的人更加健康，所以越来越多的人只要选择工作，就有能力继续做下去。而且，美国在 1986 年就结束了强制性退休政策，如果老员工非常渴望工作，他们就拥有继续工作的可能性。此外，体力工作的数量从 1950 年的 20% 减少到 20 世纪 90 年代的 7.5%，这让老年人也能轻松达到许多工作的要求。另外，到 2000 年，美国政府对 66 岁以上老年人接受社会保障又继续领薪水的情况不再处以罚款。最后，女性占了高龄组的一大部分，她们的劳动力参与率也在稳步上升。

7.5.3　退休的原因

退休不一定是人们自愿的决定。许多高龄员工失去工作是因为公司裁员、合并或破产，而他们又很难找到其他同等级别和同样薪酬的工作。对这一群体中的部分人而言，提前退休是一种可行的备选方案。但是，对大多数人而言，决定什么时间退休的问题更加复杂，这取决于许多因素的相互作用。我们来看看影响退休决定的一些因素。

影响退休决定的因素 ● ● ●

财务状况——经济学家和社会科学家发现，决定退休的最大影响因素是财务状况。人们有多少储蓄和投资？他们的退休金是多少？退休如何改变他们的支出？他们继续工作会有什么好处？有必要在继续工作的价值和退休的价值之间取得平衡。工作关联价值（work-related value）不仅是劳动者得到的薪水，如果他们继续工作，还要加上退休金和随后获得的社会保障福利。例如，美国当前全额社会保障福利在劳动者 66 岁时生效：如果他们决定在 62~66 岁时退休，他们在余下的生活中获得的福利将少于全额福利；如果他们在 66~70 岁时退休，他们在余下的生活中获得的福利就多于全额福利。显然，工作者在职年限越长，社会保障福利就越多。一些私人退休金计划也是如此。另外，还有一些与在职相关的价值，如覆盖劳动者及其家人的健康保险，还有雇主为劳动者继续受聘提供的其他激励（Clark et al.，2004）。

员工会在继续工作的价值与退休关联价值（retirement-related value）之间权衡。这些价值中包含个人的财富状况——有多少存款、投资、固定资产和其他资产。伴随 2008 年的股市低迷、房价下跌与住房销售量减少，许多临近退休且过去依靠投资获取回报的人决定继续工作，这也可以帮助解释劳动力中老年男女比例上升的现象。退休关联价值包括工作者在社会保障和退休金福利中的所得，同时还有从其他工作中挣得的收益，如兼职工作或咨询工作等。健康保险项目的花费也包含其中。在美国，医保是国家为工作者提供的医疗保险，在人们 65 岁之后就不再有效，但一些雇主会为退休人员继续提供健康保险。在很多情况下，思考与退休相关的各种财务问题是一项复杂的工作，有时候配偶的情况也需要纳入考虑范畴，这让该问题变得更加困难。

健康状况——决定退休时间的另一个重要因素是健康状况。同样，这也不是一个简单的问题。健康在两方面影响退休的决定。一方面，越来越多的医疗费用和对医疗保险的需要会增加工作者继续工作的可能——而且这不仅关系到工作者自身的健康状况，还影响配偶及其他家庭成员的健康状况（Carse et al.，2017）。另一方面，不良的健康状况会让工作更加困难，并导致工资降低，或者被调到工资较低的岗位，这就让退休变得更具有吸引力。这在体力工作中是尤为常见的现象。或者，配偶或家庭成员健康状况不良，这会带来更多的照看责任，对随之而来的退休决定产生影响。大约有4%既要工作又要照顾家人的员工用提前退休来解决上述问题（Family Caregiver Alliance，2016）。

家庭——孩子也可能对人们决定退休的时间产生影响。随着生育孩子的年龄变得更晚，退休时间变得较早，家里仍有孩子需要养育可能会成为人们继续在职的一个原因。即使孩子不在家中，父母也可能要提供大学学费和其他种类的对子女的支持。另外，回顾第5章的内容，现在有越来越多的（外）祖父母抚养孙辈，而且这些（外）祖父母难以从孩子的父母或政府处获得太多经济和财务上的支持。这种现象带来的结果就是许多（外）祖父［和一些（外）祖母］推迟退休时间，以便供养自己的孙辈。

如果要求女性列举退休原因，那么家庭因素是其提及次数最多的一项。许多人决定提前退休是因为其丈夫（通常比她们年龄大）已经退休，但这个听起来很和谐的统计结果可能会带来误导。这些妻子中有许多人表示，她们在准备离职前，从丈夫那里感到了迫使自己退休的压力（Szinovacz & DeViney，2000）。其他夫妻解决这个难题的方法是，不少丈夫等到妻子退休时自己再退休，这些夫妻认为"形单影只的安逸时光"还不如继续赚钱来得实惠（Rix，2011）。

职业承诺——退休的原因不能完全用金钱的多少加以衡量。有些人觉得自己的工作不愉快或压力太大，数着日子等待退休。而有些人无法想象不工作的日子，并计划尽可能延长在职时间。这个因素就是职业承诺（career commitment）；与为他人工作和工作承诺较少的人相比，个体经营者和对职业承诺较高的人的退休时间更晚。受过更多教育的人推迟退休的可能性更大。决定提前退休的因素有：体力劳动强度大、受教育水平低、工作标准低、对组织的认同度较低、对工作和上司的不满度较高（Wang & Wanberg，2017）。

业余爱好——另一个非财务性的退休原因是，职场外的生活在召唤。有爱好、娱乐兴趣和活跃社交生活的工作者比没有这些兴趣爱好的人更容易早退休。另外，喜欢旅游和家装改造计划的人更加急于退休。

7.5.4　退休产生的影响

退休后，个体的生活会完全改变吗？其健康状况会下降吗？令人震惊的事实是，对大多数人而言，退休本身对生活方式、健康、活力或态度的影响微乎其微。退休带来了收入方面的一些变化，特别是收入来源的变化（见"收入变化"）。

贫困女性化

像其他社会问题一样，老年贫困并非在种族或性别之间平均分布。根据施赖弗贫困法中心（Shriver Center on Poverty Law，2016）的数据，老年女性贫困的可能性是老年男性的两倍，并且非洲裔和西班牙裔美国老年人被认为比老年美国白人更有可能遭受贫困问题。结合两种因素来看，我们发现，发生贫困可能性最大的群体是 65 岁以上且独自生活的非洲裔美国女性。

我们在这种贫困女性化（feminization of poverty）趋势中发现，在贫困人口中，女性比男性占比更大，特别是在老年人群体中，这种趋势的成因很多。一个明显的原因就是相当多的老年女性已经丧偶。美国社会保障的规定是，女性成为寡妇后，有权利获得自己的社会保障福利与已故丈夫百分之百的社会保障福利中较高的那份（Socaial Security Administration，2017）。这似乎是件好事，但实际上导致了家庭收入的大幅度下降。丈夫在世的时候，配偶双方都能拿到养老津贴；在丈夫去世后，就只剩下一份，所以这些女性的全部收入变成了以往家庭收入的 1/2 或 2/3 左右，但诸如住房和税费等支出、许多开销却与丈夫去世前一样。大量女性因此陷于贫困之中。

将老年女性更有可能贫困的现象归因于守寡或独自生活未免太过简单。老年人贫困的女性化现象源于一系列性别差异：女性在一生中的各个阶段、各个领域都会经历性别差异，这些差异在晚年时进一步恶化。当前处于老年期的女性在其步入成年期时外出工作的可能性较小，即使投身职场也不太可能进入被个人退休金计划惠及的人群范围，还可能比男性同事薪水低，所有这些都会影响其退休后的收入水平。再加上女性为了养育孩子或照顾年迈的家庭成员而在就业和非就业状态之间切换。上述种种因素导致的结果就是女性获得退休金的可能性较小，而且，即便她们能够拿到退休金，数额也比男性拿到的更少。

让年轻女性感到慰藉的是，上述这些数据代表的是那一代美国女性，对她们而言，外出工作或个人财务规划并非其生活中的必备成分。让人感到希望的是，年轻一代美国女性将来在自己到达退休年龄时，整体社会的个人收入分配会更加公平。对于那些需要照顾许多亲戚的女性，比较理想的做法是，国家提供家务假期政策和其他财政支持，但前景并不乐观。对出于家庭原因（无论照顾孩子还是照顾成年家庭成员）而牺牲个人收入与职业发展机会的女性而言，她们需要切实考虑自己的未来并相应地调整自己的财务规划，这样在晚年时才能得到较为公平的补偿。也许等现在的青少年达到退休年龄时，贫穷人口的女性化趋势这种现象将会变成遥远的历史。

我给出的很多数据都相当令人失望，而且读者很可能对老年人的经济状况留下了非常消极的印象。但我在这部分内容开始时给出的两点信息也许可以让人稍感安慰：其一，平均而言，老年人的有效收入在退休后减幅很小；其二，现在美国的老年人在经济上比以往几代老年人都更加富裕。

居住地的改变

退休对许多人的另一个影响是住处的选择增多。当个体不再为工作所束缚，就可以选择住得离自己的某个孩子更近，或者搬到阳光更加充足的美国南方。尽管美国人口普查局指出，在过去的十年中，各个年龄段人群的搬家率都非常低，但2016年约有150万65岁以上的美国人更换了住所，他们给出的一些主要的搬家原因是家庭（17%）、健康（13%）、新的或更好的住房（11%）、较便宜的住房（8%）和气候（2%）。

收入变化 ● ● ●

美国65岁以上人群有多种收入来源，其中最主要的一个来源就是社会保障，约占退休人员平均收入的49%。图7.10说明了不同来源收入的比例（Federal Interagency Forum on Aging-Related Statistics，2017）。工资（earnings）来自他们从事的工作。退休金（pensions）由私营公司，州政府、当地政府或联邦政府，军队发放；或者来自个人退休账户，如401（k）s[①]。资产收益（asset income）是存款利息、股票分红，以及出租物业的收入。

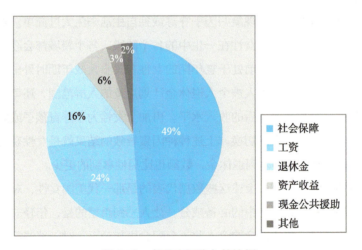

图 7.10　各种来源收入的比例

SOURCE: Data from Federal Interagency Forum on Aging-Related Statistics (2017).

然而，图7.10中的信息并不能向我们说明退休者退休前后的对比情况。

我们知道，退休后个体的收入一般会降低，但这或许对退休者的生活方式不会

---

① 401（k）s是美国企业的退休金计划401（k）的一种，该计划因《美国国内税收法》中的401条第（k）项而得名。——译者注

产生消极影响。许多人拥有属于自己的房子，所以不必再支付按揭贷款，他们的孩子已经离家独立，他们还可以享受医保，这样可能用于医疗保健的花费更少，而且他们有资格享有多项特殊养老福利。将这些因素全部考虑在内后，我们会发现，许多人退休后的花费其实减少了。在美国，许多老年人的收入在退休后实际上有所增长，因为社会保障和其他政府福利结合起来，整体收入比他们工作时的薪水更多。

　　这种对美国老年人经济状况持乐观态度的研究报告是合理的，主要因为美国在过去几十年内社会保障福利的完善。确实，近几年美国老年人的财务状况比其他任何年龄组的改善都要大。正如大家在图 7.11 中所看到的，在 1966 年，65 岁以上的贫困人口百分比为 30%；2014 年，这个数字为 10%（Federal Interagency Forum on Aging-Related Statistics，2017）。

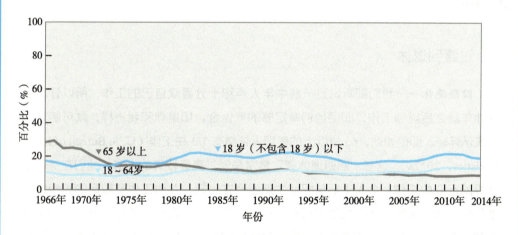

图 7.11　三个年龄组的贫困人口百分比

美国 65 岁以上人口的贫困比例低于 18 岁（不包含 18 岁）以下人口的贫困比例。

SOURCE: Federal Interagency Forum on Age-Related Statistics (2016).

　　但是，正如退休后收入减少的统计数据带有误导性，让人持悲观态度，关于退休人员贫困率的统计数据也具有误导性，让人过于乐观了。虽然生活在政府官方定义的贫困线（2018 年，一个两口之家的年收入为 16 460 美元）以下的人数确实有所减少，但仍有很大比例的人口属于被称为"近贫者"（near poor）的群体，这些人的收入在贫困的门口"徘徊"，又比贫困线的"门槛"高出 25%（一个两口之家的年收入为 20 575 美元）。实际上，这一群体主要由老年人组成。而且由于这些老年人没有资格享有许多特别项目（即政府为了向收入低于贫困线的人们提供支持而推出的项目），因此他们在很多方面都比其他类型的老年人经济状况更差（U. S. Department of Health and Human Services，2018）。

> **作者提示**
>
> **性别与退休。**
>
> 　　你是否认识因为经济原因推迟退休的女性？有哪些因素导致她出于经济原因而难以退休？

7.5.5　完全退休的替代方案

　　社会学家萨拉·E.里克斯（Sara E. Rix，2011）告诉我们，如今，很多老年员工不适应退休前全职工作而退休后完全不工作的传统模式。不同的是，现在大多数工作者从全职工作进入全职退休这一阶段中，会经历不同类型的过渡性工作。接下来的部分描述完全退休的几个替代选择。

> ### 过渡到退休 ● ● ●
>
> 　　**回避退休**——我们都听说过一些中年人声称十分喜欢自己的工作，所以计划在退休年龄之后继续工作，即便他们有足够的退休金。如果你和我一样，就可能对这些表示怀疑。即便如此，65 岁以上的美国人依然有 1/3 在工作（U. S. Bureau of Labar Statistics，2017a）。这些"回避退休者"常常是受过高等教育的人群，他们在类似学术界的行业中工作，个人生活与职业生活融合在一起，并对工作有较高的积极性和参与性。许多人的配偶在相似的行业，他们共同致力于自己的工作。然而，越来越多的人超过退休年龄却还在工作，是因为他们的生活必须依靠工作收入维持。随着 2008 年美国经济大萧条期间固定福利退休计划数量的减少和家庭权益的损失，人们需要在晚年继续工作，以获得收入（Quinn & Cahill，2016）。当然，这种就业人口的持续增长会将那些健康状况差、体力差、工作经历不连续的老年人拒之门外。
>
> 　　**重新进入劳动力市场**——根据健康与退休的纵向研究，约 15% 的退休员工重新进入劳动力市场（Cahill et al.，2011）。例如，我祖父就是这样。在获得社会保障几年后，我的祖父到我父亲新开的水暖公司重新开始工作。祖父与父亲一同工作了 8 年，帮助父亲把公司运转起来，然后再次退休。有大约 25% 的老员工在退休后又重回工作岗位。同样，人们做出这种选择的原因也各不相同，包括收入需求、孤独、需要价值感及焦躁不安等。一小部分人甚至再次退休后又尝试重新开始第三次工作！
>
> 　　**逐步退休**——另一个劳动力的非传统型退出方式是离开原来的工作，开始从事过渡性工作（bridge employment），这类工作可能是兼职岗位或压力较小的全职岗位。有大约 60% 的退休男性选择这种过渡性工作方式，尤其是从警察、军队和其他政府

部门退休的男性。通常，个体再就业的工作与其原来从事的职业有关，如退休警察在小城镇当保安或警察。另一些人则成为老师，让自己的知识和技能进入课堂。还有一些人由于很享受社会互动的过程，因此选择做超市装袋工或折扣店接待员。

这些退休后的过渡性工作的缺点是工资通常较低且比全职员工福利更少。研究表明，这类再就业的人年龄更小、受教育程度更高、经济状况更好，退休前工作压力更低（Wang & Wanberg，2017）。

有种受退休者欢迎的选择是自主经营。大量自主经营业主在 50 岁之后才开始创业，他们可能把自己的生意当作退休后的过渡性工作，也可能把爱好变为创收的方法（Rix，2011）。我公公就是这样的例子。他在新英格兰的一个小镇从警察岗位上退休，然后开始在社区中做除草服务。他一直很喜欢园艺工作，但因为需要供养一个大家庭，所以没有将喜欢的园艺工作作为自己的职业选择。于是在退休后，每到春天和夏天，他就会每周花好几天在马萨诸塞州那些"他的草坪"上工作。秋天，他最后一次耙去树叶，然后前往佛罗里达州，一直到该出售春肥的时候再回到北方。

阶段性退休——当雇主给年龄较大的员工减少工作量，或者老员工在同一家公司转到工作不太繁重的岗位时，这种方式被称为阶段性退休（phased retirement）。阶段性退休方案也包含分阶段的退休金方案，员工在该时期领取的工资会比原来低，但他可以开始领取部分退休金。这种退休计划对年龄较大员工的益处显而易见。他们能享受到退休的好处，同时还能从事一份能够领取部分薪水的兼职工作，随之而来的还有工作带来的自豪感和社会支持。这样的老员工拥有更多空闲时间，工作压力也更少。雇主们拥有了工资降低后的高资历员工，这些员工可以被安排在公司有需要的任何部门，通常作为指导顾问或问题处理专家而工作。这样做还有一个总体效益是，把有价值的老员工留在职场，同时还能空出全职工作岗位给年轻员工。

虽然阶段性退休听起来像是员工和公司双赢的方式，但只有大约 5% 的美国行业为员工提供这种退休方案。能够享受阶段性退休的员工往往是那些公司想留住的技术人才（高科技行业和公用事业），或者劳动力极短缺的公司才会使用这种方式。限制阶段性退休普及的主要原因是税务问题和年龄歧视，虽然在能够提供分阶段退休的公司中有 90% 报告他们能够克服这些问题并对结果感到满意（U. S. Government Accountability Office，2017）。经济学家认为，希望选择阶段性退休的老年人会提前与雇主沟通，保持自己掌握着最新、最前沿的工作技能，而且和其他选择阶段性退休的老员工保持着良好的人际关系（Hannon，2017）。

志愿工作——如果你最近去过医院、学校或博物馆，你一定和那里的退休人员有过交流，他们把自己的时间贡献给了当地的社区。在美国，55 岁以上的人中，超过 1/4 的人将时间贡献在各种社区服务上，他们大多是已退休人员（U. S. Bureau of

Labar Statistics，2016a，2016b）。女性比男性更倾向于做志愿者。他们从事的志愿工作类型包括宗教相关工作（约40%）、社会或社区工作（16%）、学校工作（13%）、医院和保健工作（7%），以及公民或政治活动（6%）。现在我们了解一下他们所做的贡献：全美老年人服务队（National Senior Service Corps），其中包括赠养（外）祖父母计划（Foster Grandparents Program）、退休人员和老年志愿者计划（Retired and Senior Volunteer Program，RSVP）和老年伴侣计划（Senior Companion Program）。全国老年人服务队是由志愿者组成的团体，由20多万名55岁以上的老年人组成。他们教育、劝导、照顾和引导社区中的孩子；向年老体弱者提供社会支持和工具性支持；为社区项目筹集参与者，如献血和健康意识研讨会（National Senior Service Corps，2017）。

退休后的志愿服务是一条双行道。大量横断研究与纵向研究表明，参与志愿服务工作能够提高老年人各方面的健康水平：抑郁更少，幸福感和生活满意度更高，社交网络更广，身体也更加健康。志愿者报告，与那些不参加志愿者工作的人相比，他们的身体活动增加了，健康水平提高了，身体机能也下降得更少了。在老年人中，志愿服务甚至可以带来认知上的好处，如学习新技能、改善执行功能和改善语言学习（Anderson et al.，2014）。

7.5.6 退休和福利

研究人员对退休问题进行了大约一个世纪的研究，主要集中在两个方面：退休如何影响员工的整体幸福感？如何提升老年人的退休体验？对于第一个问题，几项研究的结果表明，大约3/4的退休人员表示，退休后他们的心理健康状况几乎没有变化。另外，25%的退休人员报告，自己退休后发生了积极的变化，或者刚退休时幸福感下降，随后会出现显著改善。为确保退休后可以调整良好，最好的办法是做好退休规划，与和自己有相似退休规划的人结婚，以逐步退休的方式离开职场（Wang & Wanberg，2017）。表7.1回顾了成年后职业生涯的变化。

表 7.1 成年期间的职业变化回顾

特征	18~24 岁	25~39 岁	40~64 岁	65~74 岁	75 岁及以上
职业兴趣	职业兴趣受到家庭支持和父母工作相关行为的影响。约 17% 的人既没有就业，也不是正在接受教育或职业培训	职业兴趣影响着人们的第一份工作，大学专业或职业培训的选择。与前几代人相比，现在的人在职业方面发生了更多的变动	一些员工由于自己会在 40 多岁或 50 多岁被解雇，因此他们会为新工作而开始接受再培训。如果 60 多岁被解雇，那么人们则倾向于提前退休	越来越多员工超过退休年龄仍继续工作。一些人离开自己所从事的主要工作，开始从事压力较小或过渡性工作时间较短的退休后的过渡性工作。其他人作为志愿工作者贡献自己的技术和专业技能。这个年龄段的员工有一些退休后又重新开始工作，根据健康状况和支出，他们有时有多次重新开始	一小部分人在 70 多岁之后仍继续工作，因为他们享受自己的工作，或者需要这部分收入
兼职工作与全职工作	男性和女性都有与自己的职业或许无关的兼职或入门级工作	男性常常加入全职劳动力群体，并一直持续到退休。女性加入全职劳动力群体又退出，因为有孩子并需要她们照顾	孩子离家让女性开始新工作或在现有工作中承担新的职责	女性在比男性更年轻些的年龄退休。退休收入比男性更可能丧失配偶，退休收入更少。她们生活在贫困线和贫困线以下的可能性更大，尤其是黑人女性和西班牙裔女性	这个年龄组的人大多数为失去配偶的女性。许多人在该阶段受到终身性别不平等的累积后果。其他经济来源良好和家庭宽裕的人情况较好
工作绩效表现	多样化的工作表现	工作表现随着经验增长而提升	尽管体能和认知能力下降，工作表现仍会保持高水平，或许是专业技能和经验的原因	专家和坚持高强度锻炼者的工作表现仍会保持高水平	多数还在工作的人工作量充足，但比起年轻员工，他们表现出速度减缓与精力不足
工作-家庭平衡	工作-家庭互动的开始	这个时期工作-家庭的交叉十分困难，因为多数夫妻要兼顾职业、婚姻和孩子	工作-家庭的交叉变得简单，但这时增加了对年迈父母的照顾和对孙辈的代养	家庭责职很少干预工作，即便很多老年工作者离开工作岗位去照顾其配偶	工作人数较少，无法做出评估
退休计划	对退休的思考很少	少数人开始长期财务规划	退休的准备开始于 40~55 岁前，尤其是男性	人们在这个年龄段有资格享受社会保障和医疗保险，但一般年人依靠的其他来源的收入贡献 60%。女性各个来源的收入都比同龄男性少	在这个年龄组，很多人已经退休过一次或两次

摘要：工作与退休

1. 工作对成年人的重要性

（1）对大多数成年人而言，职业是终其一生的一种模式，包括全职工作和兼职工作，它会因为家庭职责和接受再培训而暂停，最后到达的终点是退休。职业在成年人的时间分配、思维、个人身份和自尊方面都是核心部分。

（2）职业心理学领域几十年来的主要理论有帕森斯的人—环境匹配理论、唐纳德·舒伯的生命周期/生涯角色理论、霍兰德的职业兴趣理论和班杜拉的社会认知理论。最近的理论认为，职业道路更容易改变，并且受自我决定的影响更大。

（3）男性和女性典型的职业发展道路具有性别差异。女性全职工作的可能性较小，更易于在劳动力市场中进进出出，也比男性更可能从事兼职工作。这种现象导致的结果是，与男性相比，女性的收入更低，晋升机会更少，工作期间的福利更少，并且退休后的收入更少。

2. 职业选择

（1）性别是职业选择中的一大因素。男性和女性都倾向于选择被刻板印象界定的"适合某种性别"的职业。不幸的是，"适合女性的职业"通常比"适合男性的职业"收入更低、福利更少，并且晋升机会更少。尽管现在有相关立法禁止工作场所中的性别歧视，但男性和女性仍然会表现出不同的工作兴趣，更多女性选择与"人"打交道，更多男性选择与"事"打交道。在预期的职业模式上也存在性别差异，更多女性选择工作时间固定、干扰家庭生活较少的职业，而男性则选择要求更高的职业。

（2）女性比男性更有可能跨越性别隔离，那些有家庭和（人生）导师支持且具有强烈自我意识的女性尤其如此。如果男性从事传统认为适合女性的工作，主要的考量因素是年龄。从事传统认为适合女性的工作的年轻男性更倾向于持有平等主义和家庭观念。中年男性可能已经从一份传统认为适合男性的工作中退出，并在传统认为适合女性的工作中看到了机会。他们想离开体力要求很高的工作可能也是原因之一。

（3）支持子女接受高等教育，支持子女的职业抱负，这是家庭影响子女职业选择的主要方式，在这一点上，中产阶层家庭比工人阶层家庭更加明显。中产阶层家庭的父母还能够为自己的孩子树立职业角色的良好模范。

3. 工作场所的年龄趋势

（1）虽然个体的体力、感官和认知能力会随着年龄增长而衰退，但实际工作表现测评并未显示出与年龄相关的下降。有一种解释是老年人的专业技能弥补了体能的下降。

（2）越来越多的员工发现自己的工作技能过时了，或者希望晋升到更复杂的工作，这一过程被称为职业循环。自我提升的一个常见选择是进入大学学习，那里 40% 的学生是非传统学生，这意味着他们的年龄已经超过 25 岁。

（3）老员工在工作领域中表现出比年轻员工更高的满意度。对该情况有很多种解释，包括预期降低、同辈效应，以及各年龄组拥有的职业类别不同。

4. 工作和个人生活

（1）工作压力会对人们产生消极影响，包括职业倦怠，但没有工作会让人的情况更糟糕。失业对大多数成年人而言都是严重的生活危机，而且对中年工作者比对其他年龄人的影响更严重。约 17% 的年轻人没有工作，也不是在参加教育项目或接受职业培训。甚至失去工作的可能性 / 威胁都会引起压力反应。

（2）研究表明，男性在结婚前 4 年左右开始增加工作时间，女性在结婚前 1 年左右开始减少工作时间。

（3）工作事件会对家庭生活产生影响，就像家庭事件会对工作产生影响一样。这种效应可能是积极的，也可能是消极的。在美国，当孩子出生时，其父母没有像其他发达国家那样可以获得带薪产假，此类产生负面影响的重大事件会发生在许多伴侣身上。

5. 退休

（1）在美国，65 岁以上的人继续工作的比例越来越高。部分原因是他们还很健康，对大部分人而言，不存在强制退休的年龄线，工作对体力的要求降低了，而且人们的经济状况也可能让其无法退休。退休时间基本由劳动者掌握，重要的是要展望未来，为退休后的生活制订计划，人们在退休之后还有几十年的人生需要规划。

（2）影响退休决定的因素有很多，包括财务状况、健康、家庭、职业承诺和业余爱好等。

（3）退休使大多数人的收入略微降低，但开销也会降低。与男性相比，更多女性退休后生活贫困，这在一定程度上是由于女性寿命更长，但同时还因为女性的收入、退休金和存款较少。

（4）对一些人而言，退休引发住处迁移至国内其他地区，或者开始向更温暖的地区进行季节性迁徙的模式。

（5）离开劳动力市场的非传统型方式包括回避退休、退休一段时间后重返工作岗位、过渡性退休、兼职、自主经营和做志愿者。分阶段退休更容易被员工接受，但公司担心税收和职场歧视带来的复杂问题。上述情况在欧洲一些国家和日本更为常见。

写作分享

你的职业目标。

思考本章关于职业选择的讨论，考虑自己的职业目标是如何从童年之后出现多次变化的。性别和家庭等因素在这些不断变化的职业目标中扮演了什么角色？自父母那一代以来，这些因素发生了怎样的变化（好的变化还是不好的变化）？写一个简短的回答，可以与他人交换阅读。一定要讨论具体的例子。

08

第 8 章

人格

人格影响一个人的社会互动。

学习目标

8.1 将五因素模型应用于人格概念

8.2 分析人格如何影响生活经历

8.3 评估人格变化和稳定性的方法

8.4 运用人格发展理论解释人格

在一个大家族中长大的个体更有可能不断接触到各种有关人类行为方面的纵向信息。在研究中，一个人可能无法观察到被试或参与者完整的人生历程，但是家族中年龄较长的亲戚会补全那些缺失的信息。例如，当我自己还是小孩时，我和姐姐罗斯很喜欢和梅姥姥一起玩（我外祖母的姐姐）。她是一名退休教师，没有孩子，也没有结婚，但是她家的装修像是为了孩子们到访特意设计的。梅姥姥家的沙发下藏着一个棋盘，一套拼字游戏，还有一套多米诺骨牌。除此之外，她家还有一个很大的门廊秋千，无限量供应的手工曲奇，在她的工作室里还有可以烧制陶器的窑口——她为家里的孩子们举办了许多泥派对。

有一次，从梅姥姥家玩儿回来之后，我们对母亲说，梅姥姥这么大年纪了还能这么有耐心，又这么风趣，很可能是因为她自己没有孩子。母亲却笑着说："哦，不是这样的，梅姥姥对孩子们一直都是这样和蔼可亲又风趣幽默的。年龄并不会改变一个人的基本品格。我像你们这么大的时候，梅姥姥 40 岁，那时她就已经开始用'陶土和曲奇宴会'招待我们了。你们的姥姥也说梅姥姥像第二位母亲，总是照顾家族中年幼的孩子，还会设计游戏和孩子们一起玩。"

虽然我母亲不是心理学研究者，但她表达了一个基本的心理学理念：人格在个体的生命周期中具有稳定性。许多人在人格和年龄问题上有自己的看法，一些来自我们自己家族内的个人经验，一些来自刻板印象。在本章中，我将深入探讨这个复杂的主题，然后解决一些常见的问题与疑惑，有时候人格心理学的研究结果支持我们的常识，但有时常识会被其他人格理论所代替。

8.1　人格结构

人格（personality）由一系列相对持久的特征组成，这些特征定义了我们的个性，并影响我们与环境之间、我们与他人之间的互动。人格心理学的研究是相当有趣的，并且覆盖面很广，包括特质、动机、情感、自我及应对策略等。事实上，在上第一堂心理学课程之前，很多人认为以上这些可能就是心理学的全部内容。人格是心理学最古老的分支之一，在成年发展研究中也是非常活跃的一部分。人格心理学主要涉及的科学问题是，在我们经历成年期并逐渐走向衰老的过程中，我们的人格会发生什么变化？这个问题看起来似乎只有两个答案：其一，人格具有连续性；其二，人格会随着时间的推移而发生变化。然而，40 多年来的研究结果显示，问题的答案并非那么简单，更恰当的答案应该是："不能一概而论，要具体情况具体分析"，或者"因人而异"。要回答这个问题，首先要看我们判断人格时选取哪种人格维度或连续体，其次要看判断的人格因素类型是什么。更进一步而言，这个问题的答案取决于研究对象的年龄、生活经历、遗传组成，以及研究数据的收集渠道（Alea et al.，2004）。所以，如果你喜欢体验一场精神上的过山车，那就一起来吧！

8.1.1　人格特质和因素

早期关于人格的表述源于名字，诸如弗洛伊德、荣格和埃里克森等大家耳熟能详的发展心理学家，他们的观点基于一个前提，即成年人生活的许多方面（包括人格在内）都是动态的，并在整个生命周期中以可预测的方式不断演变。这些理论中的许多内容都以人们在特定年龄所发生的特定变化为基础，这些变化是人们消除互相竞争的力量引发的紧张而发展来的。

大约30年前，新一代人格心理学家开始意识到，对当时的学术界而言，对理论仅有精神上的狂热支持是不够的，对人格理论进行实证检验和验证也是极为重要的（McCrae & Costa，1990）。因而，有必要对人格做出更精确的定义。其中，最大的一个问题是界定什么是人格的"持久特征"，要回答这个问题，就应该开展实证研究。那么，什么是基本的人格特质（personality traits）？换言之，我们人类所表现出来的思维、感受和行为的特定模式是怎样的？

人格特质的典型示例是一个人在社会情境中表现出的那些典型行为。在生活中，一些人表现得内向，一些人表现得外向。假如现在有几个你熟知的人，如果你能够判断他们在他人面前通常会有什么样的表现，那么你就能在从极外向到极内向这个连续体上找到他们的位置。这个连续体代表一种人格特质，你的每位朋友在连续体上占据的位置就说明了他们在内外向这个特质上的程度。我在这里使用典型（typically）这个词，是为了避免混淆人格特质和人格状态（personality states）这两个概念，后者是对一个人更短期内特征的描述。如果你在刚和自己最好的朋友吵过架后去参加一个聚会，你常态的外向特质就可能会被你的消极状态所掩盖，但你的人格特质依然还是外向型。

人格特质在20世纪90年代的心理学领域并非什么新内容。恰恰相反，"数以千计的文字，数以百计已发表的测量工具，对研究人员和评论家来说还有几十个特质体系在竞争其注意力。所以，当人格特质的数量多到难以估量时，我们该如何判断年龄对人格的影响作用呢？"（Costa & McCrae，1997）。解决方法是，将有着庞大数量的人格特质精简成少数几个人格因素（personality factors），这些特质群中的多个特质会在个体身上同时出现。举例而言，如果一个人在"谦虚"这项得了高分，那么在"服从"这项上也会得高分（还有一些人如果在某项上分数低，那么在另一项上分数也低），原因是对谦虚和服从的评估可能探索到的是相同的源头，那么需要回答的一个基本问题就变成了：究竟有多少不同的源头（或者说有多少种人格因素）？

五因素模型

人格心理学家罗伯特·麦克雷和保罗·科斯塔（Robert McCrae and Paul Costa，1987）从两个早已得到共识的人格维度开始了其研究，这两个特质分别是神经质（N）和外向性（E）。通过因素分析研究方法，他们找到了另外三个人格因素存在的证据，这三个人格因素分别是开放性（O）、宜人性（A）和尽责性（C）。该研究的最终结果形成了人格的五因素模型（Five-Factor Model，FFM），也被称为"大五模型"（据我所知，科斯塔和麦克雷两人并没有使用过"大五"这个术语）。从那时起，他们设计、研发并不断修改这项测量工具，该工具的最新版本被称为"NEO 人格因素量表 -3"（NEO Personality Inventory–3，NEO-PI-3）。"NEO 人格因素量表 -3"已经被翻译成多种语言，用于多种文化背景下的人格测验，并得到了一致性的结果。总体而言，研究者已经发现，尽管参与测试的被试在年龄、性别和文化背景等方面各有不同，但其人格特质呈现出的模式都会围绕这五个人格因素构成，或者说围绕这五个人格因素分布。

五因素模型并非唯一的人格因素分析模型，"NEO 人格因素量表"也不是唯一用于衡量人格特质的测量工具。测量人格特质还有很多相似的量表，如"明尼苏达多项人格测试"（Minnesota Multiphasic Personality Inventory，MMPI）、"加州心理测验量表"（California Psychological Inventory，CPI；Gough，1957，1987）及"卡特尔十六人格因素测验"（Sixteen Personality Factor Questionnaire，16PF；Cattell et al.，1970）等。就目前的情况而言，人格的五因素模型已经成为人格研究领域的一种标准，当使用其他测验测量人格时，通常会将其他测验中使用的术语加以转化，使其与"NEO 人格因素量表"中的术语保持一致。然而，无论使用哪种测验 / 测量工具，研究人员已经定义了一系列包含有限数量的人格因素及因素特质，以此为基础，研究人员开展了一系列关于成年期进程中人格变化的研究。

人格类型

一些人格研究者认为，人格特质的集合形成了人格类型。最近，美国西北大学的马丁·格拉赫（Martin Gerlach，2018）及其同事研究了 150 多万人的人格数据。他们发现了几种人格类型的证据。

人格类型的证据 ● ● ●

角色榜样——这类人神经质较低，但外向性、开放性和尽责性较高。这种人格类型在高年龄群体中的比例高于在年轻人中的比例。

自我中心——这类人外向性高，但宜人性、尽责性和开放性低。这种人格类型在高年龄群体中的比例低于在年轻人中的比例。

8.1.2   差异的连续性

既然我们已经阐述了编制人格问卷的历史和方法，那么在人格是持续的还是变化的这个问题上，人格因素的研究对我们有什么启示呢？概念化成年期进程中人格是否变化的一种方法是研究人格差异的连续性（differential continuity），它涉及个体在一个群体中的排序的稳定性。换言之，如果某一组被试在他们20岁时（时间点1）是总体中最外向的一群人，那么他们能否在50岁时（时间点2）依然是总体中最外向的一群人呢？那些外向性得分在最低区间的被试在30年后再测，得到的人格外向性分数是否依然会在最低区间呢？如果要回答这类问题，方法通常是这样的，首先考察被试在两个时间点的测量得分，其次考察被试的得分在总体中的排序，最后将两次测量得到的排序加以比较，比较的结果便会给出答案。如果两次测量结果呈正相关，并且相关系数足够高，那么就意味着研究考察的这一组被试在总体中保持在相同的位置上，即排序保持不变，由此可以说人格因素（在上述研究中以外向性为例）是适度稳定的。更有意思的是还可以做这样的比较，即把被试分为年轻组（例如，在时间点1和时间点2上他们分别是20岁和30岁）和年长组（例如，在时间点1和时间点2上他们比分别是50岁和60岁），然后评估在生命周期中，哪一组被试的人格因素稳定性更强。

通过使用这种方法，我们了解到人格特质在成年期是保持适度稳定的，而且这种稳定性随着年龄增长而增加（换言之，我们变得"越来越稳定"）。甚至在儿童期到成年早期这个年龄段也是如此，而一直以来，这个年龄段被认为是生活角色改变和决定身份的重要时期。图8.1展示了儿童期到成年晚期的排序相关性，而这个结果是综合了152项人格研究的数据

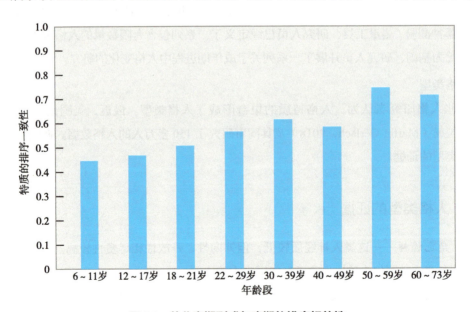

图 8.1   从儿童期到成年晚期的排序相关性

152项人格研究的结果显示，不同年龄的个体在各种人格测验中得分的相关性从儿童早期到成年晚期一直很高，到中年期呈上升趋势。在某个年龄段某些人格特质排名靠前的人，在以后的测试中往往仍然在该特质上排名靠前，而处于中间位置者或排序靠后者也是如此。

SOURCE: Roberts and DelVecchio (2000).

后得到的（Roberts & DelVecchio，2000）。正如你所看到的，从 6 岁到 73 岁，排序的稳定性是有所增加的。除此之外，对于人格的排序稳定性我们还掌握了一些其他信息：不同人格因素的稳定性模式是相似的；在人格稳定性方面不存在性别差异；并且无论使用哪种人格测量工具，得到的稳定性模式都极其相似（Caspi et al.，2004）。

总之，从儿童期开始，贯穿整个成年期，人格特质保持着惊人的稳定性，大约在 50 岁之前稳定性会增加，之后稳定性水平保持平稳状态。但是，即使在年龄最大的被试组，这种相关系数也只有 0.70 左右，这意味着个体的人格并没有达到完全稳定的状态（假设相关系数是 1.00）。也就是说，排序的变化依然在发生。

8.1.3 均值变化

均值变化（mean-level change）是指一组平均分数随着时间的推移而发生的变化。如果你所在的班级在大学一年级时参加了某项人格测试的研究（如测试的目标是人格中的尽责性），然后在高年级时同样还是这群学生再次接受测试，其平均分数会发生显著变化吗？如果会发生显著变化，那么产生这些变化的原因是什么呢？影响均值变化的因素有很多，包括成熟（如中年女性的绝经期）、某群体共有的发展路径（如毕业、就业、离开父母独立生活这种常规变化）等。

包括麦克雷和科斯塔的研究在内的、来自 26 个不同的国家的 50 项人格研究发现，对成年期人格变化的刻板印象是相对稳定的（Chan et al.，2012）。从图 8.2 中可以看到，处于成年早期的人、青年人和老年人都被认为没有青少年那么神经质，人格的外向性从青少年期

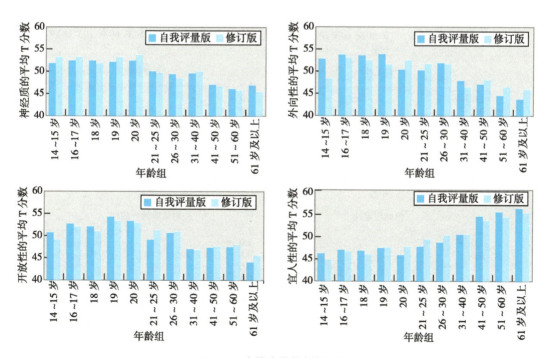

图 8.2 人格变化的刻板印象

美国青少年、青年人和老年人的"NEO 人格因素量表"测量结果。

SOURCE: McCrae et al. (2005).

到成年期及从青年期到老年期被认为是不断降低的。从青少年期到青年期，从青年期到老年期，人格的开放性特质则会出现"断崖式"的下降。宜人性被认为从青少年期到青年期会增加，从青年期到老年期会继续增加；尽责性被认为从青少年期到青年期会急剧增加，然后从青年期到老年期会略有下降。那么，这些关于人格变化的刻板印象是否反映了不同年龄群体人格的真实变化呢？

麦克雷及其同事使用"NEO人格因素量表"对美国的青少年、青年人和老年人群体进行了研究。结果如图8.2所示，研究参与者的人格与人们关于人格的刻板印象相近：神经质、外向性和开放性会随着年龄增长而下降，而宜人性和尽责性则会随着年龄增长而增加。在一项横断研究中，虽然被试来自五种不同的文化背景，但那些30岁以上的被试均在宜人性和尽责性两个人格因素上呈现出更高的平均分，而30岁以下的被试则在外向性、开放性和神经质这三个因素上呈现出更高的分数（McCrae et al., 1999）。

改变模式

研究人员对92项研究进行元分析后发现，人格因素不仅随着年龄增长而变化，并且每

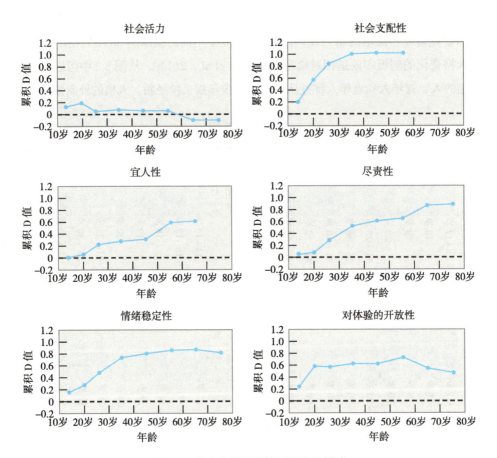

图8.3 六个人格特质的累积变化模式

每种人格特质都表现出不同的年龄相关模式。

SOURCE: Roberts et al. (2006).

个因素的变化模式各有不同。这些不同的变化模式在图 8.3 中可以看到。例如，责任心、情绪稳定性（与神经质相反）、社会支配性（外向性的第一个组成部分）会随着年龄增长呈显著增长，并且在青年期表现得尤为突出。开放性和社会活力（外向性的第二个组成部分）在青少年期呈现出随着年龄增长而增长的趋势，而在老年期这两个因素却呈逐年下降的趋势。宜人性在青少年期和中年期都没有明显变化，但是在人们五六十岁时则开始增长（Roberts et al.，2006）。

均值变化在老年期也找到了相似的证据。研究包括两组被试，第一组被试的年龄为74~84 岁，第二组被试的年龄为 85~92 岁。在比较了两组被试的人格特质分数之后，研究人员发现，第二组被试的宜人性分数更高。不仅如此，14 年后，研究人员又对第一组被试施行了相同的测试，结果显示，第一组被试在本次测试中的宜人性分数呈现增长，第一组被试在第二次测试中的宜人性特质水平和第二组被试在第一次测试中的该特质水平一样了（Field & Millsap，1991）。

这些研究让我们明白：随着年龄增长，人格会发生可预见性的变化，至少到 92 岁之前，这样的变化会持续发生。我们会慢慢变得越来越随和，越来越有责任心，情绪也越来越稳定（不再那么神经质），越来越有社会支配性。在青年期，个体会变得更开放，更有社会活力；不过在老年时期，个体的开放性和社会活力水平会下降。与此同时，这些变化模式看起来不会因性别和文化的影响而有所不同。

8.1.4　个体自身变异

描述成年期人格特质发展的另一种方法是观察个体自身变异（intra-individual variability），换言之，就是判断个体的人格特质多年来是保持稳定还是发生变化。在一段时间内的多个时间点，研究人员对相同的个体施行相同的人格测试，并把每个人在时间点 1 到时间点 2 之间的分数关联起来，以此类推。这与前面提到的差异连续体不同，因为关联起来的是实际得分，而非在总体中的排序。在苏格兰就曾开展一项类似的研究（Harris et al.，2016）。1947 年，苏格兰的一项心理研究对 14 岁的青少年进行了测量，这些研究人员在参与者 77 岁时又对他们开展了跟踪调查。结果显示，在参与者的一生中，人格总体的稳定性极低，但在"情绪稳定"和尽责性上，研究数据确实发现了部分稳定性。还有一项关于个体自身变异的研究，是针对 43~91 岁男性人格五因素分数变化开展的。结果显示，参与研究的大多数男性在神经质上的分数呈现出下降的趋势，而其外向性分数则不会随着年龄增长而发生变化。然而，这个结果并不适用于所有被试。即使到了成年晚期，某些被试仍会呈现出因个体差异而导致的不同模式（Mroczek & Spiro，2003）。更多近期研究证明，人格五因素的分数在变化速度和趋势上都呈现出"不可思议的多样性"（Roberts & Mroczek，2008）。

参与柏林老化研究 II（Mueller et al.，2016）的科学家们对 1 200 多名年龄为 65~88 岁的参与者开展了跟踪调查。意在了解老年人的人格是否会发生变化。结果显示，在老年期，随着年龄增长，个体的神经质和尽责性都会下降，而外向性和开放性则会增加，宜人性则没有变化。有趣的是，报告神经质水平较高的老年人也有较高的患病率、较小的握力和较慢的认知加工速度，这表明个体的人格与其各方面老化是否"成功"之间存在有趣的联系。

影响人格

研究人员还提出了另外一个重要的问题：人格能够被刻意改变吗？心理学家卡罗尔·德韦克（Carol Dweck，2008）主张，人格的基础是个体对自己的各种信念，因为个体改变对自己的一部分信念是有可能的，所以改变其人格是有可能的。德韦克使用人们的一个信念集合展开自己的研究，她关注的是人们对自身智力的信念。那些相信自己的智力可塑且可以提升的人，对学习会持更开放的态度，更愿意面对挑战且不屈不挠，对失败的适应力更高。而所有这些特质，无论在个体的学生时期还是在成年生活中都是很重要的。那些相信自己的智力已固化的人则不会呈现出这样的特征。在很多实验中，如果那些认为智力固化的人们接受一些有关大脑的知识，了解到在学习过程中大脑会生成新的连接，此时他们会改变自己的思考方式。一旦他们相信自己的智力是可塑的，他们便开始展现出开放、不屈不挠及适应力这类特质，这时他们的行为就会与认为智力具有可塑性的被试一样了（Blackwell et al.，2007）。

另一项相似的研究以美国的非洲裔大学新生为研究对象，他们进入了过去只有白人才能进入的学校。如图 8.4 所示，一部分非洲裔学生得到指导：他们当前出现的"担忧"感受是正常的，但是不会持续太长时间；同时二年级的非洲裔学生也以自己为例，用现身说法告诉新生自己良好而愉快的大学经历。随后这些非洲裔新生在"被他人认可"的维度上报告了更好的感受，在接下来的学期中选择了更具挑战性的课程，也更愿意主动寻求导师的帮助，而他们取得的成绩也比对照组的学生更好（Walton & Cohen，2007）。

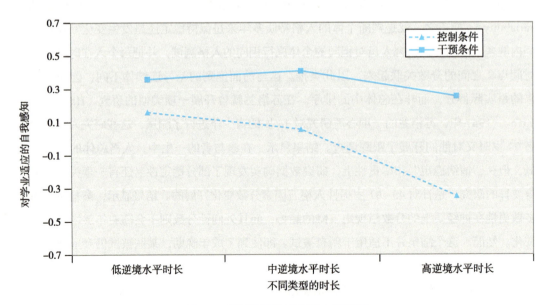

图 8.4　通过干预改变不良人格特质

不仅人格的各个方面似乎会随着时间的推移而改变，而且还可以通过干预来设计改变不良特征的方法。

SOURCE: Walton and Cohen (2007).

某些重大的生活事件也会导致性格改变。研究人员朱尔·斯佩希特（Jule Specht，2011）及其同事在德国开展了一项为期四年的纵向人格研究。他们在 2005 年和 2009 年收集了近 15 000 名参与者的数据。在此四年中结婚的人在外向性和开放性方面得分较低。与伴侣分开的人变得更加和蔼可亲，男性变得更加开放。离婚的人在尽责性上的得分更高，有孩子或退休的人也是如此。此外，研究也观察到了人格的一些性别差异。例如，当配偶去世时，女性的尽责性下降，而男性的尽责性则会上升。

8.1.5 连续体、变化及变异体的共存

人格结构在一段时间内怎样表现出差异连续体、均值变化及个体自身变异呢？如果用大多数人熟悉的事物来比喻，大家可能会更好理解，如考试成绩。举例而言，在我的青少年心理学课堂上，我通常会举行三次考试。班级里学生的成绩说明了什么是差异连续体，因为那些在第一次考试中的优等生，在接下来的第二次、第三次考试中通常也是优等生，而那些处于低分区的学生也趋向于保持同样的排序。班级测试结果证明了重要的均值变化，第一次考试全班的平均分数总是明显低于后两次考试的平均分数。一些学生没有认真对待问题，当看到关于基因、大脑结构及研究发现的试题时，他们很震惊。还有一些学生解释，他们需要通过一场考试了解接下来自己要学习哪方面的内容。无论出于什么原因，几乎每个人在第二次考试中的成绩都有所提高，这就证明：班级不仅有差异连续体，还存在平均水平的变化。当然，这里还存在个体自身变异，虽然大部分学生都遵循了目前描述的模式，但是每个学期都有例外。一名学生在学期伊始势头强劲，第一次考试中取得高分，然而随着学习的推进，功课越来越多，后两次考试的成绩直线下降。另一名学生一开始考得很好，第二次考试遭遇滑铁卢，然后全力以赴，在最后一次考试中成绩得以提升。结果就是差异连续体、均值变化，以及个体自身变异都发生在同一个班级中。对贯穿于成年期的人格特质而言，同样如此。

> **作者提示**
> **你的大五人格类型。**
> 请从人格五因素模型的角度思考自己的性格特质。从孩提时起，你觉得自己的性格在多大程度上发生了改变，或者保持了稳定？

8.2 人格特质有什么作用

学界对五种主要人格因素已经达成共识，并且确定了很多与不同因素相联系的人格特质。此外，研究人员还解释了成年期的人格稳定模式和变化模式。但是，除了对人格的独特性加以界定，研究人员近期更加关注的是人格特质的作用：人格特质能做什么。目前，已经确定人们生活中有三个领域会受到人格的巨大影响作用：人际关系、成就及健康（Caspi et al.，2004）。

8.2.1　人格与关系

人格特质在成年人的亲密关系发展中非常重要。尤其是神经质和宜人性这两种特质，它们可以有效地预测亲密关系的结果。个体的神经质水平越高，宜人性水平越低，则越有可能处于矛盾的、不满意的和充满咒骂的关系中，亲密关系的解体也会更加迅速（Karney & Bradbury，1995）。一项关注到青少年期至成年期亲密关系的纵向研究结果显示，高神经质水平预示了个体会在一段又一段的亲密关系中重复相同的消极经历（Ehrensaft et al.，2004）。

人格对亲密关系的影响至少通过以下三种方式发生。

人格与亲密关系　● ● ●

选择关系——第一，人格帮助我们决定选择与谁发展亲密关系。通常，我们选择的对象会与自己有相似的人格，例如，高神经质水平的人更倾向于寻找同样高神经质水平的人来发展亲密关系。

行为模式——第二，人格帮助我们决定怎样对待另一半，以及对另一半的行为做何反应。一个高神经质水平的人会对亲密关系中的另一半展现出消极行为，通常，另一半与其具有相似的特质，这会进一步让其消极性升级，作为对对方行为的反馈。

对伴侣行为的影响——第三，人格会让我们诱发另一半的特定行为。我们都知道，高神经质和低宜人性的人表现出的行为对亲密关系极具破坏性：苛求、蔑视、防御性及拖延症，心理学家约翰·戈特曼认为，这些行为可以很好地预测未来关系的破裂或离异的发生。

8.2.2　人格与成就

构成尽责性因素的人格特质（包括能力、条理性、责任感和自律等）预示了大量与工作相关的成功指标，如职业成就和工作绩效（Judge et al.，1999）。事实上，当你回顾自己的学业过程时，可能会发现大量尽责性特质正在发挥作用，因为尽责性也能预测学生的学业成就。在高效完成工作、集中注意力、追求高标准，以及抑制冲动想法和行为等方面，尽责性的作用是必不可少的。

尽责性特质能够从多种途径影响个体的职业成就。第一，人们会选择符合自己人格特质的岗位（工作）。当我们做自己擅长的事情时，我们会感到很舒服，也能从中获得乐趣。第二，展现出尽责性特质相关行为的人会被选出来，或者被委以重任，或者得到晋升。第三，在目标选择过程中，没有责任心的人会远离高成就的工作（或者不被允许参与其中）。第四，更明显的是，尽责性水平高的人实际上会更好地完成工作（Caspi et al.，2004）。

研究者已经证明，如果个体从事的工作很好地匹配了其人格，人格的五因素将会是其工作表现的良好预测指标（Judge et al.，1999），这些研究结果应该会让读者回想起约翰·霍兰德的职业选择理论。

以上关于人格特质和成就之间的关系的发现也有赖于性别期待和不同时代的社会文化背景。那些适用于当今成年人的结论，可能并不适用于从前的女性群体。心理学家琳达·K. 乔治（Linda K. George）及其同事（2011）曾经调查过一组迈阿密大学女生的纵向研究数据，这些女性出生于 1935—1939 年。调查结果发现，与其他女性相比，那些大学期间高尽责性的女性更难专注于事业，因为她们更倾向于承担传统文化所定义的妻子和母亲的角色。事实上，高尽责性的女性更倾向于报告自己在承担（婚后）家庭角色中所做出的努力。这些女性离婚的比例更低。研究人员还发现，到了退休的时候，这群女性不会因为缺少职场上的投入和努力而产生财务和经济问题，因为她们在择偶时会有意识地选择那些能很好地维持家庭供给的配偶。显然，某些人格特质（如上文所说的尽责性）在今天能驱动一名年轻女性进入大学并在事业中有出色的表现，相同的人格特质可能曾经驱动其曾祖母参加烹饪课程，并努力经营好自己的婚姻。

成就的另一个预测因素是人格中的开放性特质。马丁·塞利格曼（Martin Seligman，2018）及其同事研究发现，对新体验持开放态度的人更有创造性。更开放的人可以把来自不同领域的信息联系在一起，因此更有可能在创造性和跨学科领域取得成功。

8.2.3　人格与健康

人格研究中最引人注目的发现当属人格与健康、长寿的紧密关联。那些高尽责性（Hill et al.，2011）、低神经质（Danner et al.，2001）的人可能更长寿。另外一些研究证明，低宜人性（愤怒水平高、敌对意识强）的人罹患心脏疾病的风险更大（Miller et al.，1996；Löckenhoff et al.，2008）。

人格特质和健康之间产生关联的方式有多种。第一，人格能直接影响身体的机能，就像研究案例中提到的敌对意识和心脏疾病之间的关系。由敌对意识引起的生理反应直接扮演了致病的病原体角色。马蒂娜·卢切蒂（Matina Luchetti，2014）及其同事发现，高尽责性的人身体发生炎症的可能性较小，这可能是尽责性与健康相关的原因之一。第二，人格能引导我们展现促进健康或损害健康的行为，高宜人性的人更有可能与支持型的人保持紧密的人际关系。众所周知，这种人际关系是缓减压力相关疾病的一个重要相关因素。高神经质的人更有可能吸烟，或者放纵自己做一些影响健康的高风险行为，而高尽责性的人更有可能做常规身体检查，日常膳食合理（Caspi et al.，2004），听从医生的安排（Hill & Roberts，2011）。因此，低尽责性的人更易于罹患糖尿病也就不足为奇了（Jokela et al.，2014）。第三，人格可能与反应行为的类型（即面对压力时，个体选择用什么样的行为来应对）有关（Scheier & Carver，1993）。例如，在最近的一项研究中，开放性和宜人性的人格特质被发现可以预测老年人是否会使用基于正念的减压技术（Barkan et al.，2016）。

冒险行为和责任心

在一项针对194项研究做的元分析研究中，心理学家布伦特·罗伯特（Brent Roberts，2005）及其同事对和尽责性相关的特质分数与九种不同的非健康行为进行了相关性考察，如吸毒、危险驾驶和不安全的性行为。尽责性与以上三种行为均显著相关。也就是说，如果知道了一个人的尽责性分数，就可以预测其做出这些非健康行为的可能性，这个研究结果如图8.5所示。在图8.5中，尽责性与吸毒、暴力、危险驾驶和酒精滥用这几种行为显示出很大的相关性，一个人尽责性分数越低，就越有可能做出这些行为。图8.5中列出的其他行为与尽责性的相关性稍小，但是尽责性对这些行为的预测作用依然很显著。正如研究者所说的那样：

> 不负责任的人早亡的方式可能有多种：遭遇车祸、经由危险性行为而感染艾滋病、参与斗殴、实施自杀这类暴力行为，以及药物滥用，这些都会让他们提前结束生命。人在中年时期也会有寿命缩短的风险，饮食问题、缺乏运动、吸烟等行为都会诱发心脏疾病和癌症。

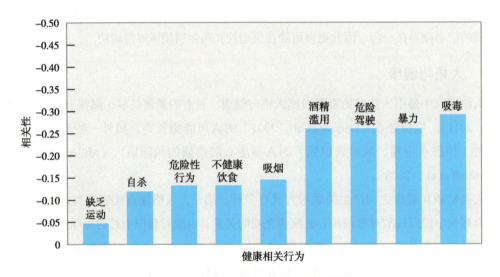

图 8.5　尽责性与健康相关行为的相关性

尽责性与许多健康相关行为呈负相关，一个人在尽责性方面得分越高，就越不可能涉及吸毒、暴力、危险驾驶、酒精滥用及其他不健康的行为。

SOURCE: Roberts et al. (2005).

最近的一项研究针对超过6 000名成年人开展了14年的跟踪调查后发现，相较而言，在这14年中，高尽责性人群的死亡率低13%，部分原因是人格因素及饮酒量少、吸烟量少和腰围较小（Turiano et al.，2015）。罗伯特（Roberts，2009）及其同事提出了另一条人格特质影响健康的途径。他们研究了2 000多名老年人的数据，发现尽责性不仅有利于自己的健康，也有益于配偶的健康。如果男性的配偶尽责性分数越高，那么这些男性的健康状况与那些配偶尽责性分数低的男性比就更好。这一点在女性身上同样适用，高尽责性丈夫也会让妻子的健康状况更好。其实理由很简单——在长期的婚姻生活中，有责任心的人不仅会照顾好自己的健康，也会照顾好自己配偶的健康（Löckenhoff et al.，2011）。

> **作者提示**
>
> **人格特质与应对方式。**
>
> 　　想一想你生活中的困难时期。根据人格的五因素模型思考自己的性格特点，你的性格因素如何影响你应对困难的方式？

8.3　连续性和变化的解释

　　我们都知道，在各种各样的人格特质中，连续性和变化都有相关研究证据，但我们知之甚少的是其原因所在，什么因素影响了这些人格特征？目前的解释大家都很熟悉——基因和环境。进化心理学还有另一种解释，那就是遗传和环境两者的相互作用。

8.3.1　遗传学

　　遗传在多大程度上会决定我们的人格？简单的答案是"非常多"。不同的人格类型至少 20% 是可遗传的。不仅如此，人格的五因素受遗传影响的程度也大致相同，而且这种影响几乎不存在性别差异。

　　研究人员比较同卵双胞胎和异卵双胞胎的人格测评分数后得出了遗传对人格的影响程度。心理学家雷纳·里曼（Rainer Riemann）及其同事（Riemann et al.，1997）调查了人格五因素模型的可遗传性，他们对近千对德国和波兰的成年双胞胎进行了取样，得到了双胞胎的人格数据。每位参与者需要完成一份自陈式问卷，然后研究人员计算每对双胞胎分数的相关性，如图 8.6

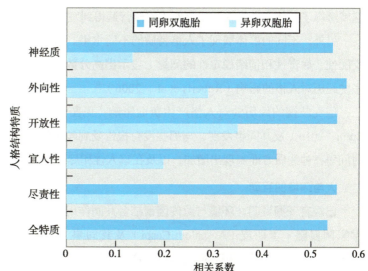

图 8.6　同卵双胞胎和异卵双胞胎的人格测量得分

与异卵双胞胎相比，同卵双胞胎在人格五因素上的分数显示出更高的相关性，这意味着人格结构存在遗传影响力。

SOURCE: Based on data from Riemann et al. (1997).

所示，对拥有相同基因组合的同卵双胞胎而言，他们人格分数的相关系数显著高于那些基因组合只有一半相同的异卵双胞胎，这意味着人格特质结构在一定程度上受到遗传的影响。

这里再补充一个有趣的研究内容，里曼及其同事对双胞胎各自的朋友做了问卷调查，每组双胞胎找四个朋友，每人两个朋友，让两个朋友描述双胞胎之一（和自己是朋友的那个）的个性，这样能够得到比较客观的评价和自陈式报告。研究结果发现，朋友对双胞胎的描述基本一致（相关系数是 0.63），而他们的平均分数也在一定程度上能匹配双胞胎的自陈式报告（相关系数是 0.55），这种比较再次证明了人格特质的遗传倾向。

8.3.2 环境影响

遗传会影响人格，环境也会影响人格，并且这些影响既包括直接影响，也包括其和遗传因素结合共同发挥作用。虽然个体的人格指标倾向于在成年时期保持稳定的排序位置，但也有改变的空间（见图 8.1）。随着年龄增长，人格变化便更多地来源于环境的影响。对双胞胎的纵向研究证明，与成年期相比，儿童时期的人格改变受遗传的影响更大，换言之，成年期的人格改变受环境的影响更显著（Plomin & Nesselroade，1997）。

我们也常常看到人格的平均水平会发生变化，这些变化大部分发生在青年期，该时期正是个体的角色频繁转变的时候（离家独立、开始工作、结婚及成为父母）。举例来说，社会支配性、尽责性和情绪稳定性的平均水平在青年期都会增长，所以，研究者认为，"青年期如此集中地体验各种人生阅历和人生教训很有可能塑造其人格发展模式"（Roberts et al.，2006）。所有的社会文化都支持青年人的这些角色转变，并且对于这些角色的内涵有所期待。这就解释了为什么人格特质在该人生阶段普遍得到发展（Helson et al.，2002）。

另外，不同的群体展现了人格特质的不同水平。举例来说，青年期这个同辈群体在社会支配性、尽责性和情绪稳定性的测量上显示出高分数，这也许证明了社会价值改变和养育孩子的经历对人格的影响（Roberts et al.，2006）。

遭受歧视的经历会对人格产生负面影响（见图 8.7）。研究人员安吉拉·苏廷（Angela Sutin，2016）及其同事发现，与那些没有报告受到歧视的人相比，报告受到歧视的人在四年时间里在神经质方面表现出增加，以及在宜人性和尽责性方面表现出下降。

人与环境的互动

已经有证据证明，环境与遗传因素结合共同作用，从而维持了人格的部分稳定性。心理学家阿夏隆·卡斯皮（Avshalom Caspi）及其同事（Caspi，1998；Caspi & Roberts，1999）提出，个体的遗传成分和环境因素相结合，从而维持成年期的人格特质，这就是人与环境互动（person-environment transactions）的概念。人与环境的互动能够以多种方式发生，既可以是有意识的，也可以是无意识的。

歧视与人格 ● ● ●

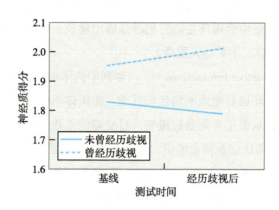

（a）歧视与神经质

SOURCE: Sutin et al. (2016).

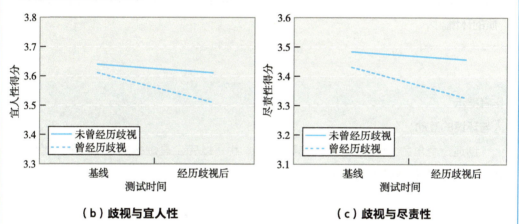

（b）歧视与宜人性

SOURCE: Sutin et al. (2016).

（c）歧视与尽责性

SOURCE: Sutin et al. (2016).

图 8.7　歧视经历对人格的负面影响

人与环境互动的不同方式 ● ● ●

反应型互动（reactive transactions）—— 当我们对环境做出反应，或者试图诠释环境时，反应型互动就发生了，该互动在某种程度上与我们的人格或自我概念相一致。如果一位朋友在你生日两天后打电话给你表示祝贺，你们愉快地聊了很久。你的解读是什么？你在他心中不够重要，所以他没在生日当天给你打电话？还是你在他心中非常重要，所以他宁可推迟两天也要给你打电话，只为了能有足够的时间和你畅谈？这两种反应都倾向于让你既定的思维方式得以维持。

唤醒型互动（evocative transactions）—— 我们的行为在某种程度上能诱发他人的

反应，从而证实自己的人格和自我概念，这个过程称为唤醒型互动。通常，自尊较低的人在和朋友的相处中会排斥主动打招呼或提出建议，而这类行为得到的反馈结果就是，他们更确信自己不受他人重视。

主动型互动（proactive transactions）—— 当我们选择角色和环境时，我们会挑选那些最适合自己个性和自我概念的角色和环境。如果你不够外向，那么在做职业决策时，你很可能不会从事那些需要直接与人打交道的工作，而你做出该选择不仅因为相对独立的工作环境让你觉得更愉悦，而且因为这样做更符合自己内向型的特质。

控制型互动（manipulative transactions）—— 我们试图通过改变自己身边的人，从而改变目前所处的环境，这种方式被称为控制型互动。例如，如果一位外向型的管理者调任到一间安静的办公室，那么他会开始激励自己周围的工作伙伴变得更外向。该策略在一定程度上是成功的，因为管理者为个人创造了一个强化自己人格特质的环境。

作者提示

人与环境的互动。

创造一个角色，可以基于你认识的人物，也可以完全是虚构的人物。你创造的人物可能经历哪些不同类型的人与环境互动？举一些例子。

8.3.3　进化心理学的解释

如果说人格结构受大量遗传因素的影响，并且人格结构在许多文化中具有相似性，那么人格很有可能和人类的其他特质一样也是世代进化而来的。进化心理学家戴维·巴斯（David Buss，1997）提出，在我们人类祖先生活的远古时期，社会群体身上最重要的特征是形成个体人格特质的基石。谁是好的伙伴（外向性），谁比较和善，愿意支持他人（宜人性），谁会持续努力（尽责性），谁的情绪不稳定（神经质），谁经常有好的想法（开放性），这些特质指向对人类而言十分重要。巴斯认为，这种特质上的差异（及觉察这些特质的能力）对我们人类的存活与繁衍非常重要。

巴斯还主张，人格特质会导致个体在群体地位、性和生存方面的重要差异——而这些差异都与个体成功繁衍息息相关（Buss，2012）。例如，外向性程度与获得性伴侣的机会相关（Eysenck，1976），尽责性与工作和地位相关（Lund et al.，2007）。这些相关通过反应性遗传（reactive heritability）机制对人们产生影响。换言之，这是个体运用自己所继承的品质/特质的过程，例如，力量或吸引力是决定生存和繁衍策略的基础；人们为了更好地生存而主动发展出高外向性的人格特质（Lukaszewski & Rooney，2010；Tooby & Cosmides，1990）。

8.3.4　文化差异

如前所述，通过对美国人的人格特质进行因素分析，研究人员建构出人格的五因素模型，随后使用该模型对其他文化背景下的人施测，旨在证明潜在人格结构的跨文化普遍性，结果证实了研究人员的假设：人格结构在多种不同的文化中保持稳定（McCrae et al.，2005）。然而，文化与语言差异的存在（Cheung et al.，2008；De Raad et al.，2010；Hofer et al.，2014）使研究者需要采用不同的方法，构建基于其他文化和语言的人格结构的备用模型。在拉丁美洲、欧洲和亚洲，已经涌现出一批本土心理学家，这些心理学家丰富了人格心理学的内容，提出了诸如东方宗教中的"无私自我"（Verma，1999）和"面子"观念，以及和谐互惠关系、命定关系、母子依恋等概念（Cheung et al.，2011））。例如，研究人员使用上述方法研发了"中国人人格测量表"（Chinese Personality Assessment Inventory，CPAI）。CPAI 包含四种中国人的人格因素：社会能量（Social Potency /Expansiveness）、可靠性（Dependability）、容纳性（Accommodation）和人际取向（Interpersonal relatedness）（Cheung et al.，2008）。

把"中国人人格测量表"和"NEO 五因素量表"加以比较后发现，前者包含的人际取向因素无法对应后者包含的五因素中的任何一个因素。"中国人人格测量表"后来被翻译成多种语言，包括韩语、日语和越南语，而在上述这些中国以外的国家和地区的研究中也发现了这种"人际取向"的结构，尤其在集体主义文化中都能发现人际取向因素的存在（Yang，2006）。所有这一切发现都源于 NEO 五因素模型这个伟大的起点。现在，研究者们在此基础上发展出了其他各种模型，旨在了解人格的普遍性及其在特殊文化中的独特性。从全球化的角度来说，这对我们很重要——临床心理学家、大学教授、旅行者，甚至作为一位好邻居都应该明白——在与外国人打交道时，这可以让我们知道"如何避免冒犯他人"。

本节提到的关于人格结构的研究主要集中在人格五因素模型方面，这是由科斯塔和麦克雷在 20 世纪 90 年代提出的。通过使用"NEO 五因素量表"，研究者能确定被试在每个因素上的得分，研究中的被试也能得到数字化的人格描述。这些研究通常是由大规模人群做自陈式问卷而收集数据。无论文化差异大小，一旦测量分数被录入计算机，就能分析得出被试的人格模型，进而可以得到被试群体的人格随着时间的推移而发生变化的路径。这种方法不会受到文化差异等因素的干扰。此外，这种方法快速、相对简单，并且以实验为基础。我们已经从这类研究中了解到大量关于人类人格的信息——这里指的是西方个人主义视角下的人格数据，接下来研究人员也开始将视角转向了解东方集体主义视角下个体的人格。然而对于我们自己或我们熟悉的人，这类因素分析研究缺乏一定的深度和广度。

狗和人类一起进化了几千年。狗的"人格"中哪些因素有助于该物种与人类生活在一起？

8.4 人格发展理论

　　了解成年期人格变化的另一种途径是对一些早期的人格发展理论加以研究，这些理论大多是由弗洛伊德的精神分析理论衍生而来，对人格都有一套完整的解释，自成一派，我相信大家在学习其他心理学课程时已经熟悉了这些理论所涉及的基本概念。所以在介绍近期研究的发现之前，我简短地介绍一下这些理论及其基本概念。虽然这一领域的部分研究者会使用不同的术语和研究方法，但是他们的很多发现都与人格特质理论领域的研究发现相吻合。

8.4.1　心理社会发展

　　人格发展理论中最有影响力的是埃里克·埃里克森（Erik Erikson，1950，1959，1982）的理论。埃里克森提出，心理社会发展贯穿个体的整个生命周期，在个体内部存在着各种本能与驱力，在个体外部存在着各种文化与社会需求，在个体的内部与外部交互的过程中，人格得以发展。对埃里克森而言，其理论的核心概念是渐进的、阶梯式出现的自我同一性。要发展出完整且稳定的人格，个体必须经历并成功解决人生旅程中的八个危机，或者说八种困境。每一阶段或每种困境的出现都代表着个体需经受建立新关系、完成新任务或满足新需求的挑战。如表 8.1 所示，每个阶段都包含一对相反的可能性。

　　埃里克森还谈到，成功解决不同困境能够让个体获得潜在的能力。埃里克森认为的成功解决就是在每个阶段两个相反的可能性之间找到平衡。

埃里克森和成年期

　　在埃里克森心理社会发展阶段的第五阶段（即同一性对角色混乱），实现同一性是青少年和 20 岁左右的青年人的核心任务。我们可以用四种困境来描述一个人从该阶段开始的成年期。要达成同一性（identity），青年人必须发展出一种明确的意识，以及一套个人的价值观和个人目标。在某种程度上，这是从儿童时代的"此时此地"的导向转变为未来导向，青年人不仅要考虑"我是谁"的问题，还要考虑"将来我是谁"的问题。埃里克森坚信，青少年必须发展出一系列相互关联的同一性：职业同一性（未来我要从事什么职业）、性别或性别角色同一性（我该怎样变成一个男人，或者怎样变成一个女人），以及政治和宗教的同一性（我的信仰是什么）。如果这些同一性没有得到发展，青少年会备受困扰，这种困扰的感觉源于不知道自己是谁，以及自己要做什么。

　　第六阶段（即亲密对孤独）是个体进入青少年期、形成新的身份认同时需要面对的议题。亲密（intimacy）是一种能力，具备能力意味着个体在与他人构建关系的同时，不担心失去自身的一些东西（Evans，1969）。埃里克森认为，很多年轻人会产生一种错误的想法，他们觉得自己能够在与他人的一段关系中找到自己，获得自我同一性。埃里克森却指出，只有那些已经找到自我，形成清晰自我同一性的青年人（或正走在形成自我同一性正确道路上的青年人），才有可能成功地与他人构建健康的关系，获得这里所说的"亲密"。对那些同一性较弱或尚未形成同一性的个体而言，人际关系只能维持在浅表的程度上，年轻人会感到孤独或被孤立。

表 8.1 埃里克森的心理社会发展阶段

大概年龄（岁）	阶段	获得的潜在能力	描述
0~1	Ⅰ. 基本信任对不信任	希望	婴儿必须与照顾者形成最初的、充满爱意的、信任的关系，否则会有产生持续不信任的风险
2~3	Ⅱ. 自主性对羞怯和怀疑	意志力	引导儿童关注关键身体技能的发展，包括行走、抓推和括约肌控制。儿童学习形成自主性，但是如果不能完全掌握这些技能，就会变得容易害羞
4~5	Ⅲ. 主动性对内疚	目标	儿童越来越自信并掌握主动权，但是有可能过于激烈而伤害他人或物品，从而产生内疚感
6~12	Ⅳ. 勤奋对自卑	能力	学龄儿童必须应对学习新东西、复杂技能的需求，否则会有产生自卑感的风险
13~18	Ⅴ. 同一性对角色混乱	忠诚	青少年必须在很多领域（包括职业、性别角色、政治信仰和宗教信仰）获得同一性感受，即他/她是谁，以及他/她要做什么，否则就会产生角色混乱
19~25	Ⅵ. 亲密对孤独	爱	青年人必须冒险让自己沉浸在"我们"的感觉中，创造一个或多个真正的亲密关系，否则会受到孤独感的困扰
25~65	Ⅶ. 繁衍对停滞	关心	在成年早期和中年期，每个人都要满足繁衍的需要、支持下一代的需要，以及向外转变的需要，从关注自己转到关注他人，否则就会产生停滞
65 以上	Ⅷ. 自我完善对失望	智慧	如果个体之前所有的困境都得到合理、良好的解决，其发展的顶峰就是接纳全部的自己，否则结果就是失望

SOURCE: Adapted from Erikson (1950, 1959, 1982).

人格发展的下一个阶段是第七阶段（即繁衍对自我关注和停滞）。繁衍（generativity）关注的是建设和引导下一代，包括生育、生产力和创造力。很显然，在埃里克森的繁衍观点中，生育和抚养子女是关键的部分，但并非唯一的组成部分。担任年轻大学生的导师，在社会机构中做慈善事业，以及类似的其他行为也是繁衍的表现。那些未能找到成功展现繁衍方式的人会变得只顾自己，或者体验到停滞感。埃里克森认为，这个阶段会出现的能力是关心，意指既能照顾，又能爱护或关心他人和社会。

埃里克森提出的最后一个阶段是第八阶段（即自我完善对失望）。个体达到自我完善（ego integrity）是指当其回顾自己的一生时，认为自己在人生中找到了意义、达成了整合，而非过得没有意义、没有成效，这个过程便达到了自我完善。人们发现，如果自己能够把生命中每个阶段的冲突妥善地解决，他们就能收获幸福人生的硕果，埃里克森称之为"智慧"。

对埃里克森阶段理论的评价

埃里克森是一位优秀的思想家，他就像一位学习艺术的学生一样，将正统的心理分析和非正统的各领域结合起来，他的研究工作既关注到了美洲的土著部落，也关注到了生命个体的多样性，大家会在他的研究中看到圣雄甘地、马丁·路德，还有阿道夫·希特勒。埃里克森的理论是直观的——在我们思考自己或他人的人生时，该理论符合我们的思考方式。但是在科学研究中，他的理论还能站得住脚吗？已经有大量的研究者试图使用各种方法验证或驳斥埃里克森的理论，这些研究得到了各自不同的结果（见"检验埃里克森理论的方法"）。

总而言之，大量的实验研究已经证明，埃里克森的成年人心理社会发展阶段理论是有充足证据的。虽然并非所有的年龄段都与埃里克森理论提出的每个阶段"完美匹配"，但已有充分的证据显示，青少年期是人们关注同一性发展的时期，中年期在很大程度上是形成繁衍目标的时期。埃里克森认为，亲密关系对青年人而言非常重要，研究已经证明，在其他年龄段，亲密关系也同样是人们关注的重点。然而，在埃里克森提出的阶段理论中，阶段是不会"终结"的，只是被新阶段和新阶段所带来的新困境所取代，所以在成年期，亲密关系是人们由始至终的关注点也就不足为奇了。

检验埃里克森理论的方法 ● ● ●

心理社会发展量表

心理学家苏珊·克劳斯·惠特伯恩及其同事设计出一套测量工具，即"心理社会发展量表"（Inventory of Psychosocial Development，IPD），并使用该工具对埃里克森的心理社会阶段进行了量化研究，通过数据展示人们在不同人生阶段时的状态（Walaskay et al.，1983—1984）。惠特伯勒等人在一系列研究中对男性和女性被试施行测试后发现，处于20~31岁年龄段的一组被试在第五阶段（同一性对角色混乱）的得分出现显著增长，但是当该组被试到了31~42岁的年龄段时，他们在此阶段的得分会保持稳定。如图8.8所示，黑线代表这组被试的平均分，研究者称之为同辈群体1。

这个研究结果支持了埃里克森的观点：在青少年期和成年早期，人们质疑并拓展自己作为成年人的自我同一性的多种可能。11年后，研究者对另一组20岁的被试重复了该测试，并对这些被试保持追踪，直到他们31岁，研究人员发现了同样的结果。在图8.8中，下面一条线

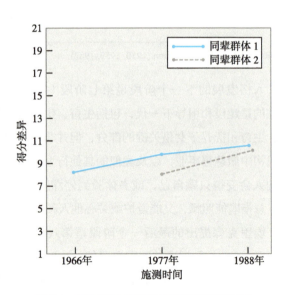

图8.8 不同群体在埃里克森发展阶段理论第五阶段上的得分

在埃里克森发展阶段理论第五阶段（同一性）时两组的平均分数。在20~31岁时，两组得分都显著增长，但是在年龄更大时则并非如此。

SOURCE: Adapted from Whitbourne et al. (1992).

代表该组被试的平均分，研究者称之为同辈群体 2。这些研究结果证明，埃里克森的理论不仅适用于某个特定的同辈群体，而且对多个同辈群体也同样适用（Whitbourne et al.，1992）。

性取向

同一性的一个重要部分是性取向。心理学家杰瑞尔·P. 卡尔索（Jerel P. Calzo，2011）及其同事当面访谈了 1 200 多名年龄为 18~84 岁的男女同性恋者和双性恋者。他们研究中有这样一个问题：请问你是在多大年龄时确定自己是同性恋或双性恋的？如果不考虑受访者接受访谈时的年龄，答案的平均年龄是 19.7 岁，这也证明，和自我同一性的其他成分相似，自我同一性中的性取向部分也是大致在青少年这个年龄段形成的。

后期发展

惠特伯勒及其同事对年龄为 20~54 岁的男女两组被试进行了追踪研究，评估他们在埃里克森心理社会发展阶段上的发展进程。研究人员发现，被试在每个阶段都表现出缓慢向前的发展态势，并在自我整合方面出现了同辈群体间差异，在亲密关系方面出现性别差异。有意思的是，那些在职业发展、亲密关系建立或养育子女方面发展较晚的个体，以及那些在成年早期心理社会发展较弱的个体，当他们人到中年时也能够"奋起直追"，并显示出不错的效果。

繁衍

埃里克森的第七阶段（繁衍对停滞）是被研究得最多的阶段。例如，心理学家肯农·谢尔登（Kennon Sheldon）和蒂姆·凯萨（Tim Kasser，2001）对一组成年人的人格发展进行了评估，他们要求被试列出自己当前希望达成的目标，或者列出一些自己在每天的生活中常做的事情——可以是做得成功的，也可以是做得不成功的。这些目标会根据埃里克森的发展阶段理论加以分类，对他人的奉献或在这个世界留下自己的成就，这种努力目标被归为第七阶段（繁衍对停滞）。结果证明，年龄越大，对繁衍的关注就越多于对自我同一性的关注，这也支持了埃里克森的理论，中年期的主要任务就是繁衍。

亲密关系目标

有意思的是，谢尔登和凯萨还发现，所有年龄段的成年人都在列表中提到了亲密关系这个目标，换言之，人际关系质量的提升也被囊括在个人目标列表中。研究者解释，这些发现支持了埃里克森的毕生发展假设，也支持了在生命周期中各阶段依次出现的假设，但不足之处在于，对亲密关系这个目标的追求并不随着年龄增长而下降，"可能是因为一旦成熟的心理社会主题在个体生命中变得突出，就会维持其重要性，而不会褪色，或者被新的主题所取代"。生命中与他人建立亲密关系是非常重要的，这也解释了为什么一旦个体发展出建立亲密关系的能力，亲密关系就会成为其人生目标清单中的优先项。

洛约拉繁衍感自陈式量表

另一种衡量繁衍的方法是"洛约拉繁衍感自陈式量表"（The Loyola Generativity Scale，LGS）。该量表包括20项陈述，被试根据个人的适用程度对每一项陈述进行打分（McAdams & de St. Aubin，1992）。表8.2列举了这20项陈述，它们反映了繁衍在一个人的生活及社交活动中的总体倾向性或态度。

表 8.2　洛约拉繁衍感自陈式量表

以下每项描述是否符合你的情况？为每一项描述打分，分值从0分到3分，0分为非常不符合，3分为非常适用于我，以此类推，标注有*的项目为反向计分项。

1. 我努力把自己经验中得到的知识传递给他人
2. 我觉得他人不需要我*
3. 我觉得自己会喜欢老师这份工作
4. 我觉得自己对很多人来说是不一样的
5. 我不会志愿为慈善机构工作*
6. 我已经做了，并且做成了一些对他人造成影响的事情
7. 我努力在自己做的大多数事情上富有创造性
8. 我认为自己去世后也会被人们记住很长时间
9. 我认为社会没有责任为所有无家可归的人提供食物和庇护所*
10. 他人会说我对这个社会做出了独特的贡献
11. 如果我无法自己生育孩子，那么我愿意领养孩子
12. 我身上具备一些重要的技能，并且我乐意将这些技能传授给他人
13. 我觉得自己做的任何事情在自己去世后都不会留下来*
14. 大致上，我的行为对他人没有产生积极的影响*
15. 我觉得自己做的事情可能没有对他人产生价值和贡献*
16. 在我的生命中，我已经为很多不同的人、不同的组织和不同的活动做出贡献
17. 别人说我是一个非常高产出的人
18. 我有责任提升自己所住的邻里环境
19. 人们会来问我的建议和想法
20. 我觉得自己的贡献在自己去世后也会继续存在

有意思的是，对那些尚未为人父的男性被试而言，他们的繁衍感分数显著低于已为人父的男性被试，也低于大多数女性被试。研究者推测，父亲身份对男性的繁

衍感有着强有力的影响，增加了他们对下一代的关注。（公平起见，还可以这么推测，在经历了繁衍感的增长之后，男性希望成为父亲的欲望被激发出来了。）

中年时期的繁衍感

心理学家丹·麦克亚当斯（Dan McAdams，1993，1998）及其同事综合了多项繁衍感测试研发了"洛约拉繁衍感自陈式量表"，并通过随机抽样的方式对152名男女被试施测，这些被试是来自美国埃文斯顿州和伊利诺伊州的城镇居民。被试按年龄段被分为三组：青年组（22~27岁）、中年组（37~42岁）和老年组（67~72岁）。正如埃里克森理论所预测的那样，研究结果证明，中年组的繁衍感分数高于其他两组（见图8.9）。

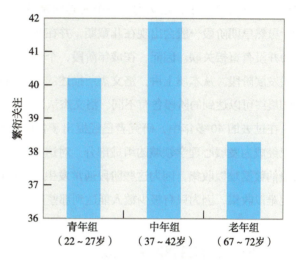

图8.9 对繁衍感的测评

在对繁衍感的测评中，中年组（37~42岁）的得分比青年组和老年组的得分更高。

SOURCE: McAdams et al. (1998).

纵向研究

德保罗大学（DePaul University）的克里斯托弗·艾诺夫（Christopher Einolf，2014）开展了一项纵向研究，研究使用"洛约拉繁衍感自陈式量表"中的一个子量表对10年期间的生育率开展了研究。艾诺夫发现，在30岁以上的各年龄组存在相当大的排序稳定性。换言之，在这项研究持续的十年期间，相对而言，繁衍感相对得分高于其他人的人保持着较高得分，而繁衍感得分相对较低的人也保持着较低的得分。从第一次测试时的20多岁到第二次测试时的30多岁，男性参与者的平均繁衍感得分一直在增加，但在女性参与者身上并未发现这种与年龄相关的变化。艾诺夫没有发现婚姻或养育子女对人们繁衍感的影响，因此这项研究并没有能重复验证上文麦克亚当斯和德圣奥宾的研究结果。显然，要对这个问题有更好的认识，研究人员需要更进一步研究父母身份对个体繁衍感的影响。

约翰娜·马隆（Johanna Malone，2015）及其同事的研究追踪了159名60多岁的男性。结果发现，中年男性的心理社会发展水平越高，他们在老年时的认知能力越好，抑郁水平越低。

8.4.2 自我发展

以弗洛伊德理论为原点发展出来的第二个理论是由心理学家简·洛文杰（Jane Loevinger，1976）提出的。她认为，人们的自我发展会呈现出一系列带有阶段性的特征。就像埃里克森的理论那样，洛文杰坚信，一个阶段是建立在前一个阶段之上的。但与埃里克森理论的不同之处在于，她认为，一个人必须完成一个阶段的发展任务，才会进入下一个阶段。虽然早期阶段一般会出现在儿童期，并在儿童期完结，但是洛文杰理论中的发展阶段和年龄并没有直接关联。因而，在成年阶段，个体无论年龄多大都可能会呈现各种各样不同的自我发展阶段。从本质上讲，洛文杰所描述的是我们的一条必经之路，但是每个人发展的速率和最终可以达到的阶段各有不同。洛文杰认为，这种不同就是人格类型差异的基础。

在过去的40多年中，研究者已经提出了各种各样的人生发展阶段，时至今日，这些内容已经成为发展心理学领域的组成部分。对这些包含着各种阶段的理论而言，一些人生初期阶段的数据难以收集，因为这些阶段通常发生在人们的婴幼儿时期；一些人生晚期阶段的数据也难以收集，因为只有极少数人能达到那些阶段。

洛文杰的自我发展阶段 ● ● ●

冲动阶段——在洛文杰的理论中，能测量到的最初阶段是**冲动阶段**（impulsive stage）。当孩子开始意识到自己是独立于身边人或物体的不同实体时，这个阶段就开始了。虽然婴幼儿在经历冲动时的独立性表现各有不同，但是一开始孩子都不能很好地控制自己，情绪范围也狭小。他们在和他人接触的过程中以自我为中心，并表现出依赖性，全神贯注于自己身体的感受。"这个阶段的小孩子很可爱，但是如果这个阶段的特征持续到青少年期甚至成年期，就是典型的适应不良，甚至在某些情况下属于心理病理的范畴"（Loevinger，1997）。

自我保护阶段——在自我保护阶段（self-protective stage），孩子开始意识到自己的冲动，并能对冲动稍加控制，从而得到一个即时奖励。在年幼孩子身上看到以自我为中心和自我保护的现象是很自然的，但是在青少年和成年人身上，这种行为就变成了利用和操纵他人。在这个阶段，个体心里的全部想法是自己占他人的便宜，或者他人会占自己的便宜，这种想法通常以一种不友善的幽默感表达出来。处于自我保护阶段的成年人比处于冲动阶段的成年人更擅长适应性行为，并且往往能取得成效。

遵奉阶段——在遵奉阶段（conformist stage），人们能在某些群体中找到自我认同感，该群体可以是家庭、同事或事业关系网。在这个时期，人们重视遵守外部规则、与他人合作并保持忠诚度，全神贯注于外在表现和行为。他们的思考方式更遵循规则，而情绪则往往局限于一些标准老套的说辞——他们报告的情绪通常是高兴、悲伤、生气和愉悦等。

自我意识阶段——自我意识阶段（self-aware stage）的典型特征是个体意识到生活可以不用总是循规蹈矩，规则也有可允许的例外情况。人们意识到自己可以不用总是遵守组织规定的那些准则（组织里的其他成员也会不遵守规定），他们意识到自己在组织之外的存在感，而这种感觉是某种孤独感和自我意识的基础。这一阶段最常见于青少年晚期和成年初显期可能并不令人感到惊讶。

公正阶段——在公正阶段（conscientious stage），人们会形成自己独有的观念和标准，而不是一味寻求群体的认同。在表达内心世界时，人们会使用丰富多彩的词汇来描述自己的想法和感情。处于该阶段的个体有密切的人际关系，拥有长期目标，但有可能过于认真。该阶段看起来和埃里克森的"同一性对角色混乱"阶段很相似，但洛文杰认为，该阶段可以发生在青少年期结束之后，并且能够在成年期持续很长一段时间。

个体化阶段——在个体化阶段（individualistic stage），人们对于生命有了整体且广阔的视角。人们用心理归因的方式思考，开始审视自己的发展进程。他们的人际关系是相互的，并专注于一种自身的个性感。

自主阶段——处于自主阶段（autonomous stage）的人们开始看到世界的多面性，不仅有好的一面，还有坏的一面。生命是复杂的，很多情况下没有简单的答案，甚至没有一个最好的答案。处于自主阶段的个体学习承担责任并尊重他人的自主权，甚至包括尊重自己孩子的自主权。在这个阶段，个体有能力在更广泛的社会背景下理解自己的生命。

还有一个阶段是**整合阶段**，这个阶段很罕见，在大多数研究讨论中不会涉及。在该阶段，洛文杰认为自我得到了完全的整合。

自我发展的测量

洛文杰的理论探讨的是整合有关自我和他人的新观点，其中涉及发展的多个等级或阶段。华盛顿大学"自我发展水平填句测验"（Sentence Competion Test of Ego Development）就是用于评估个体发展阶段的一种测量工具（Hy & Loevinger，1996）。在这个测验中，被试要完成 18 项填句任务，例如，"我的妈妈和我……""一个人的工作……""规则是……"，被试给出的每个回答按照评分手册打分，然后计算出总分，以确定被试自我发展的阶段或水平。

"自我发展水平填句测验"用于评估成年人生命中的自我发展。例如，青年人自我发展阶段会反映出孩童期和少年期的问题。那些有过外显型精神障碍史或心理障碍史（如注意力问题或攻击行为）的人如果在 22 岁时还没有发展到遵奉阶段，这预示着他们尚未发展出遵守规则的能力。那些有过内隐型精神障碍史或心理障碍史（如焦虑障碍或抑郁障碍）的人如果在22岁时的发展未能超过遵奉阶段，这预示着他们虽然能够遵守规则，但是还达不到自我意识的水平（Krettenauer et al.，2003）。

心理学家杰克·鲍尔（Jack Bauer）和丹·麦克亚当斯（Dan McAdams，2004）对那些更换职业或改变宗教信仰的中年人进行了访谈，询问这些受访者有关个人成长的一些问题。研究者也使用了上述华盛顿大学"自我发展水平填句测验"，考察这些受访中年人的自我发展阶段性水平。研究发现，那些在"自我发展水平填句测验"中得分更高的被试，更倾向于用"综合""整合"这样的措辞描述其职业变化和信仰变更（对自己和他人有新的观点）。在描述自己的个人成长时，这些成年人会认为自己的自我意识提升，对人际关系有更好的领悟，具有更高的道德推理水平——所有这些主题都反映出，这些被试对生命、对有意义的人际关系是在更加复合的层面上加以思考的。

成年人教育领域的研究人员珍妮特·特鲁拉克和布拉德利·考特尼（Janet Truluck and Bradley Courtenay，2002）用华盛顿大学"自我发展水平填句测验"评估老年人（55～85岁）的自我发展水平。研究结果并未显示性别差异和年龄效应，即这组老年被试的自我发展水平没有因年龄的不同而表现出差异性，并且这组被试中男性与女性在自我发展水平上也没有表现出不同。但就像图8.10显示的那样，教育水平与自我发展水平呈正相关。那些自我意识阶段（第五阶段）分数较高的人，高中教育水平的被试所占比例最大，其次是本科生教育水平，再次是本科毕业生教育水平，最后，研究生教育水平的被试占比最低。而随着被试受教育程度的增加，自我发展达到公正阶段（第六阶段）和个体主义阶段（第七阶段）的被试所占比例也呈上升态势。另一些研究人员发现，与教育水平呈正相关的自我发展指的是成年早期的自我发展（Labouvie-Vief & Diehl，1998）。而有意思的是，其他研究人员发现，这种成年早期的教育对自我发展有着终生的影响，特别是一些年龄较大的被试，他们接受教育已经是几十年前的事情了。

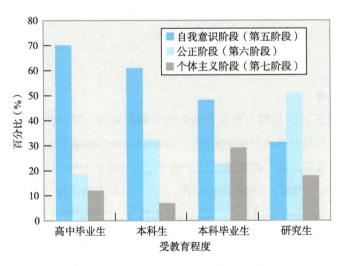

图8.10　老年人的受教育程度和自我发展

对老年人（55~85岁）的测量显示，受教育水平越高，自我发展水平就越高。

SOURCE: Based on data from Truluck and Courtenay (2002).

8.4.3 成熟的适应

心理学家乔治·范伦特（George Vaillant，1977，1993）的理论看起来像是结合了埃里克森和洛文杰的两家之言。他的理论"脱胎"于埃里克森的阶段发展论，但是在亲密关系和繁衍这两个阶段中插入了另一个阶段，该阶段对应的年龄大约在 30 岁左右。范伦特称该阶段为职业巩固期（Career Consolidation）。在该阶段，年轻人致力于塑造自己的能力，掌握一门技能，获得更高的社会地位或良好的声誉。

就像洛文杰一样，范伦特描绘了人格成长或发展可能的方向，但是他不会预先设定每个人在这个方向上"移动"相同的距离。范伦特尤其醉心于成熟的适应（Mature adaption），即成年人在面临考验和磨难时产生的潜在的渐进式变化。他讨论的主要适应形式是防御机制（defense mechanism）。该术语来自弗洛伊德的理论体系，用于描述人们应对焦虑状态的一系列常用的无意识技巧。每个人或多或少都会感到焦虑，所以每个人都会使用某种或某几种防御机制。所有防御机制都包含某种形式的自欺欺人或对现实情况的扭曲。我们会忘记让我们不舒服的事情，或者以某种不那么令人讨厌的方式记住那些不愉快的事情；如果我们要做一件自己明知不应该做的事情，我们会给自己的行为找理由；比起承认自己不受他人欢迎，我们会把这种感觉投射到他人身上。在弗洛伊德的概念之上，范伦特还主张防御机制在成熟度上会有所不同，一般来说，越成熟的防御机制，对现实的扭曲越少。在面对困难时，防御机制成熟的人表现得更得体，也更少使用让人不舒服的方式应对。范伦特的核心论点是，如果成年人想有效应对日常生活中的打击，那么其使用的防御机制必须是成熟的。

范伦特把防御机制分为六种水平，其中水平 1 是最成熟的。在表 8.3 中，六种水平的防御机制均有范例。范伦特相信，人们在自己的生活中会随时运用不同水平的防御机制，当面临压力时，防御机制可能会退化到较低水平。然而，在成长与成熟的过程中，成年人会往自己的心理工具箱中添加越来越多适应性的防御机制，而不成熟防御机制的使用频率也会越来越低。所以范伦特认为，自己的理论不是简易地描述发展步骤的阶段理论，而更像一个倾斜的坡面，能运用更多成熟防御机制的个体拥有更复合且整合的人格，在自己的生命中也更成功（Vaillant，2002）。

范伦特的很多想法都基于哈佛男性研究的数据和研究结果，这是一项自 1922 年就开始的纵向研究，最开始的参与者是哈佛大学 1922 年毕业的 268 名男性，研究人员对他们开展了终生的跟踪研究（Heath，1945）。虽然研究开始时，范伦特还没有出生，但是当这项研究持续到第 30 个年头时，他加入了研究队伍并一直在收集目前还健在的参与者的数据。（值得一提的是，范伦特的父亲也是这项研究最初的参与者之一，但在范伦特 13 岁时父亲过世了。）

表 8.3 范伦特防御机制的六种水平

发展水平	防御机制	范例
Ⅰ . 高适应水平	利他主义	通过参加一场比赛的方式筹集研究疾病用的资金，从而应对健康压力
Ⅱ . 精神压抑水平	抑制	通过从意识觉知中摒弃想要孩子的想法和愿望，从而应对无子女的压力
Ⅲ . 轻微形象扭曲水平	无所不能	通过美化一个人接受的特别训练和拥有的高科技装备，从而应对军事任务分配的压力
Ⅳ . 否认水平	否认	通过拒绝承认发生了创伤性事件（虽然那些事件对他人来说显而易见），从而应对婚姻问题的压力
Ⅴ . 严重形象扭曲水平	自闭幻想	通过做白日梦希望得到一份理想工作，而不是采取行动，找寻新工作，从而应对潜在的临时解雇压力
Ⅵ . 行为水平	拒绝帮助式抱怨	通过抱怨，然后拒绝他人提供的帮助和建议的方式，应对经济问题压力

范伦特工作的起源

范伦特的理论基础是大量的访谈、人格测试及类似之前提到的哈佛研究这样的纵向研究所得到的数据。当人格因素研究成为人格研究的核心与主流后，范伦特及其同事也采纳了五因素模型理念对哈佛男性的纵向研究加以分析。通过回顾早期的访谈和实验结果，他们把 45 年前哈佛男性研究的被试（当时是 22 岁）按人格五因素的要求进行打分，然后对目前尚在世的 163 名被试使用"NEO 人格因素量表"施测，比较前后两个时间点的两组人格分数。虽然这种研究方法的确存在不足之处，其中尤其明显的是两次测试的时间间隔极长，前后两次采集数据的方法也不尽相同，并且第一次访谈和实验时被试的年龄偏小（只有 22 岁），但是这次研究的结果还是提供了一些有价值的信息，它证明在神经质、外向性和开放性三个因素上，存在着虽然低水平但显著的个体内稳定性（Soldz & Vaillant，1999）。

除了观察到时隔 45 年被试的人格（部分因素）保持稳定性，塞尔兹（Soldz）和范伦特（Vaillant，1999）还对被试生活的其他细节展开了调查，以观察他们早期的人格特质是否和生命过程中实际发生的事件及事件的结果相关。调查得到这样一些结果：22 岁时被试的外向性特质预示了在有劳动能力的工作年限内他们能得到更多的收入，被试在外向性特质上获得越高的分数，能挣到的钱就越多；22 岁时被试的开放性特质预示了其在人生中的创造性成就；早期的尽责性分数预示了良好的成年期适应力，以及抑郁、吸烟和酒精滥用水平（读者可以回忆一下前文讨论过的尽责性与健康的关联）。

8.4.4 性别交叉

精神分析心理学家卡尔·荣格相信，通过探索和接纳前半生隐藏的那部分自我，人们成就了后半生的自我。男性展现出更温柔、更具有抚养性的那一面人格，而女性则变得更独立、更有计划性。受到荣格有关"停滞"概念的精神分析心理学理论的影响，人类学家戴维·古特曼认为，成年人在人格方面的性别差异始于青年时期，处于该时期的男性和女性都会强调自己的性别特征，同时压抑反向性别特征，从而吸引配偶并获得繁衍机会。根据古特曼的理论，随着子女长大成人，父亲或母亲这个角色不再是人们生活中的首要角色，此时他们便能够解除之前的压抑，显现出一些"另一个性别"的特征。

古特曼将这种中年时期的性别角色释放称为性别交叉（gender crossover）。他认为，衰老并不代表失败，在某种程度上，它还意味着获得了个人自由，并且在"群体"中获得了一种新的角色。古德曼在其研究中发现了支持自己想法的证据：在玛雅人、纳瓦霍人和德鲁士人的社会中，随着年龄增长，男性会从主动控制向适应性控制变化，这些变化包括对外部环境加以改造，以及改变内在的自我，而女性随着年龄增长则是从适应性控制向着主动控制变化。

心理学家雷文娜·赫尔森（Ravenna Helson，1997）及其同事重新探讨了其中的以不同的大学生群体为研究对象的三项纵向研究的数据。他们在女性被试的反馈数据中发现了支持古特曼理论的证据，大多数女性被试表达了对婚姻和家庭的兴趣。而不同年龄群体之间的不同之处在于，早期的被试（出生于二十世纪三四十年代的人）在自己年轻时关注的是在职业和家庭中做出选择，而近期的被试（出生于 20 世纪 80 年代的人）在自己年轻时关注的是职业和家庭的兼顾。男性被试则很少表达这种关注。

赫尔森探究了这种不同年代出生的人关注点有所改变的原因，并且排除了刻板印象下的性别特质对养育的重要性这种狭义的诠释；无论女性是否曾生育过，中年女性在能力、独立性和自信心方面均呈现巨大的增长；另外，女性在出现这些与年龄相关的改变时，她们在当时所能得到的机会是另一个影响因素。

似乎有证据显示，在中年期或成年晚期，人们普遍会发生的改变是男性和女性人格特征的混合，但这并不会构成真正意义上的"性别交叉"，真正的交叉是指女性变得比男性更有男子气概，男性变得比女性更女性化。研究发现为"性别交叉"提供了一种最佳表述方式：人们对表达以前未曾展现的那部分自我持更加开放与接纳的态度。而导致性别混合的原因似乎并不完全由于父母角色的淡化，因为发生混合的个体并不局限于那些曾养育子女的被试。与男性相比，这种"性别交叉"改变在女性身上更加显著。赫尔森由此得出结论，我们审视的是一种复杂的生物社会现象，包括激素、社会角色、历史变迁及经济大环境等多种因素在内。

作者提示

今天的性别交叉。

有一定比例的人认为，社会是非二元性别的，由此推断，"性别交叉"这个概念存在的意义是什么？

8.4.5　积极的幸福感

　　源于精神分析理论的另一种理论来自心理学家亚伯拉罕·马斯洛（Abraham Maslow，1968/1998），他以弗洛伊德的理论为基础提出了一些非常独到的见解。作为人本主义心理学家，马斯洛最关注的是人类动机或需求的发展，他把这些发展分为两类：匮乏动机和成长需求。匮乏动机（deficiency motives）是由于缺乏某些资源而出现的，包括纠正失衡、修正失衡、保持身体或情绪平衡在内的本能或驱力，例如，为了得到足够食物的动机、消渴的动机，或者得到他人足够的爱与尊敬的动机。所有的动物都会呈现匮乏动机。但只有在人类身上才会出现成长需求（being motives）。马斯洛认为，只有人类才有意愿去发现和理解，去给予他人爱，力争发挥个人内在的最佳潜能。

　　总而言之，马斯洛相信，满足匮乏动机能有效预防或治愈疾病，并且重置个体内稳态（内在平衡）。相比之下，满足成长需求则带来积极的健康状态。它们之间的区分就好像是"抵御威胁攻击和对胜利成就的自信之间的不同"（Maslow，1968/1998）。但是成长需求是相当脆弱的，通常要到成年以后才会出现，而且只有在支持性的环境中出现。为人熟知的马斯洛的需求层次理论（见图 8.11）反映了他在这方面的理念。最基础的四个层次都是对不同的匮乏动机的描述，只有最高层次以自我实现（self-actualization）为驱动力，这是成长的需求。不仅如此，马斯洛还指出，这五个层次在发展过程中会按顺序出现，并且这是一个趋向于自下而上的主导系统。如果你此时饥饿难耐，生理需求就占主导地位。如果你受到攻击，安全需求就占主导地位。只有当四个匮乏动机都充分得到满足，人们才会出现自我实现的需求。

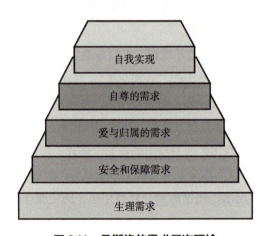

图 8.11　马斯洛的需求层次理论

马斯洛的需要层次理论提出，较基础层次的需求主导个人的动机，只有在生命的中后期，当基础层次的需求被满足后，自我实现需求才会变为主导。

SOURCE: Maslow (1968/1998).

　　马斯洛不再研究具有精神健康问题的人，而是致力于理解少数（获得高成就的）成年人的人格和特征，研究对象是那些看起来已经上升到需求层级的顶峰并在自我理解和表达上都处于高水平的人，这样的代表人物有埃莉诺·罗斯福（Eleanor Roosevelt）、阿尔伯特·施魏泽（Albert Schweitzer）和阿尔伯特·爱因斯坦（Albert Einstein）。正如马斯洛所观察到的，在这些已达到自我实现的人身上存在某些关键特征：对现实精准的洞察力，拥有深厚的人际关系，富有创造力，具有与生俱来的幽默感。马斯洛用经历高峰体验（peak experiences）描述这些达到自我实现水平的个体——当一个人感受到自己和世界统一时那种完美的与自身短暂分离的感觉。

积极幸福感的适应和应用

马斯洛和卡尔·罗杰斯（Carl Rogers，1959）等人本主义心理学家在临床心理学学科发展和人们自助方面产生了重要的影响。近期，部分学者对人本主义心理学的观点做了一些改变，自我实现的需要变得更以自我为中心，而不再像马斯洛最初设想的那样，主要以人类的集体福祉为中心。这种改变的一个原因是马斯洛的理论较少经过实验的验证，理论的陈述也不是很科学，对他所提出的各类动机主导地位的评估也没有发展出相应的测量工具。另一个原因是该理论没有其他心理学家继承并在此领域做进一步发展。不过，马斯洛理论中有一些吸引我们的东西，它符合我们对生活的直觉。我们几乎每天都能感受到自己生命的真实感。当感到恐怖袭击的威胁时，我们便不会在乎明年自己的毕业典礼上能得到一个奖状还是两个奖状。

最近，人本主义心理学家已经重新关注马斯洛的理论，并以之作为实证研究的基础来做一些新的尝试。这次运动的主要代表人物是心理学家马丁·塞利格曼和米哈里·契克森米哈伊（Mihaly Csikszentmihalyi，2000）。他们不再把关注点放在人类行为的疾病模型（该模型专注于对消极状况的治疗和预防，如精神疾病、犯罪、失败、受迫害、受虐待、脑损伤及贫穷和压力对人造成的负面影响）上，而是在积极心理学（positive psychology）领域专注于以下观点。

> 在主观层面上，积极心理学是关于主观经验评价的科学：幸福、满足和满意（对过去），希望和乐观（对未来），福流和喜乐（对现在）。在个人层面上，积极心理学是关于积极个人特质的科学：爱和工作的能力、勇气、人际交往能力、审美、毅力、宽容、独创性、前瞻性、灵性、高天赋及智慧。在群体层面上，积极心理学是关于影响个体成为更优质公民的城市美德宣导及制度制定的科学：责任心、教育、利他主义、礼仪、节制、宽容及职业道德。

自我决定理论

这场运动的成就之一是形成了一种崭新的人格理论。该理论有部分马斯洛自我实现理论的成分，由心理学家理查德·瑞安（Richard Ryan）和爱德华·德西（Edward Deci，2000；Deci & Ryan，2008b）提出，被称为自我决定理论（self-determination theory）。该理论认为，人格的基础是个体在成长和整合过程中逐渐形成的内在资源。瑞安和德西认为，个人成长及其人格发展的需求是人类天性的一个必要部分，人们在努力之后能够达到的程度构成了人格的基础，这与我们在本章前文讨论过的洛文杰的自我发展理论比较相似。瑞安和德西强调了个体体验"至善"（eudaimonia）的重要性——一种完整和幸福的感受，这和马斯洛理论中自我实现的概念类似。他们认为，在以往的理论中"享乐"（hedonia）被过分强调了——所谓"享乐"，是一种只展现积极感受但缺乏负面感受的幸福感（Deci& Ryan，2008a）。相反，瑞安和德西认为，至善状态包括对胜任力、自主性和相互关系的基本需要。在瑞安和德西的理论中，如果不能满足这三个层面的需要，个体便难以茁壮成长。举例而言，如果某种环境能培养个体的胜任能力和自主性，但不培养其与他人的相互关系，那么可能会导致其拥有一种妥协的幸福感。

自我决定理论的三个基本需求 ● ● ●

胜任力——在瑞安和德西的理论中，胜任力（competency）是个人与环境互动时对效能的感知。人们没有必要总是达到最好的胜任力水平，但如果你在美国陆军服役，那么胜任力就非常重要了——军队的口号是尽你所能。胜任力是我们感到自己面临挑战，同时能看到我们努力后的产出。这对成年人而言确实具有一定的难度，但瑞安和德西在此谨慎地指出，胜任力并不意味着比之前做得更好，有时候胜任力也意味着改变外部环境，选择适合自己的活动，并且协调外部资源使任务达成——胜任力代表一种策略，即"在面对各种挑战时做出自己的抉择"。

自主性——自主性（autonomy）的需要意味着我们需要感到我们所做的行为是出于自己的意志。当我们做出行动的决定之后，这些行动反映的是我们真实的内在自我，而非遵从其他人的规则或指导方针。这意味着一个人的行动是源于内在控制，而非外在控制。这即便对独立的成年人而言其实也并不简单，对其他阶段的人则会更加困难，如对处于儿童期、青少年期及更大程度依赖他人的成年晚期的人。然而，瑞安和拉瓜迪亚（LaGuardia，2000）认为，依赖并不排斥自主性。事实上，他们发现，即使在养老院，如果允许老年患者为自己做很多决定，这部分患者在生理和心理上都比那些没有自主性的患者更加健康。

相互关系——在自我决定理论中，相互关系（relatedness）是指一个人在自己的生命中感到自己与他人有联系，被在乎且在自己所重视的人身上体验到归属感。这是他人带着爱和感情站在你身边的感觉。就像其他基本需要一样，相互关系也随着个体年龄增长而发生变化。在成年中后期的岁月里，你和朋友及家庭成员之间的关系的质量比数量更加重要。凯萨（Kasser）和瑞安（Ryan，1999）证明，人际关系的质量及感受到的社会支持水平对住在养老院的老年人来说十分重要，如果拥有高质量的关系及高水平的自主性（还包括自己做决定时获得的支持），那么养老院中老年人的整体健康状况就会更好，如抑郁障碍的发病率更低、对生活的满足感更强、自尊感更高。

　　心理学家克里斯托弗·P. 涅梅茨（Christopher P. Niemiec，2009）及其同事在一项近期的大学毕业生研究中应用了自我决定理论的概念。他们研究的目的在于考察毕业两年后毕业生的目标类型和志向是否和其心理健康状态相关。他们发现，表达内在目标（个人成长、亲密关系及社区活动参与）的毕业生与表达外在目标（金钱、名声和形象）的毕业生相比，虽然两者毕业两年后均达成了各自的目标，但前者比后者显示出更好的心理健康状况。事实上，那些着眼于外在目标的毕业生显示出更多心理不健康的指标。涅梅茨等人引用亚里士多德（约公元前 350 年）的话对自己的研究进行了总结，"与那些缺乏高尚灵魂的人相比，与那些获取了更多自己可能不需要的外在利益的人相比，幸福属于那些尽最大可能培养自己人格和思想的人，后者在中等限制条件下保持对外在利益的获取，而前者会尽其所能获取外在利益，尽管自己对外在利益的需要可能并没有那么多……任何事情过量了，要么会给它的持有人带来伤害，要么不会带给持有人任何好处"。

摘要：人格

1. 人格结构

（1）有关成年人人格的早期观点的基础是重要且广受欢迎的发展理论。这些观点虽然得到很多支持，但是并未经过实验和验证。

（2）实验和验证人格观点的最初方法之一是特质结构法。该方法是通过因素分析以确定少量的特质结构。这些模型中最杰出的代表是科斯塔和麦克雷的五因素模型。该模型确定了人类人格的基本因素为神经质、外向性、开放性、宜人性和尽责性。

（3）人格五因素从儿童时期到成年期呈现了差异的连续性。无论什么性别，人们都倾向于在组织中保持自己的排序。在 70 岁之前，稳定性水平会随着年龄增长而增加，但不会完全稳定，这证明了人格在一生中都可能发生变化。

（4）当我们年龄越来越大时，人格特质发生了什么变化？我们变得更随和，更有责任心，神经质和开放性水平都有所下降。

（5）人格特质结构在某些方面（差异的连续性）保持稳定，而在其他方面（均值变化）会发生变化。前者与你同龄组的其他人相关，后者是你同龄组和其他年龄组相比较得到的。你可以一直是同龄组中最有责任心的人，但是这个特质分数的平均水平依然可能随着你（或你的同龄人）年龄增长而增加。

2. 人格特质有什么作用

（1）人格特质与成年期的亲密关系、职业成就和健康相关。高宜人性、低神经质水平的人与相反特质的人相比，拥有更长久的人际关系，也更有满足感。与低尽责性的人相比，高尽责性的人更倾向于做好自己的工作，在职业生涯上发展更快。而高尽责性、低神经质水平预示了个体更健康、更长寿。

3. 关于连续性和变化的解释

（1）五因素人格结构有显著的遗传成分，但是也有关于主导因素的混合发现。与成年期相比，遗传对个体儿童期的人格影响更大，而环境对成年期人格影响较大。

（2）人们通过种种方式与环境合作，以保持自己人格的稳定性——通过对事情的诠释，通过对他人展现能引起符合自己人格反应的行为，通过选择适合并能巩固自己人格的情境，通过改变不符合自己人格的外在条件等。

（3）进化心理学家主张，人格特质给了我们重要的生存线索，线索与我们环境中的人相关，最终结果就是生存线索让我们在进化历史中被选中。不仅如此，人格特质的发展可能与遗传的生理特征相辅相成，以保证生存和繁衍的成功。

（4）研究者已经在中国人、韩国人和越南人被试组的人格特质和因素中发现了微妙的文化差异，也发展出了备用模型和量表，用于对集体文化中的人格特质进行测量。

4. 人格发展理论

（1）埃里克森的心理社会发展理论说明了人格发展发生在生命周期的不同阶段。每个阶段都会出现个体必须尝试解决的冲突。每次尝试解决的行为都会获得新的潜在力量。成年期有四个阶段，即个体会尝试建立自我同一性、形成亲密关系、寻求繁衍感，以及在生命即将终结时寻求生命的意义。虽然埃里克森的理论提出时并非基于数据或科学实验，但最近的研究已经证明，建立自我同一性是青年人的关注点，而非中年人的，亲密关系也是如此。其他研究显示中年人比青年人更关注繁衍目标。

（2）洛文杰的自我发展理论是从埃里克森发展理论的阶段概念中分离出来的，她相信成年人的前进道路是带有倾向性的，是从一个阶段发展到下一个阶段的，但不一定需要完成全部的过程。人格取决于一个人最终能到达哪个阶段。阶段代表了倾向于相互依赖、价值、对规则的态度，以及自我评价。近期的研究已证明，洛文杰的自我发展理论预测了人们会怎样描述自己的人生成果，研究也证明了自我发展会随着教育水平的增加而增长。

（3）范伦特的成熟适应理论是基于防御机制（我们用以解决焦虑的带有规则性的无意识技巧）的水平。他提出了防御机制的六个水平，从最成熟的水平依次下降到包含越来越多自我欺骗的水平。理论上，我们使用多种水平，但我们使用得最多的水平决定了我们适应力的成熟度。近期的研究集合了传统人格评价的特质理论研究，该研究的对象是一群哈佛大学毕业的男性。范伦特发现在长达 45 年的时间里，这些男性在人格的神经质、外向性和开放性三个因素上保持稳定；这群男性 22 岁时表现出的一些人格特质对他们之后在健康和职业方面的结果有预测功能。

（4）古特曼的性别交叉理论指出，年轻人努力展现精准的性别特质，从而吸引异性并养育下一代。当作为父母的角色不再占主导地位时，人们就能通过展现"另一性别"的性别特质展现出自己人格中被隐藏的那一面。研究证明，男性和女性都有合并相反性别特征的倾向，但是这并非真正的交叉跟混合，而且看起来与父母的角色无关。

（5）马斯洛的自我实现理论由各种需求层次组成，以最迫切的生理需求为先，一旦该需求被满足，个体就会将其注意力放在更高水平的需求上。最高层次是自我实现，马斯洛认为很少有人能达到。在马斯洛理论的基础上，有学者提出了自我决定理论。该理论提出人对胜任力、自主性和相互关系的基本需求。基于这个理论的研究也显示，这三个需求的满足是获得人生幸福的必要条件，如职业成功、身体健康及生活美满等。

写作分享

人格特征。

　　思考本章对人格特质的讨论。人类的思想、情感和行为会表现出怎样的基本人格特征或模式？为什么你认为它对人类如此重要？这些特质如何把人类和其他动物区别开来？写一个简短的回答，可以与其他人交换阅读。一定要讨论具体的例子。

09

第 9 章

对意义的探索

对意义的追求可以有多种形式。

学习目标

9.1 解释为什么我们研究对意义的探索

9.2 分析与意义系统的互动是如何随时间变化的

9.3 应用精神发展理论

9.4 比较关于意义和人格的理论

9.5 分析个人如何通过转变发展

9.6 评价用于理解成年人意义系统发展的常见隐喻

作者的话 >>>>> 寻求精神性

在我的童年，我的外祖父母就住在隔壁，他们对意义的寻找始于长老会教会，也同样终结于此。教会是他们生活的中心，也给他们提供所有问题的答案。我的外祖父在主日学校给一群青春年少的男孩上课——大多数男孩都参加了他带领的童子军，每个周日的清晨就这样开始。之后他会去教会做礼拜，在那儿我的外祖母演奏管风琴。周三晚上是祈祷会。在一周中，至少是在他们退休的那些年，他们会去拜访患者，在教会中为救济穷人运营的衣食库帮忙。他们的大多数朋友和邻居都参加相同的教会。外祖父母的收入有 1/10 会捐给教会，而且他们不喝酒、不吸烟、不跳舞。《圣经》是他们居家装饰的一部分，并且为他们所熟读。每次在与他们用餐之前，我们都会以一段祷词开始，表达我们对食物的感激。

今天的生活更加复杂，在我的家庭中，对意义的寻找已经奔向新的方向，我不再出席教会礼拜。我有三位姐姐，她们中也只有一位还继续去教会——但并不是我们童年时去的长老会。我们通过市民捐赠和志愿工作（而不是参与教会工作）来为我们的社区做贡献。我们对精神的探讨是在读书会上、周日晚餐时，或者是鸡尾酒会上（我们在聚会上喝酒，有时候跳舞）进行的。此时，家庭成员围绕在餐桌周围，通过瑜伽、心理治疗、正念、冥想和科学的形式寻找意义。常来做客的人包括一位虔诚的天主教徒、一位同事，还有一位邻居，这位邻居相信任何事的答案都能在嗜酒者互戒协会（Alcoholics Anonymous，AA）的教义中找到。两位成年的孙辈毫不避讳地说，他们现在是无神论者。现在我们的用餐从一句"Bon appétit！"（法语，祝胃口好）开始，而不是从祈祷开始。

有时候我在想，如果我那已故的外祖父母看到我组建了一个这样的家庭，他们定会感到震惊。但是后来我意识到我和他们一样，都在寻找同样的东西：试图找出为什么我们在这里的原因，度过一生的最好方式是什么，以及如何为将要发生的事做准备（如果有事要发生）。

对精神性的追求是我们人类这种生物共有的特征。往上追溯到三千年前，对那时的殡葬考察发现，人们的遗体会与食物、陶器和武器埋葬在一起，就好像是为人们的来生做准备一样。今天，尽管纳米技术和生物医药一直在进步，在美国还有 92% 的人声称他们相信上帝（Harrispoll，2011）。这种对意义的探索（quest for meaning）也同样被理解为对精神性（spirituality）的追求，是自我通过对宗教的个人化理解来寻找生命最终的奥义（Wink & Dillon，2002）。无论通过践行传统宗教还是通过个人探索来寻找自我启蒙，对意义的探索都是人类经历必不可少的一部分。本章探讨的是人类对意义的探索，以及它是如何在人们成年后的岁月中表现出来的。

9.1 为什么我们研究对意义的探索

随着年龄的变化，个体的人格及其迈向自我实现的进程会发生改变。这些改变无疑是个体成年期内心成长的部分。然而内心成长还有另一个方面（也许只是猜测，但对我们大多数人来说更加重要），那就是对意义问题的触及。在我们进入成年期后，我们是否会以不一样的方式诠释我们的经历？我们是否会对生命赋予不同的意义，并以新的方式理解我们的世界？我们是否会变得更加智慧，或者更加不世俗，抑或更加注重精神性层面的事物？

当然，正如童话、神话和宗教教义表明的那样，年龄增长和智慧增加之间存在着联系。事实上，这一联系已经成为世界上每一种文化民间传统的一部分（Campbell，1949/1990）。这些信息来源表明，成年期的发展增加了人们处世的知识和经验的储备，同样也带来了一种关于生活的不同视角、不同的价值观和世界观，这是一种被描述为自我超越（self-transcendence）的过程，或者说这是将自己作为一个更大整体的一部分去理解的过程，这个整体的存在超越了人们的肉体和个人历史。我感兴趣的是，这一过程是否构成成年期发展过程的一部分——还是潜在的一部分。

9.1.1 意义的重要性

为什么要探讨意义？关于意义的讨论之所以有趣，主要有三个原因：首先，不同的人对相同的经历赋予不同的意义；其次，对意义的追求是人类的一个基本特征；最后，大多数文化认为精神性和智慧会随着年龄增长而增加。我将在下文中讨论这三个原因。

我们给经历赋予的意义才是重要的，而非经历本身。

最根本的是，心理学家逐渐了解到，个人经历并不会通过某种一致且自发的形式影响我们。相反，我们阐释经历的主观方式和我们赋予这些经历的意义影响了我们，这一点非常重要。一个人会做出一些特定的基本假设——关于世界，关于他们在世界中的位置，关于他们自己，以及关于自身的能力。这些假设会影响人们对自身经历的主观诠释。这样一套意义系统有时被称作内部工作模型，该模型决定了我们如何体验这个世界。在上文中，我对这一点的其他方面有所谈及。例如，依恋理论解释了我们如何通过与父母的依恋关系构建自己的内部工作模型，以及这些内部工作模型如何影响我们处理与他人关系的方式。如果我的内部模型包括"在根本上人们是有爱心和值得信任的"这一假设，那么该假设将会明确地影响我所经历的事件，以及我对这些事件的诠释。因此，在我们的经历传递意义之前，我们每个人获得的客观经历是通过各种内部工作模型筛选过的"内容"。我会认为任何特定经历的最终结果在很大程度上（可能并非全部）是由我们赋予的意义决定的，而非由经历本身决定。这一观点在某种程度上是正确的。因此显而易见，对我们来说，尝试理解成年人构建的意义系统是非常重要的。

> **作者提示**
>
> **有意义的时刻。**
>
> 想一想你生活中一件特别有意义的事情。事件本身与你赋予它的意义有什么不同吗？

9.1.2 人类对意义的探索

对意义的探索是人类的基本特征。

导致难以对成年人的意义探索加以研究的第二个理由是，它是多数成年人生命的中心主题。这一观点在许多临床医生和理论家的文章中被一再重复。精神分析学家埃里克·弗罗姆（Erich Fromm，1956）把对意义的需要列为人类五大核心生存需求之一。精神病专家维克托·弗兰克尔（Viktor Frankl，1984）认为，对意义的追求是人类的一项基本动机。神学家兼心理学家詹姆斯·福勒（James Fowler，1981）也提出了相似的观点："生命是有意义的，我们无法在缺乏意义感的情况下生活，这是所有人类共有的一个特征"。因此，我们阐释自己的经历并通过这种方式"创造意义"，而创造意义的需要和动机也是我们生命中的一个重要部分。近期，进化心理学家杰西·贝林（Jesse Bering，2006）在文章中写道，对精神性的感知是我们人类社会认知系统的一个重要组成部分。

9.1.3 文化对超越老化的支持

多数文化在传统上认为精神性和智慧会随着年龄增长而增长。

从智慧老人的神话故事开始（Tornstam，1996），某些文化中就有了关于超越老化（gerotranscendence）的轶事传说。超越老化这一概念指的是，随着年龄增长，我们意义系统的质量更高。早期的心理学理论家将意义的发展阐释为一个成长的过程。例如，精神分析心理学家卡尔·荣格提出，在刚刚进入成年后的青年时期是一个转向"外在我"的时期，也就是在这时候，青年人会致力于建立关系、组建家庭及发展事业。然而到了中年，当成年人意识到"自己生命有限"时，便开始转向"内在我"并努力扩展自我意义。人们在前半生追逐身外之物，在后半生则转而向"内在我"寻求答案，人生通过这种方式达到平衡，从而完成自我实现的过程。无独有偶，心理学家克劳斯·里格尔（Klaus Riegel，1973）提出，认知发展会延续到后形式思维阶段（postformal stages）。该阶段出现在人们中年时期，成年人的发展超越了皮亚杰在形式运算阶段中所描述的线性和逻辑思维方式。在后形式思维阶段，成年人看待世界能够在逻辑和理性（由皮亚杰提出）中加入感觉和情境，并在对意义的探索中运用自己的认知能力（Sinnott. 1994）。

在意义系统中，无论随着年龄增长而发生的变化是正常发展的功能还是人生历练的结果，人们普遍认同的一个观点是，成年期意义系统的发展是真实存在的现象，并且具有科学研究的价值。

9.2　意义系统中与年龄变化相关的研究

现在，我们面临的一个复杂又棘手的问题是：我们如何探究意义的变化这个明显模糊的概念？显而易见的答案是，我们可以研究宗教信仰这一精神性的外部标志，如参加宗教仪式或成为某宗教组织的一员。针对宗教开展的量化研究试图回答诸如以下问题：随着年龄增长，成年人参加宗教仪式的次数会增加还是减少？是否存在某种与年龄相关的模式？

一些神学家和心理学家认为，仅仅观察人们的外部行为是不够的，有必要进行更深入的研究，并使用可以测量人们个体化精神性的工具来回答关于人的意义系统随着年龄变化的问题。我们知道，一些人参加宗教活动却并非真正信仰该宗教。有研究者使用调查问卷的形式询问受访者的个人信仰，也有以个案访谈的形式询问开放式的问题，以呈现更多的研究深度，但这种提问方式会增加后期对问题回答内容的分析难度。这些关于个体精神性的心理学研究成果颇丰，均显示了关于意义探索的个人信仰并不一定与宗教信仰相关。

另一种研究方法是使用定性分析。例如，回顾人物传记，从自传中摘取案例研究，以及著名人士撰写的关于自己内心成长轨迹和过程的个人报告（包括政治家、圣贤、哲学家和神秘主义者）。研究人员对运用上述方法收集到的数据都能够加以分析，可能最令人印象深刻的就是威廉·詹姆斯（一位著名的美国早期心理学家）在其著作《宗教经验种种》（*The Varieties of Religious Experience*）及神学家兼哲学家伊芙琳·昂德希尔（Evelyn Underhill）在其著作《神秘主义》（*Mysticism*）中所做的分析。当然，个人报告并不符合我们通常对科学证据的定义。参与研究的被试并不能代表一般群体，并且所谓的"数据"也许并不是以客观的方法收集的。尽管如此，这些来源的信息仍然为研究意义系统中与年龄相关变化的理论做出了有价值的贡献。由此，我们了解到，有一些研究人员曾深入探索过人类部分杰出人士的精神"世界"，并在一定程度上了解了这些杰出人士的人生信仰、意义系统或能力。然而，即使我们认为可以把案例研究的信息作为内心活动过程的有效反映，但是，如果要把个案中描述的心理过程和步骤"推而广之"到一般人身上，这中间仍存在相当一段"距离"。显然（但同样值得明确指出的是），我将自己的意义体系带到了这个讨论中。我用一种强有力的假设处理这个问题，即人类所拥有的潜能比我们大多数人能够达到的水平"更高"，无论这种潜能是用马斯洛的术语"自我实现"来表达，还是用洛文杰的人格"整合阶段"来表达，或者用任何其他术语来表达。当我描述意义系统发展的各种模型时，我不可避免地运用这种假设选取理论和证据。

作为引入，首先我会介绍关于成年期意义探索的实验性研究，之后会加入关于精神性的相关内容——即道德思想发展的讨论。最后，我将讨论对于杰出作家和历史人物在意义探索上的案例研究。

9.2.1　意义探索的变化

让我们先看看关于宗教和灵性的实证研究。在过去数十年中，出现了大量有关宗教和精神性的研究。出于好奇，我用关键词"宗教"和"精神性"查询了美国心理学会（PsycINFO）数据库 1973 年以来的实证性期刊文章列表。包含关键词的文章数量在第一个十年期（1973 年到 1982 年）为零，但在最近一年增加到 7 000 篇之多。在该领域中，研究最多的话题之一是与年龄有关的宗教和精神性变化。

在过去 50 年间，出席宗教活动和加入宗教组织的人数有所减少。然而，如图 9.1 所示，和年轻人相比，年龄在 65 岁以上的人会更多地参加宗教仪式（Pew Research Center，2014）。在许多其他国家，老年人在宗教归属方面也高于年轻人（Pew Research Center，2018）。零星几项纵向研究的结果表明，在晚年，人们对宗教活动的参与度会降低，但出现这种现象的原因与处于该年龄段的人的健康状况和各项身体机能的下降相关（Benjamins et al.，2003）。总而言之，一个广受认同的观点是，随着生命进程的推进，人们会更加信仰宗教。在生命最后的日子里，这一倾向会因为健康状况恶化等因素出现短暂的下降（Idler，2006）。此外，数据表明，与男性相比，女性参加宗教活动的可能性更大，无论这类研究针对的群体处于哪个

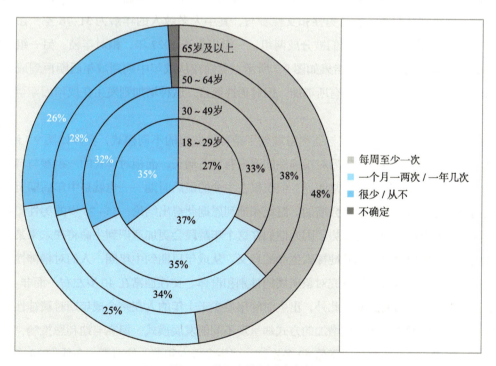

图 9.1　美国宗教活动参与情况

这些研究结论表明，成年期宗教信仰和私人宗教活动会增加，在晚年（生命最后的日子里）这些行为会趋于稳定（Idler，2006）。

SOURCE: Pew Research Center (2014).

年龄段、属于哪个宗教派别及身处哪个国家，结果均是如此（Miller & Stark，2002）。美国居民对宗教活动的参与度比大多数欧洲国家居民的参与度高，但低于非洲、中东、南亚和拉丁美洲的大多数国家居民的参与度（Pew Research Center，2018）。

　　谈到宗教信仰及诸如参与祈祷、冥想或阅读教义等私人宗教活动，横断研究的结果表明，年长者参与私人宗教互动比年轻人多（Pew Research Center，2018）。同时，一项纵向研究表明，人在生命晚期出席公共宗教活动的次数会逐渐减少，但同时私人宗教行为却会出现稳定的增加（Idler et al.，2001）。

> **作者提示**
> **随着时间的推移的精神性。**
> 　　想一想你自己的精神性层面。从你还是个孩子的时候起，它在哪些方面发生了变化或保持不变？

按性别和群体划分的精神性

　　在一项时间跨度为 40 年的纵向研究中，心理学家保罗·温克（Paul Wink）和社会学家米歇尔·迪利恩（Michele Dillion，2002）分析了来自人类发展研究院（Institute of Human Development）的纵向研究数据，以此评估研究参与者在整个研究过程中对精神性追求的变化程度。该研究共有 200 多名男性和女性参与，其中大多数人的年龄为 31~78 岁，在研究期间每人接受过 4 次访问。他们被分成两组，一组出生于 1927 年，相对年轻，另一组出生于 1920 年，较为年长。研究结果如图 9.2 所示，女性在从成年中期到成年后期再到成年晚期的过程中对精神性的追求会有所增加，但对男性而言，这种增加则发生在成年后期至成年晚期。

　　比较两组参与者后，温克与迪利恩发现了精神性发展的不同模式，具体如图 9.3 所示。相对年轻的一组参与者在成年后对精神性的追求有显著增长，而相对年长的一组参与者尽管在成年早期对精神性的追求非常明显，但仅仅在生命的最后时期——也就是中年后期至成年晚期的时候对精神性的追求才会增加。温克和迪利恩据此得出结论，55~75 岁的男性和女性对精神性的追求都有增加的趋势。因为他们在这个年龄段会更加意识到生命将在未来某一时刻终结，所以他们会更加频繁地探索生命的意义。从成年早期到中年期，人们对精神性的追求程度各有不同，这取决于研究对象所属的性别和群体。女性通常在 40 岁左右（而非 40 岁之前）开始探索生命的意义。此外，出生时间相差少于十年的人在整个成年期对精神性的追求呈大致相同的增加趋势，但增加的方式却呈现不同的发展模式。温克与迪利恩推测，相对年轻的一组参与者在研究阶段正值 60 多岁这一"生命极大和谐"的时期，在他们 30 多岁时则表现出了更明显的对精神性的追求；在相对年轻一组参与者处于 30 多岁的阶段时，相对年长一组的参与者则处于 40 多岁的阶段，而 30 多岁的人对社会文化变迁持有更开放的心态、具有更高的接受程度。因此，对于"在整个成年期人们对于精神性的追求是否会增加"这一

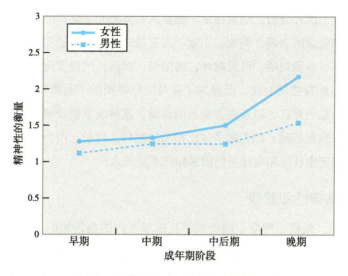

图 9.2　按性别和成年阶段划分的精神性

人们对精神性的追求随着年龄增长而增加，但两种性别的精神性发展模式却有所不同。两性到成年中期以后的精神性发展趋于稳定，并持续到成年晚期。对比发现，男性直到临近成年晚期才开始增加对精神性的探索。

SOURCE: Wink and Dillon (2002).

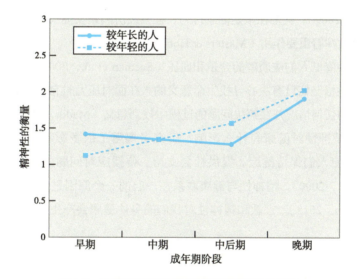

图 9.3　不同同辈群体和成年阶段的精神性发展

出生日期相差 7 年的两组人随着年龄增长对精神性追求的增加程度有所不同。较年长的一组（出生于 1920 年）直到接近成年晚期对精神性的追求才呈现出增加的趋势。相比之下，较年轻的一组（出生于 1927 年）在整个成年期（从成年早期到成年晚期）对精神性探索的频率一直在增加。

SOURCE: Wink and Dillon (2002).

问题，在此可以给出肯定的答案，随着年龄增长，人们对精神性的追求会增加。但是这一结论是有条件的，人们的年龄、性别及其在成年期关键年龄段时所处的主流社会文化或文化变迁都是上述结论的限定条件或影响因素。

心理学家巴特摩巴罗波·多尔比（Padmaprabha Dalby，2006）近期对人们成年期精神性变化的研究进行了一次元分析。结果显示，随着人们年龄的变化，他们在精神性追求上的特定方面出现了更加明显的表现，例如，正直、人文关怀、与他人的积极关系、对下一代的关怀、与上司的关系、自我超越，以及对死亡的接受。然而，这些变化似乎并不是为了应对随着年龄增长身心自然发生的变化，而是为了应对成年晚期的"困境"，例如，糟糕的健康状况、残疾、将要来临的死亡，以及失去爱人的衰恸。这种现象也诠释了另一种观点，即生活经历的积累会带来自我超越。但正如多尔比指出的那样，目前还没有研究做过这种比较，即比较年龄相同，但健康状况和对挫折的衡量标准不同的人。

9.2.2　宗教、精神性和健康

在过去十年间，包括心理学、流行病学及医学在内的各领域的大量科学研究探索了宗教、精神性和健康之间的关系。总括起来，有持续且强有力的研究证据表明，参加宗教活动的人比不参加的人拥有更长的寿命（Chida et al.，2009），并且这一现象在女性身上比在男性身上更加明显（Tartaro et al.，2005）。另有研究表明，参与宗教活动对欧裔、非洲裔及亚裔美国人而言具有保护心理健康的作用（Ai et al.，2013）。精神性和宗教信仰能缓解焦虑和沮丧情绪（Brown et al.，2013）。一项元分析的结果表明，出席宗教活动能让心脏病致死率更低（Chida et al.，2009）。甚至在限定健康行为、社会经济因素及健康因素的研究中，宗教活动和精神性仍然发挥着重要作用（Masters & Hooker，2012）。

此外，冥想会降低人们皮质醇的含量和血压（Seeman et al.，2003）。研究表明，与性格较弱的人相比，性格坚韧且有决心寻找生命意义的人在面对压力时有更强的韧性。他们自信能够应对生活中的任何情况并在解决问题的过程中找到意义（Maddi，2005）。

宗教信仰和精神性对健康有什么影响？研究者揭露了很多影响机制，其中之一就是宗教信仰能够促使人们保持健康、提供社会支持、传授应对问题的技巧并提升积极情绪（McCullough et al.，2000）。精神性与健康联系在一起的一个原因是，精神性能减少孤独感（Gallegos & Segrin，2018）。宗教和精神性对我们的身体健康会产生多种影响（见"宗教参与和压力"）。

宗教参与和压力 ● ● ●

在一项关于参与宗教活动和精神性如何影响人们心理压力应对方式的研究中，心理学家杰西卡·塔塔罗（Jessica Tartaro，2005）及其同事发现，在宗教信仰和精神性上得分较高的被试在应对实验室条件下的压力时皮质醇水平更低。研究人员对60名代表不同宗教信仰的大学本科生（包括22%声称拥有"个人专属信仰"的被试）施测。该测试中的部分问题如表9.1所示。

表 9.1　"对宗教信仰和精神性的简要多维评估"问题样例

我在我的宗教信仰中找到力量和安慰	你经常出席宗教活动吗
• 一天多次 • 一天一次 • 大多数时候 • 有时候 • 一段时间一次 • 没有或几乎没有	• 一周一次以上 • 每周一次或更频繁 • 一个月一到两次 • 每月一次或不等 • 一年一到两次 • 从未去过
创造的美在精神上触动了我	你经常在除了教堂以外的地方私下进行祈祷活动吗
• 一天多次 • 一天一次 • 大多数时候 • 有时候 • 一段时间一次 • 没有或几乎没有	• 一天多次 • 一天一次 • 一周多次 • 一周一次 • 一月多次 • 一月一次 • 从来不做
我感到我有深重的责任去减少世间的痛苦和磨难	我会思考我的生命在何种程度上是更大的精神力量的一部分
• 完全同意 • 同意 • 不同意 • 完全不同意	• 很大程度 • 中等程度 • 略微程度 • 完全不是
我原谅了那些伤害我的人	我努力地在生活中所有（除宗教以外）事务上践行我的宗教信仰
• 总是或几乎总是 • 经常 • 很少 • 从来没有	• 完全同意 • 同意 • 不同意 • 完全不同意

　　研究人员要求接受测试的学生在计算机上完成两项任务，这两项任务会让人产生心理压力。研究人员在任务开始前和任务结束后会分别测试这些大学生的皮质醇水平（皮质醇是人们应对压力时释放的一种激素，与免疫系统反应的下降有关）。测试结果如图 9.4 所示。在被问到"在多大程度上你认为自己是个宗教信仰者"这一问题时，与回答"轻微程度""中等程度"和"很大程度"的学生相比，回答"完全不是"的学生在实验中明显表现出更高的皮质醇水平。研究人员在检测人们参与特定宗教和精神性活动的反应时，发现了两个与皮质醇反应有关的指标——祈求宽恕和祈祷的频率。研究人员得出结论，宗教活动和精神信仰（尤其是祈求宽恕和祈祷）也许会保护个体免受压力的伤害。

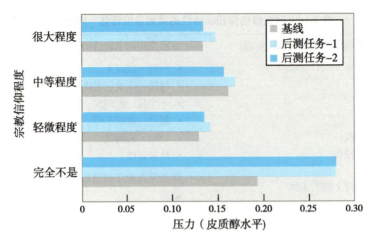

图9.4 宗教信仰与压力反应

与认为自己"轻微程度""中等程度"和"很大程度"上信仰宗教的青年人相比，认为自己完全没有宗教信仰的青年人对压力有更大的反应。

SOURCE: Tartaro et al. (2005).

9.3 有关精神发展的理论

出于几个原因，我想以心理学家劳伦斯·科尔伯格（Lawrence Kohlberg）的道德推理（moral reasoning）发展理论（即关于对错之分，以及如何判断某一行为对与错的推理）作为本节理论探索的开端。尽管科尔伯格探讨的问题仅仅涉及我所探讨话题的一部分，但是他的理论模型为思考有关成年人的世界观和意义系统演化奠定了基础。科尔伯格的理论得到了实验研究的广泛验证，并为发展心理学家普遍接受，所以该理论提供了一个相对无争议的探索基点。

9.3.1 道德推理的发展

面对不同价值观之间的冲突，我们如何判断哪些在道德上是正确、公平或公正的，哪些不是呢？作为对让·皮亚杰认知理论的延伸，科尔伯格认为，我们在自身的道德推理中经历了连续的发展阶段，每个阶段产生于前一个阶段并取而代之。在科尔伯格提出的观点中，每个道德发展阶段反映出一套意义系统或模型、一套始终内在统一且有说服力的关于对与错的假设（Kohlberg，1981，1984）。

科尔伯格对一个人做的决定及其做决定背后的原因做了重要区分。例如，一个人是不是认为偷窃是错误行为并不重要，重要的是他为什么会认为偷窃是错误的。就像皮亚杰在更广的形式逻辑中寻求发展的变化，科尔伯格在关于道德问题的推理中寻找发展的变化。

评估程序

科尔伯格让研究被试对一系列假设的道德困境做出回应，以此分析被试对道德的判断，从而评估一个人的道德推理发展水平或所处的阶段。在每个道德困境（故事）中，存在着两个互不相同且相互冲突的准则。

阶段

基于众多研究被试在道德困境下给出的回应，科尔伯格得出结论：道德推理存在三个基本水平，每个水平又可被进一步划分为两个阶段。所以道德推理共计有六个阶段，具体如表 9.2 所示。

前习俗水平是年龄在 9 岁以下的儿童具有的特征，但在某些青少年和成年罪犯身上也同样存在。当个体的道德推理处于前习俗水平下的两个阶段时，个体会把规则视为自身以外的事物。在阶段 1，个体具有**惩罚和服从取向**，即正确的行为就是能让自己受到奖赏的行为，反之，错误的行为就是让自己受到惩罚的行为；在阶段 2，正确的行为被定义为能够给自己带来快乐的行为，或者可以满足自身需要的行为。阶段 2 有时会被称为"朴素享乐主义取向"，该表述体现了这一阶段的某些特点。

习俗水平是我们文化中大多数青少年及成年人拥有的特征。在这一特征下，个体会内化社会规则和来自家庭或同辈的期望（这个过程发生在阶段 3），抑或内化来自社会的期望（阶段 4）。阶段 3 有时被称为"好孩子"取向，而阶段 4 有时则被称为"维护社会秩序取向"。

后习俗（或原则性）水平涉及对社会规则背后根本原因的探索，通常会在少数成年人身上发现这一特征。在被科尔伯格称为"社会契约取向"的阶段 5，法律和法规被视为确保公平的重要途径，却并非不可改变，也并非一定要完美地反映出更为根本的道德准则。因为法律和契约通常与一些潜在的准则相吻合，遵守社会法律总是有道理的。但是在潜在准则下，或者原因与具体的社会习俗或规则发生冲突时，处在道德水平阶段 5 的成年人会守住底线并据理力争，即使这可能意味着对某些法律的违反或不认同。例如，20 世纪 60 年代早期，民权抗议者出于阶段 5 的道德推理支持公民不服从[①]（civil disobedience）。此外，阶段 5 的道德推理的另一表现就是大学生对环境的担忧，从某种程度上说，阶段 5 出现的必要条件是，在做出利益与权利的权衡时，人们有能力站在他人的位置上，从他人的视角思考问题（Karpiak & Baril，2008）。阶段 6 被称为"个人良知原则取向"，它与阶段 5 模式相同，只是又向前延伸了一些，在该阶段，个体会寻找与最深层次的道德原则一致的方式，并以这种方式生活。

科尔伯格的道德发展理论是基于参与者对道德困境的反应而提出的。在如今十分著名的海因茨困境（Heinz's Dilemma）中，被试必须解决类似这样的问题：名叫海因茨的男士有一位重病将亡的妻子，唯一能够为妻子提供药物的药剂师对药物开出的价格却让海因茨无法承受，那么海因茨是否应当前去偷药，以解救自己的妻子呢？在这个案例中，拯救生命很重要，尊重他人财产和遵守法律也很重要，这是两个相互冲突的准则（见表 9.2）。

---

① 公民不服从指的是当公民发现某一条或某部分法律、行政指令不合理时，主动拒绝遵守政府或强权的若干法律、要求或命令，而不诉诸暴力，这是非暴力抗议的一项主要策略。——译者注

表 9.2　科尔伯格的道德发展阶段

在欧洲，有一位女士身患一种特殊的癌症，生命垂危。医生认为有一种药也许可以挽救她的生命。这种药是同一个镇子上的药剂师最近发现的一种镭。制造这种药物的代价非常昂贵，但是这位药剂师为一副小剂量但也许足以救命的镭定价 2 000 美元，该价格甚至是药物成本的 10 倍。海因茨是患病女士的丈夫，他尽其所能借到了 1 000 美元，可这只够支付药费的一半。他告诉药剂师，自己的妻子快要死了，因此恳请药剂师降低价格，或者允许他在救了妻子的命以后支付药钱。药剂师却回答："不可能，是我发现了这种药，我要用它来赚钱。"海因茨因此感到绝望，闯入药店把药偷走并给了他的妻子。

海因茨是否应当这么做？为什么应当这么做？又为什么不应当这么做？

以下答案是位于不同道德发展阶段的人可能给出的回答示例。

水平 1：前习俗道德
阶段 1：惩罚和服从取向
是的，海因茨应该拿走药。因为如果他任由自己的妻子死去，那么他就要为妻子的死亡负责，并且很有可能陷入麻烦中。
不，海因茨不应该这么做。因为这是偷盗行为，药并不属于他，他会因此被逮捕并受到惩罚。
阶段 2：朴素享乐主义取向
是的，海因茨应该拿走药。原因是他并没有伤害药剂师，而且他想要帮助自己的妻子。也许他可以晚一点把药费付清。
不，海因茨不应该这么做。因为药剂师想要做生意赚钱，这是他的工作，他需要获得利润。
水平 2：习俗道德
阶段 3："好孩子"取向
是的，海因茨应该拿走药。原因是他正在做一位好丈夫该做的事情，即拯救妻子的生命。如果他没有挽救妻子的生命，那么他的行为就是错误的。
不，海因茨不应该这么做。因为他已尽力去买药，但失败了，所以如果妻子死了，也并不是他的错。他已经尽力了。
阶段 4：维护社会秩序取向
是的，海因茨应该拿走药。因为药剂师唯利是图的行为是错误的。但是海因茨也必须在事后付清药费并承认是自己偷的药。偷窃行为本身仍然是错误的。
不，海因茨不应该这么做。因为尽管想要救妻子的命是人之常情，但仍然需要遵守法律。不能因为情况特殊就无视法律。
水平 3：后习俗（原则性的）道德
阶段 5：社会契约取向
是的，海因茨应该拿走药。尽管法律不允许，但如果考虑到整个情况，任何处于他这种情况的人做出偷药的行为都是情有可原的。
不，海因茨不应该这么做。尽管拿走药的确能带来好处，但是这不能成为违反人们为了共同生活所达成之共识的理由。结果不能为手段辩解。
阶段 6：个人良知原则取向
是的，海因茨应该拿走药。因为当一个人面临两种相互冲突的原则时，他们需要判断哪个原则更重要并遵从它。人的生命比财产更重要。
不，海因茨不应该这么做。因为他需要在个人情感和法律之间做出抉择——无论哪个选择都是"正确的"。但是他需要决定一个真正公正的人会怎么做，那必然不是偷药。

SOURCE: Based on Kohlberg (1976, 1984).

　　科尔伯格早期的研究工作表明，有相当数量大学生的道德推理能够达到阶段 6 的水平。然而在后期著作中，科尔伯格得出了不同的结论：这一普通阶段是特别罕见的（Colby & Kohlberg，1987）。纵向数据表明，阶段 5 有可能是发展进程中有代表性的"终点"。到达阶段 6 的成年人（在科尔伯格的样本中有 15% 的被试在 30 多岁时达到这一阶段）的确把广义的、普遍的原则作为自己的行为准则。但是，这群人缺少的是"对阶段 6 的理论而言很重要的东西，即依据清晰、公正的道德原则建立的道德判断体系，以及对为首先推行这一原则提供基本原理的先行者的尊重"（Kohlberg，1984）。换言之，位于阶段 5 的人会发展出广义的、超越当前社会体制的原则（或者说，在当前社会体系"背后的"原则）；在阶段 6，极少数人会发展出更广义、更普适的伦理系统，该系统则包含之前几个阶段的基本原则。科尔伯格列举了位于阶段 6 的代表性思想家，其中就有马丁·路德·金和圣雄甘地。

根据科尔伯格的理论，只有少数人，如马丁·路德·金（左）和圣雄甘地（右）达到了道德推理的最高水平。

　　科尔伯格及其同事还推测存在一个更高的道德推理阶段，即体现出统一化取向的阶段 7。他们认为，这一阶段可能仅仅当一个成年人在后习俗的道德体系中生活数年，生命即将走到尽头之时才会出现。正是与死亡的正面交锋才带来了这一转变。当被问到"为什么活着""如何面对死亡"这些根本问题时，一些人超越代表所有道德推理早期形式的逻辑分析，并达到更深层次或更广义的去中心化。这是一种与自我存在、与生命、与上帝融为一体的感受（Kohlberg et al.，1983）。

　　另一种看待从前习俗到习俗再到后习俗道德推理水平转变的方式是把它们视为去中心化（decenter）的过程。去中心化是皮亚杰使用的一种术语，是指以更概括的方式把认知发展描述为由自我向外界的转移。在前习俗水平，孩子们道德推理的参照点在于他们自己——他们自身行为的结果和他们可能获得的奖赏。在习俗水平，参照点从以自我为中心转移到以家庭或社会为中心。最后在后习俗水平，成年人会寻求更广泛的参照点——也就是某些存在或超越社会制度的潜在原则。在有关成年人生活中意义系统成长或发展的文章中，这种从自我向外界的转移是不断被讨论的主题之一。

数据

只有纵向研究得到的数据能告诉我们科尔伯格的模型是否具有合理性。如果该模型合理，那么孩子和成年人不仅能按照科尔伯格所提出的顺序从一个阶段跨入另一个阶段，而且他们也不会在早期阶段表现出倒退的迹象。科尔伯格及其同事在反复访谈过的三组被试样本中测试了这些假设，并且每次均要求受访对象（被试）讨论一系列道德困境：一组样本有 84 名来自芝加哥地区的男孩，他们在 1956 年第一次接受访问，那时他们的年龄为 10~16 岁。他们中的一些人在后来接受了 5 次以上回访（最后一次回访是在 1976 年到 1977 年，那时他们已经 30 多岁了）（Colby et al., 1983）；第二组样本包括 23 名土耳其男孩和青年男性（他们中一部分来自偏远乡村，一部分来自大城市），在研究开始后的十年进入成年早期（Nisan & Kohlberg，1982）；第三组样本包括 64 名来自以色列基布兹（集体农场）的男性与女性，他们在少年时期接受了第一次访谈，并在接下来十年中接受了一次或两次以上的回访（Snarey et al., 1985）。

图 9.5 就三组样本的研究结果给出了两种信息。图的上半部分是根据个案访谈得出的"道德成熟总分"。这些得分主要分布在 100 分至 500 分这个区间，反映了每位研究对象所处的道德推理阶段。因为研究对象之间存在有趣的文化差异，所以他们各自在经历各个道德推理阶段时的"速度"有所不同，但是所有研究对象在三项研究中的平均分都会随着年龄增长而稳步增加。图的下半部分是道德困境答案的百分比，反映了参与者在各年龄时所处的道德推理阶段，这些数据只适用于第一组芝加哥男孩的研究，因为研究对该组样本的追踪时间最长。正如我们所期望的那样，体现出阶段 1（前习俗水平）特征的研究对象数量在早期下降

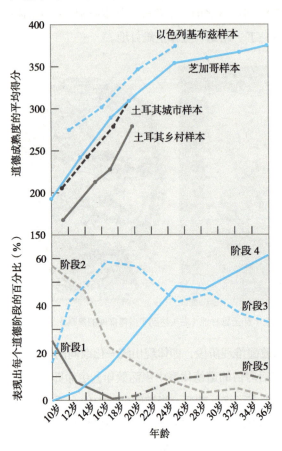

图 9.5　道德推理测验得分及道德发展不同阶段所占百分比

图的上半部分表明在道德推理测试中，来自四组男孩的多样化样本得分在研究对象的孩童期中期到青年时期之间总体呈增长趋势。图的下半部分体现的是反映道德推理不同阶段的答案所占百分比。可以清楚地看到，体现阶段 4 特征的回答随着年龄增长而增加，而体现阶段 2 特征的回答则在减少。

SOURCES: Data from Colby et al. (1983); Nisan and Kohlberg (1982); Snarey et al. (1985).

了，而体现出习俗水平（阶段 3 和阶段 4）特征的人数则在青少年时期上升得很快，在成年期也保持在较高的水平。只有占比非常少的一部分人给出的答案（即便在这些男孩已经 30 多岁时）体现出阶段 5 的推理特征（后习俗水平推理），没有参与者的答案体现出阶段 6 的推理特征。

以上两项分析均表明，道德推理阶段存在明显的顺序性特征。在三组样本中，所有参与的被试均没有跳过任何阶段，并且其中只有 5% 的人表现出道德推理的阶段性倒退，这进一步佐证了道德推理阶段按顺序发生的假设。每位参与者在每次测试中表现出了高度的内在一致性，即分析不同的道德问题时使用了相同的逻辑。相似的模式也可以在另外两项研究中找到，一项是短期的纵向研究（Walker，1989），另一项是使用问卷形式（而非更为开放的个案访谈形式）测量道德判断的研究（Rest & Thoma，1985）。

遗憾的是，对已过中年的成年人而言，并不存在同等的纵向数据。横断研究结果表明，就整体的道德判断水平而言，青年人、中年人和老年人之间没有显示出年龄上的差异（Lonky et al.，1984；Pratt et al.，1983）。这些研究结果有可能用来解释在成年早期获得的推理水平能够在整个成年期保持相对稳定的状态。然而，纵向研究的数据并不支持这一观点。这类研究结果显示，至少在 35 岁左右，个体的道德推理水平的稳定状态就无法继续维持了。在科尔伯格的研究样本中，很多人的道德推理在 20 多岁时就从阶段 3 进入阶段 4，有少数人的道德推理在 30 多岁时进入阶段 5。至少有部分成年人可能会在整个成年期继续按照科尔伯格提出的道德推理阶段顺序发展下去。唯一能确认这一猜想的方法就是纵向评估整个成年期的道德推理水平。

评估与评价

在累积的有关道德推理发展的证据中，其中主要部分有力地支持了科尔伯格理论的多个方面。

- 儿童和成年人在发展公平和道德观念方面似乎确定经历了一些阶段。
- 至少在阶段 5 之前，这些道德推理阶段是一种层级分明的阶段性体系：各个阶段按固定顺序出现，每个阶段都由前一阶段发展而来并取代之前的阶段。所有阶段组成了结构鲜明的整体。
- 各阶段出现的顺序表现出普遍性。道德决策的具体内容可能在不同文化中有所不同，但在所研究的每种文化（包括 26 个不同的国家）中，无论在西方国家还是在非西方国家，在工业化国家还是在非工业化国家，所呈现逻辑的整体形式经历了相同的阶梯变化（Snarey，1985）。

这些阶段不只停留在理论的联系上，而是与真实的生活也具有关联性。例如，一项研究的研究人员发现，与处于习俗水平的成年人相比，处于后习俗水平的成年人能够更加积极且有建设性地应对生活中的重大丧失，如家庭成员的离世或一段关系的破裂（Lonky et al.，1984）。

　　与此同时，许多评论家指出，科尔伯格的理论相对狭隘，所有内容几乎只集中在公正或公平概念发展的方面展开讨论，却忽略了道德或伦理推理及意义系统的其他方面。

　　最有说服力的批评家当属心理学家卡罗尔·吉利根（Carol Gilligan，1982）。她指出，科尔伯格感兴趣的是公正而非关怀的概念，所以他的理论和研究在很大程度上忽略了伦理（或道德）系统是基于对他人的关怀、责任、无私或同情这一事实。吉利根还特别提出了一个观点，即从责任和关怀的角度看，女性比男性会更频繁地遭遇道德和伦理困境。女性并不会寻找所谓"公正的"解决办法，而是寻找能够处理好问题所涉及的各方面社会关系的最佳方式。吉利根认为，相比之下，男性比女性更经常地采用确保道德公正的解决方式。吉利根认为，女性不太可能追求公正的道德标准，因此女性在科尔伯格的衡量标准中得分较低。吉利根的这种观点没有得到研究发现的有力支持。研究人员采用科尔伯格修正过的打分系统，将男性和女性的道德推理阶段进行对比。结果表明，尽管有数项成年人的研究的确符合吉利根所提出的假设（Lyons，1983），但是显著且典型的性别差异却并未被发现（Smetana et al.，1991）。迄今为止的研究项目清楚地表明，在面对需要使用公正原则进行推理的道德两难实验任务时，女孩和成年女性确实会使用且有能力使用公正原则进行思考与判断，而这正是一个核心问题。

9.3.2　信仰的发展

　　信仰（faith）是人们对"我们与他人之间的关系的本质"及"我们与所居住的这个世界之间的关系的本质"所持假设和理解的集合。根据这一定义可知，不论我们是否皈依某一种宗教或加入某个宗教组织，我们每个人都有自己的信仰。道德推理是信仰的一部分，但信仰的概念更宽广一些。

　　神学家兼发展心理学家詹姆斯·福勒（James Fowler，1981）提出了超越道德推理问题的信仰发展理论。他认为，在我们生命中的任一时刻，每个人都有一个自己的"人生主旨"（master story），即"对'生活是什么''谁是人生真正的主宰''我该如何生活才能让我的生命变得美好和有价值'这类问题，你所给出的答案就是你的人生主旨。你的答案就是你对人生的态度"（Fowler，1983）。

　　与科尔伯格相似，福勒的兴趣并不在于一个人信仰的具体内容，而是在信仰的形式结构上。基督徒、印度教徒、犹太教徒和无神论者均具有结构相似但内容非常不同的信仰。同科尔伯格一样，福勒假设我们每个人在童年和成年期的成长过程中会经历一系列共同的信仰结构（又称世界观，或者广义的内部工作模型，或者意义系统，或者我们选择的其他称呼）。同皮亚杰一样，福勒认为，"这一结构性阶段的等级是有顺序的、相同的、等级分明的"（Fowler，2001）。在福勒提出的 6 个阶段中，有 2 个阶段主要发生在童年时期，对这两个阶段我不做详述。其余的 4 个阶段则体现在成年人身上。

信仰的阶段 ● ● ●

综合—习俗式信仰——福勒把成年人的第一个信仰形式称为综合—习俗式信仰（synthetic conventional faith）。对多数人而言，这种形式的信仰第一次通常出现在青少年时期，之后会持续发展，直到成年早期。同科尔伯格的道德推理水平一样，习俗式信仰根植于一种隐性假设，即在个体自身之外有权威的存在。

许多成年人在其整个生命历程中都保持这一信仰形式，即在一个群体的意义系统或一套具体的信念中定义自身并诠释自身的经历。

个人—反思式信仰——在成年人进入下一个信仰阶段时，对外部权威的依赖会发生改变。这一阶段被福勒称为个人—反思式信仰（individuative-reflective faith）。进入该阶段需要个体停止对外部权威的依赖，即个体将权威从外部向内部迁移。在完成这一转变的过程中，许多成年人会排斥或离开自己原来所属的信仰团体。在通常情况下，他们也会排斥宗教仪式和宗教神话，选择拥抱科学或理性。但阶段性的转变也能在不排斥宗教的情况下发生。关键在于该个体不仅再次检验了自己原来所持的假设，而且以新的方式担负起了责任。

这一改变具有多么深远的意义，我可能很难表述清楚。我所能找到的最贴切的比喻选自神话作者约瑟夫·坎贝尔（Joseph Campbell，1949/1990）的作品。在习俗式信仰阶段，我们对自我的感知就像月亮，自己不发光，但会被自己反射的太阳光照亮。我们自己并不是光（即知识）的来源，却被外界的力量所塑造。在个人式信仰阶段，我们对自我的感知就像太阳，自身会散发光芒。此时，我们不再被我们所属的群体所定义；相反，我们可以基于自身选定的信仰或价值观而选择我们要加入哪个群体，与哪些人／哪些群体建立关系。因此，即使在这个阶段我们选定的信仰与伴随我们成长的信仰是相同的，但深层次的意义系统也已经发生了改变。

丽贝卡是一位30多岁的女士。她似乎已经完成了这种转变。

我知道自己的确定义了关系的界限，我也会非常小心地捍卫它。我不会放弃哪怕半点控制。由我决定与谁建立关系、持续多久，以及关系什么时候结束。我有什么可害怕的呢？过去我害怕人们发现真实的我后就不再喜欢我了。但是现在我不再这么想了。我现在的感觉就是——"那就是我，就是我本来的样子，是我之所以成为我的原因。我性格好强，这也许是我消极的一面，却同样也是我积极的特质，此外，我还能在自己身上发现很多这样的积极面。这些特质本质上就是我，就是我自己。如果我让人们接触到我的真实自我，也许他们会接受它，也许会利用它。真发生了这样的事我就离开"……这个"自我"，如果要用什么来代表，我会想到两种东西：要么是一根穿透一切的钢棒，一种牢固的纤维，要么是像以一个中心聚合起来的球状物。（Kegan，1982）

契合式信仰——福勒模型的下一个阶段即契合式信仰（conjunctive faith），它要求人们能从对个人反思式的自我关注转向关注开放的外在。对矛盾持开放而包容的心态，从寻求不变的固定真理转向寻求自我与他人、心灵与情感、理性与宗教之间的平衡。生活在这一意义系统下的人（这样的人在中年以下的群体中很少见）认为，真理不只一个，其他人的信仰和观点也有其道理。这一观点不仅增加了人们对他人的宽容度，而且通常会使人们热衷于为他人福祉服务并承担起自己的责任。

普世信仰——福勒提出的信仰系统的最后阶段是普世信仰（universalizing faith）。与科尔伯格提出的阶段6类似，到达这一阶段是一项较为罕见的成就。但是福勒认为这是合理的下一阶段。在某种程度上，它涉及超越个人的一步。在契合式信仰阶段，一个人也许会变得更加"开放"和"融合"，但仍会困于矛盾中，即寻找普世性的同时试图保持个体性。在普世信仰阶段，一个人会完全遵循爱与正义的原则生活，并将其作为优先实行的原则。因为这样的人会基于基本的外部导向原则生活，而不以自己的利益为先，就像特雷莎修女坚持照顾垂死的临终者，直到其生命的最后一刻。到达普世信仰的人在他人看来是对现有社会结构或传统宗教的颠覆者，因为他们并非基于"在当前制度或习俗下的社会与宗教具有其必然合理性"这样的假设行事。

关于福勒信仰阶段理论的基本要点

有一些关键点需加以强调。

- 同科尔伯格类似，福勒假设信仰阶段会按照一定的顺序发生。但是该顺序与年龄仅仅大致相关，尤其是在成年期。有的成年人在一生中保持着相同的意义系统和相同的信仰结构。而有的人在对自我及其与他人关系了解的基础上发生一次或多次转变。

- 福勒认为，每个阶段在人的一生中都有其占据优势地位的"适当时间"，在此期间，个体特有的信仰形式与其生活需求最为一致。最典型的表现是，习俗式信仰阶段在青少年时期或成年早期表现得非常明显，个人—反思式信仰阶段则在25~30岁之间表现明显，而向契合式信仰的转变则大多发生在中年时期。最后，如果与正直和意义有关的问题在生命中扮演了更重要的角色，那么普世信仰这一阶段——如果有人能到达——会成为老年期最理想的信仰形式。

- 福勒的构想是，每个阶段的意义范围都比前一阶段的更加宽广，或者更加包容。更大的广度有助于培养人们更强的能力，从而获得人生的掌控感和平静感，以及同自己和他人建立亲密关系。

研究发现

我查阅了相关文献，但未找到任何纵向研究可检验福勒的信仰阶段顺序理论。但是福勒发布的一些横断研究数据显示了每个年龄段中不同信仰阶段的发生概率。他向超过 300 名青少年和成年人就他们的信仰提出了开放式问题，并让评分人员基于这些谈话内容将每个人划分到一个信仰阶段。研究结果显示，习俗式信仰在青少年时期最常见，个人—反思式信仰则多出现在人们 20 多岁的时候，而契合式信仰则只出现在人们 30 岁左右的时候。此外，只有一人属于普世信仰的类别，此人当时的年龄超过 60 岁。

另一项来自心理学家加里·雷克（Gary Reker）的研究为福勒的理论提供了支持性证据。雷克建立了一个相似的模型来反映意义系统在成年期的形成。雷克认为，一位成年人可以从任何一种来源找到其生命的意义，如休闲活动、个人关系、个人成就、传统和文化、利他行为（又称服务他人）、长久的价值观和理想等。雷克指出，可以将各种意义的来源分为四个层次：一是自我关注，位于该层次的人们主要通过获得经济保障或满足基本需求找到意义；二是个体主义，位于该层次的人们主要是在个人成长、成就或有创造性的休闲活动中找到意义；三是集体主义，位于该层次的人们追寻的意义包括来自传统和文化的意义，以及来自社会事业的意义；四是自我超越，位于该层次的人们主要通过长久的价值观和理想、宗教活动及利他行为获得意义。

雷克的研究没有直接验证福勒的模型，但两者的基本观点是一致的，即成年人用以定义自我并在生活中寻找意义的框架在成年期会发生带有系统性特点的变化。

初步评价

福勒的理论、雷克的研究及其他相似内容加深了我们对成年期的思考，这些理论和研究不但能帮助我们关注意义系统的重要性，还能帮助我们了解人们身上随着年龄增长而可能发生的变化及变化的顺序。但是，我们对意义系统的变化和相关理论的实证性探索仍然处于早期阶段。当下最急迫的任务就是获取高质量的纵向研究数据，也许初步的研究只能覆盖成年人身上发生转折的那些时期，但最终这一领域的研究要覆盖成年人的整个年龄阶段。

作者提示

信仰的阶段。

科尔伯格的道德发展阶段与福勒提出的信仰发展阶段之间是否存在着某些联系？

9.4 整合意义和人格

道德和信仰发展理论与人格发展理论有明显的相似之处。事实上，表面的相似性是十分明显的，具体如表 9.3 所示。

洛文杰在她的自我发展理论中提出了遵奉阶段，这个阶段与科尔伯格的习俗道德水平及福勒的习俗式信仰类似。一个已形成共识的观点认为，在青少年时期和成年早期，人们倾向于把重点放在适应社会赋予他们的角色和社会关系的需要上，并假设权威来源于外部。

表 9.3　对人格、道德和信仰发展的阶段回顾

总体阶段	洛文杰的自我发展阶段	马斯洛的需求层次阶段	科尔伯格的道德推理发展	福勒的信仰发展阶段
顺从；自我受到文化束缚	遵奉阶段；自我意识阶段	爱与归属的需求	"好孩子"取向；维护社会秩序取向	综合—习俗式信仰
个体特征	公正阶段；个体化阶段	自尊的需求	社会契约取向	个人—反思式信仰
整合	自主阶段；整合阶段	自我实现的需求	个人良知原则取向	契合式信仰
自我超越	—	高峰体验	普世阶段	普世信仰

注：此表比较了四种主要的发展理论。这些理论都表明个体从具体的规则发展到对自己和他人更抽象的理解。

洛文杰提出的公正阶段（又称良心阶段）与个体化阶段，与马斯洛的自尊需求、科尔伯格的社会契约取向及福勒的个人—反思式信仰在很大程度上是相似的。四位理论家一致认为，在该阶段，意义的中心来源或个体的自我定义从外部转向内部，同时伴随着对自我、个人能力、专长和潜能的关注。

洛文杰的自主阶段和整合阶段与福勒的契合式信仰相似，可能与马斯洛描述的自我实现需求相关联。三者均描述了个体从自我关注向寻找平衡的转变，转向对自我与他人更加宽容。

最后，一个近乎公认的观点认为，一个更高级的阶段涉及自我超越的某种形式，包括科尔伯格的普世阶段、福勒的普世信仰阶段，以及马斯洛的自我实现（或高峰体验）。

当然，我们阐述的以上观点并非四种彼此毫无关联、凭空想象的理论。四位理论家了解彼此的研究，他们的观点也相互影响。这一点在福勒和科尔伯格的理论中有典型的表现，因为福勒的理论很明显是对科尔伯格的理论模型的延伸。虽然以上理论具有相似性，但却并不代表我们就此发现了"真理"。然而，有三个理由能让我更加确信以上理论描述的基本序列是成立的。

有效性的三项论据 ● ● ●

论据 1——尽管四位理论家的观点相互影响，但仍然是三种不同的理论。科尔伯格和福勒的理论根植于皮亚杰的理论和正常儿童思维（发展）的研究；洛文杰的理论建立在弗洛伊德精神分析理论对儿童和成年人的临床评估之上，这些儿童和成年人不但包括正常个体，而且包括那些有情绪障碍的个体；马斯洛的理论尽管受到精神分析思想的影响，但仍然主要基于他对少数极不寻常且能够达到自我实现状态的成年人的个人观察。虽然上述理论具有不同的根源，但就意义系统的出现顺序却达成了相似观点，这种理论的交叉与融合给人留下了深刻的印象。

论据 2——科尔伯格和洛文杰提出的理论模型，尤其是模型中关于成年发展顺序

（该顺序经常被提及）中由遵奉或习俗式阶段过渡到个体化的第一阶段，已经得到了强有力的实验证据支持。除此以外的阶段转变目前少有学者加以仔细研究，部分原因可能是该领域的纵向研究还未涉及刚刚步入中年期的成年人群体，部分原因可能是在人生其他阶段的转变并不如上述第一阶段那样普遍，因而导致了学者们对其关注度有限。

　　论据 3——在我看来，我在这部分介绍的理论具有一定合理性，原因在于罗伯特·凯根（Robert Kegan）提出了一个更具包容性的发展概念，就这一概念而言，基本顺序具有非凡的意义。

9.4.1　一个综合模型

　　心理学家罗伯特·凯根提出，我们每个人心中都有两种非常强大且并存的欲望或动机。一方面，我们在内心深处渴望与他人建立联结，渴望与他人心意相通，甚至融为一体。另一方面，我们同样渴望独立，渴望与他人有所区别。两种渴望无法相互妥协，达成平衡状态。所以无论我们到达了哪种"进化休战"（evolutionary truce）状态（凯根对每个阶段的称呼），我们都是倾向于某一种渴望，相对远离另一种渴望。最终，未被满足的渴望会变得更加强烈，使我们不得不改变我们的意义系统，改变我们对人生的认识，最终产生一种根本上的交替变化。换言之，人们会像钟摆一样在以联结或融合为中心的意义系统和以独立或分离为中心的意义系统之间摇摆不定。

　　儿童的一生始于与母亲或与类似母亲的照顾者之间的共生关系，所以他们的摆钟始于联结和融合的愿望。到 2 岁时，孩子会企图离开母亲寻求"独立"，即寻求独立的身份。我们在青少年和成年早期（如果不是更晚）看到的遵奉或习俗式意义系统是在团体内对联结性的回归（即归属），而个人意义系统是对独立的回归。去群体化（detribalization）这一术语能够很好地与凯根的基本模型相吻合（Levinson，1978）。当权威从外部来源向自我内部来源过渡时，个体至少首先会离开与自己联系紧密的团体，摒弃集体仪式和规则。

　　如果凯根提出的这一模型正确，那么下一个阶段应该是个体对联结性的又一次回归，我所提到的多数理论家都曾提及这一点。正如我所看到的那样，多数理论家在提到人们这次对联结性回归的同时，也提出了在这个过程中存在的两个次级阶段。一个次级阶段相当于福勒理论模型中的契合式信仰或科尔伯格理论模型中的个人良知原则取向，另一个次级阶段相当于福勒理论模型中的普世信仰或科尔伯格理论模型中的普世阶段。凯根在此处提出的个体对联结性的又一次回归就是从上述第一个次级阶段向第二个次级阶段的过渡。

　　尽管我把两种渴望或动机之间的交替变化过程描述为来回摆动的钟摆，但是显然，凯根并没有说过这个钟摆只会按照单一的节奏来回摆动。相反，他把该过程视为螺旋上升式的变化，即每次到达另一端点时，人们都能达到比之前更整合的水平。

如果这一基本的交替变化或螺旋式运动确实组成了个体发展的潜在循环节奏，那么为什么我们还要假设这一变化会停在某一个至高点上（如科尔伯格提出的普世阶段）呢？当我第一次理解凯根理论的这一方面时，我曾有一次"啊哈"这样的经历，我意识到，伊芙琳·昂德希尔（Evelyn Underhill）和威廉·詹姆斯（William James）的个案研究所描述的神秘主义体验阶段可以与凯根描述的阶段顺序完美地联系起来。

我个人能够充分地意识到，这里讨论的这种主观的神秘主义会涉及更广的方面，甚至可能超出心理学范畴，但是对我而言，冒这个险是值得的。原因之一是，我假设人类个体的精神拥有巨大的可能性，通过这种方式我也许能为上述基本假设提供证据支持；原因之二是，神秘主义体验阶段呈现的模式与我目前为止讨论过的研究证据和理论具有高度契合性。

9.4.2　神秘主义体验的阶段

我正在描述的神秘主义体验的各个阶段是神学家兼哲学家伊芙琳·昂德希尔提出的。她的观点基于她所阅读的文献与资料，其中囊括了数百人的自传、传记及对他们生平的其他记载，这些人来自不同的宗教背景，昂德希尔的阅读范围涵盖了所有的宗教种类。对这些人的文字记载描述了某种神秘主义（mysticism）或自我超越的体验或经历，在这些文字记载中，人们能知道自己是一个更大整体的一部分，并且在他们的肉体和个人历史之外还有一种存在。虽然从这些文字记载中发现的内容并不一定意味着这些人会体验到昂德希尔理论所提出的所有神秘主义体验阶段，但是昂德希尔的报告指出，尽管每个人所处的历史时期和宗教背景都非常不同，但他们对神秘主义体验或经历的基本过程的描述是一致的。

从觉醒到统一　● ● ●

阶段一——它被昂德希尔称为**觉醒阶段**（awakening），对应诸如科尔伯格和福勒等人提出的理论中的最后阶段。该阶段至少包括一次短暂的自我超越经历，如马斯洛描述的自我实现（或高峰体验）。在凯根的模型中，这一阶段相当于钟摆的"联结"端；这是一种觉醒，它可以让人们摆脱个人视角，并且赋予人们从深层次联结的视角理解这个世界。

阶段二——它被昂德希尔称为**净化阶段**（purification），是回归独立的状态。处于该阶段的人能从更广阔的视角来看待自己，看待自身的不完美之处、徒劳的努力及存在的缺陷。正如基督教神秘主义者大德兰所说："阳光普照的房间里没有看不见的蜘蛛网"。为了能了解并消除缺陷（即蜘蛛网），一个人必须再次转向内在自我。处于该阶段的许多人致力于高度自律，其中包括特殊的精神自律，如日常祈祷或冥想和禁食。

阶段三——它让我们再次回归与他人和自我的联结。昂德希尔把这一阶段称为启示阶段（illumination）。该阶段的人对光明、更伟大的实体或上帝有更深刻和更长久的觉察。事实上，有可能这一阶段就包含了科尔伯格所提出的阶段七的一部分。

　　阶段四——然而启示阶段并非神秘主义体验的终点。昂德希尔通过许多神秘主义者的描述找到了另外两个阶段：阶段四，通常被称为"灵魂的黑夜"（dark night of the soul），它涉及更进一步朝向内在自我，回归独立状态。在阶段三的启示阶段，人依然会在获得启示时感到自我满足或愉悦。通过神秘主义者对后来阶段的描述我们可知，如果一个人的目标是为了获得最终的联结，那么甚至个人的愉悦也是要抛弃的。抛弃的这一过程需要回归自我，回归一切形式的自我觉察和探索——独立自我在其中能够得以幸存。只有到了那时候，一个人才能到达终点，即阶段五，又称为统一阶段（unity）——即自己与现实、美好和最伟大的事物达到统一。然而，这一阶段可能只是停留在特殊的宗教传统描述中。

　　当然，我无法确定这一人类内心的螺旋式发展进程是否会反映我们所有人必然会经历的道路或最终道路。我能确定的是，许多心理学家提供的道德、信仰或人格阶段的发展分析至少为此提供了初步的证据支持，这些心理学理论与神秘主义启示的阶段描述构成了一个联结的整体。例如，荣格通过心理分析发现自己内心世界的旅途中存在与上文表述相似的阶段。至少我们知道，类似的"道路"已经被一系列杰出人物走过，他们对内心之旅的描述具有惊人的相似性。可能会有许多其他的道路或旅途，但是对这些少数杰出人士的研究、思考与探索为我们指明了一个方向，即很明显，对我们日常生活中的大多数人来说，人类的精神有可能具有更广阔的潜能。

> **作者提示**
>
> **联结与独立。**
>
> 　　想一想你自己关于联结和独立的驱力。你如何在自己的生活中平衡这些驱力？

9.5　阶段转换的过程

　　现在我们从高高的"精神阁楼"上往下走，但在这一刻我们创造的意义仍然遵循基本的循环模式和发展顺序。现在我们来看对个体而言有特殊重要性的一个问题：从一个阶段转换到另一阶段的过程是怎样的？引发这一过程的原因是什么？各个阶段之间的转换有没有共同特征？它们之间是如何相互转换的？

9.5.1　过渡理论

大多数提出成年期发展阶段的发展心理学家把研究重点更多放在阶段本身，而非转换过程，但在描述转换方式时，他们也会反复讨论某些共同的主题。

很多理论家使用非常相似的术语描述阶段转换。他们把从一个水平或阶段向另一个水平或阶段的转变视为某种意义上的死亡和再生，即前期自我意义、前期信仰及前期平衡状态的消亡（James，1902/1958；Kegan，1980）。这种转换过程首先会出现下一阶段或下一种世界观的特点和预兆，在随后出现的阶段中，一个人可能要忙于应对两个内心的"自我"。这一阶段经历的时间可能较短，也可能较长。有时候这一阶段可能会停止，人们会再次回到原来的平衡状态；有时候经过这一阶段，人们会迈向对人生新的理解，达到新的平衡。

到阶段转换过程的中间时期，人们会像经历了一次严重的价值观混乱，此时个体抛弃了部分旧的意义系统，但新的平衡尚未达到。人们会用"我抓狂了"或"我快疯了"来形容自己此时的感受（Kegan，1980）。个体达到平衡的过程可能会伴随各种生理或心理症状的增加，包括焦虑和抑郁。

凯根准确地总结了整个过程中可能出现的痛苦："对每个人而言，发展的代价都是高昂的，不仅对经历成长的个体本人如此，对其周围的人也是如此。成长包括从旧的意义系统分离出来。事实上，处于这一过程中的个体不但会感受到人生了无意义的痛苦，还会否认承诺的价值和为成长做出的投入……发展理论教给我们对这种痛苦的思考方式，而非将之视为一种疾病"。

9.5.2　触发过渡

阶段转换的出现可慢可快；引起阶段转换的原因可能是自己选择的活动，例如，训练或心理治疗，平常生活中偶然发生的状况，或者意外经历。在表 9.4 中，我提到了引发阶段转换出现的诱因，整理了三个最频繁地发生在成年期的阶段转换：（1）从遵奉社会规范转向具有鲜明的个体特征的个体化；（2）从个体化转向自我整合或契合式信仰阶段；（3）从自我整合阶段转向自我超越。表 9.4 是我暂拟的表格。显而易见，我们缺少纵向研究的证据，所以我们难以准确判断哪些经历能够刺激转换的发生，而哪些经历不能刺激转换的发生。

表 9.4　从一个阶段向另一个阶段的转变：一些可能有助于完成转变的触发场景

具体的转变	引发转变的有意识的行为	引发转变的无意义事件或环境性事件
从遵奉社会规范到有个体化	心理治疗；阅读关于宗教或信仰的书籍	上大学；出于其他原因离家，如参加工作或进入婚姻；在遵循社会规则后仍然时常遭遇失败或挫折；个人或专业技能得到发展
从个体化到自我整合	心理治疗；内省；可以提升自我觉察的短期项目（如格式塔疗法工作坊）	疾病或持久的病痛；家庭成员死亡或持久的家庭危机；高峰体验
从自我整合到自我超越	冥想或祈祷，各种形式的瑜伽；自律	濒死体验；超越性的经历，如高峰体验或即刻的神秘主义体验

从表格中可以看到，在某种程度上，这三个阶段都可能涉及不同的经历。上大学或从家乡搬到一个不同的社区会对人们向个体化阶段的转换产生影响，会提升关于这一阶段的数个方面。例如，在纵向研究中，科尔伯格、瑞斯特（Rest）及托马（Thoma，1985）发现，大学教育完成度和道德推理水平之间存在关联。基于原则的推理能力仅存在于至少接受过大学高等教育的个体身上。该阶段的转变原因是学生受到其他理念、其他信仰或其他视角的影响。观念上受到的冲击会使个体产生失衡状态，解决这种失衡状态的途径就是寻找一个新的、独立的、自己选择的模式。

我认为，心理治疗也可能会在引发或助力前两个转变中发挥一定的作用。事实上，帮助一位来访者获得对自我的完全整合是许多人本主义取向心理治疗师的最高目标，那些以卡尔·罗杰斯或弗里茨·皮尔斯（Fritz Perls，1973）为榜样的心理治疗师便是如此。但我提出了一种假设，即传统的治疗形式几乎无法帮助一个人从整合阶段过渡到自我超越阶段。这种转变需要在诸如冥想、瑜伽或系统性祈祷等带有积极主动特征活动的助力下才能完成。

痛苦或非同寻常的经历都可能成为阶段转变的"机会"。孩子的死亡或自己父母任意一方的死亡都可能会引发个体对生命和死亡的终极思考。一次失败的婚姻或工作上的挫败可能会导致个体对现有模式产生怀疑或丧失稳定感。同理，当个体短暂地接触到高峰体验时，在当时的情况下可能还无法完全理解这种体验，所以同样也可能导致失衡。例如，许多成年人有过濒死体验，并报告自己的人生从此变得不同了。他们中的许多人换了工作，或者以各种形式把余生奉献给服务他人的事业。其他形式的高峰体验或宗教意义上的重生也可能会产生相同的作用。事实上，老年人智慧的发展与探索人生艰难经历的意义之间存在关联（Weststrate & Gluck，2017）。

9.5.3　生活变化的影响

在以上几段内容中，我一直使用"可能"这个词表达一个事实：这些生命中发生的变化并不一定会为个体带来有价值的反思或去中心化。在一篇回顾预期和超预期变化概念的论文中，心理学家帕特里西娅·古林（Patricia Gurin）与奥维尔·布里姆（Orville Brim，1984）提出了一种有趣的假设，以解释两者在影响生命的重大变化上有何不同。本质上，他们认为，多数人普遍共有且随着年龄增长而出现的变化不太可能引发人们对自我进行一次重要的审视，因为人们对于可预期的变化与不可预期的变化有不同的解读方式。在大多数人身上都会出现的变化通常是由外部因素诱发的，个体无需对这种变化负责。相反，那些只发生在某个人身上的变化，或者并非由于年龄增长而导致的变化才更有可能使个体再次对自己的内心做出审视，因为这种变化很难被归因于个体自身外部的诱因。举例而言，如果你上班的公司因为经济萧条而宣告破产，继而导致你及与你类似岗位的所有员工都被解雇，那么此时你就无须重新审视自我价值的意义。但如果是在经济繁荣时期，而你是唯一被解雇的员工，那么要维持你自身原有的价值观就很难了。

一些人们共同的经历，如上大学，可能常常会引发人们对自己的重新审视，或者重构自己的人格、道德价值或信仰。大多数与年龄或阅历有关的经历会进入个体现有的意义系统中并成为其一部分。但是，对个体而言，独一无二的或与年龄增长无关的那些经历才是真正引发意义系统出现重大改变的诱因。尽管这种理念还有待验证，但它确实引发了一些值得人们深思的议题。

作者提示

生活事件与精神性。

你生活中的哪些变化导致了你对道德和精神层面价值的重新评估？

9.6　塑造探索

公平地说，大多数成年人都在经历一些创造或寻找生活意义的过程。然而，这些过程并非一定是有意识的、深思熟虑的过程。无论发生什么，对意义的探索都有多种形式。

探寻人生意义的各种理论是我们一直试图理解人类追求意义的方式，部分理论是基于隐喻的。我们从隐喻开始寻找对成年发展的理解，它影响着我们对于研究对象的选择，也影响着我们看待问题的方式。

9.6.1　人生旅程

很多人在成年后花费许多年的时间有意识地寻找自己的人生意义，他们寻找人生意义的过程非常相似。但是，这不一定是成年期发展"自然"或必然会出现的部分，无论对意义的找寻是无意识的还是无意为之的。有很多达到同等精神性阶段的成年人，如我的外祖父母，他们会以平静和传统的方式在自己的生活中寻找意义。他们选择信奉童年时期加入的宗教组织，通过对教义有更深入的理解及亲自向年轻人传授它的要义，他们收获了巨大的精神财富。于是，他们便不再需要找寻其他的信仰路径。对一些人而言，他们遵循既定的路线发展，这背后一定存在某些原因。

重要的是要认识到，很多学者提出的理论都建立在对意义系统发展的单一隐喻基础之上，即"人生是一场旅行"。让我们想象一下，成年人艰难地越过某座山丘，沿着某条路佝偻而行，沿途跨越一个又一个等级或阶段。这一比喻中隐含了目标的概念，即终点或 telos（希腊语，是英文 teleological 的词源，意为"有目的或向一个目标前进"）。这是一次通往某处的旅程。如果旅程的目的被视为一次个人的成长，那么我们就必须对终点和个人成长的某个更高等级有一定的理解。

哲学家兼电视制作人山姆·基恩（Sam Keen，1983）提出，我们还可以用其他方法思考这种过程。其中有两种方法我觉得尤其引人入胜。

■ "如果我们要用形状来形容我们自身的存在，那么圆形比直线更合适。如果生命是一场旅行，那么它就不是一次朝圣，而是一场艰苦的跋涉。在这个过程中，个体离开家，然后又再回来"。每个阶段都可能是一次循环式的回归，一次对内心"静止点"（出自诗人 T. S. 艾略特）的铭记。随着这个圆的每一次运动，我们一路走过，我们对自身和世界的理解和认识每一次都有所变化，有所不同，然而所谓的终点并不必然存在。

- 我们同样可以把整体过程视为"各个音乐主旋律交织而成的一首交响乐；每个人生阶段就好似每段主旋律，在前一个阶段就可以预测下一个阶段，在后续的阶段则留下上个旋律的回响"。另一种比喻是将人生比作一张由多种颜色交织而成的挂毯。可以创造出许多不同的意义系统或信仰的人能够用更多的颜色编织这张挂毯，但是一张颜色丰富绚烂的挂毯和一张用色虽少但制作精致的挂毯相较，哪一张更漂亮，更令人愉悦？这个问题的答案是开放的。

在当今的思想界，以旅程隐喻人生是一种占主流地位的观点，但它并非看待意义转变过程的唯一方式。事实上，旅程隐喻的线性和目的性很可能会限制我们对成年期意义系统变化的思考。

9.6.2　选择隐喻

如果我们想进一步理解这种过程，或者想从对人生的几个隐喻中选择其一，那么我们需要的就是更多实证性的信息与证据，以便回答诸如以下类别的问题。

第一，是否存在纵向发展，它能够贯穿福勒提出的信仰阶段或其他人提出的类似的阶段顺序，如洛文杰提出的自我发展阶段？很多横断研究和若干纵向研究的结果均表明，人们的精神性发展水平会随着年龄增长而增长。但年龄本身除了会让一个人生日蛋糕上的蜡烛数量增加之外，并不会带来什么太多的东西。我们需要提出一个问题：精神性发展的指标随着年龄一同变化是否由于人们智慧的累积？这些智慧是否源于人们的个人经历、神经系统的生理变化、在成年晚期遭受的挫折，抑或别的什么事物？这一领域的研究数量正急剧增加，因此我相信，对这个问题我们很快就会得到答案。

第二，不同的理论家提出了不同的带有阶段特征的发展顺序理论，那么这些理论之间是否存在联系？如果我们从道德推理、洛文杰模型中的自我发展阶段和个人持有的信仰类别这三个方面对某个人加以考察，那么对同一个人而言，他当前的状态在三种理论模型中是否会处在同一个阶段的发展位置上？如果个体在三种理论描述的一种模型中发生了阶段性的变化（从一个阶段发展到另一个阶段），那么该个体在其他两种理论模型中所处的阶段位置是否也会发生变化？洛文杰理论中所说的"整合状态的个体"，即处于模型中的整合阶段，是不是只可能发生在个体人生的最后时光，有没有可能出现在其他的人生时刻？在儿童的认知阶段性发展的研究领域里，上述这些问题已经被探索多年，那么现在对同样问题的探索也应当被扩展到对成年期意义探索的研究领域中。

　　第三，假设纵向研究数据证实存在意义建构的阶段，那么我们需要知道，是什么原因引发人们从一个阶段向另一个阶段转变？什么因素会促进这些转变的发生？什么因素会延缓这些转变的发生？

　　第四，我们需要深入了解信仰阶段（或意义模型、自我构建）与幸福感、更好的身体健康状态、心灵更加平静之间有何联系。我个人的假设是，当个体的意义系统正处于"内外合一"的状态，而非处于任何一个以自我为导向的阶段时，该个体会体验到更大的幸福感，对人生也会感到更满意。

　　以上列出的问题也许会在未来数十年中得到解答。这是因为，研究者们已经开始设计精神性的测量等级，同时也开始研究意义探索的各种组成要素。关于健康和宗教行为之间的联系已在近期得到证实，这一成果为进一步研究其他形式的精神性探索行为起到了良好的开端作用。对人类精神性探索的遗传基因研究更令人遐想无限。关于精神性的遗传的研究（Anderson et al.，2017）也为这一领域注入了新的活力。

摘要：对意义的探索

本章内容具有一个显著的特点，即可以从不同文化和传统中找到相似的描述。事实上，在对道德、意义系统、动机等级和精神性发展的理论（和个人）描述中，有许多明显的一致性，然而，共同的观点并不意味着这些观点就是事实。到目前为止，我在本章介绍的大部分内容仍然是令人兴奋和有趣的推测，这些推测指向每位成年人内在的智慧、激情甚至光明的潜力。

1. 为什么我们研究对意义的探索

（1）对意义和精神性的追寻是人类体验的一个组成部分。在考古遗址中，当今所有的文化都有其存在的迹象，甚至成为人类基因的特质。

（2）心理学普遍认为，是我们对经历赋予的意义而非经历本身定义了我们的现实。我们透过自己创设的一系列业已存在的基本假设赋予体验主观意义，这些被称为内部工作模型或意义系统。

2. 意义系统中与年龄变化相关的研究

（1）超越老化或我们成年过程中意义系统的发展，在文学、神话和心理学理论中都多有提及，尽管现在人们对是什么导致意识系统的变化尚未达成共识。

（2）关于宗教和精神性的实证研究在过去 40 年里发展迅速，绝大多数研究都试图阐释宗教和精神性是否会随着我们年龄增长而变化的问题。老年人的宗教活动参与度比年轻人的更高，但是随着年龄继续增长，老年人对宗教的参与度会出现急剧下降，这很可能是因为健康状况不佳所致。同男性相比，女性会更多地参与宗教服务并加入宗教组织，在非洲裔和墨西哥裔美国人中，该比例更高。

（3）个人宗教修行（如祈祷、诵读经文等）的比率也会随着年龄增长而增加，但这个比率在人们更年长而参与宗教服务减少时趋于稳定。这表明，人们尽管在晚年时期无法参与宗教服务活动，但他们仍然保持精神信仰和个人修行。

（4）一项纵向研究对两组参与者进行了追踪。结果显示，在成年期，随着年龄增长，人们的精神性也会表现出增加，但女性比男性更早开始这种成年期精神性的增加，并且在年轻一些的群体中显示出不同于年长群体的增长模式，这表明，随着时间的流逝，我们在生命中经历过的种种事件也会对我们的精神性变化产生影响。

（5）对于长年的生活事件是否会引起人们精神层面上的变化，或者是否由于老年人需要面对灾祸而导致变化，我们仍然不得而知。这也将是未来研究的重要课题。

（6）参与宗教仪式的人，特别是女性，能够比不参与者的寿命更长。其中一个原因是，精神性能让人的身体在压力情境下的皮质醇反应更低。皮质醇与许多负面的应激反应有关，如免疫功能下降等。该发现在许多群体和许多精神性活动中被反复证实，特别是宽恕和频繁的祷告。

3. 有关精神发展的理论

（1）关于意义系统发展的一种理论是科尔伯格关于道德推理发展的理论。该理论基于皮亚杰提出的认知理论，包含六个阶段的道德推理，通过人们对道德困境回答的解释来评估道德推理水平。第一个阶段，即前习俗水平，推理反映了人们的惩罚和服从取向（即正确的行为能让自己获得奖赏），以及朴素享乐主义取向（即正确的行为能够带来快乐）。第二个阶段，即习俗水平，道德决策可以用遵从社会和家庭规则加以解释。第三个阶段，即后习俗水平，道德决策基于对相关法律和契约的推理判断。

（2）科尔伯格的理论多年来不断被讨论与修订。例如，卡罗尔·吉利根指出，科尔伯格的理论是基于对男性被试的个案访谈结果得出的，而男性基于公正系统做出判断，但女性在道德判断和决策中更倾向于关怀。

（3）第二个精神性发展的理论是福勒的信仰发展理论。同科尔伯格一样，福勒也是对人追寻意义的过程感兴趣，而非信仰的具体内容。在福勒提出的第一个阶段，即综合—习俗式信仰，意义源于个体之外的权威。在第二个阶段，即个人—反思式信仰，个体对自己的意义系统负责。第三个阶段为契合式信仰，个体对他人信仰和福祉更宽容、更开放。最终达到一种普世信仰，完全开放和包容的个体会对自己的需求淡然以对。

4. 整合意义和人格

（1）对成年期精神性发展的众多理论阐释具有许多共同之处，并且在精神性发展理论和个人发展理论之间也有许多共同点。有一种理论似乎包含了之前所有的理论，那就是凯根的综合模型。它提出人是群体中的个体，并且会在归属群体的需求和独立于群体的需求之间反复变化。

（2）自传、传记和个人成长史在个人追寻意义及其对灵性思索方面提供了有价值的信息。昂德希尔研究了个体对意义追寻的许多不同表述，并找到了能够构成五个可能阶段的共性。第一个阶段是觉醒阶段，即自我超越意识。第二个阶段是净化阶段，人们会开始意识到自己的过错和不足。第三个阶段是启示阶段，人们能更明显地感知到更高能量的存在。在第四个阶段，人们经历灵魂的黑夜，转而对自己更具有批判性的内在自我加以检视。第五个阶段是统一阶段，人们能够感受到一个同化宇宙整体的个体。

5. 转换的过程

是什么因素导致成年期意义系统的转变，这个问题是研究领域中相对较新的课题。目前可知的是，这些转变的引发源自独特的生命转变、多样性、高峰体验和有意识的自觉追求，以及精神上的成熟。

6. 塑造探索

（1）通常，我们试图通过使用隐喻来理解人们对意义的追求。无论我们选择什么样的隐喻，它都会成为我们观察成年人意义系统发展的"镜头"，这也可能会让我们看不到其他的解释方式。

（2）我们需要更多的实证信息，才能更好地理解人类对意义创造的探索。

写作分享

对意义的探索。

思考本章对意义探索的讨论。你对意义的追求与你父母那一代及他们父母那一代有何不同？这些变化（或好或坏）意味着什么？写一个简短的回答，可以与他人交换阅读。一定要讨论具体的例子。

成年发展心理学
THE JOURNEY OF
ADULTHOOD

第 10 章

压力、应对与
心理弹性

练习瑜伽和在大自然中消磨时间都是减轻压力的好方法。

学习目标

10.1 确定压力的来源

10.3 评价应对压力的技巧

10.2 压力与健康的关系

10.4 分析心理弹性如何发挥作用

作者的话 >>>>> 米格尔的旅程

米格尔曾以一种不同寻常的方式从古巴来到美国迈阿密，他先是坐船向西去了墨西哥，然后经过努力，穿越边境进入美国的得克萨斯州。那时他才 15 岁。当时一起要过境的是八名有孕在身的女性，她们希望在美国的医院里生下孩子——不是因为美国的医院具备较好的医疗条件，而是因为那样她们的孩子就会拥有美国公民的身份。虽然一开始他们得到的承诺是会安全过境，事实却是米格尔和这些孕妇后来被丢在岸边，他们只能自己想办法过去。就在这时，周围突然枪声四起，米格尔帮助这些女性一个接一个地渡过了那条浅河，然后自己过河的时候，却发现大腿被子弹击中。最后，他和在渡河过程中就开始出现临产反应的两位女性一起住进了医院。

这是一个令人心惊肉跳的真实故事。我是听米格尔亲口讲述的，也看见了他大腿上的伤疤。他还给我看了住在得克萨斯州的两名墨西哥裔美国青少年的照片，他们的母亲就是当时米格尔帮助过河的女性。这两名青少年的名字都叫米格尔。他一直和这些家庭保持着联系。对我而言，这个故事最精彩的部分是，他和我的小儿子德里克是如此相像。他们都是美国公民，一起做土木工程师，他们都开卡车去上班，一起去野外，晚上回家陪伴妻子和孩子，然后会计划去迪士尼乐园、拉斯维加斯或巴哈马度假。除了米格尔有一点古巴口音之外，你根本不会注意到米格尔和德里克有什么不同。但是，我儿子在一个美国中产阶层家庭里长大，他 15 岁时做的事情是玩滑板和参加棒球高级联赛。每当我想到米格尔，我就会看看那些坐在课堂里的学生、那些在附近小卖部工作的人们、那位帮我投递信件的女士。我常常在想，他们的人生故事又是怎样的呢？当我越来越了解南佛罗里达州的朋友们时，我听到的像米格尔那样的故事就越来越多。这里有坐着由汽车内胎和塑料冷却器制成的皮筏艇来到这里的人，有在自己的祖国即将发生暴乱时逃离的人，有集中营里的幸存者，也有在第二次世界大战后从集中营被解放出来的人，有目睹自己的家人和邻居被杀的人，有地震和飓风的幸存者，还有曾因政治和宗教信仰入狱的人。厄运并不只存在于我们这个国家的历史书上，我相信你所在的土地上也在发生着类似的事情。

本章是关于压力、应对和心理弹性的。主题是人们怎样面对人生中的逆境，无论这里"逆境"指的是要越过一条通往自由的河流，还是在州际公路上遇到交通堵塞，同时坐在车后座上的孩子却在号啕大哭。压力是怎样影响我们的？在日常生活中，我们有哪些资源可以用于应对压力？我们要怎样应对大规模的灾难，然后继续生活下去？我将从一些重要的理论和关于压力影响的研究讲起，然后我会呈现一些关于社会支持和其他压力应对机制的资料，最后，我会详细讲到应对应激事件最常见的反应：心理弹性。

10.1   压力、压力源和应激反应

压力（stress）是人类（和其他生命体）应对环境需求呈现出的一系列生理、认知和情感反应。这些产生压力的环境和事件被称为压力源（stressors）。对压力（和压力源）的科学研究已有相当长的历史——早在20世纪初就开始了。该研究领域一直由医学研究者和社会科学研究者主导（Dougall & Baum, 2001）。似乎每当有新的研究工具或技术出现时，我们对压力及其"解药"——应对（coping）——的了解就会更进一步。

10.1.1   压力和压力反应

对压力反应最出名的一个理论解释是医学研究者汉斯·塞利（Hans Selye，1936, 1982）提出的，他是第一个提出"压力"这个术语并发展出"一般适应综合征"（general adaptation syndrome）概念的人。塞利认为，应激反应分为三个阶段（见图10.1）。身体处于内稳态时是有机体的稳定和最佳功能状态（见"塞利提出的一般适应综合征"）。

塞利提出的一般适应综合征 ● ● ●

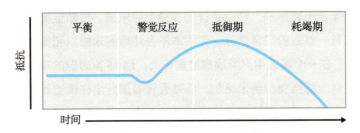

图 10.1   塞利提出的一般适应综合征的三个阶段

塞利认为，应激反应分为三个阶段。第一个阶段是警觉反应（alarm reaction），此时我们的身体迅速对压力源做出反应，变得机警或充满能量，为"战斗或逃跑"做准备。如果压力源持续很长时间，人们的身体就会进入第二个阶段：抵御期（resistance）。这时身体会试图恢复到经受压力之前的正常状态。这一阶段有一个显著的生理变化，就是胸腺（和免疫反应有关的一种腺体）会变小，并且其功能会减退。所以，在这一阶段，人可以控制最初对压力源的警惕状态，但这是以牺牲免疫功能为代价的。如果这个压力源持续足够长的时间（许多慢性压力源确实会持续很长时间），抵御期并不会维持下去，此时人会到达第三个阶段：耗竭期（exhaustion），在此阶段，一些警觉反应时期出现的反应会再次出现。塞利认为，如果压力源足够严重，耗竭期会伴随出现生理疾病，甚至是死亡。

　　塞利提出，压力源不再出现，或者一般适应综合征彻底消失，通常是无法实现的状态。通常而言，人们最多能够实现回到压力源出现"之前"的状态，而无法彻底做到完全"平静如水"；有些人据此认为，人们衰老的过程只不过是多年压力累积作用的过程。

　　塞利的观点是阐述生理疾病和心理反应之间的关系的最早理论之一。他非常谨慎，并未声称是压力导致了生理变化，而是说我们对压力（他称为不幸或痛苦）的反应才是罪魁祸首，这样就会引起其他人对预防性措施的一些思考，如压力应对机制和社会支持等，这些内容我们在后面都会加以讨论。

　　塞利提出该理论已经近一个世纪，有上百项研究都在探索应激反应对人类免疫系统的影响。他提出的"压力会在整体上抑制免疫系统"的想法后来被精炼出来，发展出对免疫系统的一套分类方式：天然免疫（natural immunity）和特异性免疫（specific immunity）。天然免疫指的是对大部分病原体的一种快速的防御；而特异性免疫起效相对较慢，并且需要更多能量，因为机体首先需要识别病原体，然后形成相匹配的淋巴细胞与之作战。在自然状态下，这两种免疫系统是平衡且交替运作的，但是在身体需要做出应激反应时，天然免疫就会过度运作，抑制特殊免疫，以便储存能量。那些持续时间比较长的应激事件，如亲友去世的哀伤等，就会使天然免疫逐渐降低，而特异性免疫则会升高。如果压力长期存在，例如，需要照顾身患痴呆症的亲属，以难民的身份生活，或者经历长时间的失业状态，那么结果是两种免疫功能最终都会下降（Segerstrom & Miller, 2004）。

压力理论

　　进化心理学家提出，对突然发生且程度剧烈的压力源做出的反应（"战斗或逃跑"反应）是人类的一种适应性机制，它让我们的祖先能够唤起适当水平的能量（增加肾上腺素分泌，增加对心脏和大块肌肉的供血），同时使身体做好准备，加速伤口愈合，防止任何病原体进入伤口，从而避免引起感染（天然免疫）。现代人很少需要用到这一系列反应，因为我们平时遇到的压力源通常不会产生生理上的后果，也不需要我们在生理层面做出防御。但是，身体的应激反应是人类从远古时代就已经形成的，时至今日，环境虽已不同，但人们进化而来的应激反应却变化不多，这使当代人在面对压力时生理反应和心理事件呈现不匹配的状态（Flinn et al., 2005）。

　　塞利的理论采用的是一种基于反应的观点（response-oriented viewpoint），即聚焦于个体因暴露于压力源而引起的生理反应。塞利关注的是在压力下人们的身体反应。其他的研究者则侧重于压力源本身，如果遵循这种逻辑，那么研究人员就应当对环境事件进行评估，并且判断这些事件是否可以被称为压力源，以及如果它们构成压力源，它们能够引起的压力感到底有多大。最早的评估方法由精神科医生托马斯·霍姆斯（Thomas Holmes）和理查德·拉赫（Richard Rahe, 1967）研发而成，他们根据重大生活事件（life-change events）设计了一个量表，用以给人们生活中的压力源进行评分。该量表由 43 个事件组成，根据可能引起人们的压力大小，每个事件都有相应的分数。例如，配偶死亡是最具压力性的事件，对应的分数是 100 分，被解雇对应的分数是 47 分，被开超速罚单对应的分数是 11 分，等等。研究者的重点在于人生的"转折"，而不仅是消极事件，所以，该量表也包括一些积极的事件，如怀孕（40 分），获得突出的个人成就（28 分），度假（13 分），等等。霍姆斯和拉赫假设，一个人在最近一段时间经历的生活事件越多，那么他在量表上累加的分数越多，也就代表他承受的压力可能越大，他在近期生病的可能性也就越大。

霍姆斯和拉赫采用的是基于刺激的观点（stimulus-oriented viewpoint），即聚焦于压力源本身。换言之，就是引起人们应激反应的刺激，或者更具体地说，就是生活事件。事实证明，霍姆斯和拉赫的评估量表（和另一些相似的生活压力源量表）可以相当准确地预测人们的生理疾病和心理症状。今天，大部分关于应激反应的研究都会使用某种形式的生活事件量表。但是同时，这种关于压力的定义和测量方法也引起了一些严重的质疑。首先，这类理论背后的假设是所有的生活事件都会以同样的方式产生压力，但事实并非总是如此。积极的生活改变和消极的生活改变真的会产生同样的压力吗？即使是在那些被归为消极的生活改变中，也许也有一些会比另一些更能产生压力或引起疾病。其次，有一些事件在特定情况下是积极的（例如，一对结婚已久的夫妇在多年努力之后，妻子终于怀孕成功），但在另一些情况下是消极的（例如，一个毫无准备的少女意外怀孕），又该如何理解？

10.1.2 压力类型

面对这些问题，许多研究者都提出对压力源（或者说生活事件）进一步加以细分，这可能有助于回答之前提出的问题。例如，社会学家莱纳德·皮尔林（Leonard Pearlin，1980）区分了两类压力源：短期生活事件（short-term life events）（那些可能引起即时性的问题，但有明确开始和结束时间点的压力源）和慢性生活负荷（chronic life strains）（那些连续性的、正在进行中的压力）。他解释，慢性生活负荷便是那类会引起大部分健康问题、侵蚀社会关系的压力源（具有讽刺意味的是，这些社会关系恰恰是可以帮助缓解压力的社会互动）。

另一种分类是对和工作相关的压力源进行区分。工作压力（work stress）指的是员工在工作中感受到高水平的职业要求，但伴随高职业要求会有较强的控制感和个人成就感。而工作负荷（work strain）指的是员工要面对职业带来的高需求，但是只有低控制感、低回报，而且体验不到个人成就感 (Nelson & Burke, 2002)。

毕生发展心理学家戴维·阿尔梅达（David Almeida，2005）对重大生活事件（major life events）和日常压力源（daily stressors）这两个概念做了区分；前者包括诸如离婚和爱人死亡等，后者指的是生活中一些一般性的难题，如工作截止期限、计算机故障、和孩子吵架等。日常压力源还包括一些长期的难题，例如，照顾生病的配偶，或者单身父母在工作和养育之间竭力维持平衡。虽然阿尔梅达承认重大生活事件可能会伴随长期的生理反应，但他相信，发生频率更高的那些日常压力源对人们的整体幸福会有一系列的影响。阿尔梅达指出，日常压力源不仅对情绪和生理功能有直接和即时的影响，而且会随着时间的推移而产生累积作用，持续时间越久的问题，越可能引起人们严重的应激反应。

日常压力源很难测量，因为人们将之视为小问题，一段时间之后就很难再回忆起来。所以阿尔梅达用日记法（diary method）研究了 1 500 名成年人的日常应激源。这 1 500 名成年人都是全美日常经历调查（National Study of Daily Experiences，NSDE）项目中的参与者，阿尔梅从中抽取了部分人的数据。阿尔梅达并不是让参与者自己写日记（或者说，参与者常常会忘记每天要写日记这件事）。他采用的研究方式是，专门找来一些电话采访员，在实验开展的 8 天时间内，每天晚上给这些参与者打电话。这些电话采访员并不使用（压力源）清单，而是寻问参与者一些半开放性的问题，让他们自己说出他们的日常压力源及其对这些压力源的主观评价（Almeida, 2005）。

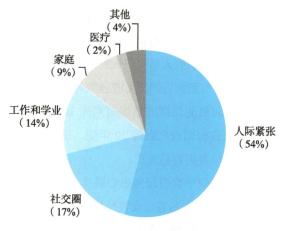

图 10.2　压力源类型

美国 25 ～ 74 岁的成年人报告，他们每天最大一部分压力源来自人际关系紧张，其次是发生在人际网络中其他人身上的应激事件，以及发生在工作或学校中的事件。

SOURCE: Data from Almeida (2005).

　　阿尔梅达及其同事发现，在美国，成年人一般在 40% 的天数中每天至少一次会体验到压力，在 10% 的天数中每天会体验到多于一次的压力。最常见的压力源是与人争执和人际关系紧张，它们占所有被报告应激事件的一半以上。压力源的种类和相应的报告频率如图 10.2 所示。有趣的是，对有些应激事件，实验参与者对事件严重程度的整体主观评价为"一般"，但专家编码的客观评价却是"低"。换言之，与他人评价相比，我们更倾向于认为自己正在经历的应激事件更为严重（Almeida & Horn, 2004）。

10.2　压力的影响

　　你可能还记得塞利的理论：压力源导致生理应激反应，从而降低免疫系统功能，最终可能导致身体疾病和心理疾病的发生。早期的研究结果显示，对重大生活事件的自我评估与一系列健康问题存在显著相关，但这种相关效应却很小，而且很难确定二者哪一个发生在先，究竟是压力源还是健康问题。另外，要说是压力源引起不健康行为也是不合理的，诸如烟草、酒精、过度进食及一些常见因素（如贫困），既可以导致许多压力，也会引起健康问题。近期的研究者控制了其中一些干扰变量，专注于揭开压力与疾病之间的"神秘面纱"，并努力探寻有效的治疗和预防措施。

10.2.1　生理疾病

　　研究发现，压力源与死亡风险有关。死亡风险是指一个人在特定时间段内死亡的概率。健康心理学研究人员杰西卡·J. 蒋（Jessica J. Chiang）及其同事（Chiang et al., 2018）分析了来自美国中年发展研究（Midlife Development in the United States，MIDUS）的数据。研究人员连续 8 个晚上给 1 300 多名中年人打电话，询问他们当天是否遇到了应激事件。这里所指的应激事件包括发生争吵、避免争吵、经历与工作有关的压力源、与家庭有关的压力源或歧视。研究的参与者还被问及对压力源积极和消极的情绪反应。在接下来的20年里，有310名参与者死亡。研究人员将已死亡的参与者的数据与幸存参与者的数据进行比较后发现，在这8天期间，参与者报告的压力源总数与他们未来20年的死亡风险之间存在正相关。研究还发现，应对压力时负面情绪的增加与未来20年的死亡风险之间存在正相关。据此，研究人员得出结论，在首次调查之后的20年里，那些每天报告大量应激事件和对这些事件产生负面情绪反应的参与者更容易死亡。

压力源似乎会引起罹患心脏病、糖尿病的风险，以及导致部分癌症的发病。例如，一项针对超过10 000名芬兰女性的纵向研究结果显示，生活应激事件的积累（如离婚或分居、丈夫去世、个人疾病或伤残、失业、亲密好友或亲属死亡等）和较高的乳腺癌发病风险相关。在研究的初始阶段，这些芬兰女性被问及最近5年她们经历的生活应激事件。15年之后，被调查的女性中有180人报告被确诊为乳腺癌患者（芬兰的医生必须把所有的癌症诊断报告给芬兰癌症登记中心[①]）。研究人员按照报告的应激事件的数量（0件，1件，2件或3件及以上）把这些女性分类之后发现，在生活应激事件的数量和乳腺癌的发生率之间存在线性关系，具体如图10.3所示（Lillberg et al., 2003）。这些女性患者报告的应激事件越多，乳腺癌发病概率就越大，而且因为该调查发生在癌症出现之前，所以这可以有力地证明压力源和后续的生理疾病之间存在关联。

压力和疾病

另一些研究显示出压力和心脏病之间的联系。研究者在15年时间里对将近13 000名男性进行了追踪。结果显示，与工作相关的压力（如被解雇或被停工、因残疾而不能工作、工作中的失败等）和发生心脏病致死有关。在研究进行的前6年中，这些男性参与者每年都会接受身体检查和访谈。在这项研究结束之后的9年里，研究人员查看了部分参与者的死亡记录和死亡原因。按照参与者主观报告的工作压力源数量把这些男性进行分类后，研究人员发现，在研究结束后的9年里，主观报告的应激事件数量越多，这些男性参与者因心脏病发病而死亡的风险就越

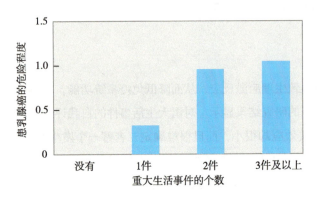

图 10.3 乳腺癌与应激事件数量的关系

在过去5年中报告过1件、2件或3件及以上重大生活事件的女性，在未来15年中被诊断为乳腺癌的可能性明显高于那些没有报告过重大生活事件的女性。报告的事件越多，乳腺癌的发病概率就越大。

SOURCE: Adapted from Lillberg, Verkasalo, Kaprio, et al. (2003).

---

① 芬兰癌症登记中心，英文名称为 Finnish Cancer Registry。这是一个记录芬兰所有类型癌症患者信息的大型数据库，涵盖从1953年至今的数据。——译者注

大（Mathews & Gump, 2002）。

另一个研究团队测量了生活应激事件与后续罹患心脏病和糖尿病的风险之间的关系。149 位男性被试填写了霍姆斯和拉赫问卷（本章前面的部分描述过），报告此前 5 年中他们经历过的重大生活事件。然后，他们接受了检测心血管疾病和糖尿病患病风险的多种测试（高血压、高 HDL 胆固醇、肥胖和高血糖）。结果显示，心血管疾病和糖尿病的高风险人群也是在重大生活事件问卷中得分较高的人（Fabre et al., 2013）。这些研究和其他更多的研究证明，生活压力源和许多生理疾病之间都有很强的相关性。

10.2.2 精神障碍

压力性生活事件和多种精神疾病的发生都有联系，如抑郁障碍和焦虑障碍。虽然影响相对较小，但是这种关系在许多研究中都得到了证实。研究证明，除了压力源之外，还有许多其他因素在起作用。但是，个体对这些压力源的不同反应方式会在更大程度上决定哪些人会患上心理疾病，哪些人不会患上心理疾病。例如，有位你认识的朋友可能刚和女朋友分手，于是他会有那么几天穿着睡衣，披头散发，不修边幅，然后很快就回归正常生活了，也许他还会告诉你一些"经验与教训"，诸如永远不要和一个如此以自我为中心的人在一起，或者不要和一个比你大很多的女人在一起，又或者不要和严格的素食主义者谈恋爱，等等。同时，你可能刚好也认识另一个有着类似分手经历的人，但是这个人在长达半年的时间内都一蹶不振。这两个例子的差别在于，人们如何应对应激事件。

在之前讲的那个使用日记法的研究中（1 500 名处于不同年龄段的成年人在连续 8 天的时间内每天接到研究者打来的电话，要求他们报告当天所经历的应激事件），这些成年人同时也需要报告他们的整体情绪状态（Almeida, 2005）。十年之后，研究者与超过一半的参与者又重新取得联系，希望了解这些参与者当下的情绪健康状况。在当时的研究中，如果参与者在某一天或某几天中并没有经历应激事件，或者说生活中并没有应激事件发生，但仍然报告自己体验到了更高水平的负面情绪，那么这些人更可能在十年之后出现心境障碍的各种症状（Charles et al., 2013）。似乎参与者对之前发生的应激事件的长期反应可以用来预测其后续心境障碍发生的可能性，对许多天前出现的压力源／应激事件仍然感到非常消极的人，是最有可能出现抑郁、焦虑或双相障碍症状的人。

有一种直接和应激事件相关的精神障碍叫创伤后应激障碍，这是一种对于创伤的心理反应，导致创伤后应激障碍的常见创伤性事件包括战争、强奸、恐怖袭击、自然灾害及车祸等。虽然在过去这种障碍多次被描述成战争疲劳、弹震症、精神失常，或者其他的非科学名词，但是创伤后应激障碍最初正式出现是在 1980 年，由美国精神病学会提出。创伤后应激障碍的症状包括以侵入性思维和梦境的方式重新体验创伤性事件、泛化的麻木反应、对相关刺激的回避，以及心理应激机制唤醒度的提高。急性应激障碍（acute stress disorder）是指对创伤的反应，类似于创伤后应激障碍，但在一个月内有所减轻。大约一半的创伤后应激障碍患者以急性应激障碍开始（American Psychiatric Association，2013）。

在美国，创伤后应激障碍的终生患病风险约为9%；在欧洲和大多数亚洲、非洲和拉丁美洲国家，创伤后应激障碍的终生患病风险低得多，约为1%。毫不奇怪，创伤后应激障碍发生率较高的人群，就是需要面对更多创伤经历的职业，如退伍军人、警察、消防队员和急救医务人员等。据估计，在经历过强奸、战争和囚禁，或者遭受过种族迫害或政治迫害的人中，有33%～50%的人患有创伤后应激障碍。女性更易罹患创伤后应激障碍。拉丁美裔美国人、非洲裔美国人和美洲印第安人的创伤后应激障碍发生概率高于非拉丁裔美国白人；亚裔美国人创伤后应激障碍发生率最低。老年人不太可能患创伤后应激障碍，但他们可能会出现不符合创伤后应激障碍完整诊断标准的长期症状，这些症状仍应被视为由创伤所致的心理障碍。一个人是否出现创伤后应激障碍的最佳预测因素之一是有创伤史，尤其是身体遭受过暴力（American Psychiatric Association，2013）。

治疗创伤后应激障碍

创伤后应激障碍的推荐治疗方案包括认知行为疗法和长期暴露疗法。在这个过程中，心理治疗师引导患者回忆创伤事件，并帮助患者面对曾经的事件，而不是对之予以回避（American Psychological Association，2017）。其他一些心理治疗技术，如正念疗法和马辅助治疗，也可能有助于减少创伤后应激障碍的症状（Earles et al., 2015）。在世界卫生组织对28个国家的创伤后应激障碍患者开展的调查项目中，研究人员发现，大约1/3的患者在1年内症状完全缓解，许多患者在6个月内症状完全缓解（Kessler et al., 2017）。特定创伤症状的缓解率如图10.4所示。

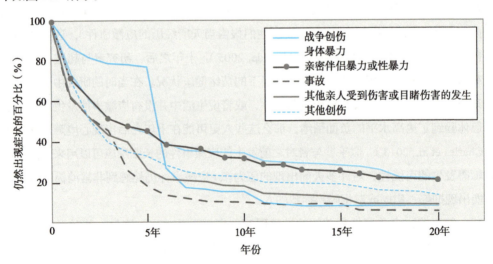

图 10.4　特定创伤症状的缓解率

28个国家创伤后应激障碍患者的康复速度（按创伤类型分类）。康复速度是指直到所有症状得到缓解需要的时长。

SOURCE: Kessler et al. (2017).

研究人员经常在创伤事件发生后陪同急救人员进行处理，例如，曼彻斯特阿丽亚娜格兰德音乐会恐怖爆炸事件，得克萨斯州哈维飓风和波多黎各玛丽亚飓风、拉斯维加斯大屠杀、帕克兰学校枪击案，等等，在这些情况下，研究人员会根据具体情况随时准备收集受害者、旁观者及救援人员的数据。在世界各地，研究人员与救援人员一起在战区、种族灭绝和大规模强奸发生的地点、发生饥荒的地区和难民营开展跟踪调查。虽然将仍处在艰难时刻的受害者作为研究对象听起来有点冷血，但这些研究项目确实为我们提供了大量的知识。

举例而言，得益于这些研究，我们知道了大约有 1/3 的人会在创伤事件之后立即出现创伤后应激障碍的症状，大约 10% 的人在一年之后仍然会呈现这些症状（Gorman, 2005）。我们还知道，心理健康工作者能给予暴露在创伤中的人们最有价值的帮助是建立安全感、恢复平静、提升自我效能感、与社区建立连接，以及令其心存希望。幸存者的实际需求要首先得到满足，如医疗救助、家人的消息、食物、衣服和住宿等。如果提供心理方面的治疗，那介入时间也应该在这些之后。对大部分幸存者而言，创伤后应激障碍的症状是短暂的，原因在于心理弹性的存在（Watson et al., 2011）。

对大屠杀幸存者及其成年子女的研究表明，应激导致的心理健康问题会在家庭的代际间传递，尽管有些人自己没有亲身经历过大屠杀事件，但他们比同龄人更容易罹患抑郁障碍和焦虑障碍（Yehuda et al., 2008）。如果在生活中受到创伤，这些人也更容易罹患创伤后应激障碍（Yehuda et al., 2001）。心理学家亚尔·达涅利（Yael Danieli）及其同事（Danieli et al., 2017）希望了解大屠杀幸存者的成年子女会面临哪些心理障碍的风险。他们对近 200 名大屠杀幸存者的成年子女开展了临床访谈，询问他们的父母在过去 12 个月内的创伤后适应情况、他们与父母的关系、他们对父母的感受，以及他们自己的心理健康状况。那些对父母表现出最高水平修复性适应影响（reparative adaptational impacts）的参与者最有可能出现心理障碍，因为他们觉得，作为孩子，自己的责任就是要"消除过去，疗愈父母"。约 46% 表示需要为父母修复过去创伤经历的成年子女报告，他们在过去 12 个月内患有情绪障碍或焦虑障碍（美国的平均患病水平约为 15%）。与此相反，在没有表达要"消除过去，疗愈父母"是自己责任的成年子女中，只有 8% 的人出现了情绪障碍或焦虑障碍。这项研究强调，造成大屠杀幸存者成年子女心理健康问题最重要的因素是成年子女如何看待大屠杀事件对父母的影响，以及如何看待自己是否需要承担起疗愈责任。这项研究的一个亮点是，在过去的 12 个月里，超过一半具有高水平修复性适应影响的成年子女没有出现焦虑症状或抑郁症状。

10.2.3 压力相关疾病的个体差异

每个人在日常生活中都会遇到一些压力源，自然都会产生应激反应，但并不是每个人都会因此产生生理疾病和心理障碍。事实上，大部分人都可以很好地应对压力。当然，压力种类和数量的差异会给人造成不同的影响，但除此之外，研究者还发现了可能影响压力相关健康问题的其他一些易感性因素，如性别、年龄、种族歧视及环境和基因的相互作用等。

性别

当我们谈到日常压力源时，对于"在 1 天中至少感受到 1 次压力源"这个指标，女性报告出现这种情况的天数比男性多，而且女性和男性报告体验到的压力源种类也不同。男性更倾向于报告与工作及学业有关的压力源，而女性更倾向于报告与社会关系和家庭关系有关的压力源。男性更倾向于报告会在经济和财政上威胁到他们的压力源，女性更倾向于报告会影响他人对自己看法的压力源（Almeida, 2005）。

一些研究者提出，塞利所称的"战斗或逃跑"机制只适用于男性，女性对应激源的应对方式截然不同。社会心理学家雪莉·泰勒（Shelly Taylor, 2002）提出，男性和女性在生存和繁衍行为上存在差异，女性的压力应对方式可能与在过往研究中观察到的男性的典型压力应对方式有所不同。泰勒认为，与"战斗或逃跑"的模式不同，女性天生对压力的反应就包括"照顾与结盟"。与男性那种"要么逃离危险情境，要么战胜攻击者"的方式不同，女性对压力的反应主要是服务于照顾未成熟后代的目的，寻求他人的帮助，尤其是其他女性的帮助。持有这种观点的研究者相信，女性应对压力的方式是基于依恋—照顾过程的，这个过程也许在一定程度上会受性激素的调节（Taylor et al., 2006），这是未来值得研究的一个主题，尤其是随着年龄增长，这些激素水平下降可能会对女性行为产生怎样的影响（Almeida et al., 2011）。

上述研究结果与其他关于社会行为性别差异的研究发现相一致。女性拥有更大的社交圈，拥有更深层、更有情感联系的友谊，更倾向于用寻找朋友和倾诉的方式对情感事件做出应对。她们是家庭的守护者和照顾者。事实证明，在面对压力和压力源时，男性和女性产生的反应强度并不相同。所以，压力在男性和女性的生活中所扮演的角色自然也不尽相同。

在创伤后应激障碍这个问题上，同样存在性别差异。一生中，男性会比女性更多地接触创伤，但女性更容易因创伤罹患创伤后应激障碍。图 10.5 显示了男性和女性报告的创伤事件数量和两性创伤后应激障碍的发生率。但这并不是问题的全貌，一些事件更有可能使特定性别的人罹患创伤后应激障碍。例如，女性比男性更有可能经历强奸的创伤（女性为 9%，男性为 1%），而同样经历强奸的创伤后，男性比女性更有可能因此罹患创伤后应激障碍（男性为 65%，女性为 46%）。男性比女性更有可能遭受身体上的攻击（男性为 11%，女性为 6%），但同样遭受身体上的创伤后，女性比男性更有可能因此罹患创伤后应激障碍（女性为 21%，男性为 2%）。显然，罹患创伤后应激障碍的可能性不仅取决于创伤事件的客观严重性（Yehuda, 2002），还有其他一些因素在发挥作用。

年龄

从整体来说，压力会随着年龄增长而降低。青年人报告的压力数量最多，而老年人报告的压力数量最少（Almeida et al., 2011）。这其中有许多原因，第一，青年人的生活比老年人的复杂得多，所以会有更多潜在的压力来源。老年人在经历应激事件上比青年人更有经验，而且很有可能已经发展出了处理问题的一些应对方式，能够未雨绸缪，防止当前的状况向压力转化。虽然老年人通常会出现更多慢性身体疾病，生活中经历过更多的失去与丧失，但他们经常会把自己和同年龄段的人相比较，然后就会觉得自己做得还不错。如同第 2 章所述，很多老年人一方面认为自己的健康状况极好或非常好，另一方面又报告许多慢性健康问题。不同年龄段的人如何应对压力的问题并不容易回答（见"压力源与年龄"）。

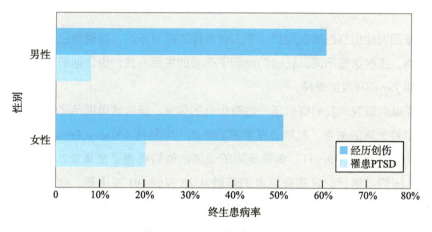

图 10.5　创伤后应激障碍终生患病率

男性在一生中会经历更多的创伤，但女性更易于罹患创伤后应激障碍。

SOURCE: Data from Yehuda (2002).

压力源与年龄 ● ● ●

在阿尔梅达的日记研究中，参与者的年龄为 25 岁到 74 岁，大约一半参与者是男性，一半是女性。如图 10.6 所示，中年之后，人们报告有压力的天数比例有所下降，而且不管处于哪一个年龄段，女性报告体验到有压力的天数都比男性报告体验到有压力的天数更多（Almeida & Horn, 2004）。

一些研究表明，老年人在一生中一直都经历着日常压力，只是他们比年轻人更懂得如何应对压力。其他研究表明，重大生活事件产生的压力会随着时间的推移而增加，老年人比年轻人更容易受到伤害，因为他们经历重大生活事件的时间更长（Brown & Frahm，2016）。例如，一项针对大屠杀幸存者的研究显示，事件发生 60 年后，幸存者抑郁障碍的发生率更高（Trappler et al.，2007）。然而，另一项针对大屠杀幸存者群体的研究显示，老年人的应对能力更强（Sagi-Schwartz et al.，2013）。似乎相同创伤事件对幸存者的影

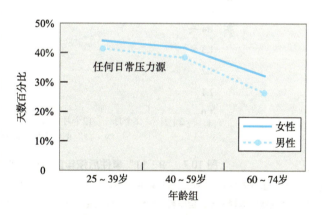

图 10.6　成年男女的日常压力源

男女两性从中年到老年报告体验到压力源的天数均呈下降趋势。在所有年龄组中，男性报告的有压力源的天数都比女性报告的有压力源的天数少。

SOURCE: Adapted from Almeida and Horn (2004).

响不只是因为他们当时就在现场。个人对事件的理解不同，能供自己应对事件的资源也不同。正是这些不同，让他们找到了不同的生活方式，也让他们从朋友和家人那里得到了不同程度的支持。

　　一项纵向研究向我们提供了一些有价值的信息，研究结果提示了年龄和亲历重大生活事件之间的关系。发展心理学家斯泰西·斯科特（Stacey Scott，2013）及其同事研究了人们对"9·11"事件反应的改变。他们调查了全美2 200多人，其中104人是纽约市居民。这些参与者的年龄从18岁到101岁不等，他们在"9·11"事件发生2个月后接受了访谈，在随后的3年中，这些参与者又陆续接受了5次访谈。在每次采访中，他们都被问及创伤后的应激症状和对未来遭遇类似事件的恐惧。图10.7显示了不同年龄组的参与者如何报告创伤后应激症状。在几乎每个访谈时间点上，参与者所报告的压力都有显著差异，在事件发生2个月后，老年组报告的压力比年轻组报告的更大。在事件12个月后，75岁以上的参与者报告的压力最小，而其他年龄组报告的压力相似。在事件发生36个月后，所有年龄组报告的压力都很低，年龄最大的组报告的压力最低。当创伤事件发生时，预测老年人是否体验到更多压力通常取决于创伤事件发生后的时间长短。

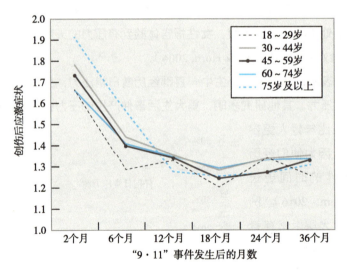

图10.7　"9·11"事件后按年龄组划分的PTSD的患病率

"9·11"事件发生6个月后，按年龄组划分的"9·11"事件创伤后应激障碍发生率，老年人报告的创伤后应激症状比年轻人多，但所有年龄组在事件发生一年后症状都有所减轻。

SOURCE: Scott, Poulin, and Silver (2013).

歧视感知

人们早就知道，女性和少数群体成员在工作场所、教育系统、司法系统和医疗保健行业面临着明显的歧视，这导致这些人群比男性和多数群体成员经历更糟糕的生活状况并承受更多压力，进而导致他们低水平的身心健康状况（Paradies，2006）。然而，当个人意识到或相信自己是被歧视的对象时，第二个因素就会出现，即歧视感知。这种微妙的主观歧视感知通过两种途径与心理健康和身体健康产生联系，即压力增加和不健康行为（Pascoe & Smart Richman，2009）。

心理学家迈克尔·T. 施米特（Michael T. Schmitt）及其同事整合了 43 项横断研究和 54 项纵向研究的数据，结果显示，歧视感知与人们的心理健康呈负相关（Schmitt et al.，2014）。此外，由于纵向研究的结果显示出相同的负相关，研究人员可以假设，歧视感知和心理健康之间存在因果关系。对性取向、精神疾病、身体残疾、HIV+ 感染状况和体重的歧视会对人们的幸福感造成严重的负面影响，对种族和性别的歧视造成的负面影响较弱。歧视感知对儿童的负面影响比对成年人的更加强烈，弱势人群比优势人群有更强烈的歧视感知效应。

对不同群体的研究结果表明，歧视感知对幸福感有负面影响。例如，一项研究对 110 名黑人女大学生开展了调查，结果显示，在完成实验安排的公众演讲任务之后，参与者感受到的种族偏见和血压水平之间的确存在关联。参与者感知到的种族偏见越高，因公众演讲造成的心脏收缩压的提高幅度就越大（Clark，2006）。一些研究人员研究了对老年人的歧视，结果显示，报告受到歧视的那些老年人的记忆能力较差，步态速度较低（Shankar & Hinds，2017）。一些研究人员对亚裔美国成年人进行研究后发现，更高的歧视感知率与更严重的抑郁症状相关（Chau et al.，2018）。在美国，种族歧视有关的健康问题在爱尔兰裔、犹太裔、波兰裔和意大利裔美国人身上都有体现。感知到自己的种族被长期歧视的人比没有这种感知到歧视的人罹患心血管疾病的风险高 2 ~ 6 倍（Hunte & Williams，2009）。此外，有研究人员对性少数群体和性别少数群体开展了研究。研究采用日记法，旨在了解这些参与者每天感知到的歧视事件及其使用尼古丁、酒精和药物的情况。结果显示，二者之间呈正相关，这说明，人们的歧视感知可能会引发对健康不利的消极行为（Livingston et al.，2017）。

当人们认为是自己因为所在群体的成员身份而遭受不公平待遇时，他们几乎不可避免地会感知到歧视，这是一种普遍反应。这种主观感受可能会导致各种生理和心理健康问题的出现，这些问题是由主观感受造成的，与人们作为某群体的成员是否经历过客观发生的事件无关。

环境—基因相互作用

近十年间，研究人员逐渐意识到，人们在基因表达方面的不同更多是由于生活环境造成的，而非性别或血统造成的（Slavich & Cole，2013）。换句话说，我们的基因表达会受到我们所处的外界社会状况的影响，尤其是受到我们对这些状况的主观认知的影响。这个新兴的研究领域叫作人类社会基因组学（human social genomics），它研究的问题是，人们对社会环境的主观认知导致的人类基因表达的改变。

这一领域早期的研究是由生物心理学家史蒂夫·W. 科尔（Steve W. Cole）及其同事开展的。他们研究的问题是社会环境对基因表达的影响（Cole et al.，2007）。科尔等人研究的对象是被社会隔离的群体，并使用了对照组，对照组是社会融入程度相对更高的一组人。早期的研究结果显示，与更能够融入当地社区的被试相比，与社会隔离的被试有更高的疾病发生概率，更短的寿命。研究人员发现了区分这些群体的免疫反应基因。在测试了参与者的基因组之后，研究人员发现，发生改变的基因就是参与调控炎性反应的那些基因，这些炎性反应正是与社会隔离的人群身上出现的许多疾病的核心症状相关。如图 10.8 所示，社会融合组的促炎基因活性显著低于社会孤立组。相反，社会隔离组的抗炎基因活性显著较低。研究人员认为，老年人的社会经历可以改变他们的基因，这些改变的基因会通过产生促炎或抗炎因子而影响身体疾病的发生。

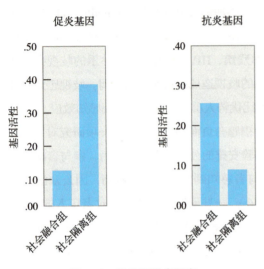

图 10.8　炎症和社会隔离

社会融合参与者的抗炎基因活性更高，促炎基因活性更低。社会隔离组的抗炎基因活性较低，促炎基因活性较高。这表明社会经验可以改变基因。

SOURCE: Cole et al. (2007).

相似的基因改变在其他经历压力的人群中也有发现，如那些处于人际困境中的人（Murphy et al., 2013）、社会经济地位低的人（Chen et al., 2011）和罹患创伤后应激障碍的人（Knight et al., 2016）。这也可能解释了之前我们提到的歧视是怎样影响人们的健康的。这些研究说明，"一个人的生理组成在出生时就已经决定了，不会受到社会环境的影响"。这种想法是不准确的，虽然我们之前一直这样认为。成年期的个体差异会受到对社会环境主观认知不同的影响，而且这些不同会在个体层面上改变我们的基因表达。

10.2.4　与压力有关的成长

民间智慧有一种说法，汉语中的"危机"是由两个字组成的，即"危"和"机"。这种"没有消灭我们的事物必将使我们强大"的观点在其他文化中也有类似的表达。正是这样的观点激发了大批研究者开始研究与压力相关的成长（stress-related growth），即经历压力事件之后人们能够产生的积极改变。许多关于发展的理论（如埃里克森的发展理论）都认为，危机或压力会让个人发生一些有益的改变，而个人成长可能就是面对艰难的生活事件的结果。

一些致力于压力消极影响的研究也发现了一些积极的结果。一项针对刚刚经历父母去世的中年人的研究表明，虽然参与者会报告情绪悲痛的典型症状，但许多人也同时报告，他们因为这种丧失而获得了个人成长，因为他们终于感到自己是一个完全意义上的成年人了，有了更高的自信和成熟感。他们还报告，承受压力让他们学会了更加珍惜与他人的关系（Scharlach & Fredrickson, 1993）。对离婚（Helson & Roberts, 1994）和丧偶（Lieberman, 1996）问题的研究也呈现出相似的结果。近期一些对"9·11"事件的研究也揭示了悲剧之后的积极方面和亲社会行为，包括人际间亲密度的增加和献血的增多、慈善捐赠和志愿行为的出现（Morgan et al.，2011）。

最近，一项关于第二次世界大战退伍军人压力的研究，对 1 000 多名在战争期间服役的男性开展了调查。在调查时，这些老兵的平均年龄是 65.5 岁。研究人员发现，那些接触过战斗的老兵更倾向于相信他们为军队服务有积极的一面。此外，接触过战斗的老兵主观评价越积极，他们在服役期间的幸福感和退役之后生活的幸福感就越高。研究人员得出的结论是，注重军事经验积极方面的退伍军人有更好的机会获得幸福的老年生活（Lee et al.，2017）。

乳腺癌幸存者（Connerty & Knott，2013）、生活在加沙的巴勒斯坦成年人（Kira et al.，2012）、以色列前战俘（Dekel et al.，2012）和在卡特里娜飓风中幸存的低收入母亲（Lowe et al.，2013）都是压力领域的研究对象，研究人员关注的是事件经历与个人成长之间的关系。这些研究发现得到一种具有普遍性的共识，对那些身处最艰难境地中的人们而言，应激事件本身的特点、他们的个人信念及其能够获得的支持程度具有预测作用，能够预测事后或某段时间后人们的改变：个人的成长、智慧的增加、与他人关系的增进、对生命的感恩、重新审视什么是"成熟"、更坚定的宗教信仰，或者自我效能感及自信的提升。

> **作者提示**
>
> 压力与你。
>
> 想一想你自己或你生活中的某个人。压力是如何影响你们的健康和疾病易感性的？

10.3 应对压力

近期在心理学界出现了一种改变，那就是从对压力的"疾病"模式的研究（对症状、发病率及对罹患与压力有关疾病的人群进行分类）转移到对压力的"健康"（wellness）模式的研究（包括预防、准备及在创伤发生后尽早开展早期干预）（Friedman，2005）。新模式强调的是抵御资源（resistance resources）的重要性。这里的抵御资源指的是一个人拥有的个人资源或社会资源，这些资源能够缓冲压力带来的冲击力。在这些资源中，最重要的是个人对压力的应对行为、控制感和社会支持的存在。

10.3.1 应对行为的类型

在保护自己不被生活压力影响的措施中，应对行为（coping behaviors）是首先要考虑的，它是一个通用术语，用来指代我们为了减轻压力而产生的所有想法、感觉和所做的行为。假设你接到了自己努力很久想要进修的研究生院的拒绝信，或者假设你所在的系里失火了，你所有的东西几乎都被烧毁了，你会怎样应对这些压力呢？你可能出现的行为会有很多。表 10.1 中根据应对方式列出了一些示例，这些示例来自"简短应对清单"（Brief COPE Inventory）（Carver，1997）。

表 10.1　"简短应对清单"中应对风格分类及示例

应对风格	举例
自我分散注意力	我一直用工作和其他活动转移我的注意力
主动应对	我一直把我的努力集中在为我当下的处境做一些事情上
否认	我一直在对自己说，"这不是真的"
物质使用	我一直在用酒精和其他药物让自己感觉好一点
使用情感支持	我一直从某个人那里获得安慰和理解
使用建议性支持	我一直从其他人那里得到帮助和建议
行为解脱	我一直尝试不再理睬这件事
发泄	我一直在说些什么，试图让不开心的感觉消散
积极重新定义	我一直在寻找正在发生的事情中存在的积极面向
计划	我一直试着想出一些该做什么的策略
幽默	我一直对这件事开玩笑
接纳	我一直在学习与这件事共处
宗教	我一直在祈祷或冥想
自我责备	我一直在批评自己

SOURCE: Adapted from Carver (1997).

　　以上这些并不是压力应对的仅有方式。许多理论家和研究人员都各自提出了压力应对清单，并把清单中的各个项目进行了有用的分类。其中一种方式就是把应对机制分成四类，即问题导向、情绪导向、意义导向和社会导向的应对（Folkman & Moskowitz，2004）。

其他类型的应对方式 ● ● ●

　　问题导向的应对——问题导向的应对（problem-focused coping）直接针对的是引起压力的问题。如果你没有被你的第一志愿研究生院录取，那么给这所学校打电话询问一些信息就是一种问题导向的应对方式。你可能会询问你是否可以重新申请在学年中入学的资格，或者询问如果你重新参加录取考试是否有助于进入该校。就系里失火的问题来说，打电话给保险公司就是问题导向的应对策略之一，其他同类导向的应对策略可能还有列出损失的物件，并且计划怎样置换它们。

　　2002 年，在华盛顿发生了狙击手袭击事件，在 3 周时间里，狙击手随意开枪导致 10 死 4 伤的结果。心理学家阿里·子佛陀夫斯基（Ari Zivotofsky）和梅尼·考斯罗斯基（Meni Koslowsky，2005）希望考察这件事对人们产生的影响和后果。于是，他们调查了 144 位当地居民，想要知道他们对于开枪事件的应对策略是怎样的。具体而言，他们询问了人们日常生活轨迹的变化，这些变化通常都可以被归为问题导向的应对方式。图 10.9 显示的是男性和女性受访者为了应对压力对自己的活动进行了限制。前面的 7 项活动被女性提起的次数更多，而最后一项活动（与朋友社交）并没有显示出显著的性别差异——可能是因为这项活动不但可以提供社会支持，而且这种方式本身也可以缓冲压力带来的冲击。

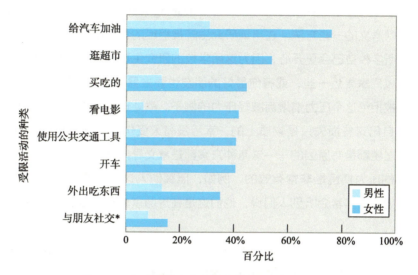

图 10.9　华盛顿狙击事件对男性和女性活动的限制

华盛顿特区的男性和女性通过限制自己的各种日常活动来应对狙击事件，这是一种问题导向的应对方式。女性在除了"与朋友社交"（社会支持的一个来源）之外的其他所有活动方面都比男性有更显著的减少。

注：＊表示不存在显著性别差异。

SOURCE: Data from Zivotofsky and Kosiowsky (2005).

情绪导向的应对——第二类应对机制是情绪导向的应对（emotion-focused coping），包括试图减轻与压力情境有关的负面情绪。面对研究生院的拒绝，出去跑步一小时就是一个很好的例子。使用酒精或药物麻醉自己也属于情绪导向的应对方式，但这并不是一个好例子，因为"寄情"酒精或药物只会在生活中造成更多的压力。让自己在情绪上远离发生的问题有时是有帮助的，有时也可能是有害的。

使用药物和酒精作为应对机制也许并不有效，但是对（美国的）大学生而言，所有种类的物质滥用都和压力水平有关。有趣的是，这种关系存在性别和种族的差异。一项研究对超过 1 500 名大学生开展了调查，这些学生来自美国中西部一所规模较大的学校，大学生活的整体压力（如与教授、成绩、恋爱相关的压力）和学生酒精的使用呈正相关，这一结果适用于大部分种族，除了黑人男性。和创伤性压力（如成为暴力侵害的受害者或目击者）之间产生显著相关的唯有白人男性学生的酒精滥用问题及白人女性学生的纵酒狂欢行为。虽然这只是美国一个大学的情况，而且样本也并不一定具有代表性，但是研究人员根据结果提示，大学心理咨询师认为物质滥用问题可以被视为人们承受潜在压力时会出现的症状（Broman，2005）。

在之前那个华盛顿狙击手影响的研究中，除了图 10.9 里那些问题导向的策略，人们也会大量采用情绪导向的应对策略。包括服用药物、与外界隔绝联系、看新闻、斥责政府及谴责恐怖分子。与问题导向的应对策略不同，在使用情绪导向的应对策略方面并不存在明显的性别差异（Zivotofsky & Koslowsky，2005）。

意义导向的应对——意义导向的应对（meaning-focused coping）包括人们赋予压力情境以意义的一些方法。在申请研究生院被拒绝的案例中，如果你告诉自己可能上另一所学校自己会更开心，因为这所学校的研究生项目没有那么严格（或者另外那所学校离家更近一些，或者你最好的朋友也要去另外那所学校），这就是通过重新定义被拒绝这个压力情境而减轻压力的例子。就处理系里失火这件事而言，你可以告诉自己这些损失只是物质上的，幸亏没有人受伤，或者你可以告诉自己所有事情的发生都是有原因的——这两种方案都是意义导向的应对方式。这种应对方式对长期的压力情境是非常有效的，例如，照顾他人这件事通常会给人带来长期的压力，但我们常常会听到人们说，他们这是在遵循宗教教义或实践结婚时许下的誓言。

社会导向的应对——第四种应对策略是社会导向的应对（social-focused coping），包括向他人寻求帮助，这些帮助可以是指导性的客观建议，也可以是情感上的主观支持。如果你给自己最好的朋友打电话分享关于研究生申请被拒绝的坏消息，然后朋友对你说了一些安慰和支持的话语，那么你就是在使用社会应对这种方式。如果你让自己的父母帮忙置换那些被火烧掉的物品（而且他们也确实帮助了你），那么你也是采用了同样的应对方式。在我们之前讲到的对狙击手造成影响的应对机制的研究中，一种经常被人们提到的应对方式就是打电话给亲友或以其他形式与亲友待在一起。虽然女性比男性更经常使用社会导向的应对这种方式，但两性出现这类行为的频率都非常高——女性是92%，男性是68%（Zivotofsky & Koslowsky，2005）。这一现象在"9·11"事件后也同样发生了，那个时候全世界范围内的通话数量和网络留言数量达到了历史新高。当我们身处压力之中时，不论作为个体还是作为国家，我们都会联系我们支持系统中的人（或国家）来寻求安慰。

评价应对方式的有效性

在特定情境下，哪一种应对方式是最好的？有时候，这取决于你是否感觉自己对这个问题拥有控制感。如果你觉得情况是可控的，那么问题导向的应对通常是最有效的。举例而言，一名学生即将参加考试，他感到非常有压力。问题导向的应对方式包括复习笔记，或者和学习小组见面。但是在缺乏控制感的情境中，如罹患慢性疾病，情绪导向的应对可以更好地帮助人们释放压力。例如，远离应激事件，找到其他可以占据你思想的活动。

要面对生活中的压力源，有两种很重要的能力是必需的：一种是运用多种应对方式的能力，称为应对灵活性（coping flexibility）；另一种是根据情境选择恰当的应对方式的能力，称为匹配良好性（goodness of fit）（Folkman & Moskowitz，2004）。

作者提示

应对压力。

想象自己生活中一件让你感觉特别有压力的事情。你是如何应对这种压力的？

10.3.2　社会支持

社会支持（social support）有时称为社会关联性，它指的是从他人那里得到的实际影响、肯定和帮助，以及一个人受到关心和社会支持的感觉。大量研究表明，社会支持对身心健康有重要的保护作用（Uchino et al.，2012）。缺乏社会支持会让人感觉孤独，与有较强大社会支持的成年人相比，孤独的成年人在患病、死亡和抑郁方面的风险都更高（Holt-Lunstad et al.，2010）。相似的模式在其他国家也有发现，包括在瑞典（Rosengren et al.，1993）及韩国（Choi et al.，2018）等。所以，社会交往和身体素质之间的关系并不止存在于美国或西方文化中。

社会支持的缓冲效应

社会支持的有益影响在一个人面临很大压力时会更加清楚地显现出来。换言之，压力对健康和幸福的负面影响在那些有充分的社会支持的人那里相对较小。这种模式通常被描述为社会支持的缓冲效应（buffering effect），它意味着，虽然社会支持不会防止压力源的出现，但是可以保护人们抵御压力源造成的伤害。回顾一下霍姆斯和拉赫的生活事件列表，许多排名很高的事件都与社会支持的丧失有关，如离婚、分居、爱人的去世和失业等，这也许并非巧合。

在针对十年前曾赴战区的男性和女性退伍军人开展的一项研究中，被试全部都是在 1990 年到 1991 年间在海湾战争战区服役的军人，他们感到的来自其他战士、队长和军队整体的鼓励及帮助和他们从战区回来之后报告的抑郁是相关的。不论男性还是女性，他们感受到的社会支持越少，报告的抑郁水平就越高。这些发现说明，社会支持在高压力情境下可以作为一种缓冲剂，对抗后续的压力反应，如抑郁等。社会支持也是一种缓冲剂，可以缓和由压力和创伤给心理健康带来的消极后果（Vogt et al.，2005）。

心理学家亚当·W.芬格赫特（Adam W. Fingerhut，2018）调查了同性恋者在面对少数群体压力时社会支持的作用，他将这种压力定义为基于性取向的歧视。他让 89 名男同性恋者提供关于他们来自朋友和家人的社会支持、他们与同性恋社区的联系感及他们心理健康的基本信息。参与者被要求写 14 天日记，记录他们在少数群体压力下经历的日常影响或情绪状态。89 名参与者在 14 天的研究中记录了超过 1 000 例少数群体压力。少数群体每天的日常压力与负面影响有关；也就是说，在这项实验中，参与者经历的少数群体压力越多，报告的负面影响就越多。如图 10.10 所示，从总体上看，朋友给予有力支持的人比朋友给予支持较少的人受到的负面影响更小。此外，当面对较高程度的少数族裔压力时，朋友给予有力支持的参与者不会像朋友给予支持较少的参与者那样增加负面影响。无论每天面对的同性恋歧视是什么，朋友给予较高社会支持水平的参与者都能保持相当稳定的情绪。这种保护不是来自家庭的支持，也不是来自与同性恋群体的联系。

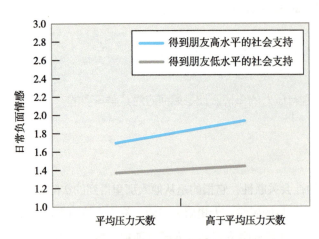

图 10.10　社会支持和由于少数群体身份带来的压力

社会支持水平较高的男同性恋者在面对由于少数群体身份带来的压力时表现出更稳定的情绪反应。

SOURCE: Fingerhut (2018).

社交网络的一些消极影响

为了防止大家形成"社会人际关系只有甜美和光明"的印象，我想补充一点：人际关系也有代价。

人际关系网从总体上而言是一个双向的系统，你不仅会得到支持，而且也需要给予支持。就像我在第 5 章和第 6 章里所说的那样，在生命的某些时期，如刚为人父母时，研究人员关注的重点倾向于这个双向系统的给予方向，而非获得方向，因为在该人生阶段，给予社会支持比获得社会支持更有可能增加人们的压力。

日常的社会交往也可能是麻烦的一个重要来源。我们大多数人至少会和一些我们不喜欢的或让我们心烦意乱的人有一些定期的互动。当这些消极的社会互动涉及愤怒、厌恶、批评或破坏时，特别是当消极情绪来自我们社会支持网的核心人物时，它们会对一个人的整体幸福感产生实质性的负面影响。对非洲裔美国人和加勒比黑人家庭的研究表明，积极的家庭支持与低抑郁率相关，消极的家庭互动与高抑郁率相关（Taylor et al.，2015）。研究人员发现，无家可归的人能够从提供居所和医疗保健的项目中获益，这些项目也能让无家可归者远离过去的人际关系网，对他们而言，过去的人际关系网充斥着负担与虐待关系（Golembiewski et al.，2017）。

即使出于良好的目的和意图，社会支持也可能以消极的方式运行，例如，当所提供的支持并不是我们所需要的支持时，或者提供支持的方式被视为批评、侵犯时，或者被视为对我们独立性的破坏时。在这些情况下，社会支持所起的作用就不是缓冲了，而是可能让我们失去应对的想法、减少应对的努力，或者让我们的应对效果降低（DeLongis & Holtzman，2005）。

社会支持在长期重负（如经济窘迫或长期照顾他人）的情况下也会对个体产生消极影响，尤其是在成年期的最后阶段。提供支持的人可能缺乏资源，无法再提供长期的支持，随之而来的结果可能是提供支持者产生愤怒或沮丧的情绪。另外，获得支持的人也许对提供支持的人无以为报，于是接受帮助让他们感觉好像失去了仅存的一点独立感（Krause，2006）。

10.4　心理弹性

我已经讲述了很多种压力源和应激反应，当压力发生时人们可以采用的应对方法，以及人们如何从压力经验中获得个人成长，但是，如同应激反应数据所显示的那样，并不是每个接触压力的人都会受到压力的负面影响，甚至是遭受创伤性压力的人也如此。最近，为了强调心理学在积极方向上的成果，研究者正致力于研究心理弹性（resilience），也就是个体在经历潜在创伤之后能够保持健康运行的机能。

心理弹性不同于康复，不同于长期的和延迟的创伤后应激反应，也不同于恢复。图 10.11 对比了心理弹性和其他三种反应的轨迹。如图所示，慢性压力症状（10% ~ 30% 经历过创伤的人会出现这样的症状）在创伤事件发生后立即产生的严重反应，并且这种严重反应在随后两年都在持续。延迟性应激反应（5% ~ 10% 的人）是指开始时反应比较温和，但两年后会恶化到严重的程度。恢复（15% ~ 35% 的人）是指开始时反应介于温和到严重之间，但在两年后有所缓解，变得轻微。心理弹性是人们的一种反应，是指在创伤事件发生时，人们可能会感受到一些困扰，并且该困扰不会发展到严重的程度。心理学家乔治·博南诺（George Bonanno，2005） 认 为，心理弹性是对创伤性压力最常见的反应，在经历过创伤的人群中，35% ~ 55% 的人都具备心理弹性。

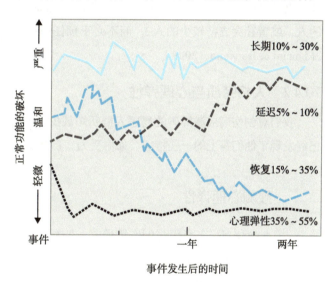

图 10.11　严重创伤性事件后随时间推移的应激反应
人们暴露于创伤后有四种反应，心理弹性是最常见的一种，其他诸如长期应激反应、延迟应激反应和恢复，则不像心理弹性那么典型。
SOURCE: Bonanno (2005).

10.4.1　对创伤的反应

在对各种创伤事件的多项研究中，心理弹性是最常见的结果，而不是从创伤后应激障碍中的康复。研究人员对丧偶者在配偶死亡后的反应进行研究的结果显示，在 50% 的人身上都能够观察到心理弹性反应（Mancini et al., 2009）。与普遍的看法相反，没有证据表明这些人后来会经历"延迟悲痛"，或者他们只是表面上依恋他们的配偶。在一项针对年长夫妻的纵向研究中，研究者针对配偶去世后健在的一方开展了为期 18 个月的跟踪调查。他们发现，几乎一半的受访者仅显示出低水平的抑郁和相对较少的持续悲痛的症状。研究人员对这些具有心理弹性的丧偶者的婚姻历史进行分析之后，并未发现存在婚姻问题或冷漠、疏离人格的迹象。这些配偶对死亡有着更高的接受程度、相信世界是公平的，而且有强大的社交网络。他们确实有一段强烈的悲伤期，并对配偶有强烈的思念，但是这些悲痛并未影响他们的正常生活，包括他们感受积极情绪的能力（Bonanno et al., 2002）。

对"9·11"事件后果的研究显示，大约有13%直接目睹世贸大楼袭击的人在两年后罹患创伤后应激障碍，其中有4%的人住在事发现场附近；12%的救援人员出现了创伤后应激障碍；而五角大楼工作人员和在袭击发生后被救援出的人所报告的创伤后应激障碍发生率为15%（Neria et al., 2011）。服役于伊拉克或阿富汗战场（或两地都参与了）的美国军人，估计大部分都经历了个人创伤事件，其中大约10%的人最终会罹患创伤后应激障碍或相关障碍（Hoge et al., 2004）。

虽然这些数据令人不安，但它们支持了心理弹性是最常见的创伤应对反应这一发现，相关筛查手段可以快速分辨出高风险的创伤后应激障碍易感人群（例如，那些以前经历过创伤的人，或者社会支持较少的人），而不必干预任何在以真实心理弹性做出压力应对反应的人（Mancini & Bonanno, 2009）。

10.4.2 人格特质与心理弹性

我们对创伤后应激障碍的易感人群所知甚少，那么哪些人具备更强的心理弹性呢？我们已经发现了他们身上的一些特征，如耐受力、自我认同及积极情绪等。

预测心理弹性 •••

感知控制——当面对创伤境遇时，如童年期性虐待或贫穷，对具备高水平感知控制（perceived control）的个人来说，他们相信自己能够影响环境并实现自己的目标，与那些没有这种人格特质的人相比，具备高水平感知控制的人不太容易因暴露于压力之下而出现身心健康问题。

那些拥有高水平感知控制（也被称为掌控感）的人，可能会认为这些事件压力较小，他们能够更好地使用适应性调节机制。在一项研究中，心理学家艾瑞·J. 埃利奥特（Ari J. Elliot, 2018）及其同事对参与美国中年研究的约5 000名中年人的数据进行了分析，旨在探索感知控制如何影响那些具有创伤经历的成年人的健康。这些参与者被要求报告他们是否经历过某些创伤性事件，如父母酗酒或滥用药物、父母死亡、父母离婚、身体或性虐待、情感虐待或儿童期威胁生命的疾病等。他们还接受了感知控制测试（及各种健康检查）。在数据收集后的几年里，有551名参与者死亡。埃利奥特及其同事根据感知控制得分将参与者分为三组，即低感知控制组、中感知控制组及高感知控制组。然后，研究人员发现了创伤经历与参与者死亡风险之间的关系，具体如图 10.12 所示。低感知控制组（最上面一条线）的死亡风险越来越大，他们一生中所经历的创伤事件也越来越多。

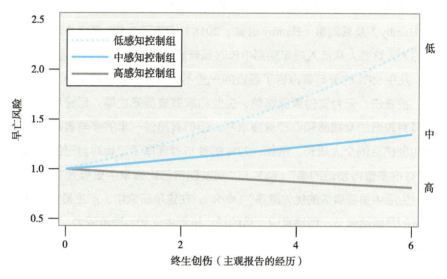

图 10.12　不同感知控制与终生创伤之间的关系
对那些低感知控制组的人（最上面一条线）来说，他们在中年时报告的创伤事件越多，早亡风险就越高。
SOURCE: Elliot et al. (2018).

　　自我认同——另一个似乎能促进心理弹性的人格特质是自我认同（self-identity），或称强烈的自我意识。当创伤发生时，无论自然灾害还是爱人去世，一个人通常都会感觉自己的世界被"完全颠覆"，熟悉的东西变得陌生，常规的事情被打乱，那些平时可以给予自己安慰的东西都不见了。有更强自我认同感的人会比其他人经历更少的压力。有心理弹性的人可以感受到自我的连续性，能够更好地应对周围环境与事物的改变（Mancini & Bonanno，2009）。

　　乐观主义——乐观主义（optimism）得分高的人，也就是对生活持积极态度的人，更有可能拥有更好的身心健康（Carver & Scheier，2014），创伤后应激症状更少（Frazier et al.，2011）。心理学家玛丽安娜·斯科格布罗特·伯克兰（Marianne Skogbrott Birkeland）及其研究团队（Birkeland et al.，2017）证明了这一点。他们对 2011 年挪威奥斯陆恐怖爆炸案的幸存者开展了研究，事件中一枚汽车炸弹在市中心爆炸，造成 8 人死亡，209 人受伤。爆炸事件发生 10 个月后，研究人员调查了 259 名当天在距离爆炸事件最近的建筑物内工作的人员，评估他们的乐观情绪、应激症状及遭受暴力的程度。结果显示，乐观主义似乎可以保护个人，避免其在遭受攻击后出现高水平的应激症状，无论他们处于爆炸的高暴露位置或低暴露位置。研究人员认为，乐观主义者相信他们能够积极应对创伤，他们倾向于夸大事情积极的方面。在创伤后，乐观主义者可能会以不同于非乐观主义者的方式编码信息，从而减少他们对创伤事件的痛苦记忆。

多重优势集合——研究人员最近研究了多重优势集合（polystrengths），或者说是在逆境中提供保护和心理弹性的一系列人格特质组合。心理学家谢里·汉比（Sherry Hamby）及其同事（Hamby et al.，2018）调查了 2 500 多名生活在农村低收入社区的人，这些人从步入成年期到中年时频繁经历高强度的人际伤害和经济压力。事实上，几乎 99% 的参与者报告了最近的一些不良遭遇，如目睹了一次袭击、被同伴排斥、被袭击、无力支付家庭账单、失业和家庭成员死亡等。尽管那些境遇最糟糕的人具有较低的幸福感和心理健康水平，但仍有超过一半的参与者报告了较高的幸福感和创伤后的个人成长。例如，77% 的参与者选择了"我对自己的生活感到满意""我有很多值得骄傲的事"（88%），"我发现自己比想象中更强大"（84%），"我改变了对生活中重要事情的优先顺序"（69%）。在这项研究中，产生最大心理弹性保护性因素的是情绪调节、情绪意识、目的感、乐观主义和心理承受力。

10.4.3　军人的心理弹性

美国国家退伍军人事务中心（National Center for Veterans Affairs，2016）报告，大约有 15% 的美国退伍军人在过去 12 个月内出现过创伤后应激障碍。在此期间，普通美国民众出现创伤后应激障碍的平均比例为 3.5%。大多数创伤事件都是在战斗中发生的，其发生率取决于士兵被分配的任务、围绕战争的政治事件、战争的地点及面对的敌人。其他造成创伤后应激障碍的原因是军队内部的攻击和性骚扰。在退伍军人保健记录中，有 23% 的女性报告了自己在服役期间被性侵犯的经历。退伍军人中 55% 的女性和 38% 的男性报告遭受过性骚扰。

在给罹患创伤后应激障碍的退伍军人做治疗时，我们面临的困难之一是许多人不愿意报告自己出现了问题。每名退伍军人都会使用"服役后健康评估系统"（Post-Deployment Health Assessmen，PDHA）对其各种健康症状进行评估，并且他们被告知他们对系统中相关提问的回答将纳入他们的服役官方记录。由于害怕污名化和歧视，许多退伍军人不愿意承认自己出现了心理健康问题，担心这些答案会影响他们未来的发展。目前，美军正在测试中的一种解决方案是使用虚拟心理治疗师，虚拟心理治疗师会询问士兵各种健康症状的问题，并给出适当、令人放心的回答（Lucas et al.，2017）。这位虚拟心理治疗师出现在一个计算机屏幕上，以数字形式表现一个能描绘出人类面部表情，并且模拟人类自然对话的方式。这个系统会"读取"退伍军人脸上的 66 个面部特征点，并分析退伍军人的语音模式。最重要的是，退伍军人可以放心，自己的回答不会被记录下来。

在这项研究中，研究人员比较了退伍军人回答虚拟心理治疗师（在这项研究中，心理治疗师的名字是"埃里")问题和回答常规 PDHA 问题(这将纳入他们的官方服役记录)的差异。在两种情况下,退伍军人都需要回答自己关于创伤后应激障碍的问题。结果如图 10.13 所示,无论同回答实名的 PDHA 提问还是匿名的 PDHA 提问相比,虚拟心理治疗师埃里都能从退伍军人那里获得更积极的回应。研究人员认为,像埃里这样的虚拟心理治疗师能够把对隐私的保护和融洽的氛围结合在一起,这两者都是获得最有价值的信息所必需的,这样的设定也避免了对受访者个人带来污名化和歧视的风险。

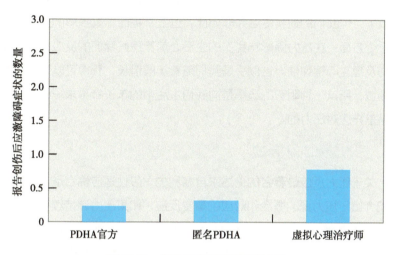

图 10.13　创伤后应激障碍症状报告

美国回国军人对虚拟心理治疗师问题的回应更加积极。

SOURCE: Lucas et al. (2017).

积极心理学的倡导者与美国陆军合作,提出了一种识别具有创伤后应激障碍易感性的士兵的方法,并且提供了特殊的干预方法,作为训练过程的一部分(Cornumet et al., 2011;Vie et al., 2016)。处理心理健康和生理健康问题的方式是相似的,这些研究者设计出"一般性测量工具"(General Assessment Tool,GAT)来评估每一名士兵,然后将结果和常模加以比较,这些常模包括情绪、社会、家庭和精神方面的适应性(Peterson et al., 2011)。超过 40 000 名士兵学习了与心理弹性相关的各种技能,并且已经有数十万名美国士兵参加了这方面的训练(Positive Psychology Center,2018)。

摘要：压力、应对与心理弹性

我们的生活中充满了压力源，而且随着我们年龄增长，它们的数量会逐渐增加，我们承担的角色越来越多，压力也越来越多。在我们可以想象的最美好的世界中，道路上不存在怀有敌意的司机，世界上不存在自然灾害、恐怖袭击，也不存在战争，但我们的现实生活并非如此。过上幸福而丰富多彩的生活的秘诀似乎在于三个方面：在压力源影响我们的生活之前管理好我们的反应、加强有效的应对技巧及建立心理弹性。这似乎是我们随着年龄增长，获得可以逐渐成为"专家"的领域，所以一种明智的选择是向我们生活中的年长者寻求一些提示，听一听他们是怎样应对压力的。

1. 压力、压力源和应激反应

（1）关于压力反应最著名的论述来自塞利的一般性适应综合征。该理论第一次向我们介绍了压力源的概念和对应的警觉反应，如果压力源持续存在，随后就是抵御期和耗竭期。事件发生的序列对身体的免疫系统有影响，会以减损特异性免疫的代价增加天然免疫，结果导致人们对特殊疾病的防御减少。

（2）研究者对压力源的种类已经开展了研究，同时提出了评价个体一生中压力源数量和强度的体系。早期的研究显示，一些健康问题和压力源的数量及强度相关。

（3）最常见的压力源种类是人际紧张，其次是发生在家人或社交网络上的事件，以及在工作场所和学校里发生的事件。

2. 压力的影响

（1）纵向研究将压力与更高的总体死亡率、乳腺癌、心血管疾病和糖尿病发病率联系起来。压力，尤其是长期对压力源的消极应对，也被证明与抑郁障碍、焦虑障碍和双相情感障碍相关。

（2）创伤后应激障碍是对急性应激的长期、极端反应，是一种与压力密切相关的心理健康紊乱。持续一个月或更短时间的类似反应称为急性应激障碍。创伤后应激障碍采用认知行为疗法和长期暴露疗法。世界范围内对创伤后应激障碍患者的调查显示，约1/3的患者在1年内完全缓解，许多患者在6个月内完全缓解。

（3）男性和女性的压力来源不同，对待压力的反应也不同。进化心理学家认为，原因在于我们原始祖先生存的时候，两性所受到的威胁类型是不一样的，所以现代男性和女性发展出的压力反应系统也是不同的。男性倾向于以"战斗或逃跑"的模式应对，女性则倾向于采用"亲近与照顾"的模式应对。男性会接触更多的创伤，但女性更可能罹患创伤后应激障碍。

（4）成年之后，随着时间的推移，日常压力源会逐渐减少，年长的人对压力的反应相对较少。在遇到应激事件时，年长的人可能一开始受到创伤的影响比年轻人更大，但他们也比年轻人恢复得更快。

（5）公开的歧视可能导致女性和少数群体压力增加和寿命缩短，但一些研究人员认为，感知歧视也可能与心理和身体健康有关。对那些因性取向、精神疾病、身体残疾、艾滋病毒感染状况和体重而受到歧视的人而言，压力的影响最大。种族和性别歧视也有类似的影响，遭受影响的人群包括爱尔兰、波兰和意大利裔的美国公民，以及那些认为存在性别歧视的人们。

（6）压力，如社会隔离，可以通过改变特定的、影响免疫反应的基因来改变我们的生理组成。

（7）除了压力的消极影响，也有一些数据证明一部分人会因此而获得个人成长、增加智慧、对生活产生新的欣赏之意，并且会强化自己的宗教信仰。

3. 应对压力

（1）我们用来减轻压力的方法称为应对方式。问题导向的应对方式直接针对压力的来源。情绪导向的应对方式则是我们尝试减少自己的情绪反应。意义导向的应对方式可以用来帮助我们给压力情境赋予意义。社会导向的应对方式则是向亲近的人寻求帮助。

（2）所有种类的应对技巧在正确的时间点都是有效的。重要的是要学会多种应对技巧，并且知道什么时候应该用哪一种技巧。

（3）针对压力应对方式的研究的新思路涉及主动应对，或者在事情发生前应对，以及宗教应对，也就是用自己的宗教或精神信仰来应对压力。

（4）社会支持是应对压力的一剂良药，因为它可以像缓冲剂一样为人们提供保护，缓解压力的负面影响。但是，如果社会互动很困难，或者所提供的支持不受欢迎或不被需要，社交网络也可以构成压力的来源。

4. 心理弹性

（1）对压力最常见的反应是心理弹性，也就是维持健康功能。即使面对像

"9·11"事件那样极端性的创伤，对事件所涉及的大多数人而言，其正常功能也未被摧毁。

（2）心理弹性对经历创伤者而言一直被误诊为"延迟性创伤后应激障碍"，对丧偶的人而言则一直被误诊为"否认"。普遍的观点认为，一个人经历创伤或爱人逝去的压力后有一段脆弱的时期是必要的，但这种观点并未得到研究支持。在此阶段，让这些人对哀伤进行工作反而可能会削弱他们的心理弹性。

（3）心理弹性高的人具备感知控制的人格特质，以及强烈的自我认同感和乐观主义。一组多重优势已经被确定，这些优势与面对极端伤害和贫困时的心理弹性有关——情绪调节、情绪意识、目标感、乐观主义和心理承受力。

（4）退伍军人12个月创伤后应激障碍患病率（15%）高于平民（3.5%）。大多数是参与战争的结果，但23%的女性军人报告在军队中曾遭受性侵犯，55%的女性军人报告受过性骚扰；38%的男性军人报告受到性骚扰。

（5）退伍军人不愿意报告服兵役期间的消极事件。一组研究人员通过创建一位虚拟心理治疗师来解决这个问题。虚拟心理治疗师会询问退伍军人有关创伤后应激障碍症状的问题，这种虚拟方式有利于在更加适合的情况下让退伍军人说出那些隐秘事件，同时，和标准调查（调查内容会纳入军人在官方的个人履历）方式或匿名调查（内容不会纳入在官方的个人履历）方式相比，这种虚拟的方式能帮助退伍军人进一步敞开心扉。

（6）心理学研究者和军事领导者设计出一套方案来测量军人的心理健康，目的是促进这一群体的心理弹性，预防创伤后应激障碍的发生。这套方案所评估的军人心理特征包括情绪、社会、家庭及心理适应性。

写作分享

应对压力。

想一想你认识的一个善于应对压力的人和一个苦于应对压力的人。他们的策略有什么不同？这些策略的积极影响和消极影响分别是什么？写一个简短的回答，可以与他人交换阅读。一定要讨论具体的例子。

11

第11章

死亡与永别

冥想是应对丧失哀伤的许多种方法之一。

学习目标

11.1 分析死亡如何改变社交体系

11.2 评价个人面对死亡的方式

11.3 分析与丧亲相关的行为

作者的话　>>>>> 死亡是一段旅程

戴维·塔斯姆（David Tasma）年纪轻轻却身患绝症，他没有任何家人，孤独地在英格兰的一家医院里等待死亡的到来。由于他的母语是波兰语，因此他无法完全理解周围人们的谈话。作为一名犹太人，他也难以忍受英国国教牧师前来慰问。尽管他已经获得了非常精湛和有效的医疗护理，但他仍在绝望和哀伤中等待着死亡的到来。他唯一的慰藉是一位年轻的女性社会工作者，她每次到病房探望他时都会耐心地听他用蹩脚的英语讲述自己的童年、家人，讲述关于死亡的想法。在两个月的时间里，她每天都坐在那儿陪伴着这位年轻人经历肉体和精神的逐渐消逝。年轻人告诉她，他最恐惧的是自己将在这个世界上默默消逝，不会留下任何痕迹。他还年轻，尚无子嗣。他从未写过书，也没建过一栋房子，甚至不曾种植过植物。或许他们曾经相爱过，但对此我们不得而知。当他去世时，他把自己所拥有的一切财富，约 500 英镑，留给了这位年轻的女性社会工作者。同时，他还留下了这样一个想法——死亡远远不只身体上的痛苦，还包括和爱人分离的社会性痛苦、想了解更多未知世界的精神折磨之痛、寻找生死之道的心灵纠结之痛，还有恐惧、失望、绝望和悔恨的情感之痛。对于这些痛苦，医疗机构均无能为力。

那位年轻的社会工作者名叫西塞利·桑德斯（Cicely Saunders），是现代收容活动的创建者。准确来说，此项活动始于 1948 年。作为塔斯姆的祭奠者，西塞利·桑德斯终身致力于为社会大众寻找在生命终结时获得救助的渠道。西塞利·桑德斯是 20 世纪 50 年代英格兰少有的女性医生，同时也是第一位专注于为绝症患者提供治疗的医生。十年之后，她在伦敦开设了圣克里斯托弗（St. Christopher's）收容所，以纪念自己那位年轻的波兰朋友戴维·塔斯姆，并以此证明他给世界遗留的"财富"——遍及世界 100 多个国家的 800 多家收容中心。这些中心传递着桑德斯毕生的事业理念："你很重要，因为你就是你，并且一直到生命最后的时刻你也同样重要。"桑德斯最后在自己创建的收容所中逝世，享年 82 岁（Field，2005）。

这一章是关于死亡的，包括我们在不同年龄阶段如何理解死亡，如何面对爱人的死亡，以及如何面对自我死亡的现实。这一直以来都是精神分析理论与临床心理学的核心话题，但最近也成为很多其他领域研究者感兴趣的主题。我将从我们如何看待死亡的讨论开始，逐步涉及死亡过程，最后谈及我们如何面对亲人的死亡。这个话题并不轻松，但也是成年旅程中每个人都无法回避的主题。

11.1　理解死亡

死亡对个人、家庭及社会都有巨大的影响。在不同时期，死亡的意义不同，它远远超过了必然性和普遍性这样的简单理解。广义而言，死亡具有重要的社会意义。任何人的死亡都将影响家庭中其他成员的地位和彼此之间的关系。当家中的长者去世时，每一位相关的家庭成员都将在家族辈分中向上迈进一步。除此之外，死亡还会产生其他影响。例如，这给予年轻的成年人承担重任的机会。退休有时也能产生相似的效果，因为长者为年轻人"让位"了，但死亡为社会系统带来了许多永久性的改变。

11.1.1　死亡的意义

对成年人而言，死亡的意义被定义为四个方面。在任何意义系统中都存在着这四种含义。

对死亡的解读　● ● ●

死亡是时间规划者——死亡确定了每个生命的终点，因此"到死亡为止"对试图规划自己人生的个体而言将是一个重要的时间概念。事实上，社会学家伯尼斯·纽卡顿（Bernice Neugarten）建议，对中年人而言，一个重要的思想转变就是为自己的人生做一个转折点标记，从出生到此时，再由此时到死亡。她曾经访谈过的中年人常常发出以下感叹："在35岁以前，我被未来拉扯着向前，有足够的时间去尝试、观望、实现我的计划……现在我却一直在思考，我是否有足够的时间去完成自己想做的一些事情"？

死亡是一种惩罚——孩子们总会把死亡视为对恶人的惩罚。这样的观点及其反面论调（长寿是对好人的奖赏）在成年人中也很普遍，并且被强调原罪与死亡关系的宗教教义所深化。

死亡是一种过渡——死亡意味着一种过渡，从一种生活到死后的另一种生活，或者是从生存到虚无。在皮尤研究中心的一个调查项目中，74%被访的美国人说他们相信死后的世界，这意味着死后他们将以另一种意识状态存在（Sandstrom & Alper，2014）；27%的人相信转世再生，这就意味着他们有前生，也将有来世，只是生存在另一个躯体里（Harris Poll，2005）。

死亡是一种丧失——这也许是最普遍的一种观点，即死亡在我们大多数人看来是一种丧失：丧失了完成工作的能力或因无法实现计划而带来损失，失去自己的躯体，失去味觉、嗅觉、触觉的体验，失去人与人之间的关系。不同于对死后世界的信念，这一概念具有年龄差异。尤其在成年人的不同阶段，由死亡带来的损失不尽相同。年轻人更关注生活体验方面的丧失，以及家庭关系的结束；而老年人则更关注没有充足的时间完成某些自我内在的成长（Kalish，1985）。

11.1.2 死亡焦虑

对死亡态度研究最多的方面是死亡焦虑，或者对死亡的恐惧。这种恐惧与"死亡是一种丧失"的观点密切相关。我们害怕死亡的部分原因是我们害怕失去经验、感觉和关系。对死亡的恐惧还可能包括对死亡过程中经常涉及的痛苦、折磨或侮辱的恐惧、对自己无法很好地应对这种痛苦或苦难的恐惧，对死后可能受到的任何惩罚的恐惧，以及对自我丧失的基本恐惧。成年人看待死亡的态度及其对待死亡的方式受到许多相同因素的影响，这些因素影响着人们对待其他生命变化或困境的方式（见"死亡恐惧的组成要素"）。从某种意义上说，所有成年后的生命都是一个走向死亡的过程。

死亡恐惧的组成要素 ● ● ●

年龄。研究人员已经一致发现，中年人对死亡的恐惧最强烈，老年人最轻，年轻人则介于两者之间（De Raedt et al.，2013）。这些研究结论与如下观点相一致：一个人中年时期最重要的使命就是承认死亡的不可避免性。我们对身体变化的全面觉察及与该变化相伴而来的逐步衰老，加上家中父母的去世，这些将打破我们此前构建的对死亡的相关知识和对死亡恐惧的防御。尤其是，家中父母的死亡将给人们带来巨大的震惊和困扰，不仅仅因为这是哀悼一份特殊关系的丧失，更重要的是，必须面对自己将成为家族中最老的人这一事实，因此你也将成为"下一个"要死的人。在中年阶段，我们将觉察更多对死亡的恐惧，以及对死亡主题及其迫切性的关注。这些年，许多成年人探索出了新的面对死亡的思考方式，最终能够运用不同的方式接受死亡，所以对死亡的恐惧将随着年龄增长而减退。这并非意味着老年人不关注死亡。恰恰相反，他们比年轻人更有可能谈论和思考死亡。尽管死亡对老年人更为突出，但很明显的是，它并不如中年阶段那般让人觉得可怕。

信仰。在面对死亡的恐惧中，年龄并非唯

一的影响要素，很多其他的个人特质都被认为是影响要素。首先，最有可能的影响要素就是信仰（religiosity），即一个人对宗教或精神信仰的虔诚度。大体上，两者之间的关系呈负相关：一个人越虔诚，对死亡就越无惧。然而，研究报告显示，宗教信仰与死亡恐惧之间并无直接关系。例如，一项针对（70～80岁）老年人的研究发现，对宗教信仰特别虔诚和特别不虔诚的研究对象对死亡的恐惧低于那些对宗教或精神信仰虔诚度居中的研究对象。这是一种倒U型关系。研究者认为，那些信仰虔诚度高的研究对象无惧死亡的原因是他们相信有死后的世界，并且他们已经在那里保有一席之地；而那些信仰虔诚度低的研究对象无惧死亡的原因是他们既不相信死后的世界，也不担心自己在这个方面将会失去任何补偿机会。信仰态度较为中立的那些研究对象对死亡感到最恐惧，因为他们觉得也许有死后的世界，并且他们也许还没有在那里获得一席之地（Wink & Scott，2005）。

内在信仰是指人们按照自己的宗教信仰生活，并通过自己的信仰探寻生命的意义。此外，内在信仰者对死后世界的生活有更强烈的期待（Ardelt & Koenig，2006）。

然而，在老年岁月里，内在宗教信仰有其重要意义，因为人们在这个时候已经很难积极地参与各类宗教活动了，更需要的是探寻生命根本性问题的答案。例如，我们从何而来？我们将去往何处？我们为何在此？（McFadden，2000）

在一项关于老年人的研究中，外在信仰与死亡焦虑呈正相关——那些外在信仰得分高的人对死亡的恐惧程度也高。研究人员认为，外在信仰或许对中年人更有意义，因为中年人更关注的是社会支持与生存机会，如宗教社团中的志愿工作等。

性别。死亡焦虑和性别也有一定的关系。来自不同文化背景的一系列研究表明，女性比男性对死亡更加感到焦虑。这种性别差异存在于纽约教区主教群体中（Harding et al.，2005），也存在于埃及、科威特和叙利亚的青年人中（Abdel-Khalek，2004），同时也存在于加拿大西部的大学生中（Chow，2017）。然而，有人认为，这种对死亡焦虑的性别差异也许是一种"人造"产物，它也许是女性身上所有类型焦虑症状的一种更严重的表现形式罢了。但是，最近一项针对400多名女大学生开展的研究显示，即使在控制了压力和其他干扰因素的情况下，女性也比男性显示出更高程度的死亡焦虑（Eshbaugh & Henninger，2013）。

人格特质。 某些人格特质也会影响人们对待死亡的态度。自尊与死亡焦虑有关，高自尊被认为对死亡焦虑有缓冲作用（Reyes et al.，2017）。另一项研究调查了死亡焦虑与生活目标之间的关系。这与个人所感觉到的他们已经完成的个人目标及他们相信自己的生命具有价值感的程

度相关。心理学家莫妮卡·阿戴尔特（Monika Ardelt）和辛西娅·凯尼格（Cynthia Koenig，2006）对一群年龄在 61 岁以上的成年人开展了研究（他们有的身体健康，有的是养老院的患者）。那些有高生活目标感（sense of purpose in life）的老年人具有较低程度的死亡焦虑。这一结论非常有意思，因为对这群研究对象而言，通常意义上的宗教信仰和死亡焦虑无关。与此相关的研究发现，悔恨与死亡焦虑相关。如果对于过去已经完成或将来无法完成的事抱有巨大的遗憾，那么这样的人将具有较高程度的死亡焦虑（Tomer & Eliason，2005）。

这些研究表明，那些已经成功完成人生主要任务的成年人，充分履行了人生赋予他们的角色，故而内心深处能较平静地面对死亡。相反，那些没能解决成年阶段中各类人生困惑与任务的成年人，在他们年老时将面临更多的恐惧、焦虑及埃里克森所描述的绝望。死亡恐惧也许只不过是这种绝望的一种表现形式而已。

11.1.3　接受死亡的事实

严肃直面每个人最终的死亡通常被称为有限性（finitude）。这将是持续不断地在不同时间点和不同层面上发生的过程（Johnson，2009）。在实操层面上，你可以准备遗嘱或购买人寿保险。随着年龄增长，尤其是在中老年及以后的人生阶段，这样的准备行为更常见。例如，老年人比年轻人更倾向于购买人寿保险。他们也更有可能为死亡的发生而订立遗嘱。盖洛普公司最近的民意调查结果显示，在美国的成年人中，仅有 41% 的人准备了遗嘱，而在 65 岁以上的老年人中，68% 的人已经立下遗嘱（Jones，2016）。

在更深层面上，成年人可以通过回忆（reminiscence）或回顾往事开始为死亡做准备。这通常以撰写回忆录或自传的方式呈现，或者寻找昔日老友和亲人叙旧。一项针对轻度阿尔茨海默病患者回忆的研究表明，这种活动有助于让患者认识到自己活得充实，从而能够更好地、平静地接受死亡（El Haj & Antoine，2016）。研究人员建议使用旧车的照片作为激发记

忆的刺激（Anderson & Weber，2015），或者用对过去职业棒球比赛的描述（Wingbermuehle et al.，2014）刺激记忆。其他研究人员发现，通过虚拟伴侣提问并提供关注和指导，可以获得良好的效果（Lancioni et al.，2015）。

如今，生前预嘱（living will）已经是越来越常见的对最终死亡进行规划的方式。当你不再有能力表达结束生命的意愿时，这份文件将生效。这些文件（美国各州对此的规定有所不同）在人们还健康时，让他们有机会决定，当自己身患绝症、永久性残疾且无法沟通、无法表达自己的意愿时，他们希望获得的或希望拒绝的特殊治疗。人们可以在律师的帮助下准备生前预嘱，或者使用网上常见的表格。在美国所有年龄段的成年人中，约35%的人准备了生前预嘱的相关文件，而在65岁以上的成年人中，54%的人做了这种准备（Lipka，2014）。

生前预嘱帮助人们缓解了面对死亡这一漫长而痛苦的过程时所感到的恐惧。生前预嘱是一份个人书写的文件，通过此文件，人们可以为自己生命终结时的选择负责，而不给家人带来负担。并且，这也有助于规避家人对生命终结方式各持己见的局面。

另一种让人们接受生命终将结束这一事实的方式是成为器官移植捐赠者（organ transplant donor），即在死亡时，同意将自己可用的器官和其他身体组织移植给其他被许可接受的人们。器官移植的技术已经先于成为器官捐赠者的理念而被公众广泛接受了。目前，有成千上万的人在等待着移植捐赠的器官。在不同的地区，成为器官捐赠者有不同的程序，而在美国许多州，在更新驾照的时候就可以一并完成。最近，Facebook 开始让其使用者在健康与健身表中显示他们是否是器官移植捐赠者。

谁会选择成为一名器官移植捐赠者？对器官捐献研究的一项综述发现，宗教信仰与成为器官捐赠者的意愿呈负相关，可能是因为一些宗教教义强调信徒身体的完整性，认为这是获得永生所必需的。具有普遍主义和仁爱信仰的人更倾向于成为器官移植捐赠者，那些具有高度自尊、亲社会态度和自我效能感的人亦是如此（Falomir Pichastor et al.，2011）。

> **作者提示**
> **思考死亡。**
> 　　花点时间考虑一下你自己的有限性。当考虑到自己最终死亡的必然性时，你会产生什么样的感觉？

11.2　死亡过程

死亡与葬礼总是人生经历中的一个部分，而人们对死亡的看法及对逝者哀悼的方式会因文化与时代的不同而有所差异。50年前，关于成年人毕生发展及老年学的教科书中尚未包括这类涉及死亡的内容。科学和医疗长久以来都专注于治愈身体疾病和养生长寿的疗法。死亡被视为科学的失败；而面临死亡的患者被隔离在医院的特殊区域，并且所有的努力都是去

"治愈"病症。迎接死亡甚至接受死亡这样的观点是不会被谈及的。这一观念随着内科医生伊丽莎白·库布勒－罗斯（Elisabeth Kübler-Ross，1969）的著作《论死亡和濒临死亡》（*On Death and Dying*）而产生了巨大的改变，书中呼吁将"死亡从黑暗中拯救出来"。

11.2.1　死亡反应的阶段

在库布勒－罗斯的书中最广为人知的内容就是，她基于对成年人及儿童绝症患者的医疗工作总结，将死亡的过程描述为五个阶段：否认、愤怒、抗争（或称讨价还价）、沮丧和接受（见表 11.1）。尽管她后来写道，并非所有人都会经历这些阶段，也不一定以这样的顺序发生，但这些术语仍被用于描述那些即将面临死亡的患者及其家属的反应。下面我将描述这些阶段。

表 11.1　对死亡的反应

阶段	描述
否认	当面对身患不治之症的诊断时，多数患者的第一反应会出现不同的否认形式："不，不是我！""一定是弄错了。""化验报告一定被弄混了。""我没有感到自己病了，所以这肯定不是真的。""我要找另外的医生去看。"所有这些都是否认的形式。库布勒－罗斯认为，否认是有价值的、建设性的第一时间防御。这将给予患者一段时间，让他们能整合各种应对噩耗的策略
愤怒	愤怒是传统意义上的第二反应，库布勒－罗斯指出患者的典型反应是："为什么是我？"患者会憎恨那些健康的人，并且会因为命运将自己置于如此境地而充满怒气。患者还会拿和自己有接触的相关人员（护士、亲属及医生）撒气
抗争（或称讨价还价）	在某些情况下，库布勒－罗斯观察到，愤怒将会被另一种形式所替代。患者此时会试图与医生、护士"达成一个协议"。她描述了一位身患绝症的女性患者，这位女性想活到可以参加大儿子的婚礼时，于是她说："如果我按规定去做，并且不向任何人喊叫，那我将可以活到圣诞节"
沮丧	抗争仅仅会持续一段时间，随着病程的发展，当身体逐步衰弱的迹象变得更加明显时，患者会变得绝望。这是对失去社会关系和失去自我生命的某种形式的哀悼
接受	该理论的最后一个阶段是对死亡的沉默、理解和准备。患者将不再感到沮丧和绝望，而是会安静下来，甚至变得安详。新闻记者斯图尔德·艾尔索普（Stewart Alsop，1973）在身患白血病即将去世时这样描述自己对死亡的接受："临死的人必然要死，如同困倦的人必然要睡，这也将伴随着一段时间内的错误而无用的抵抗"

自从库布勒－罗斯的著作《论死亡和濒临死亡》于 1969 年出版之后，我们对待死亡过程的方式已经在很多方面发生了改变。身患绝症的患者不再被视为医疗科学的失败，而是被当作有愿望和需求的完整个体。大多数人都不想死在医院的特殊区域，而更愿意在自己较为熟悉的家里死去。大多数人会在某个时间点选择不再牺牲自己的舒适与尊严去换取过度治疗所延长的几天或几周的生命。然而，拒绝医学治疗并不意味着他们无须专业的照顾。控制病痛、接受精神抚慰及关于病况和生命所剩时间的准确信息都是必不可少的。他们还需要获得自己所爱之人的社会支持、倾听、谅解，甚至是他们的笑声。

比库布勒 – 罗斯的阶段理论本身更重要的也许是界定了三个核心要件：（1）面临死亡的人依旧活着且具有自己期望达成却还未能实现的需求；（2）我们需要积极地倾听即将离去之人的心声，发现他们的需求，并为他们提供积极的支持；（3）我们应该通过即将离去之人更好地了解我们自己及我们生命的潜能（Corr，1993）。

11.2.2 告别的重要性

库布勒 – 罗斯的研究或其他关于死亡过程的研究均未涉及的一个重要方面就是关于告别的过程，而这个过程的重要性对死者及其家属而言都是显而易见的（Seale et al.，2015）。澳大利亚社会学家艾伦·凯莱赫尔（Allan Kellehear）和特里·卢因（Terry Lewin，1988—1989）的研究第一次涉及此类告别。他们探访了 90 位身患绝症的患者，这些患者均被告知将在一年内死亡，以及另外 10 位住在临终关怀区、预计将在 3 个月内去世的患者。他们中的多数人都在被探访的一年前就得知自己身患癌症，但在近期医生才对其病情下了最后"判决"。受访者会被询问：他们是否已经同家人、朋友道别，或者他们是否计划这样做，如果计划这样做，他们希望在什么时间、以什么形式进行。少数人（19%）表示，他们从未有过这样的计划。其他人要么已经进行了这类告别（22%），要么计划在自己生命最后的日子进行告别——临终告别。

很早以前，告别常常以写信或礼物的形式出现，例如，给孩子或孙子一笔钱，或者将私人物品传承给某位可能会特别珍惜此物的家族成员。有位女性做了一些洋娃娃送给她的朋友、亲人及医院的医护人员。另一位女性给她的每个女儿未来的孩子缝制了婴儿衣服。

正在计划中或已经完成的告别仪式最常见的形式是谈话。有位受访者叫她哥哥来看望她，以便和他进行最后一次会面。其他人安排了和朋友的最后一次聚会，目的是明确地和他们说再见。有些人希望在自己生命保持意识清醒的最后几小时里和他人进行告别，他们希望自己的告别时刻是这样的：自己的告别能够换来他人充满爱意的言辞，以及他人脸上"再见"的表情。

所有的告别，无论说出口的还是没有说出口的，都是某种形式的礼物。通过和某人说再见，即将离世的人暗示：此人重要到需要告知其自己的离开。说再见也能够让死亡变得更加真实，让自己和家人在面对即将到来的死亡时，能够逐步从否认过渡到面对现实。最后，告别也许会使面对死亡变得容易，尤其是在生命的最后时刻之前完成这一仪式。这将使即将离世的人更容易得到解脱，到达接受现实的彼岸。

作者提示

拒绝接受死亡诊断。

有些人仍处于对死亡反应的早期阶段。这种状态对身患绝症的人是否有害？

11.2.3　死亡的个人适应

死亡过程对不同的人而言有巨大的差异，这不仅体现在表达（或未曾表达）的情感上，还表现在生理变化上。有人经历的是一个漫长而缓慢的衰弱过程，有人经历的则是突然的死亡，毫无"阶段"和过程可言；有人经历了巨大的痛苦，有人则只感到轻微的痛苦，甚至没有痛苦；有人和死亡奋力搏斗，有人则很容易就接受了死亡，不再反抗；有人保持镇静，有人却陷入深深的绝望之中。研究者开始探寻的问题是，人们面对即将到来或可能发生的死亡时，不同的情感态度是否会对他们生理上的死亡过程产生影响。

在一项早期的研究中，精神病专家史蒂文·格里尔（Steven Greer）及其同事（Greer，1991；Pettingale et al.，1985）追踪了一群 62 岁被诊断为罹患早期乳腺癌的女性。在确诊后的 3 个月内，每位女性都接受了一次深度访谈，她们对诊断及治疗的应对方式可分为以下 5 种情形。

1. **积极的回避者（否认者）。** 患者拒绝接受诊断结果及相关的证据。
2. **斗志昂扬者。** 患者显示出适应的态度并积极地了解更多关于诊断的信息，表达出以各种方式与疾病做斗争的渴望。
3. **宿命论者。** 患者承认诊断但并不积极寻求更多信息，而是继续自己原来的生活。
4. **无助者 / 绝望者。** 患者被诊断压垮并将自己视为毫无希望的重症患者。
5. **沉溺于焦虑者。** 患者极度焦虑地对待诊断并悲观地对待其他所有信息。患者将所有的身体感受都视为病情恶化的信号。

格里尔 15 年后追踪了这五类人群的生存率。最初反应是积极回避（否认者）和斗志昂扬的患者中仅有 35% 的人死于癌症，而宿命论者、无助者 / 绝望者或沉溺于焦虑者中有 76% 的患者死于癌症。在这项研究中，五类早期乳腺癌患者在病程阶段和治疗方案方面不存在差异，所以上述结论支持了心理反应对病情过程有影响的假设，正如应对策略更容易在疾病最初阶段对病情发展产生影响一样。

应对风格

在最近的一项研究中，研究人员对心脏病发作后的患者施行了应对策略测试。该研究测试了患者在任务导向的应对方式、情绪导向的应对方式和回避的应对方式上的得分。在接下来的 5 年里，研究人员对患者开展了跟踪调查，在任务导向的应对方式方面得分高的患者比得分低的患者死亡风险更低，心脏病复发的概率更低。任务导向的应对方式包括有目的地尝试解决手头的问题、改变现状，或者以更有成效的方式思考现状。情绪导向的应对方式和回避的应对方式均未显示出任何积极效果（Messerli-Bürgy et al.，2015）。

另一项关于应对方式的研究调查了近 300 名经历过心脏病发作并入院接受治疗的患者。在患者病情稳定下来之后，他们接受了一项评估其乐观情绪的测试。研究人员询问他们是否同意诸如"在不确定的时期，我通常期望最好的"之类的说法。在他们心脏病发作一年后，乐观情绪得分较高的人比得分较低的人拥有更好的身心健康状况。此外，那些乐观情绪较高的人更倾向于戒烟，同时会调整饮食结构，增加水果和蔬菜的摄入量。

这些结果显示，人们对潜在致命疾病诊断的反应方式上存在个体差异。我们处理这类信息的方式不但会影响我们如何遵循既定治疗方案和遵守医嘱，也可能会影响疾病的进程。好消息是，我们可以通过一些方法改变我们的应对策略和人格特质，以促进更好的健康结果（Magidson et al.，2014；Meevissen et al.，2011；Renner et al.，2014）。

11.2.4　选择死亡地点

在今天的美国及其他发达国家，大多数成年人表示他们愿意在自己的家中离世，而事实上，绝大多数人是死于医院或疗养院中（Balk，2016）。例如，有研究在丹麦收集了96位晚期癌症患者对临终关怀和死亡地点倾向性的反馈意见，超过3/4的患者（84%）希望在家中得到照顾，并且有71%的人希望在家中去世。而在表达如此愿望的人中，仅有一半人在家里得到了相应的护理并能够在家中去世。是什么导致了人们的意愿与现实之间的差异呢？造成这种状况的主要因素有两个：其一，家中是否有伴侣或配偶能够提供照顾；其二，是否能够联络到提供临终关怀的团队或人员（Brogaard et al.，2012）。

内科医生琼·特诺（Joan Teno，2004）及其同事开展了一项大型调查，调查对象是死于慢性病患者的家属，调查内容是关于患者去世时的细节情况。调查的样本量为1 500个美国家庭，这些家庭是从调查当年一年内197万死于慢性病的患者总样本中选取的。研究人员询问的其中一个问题是："您家人去世的地点在哪里？"结果显示，1/3的患者于家中去世，另外2/3的患者于专业机构中去世——要么在医院，要么在疗养院。然而，关键问题并不在于患者是否在家中去世，而是他们是否获得了家庭关怀护理服务或临终关怀（hospice care）服务。这类临终关怀服务的重点主要是减轻患者及其家属的痛苦，为他们提供情感支持和精神抚慰。调查人员让死者家属回答的另一个问题是："在最后的日子里，患者获得照顾的质量如何？"家属们表示，无论患者在家中、在疗养院中还是在医院中去世，所获得的照顾质量差别不大——不到一半的受访者表示，自己的家人是在专业照顾机构中去世的，并且在最后的日子里，患者在这些机构中获得了"优质"的照顾。相反，对患者在家中去世并获得临终关怀的受访者而言，超过70%的人将照顾质量评价为"优质"。然而，非常遗憾的是，在所有的受访家庭中，家人在家中去世并获得临终关怀的受访者仅占调查总数的16%左右。

图11.1显示了在特诺等人的调查项目中受访对象反映出的问题，并且按照其家人死亡地点的不同将受访者分为四类：居家获得家庭护理、居家获得临终关怀、在疗养院，以及在医院。如图所示，不同类别之间最大的差别在于缺乏对患者的情感支持。其中，居家获得家庭护理的受访者提出这个问题的比例（70%）是居家获得临终关怀受访者提出该问题的比例（35%）的2倍。同样的比例也呈现在缺乏对家庭成员的情感支持方面，患者居家获得家庭护理的那些受访者对此有意见的比例（45%）是患者居家获得临终关怀的那些受访者该比例（21%）的2倍。

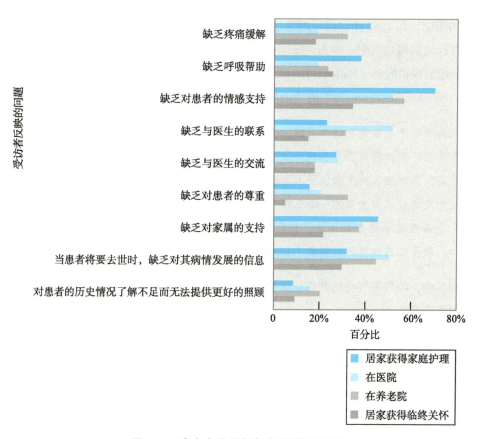

图 11.1 家人去世后家庭成员报告的问题

与其他临终关怀情况相比，已故者的家庭成员报告在家中进行临终关怀的问题较少。

SOURCE: Data from Teno et al. (2004).

　　主持这一研究的特诺等人得出结论，尽管该研究仅仅记录了受访者关于自己家庭成员所获得照顾的反馈意见，并且这是在这些家庭成员已经去世一段时间之后才做的研究，但也预警了（在美国）人们在生命终结时所能获得的护理方面的不足。特诺等人特别关注了大多数年迈者适用的家庭护理方面的问题。未来，美国联邦政府给予养老院的支持将越来越少，而需要临终照顾的老年人却越来越多。除此之外，医院也将难以容纳为数众多的绝症患者，因此将有更多的患者被转入疗养院。

　　临终关怀

　　临终关怀具体应当包括什么内容？我在本章开始的故事中提到了一些在临终关怀运动刚刚开始时所涉及的内容，而如今的临终关怀具体包含些什么？为什么临终关怀能成功地为即将离世之人及其家属提供"优质"的服务呢？

　　库布勒－罗斯的著作曾经给予临终关怀运动以极大的推动力，因为她强调了一种理念，即体面的死亡（good death），这意味着在最大的意识清醒度和最小的身体疼痛度下，让患者及其家属对整个死亡过程有充分的了解和掌控，并且让患者死得有尊严。临终关怀起源于 20 世纪 60 年代的英国。在美国，20 世纪 70 年代以草根运动的形式开始为癌症晚期患者提供额外积极的帮助。到 1982 年，这一理念已经获得广泛的支持，美国国会建议将临终关怀纳入全美医疗保险的覆盖范围。今天，美国有 3 000 多个临终关怀项目，为每年约一半即将离世之人及其家庭提供服务（National Hospice and Palliative Care Organization，2017）。

临终学（hospice approach）的理论基础包括以下几个方面：

- 无论照顾还是接受照顾的安排，决定权应该属于患者及其家属；
- 医学治疗应该侧重于缓和病症而非根治疾病，这也意味着疼痛应该得到缓解，舒适度最高，同时应该减少采取侵入型的治疗措施和延长生命的措施；
- 死亡应该被视为生命的一个正常且不可避免的部分，无须回避，而应直视；
- 一个具有综合能力的团队，该团队的成员包含医生、护士、社会工作者、心理治疗师、教士或其他精神引领者（Torpy et al.，2012）。

在现实中，临终关怀将这些理论转换成一系列能够为死者及其家属提供的服务。这些服务包括以下内容：

- 一个由医生、护士、社会工作者、心理咨询师、家庭健康护工、教士、理疗师及受训志愿者组成的多学科团队，他们发挥各自的专长照顾患者，帮助其缓解病症并为其家属提供支持；
- 在延续生命的前提下，减缓疼痛和病症，以使患者更加舒适；
- 对患者及其家属提供精神关照，基于患者的个人信仰，帮助其寻找意义，进行道别，或者开展宗教信仰相关的活动；
- 为那些能够居住在自己家中的患者提供家庭护理，但在需要时也可以给住院患者和在疗养院的患者提供护理；
- 使家庭照顾者有休息的机会；
- 组织召开家庭会议，并让家庭成员有机会了解患者的情况，分享大家的感受，了解死亡，并提出疑问；
- 来自心理咨询师和教士的临终告别辅导，帮助家庭成员处理探访、慰问电话，以及社会支持团队的告别过程；
- 协调跨学科团队提供的各种服务，与医生、家庭医护机构、社区专业人员，如药剂师、教士及丧葬中心的主管进行沟通。

在美国，目前超过 44% 濒临死亡的患者接受了临终关怀服务。最常见的需要临终关怀的患者是身患癌症等绝症的患者（28%）。尽管临终关怀设计为患者提供最后 6 个月的照顾，但临终关怀的平均服务时间少于 2 个月，主要是因为难以预测很多绝症病情的发展（National Hospice and Palliative Care Association，2017）。很多家庭不使用临终关怀服务的原因是，因心脏病和阿尔茨海默病而离世的患者人数在上升（无法预测其病情），患者及其家属对接受突然死亡的心理障碍，以及一些医生（和家庭成员）难以停止激进的治疗。其结果就是，尽管临终关怀能让人们体面地离世，但它在临终的短时间内仍然仅为少数人所使用。

11.2.5　选择死亡时间

现代医学的另一个进步就是不再强调延长生命，而是延长死亡过程。现在，每年大约90%的死亡者都经过延缓病情和缓慢衰竭而离世。很多人都认为，人们有权利体面地死去并选择死亡的时间、地点及方式。

1976年，加利福尼亚州通过了美国第一个关于生前预嘱的法案，这一法案的通过允许人们在已经无法康复的情况下合法地表达自己的意愿，从而有权拒绝以延长生命为目的的过度的干预性治疗。生前预嘱现在在美国50个州和许多其他国家都已合法化。早在1990年，美国最高法院就已经规定，美国公民有权拒绝医学治疗，甚至在可能导致死亡的情况下依然有权拒绝。

1997年，美国俄勒冈州投票通过了《尊严离世法案》（*Death with Dignity Act*），这意味着安乐死（physician-assisted suicide）合法化，医生在特定情况下可以帮助患者运用医疗方法结束自己的生命。前提是患者必须自愿要求运用相关医疗方法（即安乐死），所患疾病必须是不治之症，并且患者必须意志健全。此外，所有以上要素必须经由第二位医生予以确认。抉择后的等待期为15天，同时医生的医嘱也必须在各州备案。尽管反对者一再警告该法案可能带来各种各样的问题，但绝症患者选择安乐死的人数并不多。法案颁布后的第一年，在美国只有24人获得了相应的处方，其中16人选择了安乐死。2017年，218人获得了处方，143人用安乐死的方式结束了生命（Oregon Health Authority, 2018a）。图11.2显示了自该法案颁布以来俄勒冈州寻求和得到安乐死处方的患者人数及最终接受安乐死的人数。

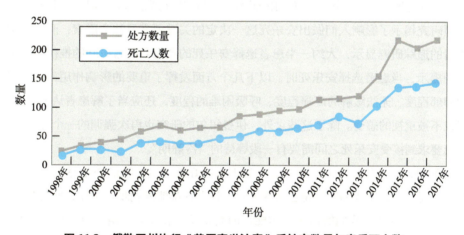

图 11.2　俄勒冈州执行《尊严离世法案》后处方数量与安乐死人数

自1998年以来，俄勒冈州有更多绝症患者要求用安乐死处方结束自己的生命，但实际接受安乐死的比例较小。
SOURCE: Oregon Health Authority (2018a).

俄勒冈州对执行安乐死的患者提出的正式要求及医学诊断处方一直保留着审慎的记录。2017年，218份处方由92位不同的医生签字，患者的平均年龄为74岁。大多数是白人（94%），拥有学士学位（49%），患有癌症（77%），并获得了临终关怀（91%）。所有人都享有不同形式的医疗保险（99%）。这意味着他们做出这样的选择并非出于无法支付下一步医疗费用的考虑。他们做出这一选择的最主要原因是丧失了自我行为能力，不再有能力参与让他们感到生活有意义的活动，以及感到尊严丧失（Oregon Health Huthority，2018b）。在本书撰写之时，美国的华盛顿州、蒙大拿州、佛蒙特州、加利福尼亚州，加拿大、比利时、卢森堡、荷兰及瑞士等国家都有安乐死的相关法律法规出台。

对安乐死的态度

哈里斯民意机构的调查结果显示，美国大多数成年人（72%）支持医生执行安乐死，这些受访者代表了不同年龄段、教育水平和政治派别的人。然而，一些宗教团体仍然强烈反对这种做法，因为他们认为一个人的最后一天自有其存在意义，而不应人为加以干预（Thompson，2014）。

内科医生及生物伦理学家伊其卡尔·伊曼纽尔（Ezekial Emanuel，2000）及其同事调查了大约 1 000 名绝症患者对安乐死的态度。尽管大多数人（60%）在理论上支持安乐死，但实际上仅有约 10% 的人会考虑将安乐死作为自己的选择。那些更有可能选择安乐死的患者有一定的抑郁症状，需要给予全方位的照顾，并且处于强烈的疼痛之中。那些较少可能考虑安乐死的患者则具有如下特征：已经 65 岁及以上，并且多是非洲裔美国人。有意思的是，大约 4 个月后，研究人员再次对这些（仍然健在的）受访者进行回访时，这两组人（倾向于为自己选择安乐死和不倾向于为自己选择安乐死的人）中几乎有半数改变了原先的看法。在回访中选择安乐死的患者身上出现了抑郁症状或呼吸困难的症状。

伊曼纽尔的这一研究从很多角度看都非常有意思。这是我见过的第一个针对绝症患者本人关于安乐死态度的研究，揭示了人们预想的行为与实际行为之间的差异。另一点有意思的是，这项研究揭示了影响人们做出安乐死这一决定的关键要素是社会因素，而非医学因素。对于患者的追踪研究显示，大约一半患者选择安乐死的意愿会随着时间的推移而发生变化。这些发现提示，当患者选择安乐死时，以下几个方面发挥了重要的影响作用，应加以评估：患者的抑郁程度、无法缓解的疼痛程度、呼吸困难的程度，还应当了解患者认为自己成为他人负担或不被重视的感受。除了这些之外，伊曼纽尔的研究也再次强调的一个理念是，在提出安乐死要求到接受安乐死之间需要有一段等待的"冷静期"。

毫无疑问，医疗和健康护理能够给人类带来的好处足以让我们心生感恩。现在死于难产的女性或无法活过学步期的孩童已寥寥无几。许多人都能顺利步入中年，此时我们的兄弟姐妹或父母都还健在。我们的孩子常常能同时有祖父母和（外）祖父母，甚至有的还有曾（外）祖父母。然而，这也带来一定的弊端，我们能够享受"体面的死亡"的机会被剥夺了：

> 随着时间的推移，人类的一生将面临无数挑战。尽管历经成长与缓慢死亡的挑战并非坏事，但这的确是一个挑战。社会的发展从未像如今这般复杂。我们需要考虑语言、分类、架构、意义、规矩、习惯、社会组织、服务供应、财务及社区承诺。许多事务需要学习和完成。迅速增加的老龄人口和即将面临生命终结的人口使相关学习和实施安乐死的需要更加迫切。（Wilkinson & Lynn，2001）

作者提示

死亡的权利。

　　你所在的地方有关于医生协助患者安乐死的法规吗？你认为医生协助患者安乐死合法吗？为什么合法？为什么不合法？

11.3　仪式和悲伤

　　无论死亡突然来临还是缓慢到来，无论在预料之中还是出乎意料，它都让生者必须以某种形式接受死亡，并最终重拾生活。这些仪式的形式取决于人们居住的地域、文化、宗教习俗和死者及其家属的偏好。

11.3.1　葬礼和仪式

　　人类所有的文明都不缺少丧礼（ritual mourning），即一系列伴随死亡的象征性典礼和仪式，这些仪式有清晰而重要的功能。正如社会学家维克多·马歇尔（Victor Marshall）和朱迪思·利维（Judith Levy，1990）所说："仪式提供了一种……方式，通过它，社会寻求控制死亡的破坏性，并使之有意义……葬礼存在的意义就是，人们通过正式的渠道面对生命的结束，缓解悲伤，并在重要的人死亡后建立新的社会关系"。

　　使仪式得以发挥这些功能的途径，就是让丧亲的人拥有一个特定的角色。这些角色的内容在不同文化间有所差异，但在多数情况下，在亲人死亡后几天或几周内，赋予生者清晰的角色能让他们进入一种相对稳定的过渡状态。在我们的文化中，习俗描述了应该如何着装，谁应该被告知噩耗，谁应该被赡养，以及应该表现出怎样的行为举止，等等。根据宗教信仰的不同，有的习俗需要安排7日服丧期，或者将朋友和亲戚聚集一周，或者举办一个追悼会。有的习俗也许希望生者能坚强地忍受，或者哭泣以慰哀思，或者把头发剃了。无论社会习俗怎样，在重要的人去世后的几小时到几天时间内，这一角色将被建立起来。

　　通过强调死者生命的意义，死亡的习俗也能给死亡赋予意义。多数死亡习俗包括鉴定书、照片、生平纪事及见证人，这并非巧合。通过讲述死者生前的故事，描述那个已经逝去的生命的价值和意义，死亡更容易被生者所接受。当然，通过将死亡放在一个更富有哲学意义和宗教意义的环境下，仪式也将更有意义。

　　美国是一个以移民著称的国家，拥有非常多样化的葬礼和哀悼习俗。人们在表达对失去所爱之人的悼念时具有非常不同的方式。

11.3.2　悲伤的过程

　　当葬礼和悼念活动结束后，接下来人们会做什么？无论死者是生者的配偶、伴侣、孩子、朋友或其他所爱之人，人们如何处理丧失亲人的悲伤？悲伤的主题已经被不同的阶段理论主导了许多年，如库布勒－罗斯的理论，以及在第6章中讨论过的约翰·鲍比提出的依恋理论。尽管库布勒－罗斯在她的理论中淡化了以阶段性为分界的行为变化过程，然而鲍比和其他人并没有。这些新弗洛伊德学派的理论家指出，在失去爱人后，人们的反应将依阶段发生，并且这些阶段是每个人必经的，必然按照某一固定顺序发生。丧亲者在这一过程中必然会处于某一阶段，但不可能同时处于两个阶段。按照这种理论，人们无法跳过某一阶段，也不会再回到上一阶段。这一"悲伤工作"的结果就是，在最后阶段，丧亲者将适应亲人离去的事实，并重新回到他们的正常生活中。

鲍比的理论有四个阶段（麻木期、渴念期、混乱期及绝望期），接下来的一段时间是重组期，而本章的前面介绍过库布勒－罗斯的理论则包含五个阶段。有些研究并不支持这些阶段会按照理论描述的顺序出现，更不要说所有的丧亲者都会按照这个顺序发展。例如，有一位评论家写道：

> 我们发现，如同有无数种生活方式一样，死亡和哀伤也会有无数种表现形式……并没有数据显示，人们身上必然会出现面对绝症或死亡哀悼特点的强制性阶段或时间表。这并不是说诸如库布勒－罗斯的阶段理论和鲍比的哀悼过程分类不具备任何实践意义，也不是说这些理论无法帮助我们洞察死亡和哀伤过程的多样性，但是这类理论所描述的绝对不是多数绝症患者和哀悼者的必经之路。我们应该注意，不要过分宣扬死亡和哀悼的教科书式理论。（Feifel，1990）

有人强调应该将阶段换成状态也许会更合适，如麻木状态、渴念状态、愤怒状态、混乱状态及绝望状态。在自己所爱之人离世之后最初几天和几个星期里，人们出现的主导状态有可能是麻木，随之伴有渴念，但渴念的状态也许并不会完全取代麻木状态。尽管可能同时发生，也可能先后发生，但筋疲力尽也许是稍后更有可能出现的状态。正如库布勒－罗斯提出的接受死亡的阶段理论一样，我们看待鲍比的哀悼过程分类理论的最好方式可能是将其视为在丧亲之后许多人都会体验到的情感的描述，而非在丧亲后一定会完全或必然出现的经历，或者一定会按照某种顺序出现的经历。

然而，在过去几十年中，鲍比的理论是心理学家、心理咨询师、健康护理专业人员及牧师对哀伤理解的基础。事实上，正如我在第10章中讨论的那样，主流观点是，如果在丧亲之后人们没有经历创伤或表现出某些状态，那么这就意味着人们的哀伤没有得到正常而健康的表达，这同时意味着人们"另辟蹊径"，以压抑或拒绝的方式应对哀伤（Rando，1993）。在这些情况下，人们会被建议接受专业的临床干预，认为这将有利于帮助人们释放隐藏的、尚未表达的哀伤感情（Jacobs，1993）。另一种显而易见的解释是，逝去的所爱之人并非"真爱"。最近，研究人员发现，很多丧亲者并不一定遵循某一特定的流程。事实上，对于哀伤最为常见的反应是心理弹性，即人们在经历了潜在重大创伤性事件之后仍然能够健康运行的机能。

积极哀伤

近期一项调查对经历配偶去世的人们开展了访谈。结果显示，几乎一半人在亲人离世后甚至没有显示出轻微的抑郁症状（Zisook et al.，1997）。类似的研究也发现，人们悲伤地讨论新近故去的亲人时不仅会出现积极情绪，如坦率而真诚的微笑和大笑，而且这种方式似乎看上去还能让他们心里更好过一点（Bonanno & Kaltman，1999；Bonanno & Keltner，1997）。

有一项纵向研究的研究对象是男同性恋者，他们曾有照顾自己身患艾滋病伴侣的经历，在伴侣去世后，他们接受了简单的访谈。他们对丧亲经历的正面评价多于负面评价。许多人说感觉自己经历了一次个人力量变强和自我成长的过程，并且，在照顾伴侣的过程中，他们之间的关系更牢固了。12 个月之后，那些对这段照顾经历有最高正面评价的人显示出更健康的心理状态（Moskowitz et al.，2003）。这些研究及其他研究均有类似发现，即丧亲者的实际体验和传统理论的描述并不相符。他们对配偶或伴侣去世的典型反应并非按照理论预测的顺序出现，也并非像理论预测的那样完全是负面态度和情绪。更重要的是，那些丧亲后没有出现理论描述情况的受访者，其心理状态并未出现失调，无须接受心理干预。恰恰相反，那些在丧亲后思维和反应表现最积极的人一年之后是调整得最好的。还有一个遗留问题——他们的哀伤有多真实？他们是否和逝者有过真正的亲密关系和相爱关系，或者负面哀伤情绪的缺失是否意味着对他们而言没有什么值得哀悼的？对刚刚丧偶的人而言，直接询问关于伴侣关系的问题也许无法得到诚实的回答。

为了探寻这一假设的可能性，心理学家乔治·博南诺及其同事开展了一次纵向研究，研究的起点在死亡发生之前。他们对 1 500 对老年夫妇开展了追踪，记录了他们在夫妻关系、互动模式、合作机制及自我调节等方面的数据。在研究期间，有205对夫妻经历了丧偶之痛。研究人员使用丧偶事件发生之前的数据对这些夫妻的婚姻质量进行了评估，同时考察了这些夫妇丧偶之后 18 个月内的数据，对他们丧偶后的自我调节能力进行了评估。依据这些数据，研究人员区分出五种丧偶后的调节模式，以及丧偶前的哪些因素能够对丧偶后可能出现的调节模式做出有效的预测（见"适应爱人的死亡"）。

适应爱人的死亡 • • •

研究结果如图 11.3 所示。配偶去世之后最常见的调整模式为心理弹性（46%），其次是长期哀伤（16%）、一般性哀伤（11%）、抑郁—缓解（10%），以及长期抑郁（8%）。当研究人员将五种调整模式和婚姻质量加以比较后发现，经历前三种哀伤模式（心理弹性、长期哀伤和一般性哀伤）的受访者的婚姻质量没有太大的区别。丧偶后出现抑郁—缓解模式的受访者在丧偶前的婚姻质量是最差的，如图所示，在伴侣去世之后这些人的抑郁程度有很大改善。这些研究强有力地驳斥了大众普遍的观点，即在伴侣死亡之后缺少哀伤是因为之前婚姻关系不好，这种观念仅仅适用于大约 10% 的案例。

在更近一次的研究中，博南诺及其同事（Bonanno et al., 2005）在针对配偶去世、父母去世及男同性恋伴侣去世的同类研究中获得了相似比例的调整模式。研究

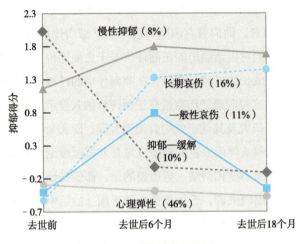

人员同时还发现，人们对待丧亲的反应与亲人去世前和自己的关系优劣之间不存在相关。此外，人们对待丧亲的反应与亲人去世前照顾工作的负担轻重之间不存在相关。但是，研究人员发现，人们对待丧亲的反应与个人调节／调整方式之间存在相关，那些更积极地调整并且在朋友的帮助下能够调试得较好的受访者，更能够通过心理弹性的方式应对亲人和爱人去世的事实。

图 11.3　悲伤的五种模式

对配偶去世前、去世后 6 个月及去世后 18 个月的研究显示有 5 种不同类型的哀伤，最为常见的是心理弹性。

SOURCE: Bonanno et al. (2002).

综上所述，近期的研究表明，死亡的阶段理论（如鲍比和库布勒–罗斯所倡导的理论）有助于界定人们在面临所爱之人去世时可能出现的反应，但这些阶段理论无法描述多数丧亲者在面对死亡时表达哀伤的常见方式。哀伤是非常私人化和个性化的事情，也是非常复杂的事情。毫无疑问，丧亲者身上会出现学者们所描述的那些哀伤体验和经历，而大多数人并未完全被哀伤所占据和淹没，也不会无法履行社会功能。丧亲之后，他们会经历渴念和绝望的时刻，但也会有积极感受的瞬间——感谢那些给予自己支持的人，给予那些与自己共同分担丧亲之痛的人一些慰藉之辞，追忆自己与所爱之人在一起的往事，甚至是趣事和玩笑。哀伤不是恐惧"改头换面"后的另一种形式。爱人的去世是令人痛苦的，离开的爱人令人永远难以忘怀，然而对多数人而言，死亡是生命的一个部分，生活还将继续。

帮助丧偶者

如何帮助丧偶者应对与调适？正如本书中提到的许多其他问题一样，答案是"具体情况具体分析"。对于那些处于深度痛苦和抑郁之中的人，我们可以建议其参加互助小组或接受专业的咨询服务。不要过早地建议他们"振作起来"或催促他们回归"正常生活"。但如果他们看上去能应对自如，并且没有体现出十分严重的哀伤，可以把这种情况视为他们正常且健康的反应；如果他们在葬礼后 2 个月就组织小型晚餐聚会，我们也无须为此感到惊讶；如果在一年的传统服丧期内一个丧偶者就开始与他人约会，也不要不假思索地就认为他之前的

婚姻一定是不幸福的。如果人们能够很好地应对亲人的逝去，就不要提醒他们说应该"让这件事都过去"或"花时间去哀悼"。在正常情况下，帮助他人面对亲人去世最好的方式是高度关注你观察到的各种信息，而不是将自己认为正常的想法或自己的希望强加于人。

最后，我们不应忽视的事实是，丧失亲人也可以让我们获得成长。的确，在一项研究中，多数丧偶者说：丈夫的去世不仅使她们发生了改变，而且这样的改变是朝着更独立和更能干的方向发生的（Wortman & Silver，1989）。正如所有的伤心事和所有的重大生活事件一样，丧失亲人同时也可以是一个机会，而不只是一段无助的体验。我们如何应对丧亲在很大程度上取决于我们从孩童时期就已建立起来的行为模式：我们的脾气或性格、我们与他人的互动方式、我们与自己互动的内在模式、我们的智慧，以及我们所建立起来的社会关系网。

作者提示

回忆与安慰。

你在你的家庭或社区里观察到有哪些丧葬和哀悼仪式？人们如何确保对所爱之人的记忆，以及他们是如何给生者带来安慰的？

摘要：死亡与永别

我们对死亡及其意义的理解，对死亡必然性特征的态度，以及我们应对这一必然性的方式，不仅会影响我们对死亡方式的选择，还会影响我们选择度过成年时期的生活方式。戴维·斯坦德勒－拉斯特（David Steindl-Rast）曾指出："死亡……是一场质疑生命所有意义的重大事件，我们也许忙于各种充满目标的活动，完成各种工作和任务，然后接下来是死亡的状态——无论我们自己的死亡，还是每天所经历的其他人的死亡。于是，死亡告诉我们，仅有目标是不够的，我们的生活需要意义"。

直到有一天，我们听闻关于自己将不久于人世的诊断，此时，对死亡的意识终于让我们无可回避。这将有助于我们定义并赋予日常生活以意义。我祖母的葬礼是以这样一段话结束的："让我们继续前行，为生而欢呼！"这是对任何有关死亡之讨论的最好结语。

1. 理解死亡

（1）死亡是生命中不可避免的部分。我们看待死亡的方式，如何面对所爱之人的死亡，以及如何应对我们自己最终的死亡，都是关注成年人自我发展的人感兴趣的话题。

（2）死亡有多种意义。对有些人而言，它是时间规划者；对有些人而言，它是惩罚（长寿是奖赏）。多数人相信死亡是向死后世界的过渡或通过转世获得来生的过渡。死亡最普遍的意义是丧失机会、丧失关系和丧失时间。

（3）死亡焦虑已经被广泛地研究。我们知道，这主要发生在中年人及信仰程度居中的人群中。中年是衰老开始显现的时间点。年长一些的成年人开始更多地考虑死亡，然而恐惧的成分并不多。那些宗教信仰程度居中的人看上去对死亡更恐惧，因为他们假设有死后世界的存在，然而自己还未在那里获得一席之地。女性比男性显示出更高的死亡恐惧，但这只是反映出她们有更高的普遍焦虑程度。那些对生活更具目标感和较少有遗憾的人更无惧死亡。

（4）人们通过购买人寿保险、订立生前遗嘱、收集记忆素材及叙旧等方式接受自己终将死亡的现实。近几年，医疗技术的进步已经使延长生命成为可能，许多人对死亡过程的恐惧甚于对死亡本身。他们也不愿意让家人做如此艰难的决定。有很多成年人订立了生前遗嘱，明确表达了他们希望在临终关怀方面采取的医学治疗的范围。另一种人们接受自己生命终结的方式是成为器官移植捐赠者。

2. 死亡过程

（1）内科医生伊丽莎白·库布勒－罗斯在 40 年前第一次提出了个人接受死亡的理念。在那之前，人们一直关注于延长生命，而非接受死亡。她描述了死亡反应的五个阶段，尽管并非所有人都会历经这些阶段，也不一定遵循这样的阶段顺序，但她的描述是准确的，她提出的术语在各种涉及死亡领域的研究中被广泛使用。这些阶段分别是否认、愤怒、抗争（或称讨价还价）、沮丧和接受。

（2）库布勒－罗斯定义了死亡过程的三个关键要素：那些在经历死亡过程的人依旧活着并有尚未实现的需求，我们需要倾听他们的诉求以便能为其提供所需的照顾，我们也需要从死亡过程中学习如何过好自己的生活。

（3）通过向爱人告别，濒临死亡的人能接受自己将要去世的事实。这些告别可以是交谈、信件或礼物。

（4）应对疾病的心理反应似乎会对病程有所影响。那些对潜在绝症诊断反应表示积极回避（否认）的人、具有抗争精神的人，甚至是怀有敌意的人，比那些表现出焦虑、抑郁或持宿命论的人更能生存下来。

（5）许多人表示期望在熟悉的家庭环境中去世，但大多数人最终是在医院或疗养院中去世的。对于身患诸如癌症等可预计结局的疾病的患者，他们的另一种选择是临终关怀。临终关怀提供了由专业人士和志愿者组成的团队，主要关注于在家里为患者减缓疼痛，对患者及其家属给予情感支持及精神抚慰。临终关怀的目标不是治愈疾病，而是让患者可以体面地死去。在临终关怀下去世者的那些亲属对其所能提供的照顾的担心，远远少于那些家人在医院、疗养院或在家接受家庭护理而去世者的亲属。

（6）许多人相信他们有权掌控自己的死亡时间，并且许多国家和美国的俄勒冈州、华盛顿州、蒙大拿州及佛蒙特州都已经颁布法律，允许医生在某些特定情况下帮助面临死亡的患者结束自己的生命。2017 年，美国俄勒冈州有 92 人使用这种方法结束了自己的生命；与 2017 年在该州接受安乐死的其他人相比，他们往往更年轻、受教育程度更高，并且能更好地接受自己身患癌症这一事实。

3. 仪式和悲伤

（1）我们这个物种的一个典型特征是，有传统习俗来应对社会成员的死亡。关于人类居所的最早证据通常包括四周带有遗留装饰物的古墓。每一种文化都有自己的传统；美国是一个由不同国家移民组成的国家，国民用许多种方式表达丧亲之痛。唯一的共性是，当某人去世时，我们会感到失落和悲伤，无论其是我们的亲人，抑或是公众人物。

（2）不同个体体验哀伤的方式不同。没有一个人在哀伤中有必经的固定阶段或流程，并且人们感受哀伤的方式也不能反映其与死者的关系如何。

（3）面对亲人离世最常见的反应是心理弹性。尽管人们会真切地感受到丧失和遗憾，但多数人都能以健康的方式继续生活。这些感受伴随着温暖的记忆、对他人的关怀、对社会支持的感激，甚至笑声。在大多数情况下，生者的哀伤模式与其和死者生前关系的质量无关。这在很大程度上与生者的自我调节能力有关。

（4）亲人之死带来的不只有丧失，与亲人的离别也将引领个人成长。

写作分享

选择何时死亡。

思考本章关于"选择死亡时间"的讨论。在死亡时，本人应该有多大的掌控权？家庭成员应该有多大的掌控权？写一个简短的回答，可以与他人交换阅读。一定要讨论具体的例子。

12

第 12 章

成功之旅

成功的老化旅程可以有多种形式。

学习目标

12.1 总结成年发展的主要主题

12.3 根据成长及发展模型分析成年期

12.2 评价成功的人生

12.4 确定成功老化的因素

作者的话　>>>>> 啊，这就是生活

汉克每天清晨起来都会为自己榨一杯新鲜的橙汁，向这个世界感慨："啊，这才是生活啊！"他马上就 80 岁了，但他的生活其实并不容易。在第二次世界大战期间，他所在的海军陆战队攻打贝里琉岛，炸弹碎片在他的脸颊和上嘴唇上留下了伤疤。心脏冠状动脉搭桥手术在他的胸前留下了疤痕，为了避免相关的心脏疾病，汉克还在服用抗凝血剂，这使他的四肢开始出现褐色斑块。他的体内安装了心脏起搏器和除颤器，并需要时常做手术更换电池。他告诉自己的曾孙们，他们的奶奶在她的包里放了一个遥控器，如果他有"出格的举动"，她就会按下遥控器上的按键让他听话。孩子们都觉得这是他们听过的最有趣的事情了。

汉克和他的妻子共生育了五个孩子，为养活这些孩子，他们需要不停地做至少两份以上的工作。汉克在第二次世界大战结束后结婚。在和父亲建新居时，汉克和父亲暂住在隔壁女方父母家里。搬进新居两年后，汉克的岳父失明了，当然也失去了工作，于是亲家一家又与汉克一家住到了一起。此时，汉克已经有了三个儿子，其中一个 2 岁，另外还有一对新生的双胞胎儿子。在离开海军陆战队后三年后，26 岁的汉克成为七口之家的户主。

我第一次见到汉克时，他是一位 60 岁的警察，他并不很喜欢这份工作，虽然有时会加班，但这份工作工资高，还有医疗保险。每周六晚快到 8 点时，汉克就会打开电视机等着看博彩乐透节目。他会把手机轻拍在身旁的桌子上，说："如果我中奖了，我要做的第一件事就是向上司递交辞呈。"然后他会谈论要用这些奖金来做些什么——为妻子在山上买一幢房子，乘坐游轮环游世界，送孙子和孙女上大学，再在佛罗里达的沙滩边买一幢度假屋。

当然，汉克从来没中过奖。但是在几年之后，他确实离开了工作，过上了退休的生活，也给他的妻子买了幢新房子，虽然比他原先的住所更小。他开始从事草坪服务工作，并让已经上大学的孙辈暑假来打工，挣一部分学费。他在佛罗里达州买了一套公寓，还曾乘船游览过巴哈马。他有自己的财务规划，严格按医生规定小心规划饮食，并常到住所公寓附近的小型高尔夫球场运动。他和妻子每周五晚都去社区活动中心听音乐会，每周三（晚餐优惠时段）去餐厅吃比萨。他会上教堂做礼拜，和邻居打牌。他还有一部可以无限量打长途电话的新手机。这样，每周日晚上，无论他的子女和孙辈在哪里，他都能和他们通话。

在很大程度上而言，汉克的成年之旅似乎很成功。他曾参军报效国家，照顾家庭，培养了成功的孩子，养育孙辈，维持了一段超过 60 年的幸福婚姻，并受到每一

个认识他的人的尊敬和爱戴。在他自己看来，他是这个世界上最幸运的人。汉克就是我的公公。但这些年我也见过许多像他这样的人，有男性，也有女性。无论报纸和晚间新闻的头条是什么，居住在包括美国在内的发达国家中的大多数人都对自己的生活非常满意，认为自己是成功的成年人。这一章讲的就是像汉克这样的人，还有成千上万处于不同年龄段的人的成年之旅。他们每天早晨都会与这个世界打招呼："啊，这就是生活！"

我计划通过总结发展主题来开启这一章，这些主题描述了成年旅程的典型经历。在前文中，为方便做进一步的研究，我将成年期划分为不同的主题。在本章中，我会再次将它们放在一起，按时间顺序加以回顾，这样更便于读者理解。我们的生活并不能整齐划分成单独的主题。在阅读本章时，你一定会发现，所有主题都相互融合，相互联系。我将在本章呈现人的一生，以及我如何评估对成年之旅中的发展进步。

12.1　成年期发展主题

在本书的最后一章，我们提供了一个大表格（见表12.1），按照从成年初显期（18~24岁）到成年晚期（75岁及以上）的时间顺序对整个成年期加以回顾。

同之前一样，这些年龄段只是大概的范围。还需要注意的是，该表格描述的成年人典型事件发生顺序指的是人们在适当年龄按照文化定义进行角色转换的顺序。在本章后半部分，我会对每个人所独有的成年旅程进行详细描述。而现在，我将把重点放在典型案例和普遍案例的思考上。在惯常模式下，一个人在20多岁时结婚生子，50岁左右，他的孩子会离家独立生活。大多数人会在60岁左右退休，之后转换职业，成为临时工或志愿工作者。表格的每一行都是对某一方面变化的高度概括。我们可以从任何一个按照这种模式生活的人的一生中看到这些变化。

在我看来，该表格的七行中有四行真正描述了成熟与发展顺序。显然，前两行所描述的身体和精神变化与生理变化过程密切相关，这一过程很有规律，具有可预见性，并且每个人都会经历。虽然人们的变化速度受其生活方式与习惯的影响，但这个顺序是固定的。姑且就我在书中通篇使用这一术语而言，我认为人格和意义系统的变化顺序也是发展变化的，虽然不一定都是随着年龄增长而变化，但至少有一些证据表明，这些变化是连续的，而不仅是特殊的或某一文化特有的角色和人生历程的变化。表格有三行是关于职业角色、人格和意义及主要任务，描述的内容更像是在某一特定群体和特定文化下，成年人中广泛存在的顺序。如果这些角色和工作变化的时间和顺序发生在其他特定文化下，那么表格中所描述的模式也会发生变化。

另一种阅读该表格的方式是竖向看，而非横向看。读者会发现不同的模式可能会同时出现。

表 12.1　成年人一生八个不同主题的变化回顾

	成年初显期 （18~24 岁）	青年期 （25~39 岁）	中年期 （45~64 岁）	老年期 （65~74 岁）	成年晚期 （75 岁及以上）
身体变化	大多数身体系统的功能达到顶峰状态；最佳生育年龄；这一时期形成的健康习惯可以为未来的健康打下基础；骨量仍在增加；有些人出现肥胖问题，许多人不按建议进行饮食和运动	身体功能维持在高水平；感官功能轻微减弱；体重和腰围增加；骨量开始轻微下降	身体某些部位功能明显减弱（如视觉、耐力、肌肉和心血管功能）；由于更年期的到来，50 岁左右的女性失去生育能力，而男性生育能力也逐渐减弱；体重和腰围增加，约 1/3 的人肥胖；许多人的皱纹和脱发明显；女性骨量出现急剧下降	体能下降更加明显，但下降速度相对较慢；反应速度慢；随着骨量和肌肉重量大幅度减少，许多人的体重出现下降；约 1/3 的人面临骨质疏松；感官系统下降更多；暗适应成为问题；对许多人而言，味觉和嗅觉明显退化；身体功能减弱	体能和感官系统加速下降
认知变化	大部分认知功能达到顶峰，反应最快的时期；大多数重要决定依靠父母；驾驶安全性低，电子产品使用频率高且熟练	除晶体智力、语义记忆和程序性记忆外，大多数人的记忆能力逐渐轻微下降；决策能力增强；驾驶安全性提高；电子产品的使用成为生活中的重要部分	除晶体智力（达到顶峰）及语义记忆和程序记忆外，其他继续出现小幅度下降；随着经验的增加，决策能力提高；驾驶安全性提高；电子产品使用不定量	除晶体智力和程序性记忆外，记忆系统更多缓慢下降；决策能力尚好；驾驶能力下降，但经练习可以提高；电子产品的使用可帮助日常生活	除程序性记忆外，包括晶体智力在内的所有能力逐渐下降；决策受认知能力丧失、健康问题（和处方药）影响；认知能力下降可通过练习缓解；驾驶能力急剧下降；如果较早开始使用电子产品，那么它们仍可发挥作用
家庭角色与性别角色	家庭角色由儿童和成年人角色组成，成年初显期的人进入或脱离这些角色；对大多数人而言，性别角色是平等的	获得主要家庭角色（如配偶和父母）；这些角色的推进主导生活；性别角色区分明显	养育子女；后父母阶段；对许多人而言，增加了照顾家中老年人的角色；（外）祖父母的角色开始居于首位	（外）祖父母的角色变得重要，性别角色支配性大幅度减少	因活动受限，家庭角色的参与减少；角色更多地转变为受帮助者

（续表）

	成年初显期 （18~24岁）	青年期 （25~39岁）	中年期 （45~64岁）	老年期 （65~74岁）	成年晚期 （75岁及以上）
人际关系	家庭关系与童年时期相似；同龄人在社会关系中非常重要；恋爱关系大多为短期约会	重点在结交新朋友、同居和结婚；与父母、兄弟姐妹，通常还有祖父母的关系继续保持；当孩子出生后，重心转向照顾孩子，与其他人的人际关系略有疏离	重心由照顾孩子重新转向其他人际关系，故对婚姻的满意度增加；已成年孩子同样很重要；与兄弟姐妹和朋友的关系变得更加重要	仍有配偶的人对婚姻的满意度极高；与朋友和兄弟姐妹的关系可能更加亲密；与自己已成年的孩子的接触更频繁，但并不是幸福感的核心成分；与孙辈的关系很重要	大多数人丧偶；其亲密的朋友和兄弟姐妹变少，但仍很重要
职业角色	大多数人有职业兴趣，但大多在做兼职或入门级别的工作，工作与职业兴趣无关；工作表现不同；很少考虑退休计划；大学生和服兵役的人将更换住处	核心议题在于职业选择，更换工作并开启自己的职业生涯	职业成功，收入和工作满意度的巅峰时期；工作经验增加，身体情况和认知出现轻微下降	大多数人不再做全职工作，转而做压力小的工作或兼职，或者做志愿工作或完全退休	对大多数人而言，工作角色不再重要；有的人继续做志愿工作
人格和意义	在职业、性别角色、政治和宗教信仰身份方面开始将自己区分于群体；强调自己的性别特征，抑制异性特征	建立亲密的人际关系；个性增强（自信、独立、自主）；形成自己的观念和标准；性别差异依旧很大	在家庭和工作地点确立繁衍感；出现早期个性柔和的迹象；不成熟的防御行为更少；大致达到自主水平；一些人的精神性增加，尤其是女性；随着孩子离家，伴侣的性别差异开始减弱	自我完善阶段，可能更多为内部完善；很少人能达到整合的水平。大多数人的精神性增强	继续先前的模式；大多数人精神性增加，即使外在迹象减少
主要任务	通过完成学业和职业培训，确立自己的成年人身份，实现经济独立，不依靠父母，自己做决定，成为社会中自主的一员	重新协商与父母的关系；形成亲密的伙伴关系；成家立业，开始职业生涯，建立个人身份，努力为个人生涯和职业生活的成功而奋斗	引导自己的孩子长大成人；应对父母去世；巩固婚姻；重新定义生活目标；实现个性；照顾家中老年人	找到终生工作的选择；应对自身和配偶的健康问题；重新定义生活目标和自我意识	可能通过回忆或写回忆录，接受生活；面对所爱之人的去世和自己去世的可能性；珍惜尚在人世的家人和朋友，还有生活中留存的其他快乐

12.1.1　成年初显期（18 ~ 24 岁）

虽然这是成年期的一个阶段，但处于该阶段的人们理所当然地被视为一个独特的群体，他们和25~39岁人群的特征相差甚远，他们值得拥有一个属于自己的分类——成年初显期。发展心理学家将这一现象归因于青少年需要更多时间成长为真正成熟的成年人。处于该阶段的人在高中毕业后不会像前几代人一样直接参加工作、参军或承担家庭主妇等成年角色。慢慢地，这一过渡期变长。大多数人在25岁左右才会成为成熟的成年人。发展心理学家杰弗里·阿内特（Jeffrey Arnett，1994，2000，2007）在20世纪90年代第一次在书中描绘了这一群体，并在几年后提出了"成年初显期"这一术语。2003年，研究这一年龄段的学者召开了第一次研讨会。从那以后，成年初显期阶段开始出现在杂志、教科书、课程和大众媒体中。根据阿内特的理论，这一阶段的主要任务包含五个方面。

成年初显期的发展任务包括什么　●●●

自我同一性探索——它涵盖了对人生各个领域内多种可能性的关注，尤其是恋爱和工作方面。这一阶段决定了人们会有怎样的成年生活，信仰是什么，最看重的又是什么。他们和自己的父母有哪些相似之处，又有哪些不同之处。这与埃里克森的理论类似。埃里克森提出了"自我同一性对角色混乱""亲密对孤独"的心理阶段理论。

积极的不稳定性——这类不稳定性包括年轻人通过反复试验寻找自己的道路：从某一个方向开始，如果不合适，那么再换另一个方向。这种现象会出现在选择大学专业、决定住所、选择人生伴侣或人生其他计划中。

关注自我——成年初显期是人们以自我为中心的巅峰期。在这一年龄段，他们不再遵从父母制定的规矩，但同时也还没有开始受到婚姻、家庭和职场规则的束缚。因此小到早餐要吃什么，大到要不要上大学等一切事宜他们都能自由选择。在成年早期，大部分事务是由处于这一阶段的人们自己决定的。

中间感——如果成年意味着对自己负责、自己做决定，以及实现经济独立，那么大部分处于成年初显期的成年人会觉得自己一脚还留在孩童时期，另一脚却已跨入成年，成年的各方面逐渐到来。因此，在人生这一阶段出现中间感和迷茫感并不奇怪。

想象可能性——在青少年时期，一个人的成长环境大多由父母决定。但在成年早期，这明显出现了更多可能性。为了让自己生活得更好，在艰苦环境中长大的人在这段时期会做出各种改变，如结交新朋友、寻找新的行为榜样等。但对那些在积极环境中长大的人而言，在需要承担起成年人的责任之前，他们还可以有一些幻想和改变的空间。

成年初显期的特征是身体处于顶峰状态。身体所有系统都处于最佳时期，顶尖运动员在这一阶段的表现最好。神经元最终发育成熟。死亡率和患病率都很低。除依靠教育和经验而来的晶体智力外，所有的认知过程均会达到顶峰。然而，在身体状况最佳和思考能力达到顶峰的时候，未来疾病的征兆也会出现。很大一部分处于成年初显期的成年人会出现超重和肥胖的问题，他们饮食不规律，不遵从建议进行运动，无法维持良好的健康水平。他们吸烟，经常去喧闹的体育馆和演唱会，听觉器官会受到损害。我们这些经历过这一年龄段的人通常会犹豫不决：因为我们想告诫他们珍惜健康和青春的重要性；然而，我们犹记得刚成年时巨大的欣喜，以及我们自己当时对长辈建议的态度。

成年初显期以不同的发展速度进入青年期。他们会开始进入一些领域（如进入职场）而非其他领域（如结婚成家）。但社会时钟仍在滴答转动。

12.1.2　青年期（25~39岁）

任何人到了这一阶段可能都会听到年长的人对他们说，享受吧，这是"生命的全盛期"。而对努力平衡学习、工作与家庭责任的典型青年人来说，这是一个令人恐惧的想法。事实上，虽然青年期可能是一个人身体与认知能力的最佳时期，但也是成年生活中变化最多的时期。想想这些年来，大多数人都会面临以下情况：

- 承担一些比人生其他阶段的角色更重要的角色：雇员，配偶和父母；
- 与他们职业生涯其他时期相比，从事最耗体力、最无趣、最具挑战性、收入最低的工作；
- 开始谈恋爱，并选择结婚或同居的长期伴侣；
- 成为一个孩子甚至更多孩子的父母，并在孩子幼年时开始马拉松式的子女养育"工程"。

幸运的是，青年人有足够的资本帮助自己满足这些高要求。显然，正如在成年初显期一样，处于青年期的人，其身体和思想都处于最佳状态。神经系统的工作速度最快，所以身体和大脑的反应速度也很快，容易接受新信息，也容易回想起记忆中的内容；身体免疫系统高效运作，可以很快从疾病或受伤中恢复；心血管系统同样处于最佳状态，可以从事需要速度和耐力的体育运动。

青年人会建立由朋友和其他亲密关系组成的人际网络，以此应对各种改变——这也是埃里克森所说的"亲密对孤独"阶段的一部分。这一阶段的友谊不仅丰富，而且尤其重要；比起在其他成年阶段与社会隔绝的人，这一时期朋友少的人会体验到更强烈的孤独感并表现出更多抑郁症状。

依赖和个体化

或许由于角色需求太过强大，处于该阶段的人对自己的感觉，以及他们用来解释所有个人经历的意义系统，似乎都被规则、服从及权威感这些外在的事物所控制。我们认为，这一年龄段正是青年人开始变得独立的阶段。但是在独立于父母的过程中，大多数青年人并没有实现个体化。大多数人仍然固着于"循规蹈矩"的方式，用非黑即白的简单而绝对的眼光看待事物，等待外部权威告诉自己规则是什么。青年期是一个全面群体化（tribalization）的时期。需要通过自己所属的群体及其在群体中的地位来定义自己。

在成年初显期，个体通常还处于依赖和探索的阶段（探索合适的大学专业，合适的职业及合适的朋友或男女朋友），但通常在过度工作中度过青年期。一旦成年生活的轨道已定，处于青年期的人通常不会再浪费时间尝试不同的角色，而是努力成为成功的配偶、员工和父母。

与此同时，个体迈入成年期前形成的传统世界观渐渐被个人愿景所取代。这些改变随着时间的推移逐渐发生，似乎由若干原因所导致。除了其他方面，我们发现循规蹈矩并不一定能得到回报，这一现实让我们对体制本身产生怀疑。例如，调查显示，在第一个孩子出生和成长的最初阶段，伴侣婚姻满意度迅速下降。这证明结婚和生子都不能带来全然的幸福感。对于那些在 20 岁出头结婚的人，婚姻满意度下降出现在他们 20 多岁到 30 多岁之间，并最终导致他们对整个角色体系大失所望。我认为，观念转变的第二个原因是，青年期是我们个人技能高度发展的时期。为了满足找到工作并追求职业发展的外部角色需求，我们也会发掘自身的才华和能力。这一发现让我们将注意力转向自我。我们愈加意识到自己的个体性，同时也更多地觉察到自我中的各个部分，而这些部分是现有的角色不允许我们展示的一面。

尽管一个人到 30 岁时才开始个体化过程，青年期与 18~25 岁的年龄段一样受到社会时钟的主导。过了 30 岁，当我们已经找到自己的角色定位，而该角色受到他人苛评时，我们可能会因此恼羞成怒；我们可能越来越不愿意完全（或在很大程度上）按照自己所承担的角色属性来定义自己。但在这一阶段，角色需求对我们的影响力仍然很大。这样的事实让处于青年期的人过着彼此更加相似的生活。与在其他人生阶段相比，这种相似性在青年期更为明显。的确，有的成年人并未按照一般的模式生活，他们的生活更加难以预测。但大部分成年人都会在 20 岁左右开始进入家庭和工作的 "宽广河流"，随大流经历孩子逐渐长大，工作逐渐进步。主要的变化之一是，当我们进入中年，这些角色的力量会减弱；社会时钟的声音也越来越弱，甚至难以听到了。

> **作者提示**
> **你 25 岁了。**
>
> 　　想象一下你即将 25 岁。根据你对年轻人和自己的了解，想象到那时，你的生活将是怎样的？可能会发生什么？其中一定要包括你的工作、爱好、孩子及与家人和朋友间关系的细节。

12.1.3　中年期（40 ~ 64 岁）

尽管变化往往是逐渐发生的，而非突然发生的，但中年期确实与之前的阶段有着明显的不同。

生物钟与社会时钟

显然，生物钟变得显见，因为在这一阶段，机体老化的前兆开始变得明显——视觉改变，大部分成年人阅读时需要佩戴眼镜；皮肤弹性变弱，皱纹变得更加明显；生育能力减弱，女性表现得更为明显，但男性同样会出现这一情况；患心脏病或癌症等严重疾病的概率增加；反应速度和体力都有轻微但可测量的下降；回忆长时记忆中的名字及其他具体信息的速度也可能会放缓。

机体老化过程（physical aging process）的初期阶段通常不包括太多功能衰退。心智技能可能会稍微减慢，但不会影响正常的工作或学习新事物，如使用社交媒体等。事实上，从经验中学习到的专门化知识可以弥补身体功能下降和认知减慢。在这一阶段，实现并保持健康可能需要更多努力，但仍然是可以实现的。如果你的身体状况已经不佳，你可以通过比30岁时更多地跑步锻炼或做更多俯卧撑来有效提高身体素质。但当你从中年步入更年长的年龄段后，老化的迹象会越来越明显，也越来越不容易克服。

与此同时，社会时钟变得不再那么重要。如果你在20多岁时有了孩子，在你40岁末或50岁初的时候，你的孩子可能正走向独立。而你的职业生涯大概在此时也已达到顶峰。你非常了解自己的角色，向更高峰攀登的动力开始下降。与自身取得成就相比，你可能更会对自己辅导的年轻同事取得成就而感到满意。

如果青年期是群体化时期，中年期就是去群体化（detribalization）时期，这或许是人格和意义体系向个体化转变更深的一部分。在该阶段，人们对自我会表现出更大的开放性，包括对未曾表达过的自我成分的开放性，可能是外部角色定义之外的自我成分。因而，发生在该阶段的改变既有个体外部的，也有个体内部的。

如果你思考一下生物钟与社会时钟在成年期间的关系，你可能会将他们形象化为图12.1。很明显，对每个成年人而言，生物钟和社会时钟中交叉的具体位置点都是不同的，但大都出现在中年时期的某个时间点。

工作与婚姻

比较讽刺的一件事是，在中年期，工作和关系角色在生活中的核心地位有所下降，伴随而来的却是人们对工作和婚姻关系更大的满意度。如前文所述，婚姻和工作满意度在中年期都有所提高。如我们所知的常识，导致这一提升出现的原因有许多。包括两个事实，一是与在青年期相比，个体在中年期所做的实际工作不再需要付出那么多体力，

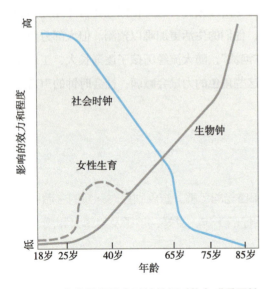

图12.1　生物钟和社会时钟的相对效力或重要性

思考成年不同阶段的一种方法就是依据生物钟和社会时钟的相对效能和重要性。除女性生育问题以外，生物钟在之前相对不重要。一直到中年期某个时间点后，它才变得越来越重要。社会时钟则遵循的是相反的模式。

工作反而更加有趣，得到的回报也更多；二是当孩子长大之后，不再需要父母的时刻照顾，婚姻中的一个主要压力便慢慢减轻。但对工作和婚姻关系的满意度提升可能也是内心视角转换的一种反映。成年人从个性化或良心的角度来感受和体验这个世界，他们更需要对自己的行为负责。所以，他们可能会想办法让自己的工作和婚姻关系变得更好，或者选择更换工作或伴侣。

这种选择恰恰是中年期的一个关键特征。当然，许多角色需要继续完善；为人父母不可能因为孩子们长大而独立了就不再是父母；人们还需要继续职业角色，处理好与父母、朋友和社会之间的关系。但中年人履行这些角色的方式有许多种选择。因为这一年龄段的角色有更多的余地，也因为我们对这些角色的理解不同了，不再从那么刻板的角度看待它们。

这个画面太美好了吗？对尚未进入这一年龄段的人而言，中年期听起来是世间最美好的事情。作为一个已经踏入这一阶段的人，我比较赞同这一点。在中年期，我们有更多的选择；我们的工作和婚姻满意度有可能在上升，内心可能也会出现一些发展和变化。的确，人们在该年龄段会越来越意识到身体的老化，但大多数人对这种老化的体会仍不明显，我们仍然觉得自己健康、能干。听起来，似乎生物钟和社会时钟这些年默默在背后滴答转动不停就是这个世界上最美好的事情。

但这个时期不也正是臭名昭著的中年危机到来的时候吗？带着对中年期更加消极的态度，有些人更换工作、更换配偶，有些人整容，大批中年人（看上去）焦虑、充满矛盾，对过去的人生选择不满，对自己的生理衰退不满，疯狂地寻找解决方案。关于中年期的这两种观点能被调和吗？

中年传说

中年危机（midlife crisis）是我们流行文化中一个有趣的部分。它描述了一个负责任的中年人（通常是一位肩负众多责任的男性）在人生道路上发生 180 度大转弯，突然变得不负责任。电影、小说和电视节目用几个固定的银行家的故事娱乐我们，这些银行家突然把灰色小轿车换成红色跑车，还染了头发。通常，这些危机包括离开自己的长期配偶，和一个更加无忧无虑的青年人生活在一起。我们甚至了解到，中年人经历"内心崩溃"之后，生活方式也随之发生巨大的变化。但这是否会发生在大部分中年人身上呢？这些危机更易于发生在中年期还是人生的其他时期呢？中年危机是否可以预见呢？

关于中年危机的早期报道来自心理分析师埃利奥特·雅克（Elliott Jacques，1965）和记者盖尔·希伊（Gail Sheehy，1976），前者深入访谈了 40 名中年人后提出了自己的观点。以往关于中年危机的著作关注的是问题和带有偏见的消极面，但这种"中年期是一个充斥着压力和危机的时期"的结论并没有得到群体性实证研究证据的支持。最近发表在同行评议期刊上的一些研究使用了非临床样本及不带引导性的提问方式。结果显示，中年危机可能和大家以往认为的有所不同（见"中年期研究"）。

总之，中年危机（连同它的近亲空巢综合征）在某种程度上是个人性格的一个方面，而不是该特定年龄段的一个特征。而且，正如社会学家小格伦·埃尔德（Glen Elder，Jr.，

1979）提醒我们的那样，它也可能是我们早年所经历的文化和历史事件的产物。

中年期研究 ● ● ●

韦廷顿研究

例如，超过 700 名 28~78 岁成年人参与的一项调查结果显示，26% 的调查对象（男女数量相等）称他们经历过中年危机（Wethington，2000）。经进一步询问后发现，他们描述的事件并不是危机，也并非出现在中年时期。相反，中年危机这个词似乎指的是成功应对成年生活的一些危机情况并最终做出改变。人们报告，尽管他们使用"中年危机"这种表述方式，但所谓中年危机所包含的那些事件几乎在成年生活的各个时期都有可能发生。如图 12.2 所示，"中年危机"在所有年龄段的成年人中都会发生，而且在女性中多于在男性中。

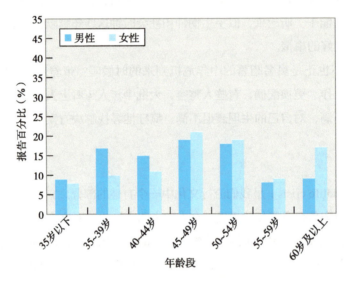

图 12.2 按年龄划分的"中年危机"发生率

SOURCE: Wethington (2000).

抑郁年龄

对中年危机的另一种解释是，是否存在中年危机取决于我们对"危机"的定义。研究人员对生活在美国和欧洲各国的 50 万人开展了随机抽样调查。结果显示，普遍情况是人们的幸福感在中年期最低（Blanchflower & Oswald，2008）。这一结果不但适用于美国人，也适用于欧洲各国人；不但适用于男性，也适用于女性。无论对"幸福感"这个概念如何界定，该结果都适用。例如，研究人员询问了参与者关于抑郁状况出现的时间后得出相似的结果。大部分参与者都认为焦虑或抑郁 44 岁时出现的概率最大，而年龄更小或更长者出现焦虑或抑情况的比例稳步降低。

幸福感预测

　　然而，纵向研究的证据表明，成年人报告称当前生活的满意度和预测未来的生活满意度是有区别的。心理学家玛吉·拉赫曼（Margie Lachman，2015）及其同事发现，人们对当前生活的满意度会随着年龄增长而增加，而预测的生活满意度会随着年龄增长而降低。图 12.3 展示了这项研究的发现，在成年早期，未来看起来比现在更光明，预测的生活满意度高也就不足为奇了。青年人在他们的学习、工作培训和早期的人际关系中为未来而努力。然而，到了中年期，当人们实现了这些目标时，当现在的生活看起来更好时，中年人对未来生活满意度的预测也下降了。以未来老年人的身份来说，现在中年期是最好的，未来却不那么美好。

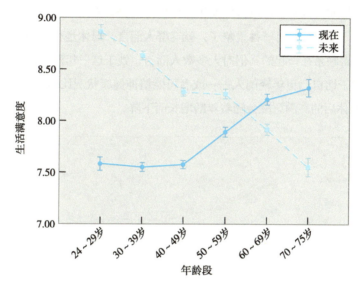

图 12.3　当前和未来生活满意度报告

SOURCE: Lachman et al. (2015).

纵向研究

　　中年危机是否普遍发生目前仍然缺乏证据。例如，在分析伯克利和奥克兰纵向研究的被试数据后，研究人员并没有发现中年期存在广泛剧变的迹象。有些人确实会在中年期经历真正的剧变，约占人口总数的 5% 左右，但是这些人不但在中年期且在其他年龄段同样很有可能经历剧变（Haan，1981）。乔治·范伦特花费一生时间研究哈佛男性，他提到的困难包括离婚、抑郁和失业，这些事件会发生在成年期的各个阶段。但是，当这些困难出现在中年期时，我们就会说："啊哈！中年危机，讨厌的 40 岁，更年期抑郁症"！相反，范伦特在他的研究中发现，哈佛男性认为 35~49 岁这一年龄段是他们一生中最快乐的日子，而 21~35 岁这一年龄段是最不快乐的日子。

12.1.4　老年期（65～74岁）

老年群体在很多方面更像中年人，而不是成年晚期（75岁以上）的人。那么，为什么将65岁作为进入老年期的分界呢？从生理角度而言，65岁时没有什么显著特征可以代表一个新阶段的开始。当然，有些成年人在这一年龄段会经历重大疾病或慢性功能缺失，但范围很小。机体变化或功能下降的累积速率大致与中年时期相同。听觉受损在此时更有可能成为困扰人们的一大问题，关节炎亦是如此；人们可能会愈发感觉自己在各个方面都变得有些缓慢了。但对大多数成年人（至少是生活在发达国家的人）而言，生理和心理的变化在老年期不会加速。老年期这十年的不同之处在于伴随退休而来的角色要求的迅速减少，这种下降会再一次改变生物钟和社会时钟之间的平衡。

毫无疑问，几乎没有证据表明这种变化是以任何危机为标志的。有关退休的研究并未显示，疾病、抑郁或其他不幸可以合理地和退休事件本身联系在一起。对于那些出于健康原因必须退休的人，就完全是另一番景象了；就这群人而言，退休是和更严重的身体状况恶化及可能的抑郁障碍联系在一起的。但对大多数人而言，处于这一年龄段的老年人在精神健康状况方面并不输于比自己更年轻的人——或者可能精神健康状况比年轻人和中年人的更好。图12.4显示，退休后的高满意度会随着年龄增长而下降。

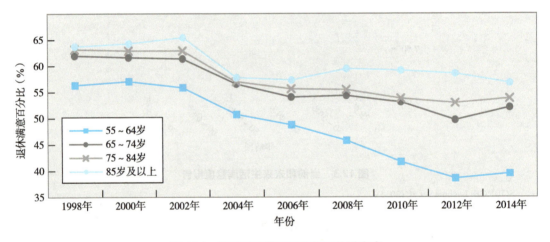

图12.4　随时间推移而变化的退休满意度

报告对退休感到"非常满意"的退休人员比例会随着年龄增长而下降，可能是由于健康问题和其他丧失。
SOURCE: Banerjee (2016).

改变的明确标志是，失去工作角色，同时伴随着其他角色对一个人的核心重要程度的持续下降。作为配偶的角色还会继续，当然，前提是配偶仍然健在。继续存在的还有为人父母的角色，尽管这一角色的要求在此时降低了，也不再那么明确了。事实上，朋友角色和同样老去的兄弟姐妹的角色变得更加重要。但比中年生活更明确的是，这些角色具有灵活性大的特点，并且有很充分的选择空间。

12.1.5　成年晚期（75 岁及以上）

在美国，人口占比增加最快的是处于成年晚期的人群。随着平均预期寿命的增加，越来越多的人都能够很好地度过自己曾经一度认为是"老年"的时光。而且，随着国民健康水平的提升，通常到了成年晚期，人们生理和心理的老化过程才开始加速。在这个时候，许多生理系统的功能储备都可能降低至日常活动所需的水平之下，导致另一种程度上的自理能力缺失和残疾。

我不想用 75 岁这件事大做文章。老年期和成年晚期的分界点更看重的是健康方面而非年龄方面的变化。有的人可能在 60 岁时就已经身体虚弱；而有的人到了 85 岁依旧身强体健。但如果你审视一下这种标准，就像我在本章所做的一样，你会发现，75 岁并不是改变开始的时间点，至少对如今美国及其他发达国家的同年龄组的人而言是这种情况。

我们对成年晚期的了解在不断增加。成年晚期人群只是近年来才大量出现的；并且只是近期美国人口普查局才开始按十年为一个年龄单位划分收集到的老年群体数据，而不是仅仅将所有 65 岁以上的人群划分为一个大组。但我们确实获得了一些相关信息，它直指一种质变，并且这种质变大致就发生在这一时期。

对认知能力的纵向研究表明，总体心智能力得分出现加速下降开始于 70 岁或 75 岁，在这之前虽然也会有所下降，但在成年晚期下降速度更快。心理学家埃德温·施耐德曼（Edwin Shneidman）曾描绘人生七十古来稀的这十年岁月："想想当一个人 70 多岁了，父母都已经去世，孩子已经长大成人，应做的工作也已完成；健康状况尚可，肩负的责任很轻，时间都可以花在自己身上。它可以是人生的日落之年、退休时期、愉快而宁静的晚年，一段有着相对温和天气的日子，身心处在人生晚秋或早冬，变得更加独立，自身有更多进一步发展机会的十年"。但人们在这一段愉快而宁静的暮年早期会做出怎样的生活选择呢？他们依旧积极地参与各种事务，还是开始隐退，转而专注于自我发展或怀旧呢？如果在这一年龄段有些问题存在争议，那一定是集中于这一问题的某些变化之上。这一问题常常被界定为人们所说的老年阶段的脱离现象。

脱离

50 多年前，脱离（disengagement）一词由老年病学专家伊莱恩·卡明（Elaine Cumming）和威廉·亨利（William Henry，1961）提出，用以描述老年人重要的心理过程。这一过程被视为具有三个特点或三个方面。

1. 成年人社会生活空间会随着年龄增长而缩小，这一变化从 75 岁开始更加明显。在成年晚期，我们和他人的交流越来越少，所承担的角色也越来越少。

2. 在存留的角色和人际关系中，老年人变得越来越自我，受规则和规范的束缚在减少。

3. 老年人期待且积极地看待这一系列改变，这让他们逐渐从那些曾经承担的角色和曾经的人际关系中脱离出来（Cumming，1975）。

大多数人都同意前两种特征。在成年晚期，大多数人的确会减少参加社会活动的次数，他们承担更少的角色，并且这些角色更少有明确的规定。这一年龄段的人参加的俱乐部或组织更少，参加宗教活动更少，朋友的圈子也更小。

但卡明和亨利关于社会脱离的第三种观点存在很大的争议。他们认为，脱离不仅是成年晚期的自然现象，也是一种最佳方式。所以那些与社会最"脱离"的人往往是最快乐、最健康的。但这一点没有得到研究的证实，也没有证据表明那些在社交活动中表现出最大衰退的人（那些最大限度"脱离"的人）更快乐、更健康。相反，人们通常会发现，脱离最少的成年人（即参与社交最多的成年人）会表现出对自身和生活更高的满意度，并且斗志最高。

事情并不止有一面。另一方面是，相当多的研究显示，独处对许多老年人而言是一种相当舒适的状态。例如，我们应该注意到，孤独存在于所有年龄的群体中，至少在老年人中是很常见的。的确，不少老年人清楚地发现自己对独立且与社会脱离（高度隔离）的生活方式感到满意。很明显，在老年生活中，人们有可能会选择脱离式的生活，并且对此感到满意。然而，这是否意味着社会脱离对精神健康是必要的呢？正相反，大多数研究证据表明，社会脱离会产生相反的结果。对大多数老年人而言，社会参与是高满意度的一种标志，并且可能也是其原因之一。那些在和他人，尤其是和朋友联系时感到不满意的人，通常对自己的生活也具有更低的满意度。这些变化似乎是更普遍的适应过程的一部分。

储备能力和对局限性的适应

心理学家保罗·巴尔蒂斯（Paul Baltes）和玛格丽特·巴尔蒂斯（Margaret Baltes，1990）提出，成年晚期的一个重要特征是，老年个体的行为比年轻人的或中年人的更接近储备能力的边缘。为了应对这种情况及机体各方面的衰退，个体必须使用一种被称为带有补偿的选择性优化模型（selective optimization with compensation）（见表12.2）。老年人选择自己力所能及的活动和竞技范围，将精力和时间集中在真正重要的需求上。他们通过学习新的策略，同时保留自己熟练的旧策略来优化自己的储备。在需要的时候，他们就能补偿上述那些损耗。

表 12.2　成年晚期过程及示例

过程	示例
选择	马拉松运动员限制自己跑 10 公里
优化	为问题膝盖投资护膝
补偿	为完成比赛而庆祝，而非为取得第一名而庆祝

事实上，这样的选择、优化及补偿在成年晚期是不可或缺且至关重要的一部分。虽然储备能力在减少，但必须意识到的是，许多人在该年龄段确实会通过补偿和调整自己的生活以适应不断发生的变化。

人生回顾

回顾埃里克森的理论，成年晚期发展阶段是自我完善对绝望阶段。埃里克森提出的观点之一是，个体在这一阶段，要达到智慧水平，它是人们在这一阶段可以获得的潜在优势，老年人应当回顾自己的一生，并努力整合过去和现在的自己。

50 多年前，老年病学专家罗伯特·巴特勒（Robert Butler，1993）详细阐述了埃里克森的观点。巴特勒提出，在老年时我们都会经历人生回顾（life review）的过程。"在人生回顾的过程中，过去的经历渐渐苏醒，尤其是棘手的冲突会再现"。巴特勒认为，在人生的最后一个阶段，当我们为必将到来的死亡做准备时，我们沉浸于对自己早年生活的分析性和评估性的回顾中。根据巴特勒的观点，这样的回顾是在生命的最后阶段实现自我完善和由此得来的智慧不可或缺的部分。

这是很有吸引力的一种假设，巴特勒的想法激发了数百项关于回忆和人生回顾的科学研究，产生了许多实际应用。老年人回忆的价值可体现为七种功能（Westerhof & Bohlmeijer，2014），具体如表 12.3 所示。

表 12.3　老年人回忆的功能

七种功能	回忆的价值
自我认同	反思人生历程，形成清晰的自我感
解决问题	记住过去解决问题的技巧，以供现在使用
教导	与他人分享个人经历和人生教训
对话	通过共享记忆与他人联结或重新联结
与过去保持亲密关系	用回忆来保持对逝去亲人的回忆
智力激发	当我们的生活受到身体或精神的限制时，重温有趣的事件
为死亡做准备	利用回忆过去让我们更能接受死亡

SOURCE: Based on Westerhof and Bohlmeijer (2014).

我们在许多活动中都可以找到这种人生回顾的理念。临床心理学家利用人生回顾与老年患者建立密切的关系，并支持他们的心理健康。社区团体有课程指导各个年龄段的成年人写回忆录。退伍军人和孩子谈论他们服兵役的岁月，年长的手工艺人通过教导年轻人传承他们的传统，大屠杀幸存者和高中生谈论他们的经历，（外）祖父母制作他们生活的相册并与（外）孙子女分享。全国各地的博物馆欢迎有相关亲身经历的老年人来信，并分享他们的收藏和照片。

人生回顾仅仅是老年人的活动吗？答案可能是否定的。我们知道，各个年龄段的人都在谈论他们记忆中的故事，并喜欢翻看过去的照片和其他纪念品。所有老年人都会参与人生回顾吗？讲故事算不算，还是一定要自我反省？老年人在晚年是否有必要进行人生回顾，以达到某种形式的自我完整性？这些都是有趣的问题，是未来值得研究的好课题。

总体而言，我认为，我们有充分的理由怀疑巴特勒假设人生回顾是成年晚期的必要部分的有效性。同时，在生命最后几年为死亡而做一些准备显然是不可避免的，甚至是重要的。尽管对所有人而言，死亡终将到来，但大多数青年人还是会继续忽视死亡问题，认为那是很久以后的事。但在过去 75 年的岁月里，死亡的逼近是谁也无法逃避的，我们每个人都必须面对。人生回顾可能就是直面死亡的方式之一。

12.2　影响成功发展的因素

成年期发展的研究建立在大规模群体状况的基础上。它向我们提供了有关人们生活的典型（typical）变化和人们行为的一般（average）类型的信息，这对专业人士和想了解成年期发展基础知识的非专业人士而言是重要且有价值的资料。但对回顾自己一生的个体而言，这些研究并不是那么有用。很少人符合一般行为；很少人经历的是典型的成年之旅。

就我个人而言，我并没有经历过我阐述的典型成年期发展过程。我结婚很早，在25岁之前就有了三个孩子。我的成年早期在做家庭主妇的角色中度过：照顾孩子，在社区图书馆从事志愿工作。孩子们上学之后，我进入了当地社区大学学习。孩子们上初中后，我为杂志写文章，讲述我对子女的教育，这时候我获得了发展心理学的硕士学位，并留在读书时的大学做教学兼职工作。这显然不是一条典型的职业道路（也不是一种典型的职业生涯）。你从本书中可以知道，我滞后（off-time）了——比我孩子同龄人的父母年轻，比我的同学年龄大。

当最小的孩子还和我住在一起时，我离了婚，成为单身母亲。一年后，我再婚了，也第一次当了祖母。多么美妙的新角色组合啊！幸运的是，我的第二任丈夫是一位儿童发展心理学教授，他把自己突然"升级"为祖父视为一种奖励。50岁时，我拿到了博士入学通知，并在三年后成功地穿着红黑色的袍子走在佐治亚大学埃尔加大道上，参加了自己的毕业典礼，我们家四代人都很高兴。

从那以后，我在当地的州立大学分校校区执教多门发展心理学的课程。几个暑假里，我教授了一群来自各州高中、想要在宿舍居住两周来学习高度浓缩的大学课程的学生。我也改变了一些角色，成为我们大学终身学习项目的一名学生，参加了从海洋学到神经科学再到文艺复兴艺术等多个学科的讲座。大多数和我同龄的人都退休了，但由于我事业起步太晚，我想继续工作。另外，我意识到，与我交往的年轻教授不再是我的同龄人，而是我孩子（有时是我孙辈）的年龄。

我自己的成年旅程虽然看上去很有意思，一路走来却并不容易。我想试着在这里加入一点警示：不要亲身做这种尝试！然而，极少部分人会对自己的人生做总体规划。大多数人的做法是在某个时间点上做一个小的决定，然后我们偶尔回头审视自己的过往时，看到过去种种，心中会泛起一丝惊讶。

毫无疑问，你自己的旅程一定会有不符合典型成年旅程的部分。即使知道成年期发展的所有方式和标准，人们仍然会心存疑问。要想完全理解成年期发展的过程和其中的改变，我们还必须了解导致个体生活产生不同于他人之处的方式，个体在遇到压力和挑战时不同的反应方式，以及人们最终可能实现的满足感或内心的成长。

12.2.1　生活质量方面的个体差异

什么因素导致一个人在成年过程中对生活的满意度较高，而另一个人对生活的满意度较低？

影响生活满意度的六大因素 ● ● ●

受教育程度和收入——受教育程度和收入在决定哪些人更有可能经历成功的老化过程方面具有重要的影响（Olshansky et al.，2012）。受教育程度决定了一个人有资格从事什么样的工作，从而决定了其收入轨迹。受教育程度和收入构成一个人的社会经济地位，这在很大程度上决定了一个人的伴侣、家庭稳定、邻里安全、社会网络和医疗质量等因素，所有这些因素都影响着一个人的身心健康（Jürges et al.，2013）。近年来，在美国，社会经济地位高的人群和社会经济地位低的人群之间的差距越来越大，这种现象在黑人群体中尤其明显。尽管美国受教育年限不足 12 年的人口比例正在下降，但他们的生活方式和人生经历使他们成功老化的机会低于受教育程度和收入水平较高的人（Antonucci et al.，2016）。

同辈群体——随着每个年龄组的人群年龄增长，现在的老年人比前几辈人拥有更健康的身体，以及更高的受教育程度和收入水平。由于成功的老化取决于这些因素，如今老年人的生活质量比他们的父母在相同年龄时的生活质量更高。现在人们的残疾率越来越低，寿命越来越长，更重要的是，健康状态下的寿命越来越长。今天 85 岁及以上的老年人生活自理比率明显高于以前的同龄人，可能得益于受教育程度较高（Antonucci et al.，2016）。然而，我必须指出的是，由于当今年轻人中身体疾病（如糖尿病和高血压等）和精神疾病（如抑郁障碍和焦虑障碍等）的高发病率，当这些年轻人步入老化进程时，他们面临的风险是不可忽视的，尽管人们正在努力尽早改变这种状况（Blazer & Hybels，2014）。

工作满意度——老年人的生活质量受职业经历的影响。个体对工作的满意度取决于其所从事的工作类型，与那些无法提供职业认同感、内容单调的工作相比，能够提供自主性和灵活性的工作可以为个体带来更高的满意度。工作满意度不但影响个体工作时候的状态，由于工作溢出效应的存在，工作满意度的影响还会迁移，影响对生活的整体满意度，影响个体的自我认知、伙伴关系和家庭生活，在极端情况下，还会导致工作倦怠和抑郁症状的出现（Hakanan & Schaufeli，2012）。由于男女同工不同酬，在外工作的女性会因为工资比男性低而感到沮丧，有孩子的职业女性压力更大，因为至少在美国，当她们需要照顾年幼的孩子、年迈的父母或生病的配偶时，她们极少能得到帮助（Sherman et al.，2013）。话虽如此，老年人继续工作似乎有助于身体、心理和社会健康，可能是因为它能让人们专注于这些领域（Börsch-Supan & Schuth，2014）。例如，在有些国家中，退休政策制定得相当苛刻，于是人们会为了生计延迟退休，但是和鼓励退休国家的老年人相比，他们在认知测试中的得分更高（Rohwedder & Willis，2010）。这种老年期表现出的认知优势不限于有偿工作，也存在于从事志愿工作的老年人中（Moen & Flood，2013）。未来无疑将带来更多年龄差异化的劳动力，尽管我们不能否认某些认知能力会随着年龄增长而下降，但老年人在工作场所带来的专业知识和高度的职业道德似乎抵消了这种下降（Antonucci et al.，2016）。

家庭——"老年时孩子是父母的安慰"这句老话似乎已不再适用于当今的老年人：第一，没有孩子的老年人比原来更多了；第二，现在老年人的孩子数量比前几代人少。然而，随着年龄增长，这些老年人的生活质量并没有出现下降。没有孩子的中年人通常组成虚拟家庭，他们和自己关系亲密的朋友和亲戚生活在一起，亲戚和朋友中许多人有孩子。我的一位朋友年近 60 岁了，自己没有孩子，但她是五个孩子的教母，她以这五个孩子为荣。他们经常去看望她，其中一个在她所在的城市上大学时和她住在一起。她帮一个孩子买了一辆车，给另一个显现出音乐天赋的孩子买了一把大提琴。她有很多照片值得展示，有故事值得分享。这五个孩子丰富了她的生活，她也丰富了他们的生活。这种在年轻和中年时形成的关系很容易延续到晚年，就像我朋友的教子一样，成为朋友主观幸福感的来源（Dykstra & Hagestad，2007）。

但离婚的父亲（或从未与孩子的母亲结婚的父亲）是个例外，他们中的许多人在孩子成长过程中很少为孩子提供经济或情感上的支持。当这些父亲接近老年时，他们通常会失去与孩子的联系，从孩子们那里得到的支持很少（经济上或情感上）。如果父亲再婚并养育更多的子女或继子女，这一点尤其如此（Sherman et al.，2013）。

居住地——每年，哥伦比亚大学的一个研究小组都会根据有助于老年人口幸福的社会和经济因素，编制一份老年人最适宜居住之地的名单（Chen et al.，2018）。这些因素包括以下几点：

- 生产力和参与度——老年人是否能够获得工作机会；
- 幸福感——保持生理与心理健康的状态；
- 公平度——"富人"和"穷人"在经济安全和福利方面的差异；
- 凝聚力——不同年代人之间的社会联系；
- 安全——退休保障和人身安全。

最适宜居住之地的最新名单中排名前五位的国家是挪威、瑞典、美国、荷兰和日本。在生产力和参与度方面，美国最好，但在公平度方面，美国仅排在倒数第二位。

社会比较——我们将自己和他人进行比较，尤其是将不容易估量的方面（如生活质量）拿来比较，似乎是人类本性的一部分。尽管一些老年人的健康状况并不像年轻时那么好，并且他们的活动和社交圈子也比较有限，但他们仍然认为自己身体很棒、生活幸福，其中的秘密可能就在于将自己与同年龄段的人进行比较。"跟我的同龄人相比，我已经很棒了。"这一点在多项针对老年人的研究中得到证实，这些研究表明，老年人更倾向于将自己与那些不如自己优秀的人进行比较（Clark，2013）。

总而言之，成年人的生活质量在很大程度上是由健康、收入、受教育水平及那些与之比较的人所决定的。其他的因素还包括控制感、意义感及生活目标。如果算上那些不太重要的因素，如年龄、种族、族裔及经济发达状况，结果可能会更加完善。诸如性别、婚姻状况、活动、宗教活动参与度等因素还是比较重要的，但这些因素可能属于健康、收入和受教育水平的一部分。我期望，将来有一项研究能够全面考虑这些因素后建立一个模型，展现出影响成年人生活质量的主要因素和次要因素。

12.2.2　成功生活的其他衡量方式

成年之后，每个人的生活质量最能衡量一个人成功与否。但仍然有其他方式来定义一个人的成年期是否成功，例如，采取专业的心理健康评估方式，或者采取客观方法考察。这两种方式都需要分析大量的纵向数据，是一个十分有趣的领域。

1928 年，发展心理学家在美国加州伯克利开始了一项针对新生儿的研究，并跟踪这些新生儿及其家人直到这些孩子 36 岁。研究人员收集了这些孩子在健康、认知发展、社会状况、家庭生活、人格及行为等方面的数据，以及父母的教养方式与人格。在这些孩子成年之后，他们接受了关于受教育程度、婚姻状况、就业、居住地、子女及与父母关系的访谈（Eichorn，1973）。研究人员在分析了伯克利纵向数据后，开发了一种衡量理想成年人适应性的测试，他们称之为心理健康度（psychological health）。在这项研究中，心理治疗师和理论家都认为，一个最健康的人应该具有以下品质：工作能力、良好的人际关系、道德使命感、对自身及社会有现实的认知。根据此观点，心理健康的成年人拥有很多优秀品质，如温暖、同理心、可依赖性、责任心、洞察力、生产力、坦率及冷静。一方面，他们强调自己的独立性、自主性、智力技能；另一方面，他们富有同情心、考虑周到，既能遵循个人准则，又能遵守社会道德标准（Peskin & Livson，1981）。

第二项纵向研究是格兰特研究，该研究项目由精神病学乔治·瓦利恩特（George Vaillant，1977）领导，旨在确定导致生活成功的因素。格兰特研究始于 1939 年，涉及哈佛大学的男性学生。研究持续收集这些参与者的数据，直到大约 70 年后，他们生命结束。瓦利恩特感兴趣的是找到一套客观合理的能够反映心理适应性（psychosocial adjustment）的标准，然后研究在一名男性的童年或成年生活中，哪些因素会引发良好的心理适应性结果，哪些会造成不良的心理适应性结果。

研究结论

尽管采取了不同的方式来研究成功老化，但伯克利研究和格兰特研究的结果是一致的，并对形成健康或成功的成年生活的构成因素做出了有趣的假设。两项研究都表明，成年生活最成功且适应性最强的中年人几乎都是在能够给予他们温暖、支持并激发他们智力的家庭中长大的（Vaillant &Vaillant，1990）。在伯克利研究中，研究人员发现，这些三四十岁心理健康程度较高的人，他们的父母思想很开明，智商较高，并且婚姻生活很幸福。他们的母亲通常温暖慷慨，戒心较轻，并且更加愉悦自信（Peskin & Livson，1981）。同样，跟那些对中年生活适应性较差的男性相比，适应性强的男性大多来自比较温馨的家庭，并且童年时期与父母关系都不错（Vaillant，1974）。

两项研究都表明，那些适应性强或成年生活很成功的中年人在踏入成年期时拥有更多的个人资源，如进入大学时他们的心理或身体健康程度较高，大学生活井井有条，更加注重实践，同时智力素质也更高。这两项研究结果都在我们的意料之中。最直接地说，起跑时准备得更为充分的人，之后的成年过程也会更加顺利。诚然，这二者的相关性有时也许并没有那么大：有些中年人在起跑时十分不顺利，但到 45 岁或 50 岁的时候也会很健康、很成功；而有些人在起跑时拥有很大的优势，最终结果却并不理想。但普遍而言，涉及对中年期的研究时，结果还是比较一致的。

然而，当研究人员再次考察退休年龄的数据时，分歧就出现了。在这 173 名男性中，他们 63 岁时家庭环境已经不再是心理适应性的一个重要预测因素了，年轻时的智力素质也不那么重要了。这些在 63 岁时十分成功的人，在大学期间被归为综合素质比较好的那一类，并且他们和自己的兄弟姐妹的关系略亲密一些。但除此之外，这些后来比较成功和不怎么成功的人，他们在童年期或成年早期的特性并没有发挥什么影响作用。

这些男性在中年期时的健康和适应性状况则确确实实能够预测他们 63 岁时的健康和适应性状况。63 岁时最不成功的男性在中年期经常使用调节情绪的药物（主要是那些用来缓解抑郁和焦虑的处方药）、酗酒、大量抽烟，并在三四十岁时还常常使用不成熟的心理防御机制。

研究考虑

以上这些研究结果出自同一项研究。这项研究只包括男性，而且仅是那些受教育程度高的男性（研究样本均来自美国大学男性）。所以，我们不应该根据这项研究做出太多的理论推测。然而，结果的模式表明了下列两种可能性。

1. 成年生活的每个阶段所需的技能和品质都不一样，所以每一个阶段预测生活是否成功、适应性是否良好的因素都不一样。例如，大学期间的智力因素可以很好地预测中年时期的心理健康程度，仅仅是因为这个年龄的成年人正处于事业繁盛期，此时智力技能显得尤为重要。而到了退休的年龄，智力技能可能就不再是一个关键因素了。

2. 我们可能会认为，一个人在成年期成功与否并不会由其童年或成年早期所具有的某些品质决定，而由其几十年来所积累的资源和机会决定。有些人若起跑时就有家族优势或个人优势，他之后很可能会有更大的优势，但能够决定一个人在长时间内仍能成功或保持心理健康的因素是，他如何利用这些经历与资源。尽管这些经历会使人压力重重，但它所带来的益处也相当可观。我们在成年早期所做的决策会决定我们中年变成什么样子，而中年时的品质特征也会塑造我们老年时的状态。我把这个过程称为累计连续性。童年时期的环境或个人品质（如性格、智力能力等）并非无关紧要，但是到了 65 岁之后，它们的影响方式就会由直接转为间接。

似乎这两种可能性至少在一定程度上是正确的，但我发现第二种可能性更让人信服。它可以帮助我们理解其他事实和另一些研究发现。

成年晚期没有孩子的男性

其中一项证据来自另一项纵向研究，乔治·瓦利恩特也参与其中，这项研究的对象是343 名来自波士顿的白人，他们几乎都是在下层社会或工薪家庭中长大的。在这项由犯罪学家谢尔登·格卢克（Sheldon Glueck）和埃莉诺·格卢克（Eleanor Glueck，1950，1968）牵头的少年犯研究中，当这些白人男性还是青少年时，他们就被分到了非少年犯的对照组。刚进入青少年期时，他们接受了一次详细的访谈；然后，在 25 岁和 31 岁时再次接受格卢克夫妇的采访；最后，在 40 岁末时接受瓦利恩特及其同事的采访。瓦利恩特及其同事做了一个分析（Snarey et al.，1987），他们对那些在正常生育年龄但没有孩子的男性进行了考察，旨在了解他们如何应对之后的无子女状态。

在这组所有无子女的男性中，一组男性可以被评定为（用埃里克森的话说）明显具有生殖能力的人，他们在 47 岁时通常会选择成为他人孩子的抚养人，以此应对自己的无子女状态，如领养一个孩子、加入类似于兄姐会（Big brothers/Big sisters）[1]这样的组织，或者把侄子或侄女当作自己的孩子来疼爱。而那些在 47 岁时被评定为生殖能力较差的一组男性则不太可能领养孩子，而是很有可能会选一个宠物作替代品。这些有生殖能力和无生殖能力的男性在刚步入成年期时，无论社会地位还是工作能力都没有什么差别，所以这些男性最终在心理成熟度上的区别似乎并非来源于 20 岁时自身特征的不同，而是来自他们在成年早期对一个意外事件或非常规事件（即无子女状态）的反应或处理方式。

这里的中心论点是，度过成年期的方法有很多种。我们每个人所选择的那条路会受到起点的影响，但我们前进时所做的抉择，以及我们从过往逆境中汲取经验的能力会决定我们 50年或 60 年后成为什么样的人。为理解成年之旅，我们需要一个模型，我们会用这个模型从生活道路的多样性中找出一些规律，这些多样性来自我们在人生道路上所做的选择、所汲取的经验或因为缺少经验而做的傻事。所以，我想在最后一章大胆尝试，使用一个更具普遍性的模型对成年旅程加以总结。

作者提示
你的生活质量。
　　你现在的生活质量怎么样？以你自己或你认识的人为例，告诉他们哪些因素正在影响你（或他们）目前的生活质量。

[1] 兄姐会，通常是为儿童或青少年一对一确定一名辅导员，双方在友谊、互信的基础上建立关系，辅导员对儿童或青少年的人生和发展的各个方面给予指导。——译者注

12.3　成年人成长及发展模型：发展轨迹与路径

我相信读者已经清楚地看到，尽管我在本章中所描述的模型很复杂，但还是有些过分简单了。即便我尽可能地在这个模型中囊括更多的元素，以期让它可以适用于其他不同的文化，但毫无疑问的是，每个不同地方的情况千差万别。在某些方面，这个模型甚至有可能是完全错误的。

然而，尽管存在这些明显的局限性，该模型可能会让你感觉有些规则和规律可循，这些规则和规律决定了一个人的成年生活是否丰富多彩。在一系列令人迷惑的成年人研究模型中，确实是有一定规律可循的，但该规律与其说是固定的、与年龄相关的事件序列，不如说是一些发展过程。要想弄明白成年人的发展过程，揭示成年人的发展路径在哪些方面存在着相似性是有帮助的。但同样重要的是，理解成年人做出选择的因素与过程，这影响了他们的选择，以及他们应对这些选择的个体化方式。

有鉴于此，我提出以下四个命题。

12.3.1　命题 1

在成年期发生的有关生理和心理的基本发展顺序大致（并非一定）与年龄有关。

无论其他的进程怎样影响成年生活，但有一点是可以明确的，整个成年之旅会遵照一定的路线，具备一些共同特征。身体和心理会像我们预想的那样随着年龄增长而变化。这些变化反过来会影响成年人定义自己的方式，以及体验周遭世界的方式。我把自我定义和意义系统的一系列变化分到了同一类。和生理变化、心理变化不同的是，自我发展和精神变化过程并非一定随着年龄变化，它们具有潜在性，可能会变，也可能不会变。

然而，在这些基础性的发展过程和发展趋势中，每个人又有不同的发展路径，例如，角色的转换和关系的变化，成长过程的不同阶段，不同的满意程度或成功程度，等等。

12.3.2　命题 2

每个成年人的发展都会遵循一定的路径或轨迹，该轨迹很大程度上受初始教育条件、家庭背景、族裔、智力及性格的影响。

我可以借用生物学家康拉德·沃丁顿（Conrad Waddington）所提出的表观遗传学势能图表来描述这种个体差异性，图12.5则是其变体。沃丁顿在讨论胚胎的限向发展过程时引入了这张图，但这张图也可以用于研究成年发展。沃丁顿的这张图最初所呈现的是一座高山，山上的流水从很多沟壑中奔流而下。他认为，因为山上有各类纵横交错的沟壑和峡谷，所以从山顶滚落的大石到达山脚时，其目的地的位置会有无数种不同的可能性。然而，因为一些沟壑比其他的更深，所以这些沟壑就更有可能成为大石下山时所途径的地方。在使用这个比喻时，我把山脚视为成年晚期，把山顶视为成年早期。我们每个人在经历成年期时，都会以某种方式从山顶到达山脚。因为我们每个人下的是同一座山（都会经历一些共同的生理、心理及精神发展），因而所有旅程都会有一些相同之处。但在这个比喻中，我们的成年旅程中一定会有很多变数，我们会遇到一些特别的事件，也会产生一些特别的结果。

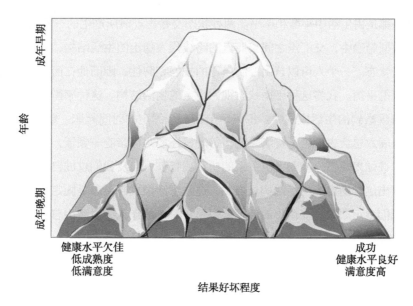

图 12.5 成年旅程的质量

描述成年之旅可以借用山岳景观。每个人的旅程从山顶开始，然后顺着沟壑和山涧到达山脚。途中有很多选择和备用道路，沿途的山岳景观也因文化和社会方面的变化而不同。

SOURCE: Adapted from Waddington (1957).

设想一下，一块大石被放在山顶的某条沟壑中。它从山顶到山脚的路途在很大程度上会受到起点的影响。如果我继续假设，主干道比其他小沟壑更深，那么和继续在主干道前行相比，大石从主路换到小沟壑的可能性小得多。然而，正是因为有选择点或十字路口的存在，这些大石有可能从同一条沟壑出发，最终到达山脚下时却出现在各处不同的终点。无论从哪个既定的起点开始，有些旅途路线和最终结果出现的可能性都比其他的更大。任何一个小沟壑都连接着许多不同的道路。此外，山上的景观总会随着环境的变化而变化，如文化的影响、历史的影响及个体健康方面的变化等。

当然，这个模型和隐喻与瓦利恩特的研究结论是一致的，他花很长时间研究了格兰特研究中的男性。每个人起点时的沟壑当然会对他中年时在山上所处的位置产生影响，但最后的交汇点和中年时所处位置的联系更加紧密，此时起点的位置相对就不那么重要了。也有人会这样使用沟壑模型来阐述自己的观点，他会展示当你从山顶向下走时，主干道会变得越来越深，因而你几乎无法从中跃出。

这个模型与我在本章前面提到的一个研究结果也是一致的，即随着年龄增长，健康、心理技能、性格及态度方面评测出的分数的可变性也会增加。在成年早期，各种沟壑彼此之间相隔很近，很相像，但在 40 年或 60 年之后，情况就并非如此了。

当我绘制图 12.5 时，发现该图还有另一个隐藏的特征，这个特征十分重要，足够我再提出一个命题。

12.3.3　命题 3

每条路径都是由生活中平衡和不平衡两种状态交替出现时所产生的一系列事件组成的。

在沟壑模型隐喻中，交汇点之间长而直的路线代表稳定的生活结构，而交汇点则代表生活中的非平衡状态。一个人可以自由控制自己的技能和脾性，因而他在面临一系列的角色需求时，需要获得平衡。我将这种平衡状态视为稳定的生活结构。这种平衡状态通常会出现在稳定且外部可观察到的生活模式中：每天早上在一个固定的时间起床，然后送孩子去上学，接着去工作，周六总会去一趟杂货店采购，每周日还要跟母亲吃一顿饭，每个情人节都会和伴侣出去吃一顿烛光晚餐。我们各类关系的质量和特征，以及我们过滤自己的经历的意义系统也可以反映出这种稳定的生活结构。当然，这些生活模式并不总是固定的。随着需求和机遇的变化，我们会定期做一些微小的调整。但是，每个成年人的生活中总会时不时出现一段时间的平衡状态。

稳定期和年龄的关系

交替出现的稳定期及不平衡期（或称过渡期）似乎与年龄相关。在图 12.5 中，山体上有些地方的选择点比其他地方更多，我主要是想表明一种年龄相关性。每个大致的年龄段中稳定生活是什么样的，以及每个过渡期要处理哪些问题，这些对我而言在一定程度上是可以预测的。毕竟我们下的是同一座山。正如我在表 12.1 中所概括的，大多数成年人在成长的过程中会面临一系列问题或任务，这些问题或任务有一种特定的顺序。在成年早期，它们表现为与原生家庭的分离，创造一种稳定的亲密伴侣关系，孕育孩子或开始抚养孩子，以及找到一份满意的工作。

中年期的任务包括让孩子学会独立，照顾年迈的父母，重新定义为人父母或为人配偶的角色，探索自身的内在本质，忍受身体的逐渐老去，以及承受父母的相继离世。如果一位成年人遵循"社会时钟"，那么他很可能在特定的年龄遇到过渡期，并在每个过渡期处理大家所共同需要面对的问题。但是，我认为，我们遇到的这些任务并不会只遵循一种规律，只按照一套特定的年龄顺序出现。在这方面，沟壑模型就会对人们产生误导，因为该模型并没有展现出主要选择点出现的时间具有多变性这一属性。例如，沟壑模型没有展现出一个成年人直到 30 岁或 40 岁时刚结婚才有孩子会怎么样，或者刚成年时就身体残疾会怎么样，或者丧偶了会怎么样，或者生了大病会怎么样，以及与之相类似的情况发生又会怎么样。但是无论这些事情发生的时间具有怎样的多变性，对我而言，我仍然认为将成年生活描述为平衡期与过渡期的交替发生是合理的。

转折点

我们可能会把不平衡期视为个人生活的转折点，它可能被任何一件事情或一系列事情所触发。沟壑模型无法体现这一点，所以我必须选择一个更常用的二维示意图，如图 12.6 所示的流程图或路径图。

让我们讨论一下图 12.6 左侧列出的不平衡状态产生的主要来源。

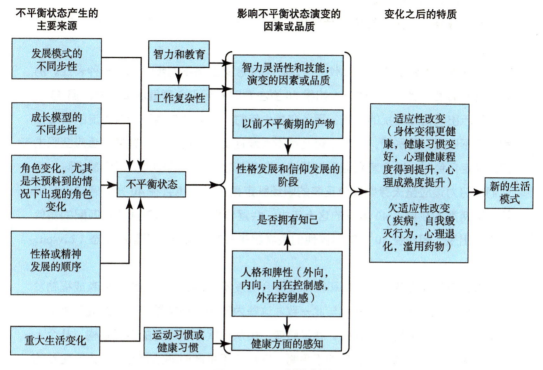

图 12.6 不平衡的来源

此图是不平衡状态及其演变过程模型。我认为，这个过程会在成年期反复出现，并且过渡时所产生的效果会不断累积。每次这样的过渡都会影响成年人前行的道路（沟壑）。

不平衡的主要来源 • • •

发展模式的不同步性——发展模式的不同步性，发生在成年发展或变化的几个不同维度。当生理发展、心理发展及角色定位不同步时，系统中就会存在张力或不平衡状态，这种情况如果在成年期任何一方面出现都会自动引起不同步状况，给人带来更多压力。30 多岁时才有了第一个孩子不仅是一种角色的变化，更是一种带有不同步性的角色变化，这必然会增加不平衡状态出现的可能性；在上文格鲁克和瓦利恩特的研究中，没有孩子的工人阶层男性呈现的也是一种不同步的滞后状态，没有孩子也会增加不平衡状态出现的可能性。正如我之前指出的那样，一般规律是，按部就班式的角色转换很少会触发重大危机或让人们重新审视自己，因为是同龄群体共同经历的。你可以很轻易地解释，角色转换与压力都源于自己的"外部"。与此相对应的是，那些非常规式的变化就很难做此解释了，对这些变化只能用自己的选择、自己的成功或自己的失败加以解释了。因此，与那些按部就班式的变化相比，这些与众不同的个人经历才更有可能让我们重新审视或重新定义自己、自己所持的价值观，以及自己的意义系统。

角色转换——角色转换包括结婚、生子、送最小的孩子离家、退休、工作变动等。

人格与角色需求的不匹配性——这在某种意义上是不同步性的另一种表现。例如，研究结果表明，一位成年人如果50岁左右时看起来心理健康度很高，但40岁时曾显示出痛苦或困扰的迹象，那么在青少年时，他可能与当时社会主流的普适性别角色不匹配。再例如，有些年轻女性不太爱社交但智商很高，在努力适应全职主妇的既定角色时，她会感到沮丧与苦恼；有些年轻男性富有创造力且情感细腻，当他们想努力适应整天穿黑灰色正装的职场既定角色时，也会在40岁时感觉十分困扰。这两类人在自己40多岁的这十年中，会逐步将自己从早年那些不匹配的角色中释放出来，因而在50岁的时候他们会看起来各方面都处于不错的状态（Livson, 1981）。

人格和精神发展——人格和精神发展会触发不平衡状态，如埃里克森或福勒发展阶段理论中所描述的情况就与此一致。这些内部变化通常是对上述造成不平衡因素的反应。但是发展一旦开始，就是转变，由从众状态到自觉的自我建构，从个人信仰到普世信仰，都有其自身的不平衡。在每个不平衡时期结束时，总会产生新的稳定生命结构，这些生命结构必然建立在新的自我意识或已进化的信仰之上。

重大生活变化——重大生活变化尤其是指一段关系的丧失，例如，家庭成员、朋友的去世，一段友谊或爱情的结束，等等。尽管在大多数情况下，一些始料未及的或非预期的变化对人们而言是最艰难的时刻，但有些可以预期的变化，诸如在你40多岁或50多岁时父母离世这样重大的关系丧失，仍然会使人重新审视、规划自己的人生。

一个人若进入不平衡状态，在他面前的是一场危机还是一段单纯的短暂过渡期，这至少取决于两件事：其一，造成不平衡状态的原因及其数量；其二，个体的性格和应对技能。当由不平衡状态催生的多个事件在短短几年内累积起来时，任何人可能都会经历重大的改变，由不平衡状态催生的事件包括诸如角色转换、重要关系丧失及不同步的生理变化等。但是，将这些事件的累积视为危机的倾向也反映了相对的高神经质水平、低外向程度，或者缺乏有效的危机应对技能。

在这里我提到的模型中，决定我们从哪条沟壑下山的是我们对这些不平衡状态的反应，由此引出了第四个命题。

12.3.4　命题 4

不平衡时期的结果可能是积极的（心理成熟、成长、健康改善）、中性的或消极的（心理退化或不成熟、健康状况不佳）。

在选择点会出现什么样的结果，或者我们会顺着哪条沟壑向下而行是由图 12.3 中第三栏的变量所决定的，或者至少会受到这些变量的影响。想要获得瓦利恩特和洛文杰所描述的"更高"阶段的成熟度或成长值，智力灵活性或技能似乎是尤其关键的一个要素。反过来，成年人的智力灵活性受自身生活环境复杂性的影响，其中特别是工作（不论家庭之外的职业，还是仅仅是家务劳动）的复杂度。社会学家珍妮特·吉尔（Janet Giele, 1982）如是说：

> 无论在工作中还是在日常生活的其他方面，社会复杂性的程度显得至关重要。有些人为了能够适应不同的角色学习了很多东西，他们似乎尝试发展抽象自我、道德心，或者能整合所有的离散事件的生命结构。相比之下，从事简单工作的人会因为受教育程度低、朋友圈狭窄而受限，因而他们不太容易把衰老视为一个增强自主性或发展心智能力的过程。

当然，工作复杂性本身在一定程度上是由我们的受教育程度所决定的。成年人若受教育程度高，就更有可能找到需要复杂劳动的工作，因而也更有可能保持或提高自身的智力灵活性。上述这些联系可以帮助创造一种可预见性，即成年早期就可以预见中年期的生活，但是这些预测关系中没有一种是完全相关的，在从一条"沟壑"换到另一条"沟壑"的转换过程中存在很大变数。例如，一些蓝领工人从事的工作相当复杂，但一些白领所从事的工作却并不复杂，这些变数会使人们脱离最初的沟壑。

潜在的气质倾向性是另一个关键因素。科斯塔和麦克雷所说的"大五"人格特质之一是神经质，若成年人在神经质上得分很高，其应对不平衡状态的方式就可能是物质滥用、疾病、抑郁或防御机制中的退行模式。相反，若成年人不那么神经质，性格外向，那么这样的人会以向他人求助或寻找建设性的解决方法来应对不平衡状态。

是否有亲密的知己能够与自己保持关系亲密，能够提供支持也是一个重要的因素，这显然与性格无关。成年人若缺少朋友，或者在婚姻中得不到支持和亲密，那么其在中年时很有可能会罹患重大疾病或受到严重情绪问题的困扰，可能会出现酗酒、吸毒行为，或者会采取不成熟的方式应对问题。这些没有朋友的成年人生活孤独，他们通常来自缺乏爱与支持的家庭。但如果他们能至少获得一段亲密关系，那么早年家庭所造成的影响就会很容易被克服。瓦利恩特描述了一些参与格兰特研究的男性：他们所成长的家庭要么缺少爱，要么压力很大，他们在读大学的时候沉默寡言，甚至有些神经质；然而，他们成年之后却十分成功，能够成熟地控制自己的情绪。尤其是与那些具有类似家庭背景而最终结果却不太理想的人相比，这些成功男性身上具有一个共同特征，即他们与配偶之间的关系带有"治愈"的特征与功能。同样，社会学家戴维·昆顿（David Quinton）及其同事分析了好几组英格兰年轻人的成年生活，其中有些人还有少年犯罪史。他们发现，这些问题少年若遇到一个正常的且能够给予他们支持的伴侣，那么与那些交友不慎的同龄人相比，他们继续犯罪的概率会小很多。因此，通过一段适当的、互相支持的伴侣关系，早期适应不良的行为可以得到纠正或得到"治愈"。健康状况也会影响成年人对不平衡期的反应。健康状况差，精力不济，影响可选择的应对策略的范围，最终影响你所创造的生活结构。

过渡期的累加效应

最后一点，我认为这些不平衡期的影响会逐步累积。社会学家甘西尔德·赫吉斯达德（Gunhild Hagestad）和心理学家伯尼思·诺嘉顿（Bernice Neugarten，1985）将这个过程称为"过渡期的多米诺效应"。早期或过渡期的累积影响是第8章中所提到的埃里克森发展阶段理论中的一个关键因素。未解决的冲突与进退两难的状态如果得不到解决——就会成为个人难以承受的情感包袱，在人生接下来的各个阶段，"历史遗留"问题仍是难以解决的。瓦利恩特和其他一些研究成年人从童年期到中年期变化的研究人员发现了一些证据，这些证据可以支持这个结论。毫不夸张地说，在格兰特的研究中，有些哈佛男性在童年早期并没有与他人建立信任关系，因而他们在成年期的最初几十年中确实遭遇了比他人更多的困难。与在童年期能够信任其他人的男性相比，他们成年后更悲观、自我怀疑，更倾向于依赖他人，并表现出更差的适应性，其成年生活也不成功。

其他形式的累积影响也是如此。例如，早期生活中的一个重大滞后经历可能日后会触发一系列延迟或令人压力重重的经历。最典型的例子就是青少年过早地成为父母，这通常会导致这些青少年从学校辍学，反过来也会影响他们所从事工作的复杂性，工作的复杂性对这些青少年之后一生的智力灵活性及其他方面又会产生影响。

适应良好/适应不良的结果对幸福快乐

有一点需要着重强调，我所说的适应不良与适应良好的结果并不等同于不快乐和快乐。适应不良带来的改变有罹患疾病、物质滥用、自杀倾向及抑郁，这些明显与不快乐相关。适应良好的改变则包括健康习惯变好、社交更加活跃，或者沿着自我发展或精神发展的阶段顺序前进，而这些改变也并不一定与幸福度提升相关。例如，麦克雷和科斯塔发现，处于良心式自我发展阶段或更高发展阶段的成年人并不比处于从众阶段的成年人有更高的生活满意度。原因在于由不平衡期导致的变化是十分复杂的，它并不一定带来整体幸福度和生活满意度方面的改变。相反，自我发展阶段的变化可能会改变一个人判断自己生活幸福快乐与否的标准。正如麦克雷和科斯塔所说：

> 我们认为，幸福度并不随着成熟度的改变而改变，但是引发快乐或不快乐的条件及生活满意与不满意的标准可能会随着自我发展水平的变化而变化。毫无疑问，一个人若更为成熟，其需求、关注点、抱负和烦恼都会不一样——会更加细腻、更加个体化，以及更少的自我中心成分。而心理上不那么成熟的人会以金钱、地位和性别来衡量自己的生活，但成熟的人则会以成就、利他主义及爱作为自己生活的标杆。

变得成熟并不会自动使一位成年人变得快乐，年龄和快乐之间并不存在正比关系便是证明。包括变成熟在内的适应性变化会影响既定的生活规律，因此可以改变我们所创造的生活结构，进而改变我们衡量这些生活结构的标准。

> **作者提示**
> 选择路径。
> 　举一个例子，说明你曾走过的一条深深的主沟壑（路径），以及你所到达的改变路径的选择点。你如何描述从一条沟壑移动到另一条路径所付出的努力？

12.4　成功老化

上一代大学生学习成年人与老化这门课程的教科书与本书是完全不同的，以前的教科书可能会列出在成年期人们身体各种各样的问题，人们的健康状况会随着年龄增长而下降，当个人到达某个里程碑时，会失去许多能力。毫无疑问，大家已经注意到，情况已经改变了。我希望带给读者关于成年发展与老化一幅不同以往的画面，这释放了一种更积极的信号。这些积极的改变得益于那些持"成功老化"观点的学者们。

首先，保罗·巴尔蒂斯及其同事是"成功老化"理论的先行者，他们秉持毕生发展心理学理念，他们的研究告诉我们，青少年期后还会发生的一些有趣的事件是有研究价值的；老化不仅仅代表着整体的丧失和衰退。有一些有趣的变化是可以衡量的，它们并不都是退化，许多领域都会取得进展，发展渗透进我们生活的方方面面。许多类型的衰退是可以被改善、预防或延迟的。我们可以弥补许多类型的丧失，除心理学外，这也是很多学科的研究课题。其次，根据布朗芬布伦纳的生态系统理论，仅研究个体的心理发展过程是远远不够的。我们必须考虑其发生的生态环境。成年人的发展不是在真空中进行的，而是受到家庭、社会群体、工作场所、邻里关系、种族群体，甚至国家政治制度共同影响的。

1998 年，老年病学家约翰·W. 罗（John W. Rowe）和心理学家罗伯特·L. 卡恩（Robert L. Kahn）在一本名为《成功老化》（*Successful Aging*）的畅销书中发表了他们在麦克阿瑟基金会支持下的研究结果。他们关注的不是 60 岁之后人们走的下坡路，而是一生中身体和精神都很强健的老年人。研究发现，尽管遗传决定了我们的早期发展，但随着年龄增长和环境变化，遗传的重要性越来越小。好消息是，环境的许多方面都在我们自己的控制之下，例如，我们吃什么、多久锻炼一次，以及如何度过闲暇时间，等等。这本书让所有年龄段的成年人都能更好地了解老化对许多人来说意味着什么，以及如果他们改变了生活方式和态度，会对自己产生什么影响。

遵循成功老化的概念，研究人员集中研究了五种策略，以帮助各年龄段的成年人提高目前的生活质量，并帮助确保其在老年期和成年晚期完成成功老化的过程（Depp et al.，2014）。

12.4.1　身心锻炼

美国运动医学院（American College of Sports Medicine）建议，成年人每周至少进行 150 分钟的适度体育锻炼，或者每周 5 次 30 分钟的运动（Chodzko-Zajko et al., 2009）。所有年龄段参与体育锻炼的成年人罹患心血管疾病、糖尿病和骨关节炎的概率都更低、认知水平下降更少，抑郁和焦虑程度更低。表 12.4 列出了一些给成年人体育锻炼的运动建议。

表 12.4　给所有成年人的运动建议

- 一天之中，成年人应多动少坐，动总比不动好。坐得少，并能进行任何中等到剧烈强度体育锻炼的成年人，都能获得一些健康益处。
- 为获得实质性的健康益处，成年人应每周至少进行 150 分钟（2 小时 30 分钟）到 300 分钟（5 小时）中等强度的有氧运动，或者每周进行 75 分钟（1 小时 15 分钟）到 150 分钟（2 小时 30 分钟）的高强度有氧运动，或者中等强度和高强度有氧运动的同等组合。有氧运动最好在一周内进行。
- 每周进行超过 300 分钟（5 小时）中等强度的体力活动可以获得额外的健康益处。
- 成年人也应该做些中等或更大强度的增强肌肉的活动，包括每周 2 天或 2 天以上，可以用到所有主要肌肉群的运动，因为这些活动能够给身体提供额外的健康好处。

对老年人或有慢性健康问题的成年人的运动建议
- 作为每周体育运动的一部分，老年人应做多样化的体育运动，包括平衡训练、有氧运动和肌肉强化活动。
- 老年人应根据自身健康水平决定运动强度。
- 患慢性病的老年人应该了解他们的病情是否影响他们安全地进行常规体育运动的能力，以及如何影响的。
- 当老年人因为慢性病不能每周进行 150 分钟（2 小时 30 分钟）中等强度有氧运动时，他们应该尽自己的能力和条件进行力所能及的体育运动。

SOURCE: U. S. Department of Health and Human Services (2018).

锻炼对大脑也有好处。一项针对 21 项研究的综述表明，在受控环境下进行认知训练可以改善特定的心理功能，包括记忆能力、信息处理速度、执行功能、注意力和流体智力，这些改善是否可以从实验环境迁移到日常生活当中尚不清楚（Reijnders et al., 2013）。休闲游戏，包括商业生产的"脑力游戏"应用程序，全世界有 2 亿人在使用。这些应用程序在广告中被宣传为能够提高老年人认知能力和预防阿尔茨海默病。对这类休闲游戏产品的大量研究并没有证据表明玩这些游戏可以提高认知能力，更重要的是，没有证据表明任何脑力锻炼方式可以预防或治疗阿尔茨海默病等痴呆症（Willis & Belleville, 2016）。一个更好的主意是加入一个桥牌俱乐部或国际象棋俱乐部，在那里你会在社交活动中得到心理锻炼。

12.4.2　社会参与

在任何年龄段，与家人和朋友有定期社会接触的人都比那些更孤立的人享有更健康、更幸福的人生，在成年晚期尤其如此（Cherry et al., 2013）。各种研究表明，朋友数量、外出时间及各种关系类型（如家庭、朋友、邻居、社交俱乐部成员和高尔夫伙伴等）的数量对人们的身心健康都是有好处的。图 12.7 显示，老年人的社会角色越多，在认知测试中其得分就越高（Ellwardt et al., 2015）。旨在提高社交技能和增加社交机会的干预措施在所有年龄段成年人中都取得了良好的效果（Masi et al., 2011）。

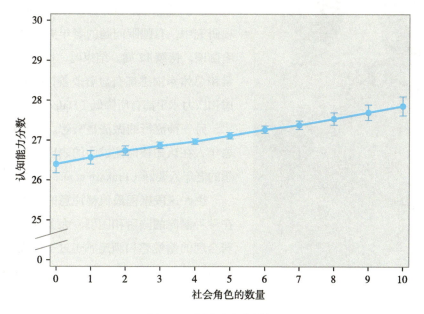

图 12.7 社会角色与认知

社会角色越多，认知能力保持得越好，至少对老年人来说是这样的。

SOURCE: Ellwardt et al. (2015).

作者提示

社交网络与你的生活。

　　描述你的社交网络的一个方面，既可以是现在的，也可以是过去的。它是如何帮助你提高生活质量的？

12.4.3　饮食与营养

　　研究发现，热量限制与实验动物寿命延长有关，也与早期临床试验中人类寿命延长有关。许多关于诸如银杏叶和维生素 D 等补充剂有效性的研究目前并未显示其对记忆或其他认知过程有益处。然而，研究发现，地中海饮食可以降低认知能力下降的风险，降低心血管疾病和抑郁障碍的发病率（Scarmeas et al., 2009）。地中海饮食是以植物为基础的饮食方式，用不饱和脂肪（橄榄油）代替饱和脂肪（黄油），用香草和香料代替盐，每月吃 1~2 次红肉，每周至少吃 2 次鱼和 / 或家禽。

12.4.4　补充和替代医疗

　　瑜伽的历史悠久，但对瑜伽有效性的研究却相对较新。一项研究针对 45~80 岁练习瑜伽

瑜伽只是众多可以提高整体幸福感的练习之一。

的女性，结果显示，那些经常练习瑜伽的女性比不常练习瑜伽的女性表现出更积极的态度、心理的可控感和活力感（Moliver et al., 2013）。在另一项研究中，有睡眠问题的老年男女每周参加两次瑜伽课，持续 12 周。结束时，他们报告，睡眠质量和总体幸福感都有显著改善，疲劳、抑郁、焦虑和压力水平都有所降低（Halpern et al., 2014）。

另一种流行的做法是冥想。冥想超过十年的老年人在认知技能测试中的表现比那些完全不冥想的老年人要好（Prakash et al., 2012）。

也许这段旅程最值得注意的一点是，尽管存在种种潜隐的陷阱和困境，大多数成年人还是带着合理的愉悦感和满足感走过了这段旅程，并传递给年轻人一些旅途中的智慧。祝你旅途顺利！

摘要：成功之旅

1. 成年期发展主题

（1）要理解成年人的发展，将其划分为不同的主题是很重要的。但把这些不同的主题重新组合起来，把人视为一个整体也很重要。

（2）成年初显期是一位成年人身体和认知能力达到顶峰的时候。这是一个新的、成年自我身份认同的阶段，通过身份探索、积极的不稳定性、聚焦在自我、中间感上，并憧憬着各种可能性。

（3）在青年期，人们的身体和认知能力持续处于较高水平。有些衰退在30岁时就开始了，但除了一些优秀的运动员，这种衰退几乎是察觉不到的。这段时期是角色转换、关系形成和群体化（归属感）的高峰期。

（4）中年期，生物钟的作用越来越明显。身体老化的征兆开始出现，认知能力开始下降，尽管这些变化很微小。男性和女性的生殖能力都会下降，最终女性将失去生殖能力。社会时钟的影响变得不那么强大了。家庭角色和事业都更加复杂且灵活，这段时期，人们质疑群体规则和群体行为，变得越来越独立。

（5）尽管中年期会有所谓的中年危机，但这个"神话"却经不起实证研究的推敲。

（6）成年晚期的标志就是退休。人们在成年晚期与中期并没有生理上的区别，但退休前后，人们在社交方面的差异显著。尽管没有证据表明退休会影响人们的生理和心理健康，但一个人结束朝九晚五的职业生活之后，其经济方面和社交方面会受到重大影响。许多年龄较大的成年人会利用这个时期适应一种新的生活方式，找到新的角色来代替退休之后的空缺。

（7）在美国及所有其他发达国家中，处于成年晚期的人群是人口比例中增长最快的一个群体。所以，我们对这个年龄段的了解相对更多。在成年早期，人们的身体和认知能力下降得较为缓慢，但在成年晚期，这个过程显著加速。随之而来的是社会活动的减少和社交圈子的缩小。然而，大多数人在这个阶段的朋友数量都在减少，但朋友间的亲密度增加了。有假设提出，与外部世界卷入程度越低的人，心理越健康，但是这种说法是站不住脚的。

（8）成年晚期是一个人回顾人生的时刻，也许是面对最终死亡的时刻。一些人会在这个阶段写下回忆录，或者和以前的朋友和家人重修旧好。

2. 影响成功发展的因素

（1）尽管本书着重论述了人们度过成年期的主要途径，但总有一些其他方法会引领人们走向成功和幸福。

（2）在美国，成年人的生活质量很大程度上是由社会经济地位和自身健康水平决定的。这两个因素包含了很多次要预测因素，如种族和族裔等。另一个因素是年龄，年龄较大的成年人的生活质量比处于中年期或青年期的成年人高。若成年人婚姻幸福，经常参加体育活动和社会活动，能够掌控自己的生活，并且用来做比较的对象是自己的同龄群体，那么这样的人通常也会认为自己拥有较高的生活质量。

3. 成年人成长及发展模型：发展轨迹与路径

（1）尽管在成年发展的过程中存在很多变数，但大多数人的成年旅程具有共通性。这些旅程在很大程度上会受到教育程度、家庭背景、智力和性格因素的影响。

（2）在成年之旅中，我们所走过的旅程是由一个个平衡期和不平衡期交替而成的。不平衡期的出现会引起一些或积极，或消极，或中立的结果。

4. 成功的老化旅程

大多数成年人度过成年期时在一定程度上是相当快乐和满意的，他们会从经历中汲取一些经验，然后传递给年轻人。

写作分享

人生的成功

思考本章关于"生活中的成功"的讨论。你如何衡量生活中的成功，为什么这很重要？你对成功的评价标准与你父母那一代人相比如何？写一个简短的回答，可以与他人交换阅读。一定要讨论具体的例子。

- **能力 / 技能权衡（ability-expertise tradeoff）**：随着年龄增长，我们可以观察到，个体的一般能力逐渐下降，工作技能不断增加。
- **调适（accommodate）**：晶状体改变其形状的能力，用于聚焦近处或远处的物体，或者小字体。
- **急性病（acute conditions）**：短期的健康问题。
- **认知的适应性本质（adaptive nature of cognition）**：在生命周期中，用于适应生活变化的认知能力。
- **成瘾性障碍（addictive disorders）**：当存在任何相关的诱因时，表现为使用某种物质或完成某种行为的强烈欲望和强迫，如赌博等。
- **日常生活活动（activities of daily living，ADLs）**：基本生活自理行为。
- **成年发展（adult development）**：个体从成年期到生命尽头所发生的变化。
- **年龄歧视（ageism）**：对于那些处于成年期之后（或之前）阶段的个体的歧视。
- **年龄相关性黄斑变性（age-related macular degeneration）**：视网膜的视觉障碍，引起中央视觉丧失。
- **阿尔茨海默病（Alzheimer's disease）**：一种渐进式且不可逆的大脑损伤。
- **抗体（antibodies）**：一种蛋白质，用于对抗外来有机体，如病毒及其他传染性病原体。
- **抗氧化物（antioxidants）**：起保护作用的物质，使人体免受自由基氧化的破坏。
- **焦虑障碍（anxiety disorders）**：一种精神障碍，在不存在明显危险的情况下，个体产生恐惧、受威胁及害怕的感受。
- **动脉粥样硬化（atherosclerosis）**：高脂肪沉积于动脉血管壁并形成斑块的过程。

- **依恋（attachment）**：婴儿对其主要照顾者形成的强烈的情感联结。
- **依恋行为（attachment behaviors）**：依恋的外在表现。
- **依恋模式（attachment orientation）**：个体在人际关系中呈现的期望、需求及情绪模式，并且这些模式已经延伸到除早期依恋客体之外的他人身上了。
- **依恋理论（attachment theory）**：鲍比的依恋理论，主要指婴儿与其照顾者所形成的强烈的情感联结，这种联结为其提供基本的安全及对世界的理解，并成为日后关系的基础。
- **被试流失（attrition）**：参与者中途退出。
- **非典型性（atypical）**：并非典型的；个体独有的。
- **平均寿命（average lifespan）**：将特定人口中每个人死亡的年龄相加，然后除以该人口中的人数得出的数字。
- **B淋巴细胞（B cell）**：产生于骨髓中且会产生抗体的免疫系统细胞。
- **平衡力（balance）**：做出调整以适应变化的能力。
- **行为遗传学（behavioral genetics）**：研究的是基因对个体发展的影响。
- **生态学模型（bioecological model）**：由尤里·布朗芬布伦纳提出的发展模型。该模型认为，我们必须在多元化环境的框架下考虑个体的发展。
- **生理年龄（biological age）**：用于衡量一个成年人的身体状况。
- **生物钟（biological clock）**：在成年期，个体的健康及其生理功能的变化模式。
- **身体质量指数（body mass index，BMI）**：源于个体体重和身高的数值；是身体成分的标准指标。
- **骨密度（bone mass density，BMD）**：用于骨质疏松症的诊断，对骨密度进行测量。
- **（退休后的）过渡性工作（bridge employment）**：兼职工作或压力较少的全职工作，通常人们在退休后从事这类工作。
- **缓冲效应（buffering effect）**：一种结果模式，缓冲悲痛情境下的一系列结果。
- **热量控制（caloric restriction，CR）**：大量减少饮食中的卡路里摄入，但包含必需的营养素；相关动物研究发现，这种方式能减缓衰老。
- **癌症（cancer）**：患这种疾病时，患者的病变细胞迅速且不受控制地分裂，并常转移到邻近的正常组织中。
- **心血管疾病（cardiovascular disease）**：一种涉及心脏和血管的疾病，随着年龄增长发病更加频繁。
- **职业（career）**：个体在工作期间及退休阶段所承担的职业模式或相关角色。
- **职业承诺（career commitment）**：影响个人在职时间的因素
- **职业回归（career recycling）**：职业心理学的概念，指人们可能回归或重温早期阶段的职业生涯发展。
- **照顾模式（caregiving orientation）**：当成年人与婴儿或幼儿互动时，该系统在成年人体内被激活，诱使其对同一物种（通常也包含其他物种）年幼成员的外表和行为做出反应，为其提供安全、舒适及保护。

- **白内障（cataracts）**：眼睛的晶状体逐渐变得混浊，因而传输到视网膜上的图形不再清晰，颜色也不再清晰。
- **变化（change）**：朝着可预测的方向缓慢而渐进的变动。
- **慢性病（chronic conditions）**：长期的健康问题。
- **慢性创伤性脑病（chronic traumatic encephalopathy，CTE）**：痴呆症的一种，患有创伤性脑损伤(TBI)的个体发病率更高。
- **实足年龄（chronological age）**：从出生到现在已经度过的年头。
- **更年期（climacteric）**：男性和女性生命周期中的某个阶段，在该阶段，个体性激素分泌减少而导致其生殖能力下降。
- **耳蜗（cochlea）**：内耳中一个贝壳形结构，包括听觉感受体细胞。
- **认知复杂性（cognitive complexity）**：思维和推理水平更高。
- **同居（cohabitation）**：在没有结婚的情况下生活在一起的亲密伴侣关系。
- **同辈群体（cohort）**：在生活的同一阶段经历共同的历史事件的一群人。
- **共性（commonalities）**：在成年生活中，我们绝大多数人都会体验到的、具有普遍性的方面。
- **共性特质（communal qualities）**：群体共同培养或激发的个性特质，如有表现力、有情怀等；对女性特质的刻板印象。
- **社区居所（community dwelling）**：与配偶一起或独自一人住在自己的家里（养老）。
- **均值比较（comparison of means）**：研究者用于明确两组群体的测量差异是否达到显著水平的统计分析方法。
- **补充与替代医学提供者（complementary and alternative medicine providers）**：治疗方法缺乏科学数据支持的医疗保健提供者。
- **情境观（contextual perspective）**：一种认知方式，认为思考时需要考虑事件发生的情境。
- **延续性（continuous）**：一种发展属性，缓慢而渐进的，并为我们提供可预知的方向。
- **护航（convoy）**：每个人身处其中的千变万化的社会关系网。
- **应对（coping）**：减少应激反应的影响的方式。
- **应对行为（coping behaviors）**：为了减轻压力而产生的所有想法、感觉和所做的行为。
- **相关分析（correlational analysis）**：一种统计分析方法，能够说明同一个体的两组分数在多大程度上发生共同变化。
- **横断研究（cross-sectional study）**：研究一次性收集代表不同年龄阶段实验组的数据。
- **晶体智力（crystallized intelligence）**：基于教育和经验的学习能力，通过词汇和言语理解进行测量。
- **环磷酸鸟苷(cyclic GMP)**：性唤起时，大脑释放的物质。
- **暗适应（dark adaptation）**：瞳孔适应大量可见光变化的能力。
- **去中心化（decentering）**：由自我向外界认知的运动。
- **陈述性记忆（declarative memory）**：能够被意识觉知的知识，可以通过回忆或再认的记忆测验进行直接（外显）的评估。

- **防御机制（defense mechanism）**：范伦特的成熟的适应理论，一套用于应对焦虑的常见的、无意识的策略。
- **痴呆症（dementia）**：类属于各类脑损伤和脑疾病，涉及记忆、判断、社会功能及情绪控制能力的严重受损。
- **描述性研究（descriptive research）**：被试在当前实验控制方式下呈现出的状态。
- **发展源头假说（developmental origins hypothesis）**：人们在胎儿期、婴儿期及幼儿早期的成长发育状况对其人生产生显著影响。
- **发展心理学（developmental psychology）**：以个体在生命周期不同阶段的行为、思想、情绪为研究对象的学科。
- **敏捷度（dexterity）**：以灵巧的方式使用双手或身体的能力。
- **脱氢表雄酮（dehydroepiandrosterone，DHEA）**：男性及女性分泌性荷尔蒙所涉及的激素。
- **糖尿病（diabetes）**：一种身体无法正常代谢胰岛素的疾病。
- **差异的连续性（differential continuity）**：在群体中，个体的排序具有跨时间的稳定性。
- **数字广度任务（digit-span task）**：一种测验，在该测验中参与者会听到一连串数字，并要求其按准确的顺序进行回忆。
- **脱离（disengagement）**：一种早期假说，认为成年后期是人们退出活动与关系，为生命的晚期做准备的阶段。
- **远端原因（distal causes）**：存在于过去的因素。
- **甲基化（DNA methylation）**：在表观遗传中，基因被改变的化学过程。
- **资源交换理论（economic exchange theory）**：一种用于解释性别角色的理论，认为男性和女性在物质与服务交换的基础上形成亲密的伴侣关系。
- **平等角色（egalitarian roles）**：平等的两性角色。
- **自我完善（ego integrity）**：埃里克森的心理社会发展理论中，老年人回溯生活的意义并进行自我完善的趋势。
- **成年初显期（emerging adulthood）**：从青少年期到成年期的过渡时期（大约从18岁到25岁这段时间）。
- **情绪导向的应对（emotion-focused coping）**：缓减压力的技能，直接应对造成紧张的情绪。
- **实证性研究（empirical research）**：对可观察的事件进行客观评估和测定的研究方法。
- **表观遗传（epigenetic inheritance）**：在产前期（孕期）或人类一生中，外部环境因素对已有基因的表达方式的影响。
- **情景记忆（episodic memory）**：在信息加工过程中，包含事件序列信息的长时存储部分。
- **勃起功能障碍（erectile dysfunction，ED）**：男性的阴茎勃起不足，因而无法达到满意的性表现。

- **雌激素**（estrogen）：女性性激素。
- **进化心理学**（evolutionary psychology）：以遗传模式的术语解释人类行为的心理学领域，这种模式有益于人类原始祖先的生存和繁殖。
- **交换理论**（exchange theory）：通过资产评估选择伴侣的理论，这种资产是个体在关系中必须提供的，同时也包含伴侣必须提供的潜在资产，并试图达成最优的交易。
- **执行功能**（executive function）：在认知中，这一过程包括注意力的调节及新旧信息的协调。
- **实验设计**（experimental design）：有高水平实验控制的实证研究。
- **扩展家庭**（extended families）：（外）祖父母、姑姑、叔叔、舅舅、阿姨、（表）堂兄弟姐妹，以及父母和孩子核心家庭之外的其他亲属。
- **外在变化**（external chages）：个体周围人可观察到的、明显的变化
- **信仰**（faith）：人们对"我们与他人之间的关系的本质"及"我们与所居住的这个世界之间的关系的本质"所持假设和理解的合集。
- **贫困女性化**（feminization of poverty）：用来描述在贫困群体中女性占比越来越大这一趋势的术语。
- **筛选理论**（filter theory）：个体通过细致而精细的过滤机制选择伴侣的理论。
- **有限性**（finitude）：严肃直面每个人最终的死亡。
- **五因素模型**（Five-Factor Model）：又称大五模型，是包含了五个基本人格因素的模型，该模型被科斯塔和麦克雷首次证实。
- **流体智力**（fluid intelligence）：更基础的能力，通过数字广度、反应速度、抽象推理可以测得。
- **弗林效应**（Flynn effect）：用来描述智商（IQ）分数增加的术语，这种增加主要源于现代生活的变化。
- **自由基**（free radicals）：拥有未配对电子的分子或原子；细胞新陈代谢的副产品。
- **友谊**（friendship）：人们在社会范围内自愿实行的一种人际关系。
- **机能年龄**（functional age）：与他人相比，一个人是否拥有好好经营自己生活的能力。
- **一般智力**（g）：一般性智力能力，影响我们处理多种不同任务的方式。
- **性别交叉**（gender crossover）：有理论认为，在抚育期之后，在男性和女性身上发生的宽松的性别角色。
- **性别意识形态**（gender ideology）：关于男女角色和平等的态度和信念。
- **性别角色**（gender roles）：两性在特定文化和特定历史时期实际出现的行为。
- **性别图式理论**（gender schema theory）：儿童被教导通过性别视角看待世界和自己，这种视角会人为地过分地强调男性和女性之间的差异
- **性别刻板印象**（gender stereotypes）：有关男性和女性在社会中应有行为的一系列共有信念或普遍观点。
- **一般适应综合征**（general adaptation syndrome）：在塞利的理论中，应激反应的三个症

状阶段，即警觉、抵御和耗竭。

- **繁衍（generativity）**：在埃里克森的心理社会发展理论中，中年人协助下一代安定并指导下一代的发展趋势。
- **基因型（genotype）**：是个体全部基因组合的总称。
- **超越老化（gerotranscendence）**：随着年龄增长，意义系统在质量上不断提升。
- **青光眼（glaucoma）**：由于眼内压力升高而毁坏神经并最终引起失明的一种疾病。
- **祖母效应（grandmother effect）**：该效应认为，（外）祖母（尤其是外祖母）的存在能够确保儿童存活。
- **生长激素（growth hormone，GH）**：合成的人类生长激素，在为数有限的情况下可开处方，广泛用作抗衰老药物。
- **海弗利克极限（Hayflick limit）**：物种细胞分裂的最大次数。
- **激素替代疗法（hormone replacement therapy，HRT）**：为女性提供曾经由自体卵巢所产生的激素，从而能够减少一些更年期过程中产生的不适症状。
- **临终学（hospice approach）**：哲学的临终关怀的理念。具体而言，死亡是生命中不可避免的一部分，即将离世之人及其家庭应该尽可能地被关怀，尽可能地掌控外界环境，并且不采取过度医疗措施来延长生命。
- **临终关怀（hospice care）**：生命晚期的关怀，集中在缓解疼痛、情感支持，以及对于即将离世的病人及其家属给予精神上的慰藉。
- **敌对性（hostility）**：对他人的一种负面认知模式。
- **人类社会基因组学（human social genomics）**：基因表达变化的研究，这种变化主要源于个体对环境的主观感知。
- **工具性日常生活活动（instrumental activities of daily living，IADLs）**：复杂的日常行为。
- **同一性（identity）**：在埃里克森的心理社会发展理论中，成年人所发展的一系列个人的价值观及目标，包括性别、职业、宗教信仰。
- **个体差异（individual differences）**：个体独特的，不同于群体的特征。
- **失眠（insomnia）**：无法获得正常的睡眠模式。
- **工具性特质（instrumental qualities）**：有积极影响的个人特质，如竞争、敢于冒险、身强体壮等；对男性特质的刻板印象。
- **智力（intelligence）**：对多种认知过程在信息加工的幕后协同工作的有效性的可见指标。
- **交互作用论（interactionist view）**：遗传影响个体如何与环境相互作用及个体如何选择环境。
- **代际效应（intergenerational effects）**：产前经历对女性胎儿的影响会延续到其成年期，甚至会延续到其后代身上。
- **代际团结（intergenerational solidarity）**：不同世代的家庭成员接近彼此的程度。
- **内在变化（internal changes）**：对于不留意的旁观者来说不明显的内部变化。
- **内在工作模型（internal working model）**：在鲍比的依恋理论中，认为个体基于童年期的特定经历，获得有关关系特质的一系列信念和假设。

- **亲密**（intimacy）：在埃里克森的心理社会发展理论中，成年人所发展的一种能力，这种能力使其进入亲密关系后并不会失去自己的自我意识。
- **个体自身变异**（intra-individual variability）：随着时间的推移，个体的人格特质保持稳定还是发生变化。
- **智商**（intelligence quotient，IQ）：智力测验的分数，反应一般性智力能力水平。
- **职业倦怠**（job burnout）：与工作相关，涉及耗竭、去个人化、效率降低的综合现象。
- **职业专门化技能**（job expertise）：在特定工作上多年积累的经验产生的高水平技能。
- **工作不安全感**（job insecurity）：当前被雇用的工人产生的丢失工作的预感。
- **失去工作**（job loss）：个人所拥有的有偿职位被剥夺。
- **工作压力**（job strain）：工作对员工心理需求高但员工对工作控制力弱的结果
- **劳动力**（labor force）：那些在薪酬岗位上正式工作的人员。
- **晶状体**（lens）：眼睛的透明结构，将受体上的光线聚焦在视网膜上。
- **力比多**（libido）：性欲。
- **重大生活事件**（life-change events）：出自霍姆斯和拉赫的理论，改变个体生活状况的事件，事件的累积可能导致应激反应。
- **毕生发展心理学**（life-span developmental psychology approach）：这种观点认为，发展是终生、多维度、有弹性和情境性的。
- **生命周期/生涯角色理论**（life-span/life-space theory）：职业心理学的概念，源于舒伯的理论，认为职业生涯的发展阶段无法孤立于个体生命的其他方面而开展研究。
- **生前预嘱**（living will）：陈述个体临终决定的法律文件，这份文件是个体在心智健全时签署的。
- **长时记忆存储**（long-term memory）：在信息加工的过程中，记忆加工的第三步，信息在此存储——包括事实（存储在语义记忆中）和事件（存储在情景记忆中）。
- **纵向研究**（longitudinal study）：研究者对同一组人开展跨越一定时间范围的研究。
- **重性抑郁障碍**（major depressive disorder）：涉及持久的、弥散的悲伤、无助、绝望的情绪障碍；临床抑郁障碍。
- **择偶**（mate selection）：亲密关系中选择长期伴侣的过程。
- **最大寿命**（maximum lifespan）：一个物种中个体可以活得最长的寿命；对于人类来说，大约是 120 年。
- **意义导向的应对**（meaning-focused coping）：缓解压力的技能，在压力情境中，将自己可能想到、感受到及可以操作的任何事情赋予积极的意义。
- **均值变化**（mean-level change）：一组平均分数随着时间的推移所发生的变化。
- **药物治疗依从性**（medication adherence）：患者能够遵从医生的指导，按照正确的剂量、正确的时间、正确的时长服药。
- **记忆力**（memory）：一种保留或存储信息并在需要时提取信息的能力。

- **绝经期（menopause）**：女性月经周期的终止，最近一次的月经期发生在 12 个月之前；更年期。

- **元分析（meta-analysis）**：对大量研究（这些研究处理相同的问题）进行数据分析，产生更有统计效力的结果。

- **中年危机（midlife crisis）**：一种常见的奇怪现象，用于描绘中年是一个充满不稳定且不可知行为的阶段。

- **轻度认知功能损害（mild cognitive impairment，MCI）**：在这种情况下，被试会呈现出一些认知症状，但所有这些并不是诊断为阿尔茨海默病的必要条件。

- **道德推理（moral reasoning）**：分析什么是正确的，什么是错误的；判断行为的对与错。

- **神秘主义（mysticism）**：自我超越的体验或经历。

- **名字提取失败（name-retrieval failures）**：个体虽然知道某个姓名，但暂时无法回忆起来。

- **神经纤维缠结（neurofibrillary tangles）**：在阿尔茨海默病患者的大脑中发现的退化神经元网。

- **神经新生（neurogenesis）**：新神经元的生长。

- **神经元（neurons）**：在大脑和中枢神经系统中的细胞。

- **非陈述性记忆 [nondeclarative（implicit）memory]**：负责学习并维持新技能的记忆系统。

- **非常规性生活事件（nonnormative life events）**：影响个体生活的事件，这些事件对个体来说是独一无二的。

- **非传统型学生（nontraditional student）**：超过 25 岁、正在经历职业回归的学生。

- **年龄规范性影响（normative age-graded influences）**：大多数成年人都会经历的、由年龄增长带来的常见影响。

- **历史常规性影响（normative history-graded influences）**：与当时文化中每个人所经历的历史事件和条件有关的影响。

- **核心家庭（nuclear families）**：父母及其孩子。

- **养老院（nursing home）**：人们虽不需要住院，但不能在家里得到照顾时可以居住的地方。

- **肥胖症（obesity）**：一个人的体重与身高之比增加到对健康产生不利影响的程度；通常用体重指数来衡量。

- **职业性别隔离（occupational gender segregation）**：将工作分为刻板的男性职业和女性职业两类。

- **嗅膜（olfactory membrane）**：鼻黏膜上的重要部分。

- **乐观性（optimism）**：乐观积极的人生观。

- **器官移植捐赠者（organ transplant donor）**：个体同意在死亡时将自己可用的器官和其他身体组织移植给其他被许可接受的人们。

- **骨关节炎（osteoarthritis）**：由保护关节处骨骼的软骨丧失引起的一种疾病；可能包括疼痛、肿胀和失去运动能力。

- **骨质疏松症**（osteoporosis）：严重骨量损失。
- **带薪育儿假政策**（paid parental leave policy）：雇主和/或国家向新晋父母提供带薪休假。
- **父母投入理论**（parental investment theory）：进化心理学范畴的概念，指由于女性对每个孩子的投入多于男性，因而男性和女性进化出不同的行为和兴趣。
- **高峰体验**（peak experiences）：在马斯洛的积极幸福感理论中，当个体的感受与宇宙融为一体时，自我感受到完美感及短暂的分离感。
- **感知控制**（perceived control）：一个人相信可以影响自己所在的环境并达到自己的目标。
- **歧视感知**（perceived discrimination）：意识到的歧视意识或认为自己是被歧视的目标。
- **个案访谈**（personal interview）：在这种研究方法中，研究人员对参与者进行面对面的一对一提问，从而收集相关数据。
- **人格**（personality）：定义个体个性并影响个体与环境和他人互动的一系列持久的性格特质。
- **人格因素**（personality factors）：发生在大多数个体身上的一组人格特质。
- **人格状态**（personality states）：个体的想法、感觉和行为所具有的短期模式。
- **人格特质**（personality traits）：个体的想法、感觉和行为所具有的稳定模式。
- **人与环境契合**（person-environment fit）：如果人们在自己有天赋的领域工作，而非出于其他原因工作，那他们会更成功。
- **人与环境互动**（person-environment transactions）：遗传天资与环境因素的结合，这种结合让人格特质维持了跨时间的稳定性。
- **阶段性退休**（phased retirement）：在退休过渡时期，较为年长的个体继续为雇主承担兼职工作。
- **恐惧症**（phobias）：在面对危险时，个体出现过度且与外部危险程度不匹配的恐惧和害怕情绪及回避行为。
- **安乐死**（physician-assisted suicide）：医生在特定的情境下可以帮助患者运用医疗方法结束自己的生命。
- **斑块**（plaques）：由于炎症，高脂肪堆积于冠状动脉壁而形成。
- **可塑性**（plasticity）：神经元具有的形成新连接或长出新支端的能力。
- **多重优势集合**（polystrength）：在面对逆境时可以提供保护和复原力的集群或人格特质
- **积极心理学**（positive psychology）：强调心理学的研究要远离消极的事物，如精神疾病及犯罪等，应转向积极的事物，如幸福、乐观、精神成长等。
- **积极偏向**（positivity bias）：老年人对积极情感刺激的记忆强于对消极情感刺激的记忆的倾向。
- **后形式思维阶段**（postformal stages）：成年期的认知发展阶段，表现为超越线性和逻辑的思维方式。
- **创伤后应激障碍**（posttraumatic stress disorder，PTSD）：应对创伤性经历的心理反应。症状包括在侵入性的想法和梦境中再次体验创伤性事件，一般性的反应变得麻木，回避与创伤事件相关的刺激，生理应激机制的警觉性增高。

- **老花眼（presbyopia）**：一种视觉障碍是由于晶状体弹性丧失而导致视线无法敏锐地聚焦在近处的物体上。
- **主因老化（primary aging）**：我们绝大多数人在成年之旅中经历里程碑式事件时可预见的变化。
- **问题导向的应对（problem-focused coping）**：缓减压力的技能，直接解决引起压力的问题。
- **黄体酮（progesterone）**：女性性激素。
- **前瞻性记忆（prospective memory）**：记忆稍后或未来要做的事情。
- **近端原因（proximal causes）**：存在于当前环境中的因素。
- **心理年龄（psychological age）**：用于衡量一位成年人有效处理与环境之间的关系的能力。
- **心理测量学（psychometrics）**：专门研究、测量人类能力的学科。
- **瞳孔（pupil）**：在眼睛中的开口小圆孔，依据对可见光的反应，调节直径变化。
- **质性研究（qualitative research）**：使用结构化程度较低的数据收集方法开展的研究。
- **定量研究（quantitative research）**：研究中包含数据。
- **对意义的探索（quest for meaning）**：通过对宗教的个人化理解来寻找生命最终的奥义。
- **反应性遗传（reactive heritability）**：个体以遗传的品质为基础，决定生存和繁衍策略的过程。
- **信度（reliability）**：测试工具在不断重复的相同条件下得出相同结果的程度。
- **信仰（religiosity）**：一个人对宗教或精神信仰的虔诚度。
- **回忆（reminiscence）**：个体对个人记忆的回顾。
- **复制性衰老（replicative senescence）**：老细胞停止分裂的状态。
- **心理弹性（resilience）**：个体在经历潜在创伤之后能够保持健康运行的机能。
- **抵御资源（resistance resources）**：可能缓冲压力对一个人的影响的个人和社会资源。
- **基于反应的观点（response-oriented viewpoint）**：聚焦于个体因暴露于压力源而引起的生理反应。
- **视网膜（retina）**：视觉感受器细胞所在的位置。
- **退休（retirement）**：老年人离开全职工作而发展其他兴趣的职业阶段，如兼职工作、志愿工作或业余爱好等。
- **退休关联价值（retirement-related value）**：在退休决策时，个体可拥有的个人财产，加上社会保障、退休金、兼职工资，以及退休可能获得的健康保险；可以以此权衡工作的价值。
- **丧礼（ritual mourning）**：一系列伴随死亡的象征性典礼和仪式。
- **角色转换（role transitions）**：个人或其生活情况的变化导致的角色变化。
- **次因老化（secondary aging）**：随着年龄增长，个体身上发生的突然的、非普遍性的身体变化，通常由疾病、不良卫生习惯及环境事件引起。

- **带有补偿的选择性优化模型**（selective optimization with compensation）：由巴尔特提出，老年人通过活动选择、策略优化、损失补偿来应对他们的局限。
- **自我实现**（self-actualization）：在马斯洛的理论中，个体尽己所能地应对每件事的驱力，当较多的基本需求得到满足时该阶段才会显现。
- **自我决定理论**（self-determination theory）：对特质的解释，认为人格的基础是个体在成长和整合过程中逐渐形成的内在资源。
- **自我效能感**（self-efficacy）：对自己能够成功的信念。
- **自我认同**（self-identity）：强烈的自我意识。
- **自我超越**（self-transcendence）：知道自我是更大整体的一部分，这个整体的存在超越了身体本身和个人历史。
- **语义记忆**（semantic memory）：有关言语、规则、概念的知识。
- **细胞外老年斑**（senile plaques）：很小的圆形 β－淀粉样高密度蛋白沉积物。
- **生活目标感**（sense of purpose in life）：发现令人满意的个人目标，相信生活是有意义的。
- **感音神经性耳聋**（sensorineural hearing loss）：耳蜗内毛细胞受损导致感觉神经性听力损失，以致无法区分响声和柔和的声音。
- **序列研究**（sequential study）：在不同时间点开始的一系列纵向研究。
- **短时记忆**（short-term memory）：我们能够保持几秒的信息，然后这些信息要么被丢弃，要么被转移到长时记忆中，然后在长时记忆中长期存在。
- **睡眠呼吸暂停**（sleep apnea）：睡眠中由于呼吸道收缩引起的呼吸暂停现象。
- **社会年龄**（social age）：用于衡量个体在其生命中特定时间点的角色类型和数量。
- **社交焦虑**（social anxiety）：对社交场合感到恐惧和焦虑，如结识新朋友或在观众面前表演。
- **社会时钟**（social clock）：社会角色在成年期的变化模式，成年人生活所经历的常规序列的时间表。
- **社会导向的应对**（social-focused coping）：缓减压力的技能，向他人寻求个人或情感支持。
- **社会关系**（social relationships）：动态且反复的、与他人的交往模式，以及这种模式随着成年期的发展会产生怎样的变化。
- **社会角色理论**（social role theory）：基于儿童划分性别群体的视角对性别角色进行解释，并对这些划分的群体进行行为建模。
- **社会角色**（social roles）：人们基于个体的社会定位而对其行为和态度所产生的期望。
- **社会支持**（social support）：从他人那里得到的实际影响、肯定和帮助，以及一个人受到关心和社会支持的感觉。
- **社会性时间**（social timing）：个体承担特定角色时的模式，承担角色的时长，以及从一个角色到另一个角色的移动顺序。
- **社会认知理论**（social-cognitive theory）：该理论认为，职业成功包括积极主动、自我相信、自我调节和自我激励，以及专注于自己的目标

- **社会传记史（sociobiographical history）**：人一生所经历的职业声望、社会地位及收入水平。

- **社会经济水平（socioeconomic level）**：一个综合指标，一个人的社会经济水平由其收入和教育的综合评级构成。

- **社会情绪选择理论（socioemotional selectivity theory）**：卡斯滕森认为，随着个体逐渐变老，人们强调更有意义的、情感上令人满意的社会关系，因为他们比年轻人更能意识到生命的结束。

- **溢出效应（spillover）**：一个领域中的事件对另一个领域的影响程度。

- **精神性（spirituality）**：自我通过对宗教的个人化理解来寻找生命最终的奥义。

- **稳定性（stability）**：在较长的一段时间内很少或没有变化。

- **阶段（stage）**：生命周期的组成部分，有时候看起来似乎一直保持稳定，然后会突然发生变化，

- **耐力（stamina）**：人们在一段时间内维持中等或剧烈运动的能力。

- **标准化测试（standardized tests）**：衡量特定特质或行为的既定工具。

- **干细胞（stem cells）**：一些不成熟且尚未分化的细胞能够很容易地分裂并成长为许多不同种类的细胞。

- **刻板印象威胁（stereotype threat）**：当群体成员处于某一位置时而引发的焦虑，可能使其认同普遍持有的、关于他们自己的消极刻板印象，这种焦虑通常导致对刻板印象的认同。

- **基于刺激的观点（stimulus-oriented viewpoint）**：对压力的解释，聚焦于压力源本身。

- **压力（stress）**：人类（和其他生命体）应对环境需求呈现出的一系列生理、认知和情感反应。

- **压力源（stressors）**：导致压力反应的环境要求。

- **压力相关的成长（stress-related growth）**：经历压力事件之后人们能够产生的积极改变。

- **物质相关障碍（substance-related disorders）**：一种精神障碍，对药物或酒精的依赖或滥用。

- **问卷调查（survey questionnaire）**：由结构化和聚焦式问题组成的书面形式问卷，参与者可以根据自身情况填写。

- **T 淋巴细胞（T cells）**：产生于胸腺中，抵制并吞噬有害细胞或外来细胞。

- **味蕾（taste buds）**：位于舌头、嘴、喉咙上，发现味道的受体细胞。

- **端粒（telomeres）**：染色体顶端的重复的 DNA 片段，。

- **睾酮（testosterone）**：主要的雄性激素。

- **成年过渡期（transition to adulthood）**：青少年开始承担成年早期社会角色的时期。

- **外伤性脑损伤（traumatic brain injury，TBI）**：造成意识丧失的严重脑损伤，增加了患痴呆症的风险，尤其是慢性创伤性脑病 (CTE)。

- **双生子研究（twin studies）**：针对双生子开展的研究，即在相同的行为或兴趣特质上对比同卵双胞胎与异卵双胞胎相似性，研究结果可以为基因对行为或特质的贡献程度提供

参考。

- **A 型行为模式**（type A behavior pattern）：有成就动机，有竞争意识，在追求卓越的工作过程中所涉及的状态。
- **典型性** (typical)：常见于多数人中。
- **失业**（unemployment）：一个人想工作时却无法获得一份有偿工作的状态。
- **可视区**（useful field of view）：眼睛能看到的视觉范围。
- **视敏度**（visual acuity）：感知视觉图形细节的能力。
- **职业兴趣**（vocational interests）：职业心理学中有关个体对事业的个人态度及其能力和价值观，基于霍兰德的职业选择理论。
- **词汇提取失败**（word-finding failures）：个体在想使用某个词汇时，却怎么也无法提取，这通常被称为舌尖现象。
- **工作投入**（work engagement）：积极、活跃、有活力、奉献、专注的工作方式。
- **工作记忆**（working memory）：在信息加工过程中，对信息进行认知操作的短时存储，包括记忆中信息的存储、对信息的处理，以及将信息从短时记忆转移到长时记忆的策略。
- **工作关联价值**（work-related value）：在退休决策时，如果个体继续工作将会收到的工资、退休金、社会保障的数额，可以权衡退休的价值。